普通高等学校“十四五”规划力学类专业精品教材

动 力 学

何 锃 主编

华中科技大学出版社
中国·武汉

内 容 简 介

本书共9章。第1章为绪论。第2～4章为运动学内容，主要介绍点的运动学、刚体的运动学和点的合成运动。第5、6章为质点系动力学的理论基础，介绍了质点动力学基本规律、质点在非惯性系中的运动以及质点系的动力学普遍定理。第7章介绍了常规的碰撞知识。第8章为刚体动力学，主要论述了刚体的质量特性，推导了定点运动刚体的Euler动力学方程，详细介绍了刚体的自由转动。第9章为分析力学基础，详细论述了质点系的各种约束及其性质，推导了Lagrange变分方程，给出了第二类Lagrange方程和Hamilton方程；针对线性非完整约束，介绍了几种非完整系统的动力学方程。

本书可作为航空航天类专业、工程力学专业动力学课程教材，也可供机械、土建、船舶、动力工程类专业的学生和相关科研人员参考。

图书在版编目(CIP)数据

动力学/何锃主编．—武汉：华中科技大学出版社，2022.8
ISBN 978-7-5680-8585-4

Ⅰ.①动…　Ⅱ.①何…　Ⅲ.①动力学-高等学校-教材　Ⅳ.①O313

中国版本图书馆CIP数据核字(2022)第135123号

动力学
Donglixue

何　锃　主编

策划编辑：万亚军
责任编辑：李梦阳
封面设计：刘　婷　廖亚萍
责任监印：周治超
出版发行：华中科技大学出版社(中国·武汉)　　电话：(027)81321913
　　　　　武汉市东湖新技术开发区华工科技园　　邮编：430223
录　　排：武汉市洪山区佳年华文印部
印　　刷：武汉市洪林印务有限公司
开　　本：710mm×1000mm　1/16
印　　张：20.25
字　　数：413千字
版　　次：2022年8月第1版第1次印刷
定　　价：59.80元

前 言

国内目前很少见到动力学方面的专门教材，动力学的教学主要在理论力学课程中实施。但是，对于诸如航空航天类和工程力学专业，按照现在的理论力学教学体系和内容，学生的动力学知识的储备是不足的。本书正是为了满足这方面的需要编写的。

众所周知，动力学课程是一门经典力学课程。本书主要参考了美国知名高校航空航天类专业的动力学课程教学体系和内容。其主要内容为：点的运动学，其中加强了点运动的曲线坐标描述；刚体的运动学，其中加强了刚体的定点运动描述，包括角速度的详细论述，介绍了定点运动刚体以及 Euler 参数和 Euler 角描述方法；动力学普遍定理，完整论述了三个动力学普遍定理、基本的碰撞现象；刚体动力学，其中详细论述了刚体的质量特性，推导了定点运动刚体的 Euler 动力学方程，详细介绍了刚体的自由转动；分析力学基础，详细论述了质点系的各种约束及其性质，推导了第二类 Lagrange 方程和 Hamilton 方程；针对线性非完整约束，推导了带约束乘子的运动方程、Maggi 方程、Appell 方程、Kane 方程等。

本书的内容选取及前后次序的安排，充分考虑到了学生具有的类似静力学、大学物理和高等数学的相关知识基础。本书在内容上可以覆盖和替代现有理论力学课程中的运动学和动力学部分，同时加强了点和刚体的空间运动学、动力学方面的内容描述，比如点运动的曲线坐标、刚体的旋转矩阵、刚体的三维动力学等的内容描述，还加强了非完整系统动力学方程的建立等的内容描述。

为了满足动力学课程教学要求，本书还安排了充足的例题和习题。建议学生认真研读和领悟书中的例题，课后独立完成必要数量的习题，否则很难真正掌握本书内容。

本书的出版得到了华中科技大学航空航天学院的资助，感谢华中科技大学航空航天学院副院长王琳教授的支持、关心。此外，华中科技大学出版社对本书的出版也给予了极大支持，在此深表感谢。

由于作者水平有限，书中难免存在不足与疏漏之处，恳请广大读者批评指正。

编　者

2022 年 4 月

前言

目　录

第 1 章　绪论 …… (1)
1.1　动力学发展简史 …… (1)
1.2　动力学的主要内容和学习要求 …… (3)
1.3　矢量及其运算 …… (3)
1.3.1　矢量的加减和数积 …… (4)
1.3.2　矢量的乘积 …… (4)
1.3.3　三重积 …… (5)
1.4　坐标变换 …… (5)
第 2 章　点的运动学 …… (9)
2.1　参考系和坐标系 …… (9)
2.2　动点位置的基本描述方法 …… (10)
2.3　动点速度和加速度的基本表示方法 …… (11)
2.3.1　矢径表示法 …… (11)
2.3.2　直角坐标表示法 …… (11)
2.3.3　自然轴系表示法 …… (12)
2.4　用极坐标和柱坐标描述点的运动 …… (19)
2.5　用曲线坐标和球坐标描述点的运动 …… (24)
2.5.1　用曲线坐标描述点的运动 …… (24)
2.5.2　曲线坐标系中点的速度和加速度 …… (30)
2.5.3　用球坐标描述点的运动 …… (32)
2.5.4　球坐标系中点的速度和加速度 …… (33)
习题 …… (33)
第 3 章　刚体的运动学 …… (36)
3.1　刚体的平动和定轴转动 …… (36)
3.1.1　刚体的平动 …… (36)
3.1.2　刚体的定轴转动 …… (36)
3.1.3　定轴转动刚体上各点的速度与加速度 …… (37)
3.2　刚体的平面运动 …… (40)
3.2.1　刚体平面运动的定义和特点 …… (40)

3.2.2 平面图形上任意一点速度和加速度的求法 …………………… (42)
3.2.3 定瞬心线和动瞬心线 …………………… (44)
3.2.4 刚体绕平行轴转动的合成 …………………… (51)
3.3 刚体的定点运动…………………… (52)
3.3.1 定点运动刚体的正交变换与角速度矢量 …………………… (52)
3.3.2 角速度合成定理 …………………… (56)
3.3.3 刚体有限转动的 Euler 定理 …………………… (57)
3.3.4 刚体绕轴做一次性转动的旋转矩阵和角速度 …………………… (59)
3.3.5 Euler 参数 …………………… (61)
3.3.6 刚体的无限小转动 …………………… (63)
3.3.7 Euler 角 …………………… (63)
3.4 刚体的任意运动…………………… (69)
习题 …………………… (72)
第 4 章 点的合成运动 …………………… (80)
4.1 点合成运动的基本概念…………………… (80)
4.1.1 动点、静参考系、动参考系 …………………… (80)
4.1.2 绝对运动、相对运动、牵连运动及其速度和加速度 …………………… (80)
4.2 点的速度、加速度合成定理 …………………… (82)
4.2.1 点的合成运动例题 …………………… (82)
4.2.2 *极坐标、柱坐标和球坐标中点的速度和加速度分析 …………………… (91)
4.3 动系做任意运动时速度、加速度合成定理的推导 …………………… (95)
4.3.1 绝对导数、相对导数的概念…………………… (95)
4.3.2 速度、加速度合成定理的推导…………………… (96)
4.3.3 任意矢量对时间的绝对导数与相对导数的关系 …………………… (98)
习题 …………………… (99)
第 5 章 质点动力学基本规律…………………… (107)
5.1 牛顿运动定律 …………………… (107)
5.1.1 牛顿运动定律的表述…………………… (107)
5.1.2 牛顿运动定律的讨论…………………… (108)
5.2 质点的运动微分方程 …………………… (110)
5.3 质点动力学若干例题 …………………… (111)
5.4 质点相对运动动力学 …………………… (122)
5.4.1 基本方程…………………… (122)
5.4.2 *质点相对于地球的运动 …………………… (125)

习题……………………………………………………………………………………………… (129)
第6章　动力学普遍定理…………………………………………………………………… (133)
6.1　动量定理及其基本方程 ……………………………………………………………… (133)
6.2　质心运动定理 ………………………………………………………………………… (137)
6.2.1　质点系的质心和动量计算………………………………………………………… (137)
6.2.2　质心运动定理简介………………………………………………………………… (138)
6.3　动量定理的一些典型应用 …………………………………………………………… (142)
6.3.1　理想不可压缩流体一维定常流动管壁的附加动反力…………………………… (142)
6.3.2　一类变质量系统问题……………………………………………………………… (143)
6.4　质点的动量矩定理 …………………………………………………………………… (146)
6.5　质点系的动量矩定理 ………………………………………………………………… (147)
6.6　定轴转动刚体的动力学 ……………………………………………………………… (149)
6.7　质点系的相对运动动量矩定理 ……………………………………………………… (152)
6.7.1　定理的推导………………………………………………………………………… (152)
6.7.2　特殊动矩心………………………………………………………………………… (153)
6.8　平面运动刚体的动力学 ……………………………………………………………… (154)
6.9　质点的动能定理 ……………………………………………………………………… (162)
6.10　质点系的动能定理…………………………………………………………………… (163)
6.11　力对质点之功………………………………………………………………………… (164)
6.11.1　力对质点之功在直角坐标系中的表示………………………………………… (164)
6.11.2　合力对质点所做的功…………………………………………………………… (164)
6.11.3　三种具体力对质点做的功……………………………………………………… (164)
6.12　力对刚体之功………………………………………………………………………… (168)
6.12.1　计算方法………………………………………………………………………… (168)
6.12.2　力对刚体做功的几种常见情况………………………………………………… (169)
6.12.3　典型约束力做的功……………………………………………………………… (171)
6.13　质点系和刚体的动能计算…………………………………………………………… (173)
6.13.1　质点系动能的分解计算………………………………………………………… (173)
6.13.2　三种简单运动刚体的动能……………………………………………………… (174)
6.14　功率和功率方程……………………………………………………………………… (179)
6.15　势力、势能以及相应的动能定理 …………………………………………………… (181)
6.15.1　势力和势能……………………………………………………………………… (181)
6.15.2　具有势力时系统的动能定理…………………………………………………… (182)
习题……………………………………………………………………………………………… (185)

第 7 章　碰撞 …… (198)
7.1　碰撞现象的基本特征 …… (198)
7.2　研究碰撞的基本定理 …… (198)
7.2.1　碰撞时的动量定理(冲量定理) …… (198)
7.2.2　碰撞时的动量矩定理(冲量矩定理) …… (199)
7.3　两物体的碰撞及其恢复系数 …… (200)
7.3.1　两物体的对心碰撞 …… (200)
7.3.2　两物体非对心碰撞的恢复系数 …… (201)
7.4　碰撞对定轴转动刚体和平面运动刚体的作用 …… (201)
7.4.1　对定轴转动刚体的作用 …… (201)
7.4.2　对平面运动刚体的作用 …… (202)
7.5　例题 …… (203)
习题 …… (209)
第 8 章　刚体动力学 …… (211)
8.1　定轴转动刚体的三维动力学 …… (211)
8.1.1　运动方程 …… (211)
8.1.2　消除附加动反力的条件 …… (213)
8.2　定点运动刚体的动力学方程 …… (214)
8.2.1　刚体定点运动时的动量矩和动能 …… (214)
8.2.2　惯性矩阵 …… (216)
8.2.3　惯性椭球和主惯性矩 …… (219)
8.2.4　Euler 动力学方程 …… (223)
8.3　定点运动刚体的自由转动 …… (224)
8.3.1　首次积分 …… (224)
8.3.2　自由转动刚体的角速度 …… (225)
8.3.3　动力学对称刚体的自由转动 …… (225)
8.3.4　Poinsot 方法 …… (227)
8.4　重力矩作用下刚体的定点运动 …… (230)
8.4.1　运动方程及其首次积分 …… (230)
8.4.2　陀螺基本公式 …… (231)
8.4.3　陀螺近似理论 …… (234)
8.5　任意运动刚体的动力学 …… (235)
8.5.1　任意运动刚体的运动微分方程 …… (235)
8.5.2　平面运动刚体的三维动力学 …… (238)

8.5.3 任意凸形刚体在水平面上的运动…… (239)
习题…… (241)
第9章 分析力学基础…… (247)
9.1 质点系运动学的基本特征 …… (247)
9.1.1 非自由质点系及其约束…… (247)
9.1.2 约束对质点系的位置和速度的限制…… (249)
9.1.3 真实位移、可能位移与虚位移 …… (249)
9.1.4 自由度…… (252)
9.1.5 广义坐标和广义速度…… (252)
9.2 Lagrange 变分方程 …… (255)
9.3 Lagrange 方程(第二类) …… (257)
9.3.1 Lagrange 方程 …… (257)
9.3.2 完整系统的能量关系…… (264)
9.3.3 陀螺力、耗散力和 Rayleigh 函数 …… (267)
9.3.4 Lagrange 方程相对于广义速度的可解性 …… (268)
9.4 Hamilton 正则方程 …… (269)
9.4.1 Legendre 变换和 Hamilton 函数 …… (269)
9.4.2 Hamilton 方程 …… (270)
9.4.3 Jacobi 积分…… (271)
9.5 Routh 函数和 Routh 方程 …… (272)
9.5.1 Routh 函数…… (272)
9.5.2 Routh 方程…… (272)
9.6 非完整系统的运动方程 …… (273)
9.6.1 带约束乘子的运动方程…… (273)
9.6.2 伪坐标…… (279)
9.6.3 Maggi 方程…… (281)
9.6.4 Appell 方程 …… (286)
9.6.5 一般动力学方程(Kane 方程) …… (290)
9.6.6 一阶非线性非完整约束…… (296)
习题…… (296)
附录…… (306)
参考文献…… (310)
二维码资源使用说明…… (311)

第1章 绪　　论

1.1　动力学发展简史

动力学主要研究质点、质点系和刚体的运动与作用力之间的基本定律、基本方程及其应用。动力学的发展与几何学、运动学的发展密切相关。至今,最简单和最广泛使用的是 Euclid 几何。在 Euclid 空间中,一个向量的长度定义为向量各个分量平方和的平方根,满足平行公理和一致性假设,非常适合研究刚体的运动。Euclid 空间也可称为平直空间,其测度结构是均匀和各向同性的,因此与事物在空间的分布无关,进而在 Euclid 空间中具有完全的位置相对性和方向相对性。因此,将 Euclid 几何作为 Newtonian 力学的架构。更一般的几何学是 Riemann 几何,它是对 Gauss 发展的二维曲面几何学的一种推广。与 Euclid 几何相比,在 Riemann 几何中,空间性质由测度系数决定,各个点可以不同,因此不再具有位置相对性,Einstein 的广义相对论采用 Riemann 几何学。本书不涉及相对论,只研究以 Newton 运动定律为基础的经典动力学问题,因此本书只要求读者具备 Euclid 几何学的基础。

运动学(kinematics)与物体的运动相关,因此也称为运动的几何学。要使运动有意义,必须相对于一个参考系进行量度,它需要一个确切定义的坐标系和时间测量装置。在 Newtonian 力学中,假定存在一个绝对空间(Euclid 空间)和绝对时间(该时间的流动与空间无关)。由于 Euclid 空间是均匀和各向同性的,因此我们必须断言没有优先位置和方向,进而没有优先坐标系。为了测量某个点的时间,观察者可以选取任意一种周期现象,比如音叉的振动。当采用时钟时,就会出现与其他地点的时钟的同步性问题,需要通过传播速度为无穷大的信号将当地时间通知另外的观察者。

动力学(dynamics)的研究需要考虑物体在周围环境的影响下的运动。将动力学的研究真正放到科学基础的第一步是由 Galileo 完成的。他将物体运动研究的注意力放到发展加速度的概念并加以追踪上。实际上,他得到的结论是力引起物体速度的改变。这就是 Galileo 惯性定律的基本描述。一个物体抵抗改变其匀速运动状态的趋势称为该物体的**质量**或**惯性**。Galileo 还观察到,对于自由落体,当加速度为常数时速度随时间变化,因此一个物体的运动(静止或匀速)状态的改变必须有其他物体的影响。于是,Galileo 认识到存在优先参考系,在其中的物体,如果不受到力的作用,则做匀速运动或保持静止。这种均匀和各向同性参考系称为**惯性空间**或 **Galilean 参考系**。惯性系要么静止要么相对于固定空间做匀速平动。事实上存在无限个惯性系,它们之间做匀速平动。在所有惯性系中,空间和时间的性质是相同的,动力学定律也是相同的,这就是 **Galileo 相对性原理**。两个惯性系表示的运动之间的关系称为 **Galilean 变换**。

Newton 推广了 Galileo 的思想,在 17 世纪末总结出了 Newton 运动定律。实际上,Newton 第一定律与 Galileo 惯性定律相似。认识到 Galileo 的结果反映的是在地球表面附近重力是常数的事实,Newton 将这些结果推广到力可变的情况。进一步,Newton 将他的定律应用于天体的运动。在研究过程中,他通过对 Kepler 行星定律的正确解释,发展了他的引力定律。当采用惯性系作为参考时,Newton 运动定律假设了最简单的形式,为此,Newton 引入了绝对空间的思想,相对于这个空间任何运动都是可测的。他建议将固连在一个遥远的固定星球上的一个坐标系作为绝对空间。在 Galilean 变换下,Newton 的基本方程是不变的,但是在加速运动的参考系中却不能保持这种不变性。如果我们坚持要在加速运动的参考系中处理力学问题,则我们必须引入虚拟力,比如离心力和 Coriolis 力。根据 Newton 的结果,时间是绝对的,与空间无关,也就是说时间在惯性空间的任意两点是相同的。此外,如果一个物体对另一个物体存在作用力,则这些力只取决于物体的相对位置,并且假设这些力是瞬间传递的。因为在所有惯性系中时间是相同的,所以提出**同时性**的概念就没有困难了,即一个惯性系中的观察者看到两个事件同时发生,则其他所有惯性系中的观察者都看到这两个事件同时发生。

为了使相对性原理对所有物理场都适用,包括电磁场,则 Galilean 变换已经不正确了,必须用另一种使光速在所有系统中保持为常数的变换来替代。这种变换称为 **Lorentz 变换**,它对力学和电磁现象都适用。Lorentz 变换和 Galilean 变换的差值量级为$(v/c)^2$。为了适应光速为常数的实验事实,虽然 Lorentz 意识到了需要一种新的运动学,称之为 Lorentzian 运动学,但他却没有对经典的相对性原理提出质疑。

Einstein 在实验证据的基础上,于 1905 年建立了新的原理。他提出以下两个假设。

(1) 自然定律在所有惯性系中是相同的。

(2) 在所有惯性系中光速相同,且与光源的运动速度无关。

这两个假设形成了 Einstein 狭义相对论的基础。虽然这些假设看起来是矛盾的,但 Einstein 证明,如果放弃绝对时间的概念并将时间作为第四个坐标附加到三个 Euclidean 空间坐标上,则上述假设就可以共存。Einstein 从一般的相对性原理推导了对应的方程。后来,Minkowski 证明了新的 Einsteinian 运动学中,空间和时间是不可分的,导致了一种由四维空间构成的新的几何结构,称为**自然空间**(**world space**)或 **Minkowski 空间**。

在 Newtonian 力学中,**质量**(**mass**)是物体的一个基本属性。它与惯性系的相对运动和时间的流动无关,它是量度一个物体相对于一个 Galilean 参考系保持其匀速运动状态的一种物理量。而在相对论力学中,质量的概念需要加以修正。特别是,相对性质量与速度有关。

当惯性系作为参考系时，力学定律以其最简单的形式出现。在旋转参考系中，非惯性观察者将感受到所谓的 Coriolis 力和离心力。这些力与质量成正比，是由运动引起的，可以采用 Galilean 参考系而得到消除。但是，某些非常重要的力，如引力，也与质量成正比。然而，引力却不能通过保留 Euclidean 空间概念的运动变换加以消除。Einstein 不满足于狭义相对论的第一个假设被限制在 Galilean 参考系中。另一个称之为天才的步骤是，Einstein 放弃了 Minkowski 空间而采用四维 Riemannian 空间，这样就消除了引力。这种空间是有弯曲的，只是在微小的空域中才是 Minkowski 空间。Riemannian 空间的量度系数与各个点的引力质量有关，因此，新的几何结构将空间、时间和物质联系起来了。这种新理论，称为 **Einstein 广义相对论**或 **Einstein 引力理论**，可以解释水星近日点的不规则运动。

可见，Lorentz 变换和 Galilean 变换的差值量级为$(v/c)^2$，其中 v 为物体运动速度，c 为光速。对于经典动力学问题，由于物体运动速度远小于光速，Lorentz 变换退化为 Galilean 变换，时间与空间无关，因此经典力学中的结果，包括地球和天体力学中的现象，可以精确到很高的近似程度。

1.2 动力学的主要内容和学习要求

这门动力学课程是一门经典力学课程，以 Newton 运动定律为基础，主要介绍点的运动学、刚体的运动学、动力学普遍定理、基本的碰撞现象、刚体的动力学、质点系的约束特性、完整系统的 Lagrange 方程、非完整系统的几种方程。

现代工程技术领域要求工科专业毕业生，解决诸如多体航天器姿态控制、机器人技术和复杂机械设备设计中的动力学问题时，需要储备充分的动力学知识。因此，现代动力学课程的一个主要目标是培养学生能够熟练使用可用的最佳方法来建立运动方程，进一步，能够应用计算机从大量复杂的运动方程中提取出价值高的信息。

掌握动力学这门课程需要经过大量练习，本书每章都给出不少例题，它们是教学内容的扩展和深入，希望学生通过反复阅读和领悟获得更多的见解。每章后面提供了必要的习题，学生要努力确保完成一定数量的习题，只有这样才能较好掌握这门课程，从而具备一定的实际应用能力。

1.3 矢量及其运算

只有大小没有方向的量称为**标量**，例如温度、时间、质量、面积、能量等；而具有大小和一个确定方向的量称为**矢量**，例如力、速度、加速度、力矩等。几何中的有向线段就是一个直观的矢量。

矢量可用一个整体符号来表示，例如 $\boldsymbol{a}$（我们采用斜黑体字母表示，手写时用字母上加一个箭头表示，即 $\vec{a}$），它就代表了这个矢量的大小与确定方向。一个矢量最直观、最简单的表示方法是建立一个直角坐标系作为参考系，利用 x_i 坐标轴方向的单位矢量 $\boldsymbol{e}_i$（长度为 1 的矢量），将 $\boldsymbol{a}$ 表示为

$$\boldsymbol{a}=a_1\boldsymbol{e}_1+a_2\boldsymbol{e}_2+a_3\boldsymbol{e}_3 \tag{1.1}$$

其中：$\boldsymbol{e}_1$、$\boldsymbol{e}_2$、$\boldsymbol{e}_3$ 分别为沿直角坐标轴 x_1、x_2、x_3 的正向单位矢量，称为**基矢量**；a_1、a_2、a_3 表示矢量 $\boldsymbol{a}$ 沿三个坐标轴正向的**投影**（或**分量**）。当矢量 $\boldsymbol{a}$ 的起点与坐标原点重合时，这些分量也是矢量的**终点坐标**。式(1.1)称为矢量 $\boldsymbol{a}$ 的**基矢量展开式**。

在一定的坐标系内，由于 $\boldsymbol{e}_i$ 是确定的，因此矢量 $\boldsymbol{a}$ 也可用其三个分量 a_1、a_2、a_3 来表示。为了对矢量进行矩阵运算，我们规定用这三个分量组成的列向量 $[a_1,a_2,a_3]^{\mathrm{T}}$ 来表示 $\boldsymbol{a}$（这里仍然用斜黑体字母 $\boldsymbol{a}$ 表示这个列向量）。有时，为了不引起混淆，用其他符号来表示列向量 $[a_1,a_2,a_3]^{\mathrm{T}}$，如 $\hat{\boldsymbol{a}}=[a_1,a_2,a_3]^{\mathrm{T}}$ 或 $\{a\}=[a_1,a_2,a_3]^{\mathrm{T}}$。因此，矢量 $\boldsymbol{a}$ 也可写为

$$\boldsymbol{a}=[\boldsymbol{e}_1,\boldsymbol{e}_2,\boldsymbol{e}_3]\begin{bmatrix}a_1\\a_2\\a_3\end{bmatrix}=\boldsymbol{e}^{\mathrm{T}}\hat{\boldsymbol{a}} \quad 或 \quad \boldsymbol{a}=\boldsymbol{e}^{\mathrm{T}}\hat{\boldsymbol{a}} \tag{1.2}$$

其中：$\boldsymbol{e}=[\boldsymbol{e}_1,\boldsymbol{e}_2,\boldsymbol{e}_3]^{\mathrm{T}}$，为三个基矢量组成的列向量，称为**基 $\boldsymbol{e}$**。

以上给出了矢量的不同表示形式。

1.3.1 矢量的加减和数积

设矢量

$$\boldsymbol{u}=u_1\boldsymbol{e}_1+u_2\boldsymbol{e}_2+u_3\boldsymbol{e}_3,\quad \boldsymbol{v}=v_1\boldsymbol{e}_1+v_2\boldsymbol{e}_2+v_3\boldsymbol{e}_3 \tag{1.3}$$

则有

$$\boldsymbol{u}\pm\boldsymbol{v}=(u_1\pm v_1)\boldsymbol{e}_1+(u_2\pm v_2)\boldsymbol{e}_2+(u_3\pm v_3)\boldsymbol{e}_3 \tag{1.4}$$

$$c\,\boldsymbol{u}=cu_1\boldsymbol{e}_1+cu_2\boldsymbol{e}_2+cu_3\boldsymbol{e}_3 \tag{1.5}$$

式(1.4)和式(1.5)的矩阵表达式为

$$\boldsymbol{u}\pm\boldsymbol{v}=[u_1\pm v_1,u_2\pm v_2,u_3\pm v_3]^{\mathrm{T}} \tag{1.6}$$

$$c\,\boldsymbol{u}=[cu_1,cu_2,cu_3]^{\mathrm{T}} \tag{1.7}$$

这里，矢量 $\boldsymbol{u}$ 和 $\boldsymbol{v}$ 的列向量表示为

$$\boldsymbol{u}=[u_1,u_2,u_3]^{\mathrm{T}},\quad \boldsymbol{v}=[v_1,v_2,v_3]^{\mathrm{T}} \tag{1.8}$$

1.3.2 矢量的乘积

1. 标量积（点积或内积）

$$w=\boldsymbol{u}\cdot\boldsymbol{v}=|\boldsymbol{u}||\boldsymbol{v}|\cos\theta=u_1v_1+u_2v_2+u_3v_3,\quad \theta=\angle(\boldsymbol{u},\boldsymbol{v}) \tag{1.9}$$

标量积的矩阵表达式为

$$w=\boldsymbol{u}\cdot\boldsymbol{v}=\boldsymbol{u}^{\mathrm{T}}\boldsymbol{v}=\boldsymbol{u}\boldsymbol{v}^{\mathrm{T}}=[u_1,u_2,u_3]\begin{bmatrix}v_1\\v_2\\v_3\end{bmatrix} \tag{1.10}$$

2. 矢量积(叉积)

$$\begin{aligned}\boldsymbol{w}&=\boldsymbol{u}\times\boldsymbol{v}=|\boldsymbol{u}||\boldsymbol{v}|\sin\theta\boldsymbol{i}=(u_2v_3-u_3v_2)\boldsymbol{e}_1\\&\quad+(u_3v_1-u_1v_3)\boldsymbol{e}_2+(u_1v_2-u_2v_1)\boldsymbol{e}_3\\&=\begin{vmatrix}\boldsymbol{e}_1&\boldsymbol{e}_2&\boldsymbol{e}_3\\u_1&u_2&u_3\\v_1&v_2&v_3\end{vmatrix}\end{aligned} \tag{1.11}$$

其中:$\boldsymbol{u}$、$\boldsymbol{v}$、$\boldsymbol{w}$ 为矢量符号;$\theta=\angle(\boldsymbol{u},\boldsymbol{v})$;$\boldsymbol{i}$ 是垂直于 $\boldsymbol{u}$ 和 $\boldsymbol{v}$ 的单位矢量,通过右手法则确定。

矢量积的矩阵表达式为

$$\boldsymbol{w}=\tilde{\boldsymbol{u}}\boldsymbol{v} \tag{1.12}$$

其中:$\boldsymbol{w}$、$\boldsymbol{v}$ 为列向量,$\boldsymbol{w}=[w_1,w_2,w_3]^{\mathrm{T}}$,$\boldsymbol{v}=[v_1,v_2,v_3]^{\mathrm{T}}$;$\tilde{\boldsymbol{u}}$ 为由 $\boldsymbol{u}=[u_1,u_2,u_3]^{\mathrm{T}}$ 的列向量元素组成的一个 3×3 矩阵,称为矢量 $\boldsymbol{u}$ 的**叉积矩阵**,具体为

$$\tilde{\boldsymbol{u}}=\begin{bmatrix}0&-u_3&u_2\\u_3&0&-u_1\\-u_2&u_1&0\end{bmatrix} \tag{1.13}$$

$\tilde{\boldsymbol{u}}$ 为反对称矩阵,故有

$$\tilde{\boldsymbol{u}}^{\mathrm{T}}=-\tilde{\boldsymbol{u}}$$

1.3.3 三重积

1. 三重标积

$$\boldsymbol{u}\cdot(\boldsymbol{v}\times\boldsymbol{w})=\boldsymbol{v}\cdot(\boldsymbol{w}\times\boldsymbol{u})=\boldsymbol{w}\cdot(\boldsymbol{u}\times\boldsymbol{v})=\begin{vmatrix}u_1&u_2&u_3\\v_1&v_2&v_3\\w_1&w_2&w_3\end{vmatrix} \tag{1.14}$$

当 $\boldsymbol{u}$、$\boldsymbol{v}$、$\boldsymbol{w}$ 构成右手系时,式(1.14)表示由 $\boldsymbol{u}$、$\boldsymbol{v}$、$\boldsymbol{w}$ 构成的平行六面体的体积。

2. 三重矢积

$$\boldsymbol{u}\times(\boldsymbol{v}\times\boldsymbol{w})=(\boldsymbol{u}\cdot\boldsymbol{w})\boldsymbol{v}-(\boldsymbol{u}\cdot\boldsymbol{v})\boldsymbol{w} \tag{1.15}$$

1.4 坐标变换

现在我们所关心的问题是:同一个矢量在不同的坐标系中的分量之间有什么变换关系?矢量的哪些性质是不随坐标系的变化而变化的?

设有两个直角坐标系$(O,\boldsymbol{i}_1,\boldsymbol{i}_2,\boldsymbol{i}_3)$和$(A,\boldsymbol{e}_1,\boldsymbol{e}_2,\boldsymbol{e}_3)$,如图 1.1 所示。我们将基

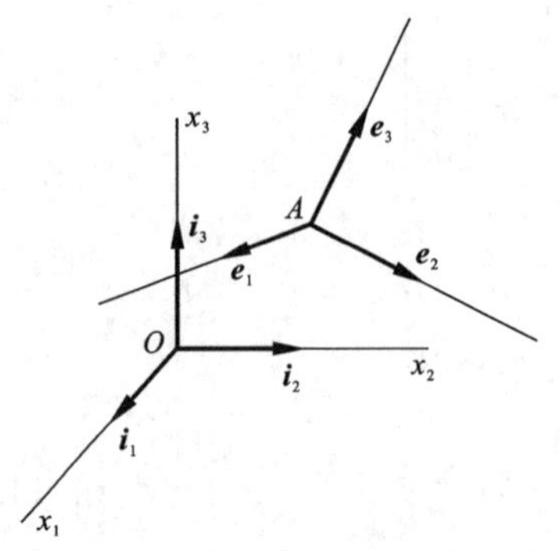

图 1.1 两个直角坐标系

矢量组 $[\boldsymbol{i}_1,\boldsymbol{i}_2,\boldsymbol{i}_3]^{\mathrm{T}}$ 称为**基** $\boldsymbol{i}$，将基矢量组 $[\boldsymbol{e}_1,\boldsymbol{e}_2,\boldsymbol{e}_3]^{\mathrm{T}}$ 称为**基** $\boldsymbol{e}$。

基矢量 $\boldsymbol{e}_1$ 作为一个矢量，可以在基 $\boldsymbol{i}$ 中分解成三个分量，可写成

$$\boldsymbol{e}_1=b_{11}\boldsymbol{i}_1+b_{12}\boldsymbol{i}_2+b_{13}\boldsymbol{i}_3 \tag{1.16}$$

其中：b_{11}、b_{12}、b_{13} 为基矢量 $\boldsymbol{e}_1$ 在基 $\boldsymbol{i}$ 中的分量或坐标。因为 $\boldsymbol{e}_1$ 是单位矢量，所以这三个分量是 $\boldsymbol{e}_1$ 在基 $\boldsymbol{i}$ 中的**方向余弦**，它们的平方和等于 1，有

$$\begin{cases}b_{11}=\boldsymbol{e}_1\cdot\boldsymbol{i}_1,\quad b_{12}=\boldsymbol{e}_1\cdot\boldsymbol{i}_2,\quad b_{13}=\boldsymbol{e}_1\cdot\boldsymbol{i}_3\\ b_{11}^2+b_{12}^2+b_{13}^2=1\end{cases} \tag{1.17}$$

同样地，对 $\boldsymbol{e}_2$、$\boldsymbol{e}_3$ 也可写出类似的表达式，合起来写成

$$\begin{cases}\boldsymbol{e}_1=b_{11}\boldsymbol{i}_1+b_{12}\boldsymbol{i}_2+b_{13}\boldsymbol{i}_3\\ \boldsymbol{e}_2=b_{21}\boldsymbol{i}_1+b_{22}\boldsymbol{i}_2+b_{23}\boldsymbol{i}_3\\ \boldsymbol{e}_3=b_{31}\boldsymbol{i}_1+b_{32}\boldsymbol{i}_2+b_{33}\boldsymbol{i}_3\end{cases} \tag{1.18}$$

写成矩阵形式：

$$\begin{bmatrix}\boldsymbol{e}_1\\ \boldsymbol{e}_2\\ \boldsymbol{e}_3\end{bmatrix}=\begin{bmatrix}b_{11} & b_{12} & b_{13}\\ b_{21} & b_{22} & b_{23}\\ b_{31} & b_{32} & b_{33}\end{bmatrix}\begin{bmatrix}\boldsymbol{i}_1\\ \boldsymbol{i}_2\\ \boldsymbol{i}_3\end{bmatrix} \tag{1.19}$$

或

$$\boldsymbol{e}=\boldsymbol{B}\boldsymbol{i},\quad \boldsymbol{B}=\begin{bmatrix}b_{11} & b_{12} & b_{13}\\ b_{21} & b_{22} & b_{23}\\ b_{31} & b_{32} & b_{33}\end{bmatrix} \tag{1.20}$$

其中：$\boldsymbol{e}$ 和 $\boldsymbol{i}$ 为列向量，$\boldsymbol{e}=[\boldsymbol{e}_1,\boldsymbol{e}_2,\boldsymbol{e}_3]^{\mathrm{T}}$，$\boldsymbol{i}=[\boldsymbol{i}_1,\boldsymbol{i}_2,\boldsymbol{i}_3]^{\mathrm{T}}$；$\boldsymbol{B}$ 为**基变换矩阵**（具体说是将基 $\boldsymbol{i}$ 变为基 $\boldsymbol{e}$ 的变换矩阵，或用 $\boldsymbol{i}$ 来表示 $\boldsymbol{e}$ 的变换矩阵），它是一个 3×3 矩阵，矩阵的元素 b_{ij} 为

$$b_{ij}=\boldsymbol{e}_i\cdot\boldsymbol{i}_j,\quad i,j=1,2,3 \tag{1.21}$$

所以 b_{ij}，$j=1,2,3$，是基矢量 $\boldsymbol{e}_i$ 在基 $\boldsymbol{i}$ 中的方向余弦。

因为 $\boldsymbol{i}$ 是单位正交基，所以有

$$\boldsymbol{i}\cdot\boldsymbol{i}^{\mathrm{T}}=\begin{bmatrix}\boldsymbol{i}_1\\ \boldsymbol{i}_2\\ \boldsymbol{i}_3\end{bmatrix}[\boldsymbol{i}_1,\boldsymbol{i}_2,\boldsymbol{i}_3]=\begin{bmatrix}\boldsymbol{i}_1\cdot\boldsymbol{i}_1 & \boldsymbol{i}_1\cdot\boldsymbol{i}_2 & \boldsymbol{i}_1\cdot\boldsymbol{i}_3\\ \boldsymbol{i}_2\cdot\boldsymbol{i}_1 & \boldsymbol{i}_2\cdot\boldsymbol{i}_2 & \boldsymbol{i}_2\cdot\boldsymbol{i}_3\\ \boldsymbol{i}_3\cdot\boldsymbol{i}_1 & \boldsymbol{i}_3\cdot\boldsymbol{i}_2 & \boldsymbol{i}_3\cdot\boldsymbol{i}_3\end{bmatrix}=\begin{bmatrix}1 & 0 & 0\\ 0 & 1 & 0\\ 0 & 0 & 1\end{bmatrix}$$

即 $\boldsymbol{i}\cdot\boldsymbol{i}^{\mathrm{T}}=\boldsymbol{I}$，$\boldsymbol{I}$ 是单位矩阵。同样地，对于单位正交基 $\boldsymbol{e}$，也有

$$\boldsymbol{e}\cdot\boldsymbol{e}^{\mathrm{T}}=\boldsymbol{I}$$

将式(1.20)代入上式得

$$\boldsymbol{e}\cdot\boldsymbol{e}^{\mathrm{T}}=\boldsymbol{I}=(\boldsymbol{B}\boldsymbol{i})\cdot(\boldsymbol{B}\boldsymbol{i})^{\mathrm{T}}=\boldsymbol{B}\boldsymbol{i}\cdot\boldsymbol{i}^{\mathrm{T}}\boldsymbol{B}^{\mathrm{T}}=\boldsymbol{B}\boldsymbol{B}^{\mathrm{T}}$$

则有 $\boldsymbol{I}=\boldsymbol{B}\boldsymbol{B}^{\mathrm{T}}$ 或 $\boldsymbol{B}^{-1}=\boldsymbol{B}^{\mathrm{T}}$,由此可知 $\boldsymbol{B}$ 是一个**正交矩阵**。可见,矩阵 $\boldsymbol{B}$ 的 9 个元素有 6 个约束关系[即每个行(或列)元素的平方和为 1,任意两行(或两列)元素的点积为零],因此只有 3 个元素是独立的,这意味着一个坐标系的方位只需 3 个独立的参数就可确定。

现在来说明变换矩阵 $\boldsymbol{B}$ 的行列式等于 1。在右旋(或左旋)直角坐标系中,有

$$\boldsymbol{i}_1\cdot(\boldsymbol{i}_2\times\boldsymbol{i}_3)=\boldsymbol{e}_1\cdot(\boldsymbol{e}_2\times\boldsymbol{e}_3)=1 \tag{1.22}$$

这是三个基矢量的三重标积,它的几何意义是由三个基矢量构成的立方体的体积为 1。将式(1.19)或式(1.20)代入上式,并由三重标积的行列式(1.14)可得

$$\boldsymbol{e}_1\cdot(\boldsymbol{e}_2\times\boldsymbol{e}_3)=\begin{vmatrix} b_{11} & b_{12} & b_{13}\\ b_{21} & b_{22} & b_{23}\\ b_{31} & b_{32} & b_{33}\end{vmatrix}=1 \tag{1.23}$$

或

$$\det(\boldsymbol{A})=1 \tag{1.24}$$

现在来考虑一个矢量的分量(或坐标)在不同坐标系之间的变换。设矢量 $\boldsymbol{u}$ 在基 $\boldsymbol{i}$ 中可表示为

$$\boldsymbol{u}=u_1^i\boldsymbol{i}_1+u_2^i\boldsymbol{i}_2+u_3^i\boldsymbol{i}_3 \tag{1.25}$$

其中:u_1^i、u_2^i、u_3^i 为 $\boldsymbol{u}$ 在基 $\boldsymbol{i}$ 中的三个投影(或坐标)。写成矩阵形式,为

$$\boldsymbol{u}=[\boldsymbol{i}_1,\boldsymbol{i}_2,\boldsymbol{i}_3]\begin{bmatrix}u_1^i\\ u_2^i\\ u_3^i\end{bmatrix}=\boldsymbol{i}^{\mathrm{T}}\boldsymbol{u}^i$$

其中:$\boldsymbol{u}^i=[u_1^i,u_2^i,u_3^i]^{\mathrm{T}}$。同样地,矢量 $\boldsymbol{u}$ 在基 $\boldsymbol{e}$ 中可以表示为

$$\boldsymbol{u}=u_1^e\boldsymbol{e}_1+u_2^e\boldsymbol{e}_2+u_3^e\boldsymbol{e}_3=[\boldsymbol{e}_1,\boldsymbol{e}_2,\boldsymbol{e}_3]\begin{bmatrix}u_1^e\\ u_2^e\\ u_3^e\end{bmatrix}=\boldsymbol{e}^{\mathrm{T}}\boldsymbol{u}^e$$

所以有

$$\boldsymbol{u}=\boldsymbol{e}^{\mathrm{T}}\boldsymbol{u}^e=\boldsymbol{i}^{\mathrm{T}}\boldsymbol{u}^i \quad\Rightarrow\quad \boldsymbol{e}^{\mathrm{T}}\boldsymbol{u}^e=\boldsymbol{e}^{\mathrm{T}}\boldsymbol{B}\boldsymbol{u}^i$$

由此可得

$$\boldsymbol{u}^e=\boldsymbol{B}\boldsymbol{u}^i \tag{1.26}$$

又得

$$\boldsymbol{u}^i=\boldsymbol{B}^{\mathrm{T}}\boldsymbol{u}^e \tag{1.27}$$

式(1.26)给出了同一个矢量的分量(或坐标)在不同坐标系之间的变换关系,具体说就是同一个矢量从基 $\boldsymbol{i}$ 中的分量变为基 $\boldsymbol{e}$ 中的分量(或用基 $\boldsymbol{i}$ 中的分量表示基 $\boldsymbol{e}$

中的分量），变换矩阵仍然为 $\boldsymbol{B}$，所以矩阵 $\boldsymbol{B}$ 也称为**坐标变换矩阵**。

由前面的论述可知，坐标系改变后，一个矢量的分量会跟着变化，但矢量本身是与坐标系的选取无关的一个量。此外不难验证，一个矢量的模、一个矢量在已知固定方向上的投影和两个矢量的点积等在坐标变换时是不会变化的，这些量称为坐标变换的**不变量**。

第 2 章　点的运动学

运动学中只研究点和物体的几何位置随时间的变化关系，不涉及引起这种变化的原因。在动力学中，我们将研究力与运动之间的关系，所以运动学的内容是研究动力学的基础；运动学的知识也可直接应用于实际，如机械设计中经常需要做的机构运动分析。

质点系是力学研究的最基本模型，质点也是组成物体的最基本单元，由于运动学中研究的问题与质点的质量无关，可以将质点视为没有大小和形状的几何点，因此研究点的运动具有基本意义。下面就来研究这种点的运动学问题。

2.1　参考系和坐标系

要想研究点和物体的运动，首先就要解决它们的几何位置的描述（定位）问题，这只能从它们与周围物体的相互关系中去描述，指明被考察的点和物体相对于周围哪个物体做运动。我们选取某个三维的、不变形的物体作为**参考体**，并在参考体上取不共面的三条相交的线作为**标架**；这个标架与参考体固连在一起，它可以代表参考体，我们把它叫作**参考系**。例如，我们可以在汽车车厢上安置一个固连标架，也可以在地面上安置一个固连标架，使它的三个方向分别沿着当地的经线、纬线和天顶。这样就得到两个不同的参考系。

顺便介绍一下地心参考系。假想从地球中心出发，引出三根线，分别指向三个恒星。这个标架的原点（三条线的交点）与地心一起运动，标架的三根轴方向不变，这样形成的参考系称为**地心参考系**，如图 2.1 所示。

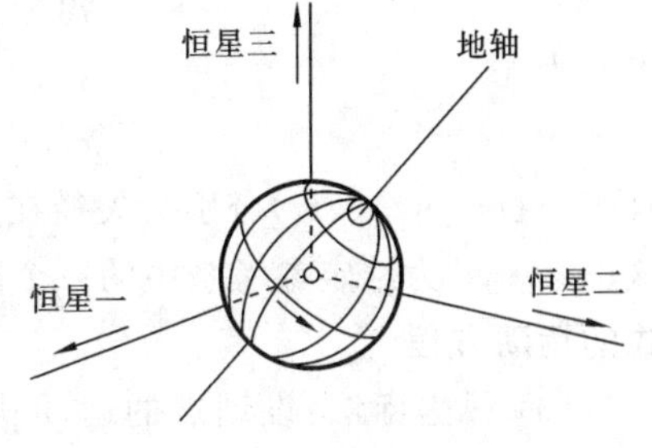

图 2.1　地心参考系

参考系和坐标系是两个不同的概念。参考系选定了，物体是静止还是运动，以及是做怎样的运动，才有明确的意义，然后才可以在参考系中安置一定的**坐标系**。在同一个参考系中可以安置许多不同的坐标系。比如，在地球这个参考系中，我们可以安置直角坐标系、极坐标系、柱坐标系或球坐标系等。

在讨论一般的理论问题时，我们总是希望所得结果不依赖于坐标系的选择，也就是说希望所得的结果对于各种不同的坐标系都能适应。为此，总是先用矢量（或其他量，如张量）表示出各种量之间的关系；在求解具体问题时，再选用合适的坐标系。

2.2 动点位置的基本描述方法

相对于参考系运动的点称为**动点**，动点的运动用三个物理量来描述：**位移**、**速度**和**加速度**。在任意一个时间间隔，动点起始位置到终了位置的长度矢量称为动点在该时间间隔上的**位移**；位移的大小和方向随时间的变化率就是**速度**，所以速度描述了动点运动的快慢和方向；速度的大小和方向随时间的变化率就是**加速度**。

动点运动过程中在空间扫描出的一条空间曲线称为动点的**轨迹**。对于同一个动点，在不同参考系中观察到的轨迹一般是不一样的。比如，一个在轮船甲板上沿直线爬行的甲虫，它相对于船(以船为参考系)的轨迹为直线，当船转弯时，它相对于地球的轨迹(在岸上的观察者看到的)显然是一条曲线。

为了计算动点的位移、速度和加速度，首先需要确定动点在参考系中的空间位置随时间变化的函数(即定位)。动点在参考系中的空间位置可以用不同的方法来描述，下面先给出三种基本的描述方法，后面再逐个介绍其他描述方法。

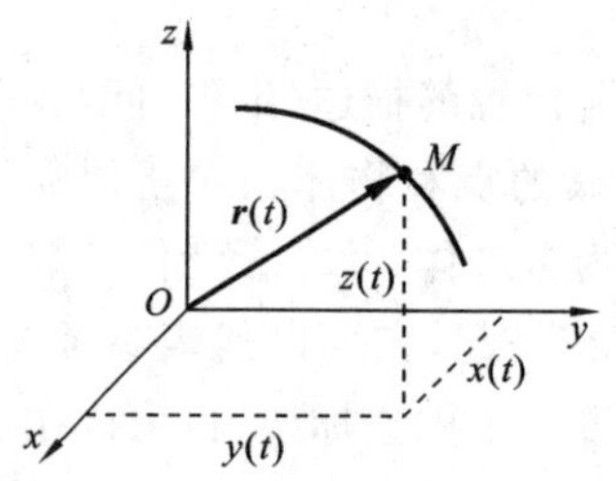

图 2.2 动点的矢径和直角坐标

(1) **矢径法**：在给定的参考系中固定一点 O，每一时刻从点 O 指向动点 M 都有一个**矢径**(或**向径**)$\boldsymbol{r}$，如图 2.2 所示。$\boldsymbol{r}$ 一般随时间而变，因此有

$$\boldsymbol{r}=\boldsymbol{r}(t) \tag{2.1}$$

该矢径完全确定了动点 M 在空间的瞬时位置。

(2) **直角坐标法**：动点 M 在每一时刻的空间位置也可以用三个直角坐标完全确定(同一时刻的三个直角坐标与矢径是一一对应的)，因此动点 M 的位置可表示为

$$x=x(t),\quad y=y(t),\quad z=z(t) \tag{2.2}$$

其中：$x(t)$、$y(t)$、$z(t)$分别为矢径在直角坐标系 $Oxyz$ 中的三个投影，如图 2.2 所示。这里，$Oxyz$ 为给定参考系中的一个固定坐标系。式(2.2)称为动点 M 的**直角坐标形式的运动方程**。

(3) **弧坐标法**：设动点的运动轨迹已知，因为动点的运动轨迹一旦形成，它与参考系之间的相对位置关系永远不变，所以可以用动点的运动轨迹作为参考系来确定点的位置，轨迹就是一条曲线。如图 2.3 所示，在轨迹上任取一点 E，以点 E 为原点在轨迹上定义弧坐标 s，显然 $s(t)$ 唯一地确定动点 M 的瞬时位置，因此动点 M 的位置可表示为

$$s=s(t) \tag{2.3}$$

式(2.3)称为动点 M 的**弧坐标形式的运动方程**。

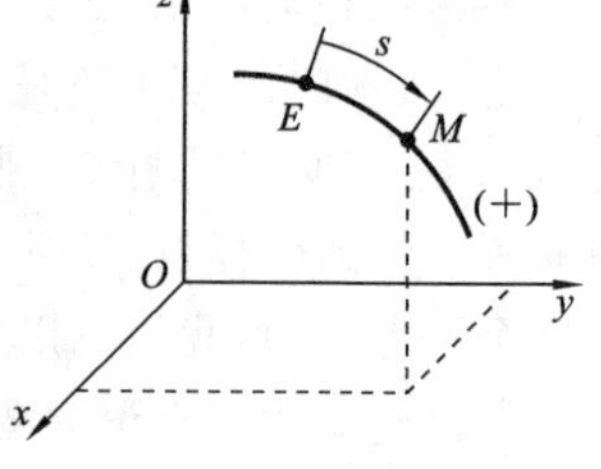

图 2.3 动点在其自身轨迹上的弧坐标

2.3　动点速度和加速度的基本表示方法

针对上面关于动点位置的基本描述方法，我们给出动点的速度、加速度的基本表示方法。

2.3.1　矢径表示法

根据前面的论述，动点的速度是位移的时间变化率，根据动点位置描述的矢径法，设动点在微小时段 Δt 内的位移为 $\Delta \boldsymbol{r}$，如图 2.4(a)所示，则**速度** $\boldsymbol{v}$ 定义为

$$\boldsymbol{v}=\lim_{\Delta t\to 0}\frac{\Delta \boldsymbol{r}}{\Delta t}=\frac{\mathrm{d}\boldsymbol{r}}{\mathrm{d}t}\triangleq\dot{\boldsymbol{r}} \tag{2.4}$$

动点的速度是一个矢量，沿轨迹的切线方向，表示动点运动的瞬时方向和快慢。

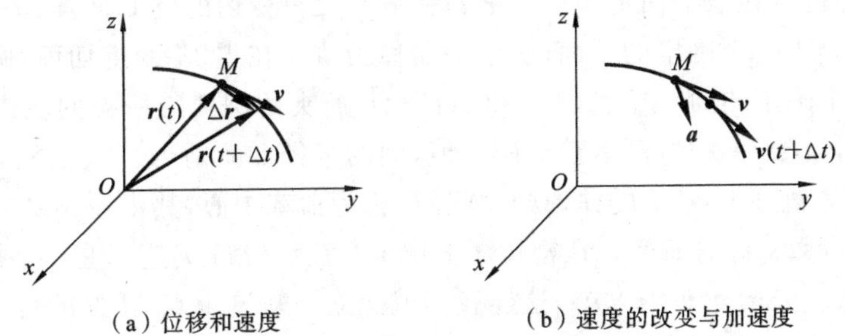

(a) 位移和速度　　(b) 速度的改变与加速度

图 2.4　速度 $\boldsymbol{v}$ 和加速度 $\boldsymbol{a}$ 的定义

动点的加速度为动点速度的时间变化率，表示动点在任意瞬时运动速度的大小和方向改变的程度，如图 2.4(b)所示，则**加速度** $\boldsymbol{a}$ 定义为

$$\boldsymbol{a}=\lim_{\Delta t\to 0}\frac{\Delta \boldsymbol{v}}{\Delta t}=\frac{\mathrm{d}\boldsymbol{v}}{\mathrm{d}t}=\frac{\mathrm{d}^2\boldsymbol{r}}{\mathrm{d}t^2}\quad 或写为\quad \boldsymbol{a}=\dot{\boldsymbol{v}}=\ddot{\boldsymbol{r}} \tag{2.5}$$

动点的加速度也是一个矢量，但加速度矢量一般与速度矢量不同向，偏向轨迹凹的一侧。

2.3.2　直角坐标表示法

因为 $\boldsymbol{r}=x\boldsymbol{i}+y\boldsymbol{j}+z\boldsymbol{k}$，所以速度、加速度在直角坐标系中可分别表示为

$$\boldsymbol{v}=\frac{\mathrm{d}\boldsymbol{r}}{\mathrm{d}t}=\frac{\mathrm{d}x}{\mathrm{d}t}\boldsymbol{i}+\frac{\mathrm{d}y}{\mathrm{d}t}\boldsymbol{j}+\frac{\mathrm{d}z}{\mathrm{d}t}\boldsymbol{k}\triangleq v_x\boldsymbol{i}+v_y\boldsymbol{j}+v_z\boldsymbol{k} \tag{2.6}$$

$$\boldsymbol{a}=\frac{\mathrm{d}\boldsymbol{v}}{\mathrm{d}t}=\frac{\mathrm{d}^2x}{\mathrm{d}t^2}\boldsymbol{i}+\frac{\mathrm{d}^2y}{\mathrm{d}t^2}\boldsymbol{j}+\frac{\mathrm{d}^2z}{\mathrm{d}t^2}\boldsymbol{k}=\frac{\mathrm{d}v_x}{\mathrm{d}t}\boldsymbol{i}+\frac{\mathrm{d}v_y}{\mathrm{d}t}\boldsymbol{j}+\frac{\mathrm{d}v_z}{\mathrm{d}t}\boldsymbol{k}\triangleq a_x\boldsymbol{i}+a_y\boldsymbol{j}+a_z\boldsymbol{k} \tag{2.7}$$

其中：

$$v_x=\frac{\mathrm{d}x}{\mathrm{d}t}=\dot{x},\quad v_y=\frac{\mathrm{d}y}{\mathrm{d}t}=\dot{y},\quad v_z=\frac{\mathrm{d}z}{\mathrm{d}t}=\dot{z}$$

$$a_x=\dot{v}_x=\ddot{x},\quad a_y=\dot{v}_y=\ddot{y},\quad a_z=\dot{v}_z=\ddot{y}$$

2.3.3　自然轴系表示法

如图 2.5 所示，在动点轨迹上任意一点 M 可以作出一套正交轴系，各轴的正向单位矢量为 $\boldsymbol{\tau}$、$\boldsymbol{n}$、$\boldsymbol{b}$，它们分别为点 M 处轨迹的切线、主法线和副法线单位矢量，其中 $\boldsymbol{\tau}$ 的正向与轨迹的假设正向一致，$\boldsymbol{\tau}$ 与 $\boldsymbol{n}$ 位于密切面上，$\boldsymbol{b}=\boldsymbol{\tau}\times\boldsymbol{n}$。这样得到的正交轴系称为**自然轴系**。下面我们来建立自然轴系，同时将速度和加速度矢量用自然轴系中的投影式来表示。

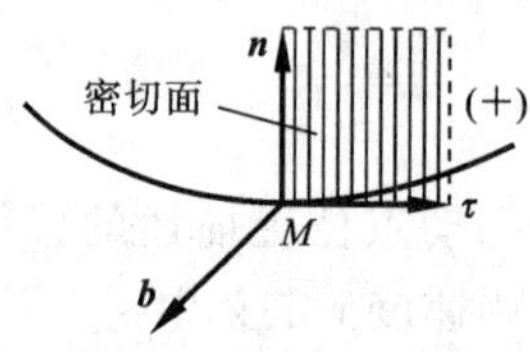

图 2.5　轨迹的自然轴系

如图 2.6(a)所示，在轨迹上任意一点 M 及其邻近点 M' 作出切向单位矢量 $\boldsymbol{\tau}(t)$ 和 $\boldsymbol{\tau}(t+\Delta t)$，矢量 $\boldsymbol{\tau}(t)$ 和 $\boldsymbol{\tau}(t+\Delta t)$ 可认为近似在一个平面上，于是我们可以在该平面上作出与 $\boldsymbol{\tau}(t)$ 和 $\boldsymbol{\tau}(t+\Delta t)$ 相切的圆 C。当 $\Delta t\to 0$ 时，$\boldsymbol{\tau}(t)$ 和 $\boldsymbol{\tau}(t+\Delta t)$ 趋于一个确定的平面，这个平面称为轨迹在点 M 的**密切面**；圆 C 趋于密切面上的一个确定的圆。显然，$\boldsymbol{\tau}(t)$ 和 $\boldsymbol{\tau}(t+\Delta t)$ 所夹的圆弧与所夹的轨迹曲线段 Δs 是很接近的，当 $\Delta s\to 0$ 时，两者趋于同一值，圆的半径 ρ 就是 $\Delta s/\Delta\phi$ 的极限。这样得到的圆 C 称为轨迹上点 M 的**曲率圆**，圆心 C 称为**曲率中心**，其半径 ρ 称为**曲率半径**，曲率半径的倒数 κ 称为**曲率**。在密切面上作出主法线矢量 $\boldsymbol{n}$，它垂直于 $\boldsymbol{\tau}$ 指向曲率中心，再作副法线矢量 $\boldsymbol{b}(\boldsymbol{b}=\boldsymbol{\tau}\times\boldsymbol{n})$，这样我们就建立了轨迹上点 M 处的自然轴系。基于上述内容，轨迹在点 M 的曲率和曲率半径分别为

$$\kappa=\lim_{\Delta s\to 0}\frac{|\Delta\phi|}{|\Delta s|}=\left|\frac{\mathrm{d}\phi}{\mathrm{d}s}\right|,\quad \rho=\frac{1}{\kappa}\tag{2.8}$$

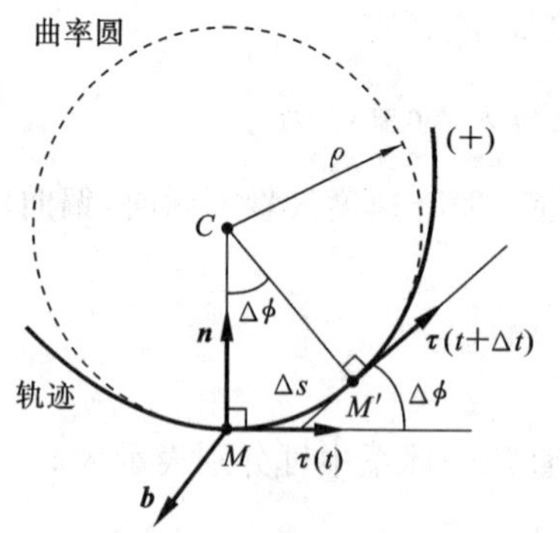

(a) 轨迹的曲率和自然轴系的关系

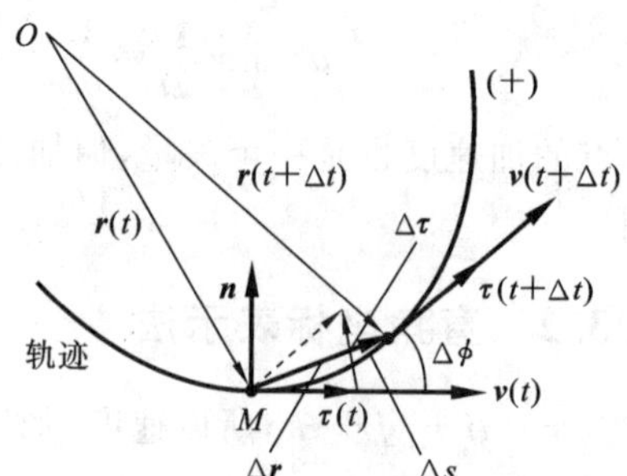

(b) 速度及其变化与自然轴系的关系

图 2.6　轨迹的曲率、速度及其变化和自然轴系的关系

现在来推出动点速度、加速度的自然轴系表达式。如图 2.6(b)所示，速度为

$$\boldsymbol{v}=\frac{\mathrm{d}\boldsymbol{r}}{\mathrm{d}t}=\frac{\mathrm{d}\boldsymbol{r}}{\mathrm{d}t}\frac{\mathrm{d}s}{\mathrm{d}s}=\frac{\mathrm{d}\boldsymbol{r}}{\mathrm{d}s}\frac{\mathrm{d}s}{\mathrm{d}t}$$

而

$$\frac{\mathrm{d}\boldsymbol{r}}{\mathrm{d}s}=\lim_{\Delta s\to 0}\frac{\Delta\boldsymbol{r}}{\Delta s}=\boldsymbol{\tau}$$

所以

$$\boldsymbol{v}=\frac{\mathrm{d}s}{\mathrm{d}t}\boldsymbol{\tau}=v\,\boldsymbol{\tau}\tag{2.9}$$

其中：

$$v=\frac{\mathrm{d}s}{\mathrm{d}t}=\dot{s}\tag{2.10}$$

v 为速度的大小。当 $\boldsymbol{v}$ 与 $\boldsymbol{\tau}$ 同向时，$v>0$；当 $\boldsymbol{v}$ 与 $\boldsymbol{\tau}$ 反向时，$v<0$。

动点 M 的加速度为

$$\boldsymbol{a}=\frac{\mathrm{d}(v\,\boldsymbol{\tau})}{\mathrm{d}t}=\frac{\mathrm{d}v}{\mathrm{d}t}\boldsymbol{\tau}+\frac{\mathrm{d}\boldsymbol{\tau}}{\mathrm{d}t}v$$

由图 2.6(b)可知，$\Delta\boldsymbol{\tau}$ 的极限方向趋于主法线方向，因此有

$$\begin{aligned}\frac{\mathrm{d}\boldsymbol{\tau}}{\mathrm{d}t}&=\lim_{\Delta t\to 0}\frac{\Delta\boldsymbol{\tau}}{\Delta t}=\lim_{\Delta t\to 0}\frac{\Delta\boldsymbol{\tau}}{\Delta s}\frac{\Delta s}{\Delta t}=v\lim_{\Delta t\to 0}\frac{\Delta\boldsymbol{\tau}}{\Delta s}=v\lim_{\Delta s\to 0}\frac{\Delta\boldsymbol{\tau}}{\Delta s}\\&=v\lim_{\Delta s\to 0}\frac{|\Delta\boldsymbol{\tau}|}{|\Delta s|}\boldsymbol{n}=v\lim_{\Delta s\to 0}\frac{|\Delta\phi|}{|\Delta s|}\boldsymbol{n}=\frac{v}{\rho}\boldsymbol{n}\end{aligned}$$

所以

$$\boldsymbol{a}=\frac{\mathrm{d}(v\boldsymbol{\tau})}{\mathrm{d}t}=\frac{\mathrm{d}v}{\mathrm{d}t}\boldsymbol{\tau}+\frac{v^2}{\rho}\boldsymbol{n}=\frac{\mathrm{d}^2 s}{\mathrm{d}t^2}\boldsymbol{\tau}+\frac{v^2}{\rho}\boldsymbol{n}\tag{2.11}$$

或写为

$$\boldsymbol{a}=\boldsymbol{a}_\tau+\boldsymbol{a}_n=a_\tau\boldsymbol{\tau}+a_n\boldsymbol{n}\tag{2.12}$$

其中：

$$a_\tau=\frac{\mathrm{d}v}{\mathrm{d}t}=\dot{v}=\ddot{s},\quad a_n=\frac{v^2}{\rho}\tag{2.13}$$

其中：$\boldsymbol{a}_\tau=\dot{v}\,\boldsymbol{\tau}$，称为**切向加速度**，它使速度的大小改变；$\boldsymbol{a}_n=(v^2/\rho)\boldsymbol{n}$，称为**法向加速度**，总是沿主法线方向，它使速度的方向改变。

例 2.1　如图 2.7 所示，一架飞机朝东北某方向匀速航行。在东北天系中，已知它的运动方程为

$$x=x_0+v_1 t,\quad y=y_0+v_2 t,\quad z=h$$

其中 x_0、y_0、h、v_1、v_2 为常数，求该飞机的轨迹方程和弧长方程。

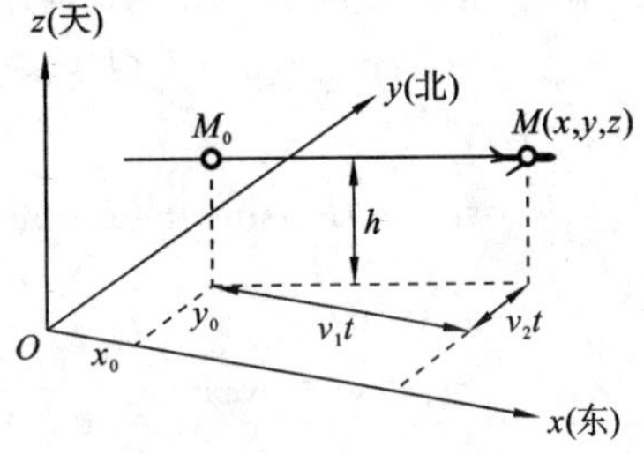

图 2.7　例 2.1 图

解　在运动方程中消去时间变量 t，得到飞机的轨迹方程：

$$\frac{x-x_0}{v_1}=\frac{y-y_0}{v_2},\quad z=h$$

易知，这在平面 $z=h$ 上是一条直线。

取 $t=0$ 时飞机的位置 $M_0(x_0,y_0,h)$ 为弧长 s 的起算点，t 增大时飞机的运动方向为 s 的正方向，则有

$$\begin{aligned} s &= \int_{M_0}^{M} \mathrm{d}s = \int_{(x_0,y_0,h)}^{(x,y,h)} \sqrt{(\mathrm{d}x)^2+(\mathrm{d}y)^2+(\mathrm{d}z)^2} \\ &= \int_0^t \sqrt{v_1^2+v_2^2}\,\mathrm{d}t = \sqrt{v_1^2+v_2^2}\cdot t \end{aligned}$$

这就是飞机的弧长方程。

例 2.2 如图 2.8 所示，绳 AMC 的一端系于固定点 A，绳子穿过滑块 M 上的小孔。绳的另一端系于滑块 C 上。滑块 M 以 v_0 做等速运动。绳长为 l，AE 的长度为 a 且垂直于 DE。求滑块 C 的速度与 AM 的长度($\overline{AM}=x$)之间的关系。当滑块 M 经过点 E 时，滑块 C 的速度为何值？

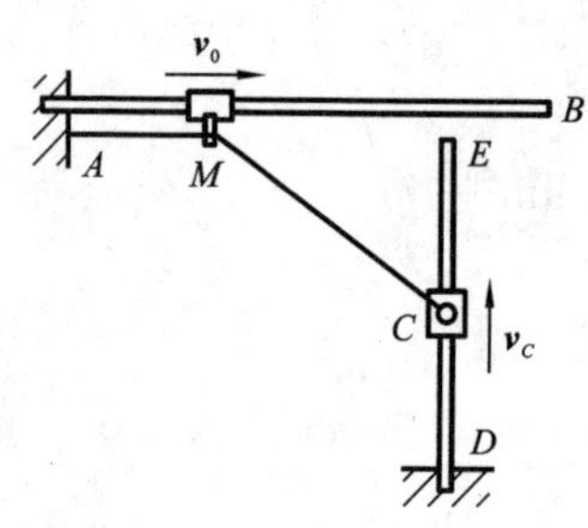

图 2.8 例 2.2 图

解 由几何关系得

$$\overline{DC}=\overline{DE}-\overline{CE}=\overline{DE}-\sqrt{(l-x)^2-(a-x)^2}$$

所以

$$\begin{aligned} v_C &= \frac{\mathrm{d}\,\overline{DC}}{\mathrm{d}t} = \frac{(l-a)\dot{x}}{\sqrt{(l-x)^2-(a-x)^2}} \\ &= \frac{(l-a)v_0}{\sqrt{(l-x)^2-(a-x)^2}} \end{aligned}$$

即

$$v_C = v_0\sqrt{\frac{l-a}{l+a-2x}}$$

当滑块 M 经过点 E 时，即 $x=a$ 时，有

$$v_C = v_0$$

例 2.3 如图 2.9 所示，杆 AB 长度为 l，A 端在平行于 Oxy 的平面内沿中心在 Oz 轴上的圆周运动，B 端在沿平行于 Oy 轴的直线 Cy_1 上滑动。求点 B 的速度与 φ 的关系。已知 $\overline{OO_1}=h$，$\overline{OC}=a$，$\overline{O_1A}=R$，点 A 的速度为 v_A。

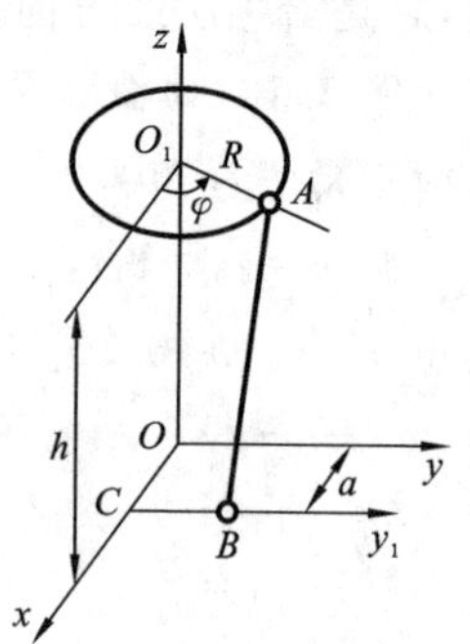

图 2.9 例 2.3 图

解 根据运动和约束关系，可得

$$(R\cos\varphi-a)^2+(R\sin\varphi-y_B)^2+h^2=l^2 \tag{a}$$

对 t 求导，得

$$-(R\cos\varphi-a)R\dot{\varphi}\sin\varphi+(R\sin\varphi-y_B)(R\dot{\varphi}\cos\varphi-\dot{y}_B)=0$$

所以

$$v_B=\dot{y}_B=R\dot{\varphi}\cos\varphi-\frac{(R\cos\varphi-a)R\dot{\varphi}\sin\varphi}{R\sin\varphi-y_B} \tag{b}$$

将式(a)代入式(b)，得

$$v_B=R\dot{\varphi}\cos\varphi\pm\frac{(R\cos\varphi-a)R\dot{\varphi}\sin\varphi}{\sqrt{l^2-h^2-(R\cos\varphi-a)^2}}=v_A\left[\cos\varphi\pm\frac{(R\cos\varphi-a)\sin\varphi}{\sqrt{l^2-h^2-(R\cos\varphi-a)^2}}\right]$$

例 2.4　设点在平面内运动，其直角坐标运动方程为

$$x=f_x(t),\quad y=f_y(t)$$

求在任意时刻 t 轨迹的曲率半径。

解

$$\dot{x}=\dot{f}_x(t),\quad \dot{y}=\dot{f}_y(t) \tag{a}$$

$$\ddot{x}=\ddot{f}_x(t),\quad \ddot{y}=\ddot{f}_y(t) \tag{b}$$

所以点的瞬时速度为

$$v^2=\dot{x}^2+\dot{y}^2=\dot{f}_x^2(t)+\dot{f}_y^2(t) \tag{c}$$

点的瞬时加速度为

$$a^2=\ddot{x}^2+\ddot{y}^2=\ddot{f}_x^2(t)+\ddot{f}_y^2(t) \tag{d}$$

对式(c)求导，得

$$2v\dot{v}=2\dot{f}_x\ddot{f}_x+2\dot{f}_y\ddot{f}_y$$

即

$$a_\tau=\dot{v}=\frac{\dot{f}_x\ddot{f}_x+\dot{f}_y\ddot{f}_y}{v} \tag{e}$$

其中：$\dot{f}_x$、$\dot{f}_y$、$\ddot{f}_x$、$\ddot{f}_y$ 已经由式(a)、式(b)给出。所以

$$a_n=\sqrt{a^2-a_\tau^2} \tag{f}$$

其中：a^2、a_τ 已经由式(d)、式(e)给出。由 $a_n=v^2/\rho$，得

$$\rho=v^2/a_n$$

其中：v^2、a_n 由式(c)、式(f)给出。

例 2.5　设一点的运动方程为

$$\boldsymbol{r}=\boldsymbol{q}_1\cos t+\boldsymbol{q}_2\sin t+\boldsymbol{q}_3 t$$

其中：$\boldsymbol{q}_1$、$\boldsymbol{q}_2$、$\boldsymbol{q}_3$ 为固定的正交矢量基，且 $q_1^2=q_2^2$。求该点的运动轨迹、速度大小、加速度大小和曲率半径。

解　令

$$\boldsymbol{e}_1=\frac{\boldsymbol{q}_1}{q_1},\quad \boldsymbol{e}_2=\frac{\boldsymbol{q}_2}{q_2},\quad \boldsymbol{e}_3=\frac{\boldsymbol{q}_3}{q_3};\quad q_i=|\boldsymbol{q}_i|$$

那么，$\boldsymbol{e}_1$、$\boldsymbol{e}_2$ 和 $\boldsymbol{e}_3$ 构成固定的单位正交矢量基，在相应的正交坐标系中，该点的运动方程的分量形式为

$$x(t)=q_1\cos t,\quad y(t)=q_2\sin t,\quad z(t)=q_3 t \tag{a}$$

因此有

$$x^2+y^2=q_1^2 \tag{b}$$

由式(a)、式(b)可知，点的轨迹为螺旋线，螺旋线所在圆柱面以矢量 $\boldsymbol{q}_3$ 所在的直线为中心轴，半径为 q_1，螺距为 $2\pi q_3$。

下面来求曲率半径。由式(a)有

$$\dot{x}(t)=-q_1\sin t,\quad \dot{y}(t)=q_2\cos t,\quad \dot{z}(t)=q_3$$
$$\ddot{x}(t)=-q_1\cos t,\quad \ddot{y}(t)=-q_2\sin t,\quad \ddot{z}(t)=0$$

所以速度大小和加速度大小分别为

$$v=\sqrt{q_1^2+q_3^2},\quad a^2=q_1^2$$

进而,有

$$a_\tau=\dot{v}=0$$
$$a_n=a=q_1$$

于是曲率半径为

$$\rho=\frac{v^2}{a_n}=\frac{q_1^2+q_3^2}{q_1}$$

例 2.6　如图 2.10 所示,梯子 AB 的两个端点分别沿墙和地面滑动,它与地面的夹角 θ 是 t 的函数,已知:

$$\theta=\theta(t)$$

梯子上有一点 M,它到点 A 和点 B 的距离分别是 a 和 b。分析点 M 的运动。

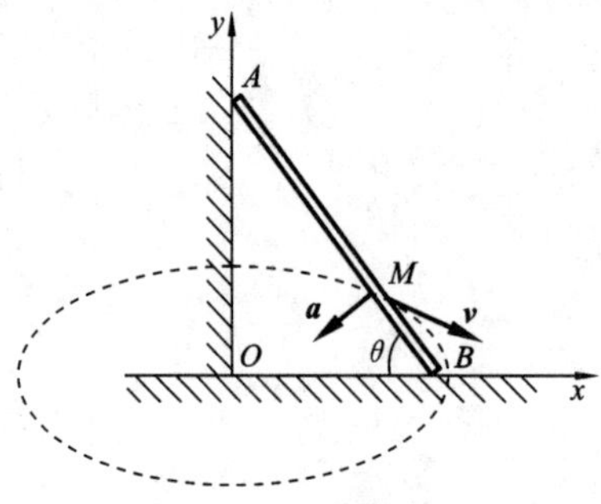

图 2.10　例 2.6 图

解　取坐标系 Oxy,则点 M 的坐标为

$$x=a\cos\theta,\quad y=b\sin\theta$$

这就是点 M 的运动方程。上式中消去 t 得到轨迹方程,它是一个椭圆:

$$\frac{x^2}{a^2}+\frac{y^2}{b^2}=1$$

点的速度投影为

$$\dot{x}=-a\dot{\theta}\sin\theta,\quad \dot{y}=b\dot{\theta}\cos\theta$$

速度 $\boldsymbol{v}=-a\dot{\theta}\sin\theta\,\boldsymbol{i}+b\dot{\theta}\cos\theta\boldsymbol{j}$,沿椭圆的切线方向。当梯子倒下时,$\theta$ 减小,即 $\dot{\theta}<0$,则 $\boldsymbol{v}$ 的方向如图 2.10 所示。

点 M 的加速度为

$$\boldsymbol{a}=(-a\ddot{\theta}\sin\theta-a\dot{\theta}^2\cos\theta)\boldsymbol{i}+(b\ddot{\theta}\cos\theta-b\dot{\theta}^2\sin\theta)\boldsymbol{j}$$

例 2.7　如图 2.11 所示,半径为 R 的轮子沿直线轨道无滑动地滚动(称为纯滚动)。设轮子保持在同一铅垂面内运动,且轮心 O 的速度为已知值 $\boldsymbol{u}$。分析轮子边缘一点 M 的运动。

解　取轮子所在的平面为平面 Axy,它在其上滚动的直线为 x 轴,并取点 M 所在的一个最低位置为原点 A。设在任意时刻 t,轮子滚过的转角$\angle COM=\varphi$,它是 t 的函数,点 C 是轮子与其轨道的接触点。由于轮子滚动时没有滑动发生,故$\overline{AC}=\overset{\frown}{CM}=R\varphi$,于是点 M 的运动方程为

$$x=\overline{AC}-\overline{OM}\sin\varphi,\quad y=\overline{OC}-\overline{OM}\cos\varphi$$

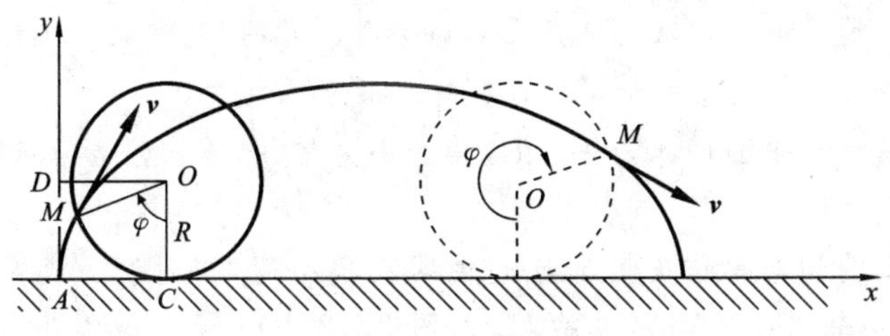

图 2.11　例 2.7 图

或

$$x=R(\varphi-\sin\varphi),\quad y=R(1-\cos\varphi)$$

这就是旋轮线的参数方程。

速度的投影为

$$\dot{x}=R\dot{\varphi}(1-\cos\varphi),\quad \dot{y}=R\dot{\varphi}\sin\varphi$$

点 O 做直线运动，有

$$x_O=\overline{AC}=R\varphi$$

对 t 求导得 $\dot{x}_O=R\dot{\varphi}=u$，因此 $\dot{\varphi}=u/R$。进而，点 M 的速度大小为

$$v=\sqrt{\dot{x}^2+\dot{y}^2}=u\sqrt{2(1-\cos\varphi)}=u\left|2\sin\frac{\varphi}{2}\right|=\frac{u\overline{MC}}{R}$$

例 2.8　点 M 沿螺旋线的匀速运动如下。已知点 M 的运动方程为

$$x=R\cos\omega t,\quad y=R\sin\omega t,\quad z=\frac{h}{2\pi}\omega t$$

点 M 的轨迹是一个圆柱面上的螺旋线，如图 2.12(a)所示，圆柱半径为 R，螺距为 h。分析点 M 的运动，并求螺旋线的曲率半径。

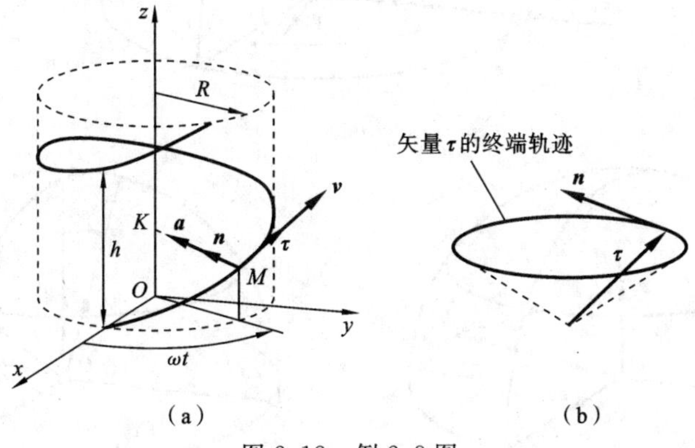

图 2.12　例 2.8 图

解　点 M 的速度大小为

$$v=\sqrt{\dot{x}^2+\dot{y}^2+\dot{z}^2}=\omega\sqrt{R^2+\left(\frac{h}{2\pi}\right)^2}$$

它是一个常数。速度 $\boldsymbol{v}$ 与 z 轴的夹角为 $\arccos(v_z/v)$，也是常数。加速度 $\boldsymbol{a}$ 的投影为

$$a_x=-\omega^2 x,\quad a_y=-\omega^2 y,\quad a_z=0$$

所以加速度 $\boldsymbol{a}$ 平行于平面 Oxy，$a=\omega^2 R$，其大小为常数，方向沿着点 M 至 z 轴的垂线 MK，指向 z 轴。

由于螺旋线的切向单位矢量 $\boldsymbol{\tau}$ 与 z 轴的夹角不变，当时间 t 或弧长 s 发生变化时，矢量 $\boldsymbol{\tau}$ 的终端轨迹是一个水平的圆，如图 2.12(b)所示。由空间几何关系可知，主法线 $\boldsymbol{n}$ 必定在一个水平面内，并且与 $\boldsymbol{\tau}$ 垂直，$\boldsymbol{n}$ 的方向为点 M 至 z 轴的垂线 MK 方向。由于速度大小不变，切向加速度恒为零，因此总加速度等于法向加速度 $a_n=\omega^2 R$。进而可得曲率半径，为

$$\rho=\frac{v^2}{a_n}=\frac{\omega\sqrt{R^2+\left(\dfrac{h}{2\pi}\right)^2}}{R\omega^2}=R+\frac{h^2}{4\pi^2 R}>R$$

例 2.9 如图 2.13 所示，在经度为零、纬度为零(赤道上)的地面 A 处取一东北天直角系$[A,\boldsymbol{e}_1,\boldsymbol{e}_2,\boldsymbol{e}_3]$，又在某地面 B 处(经度为$\angle AOC=\varphi$，纬度$\angle COB=\lambda$)取一东北天直角系$[B,\boldsymbol{i},\boldsymbol{j},\boldsymbol{k}]$，如图 2.13(a)所示。设已在 B 处测得某飞行器的速度和加速度在$[B,\boldsymbol{i},\boldsymbol{j},\boldsymbol{k}]$中的分量分别为 $\boldsymbol{v}^i=[v_x,v_y,v_z]^{\mathrm{T}}$ 和 $\boldsymbol{a}^i=[a_x,a_y,a_z]^{\mathrm{T}}$。求飞行器的速度和加速度在$[A,\boldsymbol{e}_1,\boldsymbol{e}_2,\boldsymbol{e}_3]$中的分量。

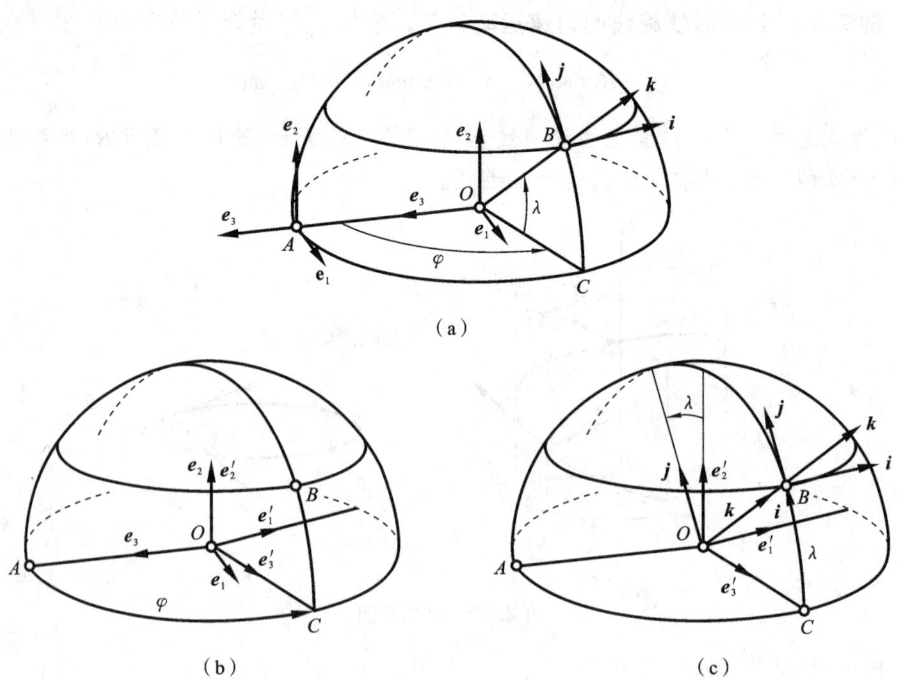

图 2.13 例 2.9 图

解　关键是要求出两个坐标系之间的变换矩阵。为此，将$[A,\boldsymbol{e}_1,\boldsymbol{e}_2,\boldsymbol{e}_3]$平移到地心 O 得到$[O,\boldsymbol{e}_1,\boldsymbol{e}_2,\boldsymbol{e}_3]$，如图 2.13(a)所示。先将$[O,\boldsymbol{e}_1,\boldsymbol{e}_2,\boldsymbol{e}_3]$绕 $\boldsymbol{e}_2$ 旋转 φ 角，如图 2.13(b)所示，得到$[O,\boldsymbol{e}'_1,\boldsymbol{e}'_2,\boldsymbol{e}'_3]$，易知：

$$\begin{bmatrix}\boldsymbol{e}'_1\\ \boldsymbol{e}'_2\\ \boldsymbol{e}'_3\end{bmatrix}=\begin{bmatrix}\cos\varphi & 0 & -\sin\varphi\\ 0 & 1 & 0\\ \sin\varphi & 0 & \cos\varphi\end{bmatrix}\begin{bmatrix}\boldsymbol{e}_1\\ \boldsymbol{e}_2\\ \boldsymbol{e}_3\end{bmatrix} \tag{2.14}$$

再将$[O,\boldsymbol{e}'_1,\boldsymbol{e}'_2,\boldsymbol{e}'_3]$绕 $\boldsymbol{e}'_1$ 旋转 λ 角，得到$[O,\boldsymbol{i},\boldsymbol{j},\boldsymbol{k}]$，如图 2.13(c)所示，易知：

$$\begin{bmatrix}\boldsymbol{i}\\ \boldsymbol{j}\\ \boldsymbol{k}\end{bmatrix}=\begin{bmatrix}1 & 0 & 0\\ 0 & \cos\lambda & -\sin\lambda\\ 0 & \sin\lambda & \cos\lambda\end{bmatrix}\begin{bmatrix}\boldsymbol{e}'_1\\ \boldsymbol{e}'_2\\ \boldsymbol{e}'_3\end{bmatrix} \tag{2.15}$$

将式(2.14)代入式(2.15)得到

$$\begin{bmatrix}\boldsymbol{i}\\ \boldsymbol{j}\\ \boldsymbol{k}\end{bmatrix}=\begin{bmatrix}1 & 0 & 0\\ 0 & \cos\lambda & -\sin\lambda\\ 0 & \sin\lambda & \cos\lambda\end{bmatrix}\begin{bmatrix}\cos\varphi & 0 & -\sin\varphi\\ 0 & 1 & 0\\ \sin\varphi & 0 & \cos\varphi\end{bmatrix}\begin{bmatrix}\boldsymbol{e}_1\\ \boldsymbol{e}_2\\ \boldsymbol{e}_3\end{bmatrix}$$

或简写为

$$\boldsymbol{i}'=\boldsymbol{P}\boldsymbol{e} \tag{2.16}$$

其中：$\boldsymbol{P}$ 是将$[A,\boldsymbol{e}_1,\boldsymbol{e}_2,\boldsymbol{e}_3]$变换为$[O,\boldsymbol{i},\boldsymbol{j},\boldsymbol{k}]$的变换矩阵，即

$$\boldsymbol{P}=\begin{bmatrix}1 & 0 & 0\\ 0 & \cos\lambda & -\sin\lambda\\ 0 & \sin\lambda & \cos\lambda\end{bmatrix}\begin{bmatrix}\cos\varphi & 0 & -\sin\varphi\\ 0 & 1 & 0\\ \sin\varphi & 0 & \cos\varphi\end{bmatrix}$$

令该飞行器在$[A,\boldsymbol{e}_1,\boldsymbol{e}_2,\boldsymbol{e}_3]$中的速度和加速度分量分别为$\boldsymbol{v}^e=[v_1,v_2,v_3]^{\mathrm{T}}$和$\boldsymbol{a}^e=[a_1,a_2,a_3]^{\mathrm{T}}$，因为 $\boldsymbol{e}=\boldsymbol{P}^{\mathrm{T}}\boldsymbol{i}'$，所以有

$$\boldsymbol{v}^e=\boldsymbol{P}^{\mathrm{T}}\boldsymbol{v}^{i'},\quad \boldsymbol{a}^e=\boldsymbol{P}^{\mathrm{T}}\boldsymbol{a}^{i'}$$

2.4　用极坐标和柱坐标描述点的运动

如果点在平面上运动，除了采用平面直角坐标描述法以外，还可以采用平面极坐标描述法。在极坐标中，点 M 用两个独立变量 ρ 和 φ 表示。点 M 的运动将由运动方程描述：

$$\rho=\rho(t),\quad \varphi=\varphi(t)$$

该方程称为**极坐标运动方程**，如图 2.14 所示。在点 M 的矢径方向取单位矢量$\boldsymbol{\rho}^0$，那么矢径 $\boldsymbol{r}$ 可表示为

$$\boldsymbol{r}=\rho\boldsymbol{\rho}^0 \tag{2.17}$$

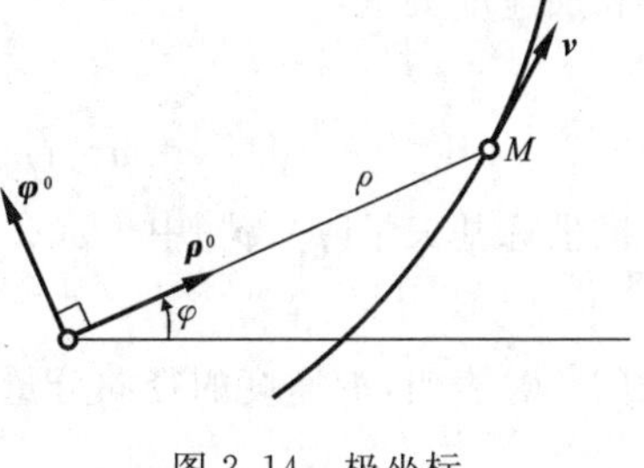

图 2.14　极坐标

再将 $\boldsymbol{\rho}^0$ **沿着** φ **增加的方向**转过 $\pi/2$ 角，得到横

向单位矢量 $\boldsymbol{\varphi}^0$。基矢量$[\boldsymbol{\rho}^0,\boldsymbol{\varphi}^0]$的方向一般随时间 t 而变。

为了用极坐标表示速度和加速度，我们先来考虑 $\mathrm{d}\boldsymbol{\rho}^0/\mathrm{d}t$ 和 $\mathrm{d}\boldsymbol{\varphi}^0/\mathrm{d}t$。为此，我们先来考察任意一个单位矢量 $\boldsymbol{A}^0(t)$的时间导数 $\mathrm{d}\boldsymbol{A}^0/\mathrm{d}t$。因为 $\boldsymbol{A}^0\cdot\boldsymbol{A}^0=1$，所以有

$$\boldsymbol{A}^0\cdot\frac{\mathrm{d}\boldsymbol{A}^0}{\mathrm{d}t}=0$$

即，任意一个单位矢量的时间导数与其自身垂直。

于是可知，$\mathrm{d}\boldsymbol{\rho}^0/\mathrm{d}t$ 与 $\boldsymbol{\varphi}^0$ 平行，其方向可能相同也可能相反。利用图 2.15 的几何关系可得

$$\left|\frac{\mathrm{d}\boldsymbol{\rho}^0}{\mathrm{d}t}\right|=\lim_{\Delta t\to 0}\left|\frac{\Delta\boldsymbol{\rho}^0}{\Delta t}\right|=\lim_{\Delta t\to 0}\left|\frac{2\sin(\Delta\varphi/2)}{\Delta t}\right|=\lim_{\Delta t\to 0}\left|\frac{\Delta\varphi}{\Delta t}\right|=|\dot{\varphi}|$$

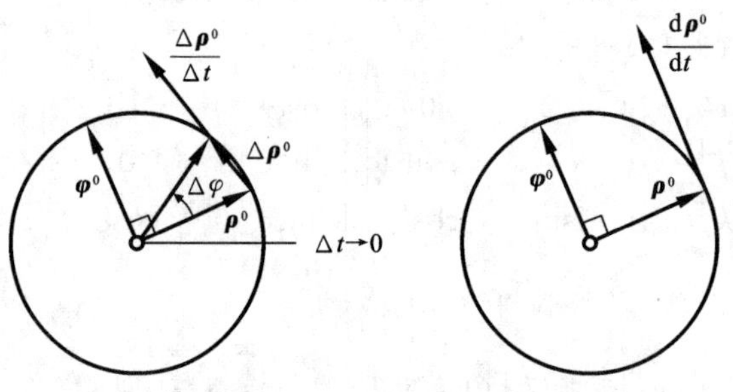

图 2.15 矢量 $\mathrm{d}\boldsymbol{\rho}^0/\mathrm{d}t$ 的形成

由图 2.15 可知，当 $\dot{\varphi}>0$ 时，$\mathrm{d}\boldsymbol{\rho}^0/\mathrm{d}t$ 与 $\boldsymbol{\varphi}^0$ 同向，否则反向，所以 $\mathrm{d}\boldsymbol{\rho}^0/\mathrm{d}t=\dot{\varphi}\boldsymbol{\varphi}^0$。

设 $\boldsymbol{k}$ 是垂直于平面的单位矢量，则 $\boldsymbol{\varphi}^0=\boldsymbol{k}\times\boldsymbol{\rho}^0$。此式对 t 求导，考虑到 $\boldsymbol{k}$ 在空间的方向不变，可得

$$\frac{\mathrm{d}\boldsymbol{\varphi}^0}{\mathrm{d}t}=\boldsymbol{k}\times\frac{\mathrm{d}\boldsymbol{\rho}^0}{\mathrm{d}t}=\boldsymbol{k}\times(\dot{\varphi}\boldsymbol{\varphi}^0)=-\dot{\varphi}\boldsymbol{\rho}^0$$

所以，极坐标中单位基矢量的导数公式为

$$\frac{\mathrm{d}\boldsymbol{\rho}^0}{\mathrm{d}t}=\dot{\varphi}\boldsymbol{\varphi}^0,\quad \frac{\mathrm{d}\boldsymbol{\varphi}^0}{\mathrm{d}t}=-\dot{\varphi}\boldsymbol{\rho}^0 \tag{2.18}$$

现在将式(2.17)对 t 求一次和二次导数并利用式(2.18)，就可得到点的速度矢量和加速度矢量：

$$\boldsymbol{v}=\dot{\rho}\boldsymbol{\rho}^0+\rho\dot{\varphi}\boldsymbol{\varphi}^0 \tag{2.19}$$

$$\boldsymbol{a}=(\ddot{\rho}-\rho\dot{\varphi}^2)\boldsymbol{\rho}^0+(\rho\ddot{\varphi}+2\dot{\rho}\dot{\varphi})\boldsymbol{\varphi}^0 \tag{2.20}$$

在极坐标基矢量$[\boldsymbol{\rho}^0,\boldsymbol{\varphi}^0]$中，式(2.19)表明，速度的径向分量和横向分量分别为

$$v_\rho=\dot{\rho},\quad v_\varphi=\rho\dot{\varphi}$$

式(2.20)表明，加速度的径向分量和横向分量分别为

$$a_\rho=\ddot{\rho}-\rho\dot{\varphi}^2,\quad a_\varphi=\rho\ddot{\varphi}+2\dot{\rho}\dot{\varphi}=\frac{1}{\rho}\frac{\mathrm{d}}{\mathrm{d}t}(\rho^2\dot{\varphi})$$

例 2.10　有一根杆 OA，一端 O 固定，在平面内匀速转动（见图 2.16），它与固定方向的夹角为 $\varphi=\omega t$。杆上有一小环 M，沿杆（相对于杆）从点 O 做匀速运动，即 $\rho=\overline{OM}=ut$。ω 和 u 都是常数。求点 M 的轨迹方程和加速度矢量。

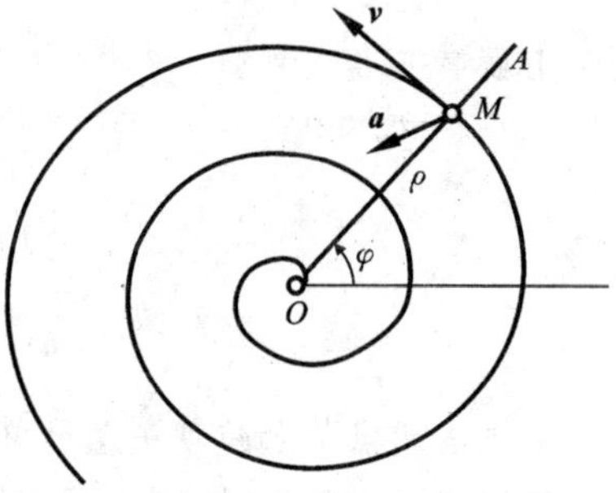

图 2.16　例 2.10 图

解　点 M 的极坐标运动方程为 $\rho=ut,\varphi=\omega t$。从中消去 t 便得到轨迹方程：

$$\rho=\frac{u}{\omega}\varphi$$

它是阿基米德螺线方程。

利用式(2.20)可直接得到加速度矢量为

$$\boldsymbol{a}=-u\omega^2 t\boldsymbol{\rho}^0+2u\omega\boldsymbol{\varphi}^0$$

例 2.11　已知一点沿椭圆轨道运动，其极坐标方程为

$$\rho=\frac{p}{1+e\cos\varphi}$$

其中：e 为离心率($0\leqslant e<1$)；$p>0$，为焦点参数；在运动过程中保持有 $\rho^2\dot{\varphi}=c$，c 为常数。求证：点的加速度大小与 ρ^2 成反比，加速度矢量始终指向极坐标原点，如图 2.17 所示。

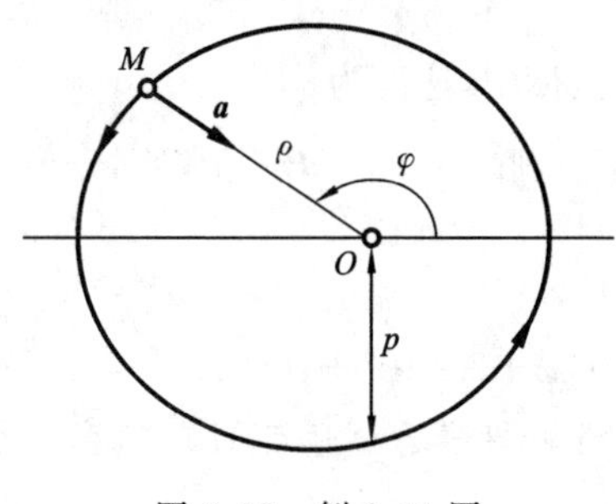

图 2.17　例 2.11 图

解　按式(2.20)，加速度的横向分量为

$$a_\varphi=\rho\ddot{\varphi}+2\dot{\rho}\dot{\varphi}=\frac{1}{\rho}\frac{\mathrm{d}}{\mathrm{d}t}(\rho^2\dot{\varphi})$$

将条件 $\rho^2\dot{\varphi}=c$ 代入上式可得 $a_\varphi=0$。于是 $\boldsymbol{a}=a_\rho\boldsymbol{\rho}^0$，即加速度 $\boldsymbol{a}$ 总是沿矢径方向，其指向由 a_ρ 的正负号决定。

由极坐标方程得

$$\frac{p}{\rho}=1+e\cos\varphi$$

此式对 t 求导一次，得

$$-\frac{p}{\rho^2}\dot{\rho}=-e\dot{\varphi}\sin\varphi$$

利用条件 $\rho^2\dot{\varphi}=c$，得

$$\dot{\rho}=\frac{ce}{p}\sin\varphi$$

再对 t 求导一次，并再次利用条件 $\rho^2\dot{\varphi}=c$，得

$$\ddot{\rho}=\frac{ce}{p}\dot{\varphi}\cos\varphi=\frac{c^2e}{p}\cdot\frac{1}{\rho^2}\cos\varphi$$

按式(2.20)，加速度的径向分量为

$$a_\rho=\ddot{\rho}-\rho\dot{\varphi}^2=\ddot{\rho}-\frac{1}{\rho^3}(\rho^2\dot{\varphi})^2$$

代入上面有关各式可得

$$a_\rho=-\frac{c^2}{p}\cdot\frac{1}{\rho^2}$$

于是

$$\boldsymbol{a}=a_\rho\boldsymbol{\rho}^0=-\frac{c^2}{p}\cdot\frac{1}{\rho^2}\boldsymbol{\rho}^0$$

上式表明点的加速度矢量始终指向极坐标原点，其大小与 ρ^2 成反比。

如果点在空间运动，则由平面极坐标可以很容易地推广到空间柱坐标(ρ,φ,z)，如图 2.18 所示。同一点的柱坐标(ρ,φ,z)与直角坐标(x,y,z)之间的关系为

$$x=\rho\cos\varphi,\quad y=\rho\sin\varphi,\quad z=z \tag{2.21}$$

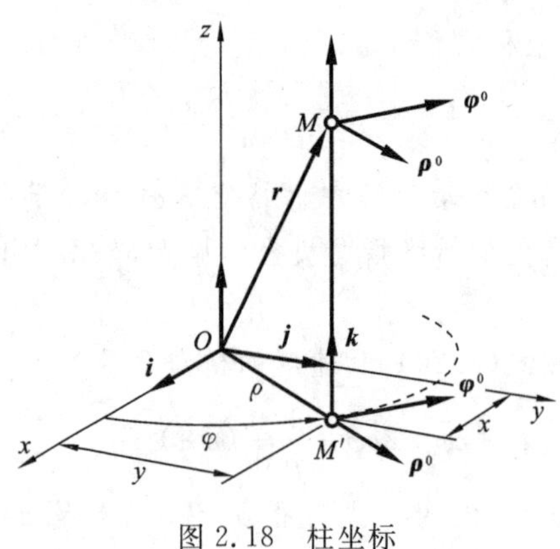

图 2.18　柱坐标

取 $\boldsymbol{\rho}^0$ 和 $\boldsymbol{\varphi}^0$ 为平面极坐标的径向和横向单位矢量，$\boldsymbol{k}$ 为 z 轴的单位矢量，因此前面得到的关于 $\boldsymbol{\rho}^0$ 和 $\boldsymbol{\varphi}^0$ 的导数结果仍然成立；而 $\boldsymbol{k}$ 为常矢量。如果点的运动方程为

$$\rho=\rho(t),\quad \varphi=\varphi(t),\quad z=z(t)$$

则该点的矢径可表示为

$$\boldsymbol{r}=\rho\boldsymbol{\rho}^0+z\boldsymbol{k}$$

所以，在柱坐标中，速度为

$$\boldsymbol{v}=v_\rho\boldsymbol{\rho}^0+v_\varphi\boldsymbol{\varphi}^0+v_z\boldsymbol{k}=\dot{\rho}\boldsymbol{\rho}^0+\rho\dot{\varphi}\boldsymbol{\varphi}^0+\dot{z}\boldsymbol{k} \tag{2.22}$$

加速度为

$$\boldsymbol{a}=a_\rho\boldsymbol{\rho}^0+a_\varphi\boldsymbol{\varphi}^0+a_z\boldsymbol{k}=(\ddot{\rho}-\rho\dot{\varphi}^2)\boldsymbol{\rho}^0+(\rho\ddot{\varphi}+2\dot{\rho}\dot{\varphi})\boldsymbol{\varphi}^0+\ddot{z}\boldsymbol{k} \tag{2.23}$$

例 2.12　用柱坐标重新计算例 2.8 中，沿螺旋线做匀速运动时点 M 的速度大小和加速度大小。

解　点 M 的柱坐标运动方程为

$$\rho=R(\text{常数}),\quad \varphi=\omega t,\quad z=\frac{h}{2\pi}\omega t$$

根据式(2.22)得到速度分量为

$$v_\rho=0,\quad v_\varphi=\omega R,\quad v_z=\frac{h\omega}{2\pi}$$

所以

$$v=\omega\sqrt{R^2+\left(\frac{h}{2\pi}\right)^2}$$

根据式(2.23)得到加速度分量为

$$a_\rho=-R\omega^2, \quad a_\varphi=0, \quad a_z=0$$

所以

$$a=R\omega^2$$

式(2.19)和式(2.20),以及式(2.22)和式(2.23)也可通过坐标变换的方法推导出来。根据图 2.18 的几何关系不难看出,柱坐标基矢量$[\boldsymbol{\rho}^0,\boldsymbol{\varphi}^0,\boldsymbol{k}]$与直角坐标基矢量$[\boldsymbol{i},\boldsymbol{j},\boldsymbol{k}]$之间的关系为

$$\begin{cases}\boldsymbol{\rho}^0=\cos\varphi\,\boldsymbol{i}+\sin\varphi\,\boldsymbol{j}\\ \boldsymbol{\varphi}^0=-\sin\varphi\,\boldsymbol{i}+\cos\varphi\,\boldsymbol{j}\\ \boldsymbol{k}=\boldsymbol{k}\end{cases}$$

或者写成矩阵形式:

$$\begin{bmatrix}\boldsymbol{\rho}^0\\ \boldsymbol{\varphi}^0\\ \boldsymbol{k}\end{bmatrix}=\begin{bmatrix}\cos\varphi & \sin\varphi & 0\\ -\sin\varphi & \cos\varphi & 0\\ 0 & 0 & 1\end{bmatrix}\begin{bmatrix}\boldsymbol{i}\\ \boldsymbol{j}\\ \boldsymbol{k}\end{bmatrix}$$

为了书写简单,令

$$\boldsymbol{e}=\begin{bmatrix}\boldsymbol{\rho}^0\\ \boldsymbol{\varphi}^0\\ \boldsymbol{k}\end{bmatrix}, \quad \boldsymbol{i}'=\begin{bmatrix}\boldsymbol{i}\\ \boldsymbol{j}\\ \boldsymbol{k}\end{bmatrix}, \quad \boldsymbol{P}=\begin{bmatrix}\cos\varphi & \sin\varphi & 0\\ -\sin\varphi & \cos\varphi & 0\\ 0 & 0 & 1\end{bmatrix}$$

则有关系式:

$$\boldsymbol{e}=\boldsymbol{P}\boldsymbol{i}' \tag{2.24}$$

注意,基矢量 $\boldsymbol{e}$ 和矩阵 $\boldsymbol{P}$ 一般是随时间 t 变化的,而基矢量 $\boldsymbol{i}'$是不变的。式(2.24)对 t 求导一次可得

$$\dot{\boldsymbol{e}}=\dot{\boldsymbol{P}}\boldsymbol{i}' \tag{2.25}$$

其中:

$$\dot{\boldsymbol{P}}=\begin{bmatrix}-\dot{\varphi}\sin\varphi & \dot{\varphi}\cos\varphi & 0\\ -\dot{\varphi}\cos\varphi & -\dot{\varphi}\sin\varphi & 0\\ 0 & 0 & 0\end{bmatrix}$$

由于矩阵 $\boldsymbol{P}$ 是正交矩阵,即 $\boldsymbol{P}^{-1}=\boldsymbol{P}^{\mathrm{T}}$,因此由式(2.24)可得

$$\boldsymbol{i}'=\boldsymbol{P}^{\mathrm{T}}\boldsymbol{e} \tag{2.26}$$

其中 $\boldsymbol{P}^{\mathrm{T}}$ 是 $\boldsymbol{P}$ 的转置矩阵。将式(2.26)代入式(2.25)得到

$$\dot{\boldsymbol{e}}=\dot{\boldsymbol{P}}\boldsymbol{P}^{\mathrm{T}}\boldsymbol{e} \tag{2.27}$$

式(2.27)展开后为

$$\begin{bmatrix}\dot{\boldsymbol{\rho}}^0\\ \dot{\boldsymbol{\varphi}}^0\\ \dot{\boldsymbol{k}}\end{bmatrix}=\begin{bmatrix}0 & \dot{\varphi} & 0\\ -\dot{\varphi} & 0 & 0\\ 0 & 0 & 0\end{bmatrix}\begin{bmatrix}\boldsymbol{\rho}^0\\ \boldsymbol{\varphi}^0\\ \boldsymbol{k}\end{bmatrix}$$

上式结果与式(2.18)相同。

矢径写成矩阵形式,为

$$\boldsymbol{r}=\rho\boldsymbol{\rho}^0+z\boldsymbol{k}=[\rho,0,z]\begin{bmatrix}\boldsymbol{\rho}^0\\\boldsymbol{\varphi}^0\\\boldsymbol{k}\end{bmatrix}$$

对 t 求导一次可得速度的矩阵表达式,为

$$\boldsymbol{v}=\dot{\boldsymbol{r}}=[\dot{\rho},0,\dot{z}]\begin{bmatrix}\boldsymbol{\rho}^0\\\boldsymbol{\varphi}^0\\\boldsymbol{k}\end{bmatrix}+[\rho,0,z]\begin{bmatrix}\dot{\boldsymbol{\rho}}^0\\\dot{\boldsymbol{\varphi}}^0\\\dot{\boldsymbol{k}}\end{bmatrix}$$

$$=[\dot{\rho},0,\dot{z}]\begin{bmatrix}\boldsymbol{\rho}^0\\\boldsymbol{\varphi}^0\\\boldsymbol{k}\end{bmatrix}+[\rho,0,z]\begin{bmatrix}0&\dot{\varphi}&0\\-\dot{\varphi}&0&0\\0&0&0\end{bmatrix}\begin{bmatrix}\boldsymbol{\rho}^0\\\boldsymbol{\varphi}^0\\\boldsymbol{k}\end{bmatrix}=[\dot{\rho},\rho\dot{\varphi},\dot{z}]\begin{bmatrix}\boldsymbol{\rho}^0\\\boldsymbol{\varphi}^0\\\boldsymbol{k}\end{bmatrix}$$

上式结果与式(2.22)相同。再对 t 求导一次可得加速度的矩阵表达式,为

$$\boldsymbol{a}=[\ddot{\rho},\rho\ddot{\varphi}+\dot{\rho}\dot{\varphi},\ddot{z}]\begin{bmatrix}\boldsymbol{\rho}^0\\\boldsymbol{\varphi}^0\\\boldsymbol{k}\end{bmatrix}+[\dot{\rho},\rho\dot{\varphi},\dot{z}]\begin{bmatrix}0&\dot{\varphi}&0\\-\dot{\varphi}&0&0\\0&0&0\end{bmatrix}\begin{bmatrix}\boldsymbol{\rho}^0\\\boldsymbol{\varphi}^0\\\boldsymbol{k}\end{bmatrix}$$

$$=[\ddot{\rho}-\rho\dot{\varphi}^2,\rho\ddot{\varphi}+2\dot{\rho}\dot{\varphi},\ddot{z}]\begin{bmatrix}\boldsymbol{\rho}^0\\\boldsymbol{\varphi}^0\\\boldsymbol{k}\end{bmatrix}$$

上式结果与式(2.23)相同。

2.5 用曲线坐标和球坐标描述点的运动

2.5.1 用曲线坐标描述点的运动

一般来说,空间一点可用三个独立变量(q_1,q_2,q_3)来描述,称为点的**曲线坐标**,那么点的矢径 $\boldsymbol{r}$ 就是曲线坐标的矢量函数,即

$$\boldsymbol{r}=\boldsymbol{r}(q_1,q_2,q_3) \tag{2.28}$$

为方便,我们把一个点在直角坐标系中的坐标(x,y,z)写成(x_1,x_2,x_3),它们与曲线坐标之间的关系可用三个标量函数表示:

$$\begin{cases}x_1=x_1(q_1,q_2,q_3)\\x_2=x_2(q_1,q_2,q_3)\\x_3=x_3(q_1,q_2,q_3)\end{cases} \tag{2.29}$$

相应的 **Jacobi** 矩阵为

$$
\boldsymbol{P}=\begin{bmatrix}\dfrac{\partial x_1}{\partial q_1} & \dfrac{\partial x_1}{\partial q_2} & \dfrac{\partial x_1}{\partial q_3}\\ \dfrac{\partial x_2}{\partial q_1} & \dfrac{\partial x_2}{\partial q_2} & \dfrac{\partial x_2}{\partial q_3}\\ \dfrac{\partial x_3}{\partial q_1} & \dfrac{\partial x_3}{\partial q_2} & \dfrac{\partial x_3}{\partial q_3}\end{bmatrix} \tag{2.30}
$$

简写为

$$
\boldsymbol{P}=[p_{ij}],\quad p_{ij}=\frac{\partial x_i}{\partial q_j},\quad i,j=1,2,3
$$

为了使 x_1、x_2、x_3 这三个函数之间没有函数相关性，即为了使(q_1,q_2,q_3)的集合仍然是一个三维空间，要求上述 Jacobi 矩阵 $\boldsymbol{P}$ 的行列式，即 Jacobi 行列式不等于零：

$$
\det\boldsymbol{P}=\begin{vmatrix}\dfrac{\partial x_1}{\partial q_1} & \dfrac{\partial x_1}{\partial q_2} & \dfrac{\partial x_1}{\partial q_3}\\ \dfrac{\partial x_2}{\partial q_1} & \dfrac{\partial x_2}{\partial q_2} & \dfrac{\partial x_2}{\partial q_3}\\ \dfrac{\partial x_3}{\partial q_1} & \dfrac{\partial x_3}{\partial q_2} & \dfrac{\partial x_3}{\partial q_3}\end{vmatrix}\neq 0
$$

我们今后将假设，对于所选的曲线坐标，上述条件一定满足。这样就在(x_1,x_2,x_3)与(q_1,q_2,q_3)之间建立了一一对应的关系（个别奇点另外考虑）。此时存在式(2.29)的反函数：

$$
\begin{cases}q_1=q_1(x_1,x_2,x_3)\\ q_2=q_2(x_1,x_2,x_3)\\ q_3=q_3(x_1,x_2,x_3)\end{cases}
$$

由空间解析几何可知，方程 $q_1(x_1,x_2,x_3)=$常数，表示(x_1,x_2,x_3)空间中的一个曲面，叫作**坐标曲面**。当这个常数取不同值时，就得到一族坐标曲面，布满整个空间。同理，$q_2=$常数和 $q_3=$常数是另外两族坐标曲面。在空间任意一点 $M(x_{10},x_{20},x_{30})$，总有三个坐标曲面（分别属于不同的族）在此相交，它们的方程为

$$
\begin{cases}q_1(x_1,x_2,x_3)=q_1(x_{10},x_{20},x_{30})\\ q_2(x_1,x_2,x_3)=q_2(x_{10},x_{20},x_{30})\\ q_3(x_1,x_2,x_3)=q_3(x_{10},x_{20},x_{30})\end{cases} \tag{2.31}
$$

任意两个属于不同族的坐标曲面有一条交线，称为**坐标曲线**，记为 q_i 坐标曲线，$i=1,2,3$。它们分别为：

(1) q_1 坐标曲线是曲面 $q_2=$常数和曲面 $q_3=$常数的交线；

(2) q_2 坐标曲线是曲面 $q_3=$常数和曲面 $q_1=$常数的交线；

(3) q_3 坐标曲线是曲面 $q_1=$常数和曲面 $q_2=$常数的交线。

当取不同的常数时，就有三族坐标曲线，它们布满了整个空间。经过空间中任意

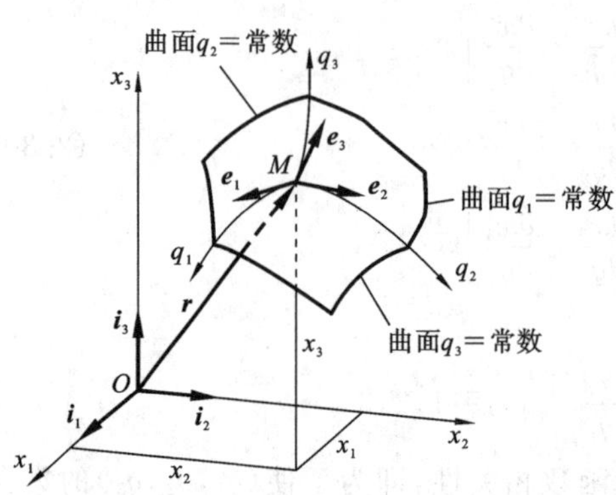

图 2.19　坐标曲面和坐标曲线

一点，总有三条不同族的坐标曲线在此相交(见图 2.19)。

我们取一组基矢量$\boldsymbol{e}_1$、$\boldsymbol{e}_2$、$\boldsymbol{e}_3$，其定义分别为

$$\boldsymbol{e}_1=\frac{\partial \boldsymbol{r}}{\partial q_1},\quad \boldsymbol{e}_2=\frac{\partial \boldsymbol{r}}{\partial q_2},\quad \boldsymbol{e}_3=\frac{\partial \boldsymbol{r}}{\partial q_3}$$

$\partial \boldsymbol{r}/\partial q_1$ 是矢量函数 $\boldsymbol{r}$ 对 q_1 的偏导数，它表示在保持 q_2 和 q_3 不变而只改变 q_1 的情况下，取 $\Delta \boldsymbol{r}/\Delta q_1$ 的极限。从几何上看，q_2 和 q_3 保持不变就意味着沿坐标曲线 q_1 考虑问题。当 q_1 改变时，矢量 $\boldsymbol{r}$ 的终端就在空间画出 q_1 坐标曲线，而 $\boldsymbol{e}_1(\boldsymbol{e}_1=\partial \boldsymbol{r}/\partial q_1)$是沿着此曲线切线方向的矢量(不一定是单位矢量)。类似地，$\boldsymbol{e}_2(\boldsymbol{e}_2=\partial \boldsymbol{r}/\partial q_2)$和 $\boldsymbol{e}_3(\boldsymbol{e}_3=\partial \boldsymbol{r}/\partial q_3)$也有相同的性质。

例 2.13　柱坐标(ρ,φ,z)也是一种曲线坐标，试分析它的坐标曲面、坐标曲线和基矢量：

$$\frac{\partial \boldsymbol{r}}{\partial \rho},\quad \frac{\partial \boldsymbol{r}}{\partial \varphi},\quad \frac{\partial \boldsymbol{r}}{\partial z}$$

解　柱坐标中所取的曲线坐标是$(q_1,q_2,q_3)=(\rho,\varphi,z)$，它与直角坐标之间的关系为

$$x=\rho\cos\varphi,\quad y=\rho\sin\varphi,\quad z=z$$

根据式(2.30)求出它的 Jacobi 矩阵，为

$$\boldsymbol{P}=\begin{bmatrix}\cos\varphi & -\rho\sin\varphi & 0\\ \sin\varphi & \rho\cos\varphi & 0\\ 0 & 0 & 1\end{bmatrix}$$

只要 ρ 不为零，就有 $\det\boldsymbol{P}=\rho\neq 0$，因此存在反函数：

$$\rho=\sqrt{x^2+y^2},\quad \varphi=\arctan\frac{y}{x},\quad z=z$$

三族坐标曲面(见图 2.20)分别是：

(1) $\rho=$常数，即 $\sqrt{x^2+y^2}=$常数，这是以 z 轴为中心线的圆柱面；

(2) $\varphi=$常数，即 $\arctan(y/x)=$常数，这是包含 z 轴的垂直于平面 Oxy 的半平面；

(3) $z=$常量，显然这是与平面 Oxy 平行的平面。

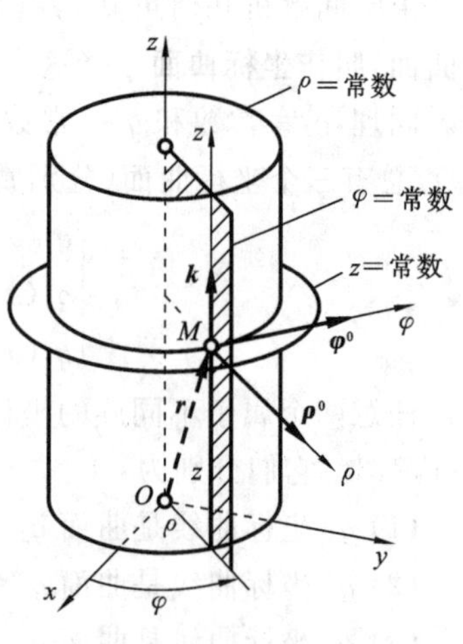

图 2.20　例 2.13 图

三族坐标曲线分别是：

(1) ρ 坐标曲线，就是坐标曲面 $\varphi=$ 常数与坐标曲面 $z=$ 常数的交线，这是一族与 z 轴相交且垂直的放射形直线；

(2) φ 坐标曲线，就是坐标曲面 $\rho=$ 常数与坐标曲面 $z=$ 常数的交线，这是一族中心在 z 轴的水平圆周（假定 z 轴为铅垂线）；

(3) z 坐标曲线，就是坐标曲面 $\rho=$ 常数与坐标曲面 $\varphi=$ 常数的交线，这是一族平行于 z 轴的直线。

每一条坐标曲线都是在一定条件下由矢量 $\boldsymbol{r}$ 的端点画出来的。比如 φ 坐标曲线，就是保持 $\rho=$ 常数，即限制 $\boldsymbol{r}$ 的端点必须在某一圆柱面上，同时保持 $z=$ 常数，即限制 $\boldsymbol{r}$ 的端点必须同时在某一水平面上，然后改变 φ 时矢量 $\boldsymbol{r}$ 的端点画出的轨迹，显然它是一个水平的圆周。

至于基矢量 $\partial\boldsymbol{r}/\partial\rho$ 和 $\partial\boldsymbol{r}/\partial z$ 的方向应是沿着 ρ 坐标曲线和 z 坐标曲线的切线方向，但因它们本身是直线，所以切线就是它们自身。基矢量 $\partial\boldsymbol{r}/\partial\varphi$ 的方向则是沿着 φ 坐标曲线的切线方向。

应该注意的是，基矢量 $[\partial\boldsymbol{r}/\partial\rho,\partial\boldsymbol{r}/\partial\varphi,\partial\boldsymbol{r}/\partial z]$ 与 2.4 节中我们取的基矢量 $[\boldsymbol{\rho}^0,\boldsymbol{\varphi}^0,\boldsymbol{k}]$ 不完全一致。可以验证 $\partial\boldsymbol{r}/\partial\rho$ 就是 $\boldsymbol{\rho}^0$，$\partial\boldsymbol{r}/\partial z$ 就是 $\boldsymbol{k}$，$\partial\boldsymbol{r}/\partial\varphi$ 与 $\boldsymbol{\varphi}^0$ 的方向相同，但是 $\partial\boldsymbol{r}/\partial\varphi$ 的大小却不是单位值，可以验证 $\partial\boldsymbol{r}/\partial\varphi=\rho\boldsymbol{\varphi}^0$。

下面来推出基矢量 $\boldsymbol{e}_1$、$\boldsymbol{e}_2$、$\boldsymbol{e}_3$ 的计算公式。取直角坐标中的基矢量 $\boldsymbol{i}=[\boldsymbol{i}_1,\boldsymbol{i}_2,\boldsymbol{i}_3]^{\mathrm{T}}$，可将矢径 $\boldsymbol{r}$ 表示为

$$\boldsymbol{r}=x_1(q_1,q_2,q_3)\boldsymbol{i}_1+x_2(q_1,q_2,q_3)\boldsymbol{i}_2+x_3(q_1,q_2,q_3)\boldsymbol{i}_3$$

分别对 q_1、q_2、q_3 求偏导数，因为 $\boldsymbol{i}_1$、$\boldsymbol{i}_2$、$\boldsymbol{i}_3$ 是常矢量，可得

$$\begin{cases}\boldsymbol{e}_1=\dfrac{\partial\boldsymbol{r}}{\partial q_1}=\dfrac{\partial x_1}{\partial q_1}\boldsymbol{i}_1+\dfrac{\partial x_2}{\partial q_1}\boldsymbol{i}_2+\dfrac{\partial x_3}{\partial q_1}\boldsymbol{i}_3\\[2ex]\boldsymbol{e}_2=\dfrac{\partial\boldsymbol{r}}{\partial q_2}=\dfrac{\partial x_1}{\partial q_2}\boldsymbol{i}_1+\dfrac{\partial x_2}{\partial q_2}\boldsymbol{i}_2+\dfrac{\partial x_3}{\partial q_2}\boldsymbol{i}_3\\[2ex]\boldsymbol{e}_3=\dfrac{\partial\boldsymbol{r}}{\partial q_3}=\dfrac{\partial x_1}{\partial q_3}\boldsymbol{i}_1+\dfrac{\partial x_2}{\partial q_3}\boldsymbol{i}_2+\dfrac{\partial x_3}{\partial q_3}\boldsymbol{i}_3\end{cases}$$

或写成矩阵形式：

$$\boldsymbol{e}^{\mathrm{T}}=\boldsymbol{i}^{\mathrm{T}}\boldsymbol{P},\quad \boldsymbol{P}\text{ 的元素 }p_{ij}=\partial x_i/\partial q_j,\quad i,j=1,2,3 \tag{2.32}$$

其中：$\boldsymbol{e}=[\boldsymbol{e}_1,\boldsymbol{e}_2,\boldsymbol{e}_3]^{\mathrm{T}}$。$\boldsymbol{P}$ 就是式(2.30)的 **Jacobi 矩阵**。由此可见，如果把直角坐标与曲线坐标之间的关系看成一种坐标变换关系（一般地，这是一种非线性关系），那么对应的基矢量之间的变换矩阵就是 Jacobi 矩阵。式(2.32)与柱坐标中的式(2.24)或直角坐标中的变换式在形式上是完全相同的，但是由于这里的 $\boldsymbol{e}$ 不是单位基矢量（只有 $\boldsymbol{i}$ 是单位基矢量），因此这里的矩阵 $\boldsymbol{P}$ 与之前的 $\boldsymbol{P}$ 不太一样，下面来仔细地讨论它。

因为 $\det\boldsymbol{P}\neq 0$，所以存在 $\boldsymbol{P}$ 的逆矩阵 $\boldsymbol{P}^{-1}$。但这里的矩阵 $\boldsymbol{P}$ 不一定是正交矩阵，

所以 $\boldsymbol{P}^{-1}$ 不一定等于 $\boldsymbol{P}^{\mathrm{T}}$。

一般来说，矢量 $\boldsymbol{e}_1$、$\boldsymbol{e}_2$、$\boldsymbol{e}_3$ 不一定是相互正交的。如果它们相互正交，即满足条件

$$\boldsymbol{e}_i \cdot \boldsymbol{e}_j = 0; \quad i \neq j, \quad i,j = 1,2,3 \tag{2.33}$$

那么，这个曲线坐标系就称为**正交曲线坐标系**。直角坐标系和柱坐标系都是正交的。**以后若无特殊说明，我们只限于讨论正交曲线坐标系。**

对于正交曲线坐标系，我们将 $\boldsymbol{e}_1$、$\boldsymbol{e}_2$、$\boldsymbol{e}_3$ 的大小分别记为 h_1、h_2、h_3，称为 **Lame 系数**，即

$$h_i = |\boldsymbol{e}_i| = \left|\frac{\partial \boldsymbol{r}}{\partial q_i}\right| = \sqrt{\left(\frac{\partial x_1}{\partial q_i}\right)^2 + \left(\frac{\partial x_2}{\partial q_i}\right)^2 + \left(\frac{\partial x_3}{\partial q_i}\right)^2}, \quad i = 1,2,3$$

于是 $\boldsymbol{e}_1/h_1$、$\boldsymbol{e}_2/h_2$、$\boldsymbol{e}_3/h_3$ 是一组正交的单位基矢量，分别写成 $\boldsymbol{e}_1^0$、$\boldsymbol{e}_2^0$、$\boldsymbol{e}_3^0$，则有

$$\begin{bmatrix} \boldsymbol{e}_1^0 \\ \boldsymbol{e}_2^0 \\ \boldsymbol{e}_3^0 \end{bmatrix} = \begin{bmatrix} 1/h_1 & 0 & 0 \\ 0 & 1/h_2 & 0 \\ 0 & 0 & 1/h_3 \end{bmatrix} \begin{bmatrix} \boldsymbol{e}_1 \\ \boldsymbol{e}_2 \\ \boldsymbol{e}_3 \end{bmatrix}$$

或简写为

$$\boldsymbol{e}^0 = \boldsymbol{H}^{-1}\boldsymbol{e} \quad 或 \quad \boldsymbol{e} = \boldsymbol{H}\boldsymbol{e}^0 \tag{2.34}$$

其中：矩阵 $\boldsymbol{H}$ 由 Lame 系数组成，称为 **Lame 系数矩阵**。它是对角矩阵，即

$$\boldsymbol{H} = \begin{bmatrix} h_1 & 0 & 0 \\ 0 & h_2 & 0 \\ 0 & 0 & h_3 \end{bmatrix}$$

Lame 系数矩阵 $\boldsymbol{H}$ 与 Jacobi 矩阵 $\boldsymbol{P}$ 之间的关系推导如下。因为

$$\begin{bmatrix} \boldsymbol{e}_1 \\ \boldsymbol{e}_2 \\ \boldsymbol{e}_3 \end{bmatrix} [\boldsymbol{e}_1, \boldsymbol{e}_2, \boldsymbol{e}_3] = \begin{bmatrix} \boldsymbol{e}_1 \cdot \boldsymbol{e}_1 & 0 & 0 \\ 0 & \boldsymbol{e}_2 \cdot \boldsymbol{e}_2 & 0 \\ 0 & 0 & \boldsymbol{e}_3 \cdot \boldsymbol{e}_3 \end{bmatrix} = \begin{bmatrix} h_1 & 0 & 0 \\ 0 & h_2 & 0 \\ 0 & 0 & h_3 \end{bmatrix}^2 = \boldsymbol{H}^2$$

或写成

$$\boldsymbol{e} \cdot \boldsymbol{e}^{\mathrm{T}} = \boldsymbol{H}^2$$

另一方面，根据式(2.32)有

$$\boldsymbol{e} \cdot \boldsymbol{e}^{\mathrm{T}} = (\boldsymbol{i}^{\mathrm{T}}\boldsymbol{P})^{\mathrm{T}} \cdot (\boldsymbol{i}^{\mathrm{T}}\boldsymbol{P}) = \boldsymbol{P}^{\mathrm{T}}(\boldsymbol{i} \cdot \boldsymbol{i}^{\mathrm{T}})\boldsymbol{P} = \boldsymbol{P}^{\mathrm{T}}\boldsymbol{P}$$

对比前后两个关系，立得

$$\boldsymbol{P}^{\mathrm{T}}\boldsymbol{P} = \boldsymbol{H}^2 \tag{2.35}$$

因为式(2.35)只有在基矢量正交时才成立，**所以可以利用 $\boldsymbol{P}^{\mathrm{T}}\boldsymbol{P}$ 是否为对角矩阵来判断曲线坐标的正交性。**

例 2.14　抛物线柱坐标系由 (ξ, η, ζ) 给出 $(\zeta > 0)$，它与 (x, y, z) 之间的关系是

$$x = \frac{1}{2}(\xi^2 - \eta^2), \quad y = \xi\eta, \quad z = \zeta$$

在 $\zeta = 0$ 平面上的坐标曲线是：$\xi =$ 常数与 $\zeta = 0$ 的交线；$\eta =$ 常数与 $\zeta = 0$ 的交线。它

们是两组抛物线族(见图 2.21)。判断此坐标系是否正交？若正交，求出 Lame 系数。

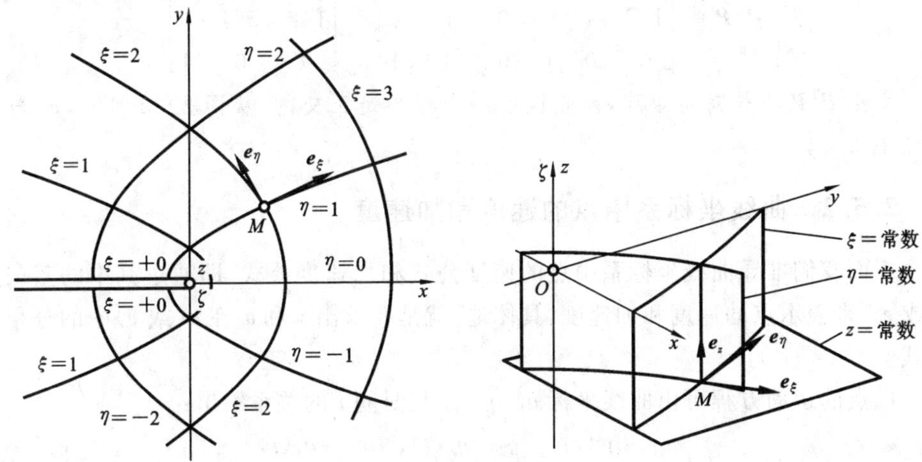

图 2.21　例 2.14 图

解　根据式(2.30)算出 Jacobi 矩阵，为

$$
\boldsymbol{P}=\begin{bmatrix}\xi & -\eta & 0\\ \eta & \xi & 0\\ 0 & 0 & 1\end{bmatrix}
$$

因此有

$$
\boldsymbol{P}^{\mathrm{T}}\boldsymbol{P}=\begin{bmatrix}\xi & \eta & 0\\ -\eta & \xi & 0\\ 0 & 0 & 1\end{bmatrix}\begin{bmatrix}\xi & -\eta & 0\\ \eta & \xi & 0\\ 0 & 0 & 1\end{bmatrix}=\begin{bmatrix}\sqrt{\xi^2+\eta^2} & 0 & 0\\ 0 & \sqrt{\xi^2+\eta^2} & 0\\ 0 & 0 & 1\end{bmatrix}^2
$$

因为 $\boldsymbol{P}^{\mathrm{T}}\boldsymbol{P}$ 是对角矩阵，所以此曲线坐标是正交的。Lame 系数为

$$
h_\xi=\sqrt{\xi^2+\eta^2},\quad h_\eta=\sqrt{\xi^2+\eta^2},\quad h_\zeta=1
$$

例 2.15　讨论图 2.22 所示的仿射坐标系。设直角坐标(x,y,z)与仿射坐标(x',y',z')之间的关系为

$$
x=x'+\frac{1}{2}y',\quad y=y',\quad z=z'
$$

解　Jacobi 矩阵为

$$
\boldsymbol{P}=\begin{bmatrix}1 & 1/2 & 0\\ 0 & 1 & 0\\ 0 & 0 & 1\end{bmatrix}
$$

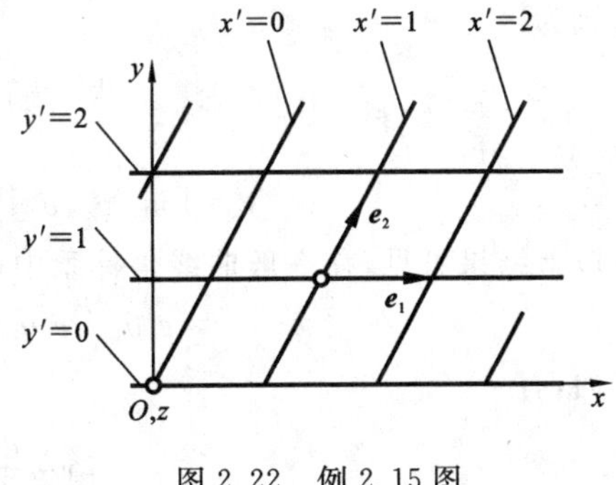

图 2.22　例 2.15 图

因此有

$$\boldsymbol{P}^{\mathrm{T}}\boldsymbol{P}=\begin{bmatrix}1 & 0 & 0\\ 1/2 & 1 & 0\\ 0 & 0 & 1\end{bmatrix}\begin{bmatrix}1 & 1/2 & 0\\ 0 & 1 & 0\\ 0 & 0 & 1\end{bmatrix}=\begin{bmatrix}1 & 1/2 & 0\\ 1/2 & 5/4 & 0\\ 0 & 0 & 1\end{bmatrix}$$

由于 $\boldsymbol{P}^{\mathrm{T}}\boldsymbol{P}$ 不是对角矩阵，因此该曲线坐标不是正交的，从图 2.22 可见，$\boldsymbol{e}_1$ 与 $\boldsymbol{e}_2$ 显然不正交。

2.5.2　曲线坐标系中点的速度和加速度

下面我们推导曲线坐标系中点的速度公式和加速度公式，即通过其中的基矢量 $\boldsymbol{e}$（或 $\boldsymbol{e}^0$）来表示点的速度和加速度，具体地，就是要求出 $\boldsymbol{v}$ 和 $\boldsymbol{a}$ 在 $\boldsymbol{e}$（或 $\boldsymbol{e}$）中的分量表达式。

设点的运动方程可由曲线坐标 q_1、q_2、q_3 与时间 t 的关系给出：

$$q_1=q_1(t),\quad q_2=q_2(t),\quad q_3=q_3(t)$$

该方程称为**点的曲线坐标运动方程**。或写成矩阵形式：

$$\boldsymbol{q}=\boldsymbol{q}(t) \tag{2.36}$$

其中：$\boldsymbol{q}=[q_1,q_2,q_2]^{\mathrm{T}}$，为列向量。点的矢径 $\boldsymbol{r}$ 可表示成曲线坐标的函数：

$$\boldsymbol{r}=\boldsymbol{r}(q_1,q_2,q_3) \tag{2.37}$$

其中：q_i，$i=1,2,3$，是 t 的函数。对 t 求导，可得

$$\boldsymbol{v}=\dot{\boldsymbol{r}}=\frac{\partial\boldsymbol{r}}{\partial q_1}\frac{\mathrm{d}q_1}{\mathrm{d}t}+\frac{\partial\boldsymbol{r}}{\partial q_2}\frac{\mathrm{d}q_2}{\mathrm{d}t}+\frac{\partial\boldsymbol{r}}{\partial q_3}\frac{\mathrm{d}q_3}{\mathrm{d}t}=\boldsymbol{e}_1\dot{q}_1+\boldsymbol{e}_2\dot{q}_2+\boldsymbol{e}_3\dot{q}_3$$

或者写成矩阵形式：

$$\boldsymbol{v}=[\boldsymbol{e}_1,\boldsymbol{e}_2,\boldsymbol{e}_3][\dot{q}_1,\dot{q}_2,\dot{q}_3]^{\mathrm{T}}=\boldsymbol{e}^{\mathrm{T}}\dot{\boldsymbol{q}} \tag{2.38}$$

将式(2.34)代入式(2.38)得

$$\boldsymbol{v}=\boldsymbol{e}^{0\mathrm{T}}\boldsymbol{H}\dot{\boldsymbol{q}} \tag{2.39}$$

其中：$\boldsymbol{e}^{0\mathrm{T}}$ 为 $\boldsymbol{e}^0$ 的转置矩阵。因此速度 $\boldsymbol{v}$ 在正交单位基矢量 $\boldsymbol{e}^0$ 上的分量（也是投影）分别为

$$v_i=h_i\dot{q}_i,\quad i=1,2,3 \tag{2.40}$$

或

$$\boldsymbol{v}^e=[v_1,v_2,v_3]^{\mathrm{T}}=[h_1\dot{q}_1,h_2\dot{q}_2,h_3\dot{q}_3]^{\mathrm{T}}$$

由以上结果可见，在一般曲线坐标系中，有

$$\boldsymbol{r}\neq\boldsymbol{e}_1q_1+\boldsymbol{e}_2q_2+\boldsymbol{e}_3q_3\quad 或\quad \boldsymbol{r}\neq\boldsymbol{e}^{\mathrm{T}}\boldsymbol{q}$$

进而，有

$$\boldsymbol{v}=\frac{\mathrm{d}\boldsymbol{r}}{\mathrm{d}t}\neq\frac{\mathrm{d}(\boldsymbol{e}^{\mathrm{T}}\boldsymbol{q})}{\mathrm{d}t}$$

下面来给出加速度公式。将式(2.32)代入式(2.38)得

$$\boldsymbol{v}=\boldsymbol{i}^{\mathrm{T}}\boldsymbol{P}\dot{\boldsymbol{q}}$$

此式对 t 求一次导数，得加速度矢量：

$$\boldsymbol{a}=\dot{\boldsymbol{v}}=\boldsymbol{i}^{\mathrm{T}}(\dot{\boldsymbol{P}}\dot{\boldsymbol{q}}+\boldsymbol{P}\ddot{\boldsymbol{q}})$$

$$\boldsymbol{a}=\boldsymbol{e}^{\mathrm{T}}\boldsymbol{P}^{-1}(\dot{\boldsymbol{P}}\dot{\boldsymbol{q}}+\boldsymbol{P}\ddot{\boldsymbol{q}})=\boldsymbol{e}^{0\mathrm{T}}\boldsymbol{H}(\boldsymbol{P}^{-1}\dot{\boldsymbol{P}}\dot{\boldsymbol{q}}+\ddot{\boldsymbol{q}}) \tag{2.41}$$

将 $\boldsymbol{H}$ 写成 $\boldsymbol{H}^{-1}\boldsymbol{H}^2=\boldsymbol{H}^{-1}\boldsymbol{P}^{\mathrm{T}}\boldsymbol{P}$，则式(2.41)也可写为

$$\boldsymbol{a}=\boldsymbol{e}^{0\mathrm{T}}(\boldsymbol{H}^{-1}\boldsymbol{P}^{\mathrm{T}}\dot{\boldsymbol{P}}\dot{\boldsymbol{q}}+\boldsymbol{H}\ddot{\boldsymbol{q}}) \tag{2.42}$$

加速度在曲线坐标方向的分量可由 $a_i=\boldsymbol{e}_i^0\cdot\boldsymbol{a}, i=1,2,3$ 求出。因为 $\boldsymbol{H}^{-1}$ 和 $\boldsymbol{H}$ 是对角矩阵，所以 a_i 的显式为

$$a_i=h_i\ddot{q}_i+\frac{1}{h_i}\sum_{j=1}^{3}(\boldsymbol{P}^{\mathrm{T}}\dot{\boldsymbol{P}})_{ij}\dot{q}_j \tag{2.43}$$

其中：$(\boldsymbol{P}^{\mathrm{T}}\dot{\boldsymbol{P}})_{ij}$ 是矩阵 $\boldsymbol{P}^{\mathrm{T}}\dot{\boldsymbol{P}}$ 的第(i,j)元素。我们引进一个矩阵 $\boldsymbol{Q}$：

$$\boldsymbol{Q}=\boldsymbol{P}\boldsymbol{H}^{-1} \tag{2.44}$$

矩阵 $\boldsymbol{Q}$ 是正交矩阵，于是加速度矢量也可写成

$$\boldsymbol{a}=\boldsymbol{e}^{0\mathrm{T}}(\dot{\boldsymbol{v}}^e+\boldsymbol{Q}^{\mathrm{T}}\dot{\boldsymbol{Q}}\boldsymbol{v}^e) \tag{2.45}$$

其中：$\boldsymbol{v}^e=[v_1,v_2,v_3]^{\mathrm{T}}=[h_1\dot{q}_1,h_2\dot{q}_2,h_3\dot{q}_3]^{\mathrm{T}}$，是速度 $\boldsymbol{v}$ 在基 $\boldsymbol{e}^0$ 中的分量。

例 2.16　应用以上结果计算柱坐标中加速度的分量。

解　设柱坐标为(ρ,φ,z)，它的 Jacobi 矩阵为

$$\boldsymbol{P}=\begin{bmatrix}\cos\varphi & -\rho\sin\varphi & 0\\ \sin\varphi & \rho\cos\varphi & 0\\ 0 & 0 & 1\end{bmatrix}$$

Lame 系数矩阵为

$$\boldsymbol{H}=\begin{bmatrix}1 & 0 & 0\\ 0 & \rho & 0\\ 0 & 0 & 1\end{bmatrix}$$

所以

$$\begin{aligned}\boldsymbol{P}^{\mathrm{T}}\dot{\boldsymbol{P}}&=\begin{bmatrix}\cos\varphi & \sin\varphi & 0\\ -\rho\sin\varphi & \rho\cos\varphi & 0\\ 0 & 0 & 1\end{bmatrix}\begin{bmatrix}-\dot{\varphi}\sin\varphi & -\dot{\rho}\sin\varphi-\rho\dot{\varphi}\cos\varphi & 0\\ \dot{\varphi}\cos\varphi & \dot{\rho}\cos\varphi-\rho\dot{\varphi}\sin\varphi & 0\\ 0 & 0 & 0\end{bmatrix}\\ &=\begin{bmatrix}0 & -\rho\dot{\varphi} & 0\\ \rho\dot{\varphi} & \rho\dot{\rho} & 0\\ 0 & 0 & 0\end{bmatrix}\end{aligned}$$

于是根据式(2.42)得

$$\begin{aligned}\boldsymbol{a}&=\boldsymbol{e}^{0\mathrm{T}}(\boldsymbol{H}^{-1}\boldsymbol{P}^{\mathrm{T}}\dot{\boldsymbol{P}}\dot{\boldsymbol{q}}+\boldsymbol{H}\ddot{\boldsymbol{q}})\\ &=[\boldsymbol{\rho}^0,\boldsymbol{\varphi}^0,\boldsymbol{k}]\left(\begin{bmatrix}1 & 0 & 0\\ 0 & 1/\rho & 0\\ 0 & 0 & 1\end{bmatrix}\begin{bmatrix}0 & -\rho\dot{\varphi} & 0\\ \rho\dot{\varphi} & \rho\dot{\rho} & 0\\ 0 & 0 & 0\end{bmatrix}\begin{bmatrix}\dot{\rho}\\ \dot{\varphi}\\ \dot{z}\end{bmatrix}+\begin{bmatrix}\ddot{\rho}\\ \rho\ddot{\varphi}\\ \ddot{z}\end{bmatrix}\right)\end{aligned}$$

整理后即得

$$a_\rho=\ddot{\rho}-\rho\dot{\varphi}^2,\quad a_\varphi=\rho\ddot{\varphi}+2\dot{\rho}\dot{\varphi},\quad a_z=\ddot{z}$$

2.5.3 用球坐标描述点的运动

球坐标也是一种常用的曲线坐标。在球坐标中，点 M 的位置由三个独立变量 r、θ、φ 确定。r 是原点到点 M 的距离，θ 是 OM 与 z 轴的夹角，φ 是 OM 在平面 Oxy 上的投影 OM' 与 x 轴的夹角，如图 2.23 所示。

球坐标和直角坐标的关系为

$$\begin{cases}x=r\sin\theta\cos\varphi\\y=r\sin\theta\sin\varphi\\z=r\cos\theta\end{cases}\tag{2.46}$$

如图 2.24 所示，球坐标中**坐标曲面**分别是：$r=$ 常数的球面；$\theta=$ 常数的锥面；$\varphi=$ 常数的平面。**坐标曲线**分别为沿矢径的直线、圆周平面通过 z 轴的圆（经度圆）和平行于平面 Oxy 的圆（纬度圆）。

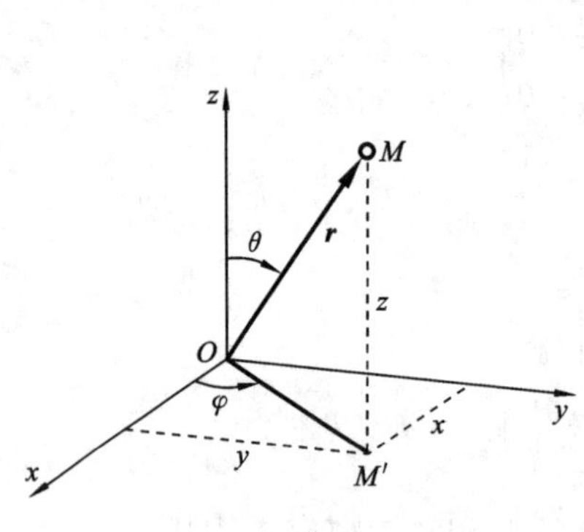

图 2.23 球坐标

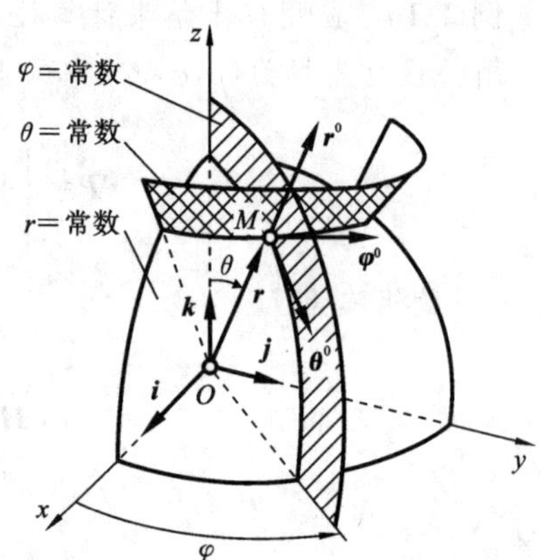

图 2.24 球坐标曲面和球坐标曲线

相应的 Jacobi 矩阵为

$$\boldsymbol{P}=\begin{bmatrix}\sin\theta\cos\varphi & r\cos\theta\cos\varphi & -r\sin\theta\sin\varphi\\\sin\theta\sin\varphi & r\cos\theta\sin\varphi & r\sin\theta\cos\varphi\\\cos\theta & -r\sin\theta & 0\end{bmatrix}$$

所以

$$\boldsymbol{P}^{\mathrm{T}}\boldsymbol{P}=\begin{bmatrix}1 & 0 & 0\\0 & r^2 & 0\\0 & 0 & r^2\sin^2\theta\end{bmatrix}$$

这是对角矩阵，因此球坐标是正交曲线坐标系，其 Lame 系数矩阵为

$$\boldsymbol{H}=\begin{bmatrix}1 & 0 & 0\\0 & r & 0\\0 & 0 & r\sin\theta\end{bmatrix}$$

2.5.4 球坐标系中点的速度和加速度

速度分量表达式比较简单，根据式(2.40)有

$$\boldsymbol{v}^e=\begin{bmatrix}v_r\\v_\theta\\v_\varphi\end{bmatrix}=\begin{bmatrix}h_r\dot{r}\\h_\theta\dot{\theta}\\h_\varphi\dot{\varphi}\end{bmatrix}=\begin{bmatrix}\dot{r}\\r\dot{\theta}\\r\dot{\varphi}\sin\theta\end{bmatrix}\tag{2.47}$$

为了计算加速度分量，需要计算式(2.44)定义的正交矩阵 $\boldsymbol{Q}$：

$$\boldsymbol{Q}=\boldsymbol{P}\boldsymbol{H}^{-1}=\begin{bmatrix}\sin\theta\cos\varphi & \cos\theta\cos\varphi & -\sin\varphi\\\sin\theta\sin\varphi & \cos\theta\sin\varphi & \cos\varphi\\\cos\theta & -\sin\theta & 0\end{bmatrix}$$

容易验证，$\boldsymbol{Q}$ 就是将直角坐标基矢量 $\boldsymbol{i}$ 变换到球坐标基矢量 $\boldsymbol{e}^0=[\boldsymbol{r}^0,\boldsymbol{\theta}^0,\boldsymbol{\varphi}^0]$的变换矩阵，即有 $\boldsymbol{e}^0=\boldsymbol{Q}\boldsymbol{i}$，因此每一列元素就是相应的球坐标基矢量在 $\boldsymbol{i}$ 中的方向余弦。

由此可以算出

$$\boldsymbol{Q}^{\mathrm{T}}\dot{\boldsymbol{Q}}\boldsymbol{v}^e=\begin{bmatrix}\sin\theta\cos\varphi & \sin\theta\sin\varphi & \cos\theta\\\cos\theta\cos\varphi & \cos\theta\sin\varphi & -\sin\theta\\-\sin\varphi & \cos\varphi & 0\end{bmatrix}$$

$$\times\begin{bmatrix}\dot{\theta}\cos\theta\cos\varphi-\dot{\varphi}\sin\theta\sin\varphi & -\dot{\theta}\sin\theta\cos\varphi-\dot{\varphi}\cos\theta\sin\varphi & -\dot{\varphi}\cos\varphi\\\dot{\theta}\cos\theta\sin\varphi+\dot{\varphi}\sin\theta\cos\varphi & -\dot{\theta}\sin\theta\sin\varphi+\dot{\varphi}\cos\theta\cos\varphi & -\dot{\varphi}\sin\varphi\\-\dot{\theta}\sin\theta & -\dot{\theta}\cos\theta & 0\end{bmatrix}\begin{bmatrix}\dot{r}\\r\dot{\theta}\\r\dot{\varphi}\sin\theta\end{bmatrix}$$

$$=\begin{bmatrix}0 & -\dot{\theta} & -\dot{\varphi}\sin\theta\\\dot{\theta} & 0 & -\dot{\varphi}\cos\theta\\\dot{\varphi}\sin\theta & \dot{\varphi}\cos\theta & 0\end{bmatrix}\begin{bmatrix}\dot{r}\\r\dot{\theta}\\r\dot{\varphi}\sin\theta\end{bmatrix}=\begin{bmatrix}-r\dot{\theta}^2-r\dot{\varphi}^2\sin^2\theta\\\dot{r}\dot{\theta}-r\dot{\varphi}^2\sin\theta\cos\theta\\\dot{r}\dot{\varphi}\sin\theta+r\dot{\theta}\dot{\varphi}\cos\theta\end{bmatrix}\tag{2.48}$$

$$\dot{\boldsymbol{v}}^e=\frac{\mathrm{d}}{\mathrm{d}t}\begin{bmatrix}\dot{r}\\r\dot{\theta}\\r\dot{\varphi}\sin\theta\end{bmatrix}=\begin{bmatrix}\ddot{r}\\r\ddot{\theta}+\dot{r}\dot{\theta}\\r\ddot{\varphi}\sin\theta+\dot{r}\dot{\varphi}\sin\theta+r\dot{\theta}\dot{\varphi}\cos\theta\end{bmatrix}\tag{2.49}$$

将式(2.48)和式(2.49)代入式(2.45)，便得到球坐标中点的加速度分量(或投影)：

$$\begin{bmatrix}a_r\\a_\theta\\a_\varphi\end{bmatrix}=\begin{bmatrix}\ddot{r}-r\dot{\theta}^2-r\dot{\varphi}^2\sin^2\theta\\r\ddot{\theta}+2\dot{r}\dot{\theta}-r\dot{\varphi}^2\sin\theta\cos\theta\\r\ddot{\varphi}\sin\theta+2\dot{r}\dot{\varphi}\sin\theta+2r\dot{\theta}\dot{\varphi}\cos\theta\end{bmatrix}\tag{2.50}$$

习 题

2.1 动点的运动方程以直角坐标表示为：$x=t^2+1$，$y=2t^2$（x、y 以 mm 计），求

$t=1$ s时动点的加速度，以及此时动点所处位置的曲率半径。

第2章参考答案

2.2 曲柄OB的转动规律为$\varphi=2t$，它带动杆AD，使杆AD上的点A沿水平轴Ox运动，点C沿铅垂轴Oy运动，如图2.25所示。设$\overline{AB}=\overline{OB}=\overline{BC}=\overline{CD}=0.12$ m，求当$\varphi=45^\circ$时杆上点D的速度，并求点D的轨迹方程。

2.3 点的运动方程用直角坐标表示为：$x=5\sin 5t^2$，$y=5\cos 5t^2$，若改用弧坐标描述点的运动方程，则从运动开始时位置计算弧长，求点的弧坐标形式的运动方程。

2.4 点M的运动方程为：$x=t^2$，$y=t^3$（x、y以cm计，t以s计），试求点M在(1,1)处的曲率半径。

2.5 点沿一平面上的曲线运动，其速度在y轴上的投影为一常数C，试证明加速度大小$a=v^3/(C\rho)$，其中v为速度，ρ为曲率半径。

2.6 小车A与小车B以绳索相连，如图2.26所示，小车A高出小车B 1.5 m，令小车A以$v_A=0.4$ m/s匀速拉动小车B，开始时$\overline{BC}=L_0=4.5$ m，求5 s后小车B的速度与加速度（滑车尺寸不计）。

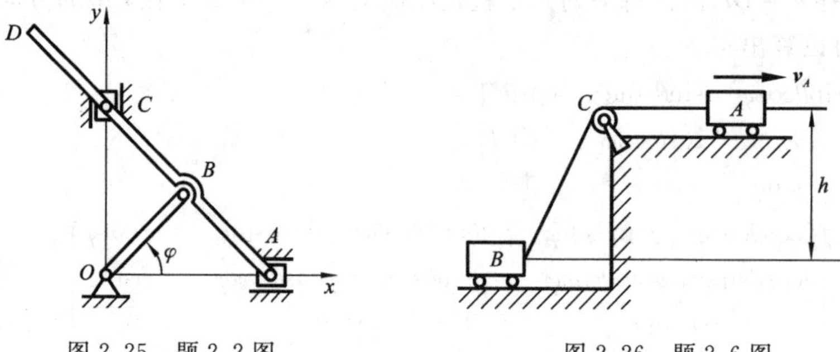

图2.25 题2.2图　　图2.26 题2.6图

2.7 一质点沿圆锥曲线$y^2-2mx-nx^2=0$运动，其速度大小为定值c。求它的速度在x、y轴方向的分量。已知m和n为常数。

2.8 已知一动点的运动方程为：$y=bt$，$\varphi=at$。分别用极坐标和直角坐标写出点的运动方程。

2.9 一点沿平面曲线运动，其径向速度为正的常数，径向加速度为负值且与到原点之间的距离的三次方成正比，即有

$$v_\rho=c>0,\quad a_\rho=-\frac{b^2}{\rho^3}$$

求点的运动方程。已知$t=0$时，$\rho=\rho_0$，$\varphi=\varphi_0$，且$\dot{\varphi}>0$。

2.10 一点做平面运动，其径向速度和横向速度分别为$\lambda\rho$和$\mu\varphi$，λ和μ是常数。试证明其径向加速度和横向加速度分别为

$$a_\rho=\lambda^2\rho$$

$$a_\varphi=\mu\varphi\left(\lambda+\frac{\mu}{\rho}\right)$$

2.11　图2.27所示偏心圆凸轮圆心为点C,半径为R,绕O轴以匀角速度ω转动,偏心距为e。在该凸轮上画CO的延长线OP,该凸轮轮廓的极坐标方程为$\overline{OA}=\rho=\rho(\varphi)$,该凸轮推动挺杆$AB$,杆轴的延长线始终通过点$O$。求挺杆的速度和加速度。当$e\ll R$时,求挺杆的速度和加速度的近似表达式。

2.12　如图2.28所示,飞机M在时刻t的经度为$\psi(t)$,纬度为$\lambda(t)$,高度为$h(t)$,于是在地心坐标系中飞机的球坐标运动方程为

$$r=R+h(t),\quad \theta=\frac{\pi}{2}-\lambda(t),\quad \varphi=\Omega t+\psi(t)$$

其中:R为地球半径;Ω为地球自转角速度。求飞机东向、北向和天向的速度分量,以h、λ、ψ表示。

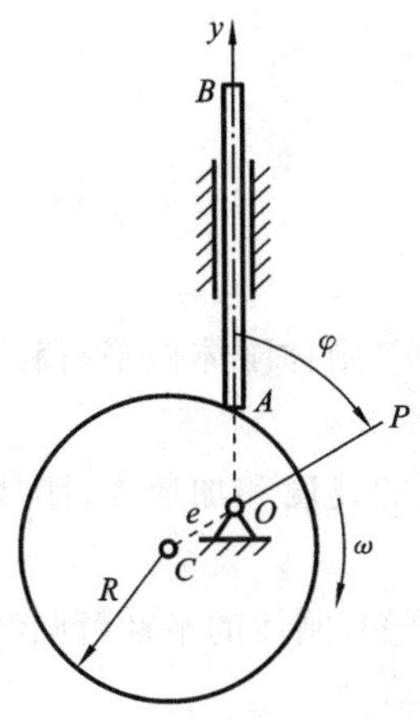

图2.27　题2.11图

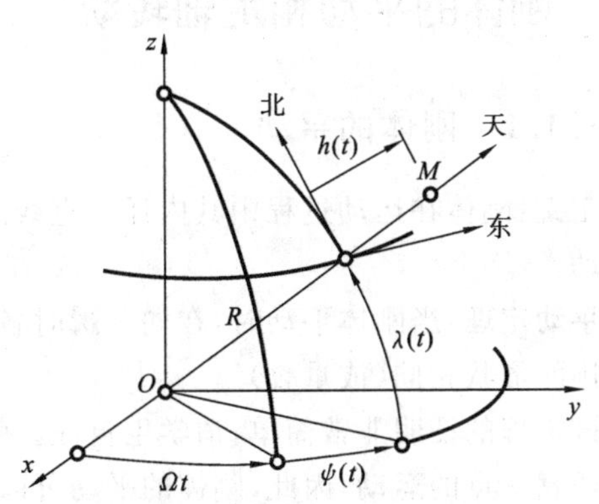

图2.28　题2.12图

如果飞机相对于地球的航速为$u(t)$,且以等高度h沿经线由南向北航行,它的加速度分量是多少?又如飞机在同样条件下沿纬线由西向东航行,其加速度分量又是多少?

2.13　点M沿正圆锥上的螺旋线轨道向下运动。正圆锥的底半径为b,高度为h,半顶角为θ,如图2.29所示。螺旋线上任意一点的切线与该点圆锥面的水平切线的夹角γ为常数,且点M运动时,其柱坐标φ对时间的导数$\dot{\varphi}$保持不变,为常数。求角φ为任意值时,点M的加速度在柱坐标系中的投影a_ρ。

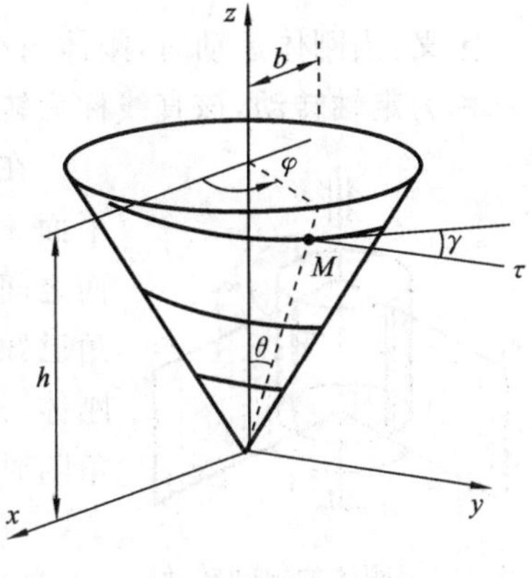

图2.29　题2.13图

第 3 章　刚体的运动学

刚体是本书研究的基本力学模型之一。刚体与点的不同是它有大小，即至少有一维的尺度非零，因此刚体内存在由点连成的直线段，当刚体运动时，其上所有线段相对于参考系不发生角度变化，就是**刚体的平动**。但是，通常的情况是，刚体上的线段相对于参考系会发生角度变化，就是刚体的转动，刚体的转动需要用角度变化来描述，这是刚体运动与点运动的最大区别。刚体的转动有**定轴转动**和**定点运动**（或**定点转动**）两种基本形式。刚体的任何运动可以由这三种（或其中两种）运动叠加而成。下面先来研究刚体的平动和定轴转动的基本特性。

3.1　刚体的平动和定轴转动

3.1.1　刚体的平动

定义：刚体在运动过程中其内任一直线的方向不改变，则称刚体做平行移动，简称平动。

平动定理：当刚体平动时，在同一瞬时各点都有相同的速度和加速度，刚体内各点轨迹的形状相同（或重叠）。

该定理的证明非常简单，请学生自证。由以上定理可知，刚体的平动可归结为刚体上任意一点的运动，因此，刚体的平动可以视为点的运动。

3.1.2　刚体的定轴转动

定义：当刚体运动时，刚体内有一直线段上的所有点始终保持不动，刚体的这种运动称为**定轴转动**，该直线称为**转轴**。

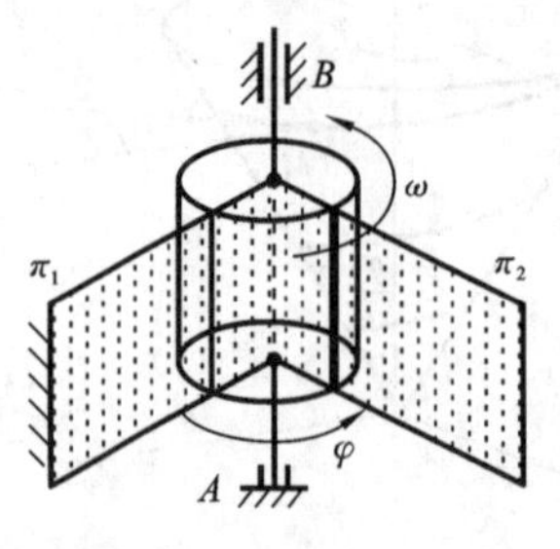

图 3.1　刚体的定轴转动

在图 3.1 中，AB 为刚体的转轴。过转轴作一个固定平面 π_1，过转轴作另一个与刚体固连的平面 π_2，这两个平面之间的瞬时夹角 φ 称为**转角**，显然，只要每一瞬时的转角已知，刚体的位置就随之确定，因此对于做定轴转动的刚体，只需用转角这个参数就可以完全确定它的位置，转角随时间变化的函数称为**转动方程**，即

$$\varphi=\varphi(t) \tag{3.1}$$

以上定义的转角是个代数量，为此，需要先规定转角

的一个参考正转向和转角的起算位置，瞬时转角 $\varphi(t)$ 落在正半区间时为正，否则为负。

但转角的正负，只有在需要具体计算角度值时才有意义。通常只关心转角的参考正转向(即角度值增大的方向)，而不关心其起算位置。对于平面系统的转动问题，参考正转向可以任意指定，对于空间运动问题，通常先指定转轴的正向，再按右手规则确定转角的参考正转向。图 3.1 中的单向圆箭头，指定了转角 $\varphi(t)$ 的参考正转向；如果设转轴向上为正，则按右手规则该单向圆箭头在空间运动问题中也是正转向。转角为一个无量纲量，标准单位为 rad。

转角对时间的导数称为**角速度**，用 ω 表示，它表征了转动的方向和快慢，即

$$\omega=\frac{\mathrm{d}\varphi}{\mathrm{d}t}=\dot{\varphi}\ (\mathrm{rad/s}) \tag{3.2}$$

角速度对时间的导数称为**角加速度**，用 α 表示，它表征了角速度变化的快慢和转向，即

$$\alpha=\frac{\mathrm{d}\omega}{\mathrm{d}t}=\frac{\mathrm{d}^2\varphi}{\mathrm{d}t^2}=\ddot{\varphi}\ (\mathrm{rad/s^2}) \tag{3.3}$$

角速度和角加速度也是代数量，当它们的转向与参考正转向相同时为正，反之为负。

需要指出的是，式(3.2)只有在 φ 和 ω 的参考正转向相同时才是正确的，否则需改为 $\omega=-\dot{\varphi}$。实际上，当 φ 和 ω 的参考正转向相反时，若在 $\Delta t>0$ 的时间内有转角增量 $\Delta\varphi>0$，则 $\dot{\varphi}>0$，刚体沿 φ 的参考正转向转动(与 ω 的参考正转向相反)，因此角速度应该是负的。同理，式(3.3)只有在 ω 和 α 的参考正转向相同时才是正确的，否则需改为 $\alpha=-\dot{\omega}$。当 ω 和 α 的参考正转向一致时，如果它们同号，则表示刚体在做加速转动，否则表示刚体在做减速转动。

3.1.3　定轴转动刚体上各点的速度与加速度

如图 3.2(a)所示，刚体以角速度 ω 和角加速度 α 做定轴转动，刚体上任意一点 A 的轨迹为圆，其弧坐标运动方程为

$$s(t)=r\varphi(t) \tag{3.4}$$

其中：r 为考察的点 A 到转轴的距离，称为**转动半径**。所以该点的速度为

$$v=\dot{s}(t)=r\dot{\varphi}(t)=\omega r \tag{3.5}$$

速度矢量 $\boldsymbol{v}$ 的指向与 ω 的转向一致，如图 3.2(b)所示。

刚体上任意一点 A 的加速度为

$$\boldsymbol{a}=\boldsymbol{a}_\tau+\boldsymbol{a}_n=a_\tau\boldsymbol{\tau}+a_n\boldsymbol{n}$$

切向加速度的大小为 $a_\tau=\dot{v}=\alpha r$，法向(径向)加速度的大小为 $a_n=v^2/r=\omega^2 r$。切向加速度矢量 $\boldsymbol{a}_\tau$ 的方向与 α 的转向一致，如图 3.2(c)所示。

定轴转动刚体上任意一点的速度和加速度也可直接用矢量表达式来表示。如图3.3所示，我们首先按右手规则，将定轴转动刚体的角速度、角加速度的代数量 ω、α 转化为角速度、角加速度矢量 $\boldsymbol{\omega}$、$\boldsymbol{\alpha}$；进而可得刚体上任意一点 A 的速度：

$$\boldsymbol{v}=\boldsymbol{\omega}\times\boldsymbol{r} \tag{3.6}$$

式(3.6)对时间求导得到点 A 的加速度矢量：

$$\boldsymbol{a}=\frac{\mathrm{d}\boldsymbol{v}}{\mathrm{d}t}=\frac{\mathrm{d}(\boldsymbol{\omega}\times\boldsymbol{r})}{\mathrm{d}t}=\omega\times\frac{\mathrm{d}\boldsymbol{r}}{\mathrm{d}t}+\frac{\mathrm{d}\boldsymbol{\omega}}{\mathrm{d}t}\times\boldsymbol{r}=\boldsymbol{\omega}\times\boldsymbol{v}+\boldsymbol{\alpha}\times\boldsymbol{r}$$

即

$$\boldsymbol{a}=\boldsymbol{\omega}\times\boldsymbol{v}+\boldsymbol{\alpha}\times\boldsymbol{r}=\boldsymbol{a}_n+\boldsymbol{a}_\tau$$

其中：$\boldsymbol{r}$ 为转轴上任意一点 O 至刚体上点 A 的矢径。容易验证，式(3.6)的速度矢量 $\boldsymbol{v}$ 的大小与式(3.5)给出的相同，方向与角速度转向一致。

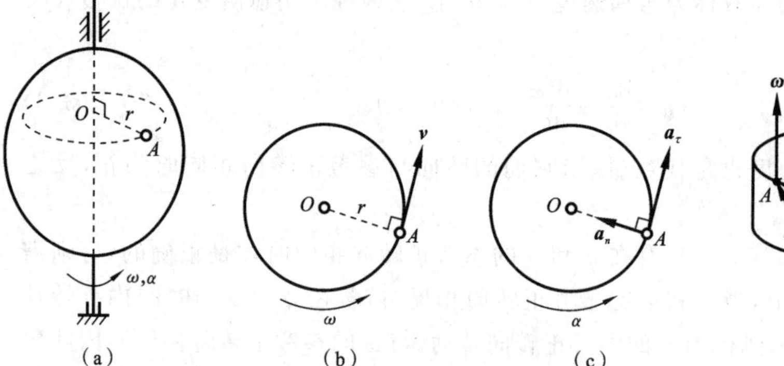

图 3.2 定轴转动刚体上任意一点的速度和加速度

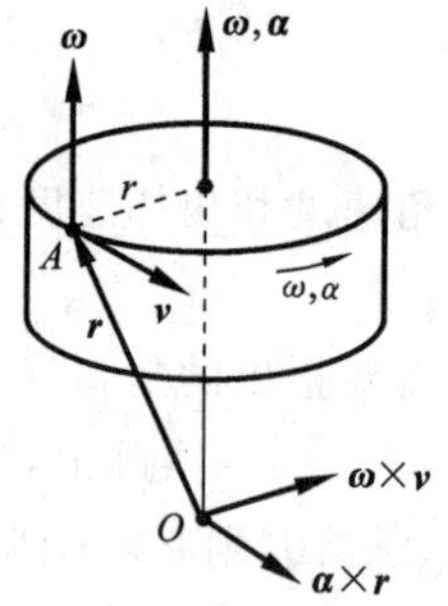

图 3.3 定轴转动刚体上任意一点的速度和加速度的矢量表示

例 3.1 图3.4所示机构中，折杆 ABC 可在倾角为60°的槽中滑动，BC 段水平，曲柄 OC 通过套筒 C 与折杆 ABC 相连，以匀角速度 ω 转动，$\overline{OC}=r$。求当 $\varphi=30°$ 时，折杆 ABC 的速度和加速度。

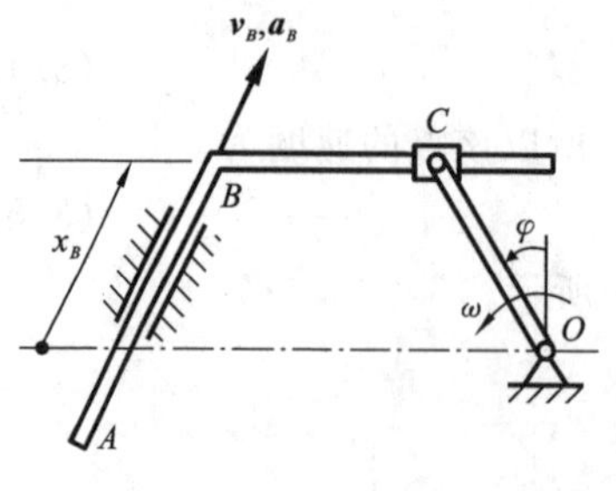

图 3.4 例 3.1 图

解 显然，折杆 ABC 沿槽做直线平动，只需求其上点 B 的速度、加速度即可。由几何关系可知，点 B 的瞬时坐标 x_B 为

$$x_B=r\cos\varphi/\cos30°=\frac{2r}{\sqrt{3}}\cos\varphi$$

所以点 B 的速度为

$$v_B=\dot{x}_B=-\frac{2r}{\sqrt{3}}\dot{\varphi}\sin\varphi \tag{a}$$

点 B 的加速度为

$$a_B = \dot{v}_B = -\frac{2r}{\sqrt{3}}(\ddot{\varphi}\sin\varphi + \dot{\varphi}^2\cos\varphi) \tag{b}$$

因为 $\dot{\varphi}=\omega, \ddot{\varphi}=0$，所以当 $\varphi=30°$ 时，由式(a)、式(b)得

$$v_B = -\frac{\omega r}{\sqrt{3}}, \quad a_B = -\omega^2 r$$

例 3.2 图 3.5 所示机构中，杆 AB 与套筒 B 固连，可在铅垂滑道内滑动，杆 CD 穿过套筒 B 与齿轮 E 固连，齿轮 E 的半径为 r；曲柄 OC 长度为 R，以匀角速度 ω 转动。齿轮 G 与齿轮 E 始终啮合。求：(1) 齿轮 G 的半径和轮心的位置；(2) 齿轮 G 的角速度。

解 (1) 显然，杆 CD 做平动，因此齿轮 E 的中心点 E 的轨迹与点 C 的轨迹相同，是一个半径为 R 的圆；因为两个齿轮始终啮合，因此两个轮心的距离 $\overline{GE}$ 为常数，即点 E 的轨迹是以点 G 为圆心、半径为 $\overline{GE}$ 的一个圆周，进而必须满足 $\overline{GE}=\overline{OC}=R$，而 $\overline{GE}$ 可取 $\overline{GE}=\overline{GH}+r$ 或 $\overline{GE}=\overline{GH}-r$。于是齿轮 G 的半径 $\overline{GH}$ 可分别取为 $R-r$ 和 $R+r$，前者为外啮合，后者为内啮合；图 3.5 所示为外啮合情况，因此，我们取齿轮 G 的半径为 $R-r$。

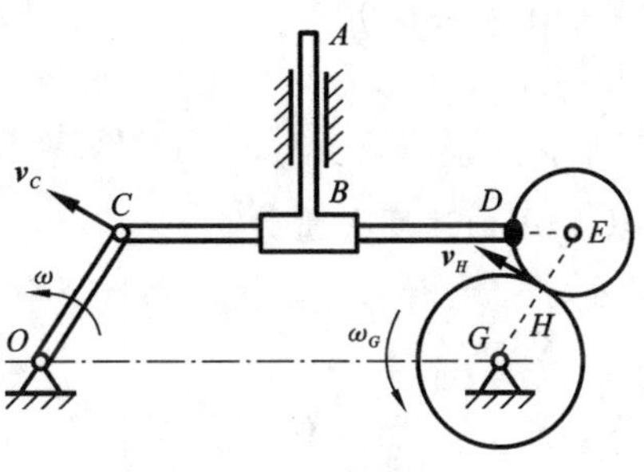

图 3.5 例 3.2 图

(2) 计算齿轮 G 的角速度。两轮啮合点 H 的切线瞬时速度与点 C 的相等，所以有

$$v_B = -\frac{\omega r}{\sqrt{3}}, \quad a_B = -\omega^2 r$$

即

$$\omega_G = \frac{\omega r}{R-r}$$

例 3.3 图 3.6 所示圆盘 C 以匀角速度 ω 绕倾斜轴 OB 转动，盘面与转轴垂直，圆盘的半径为 r；设轴 OB 在平面 Oyz 内，盘面与平面 Oyz 的交线为 CD，点 A 为圆盘边缘上一个固连点。求 CA 与 CD 之间的夹角 φ 为任意值时点 A 的速度矢量和加速度矢量。

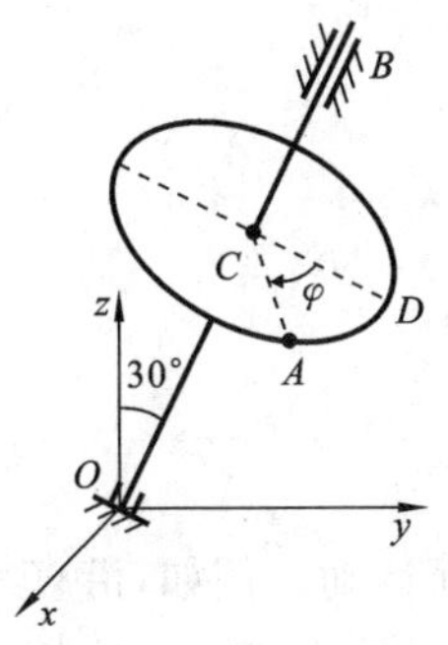

图 3.6 例 3.3 图

解 设 $\overline{OC}=l$，OC 方向的单位矢量为 $\boldsymbol{e}_1$，CD 方向的单位矢量为 $\boldsymbol{e}_2$。由题设可得

$$\boldsymbol{e}_1 = \frac{1}{2}\boldsymbol{j} + \frac{\sqrt{3}}{2}\boldsymbol{k}$$

$$\boldsymbol{e}_2 = \frac{\sqrt{3}}{2}\boldsymbol{j} - \frac{1}{2}\boldsymbol{k}$$

所以

$$\boldsymbol{i}\perp\boldsymbol{e}_1,\quad \boldsymbol{i}\perp\boldsymbol{e}_2$$

$$\overrightarrow{OC}=l\boldsymbol{e}_1=\frac{1}{2}l\boldsymbol{j}+\frac{\sqrt{3}}{2}l\boldsymbol{k}$$

$$\overrightarrow{CA}=r\sin\varphi\,\boldsymbol{i}+r\cos\varphi\,\boldsymbol{e}_2=r\sin\varphi\,\boldsymbol{i}+\frac{\sqrt{3}}{2}r\cos\varphi\,\boldsymbol{j}-\frac{1}{2}r\cos\varphi\,\boldsymbol{k}$$

因此得

$$\overrightarrow{OA}=\overrightarrow{OC}+\overrightarrow{CA}=r\sin\varphi\,\boldsymbol{i}+\left(\frac{1}{2}l+\frac{\sqrt{3}}{2}r\cos\varphi\right)\boldsymbol{j}+\left(\frac{\sqrt{3}}{2}l-\frac{1}{2}r\cos\varphi\right)\boldsymbol{k}$$

角速度矢量为

$$\boldsymbol{\omega}=\omega\,\boldsymbol{e}_1=\frac{1}{2}\omega\,\boldsymbol{j}+\frac{\sqrt{3}}{2}\omega\,\boldsymbol{k}$$

所以点 A 的速度矢量为

$$\boldsymbol{v}_A=\boldsymbol{\omega}\times\overrightarrow{OA}=\begin{vmatrix}\boldsymbol{i} & \boldsymbol{j} & \boldsymbol{k}\\ 0 & \frac{1}{2}\omega & \frac{\sqrt{3}}{2}\omega\\ r\sin\varphi & \frac{1}{2}l+\frac{\sqrt{3}}{2}r\cos\varphi & \frac{\sqrt{3}}{2}l-\frac{1}{2}r\cos\varphi\end{vmatrix}$$

$$=\omega r\left(-\cos\varphi\,\boldsymbol{i}+\frac{\sqrt{3}}{2}\sin\varphi\,\boldsymbol{j}-\frac{1}{2}\sin\varphi\,\boldsymbol{k}\right)$$

点 A 的加速度矢量为

$$\boldsymbol{a}_A=\boldsymbol{\omega}\times\boldsymbol{v}_A=\omega^2 r\begin{vmatrix}\boldsymbol{i} & \boldsymbol{j} & \boldsymbol{k}\\ 0 & \frac{1}{2} & \frac{\sqrt{3}}{2}\\ -\cos\varphi & \frac{\sqrt{3}}{2}\sin\varphi & -\frac{1}{2}\sin\varphi\end{vmatrix}$$

$$=\omega^2 r\left(-\sin\varphi\,\boldsymbol{i}-\frac{\sqrt{3}}{2}\cos\varphi\,\boldsymbol{j}+\frac{1}{2}\cos\varphi\,\boldsymbol{k}\right)$$

3.2 刚体的平面运动

3.2.1 刚体平面运动的定义和特点

除了平动和定轴转动以外，另一种常见的刚体运动是平面运动。例如，沿直线轨道滚动的轮子，在铅垂平面内倒下的梯子，都是做平面运动的刚体。研究刚体的平面运动有两方面的意义：一方面，在工程中有许多机构的运动是平面运动或可以简化为平面运动，因此具有直接应用意义；另一方面，掌握了研究平面运动的理论和方法后，就可以处理更复杂的运动，因此它是研究刚体复杂运动的基础。

如果在参考系中，可以找到一个固定平面Ⅰ，使得刚体在运动过程中，刚体内任意一点 M 与平面Ⅰ的距离保持不变，也就是说点 M 始终在一个平行于固定平面Ⅰ的平面Ⅱ内运动(见图 3.7)，则称刚体做**平面平行运动**，简称**平面运动**。这样，平面Ⅱ在刚体上截出的截面 S 在运动过程中就一直保持在平面Ⅱ内。根据定义不难知道，刚体内任意一条垂直于固定平面Ⅰ的直线做平动，因此，该直线上所有点的位移相同、速度相同、加速度相同。由此可知，对于任意一个平行于固定平面Ⅰ的平面Ⅱ在刚体上截出的一个平面图形 S，它的运动可完全代表刚体的运动。因此，刚体的平面运动可等价为一个平面图形 S 在其自身平面内的运动。以后我们就把平面图形 S 当作刚体(有时称为**平面刚体**)。

如图 3.8 所示，对于一个做平面运动的平面图形，我们在该图形上任取一点 D，称为**基点**，再人为附加一个随基点平动的坐标系 Dx_Dy_D。显然，在动系 Dx_Dy_D 中的观察者看到该图形绕 D 轴转动。设基点 D 在固定直角坐标系 Oxy 中的瞬时坐标为 (x_D, y_D)，该图形上的一条直线 DM 在动系中的瞬时转角为 φ，显然，只要每一瞬时的 (x_D, y_D) 和 φ 已知，该图形的瞬时位置就确定了，因此平面运动图形(或平面运动刚体)的运动方程为

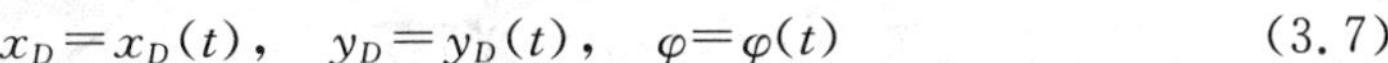

$$x_D = x_D(t), \quad y_D = y_D(t), \quad \varphi = \varphi(t) \tag{3.7}$$

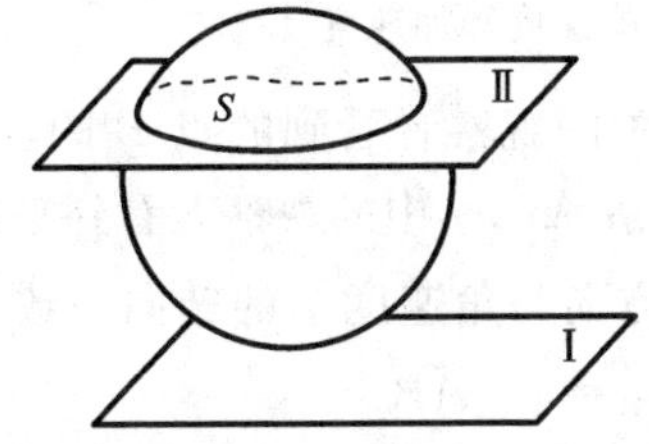

图 3.7　刚体的平面运动

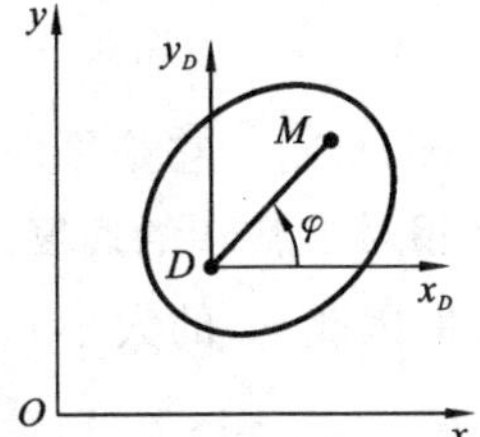

图 3.8　平面运动的分解

以上没有规定基点一定要选在何处，因此基点的选取是任意的，实际问题根据需要而定。对于同一平面运动图形，选取不同的基点不影响角速度和角加速度的大小和转向，这是因为 φ 是在平动动系中定义的，而无论哪个平动动系与固定直角坐标系 Oxy 之间均没有角度的变化，因此在 Δt 时间内，任意平动动系与固定直角坐标系 Oxy 中的观察者将测得相同的转角增量 $\Delta\varphi$(大小和转向)，进而所有平动动系中的观察者与固定直角坐标系 Oxy 中的观察者看到的角速度和角加速度相同。图 3.9 很好地说明了以上论断，图 3.9 中杆 AB 做平面运动，在 Δt 时间内，从位置 AB 运动到位置 $A'B'$，随 A、B 两点平

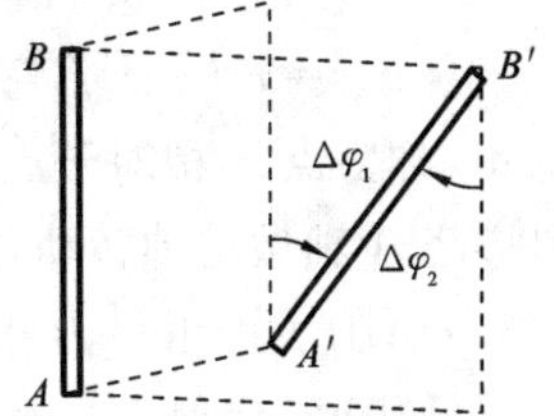

图 3.9　不同基点的转角增量相等

动的坐标系中的观察者看到的转角增量 $\Delta\varphi_1$ 与 $\Delta\varphi_2$ 显然大小相等、转向相同。总结上述内容可得：**平面运动刚体的角速度与角加速度的大小和转向与基点选取无关**。

3.2.2 平面图形上任意一点速度和加速度的求法

1. 基点法

如图 3.10 所示，在平面运动图形上取基点 A，附加平动动系 Ax_1x_2，我们需要求出该图形上任意一点 B 的瞬时速度 $\boldsymbol{v}_B$。令 $\boldsymbol{r}_{AB}=x_1\boldsymbol{i}+x_2\boldsymbol{j}$，按照速度的定义，有

$$\boldsymbol{v}_B=\dot{\boldsymbol{r}}_A+\dot{\boldsymbol{r}}_{AB}=\boldsymbol{v}_A+\dot{x}_1\boldsymbol{i}+\dot{x}_2\boldsymbol{j} \tag{3.8}$$

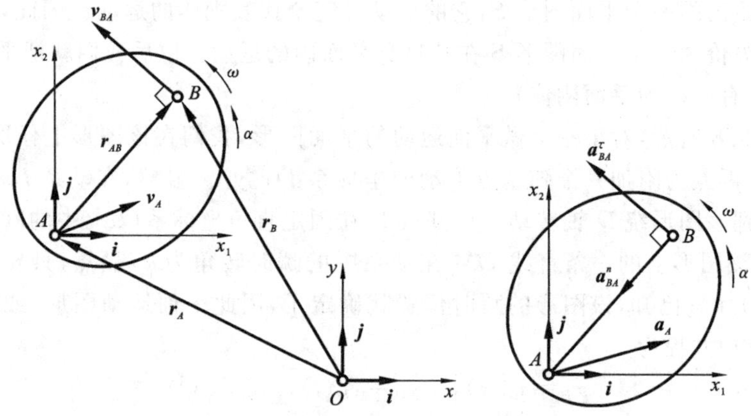

图 3.10 平面运动图形的速度和加速度

令 $\boldsymbol{v}_{BA}=\dot{x}_1\boldsymbol{i}+\dot{x}_2\boldsymbol{j}$，它是平动动系 Ax_1x_2 中的观察者看到的点 B 的速度，我们将 $\boldsymbol{v}_{BA}$ 称为**点 B 相对于点 A 的速度**。由于平动动系 Ax_1x_2 中的观察者看到平面图形绕 A 轴做定轴转动，因此 $\boldsymbol{v}_{BA}$ 的大小 $v_{BA}=\omega\cdot\overline{AB}$，方向与角速度 ω 的转向一致。于是有

$$\boldsymbol{v}_B=\boldsymbol{v}_A+\boldsymbol{v}_{BA},\quad v_{BA}=\omega\cdot\overline{AB} \tag{3.9}$$

基点的选取无一定的规则，具体问题需要具体分析，一般选取速度已知的点作为基点。

式(3.8)再对时间求导，得到点 B 的加速度：

$$\boldsymbol{a}_B=\dot{\boldsymbol{v}}_B=\dot{\boldsymbol{v}}_A+\ddot{x}_1\boldsymbol{i}+\ddot{x}_2\boldsymbol{j}=\boldsymbol{a}_A+\ddot{x}_1\boldsymbol{i}+\ddot{x}_2\boldsymbol{j}$$

令 $\boldsymbol{a}_{BA}=\ddot{x}_1\boldsymbol{i}+\ddot{x}_2\boldsymbol{j}$，它是平动动系 Ax_1x_2 中的观察者看到的点 B 的加速度，我们将 $\boldsymbol{a}_{BA}$ 称为**点 B 相对于点 A 的加速度**。由于平动动系 Ax_1x_2 中的观察者看到平面图形绕 A 轴做定轴转动，因此 $\boldsymbol{a}_{BA}$ 有法向加速度 $\boldsymbol{a}^n_{BA}$ 和切向加速度 $\boldsymbol{a}^\tau_{BA}$，$\boldsymbol{a}^n_{BA}$ 的大小 $a^n_{BA}=\omega^2\cdot\overline{AB}$，方向由点 B 指向点 A，$\boldsymbol{a}^\tau_{BA}$ 的大小 $a^\tau_{BA}=\alpha\cdot\overline{AB}$，方向与角加速度 α 的转向一致，如图 3.10 所示。因此有

$$\boldsymbol{a}_B=\boldsymbol{a}_A+\boldsymbol{a}^n_{BA}+\boldsymbol{a}^\tau_{BA},\quad a^n_{BA}=\omega^2\cdot\overline{AB},\quad a^\tau_{BA}=\alpha\cdot\overline{AB} \tag{3.10}$$

以上这种分析方法称为平面运动刚体速度和加速度分析的**基点法**。

2. 速度投影法

将式(3.9)沿 AB 连线方向上投影，得

$$\boldsymbol{v}_A \cdot \boldsymbol{e}_{AB} = \boldsymbol{v}_B \cdot \boldsymbol{e}_{AB} \tag{3.11}$$

其中：$\boldsymbol{e}_{AB}$ 为 AB 连线方向上的单位矢量。式(3.11)表示平面运动图形上任意两点 A 和 B 的速度 $\boldsymbol{v}_A$ 和 $\boldsymbol{v}_B$ 在 AB 连线方向上的投影相等，以此来分析速度的方法称为**速度投影法**。

3. 速度瞬心法

做平面运动的平面运动图形上(或其延伸部分上)瞬时速度为零的点叫作**速度瞬心**，简称**瞬心**。如图 3.11 所示，当 $\omega \neq 0$ 时，一定可以找到某点 A 的速度 $\boldsymbol{v}_A \neq \boldsymbol{0}$，否则该图形瞬时静止，与 $\omega \neq 0$ 矛盾。过点 A 作 $\boldsymbol{v}_A$ 垂线，在该垂线上总可以找到一点 C 使得 $\boldsymbol{v}_{CA} = -\boldsymbol{v}_A$，根据式(3.9)，点 C 的速度为零，它就是速度瞬心。

显然，在每一瞬时，速度瞬心是唯一的，否则，两个速度瞬心连线上所有点的瞬时速度为零，进而整个平面运动图形的瞬时速度也为零，与 $\omega \neq 0$ 矛盾。但是，在不同的时刻，无论是瞬心的绝对位置还是相对于平面运动图形自身的位置一般不是固定的，随时间变化。

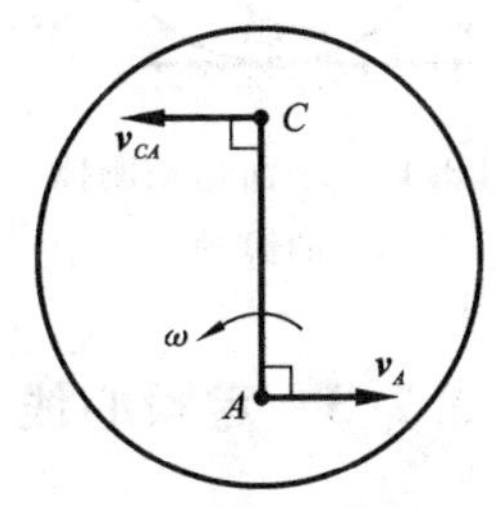

图 3.11　速度瞬心的位置

当平面运动图形不做平动，但某瞬时 $\omega = 0$ 时，根据式(3.9)，此时平面运动图形上所有点的瞬时速度相等，这种情况称为**瞬时平动**，因此在瞬时平动的瞬间，其上没有瞬心或认为瞬心在无穷远处。虽然在瞬时平动的瞬间，平面运动图形上点的速度分布特性与平动的情况相同，但在其他瞬时，两者的速度分布特性是不同的。此外，后面会看到，两者加速度的分布特性即使在瞬时平动的瞬间也是完全不同的，因此，一定要注意，瞬时平动≠平动。

速度瞬心 C 找到后，该瞬时平面运动图形的运动，可视为绕 C 轴的定轴转动，因此平面运动图形上任意一点 M 的瞬时速度大小为

$$v_M = \omega \cdot \overline{MC} \tag{3.12}$$

速度的方向与角速度 ω 的转向一致。这种速度分析方法称为**速度瞬心法**。

速度瞬心的求法：根据以上分析，速度瞬心一定在任意一点速度矢量的垂线上，因此，一般只要知道任意两点的速度方向，作它们的垂线，交点就是速度瞬心，如图 3.12(a)所示；图 3.12(b)、图 3.12(c)所示为两种确定瞬心的特殊情况，需要利用式(3.12)所示的点的速度与其至瞬心的距离成正比的特性；图 3.12(d)所示为瞬时平动的情况。

下面来考察平面运动刚体在地面上滚动的情况。如图 3.13 所示，刚体 A 做平面运动，假定与地面始终接触，那么刚体与地面在接触点 C 处既不能相互离开，又不

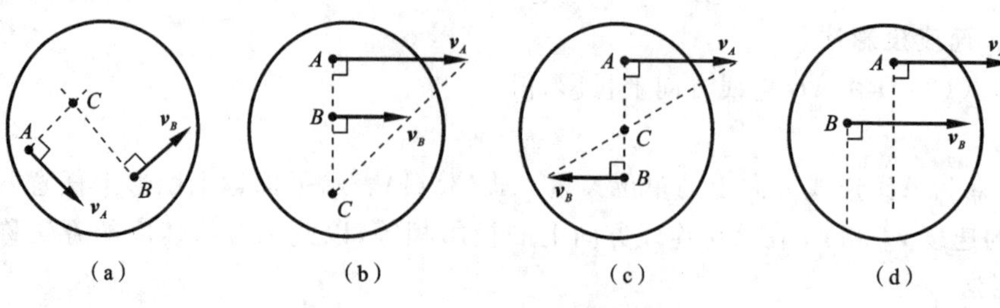

图 3.12　速度瞬心的确定方法

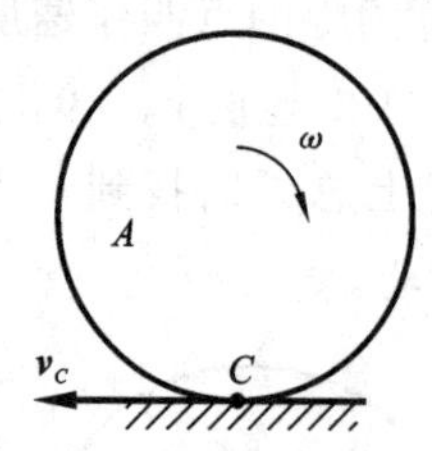

图 3.13　平面运动刚体的滚动

能相互侵彻，所以刚体上的接触点 C 的速度 $\boldsymbol{v}_C$ 一定沿接触处的切线方向，或者 $\boldsymbol{v}_C$ 为零。当 $\boldsymbol{v}_C$ 不恒等于零且接触点相对于刚体的位置不断改变时，刚体的运动称为**有滑动的滚动**；当 $\boldsymbol{v}_C$ 恒等于零且接触点相对于刚体的位置不断改变时，刚体的运动称为**无滑动的滚动**或**纯滚动**。因此，**做纯滚动时，每一瞬时的接触点就是刚体的速度瞬心**。实际中做纯滚动的物体很多，如各种车轮在常规情况下就做纯滚动，因此纯滚动是刚体的一种重要运动形式。

3.2.3　定瞬心线和动瞬心线

前面已知，随着时间的变化，瞬心的位置是会改变的。现在以做纯滚动的轮子为例来讨论瞬心 C 位置的变化(见图 3.14)。

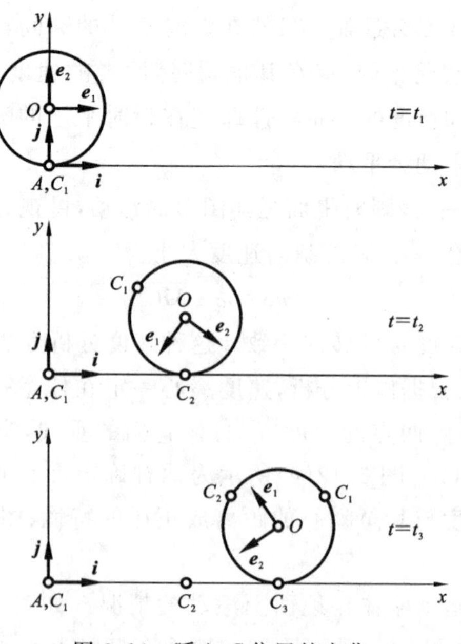

图 3.14　瞬心 C 位置的变化

图 3.14 中三个不同时刻 t_1、t_2、t_3($t_1<t_2<t_3$)，对应的瞬心分别是 C_1、C_2、C_3。在固定参考系($A,\boldsymbol{i},\boldsymbol{j}$)中看，瞬心的轨迹 $C_1C_2C_3\cdots$ 就是 Ax 轴，其方程为

$$y_C=0$$

瞬心在固定系中的轨迹，称为**定瞬心线**(**或空间极迹**)。

取刚体上的固连参考系($O,\boldsymbol{e}_1,\boldsymbol{e}_2$)，在这个参考系中瞬心的轨迹 $C_1C_2C_3\cdots$ 就是轮子边缘的圆，其方程为

$$\xi_C^2+\eta_C^2=R^2$$

瞬心在固连参考系(或相对于刚体本身)中的轨迹称为**动瞬心线**(**或本体极迹**)。

如果把定瞬心线和动瞬心线分别假想成某个刚体的边缘，由于这两个"刚体"在接触点处的相对速度为零，那么刚体的平面运动好像是动瞬心线刚体在定瞬心线刚体上做纯滚动。

例 3.4　如图 3.15(a)所示，滚压机构的滚子沿水平面做纯滚动。曲柄 OA 长度为 r，连杆 AB 长度为 l，滚子半径为 R。已知曲柄 OA 以匀角速度 ω 绕 O 轴转动，$\angle AOB=\varphi$。求连杆 AB、滚子的角速度。

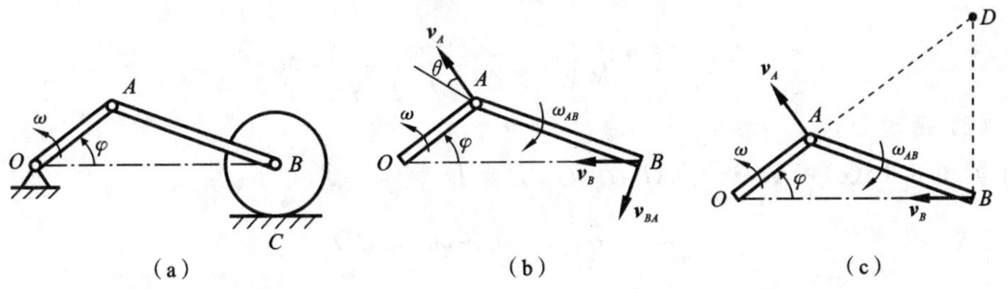

图 3.15　例 3.4 图

解　连杆 AB 做平面运动，下面采用不同方法求解。

(1) 用基点法和速度投影法。

如图 3.15(b)所示，以点 A 为基点，得

$$\boldsymbol{v}_B=\boldsymbol{v}_A+\boldsymbol{v}_{BA}$$

其中：$v_A=\omega r$。上式向铅垂方向投影，得

$$v_A\cos\varphi-v_{BA}\cos\angle ABO=0 \quad\Rightarrow\quad v_{BA}=\frac{v_A\cos\varphi}{\cos\angle ABO}$$

由正弦定理，得

$$\frac{\sin\angle ABO}{r}=\frac{\sin\varphi}{l} \quad\Rightarrow\quad \cos\angle ABO=\frac{\sqrt{l^2-r^2\sin^2\varphi}}{l}$$

所以

$$\sin\angle ABO=\frac{r\sin\varphi}{l},\quad \cos\angle ABO=\frac{\sqrt{l^2-r^2\sin^2\varphi}}{l}$$

进而，有

$$v_{BA}=\frac{v_A l\cos\varphi}{\sqrt{l^2-r^2\sin^2\varphi}}=\frac{\omega rl\cos\varphi}{\sqrt{l^2-r^2\sin^2\varphi}}$$

$$\omega_{BA}=\frac{v_{BA}}{l}=\frac{\omega r\cos\varphi}{\sqrt{l^2-r^2\sin^2\varphi}}$$

由速度投影法，得

$$v_A\cos\theta=v_B\cos\angle ABO \quad\Rightarrow\quad v_B=\frac{v_A\cos\theta}{\cos\angle ABO}$$

而

$$\cos\theta=\sin\angle OAB=\sin(\varphi+\angle ABO)=\sin\varphi\cos\angle ABO+\cos\varphi\sin\angle ABO$$
$$=\frac{(\sqrt{l^2-r^2\sin^2\varphi}+r\cos\varphi)\sin\varphi}{l}$$

所以

$$v_B=\omega r\left(1+\frac{r\cos\varphi}{\sqrt{l^2-r^2\sin^2\varphi}}\right)\sin\varphi$$

$$\omega_B=\frac{v_B}{R}=\frac{\omega r}{R}\left(1+\frac{r\cos\varphi}{\sqrt{l^2-r^2\sin^2\varphi}}\right)\sin\varphi$$

(2) 用瞬心法。

如图 3.15(c)所示，连杆 AB 的瞬心为点 D，可得

$$\omega_{BA}=\frac{v_A}{\overline{AD}},\quad v_B=\omega_{BA}\times\overline{BD}$$

由几何关系求出$\overline{AD}$、$\overline{BD}$后可得相同的结果，具体过程请学生自行完成。

例 3.5 如图 3.16 所示，一半径为 r 的圆轮在半径为 R 的圆形轨道上做纯滚动，圆轮的角速度为 ω，角加速度为 α。求轮心 A 和圆轮上瞬心(接触点)C 的加速度。

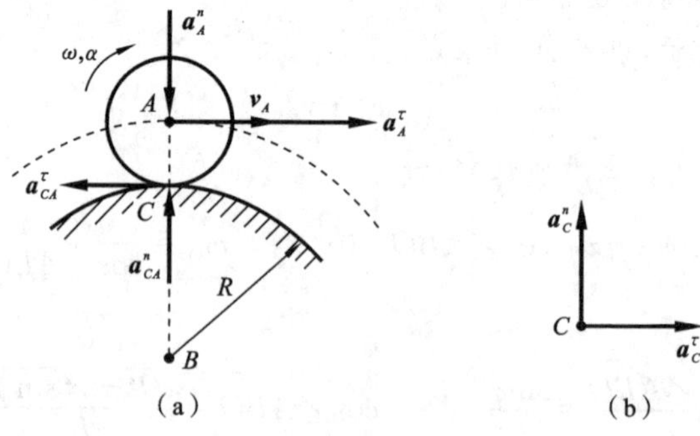

图 3.16 例 3.5 图

解 因为点 C 为圆轮的瞬心，所以

$$v_A=\omega r \tag{a}$$

式(a)在任何时刻均成立,再考虑到轮心 A 的轨迹为圆,半径为 $R+r$,所以

$$a_A^n=\frac{v_A^2}{R+r}=\frac{\omega^2 r^2}{R+r}$$

$$a_A^\tau=\dot{v}_A=\alpha r \tag{b}$$

再以轮心 A 为基点,则有

$$\boldsymbol{a}_C=\boldsymbol{a}_A^n+\boldsymbol{a}_A^\tau+\boldsymbol{a}_{CA}^n+\boldsymbol{a}_{CA}^\tau \tag{c}$$

其中:

$$a_{CA}^n=\omega^2 r,\quad a_{CA}^\tau=\alpha r \tag{d}$$

令

$$\boldsymbol{a}_C=\boldsymbol{a}_C^n+\boldsymbol{a}_C^\tau \tag{e}$$

其中:$\boldsymbol{a}_C^n$ 为 $\boldsymbol{a}_C$ 沿接触点 C 的法向分量;$\boldsymbol{a}_C^\tau$ 为 $\boldsymbol{a}_C$ 沿接触点 C 的切向分量。由式(c)、式(d)可得

$$a_C^n=a_{CA}^n-a_A^n=\omega^2 r-\frac{\omega^2 r^2}{R+r}=\frac{\omega^2 Rr}{R+r}$$

$$a_C^\tau=a_A^\tau-a_{CA}^\tau=\alpha r-\alpha r=0 \tag{f}$$

稍做考察可知,以上式(a)~式(d)与轨道的形状(即轨道的曲率半径)无关,因此式(f)对圆轮在任意轨道上做纯滚动的情况均成立(只要能实现纯滚动),即圆轮瞬心的加速度沿接触点的切向分量恒为零。这样,我们可得**结论**:圆轮在任意轨道上做纯滚动时,在任意时刻其瞬心的加速度矢量通过圆心。

另外,从本例可见,**速度瞬心的加速度一般不为零**。

例 3.6 图 3.17 所示平面运动图形上,点 A 和点 B 的瞬时加速度矢量 $\boldsymbol{a}_A$ 和 $\boldsymbol{a}_B$ 已知,$\overline{AB}=l$。求在该瞬时平面运动图形的角速度和角加速度。

解 以点 A 为基点(也可以点 B 为基点),得

$$\boldsymbol{a}_B=\boldsymbol{a}_A+\boldsymbol{a}_{BA}^n+\boldsymbol{a}_{BA}^\tau \tag{a}$$

式(a)向 AB 方向投影,得

$$a_B\cos\beta=a_A\cos\theta-a_{BA}^n \quad\Rightarrow\quad a_{BA}^n=a_A\cos\theta-a_B\cos\beta$$

所以平面运动图形的角速度为

$$\omega^2=\frac{a_{BA}^n}{l}=\frac{a_A\cos\theta-a_B\cos\beta}{l}$$

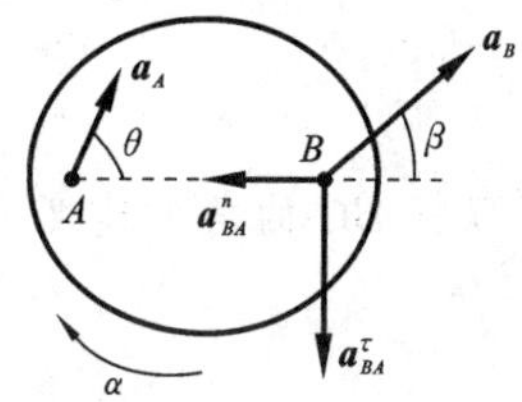

图 3.17 例 3.6 图

这一结果表明,按照题设条件,该角速度 ω 的转向无法确定。

式(a)向 $\boldsymbol{a}_{BA}^\tau$ 所在方向投影,得

$$-a_B\sin\beta=-a_A\sin\theta+a_{BA}^\tau \quad\Rightarrow\quad a_{BA}^\tau=a_A\sin\theta-a_B\sin\beta$$

所以平面运动图形的角加速度为

$$\alpha=\frac{a_{BA}^\tau}{l}=\frac{a_A\sin\theta-a_B\sin\beta}{l}$$

例 3.7 图 3.18 所示机构中,杆 OA 以匀角速度 ω 转动,$\overline{OA}=r$,$\overline{AB}=2r$。求杆

BC 的瞬时角速度和角加速度。

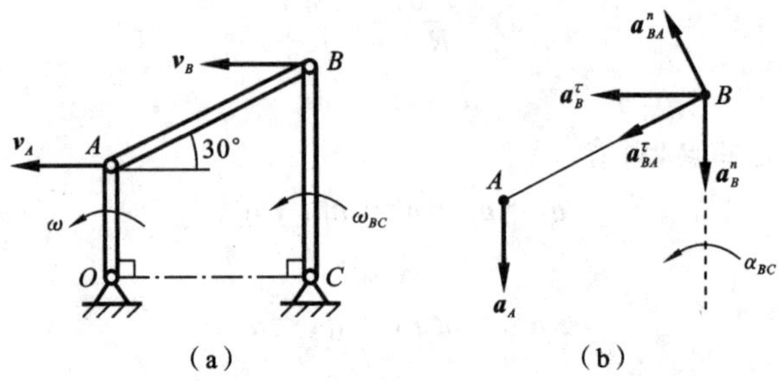

图 3.18　例 3.7 图

解　显然，杆 AB 做瞬时平动，所以 $v_B=v_A=\omega r$，进而，有

$$\omega_{BC}=\frac{v_B}{\overline{BC}}=\frac{\omega r}{2r}=\frac{\omega}{2}$$

以点 A 为基点，则有

$$\boldsymbol{a}_B^n+\boldsymbol{a}_B^\tau=\boldsymbol{a}_A+\boldsymbol{a}_{BA}^n+\boldsymbol{a}_{BA}^\tau \tag{a}$$

式(a)向 $\boldsymbol{a}_{BA}^n$ 所在方向投影，得

$$-\frac{\sqrt{3}}{2}a_B^n+\frac{1}{2}a_B^\tau=-\frac{\sqrt{3}}{2}a_A+a_{BA}^n \tag{b}$$

其中：

$$a_B^n=\frac{v_B^2}{2r}=\frac{\omega^2 r}{2},\quad a_A=\omega^2 r,\quad a_{BA}^n=\omega_{AB}^2\times\overline{AB}=0 \tag{c}$$

由式(b)、式(c)，得

$$a_B^\tau=\sqrt{3}a_B^n-\sqrt{3}a_A=-\frac{\sqrt{3}}{2}\omega^2 r$$

所以杆 BC 的角加速度为

$$\alpha_{BC}=\frac{a_B^\tau}{\overline{BC}}=-\frac{\sqrt{3}}{4}\omega^2$$

以上结果表明，$\boldsymbol{a}_B\neq\boldsymbol{a}_A$，因此，瞬时平动刚体上在同一瞬时各点的加速度分布与平动刚体的是完全不同的。

例 3.8　图 3.19 所示机构中，杆 AB 以匀角速度 ω 绕 A 轴转动，半径为 r 的圆轮 C 在半径为 R 的圆形轨道上做纯滚动，$\overline{AB}=b$。在图示瞬时，$\angle BAC=60°$。求此时杆 BC 和圆轮 C 的角速度、角加速度。

解　由速度投影，得

$$v_C\cos 30°=v_B\quad\Rightarrow\quad v_C=\frac{2\sqrt{3}}{3}v_B=\frac{2\sqrt{3}}{3}\omega b$$

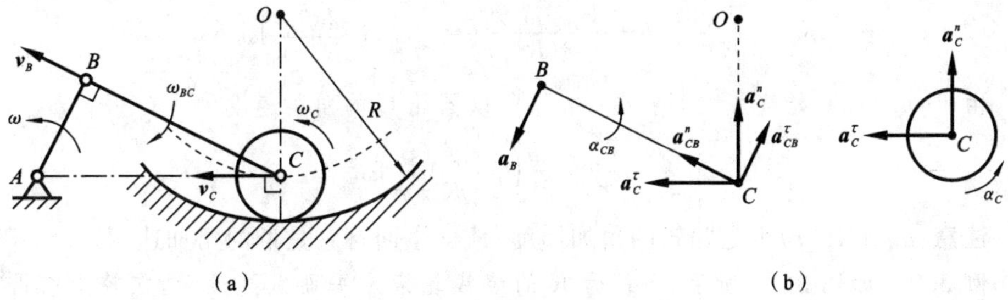

图 3.19　例 3.8 图

杆 BC 的速度瞬心 P 为 AB、CO 两条线的交点，由此可得杆 BC 的角速度：

$$\omega_{BC}=\frac{v_C}{\overline{PC}}=\frac{v_C}{2\sqrt{3}b}=\frac{1}{3}\omega$$

圆轮 C 的角速度为

$$\omega_C=\frac{v_C}{r}=\frac{2\sqrt{3}\omega b}{3r}$$

轮心 C 做圆周运动，半径为 $R-r$。以点 B 为基点可得

$$\boldsymbol{a}_C^n+\boldsymbol{a}_C^\tau=\boldsymbol{a}_B+\boldsymbol{a}_{CB}^n+\boldsymbol{a}_{CB}^\tau \tag{a}$$

式(a)向 $\boldsymbol{a}_C^n$ 所在方向投影，得

$$a_C^n=-\frac{\sqrt{3}}{2}a_B+\frac{1}{2}a_{CB}^n+\frac{\sqrt{3}}{2}a_{CB}^\tau$$

即

$$a_{CB}^\tau=a_B+\frac{2}{\sqrt{3}}a_C^n-\frac{1}{\sqrt{3}}a_{CB}^n \tag{b}$$

其中：

$$a_B=\omega^2 b,\quad a_C^n=\frac{v_C^2}{R-r}=\frac{4\omega^2 b^2}{3(R-r)},\quad a_{CB}^n=\omega_{CB}^2\times\overline{BC}=\frac{\sqrt{3}}{9}\omega^2 b \tag{c}$$

由式(b)、式(c)，得

$$a_{CB}^\tau=\omega^2 b+\frac{2}{\sqrt{3}}\frac{4\omega^2 b^2}{3(R-r)}-\frac{1}{\sqrt{3}}\frac{\sqrt{3}}{9}\omega^2 b=\frac{8}{9}\left(1+\frac{\sqrt{3}b}{R-r}\right)\omega^2 b$$

所以杆 BC 的角加速度为

$$\alpha_{BC}=\frac{a_{CB}^\tau}{\overline{BC}}=\frac{a_{CB}^\tau}{\sqrt{3}b}=\frac{8\sqrt{3}}{27}\left(1+\frac{\sqrt{3}b}{R-r}\right)\omega^2$$

式(a)向 $\boldsymbol{a}_{CB}^n$ 所在方向投影，得

$$\frac{1}{2}a_C^n+\frac{\sqrt{3}}{2}a_C^\tau=a_{CB}^n\quad\Rightarrow\quad a_C^\tau=\frac{2}{\sqrt{3}}a_{CB}^n-\frac{1}{\sqrt{3}}a_C^n \tag{d}$$

由式(d)、式(c)，得

$$a_C^\tau=\frac{2}{\sqrt{3}}\frac{\sqrt{3}}{9}\omega^2 b-\frac{1}{\sqrt{3}}\frac{4\omega^2 b^2}{3(R-r)}=\frac{2}{9}\left(1-\frac{2\sqrt{3}b}{R-r}\right)\omega^2 b$$

由于 $v_C=\omega_C r$ 始终成立，则 $a_C^\tau=\alpha_C r$，所以圆轮 C 的角加速度为

$$\alpha_C=\frac{a_C^\tau}{r}=\frac{2b}{9r}\left(1-\frac{2\sqrt{3}b}{R-r}\right)\omega^2$$

注意：$a_C^\tau/(R-r)$ **不是圆轮的角加速度，请学生回答它是谁的角加速度？**

例 3.9 如图 3.20 所示，半径为 R 的绕线轮沿水平面做纯滚动，在轮上有圆柱部分，其半径为 r。在圆柱上绕有细线，线的 B 端以速度 v 和加速度 a 沿水平方向运动，且线始终处于拉直状态。求绕线轮的轴心 O 的速度和加速度。

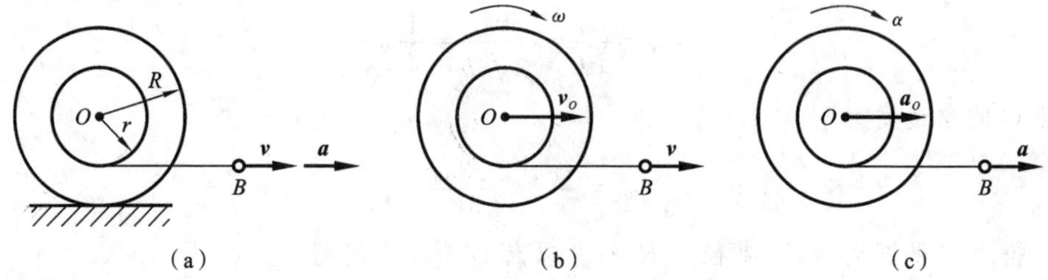

图 3.20 例 3.9 图

解 绕线轮与地面的接触点为瞬心，而圆柱部分与细线的切点的速度为 $\boldsymbol{v}$，因此有

$$\omega=\frac{v}{R-r}$$

所以

$$v_O=\omega R=\frac{R}{R-r}v$$

上式始终成立，所以可以对时间求导，得到

$$a_O=\frac{R}{R-r}a$$

例 3.10 一直角曲尺 ABE 在平面 Oxy 内运动，A 端通过一滑块套在 Ox 轴上，使点 A 可在此轴上自由滑动。在 Oy 轴上的固定点 D 处装一小环，曲尺臂 BE 穿过此小环可以自由滑动，如图 3.21 所示。设 $\overline{AB}=\overline{OD}=a$。求定瞬心线和动瞬心线的方程。

解 取固连在曲尺上的坐标系 $(B,\boldsymbol{e}_1,\boldsymbol{e}_2)$，$\boldsymbol{e}_1$（$\xi$ 轴）沿 BA 方向，$\boldsymbol{e}_2$（η 轴）沿 BE 方向。在任意瞬时，点 A 的速度沿 x 轴方向，故瞬心应在过点 A 与 x 轴垂直的 AC 上。BE 上与点 D 重合的那个点的速度 $\boldsymbol{v}_D$ 总是沿着 BE 方向。所以，瞬心又应在过点 D 并与 BE 垂直的 DC 上。这样，瞬心就是 AC 与 DC 的交点 C。

利用三角形关系，容易求得

$$\overline{BD}=\overline{OA}=a(\tan\varphi+1/\cos\varphi)$$

所以瞬心 C 在平面 Oxy 中的坐标为

$$x=\overline{OA}=a(\tan\varphi+1/\cos\varphi)$$

$$y=\overline{AC}=\overline{BD}/\cos\varphi=\overline{OA}/\cos\varphi=x/\cos\varphi$$

消去 φ，便得定瞬心线的方程：

$$x^2=a(2y-a)$$

瞬心 C 在平面 $B\xi\eta$ 中的坐标为

$$\xi=\overline{CD}=\eta/\cos\varphi$$

$$\eta=\overline{BD}=a(\tan\varphi+1/\cos\varphi)$$

消去 φ，便得动瞬心线的方程：

$$\eta^2=a(2\xi-a)$$

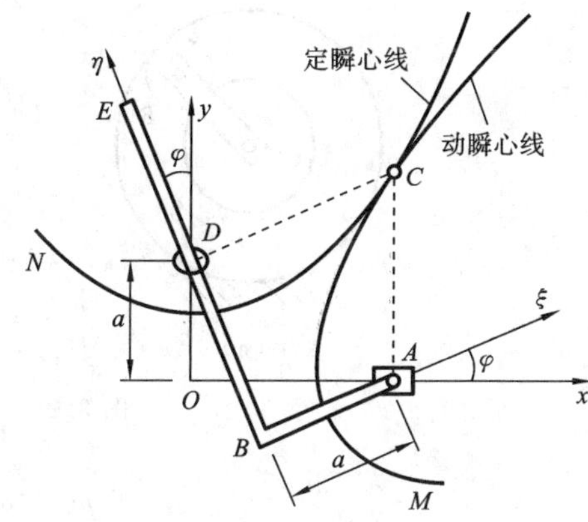

图 3.21　例 3.10 图

两条瞬心线都是抛物线，所以曲尺的运动好像是抛物线 CM 在另一个固定抛物线 CN 上做纯滚动。

3.2.4　刚体绕平行轴转动的合成

如图 3.22 所示，刚体 A 同时绕平行轴 O、A 公转和自转。刚体相对于固定参考系的转角称为绝对转角，记为 φ_a，以转轴连线 OA 为动系，则刚体相对于转轴连线 OA 的转角称为相对转角，记为 φ_r；转轴连线 OA 的转角称为牵连转角，记为 φ_e。φ_a、φ_r 和 φ_e 的参考正转向一致，由图 3.22 可得

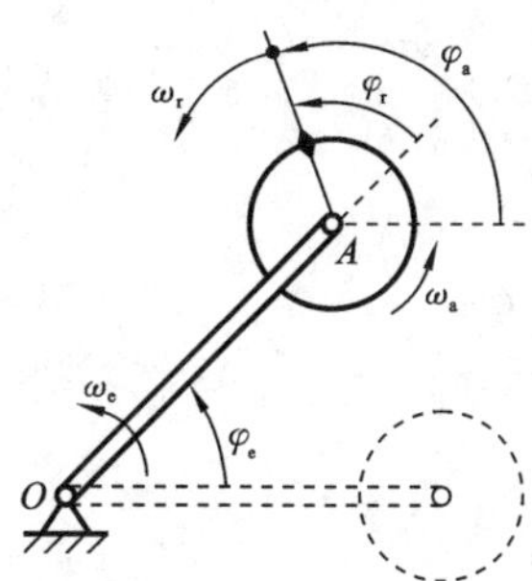

图 3.22　刚体绕平行轴转动

$$\varphi_a=\varphi_r+\varphi_e \tag{3.13}$$

式(3.13)对时间 t 求导，得**平行轴转动的合成公式**：

$$\omega_a=\omega_r+\omega_e,\quad \alpha_a=\alpha_r+\alpha_e \tag{3.14}$$

式(3.14)中各量分别为绝对、相对和牵连角速度及角加速度。注意，以上各个量均为代数量，正负号由各量的实际转向与参考正转向是否相同来确定。

例 3.11　图 3.23 所示行星轮机构中，中间的主动轮 A 以匀角速度 ω 转动，半径为 r_1，行星轮 B 的半径为 r_2，固定轮 C 的半径为 $r_3=r_1+2r_2$。求曲柄 AB 和行星轮 B 的角速度。

解　以曲柄 AB 为动系，其角速度即为牵连角速度 ω_e。要注意的是，在曲柄 AB 上看，三个轮子做定轴转动，A、B **两轮为外啮合，因此两者的相对角速度反向**；B、C **两轮为内啮合，因此两者的相对角速度同向**。因此，分别对三个轮子应用平行轴转动的合成公式。

A 轮：

$$\omega=\omega_{r1}+\omega_e \tag{a}$$

B 轮：

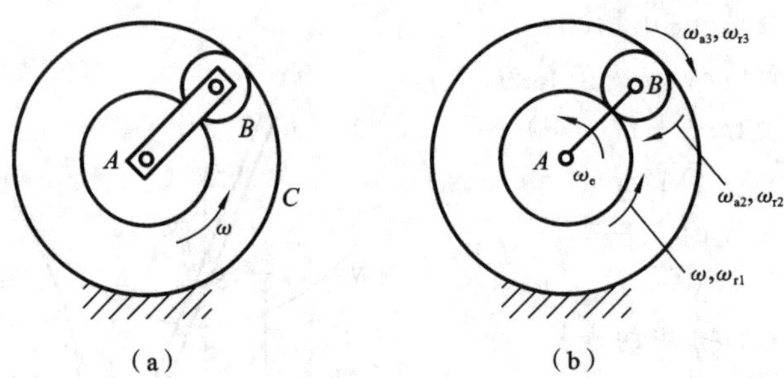

图 3.23 例 3.11 图

$$\omega_{a2}=\omega_{r2}-\omega_e \tag{b}$$

C 轮：

$$\omega_{a3}=\omega_{r3}-\omega_e \tag{c}$$

其中：$\omega_{a3}=0$。三个轮子的相对角速度满足传动比关系：

$$\frac{\omega_{r2}}{\omega_{r1}}=\frac{r_1}{r_2},\quad \frac{\omega_{r3}}{\omega_{r2}}=\frac{r_2}{r_3}$$

所以

$$\omega_{r2}=\frac{r_1}{r_2}\omega_{r1},\quad \omega_{r3}=\frac{r_1}{r_3}\omega_{r1} \tag{d}$$

由式(c)、式(d)得

$$\omega_{r1}=\frac{r_3}{r_1}\omega_e,\quad \omega_{r2}=\frac{r_3}{r_2}\omega_e \tag{e}$$

将式(d)、式(e)代入式(a)、式(b)，得

$$\omega=\frac{r_3}{r_1}\omega_e+\omega_e,\quad \omega_{a2}=\frac{r_3}{r_2}\omega_e-\omega_e$$

所以

$$\omega_e=\frac{r_1}{r_1+r_3}\omega=\frac{r_1}{2(r_1+r_2)}\omega,\quad \omega_{a2}=\frac{r_1}{2r_2}\omega$$

3.3 刚体的定点运动

3.3.1 定点运动刚体的正交变换与角速度矢量

如果刚体或其延伸部分上有一固定不动的点，则刚体的运动称为**定点运动**。如图 3.24 所示，一个刚体绕点 O 做定点运动，取固定坐标系 $OXYZ$ 和连体坐标系 $Oxyz$，它们的基矢量分别为 $\boldsymbol{i}=[\boldsymbol{i}_1,\boldsymbol{i}_2,\boldsymbol{i}_3]^{\mathrm{T}}$ 和 $\boldsymbol{e}=[\boldsymbol{e}_1,\boldsymbol{e}_2,\boldsymbol{e}_3]^{\mathrm{T}}$。设两者的基变换关系为

$$\boldsymbol{e}=\boldsymbol{Q}\boldsymbol{i} \tag{3.15}$$

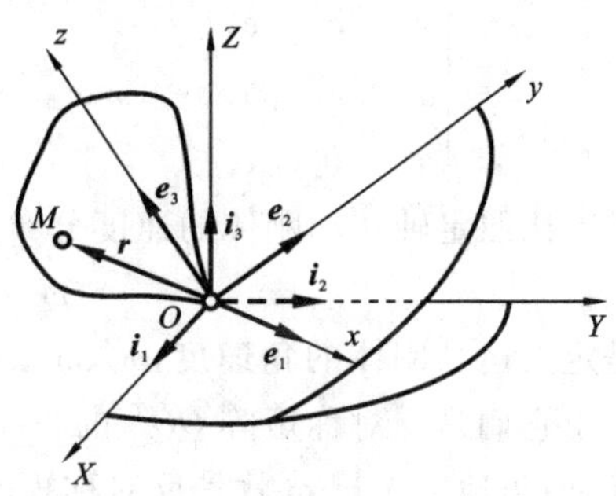

图 3.24　定点运动刚体的固定和连体坐标系

该变换矩阵 $\boldsymbol{Q}$ 将固定坐标系变换为连体坐标系,其元素 Q_{ij} 为

$$Q_{ij}=\boldsymbol{e}_i\cdot\boldsymbol{i}_j,\quad i,j=1,2,3 \tag{3.16}$$

已知矩阵 $\boldsymbol{Q}$ 是一个正交矩阵,即有 $\boldsymbol{Q}^{\mathrm{T}}\boldsymbol{Q}=\boldsymbol{Q}\boldsymbol{Q}^{\mathrm{T}}=\boldsymbol{I}$,所以

$$\boldsymbol{i}=\boldsymbol{Q}^{\mathrm{T}}\boldsymbol{e} \tag{3.17}$$

现在考虑刚体上任意一点 M,其矢径为 $\boldsymbol{r}$,设它在连体坐标系中的坐标向量为 $\boldsymbol{x}=[x_1,x_2,x_3]^{\mathrm{T}}$。因此,矢径 $\boldsymbol{r}$ 的投影式为

$$\boldsymbol{r}=\boldsymbol{e}^{\mathrm{T}}\boldsymbol{x}=\boldsymbol{i}^{\mathrm{T}}\boldsymbol{Q}^{\mathrm{T}}\boldsymbol{x} \tag{3.18}$$

显然,$\boldsymbol{x}=[x_1,x_2,x_3]^{\mathrm{T}}$ 是一个常向量。点 M 的速度为

$$\boldsymbol{v}=\dot{\boldsymbol{r}}=\boldsymbol{i}^{\mathrm{T}}\dot{\boldsymbol{Q}}^{\mathrm{T}}\boldsymbol{x}$$

其中:$\dot{\boldsymbol{Q}}=\mathrm{d}\boldsymbol{Q}/\mathrm{d}t$。将式(3.17)代入上式,得

$$\boldsymbol{v}=\boldsymbol{e}^{\mathrm{T}}\boldsymbol{Q}\dot{\boldsymbol{Q}}^{\mathrm{T}}\boldsymbol{x} \tag{3.19}$$

我们来考察矩阵 $\boldsymbol{Q}\dot{\boldsymbol{Q}}^{\mathrm{T}}$。因为 $\boldsymbol{Q}$ 是正交矩阵,即 $\boldsymbol{Q}\boldsymbol{Q}^{\mathrm{T}}=\boldsymbol{I}$,它对时间 t 求一次导数应为零矩阵,即

$$\boldsymbol{0}=\frac{\mathrm{d}(\boldsymbol{Q}\boldsymbol{Q}^{\mathrm{T}})}{\mathrm{d}t}=\boldsymbol{Q}\dot{\boldsymbol{Q}}^{\mathrm{T}}+\dot{\boldsymbol{Q}}\boldsymbol{Q}^{\mathrm{T}}=\boldsymbol{Q}\dot{\boldsymbol{Q}}^{\mathrm{T}}+(\boldsymbol{Q}\dot{\boldsymbol{Q}}^{\mathrm{T}})^{\mathrm{T}}$$

这个公式说明,矩阵 $\boldsymbol{Q}\dot{\boldsymbol{Q}}^{\mathrm{T}}$ 与其自身的转置矩阵之和为零矩阵。所以,$\boldsymbol{Q}\dot{\boldsymbol{Q}}^{\mathrm{T}}$ 是一个反对称矩阵,它的对角元都是零。于是 $\boldsymbol{Q}\dot{\boldsymbol{Q}}^{\mathrm{T}}$ 具有如下形式:

$$\boldsymbol{Q}\dot{\boldsymbol{Q}}^{\mathrm{T}}=\begin{bmatrix}0 & -\omega_z & \omega_y\\ \omega_z & 0 & -\omega_x\\ -\omega_y & \omega_x & 0\end{bmatrix} \tag{3.20}$$

其中:

$$\omega_x=[\boldsymbol{Q}\dot{\boldsymbol{Q}}^{\mathrm{T}}]_{32}=-[\boldsymbol{Q}\dot{\boldsymbol{Q}}^{\mathrm{T}}]_{23}$$
$$\omega_y=[\boldsymbol{Q}\dot{\boldsymbol{Q}}^{\mathrm{T}}]_{13}=-[\boldsymbol{Q}\dot{\boldsymbol{Q}}^{\mathrm{T}}]_{31}$$
$$\omega_z=[\boldsymbol{Q}\dot{\boldsymbol{Q}}^{\mathrm{T}}]_{21}=-[\boldsymbol{Q}\dot{\boldsymbol{Q}}^{\mathrm{T}}]_{12}$$

将式(3.20)代入式(3.19)可得

$$\begin{aligned}\boldsymbol{v}&=\boldsymbol{e}^{\mathrm{T}}\boldsymbol{Q}\dot{\boldsymbol{Q}}^{\mathrm{T}}\boldsymbol{x}=[\boldsymbol{e}_1,\boldsymbol{e}_2,\boldsymbol{e}_3]\begin{bmatrix}0 & -\omega_z & \omega_y\\ \omega_z & 0 & -\omega_x\\ -\omega_y & \omega_x & 0\end{bmatrix}\begin{bmatrix}x_1\\ x_2\\ x_3\end{bmatrix}\\&=(\omega_y x_3-\omega_z x_2)\boldsymbol{e}_1+(\omega_z x_1-\omega_x x_3)\boldsymbol{e}_2+(\omega_x x_2-\omega_y x_1)\boldsymbol{e}_3\end{aligned} \tag{3.21}$$

根据两个矢量叉积的矩阵表示,可以看出式(3.21)可以写成

$$\boldsymbol{v}=\boldsymbol{\omega}\times\boldsymbol{r}=(\omega_x\boldsymbol{e}_1+\omega_y\boldsymbol{e}_2+\omega_z\boldsymbol{e}_3)\times(x_1\boldsymbol{e}_1+x_2\boldsymbol{e}_2+x_3\boldsymbol{e}_3)$$

$$= \begin{vmatrix} \boldsymbol{e}_1 & \boldsymbol{e}_2 & \boldsymbol{e}_3 \\ \omega_x & \omega_y & \omega_z \\ x_1 & x_2 & x_3 \end{vmatrix} = (\omega_y x_3 - \omega_z x_2)\boldsymbol{e}_1 + (\omega_z x_1 - \omega_x x_3)\boldsymbol{e}_2 + (\omega_x x_2 - \omega_y x_1)\boldsymbol{e}_3$$

比照定轴转动刚体的速度分布公式(3.6)可知,矢量

$$\boldsymbol{\omega} = \omega_x \boldsymbol{e}_1 + \omega_y \boldsymbol{e}_2 + \omega_z \boldsymbol{e}_3 \tag{3.22}$$

是定点运动刚体的**角速度**,ω_x、ω_y、ω_z 是角速度矢量 $\boldsymbol{\omega}$ 在连体坐标系中的三个分量,由于它们是反对称矩阵 $\boldsymbol{Q}\dot{\boldsymbol{Q}}^{\mathrm{T}}$ 的三个非零元素,因此矩阵 $\boldsymbol{Q}\dot{\boldsymbol{Q}}^{\mathrm{T}}$ 称为刚体的角速度矩阵,而角速度矢量 $\boldsymbol{\omega}$ 就是反对称矩阵 $\boldsymbol{Q}\dot{\boldsymbol{Q}}^{\mathrm{T}}$ 的相伴矢量。所以定点运动刚体上任意一点的速度为

$$\boldsymbol{v} = \boldsymbol{\omega} \times \boldsymbol{r}$$

这就是**以矢量形式表示的速度分布公式**,它与矩阵形式表示的速度分布公式等价。

定点运动刚体与定轴转动刚体的速度分布公式在形式上是完全相同的。很明显,刚体的定轴转动(至少有两个点不动)当然是定点运动(有一个点不动)的一种特殊情况。但是两者之间有一个实质性的差别。在做定轴转动的刚体(包括其延伸部分)上,确实有一根轴是不动的,刚体自始至终绕着这根轴转动。在做定点运动的刚体上,不存在这样的轴,但我们可以在某个瞬时,经过定点作一条与角速度矢量 $\boldsymbol{\omega}$ 平行的直线,那么根据 $\boldsymbol{v}=\boldsymbol{\omega}\times\boldsymbol{r}$ 可知,刚体上位于这条线上的所有点的速度均为零。因此可以把这条线看成一根转轴;**然而我们立即又说这并不是一根真正的转轴,因为这根轴上各点的速度,在这一瞬时为零,而在下一瞬时就不一定为零了**。那时是另外一根轴上的点的速度为零了(因为 $\boldsymbol{\omega}$ 的方向一般是随时间变化的),即转轴在空间的位置改变了(但仍然通过定点)。所以,我们称这样的转轴为**瞬时转轴**,称 $\boldsymbol{\omega}$ 为**瞬时角速度**。从这个意义上讲,定点运动也可以叫作**定点转动**。

前面导出角速度矢量的一系列计算,主要是一种理论上的做法,在解决具体问题时一般并不需要这样做。如果在刚体上除了固定点 O 以外,还能找到另一点 C,它的瞬时速度等于零,那么不难证明 OC(或其延长线)上任意一点的瞬时速度都是零。这就是说 OC 是瞬时转轴,因此 $\boldsymbol{\omega}$ 的方位就可确定。

将速度分布公式对时间 t 求一次导数,便可得加速度分布公式:

$$\boldsymbol{a} = \boldsymbol{\alpha} \times \boldsymbol{r} + \boldsymbol{\omega} \times (\boldsymbol{\omega} \times \boldsymbol{r})$$

其中:$\boldsymbol{\alpha} = \mathrm{d}\boldsymbol{\omega}/\mathrm{d}t$,是刚体的**角加速度矢量**。该公式在形式上与定轴转动刚体的加速度分布公式完全相同,但在这里因为 $\boldsymbol{\omega}$ 的方向是变化的,所以 $\boldsymbol{\alpha}$ 不一定与 $\boldsymbol{\omega}$ 平行。**另外,与定轴转动刚体不同,现在刚体上的点不一定做圆周运动,$\boldsymbol{\alpha}\times\boldsymbol{r}$ 不能理解为"切向"加速度**。

例 3.12 如图 3.25 所示,半径为 r 的车轮沿圆弧做纯滚动,已知轮心 E 的速度是 $\boldsymbol{u}$,轮心轨道的半径是 R。求车轮上水平半径端点 A 和最高点 B 的速度。

解 因为车轮做纯滚动，所以接触点 C 的速度 $v_C=0$，于是 OC 就是瞬时转轴。取固连系 $(O,\boldsymbol{e}_1,\boldsymbol{e}_2,\boldsymbol{e}_3)$，故可设 $\boldsymbol{\omega}=\omega_y\boldsymbol{e}_2-\omega_z\boldsymbol{e}_3$，根据投影与几何关系可得

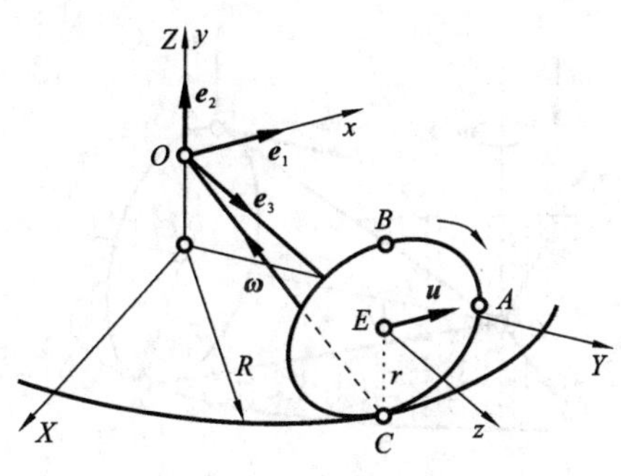

图 3.25 例 3.12 图

$$\frac{\omega_z}{\omega_y}=\frac{R}{r}$$

由 $\boldsymbol{v}_E=\boldsymbol{u}=\boldsymbol{\omega}\times\overrightarrow{OE}=u\boldsymbol{e}_1$，将 $\boldsymbol{\omega}$ 的关系式代入，得

$$(\omega_y\boldsymbol{e}_2-\omega_z\boldsymbol{e}_3)\times R\boldsymbol{e}_3=\omega_y R\boldsymbol{e}_1=u\boldsymbol{e}_1$$

由此并考虑到几何关系可得

$$\omega_y=u/R,\quad \omega_z=u/r$$

于是有

$$\boldsymbol{\omega}=\frac{u}{R}\boldsymbol{e}_2-\frac{u}{r}\boldsymbol{e}_3$$

因为 $\overrightarrow{OA}=R\boldsymbol{e}_3+r\boldsymbol{e}_1$，所以

$$\boldsymbol{v}_A=\boldsymbol{\omega}\times\overrightarrow{OA}=\begin{vmatrix}\boldsymbol{e}_1 & \boldsymbol{e}_2 & \boldsymbol{e}_3\\ 0 & u/R & -u/r\\ r & 0 & R\end{vmatrix}$$

$$=u\boldsymbol{e}_1-u\boldsymbol{e}_2-\frac{r}{R}u\boldsymbol{e}_3$$

则

$$v_A=u\sqrt{2+(r/R)^2}$$

显然，$\boldsymbol{v}_A$ 不在轮子平面内。

同理，由 $\boldsymbol{v}_B=\boldsymbol{\omega}\times\overrightarrow{OB}$，可得

$$v_B=2u$$

当然，例 3.12 也可应用变换矩阵 $\boldsymbol{Q}$ 直接算出角速度矩阵 $\boldsymbol{Q}\dot{\boldsymbol{Q}}^{\mathrm{T}}$，再写出其相伴矢量(角速度矢量)。但一般来说，这样的计算比较冗长。读者可试着自己完成。

例 3.13 如图 3.26 所示，高度 $\overline{OC}=h$、顶角为 2θ 的圆锥在一水平面上滚动而不发生滑动。已知该圆锥以匀角速度 ω 绕铅垂轴 OZ 转动。求该圆锥上最高点 A 的加速度。

解 根据题意，OC 绕 OZ 轴做定轴转动，转动角速度矢量 $\boldsymbol{\omega}$ 竖直向下；OB 为圆锥与地面的接触线，所以 OB 上各点的速度为零，因此圆锥的角速度矢量 $\boldsymbol{\Omega}$ 沿 OB 方向，由点 O 指向点 B。此外，易知在任意时刻 OB 和 OC 在同一个铅锤面上，因此 OB 和 OC 以相同的角速度绕 OZ 轴做定轴转动。

点 C 的速度可表示为

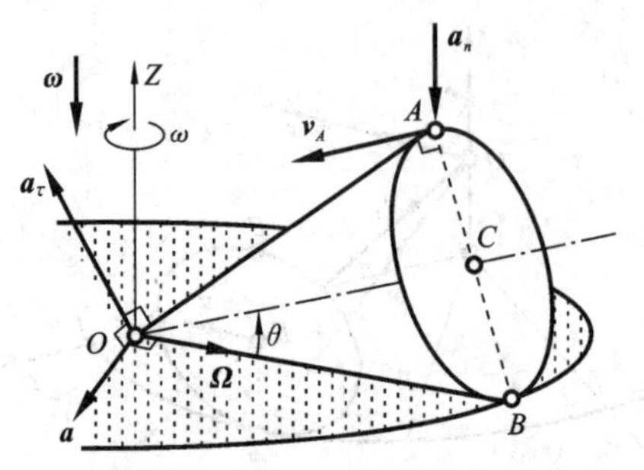

图 3.26 例 3.13 图

$$v_C=\boldsymbol{\omega}\times\overrightarrow{OC}=\boldsymbol{\Omega}\times\overrightarrow{OC}$$

所以

$$\omega\cdot\overline{OC}\cdot\cos\theta=\Omega\cdot\overline{OC}\cdot\sin\theta$$

$$\Omega=\frac{\omega\cos\theta}{\sin\theta}$$

圆锥的角加速度矢量为

$$\boldsymbol{\alpha}=\frac{\mathrm{d}\boldsymbol{\Omega}}{\mathrm{d}t}=\boldsymbol{\omega}\times\boldsymbol{\Omega}$$

点 A 的速度、加速度分别为

$$\boldsymbol{v}_A=\boldsymbol{\Omega}\times\overrightarrow{OA}$$

$$\boldsymbol{a}_A=\boldsymbol{\Omega}\times\boldsymbol{v}_A+\boldsymbol{\alpha}\times\overrightarrow{OA}\triangleq\boldsymbol{a}_n+\boldsymbol{a}_\tau$$

其中：$\boldsymbol{a}_n=\boldsymbol{\Omega}\times\boldsymbol{v}_A$；$\boldsymbol{a}_\tau=\boldsymbol{\alpha}\times\overrightarrow{OA}$。

$\boldsymbol{\alpha}$ 和 $\boldsymbol{v}_A$ 的大小分别为

$$\alpha=\omega\cdot\Omega=\frac{\omega^2\cos\theta}{\sin\theta},\quad v_A=\Omega\cdot\overline{OA}\cdot\sin2\theta=2\omega h\cos\theta$$

进而 $\boldsymbol{a}_\tau$ 和 $\boldsymbol{a}_n$ 的大小分别为

$$a_\tau=\alpha\cdot\overline{OA}=\frac{\omega^2h}{\sin\theta}$$

$$a_n=\Omega\cdot v_A=\frac{\omega\cos\theta}{\sin\theta}\cdot2\omega h\cos\theta=\frac{2\omega^2h}{\sin\theta}\cos^2\theta=2a_\tau\cos^2\theta$$

矢量 $\boldsymbol{a}_\tau$ 和 $\boldsymbol{a}_n$ 均在铅垂面上，夹角为 $\pi-2\theta$，因此点 A 的加速度大小为

$$\begin{aligned}a_A&=[(a_\tau\sin2\theta)^2+(a_\tau\cos2\theta-a_n)^2]^{1/2}\\&=[(a_\tau\sin2\theta)^2+(a_\tau\cos2\theta-2a_\tau\cos^2\theta)^2]^{1/2}\\&=a_\tau(1+\sin2\theta)^2\end{aligned}$$

3.3.2 角速度合成定理

下面我们给出**角速度合成定理**。

设有一个刚体绕定点 O 做定点运动，动参考系 S（作为一个刚体看待）也绕定点 O 做定点运动。设动参考系 S 相对于固定参考系 F 的角速度矢量为 $\boldsymbol{\omega}_\mathrm{e}$，刚体相对于动参考系 S 的角速度矢量为 $\boldsymbol{\omega}_\mathrm{r}$，相对于固定参考系 F 角速度矢量为 $\boldsymbol{\omega}_\mathrm{a}$，则有

$$\boldsymbol{\omega}_\mathrm{a}=\boldsymbol{\omega}_\mathrm{r}+\boldsymbol{\omega}_\mathrm{e}\tag{3.23}$$

下面我们来证明式(3.23)。

我们在刚体上取连体基矢量 $\boldsymbol{e}=[\boldsymbol{e}_1,\boldsymbol{e}_2,\boldsymbol{e}_3]^\mathrm{T}$，在动参考系 S 上取固连基矢量 $\boldsymbol{c}=[\boldsymbol{c}_1,\boldsymbol{c}_2,\boldsymbol{c}_3]^\mathrm{T}$，在固定参考系 F 上取基矢量 $\boldsymbol{i}=[\boldsymbol{i}_1,\boldsymbol{i}_2,\boldsymbol{i}_3]^\mathrm{T}$。不失一般性，令基 $\boldsymbol{e}$、$\boldsymbol{c}$、$\boldsymbol{i}$ 的原点都在定点 O。设将基 $\boldsymbol{c}$ 变为基 $\boldsymbol{e}$ 的变换矩阵是 $\boldsymbol{Q}$，而将基 $\boldsymbol{i}$ 变为基 $\boldsymbol{c}$ 的变换矩阵是 $\boldsymbol{P}$，即

$$\boldsymbol{e}=\boldsymbol{Q}\boldsymbol{c} \tag{3.24}$$

$$\boldsymbol{c}=\boldsymbol{P}\boldsymbol{i} \tag{3.25}$$

则有

$$\boldsymbol{i}=\boldsymbol{P}^{\mathrm{T}}\boldsymbol{Q}^{\mathrm{T}}\boldsymbol{e} \tag{3.26}$$

由前面的结果可得

$$\boldsymbol{\omega}_{\mathrm{r}}=[\boldsymbol{e}_1,\boldsymbol{e}_2,\boldsymbol{e}_3]\begin{bmatrix}\omega_{\mathrm{r1}}\\ \omega_{\mathrm{r2}}\\ \omega_{\mathrm{r3}}\end{bmatrix},\quad \boldsymbol{Q}\dot{\boldsymbol{Q}}^{\mathrm{T}}=\begin{bmatrix}0 & -\omega_{\mathrm{r3}} & \omega_{\mathrm{r2}}\\ \omega_{\mathrm{r3}} & 0 & -\omega_{\mathrm{r1}}\\ -\omega_{\mathrm{r2}} & \omega_{\mathrm{r1}} & 0\end{bmatrix}$$

以及

$$\boldsymbol{\omega}_{\mathrm{e}}=[\boldsymbol{c}_1,\boldsymbol{c}_2,\boldsymbol{c}_3]\begin{bmatrix}\omega_{\mathrm{e1}}\\ \omega_{\mathrm{e2}}\\ \omega_{\mathrm{e3}}\end{bmatrix},\quad \boldsymbol{P}\dot{\boldsymbol{P}}^{\mathrm{T}}=\begin{bmatrix}0 & -\omega_{\mathrm{e3}} & \omega_{\mathrm{e2}}\\ \omega_{\mathrm{e3}} & 0 & -\omega_{\mathrm{e1}}\\ -\omega_{\mathrm{e2}} & \omega_{\mathrm{e1}} & 0\end{bmatrix}$$

考虑刚体上任意一点 M 其矢径 $\boldsymbol{r}=\overrightarrow{OM}$ 在连体系中可表示为

$$\boldsymbol{r}=\boldsymbol{e}^{\mathrm{T}}\boldsymbol{x}^{e}$$

其中：$\boldsymbol{x}^e$ 为矢径 $\boldsymbol{r}$ 在基 $\boldsymbol{e}$ 中的坐标列向量，是一个常向量。将式(3.24)和式(3.25)代入上式得到

$$\boldsymbol{r}=\boldsymbol{i}^{\mathrm{T}}\boldsymbol{P}^{\mathrm{T}}\boldsymbol{Q}^{\mathrm{T}}\boldsymbol{x}^{e}$$

我们来求**点 M 在固定参考系 F 中的速度** $\boldsymbol{v}_{\mathrm{a}}$。上式对时间求导，考虑到 $\boldsymbol{x}^e$ 是常向量，$\boldsymbol{i}$ 是固定参考系 F 中的常基矢量，所以

$$\boldsymbol{v}_{\mathrm{a}}=\dot{\boldsymbol{r}}=\boldsymbol{i}^{\mathrm{T}}\boldsymbol{P}^{\mathrm{T}}\dot{\boldsymbol{Q}}^{\mathrm{T}}\boldsymbol{x}^{e}+\boldsymbol{i}^{\mathrm{T}}\dot{\boldsymbol{P}}^{\mathrm{T}}\boldsymbol{Q}^{\mathrm{T}}\boldsymbol{x}^{e} \tag{3.27}$$

式(3.27)右边第一项、第二项可分别写为

$$\boldsymbol{i}^{\mathrm{T}}\boldsymbol{P}^{\mathrm{T}}\dot{\boldsymbol{Q}}^{\mathrm{T}}\boldsymbol{x}^{e}=\boldsymbol{e}^{\mathrm{T}}\boldsymbol{Q}\boldsymbol{P}\boldsymbol{P}^{\mathrm{T}}\dot{\boldsymbol{Q}}^{\mathrm{T}}\boldsymbol{x}^{e}=\boldsymbol{e}^{\mathrm{T}}\boldsymbol{Q}\dot{\boldsymbol{Q}}^{\mathrm{T}}\boldsymbol{x}^{e}=\boldsymbol{\omega}_{\mathrm{r}}\times\boldsymbol{r}$$

$$\boldsymbol{i}^{\mathrm{T}}\dot{\boldsymbol{P}}^{\mathrm{T}}\boldsymbol{Q}^{\mathrm{T}}\boldsymbol{x}^{e}=\boldsymbol{c}^{\mathrm{T}}\boldsymbol{P}\dot{\boldsymbol{P}}^{\mathrm{T}}\boldsymbol{Q}^{\mathrm{T}}\boldsymbol{x}^{e}=\boldsymbol{c}^{\mathrm{T}}\boldsymbol{P}\dot{\boldsymbol{P}}^{\mathrm{T}}\boldsymbol{x}^{c}=\boldsymbol{\omega}_{\mathrm{e}}\times\boldsymbol{r}$$

其中：$\boldsymbol{x}^c=\boldsymbol{Q}^{\mathrm{T}}\boldsymbol{x}^e$，是矢径 $\boldsymbol{r}$ 在基 $\boldsymbol{c}$ 中的坐标列向量，则有 $\boldsymbol{r}=\boldsymbol{c}^{\mathrm{T}}\boldsymbol{x}^c$。于是，式(3.27)可写为

$$\boldsymbol{v}_{\mathrm{a}}=\boldsymbol{\omega}_{\mathrm{r}}\times\boldsymbol{r}+\boldsymbol{\omega}_{\mathrm{e}}\times\boldsymbol{r}=(\boldsymbol{\omega}_{\mathrm{r}}+\boldsymbol{\omega}_{\mathrm{e}})\times\boldsymbol{r} \tag{3.28}$$

另一方面，$\boldsymbol{v}_{\mathrm{a}}$ 是以 F 为参考系的速度，它可写成

$$\boldsymbol{v}_{\mathrm{a}}=\boldsymbol{\omega}_{\mathrm{a}}\times\boldsymbol{r}$$

将上式与式(3.28)进行对比，因为其中 $\boldsymbol{r}$ 是任意的，所以式(3.23)成立。

从以上证明过程中我们可以看到，**角速度可以作为矢量相加，并且是可交换的**。在几何上这对应于角速度满足矢量的平行四边形法则。

3.3.3　刚体有限转动的 Euler 定理

刚体做定点运动时，若转角为有限值，则称为**有限转动**。刚体的有限转动满足下面的 Euler 定理。

Euler 定理 定点运动刚体从任意一个方位到另一个方位的运动可以通过绕过定点的某根轴的一次转动实现。

证明 如图 3.24 所示，当刚体绕点 O 做定点运动时，刚体上任意一点的矢径 $\overrightarrow{OM}$ 跟随刚体从一个位置变到另一个位置。在同一时刻，矢径 $\overrightarrow{OM}$ 在固定坐标系 $OXYZ$ 中的坐标向量记为 $\boldsymbol{X}=[X_1,X_2,X_3]^{\mathrm{T}}$，在连体坐标系 $Oxyz$ 中的坐标向量记为 $\boldsymbol{x}=[x_1,x_2,x_3]^{\mathrm{T}}$（显然 $\boldsymbol{x}$ 为常向量），我们有

$$\boldsymbol{x}=\boldsymbol{Q}(t)\boldsymbol{X} \tag{3.29}$$

其中：$\boldsymbol{Q}(t)$ 是变换矩阵，也称为**旋转矩阵**，它的各个元素是关于时间 t 的连续函数。

设在 $t=0$ 时刻刚体的连体坐标系 $Oxyz$ 与固定坐标系 $OXYZ$ 重合，则 $\boldsymbol{Q}(t)=\boldsymbol{I}$，为一个单位矩阵，所以此时 $\boldsymbol{X}=\boldsymbol{x}$。由于 $\boldsymbol{Q}(t)$ 是正交矩阵，即 $\boldsymbol{Q}\boldsymbol{Q}^{\mathrm{T}}=\boldsymbol{I}$，因此 $(\det\boldsymbol{Q})^2=1$，$\det\boldsymbol{Q}$ 等于 $+1$ 或 -1，但是因为在初始时刻 $\det\boldsymbol{Q}$ 等于 $+1$，根据对 t 的连续性，在任何时刻它都不可能变为 -1，所以 $\det\boldsymbol{Q}=+1$。

如果矩阵 $\boldsymbol{Q}$ 将刚体上（或其延伸部分上）的一根轴 $\boldsymbol{r}=[r_1,r_2,r_3]^{\mathrm{T}}$ 变换为自身，那么刚体从第一个方位转动到第二个方位就是绕轴 $\boldsymbol{r}$ 的一次转动。因此，为了证明 Euler 定理，我们只需证明，对任意变换矩阵 $\boldsymbol{Q}$ 存在 $\boldsymbol{r}$ 使得 $\boldsymbol{Q}\boldsymbol{r}=\boldsymbol{r}$ 成立。这等价于需要证明变换矩阵 $\boldsymbol{Q}$ 有等于 1 的特征值，对应的特征向量 $\boldsymbol{r}$ 就给出了转动轴的方位。

设 $f(\lambda)=\det(\boldsymbol{Q}-\lambda\boldsymbol{I})$ 是矩阵 $\boldsymbol{Q}$ 的特征多项式，其中 $\boldsymbol{I}$ 为单位矩阵；我们需要证明 $f(1)=0$。为此，考察下面的连等式：

$$\begin{aligned}f(1)&=\det(\boldsymbol{Q}-\boldsymbol{I})=\det(\boldsymbol{Q}^{\mathrm{T}}-\boldsymbol{I}^{\mathrm{T}})=\det(\boldsymbol{Q}^{-1}-\boldsymbol{I})\\&=\det(\boldsymbol{Q})\det(\boldsymbol{Q}^{-1}-\boldsymbol{I})=\det[\boldsymbol{Q}(\boldsymbol{Q}^{-1}-\boldsymbol{I})]=\det(\boldsymbol{I}-\boldsymbol{Q})\\&=\det[-(\boldsymbol{Q}-\boldsymbol{I})]=(-1)^3\det(\boldsymbol{Q}-\boldsymbol{I})=-f(1)\end{aligned}$$

由此可知 $f(1)=0$，定理得证。

假设连体坐标系 $Oxyz$ 与固定坐标系 $OXYZ$ 之间的旋转矩阵 $\boldsymbol{Q}$ 已知，可以求出上述定理中提到的转动的转角。对于同一刚体，我们再取另外的连体坐标系 $O\hat{x}\hat{y}\hat{z}$ 与固定坐标系 $O\hat{X}\hat{Y}\hat{Z}$，使 $O\hat{Z}$ 轴与 $O\hat{z}$ 轴重合且为刚体的转动轴，刚体绕 $O\hat{Z}$ 轴从第一个方位一次性转动到第二个方位，设转角为 θ，则对应的转动矩阵 $\hat{\boldsymbol{Q}}$ 为

$$\hat{\boldsymbol{Q}}=\begin{bmatrix}\cos\theta & \sin\theta & 0\\-\sin\theta & \cos\theta & 0\\0 & 0 & 1\end{bmatrix}$$

则有 $\hat{\boldsymbol{x}}=\hat{\boldsymbol{Q}}\hat{\boldsymbol{X}}$。易知矩阵 $\boldsymbol{Q}$ 和 $\hat{\boldsymbol{Q}}$ 是相似矩阵，利用相似矩阵的迹相等，可得确定 θ 的等式：

$$1+2\cos\theta=Q_{11}+Q_{22}+Q_{33}$$

其中：Q_{11}、Q_{22}、Q_{33} 为矩阵 $\boldsymbol{Q}$ 的对角元素。

例 3.14 如图 3.27 所示，设立方体运动使其顶点 A、B、C 分别变换到顶点 A_1、B_1、C_1，请指出何种简单运动可以实现这个变换。

解 因为立方体中心 O 在运动前后保持不变，所以可以使用 Euler 定理。建立固定坐标系 $OXYZ$，其坐标轴分别垂直于立方体的面。刚体转动后 Oz、Ox 和 Oy 轴分别到达 OX、OY 和 OZ 轴。由此可知，确定立方体转动的矩阵 $\boldsymbol{Q}$（从 $OXYZ$ 变换到 $Oxyz$）为

$$\boldsymbol{Q}=\begin{bmatrix}0&1&0\\0&0&1\\1&0&0\end{bmatrix}$$

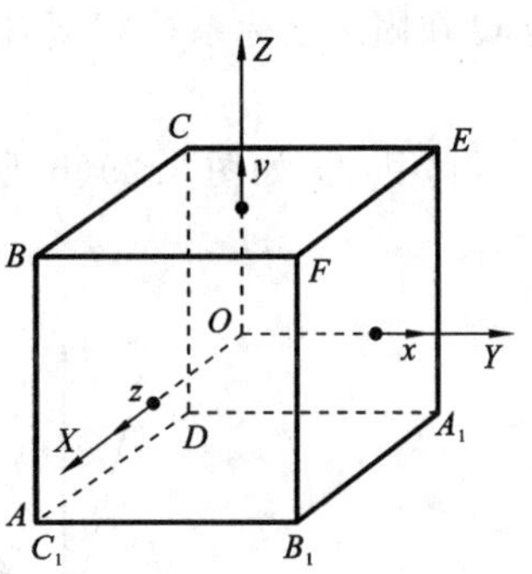

图 3.27 例 3.14 图

这个矩阵 $\boldsymbol{Q}$ 对应于特征值为 1 的特征向量，即 $\boldsymbol{r}=[1,1,1]^{\mathrm{T}}$，转角由方程 $2\cos\alpha+1=0$ 确定，得 $\alpha=120°$。

于是，该立方体的给定位置变换可以通过绕 DF 轴转动 120°实现。

刚体绕定点 O 做一系列有限转动时，每次转动前后刚体位置的相互关系可以用变换矩阵表示，多次转动后的刚体位置可用各次变换矩阵的连乘积表示，由于矩阵乘法没有交换律，变换矩阵的连乘积必须严格按转动顺序进行。因此，刚体做一系列有限转动后到达的位置不仅取决于各次转动轴的位置和转角，还与转动的顺序有关。也就是说，**刚体的有限角位移不能按右手规则转化为矢量**。例如，图 3.28(a)所示为一块长方体及其连体坐标系 $Oxyz$。该长方体顺次绕 x 轴和 y 轴转 90°后变为图 3.28(b)所示的长方体，而顺次绕 y 轴和 x 轴转 90°后则变为图 3.28(c)所示的长方体，显然两者不同。

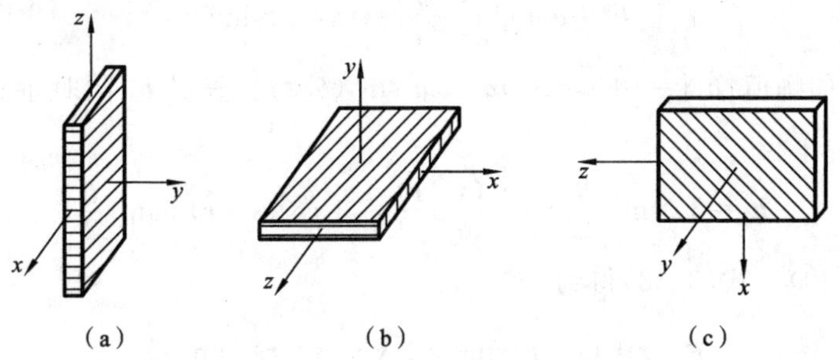

图 3.28 长方体的转动

3.3.4 刚体绕轴做一次性转动的旋转矩阵和角速度

如图 3.29 所示，$OXYZ$ 为固定坐标系，$Oxyz$ 为刚体的连体坐标系，对应的基矢量记为 $\boldsymbol{e}_1$、$\boldsymbol{e}_2$、$\boldsymbol{e}_3$。假设初始时两个坐标系重合。令 $\boldsymbol{r}$ 为连体坐标系 $Oxyz$ 中一个定点 $\bar{Q}$ 的位置矢量，它的分量在连体坐标系 $Oxyz$ 中是常向量。在连体坐标系 $Oxyz$ 相对于固定坐标系 $OXYZ$ 转动之前，$\boldsymbol{r}$ 在两个坐标系中的分量相同。让连体坐标系 $Oxyz$（即刚体）绕 OC 轴转动一个 θ 角，如图 3.29(a)所示。转动后点 $\bar{Q}$ 到达点 Q。

点 Q 在固定坐标系 $OXYZ$ 中的位置矢量记为 $\boldsymbol{R}$，有

$$\boldsymbol{R}=\boldsymbol{r}+\Delta\boldsymbol{r} \tag{3.30}$$

其中：$\Delta\boldsymbol{r}$ 如图 3.29(b)所示。

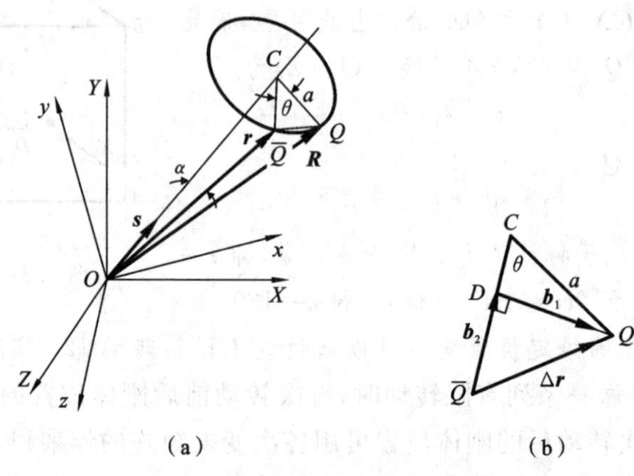

图 3.29　刚体的有限转动

$\Delta\boldsymbol{r}$ 可写为

$$\Delta\boldsymbol{r}=\boldsymbol{b}_1+\boldsymbol{b}_2 \tag{3.31}$$

其中：$\boldsymbol{b}_1$ 垂直于平面 $OC\bar{Q}$。$\boldsymbol{b}_1$ 的方向与$(\boldsymbol{s}\times\boldsymbol{r})$的相同，这里 $\boldsymbol{s}$ 为沿转轴 OC 方向的单位矢量。矢量 $\boldsymbol{b}_1$ 的幅值$|\boldsymbol{b}_1|=a\sin\theta$。由图 3.29 可知，$a=|\boldsymbol{r}|\sin\alpha=|\boldsymbol{s}\times\boldsymbol{r}|$，所以

$$\boldsymbol{b}_1=a\sin\theta\,\frac{\boldsymbol{s}\times\boldsymbol{r}}{|\boldsymbol{s}\times\boldsymbol{r}|}=(\boldsymbol{s}\times\boldsymbol{r})\sin\theta \tag{3.32}$$

矢量 $\boldsymbol{b}_2$ 的幅值$|\boldsymbol{b}_2|=(1-\cos\theta)a=2a\sin^2(\theta/2)$。矢量 $\boldsymbol{b}_2$ 同时垂直于 $\boldsymbol{s}$ 和 $\boldsymbol{b}_1$，所以

$$\boldsymbol{b}_2=2a\sin^2\frac{\theta}{2}\cdot\frac{\boldsymbol{s}\times(\boldsymbol{s}\times\boldsymbol{r})}{a}=2[\boldsymbol{s}\times(\boldsymbol{s}\times\boldsymbol{r})]\sin^2\frac{\theta}{2} \tag{3.33}$$

由式(3.30)～式(3.33)得到

$$\boldsymbol{R}=\boldsymbol{r}+(\boldsymbol{s}\times\boldsymbol{r})\sin\theta+2[\boldsymbol{s}\times(\boldsymbol{s}\times\boldsymbol{r})]\sin^2\frac{\theta}{2} \tag{3.34}$$

应用矢量叉积的矩阵表示 $\boldsymbol{s}\times\boldsymbol{r}=\tilde{\boldsymbol{s}}\boldsymbol{r}=-\tilde{\boldsymbol{r}}\boldsymbol{s}$，其中 $\tilde{\boldsymbol{s}}$ 和 $\tilde{\boldsymbol{r}}$ 为如下反对称矩阵：

$$\tilde{\boldsymbol{s}}=\begin{bmatrix}0 & -s_z & s_y\\ s_z & 0 & -s_x\\ -s_y & s_x & 0\end{bmatrix},\quad \tilde{\boldsymbol{r}}=\begin{bmatrix}0 & -r_z & r_y\\ r_z & 0 & -r_x\\ -r_y & r_x & 0\end{bmatrix} \tag{3.35}$$

$\boldsymbol{s}=s_x\boldsymbol{e}_1+s_y\boldsymbol{e}_2+s_z\boldsymbol{e}_3$，$\boldsymbol{r}=r_x\boldsymbol{e}_1+r_y\boldsymbol{e}_2+r_z\boldsymbol{e}_3$，$s_x$、$s_y$、$s_z$ 和 r_x、r_y、r_z 分别为矢量 $\boldsymbol{s}$ 和 $\boldsymbol{r}$ 在连体坐标系中的分量。因此，式(3.34)可写为

$$\boldsymbol{R}=\boldsymbol{r}+\tilde{\boldsymbol{s}}\boldsymbol{r}\sin\theta+2(\tilde{\boldsymbol{s}})^2\boldsymbol{r}\sin^2\frac{\theta}{2}$$

即

$$\boldsymbol{R}=\left[\boldsymbol{I}+\tilde{\boldsymbol{s}}\sin\theta+2(\tilde{\boldsymbol{s}})^2\sin^2\frac{\theta}{2}\right]\boldsymbol{r} \tag{3.36}$$

其中：$\boldsymbol{I}$ 为 3×3 单位矩阵。式(3.36)可写为

$$\boldsymbol{r}=\boldsymbol{Q}\boldsymbol{R} \tag{3.37}$$

其中：变换矩阵 $\boldsymbol{Q}[\boldsymbol{Q}=\boldsymbol{Q}(\theta)]$就是**旋转矩阵**，为

$$\begin{aligned}\boldsymbol{Q}&=\left[\boldsymbol{I}+\tilde{\boldsymbol{s}}\sin\theta+2(\tilde{\boldsymbol{s}})^2\sin^2\frac{\theta}{2}\right]^{\mathrm{T}}=\left[\boldsymbol{I}-\tilde{\boldsymbol{s}}\sin\theta+2(\tilde{\boldsymbol{s}})^2\sin^2\frac{\theta}{2}\right]\\&=\left[\boldsymbol{I}-\tilde{\boldsymbol{s}}\sin\theta+(1-\cos\theta)(\tilde{\boldsymbol{s}})^2\right]\end{aligned} \tag{3.38}$$

这个旋转矩阵是用旋转角度和沿旋转轴的单位矢量表示的，称为 **Rodriguez 公式**。

由式(3.20)可知刚体的角速度矩阵为 $\boldsymbol{Q}\dot{\boldsymbol{Q}}^{\mathrm{T}}$，由此可得刚体的角速度矢量 $\boldsymbol{\omega}$。可以证明，刚体的角速度矢量 $\boldsymbol{\omega}$ 用转轴矢量 $\boldsymbol{s}$ 和转角 θ 表示，为

$$\boldsymbol{\omega}=\dot{\theta}\boldsymbol{s}+\sin\theta\,\dot{\boldsymbol{s}}+(1-\cos\theta)\boldsymbol{s}\times\dot{\boldsymbol{s}} \tag{3.39}$$

注意，时间导数是相对于固定坐标系求的，式(3.39)右边是三个正交的项。

由式(3.39)可以解出

$$\dot{\theta}=\boldsymbol{s}\cdot\boldsymbol{\omega} \tag{3.40}$$

注意，$\boldsymbol{s}\times(\boldsymbol{s}\times\dot{\boldsymbol{s}})=-\dot{\boldsymbol{s}}$。由式(3.39)可得

$$\boldsymbol{s}\times\boldsymbol{\omega}=\sin\theta\,\boldsymbol{s}\times\dot{\boldsymbol{s}}-(1-\cos\theta)\dot{\boldsymbol{s}} \tag{3.41}$$

进而，有

$$\boldsymbol{s}\times(\boldsymbol{s}\times\boldsymbol{\omega})=-\sin\theta\,\dot{\boldsymbol{s}}-(1-\cos\theta)\boldsymbol{s}\times\dot{\boldsymbol{s}} \tag{3.42}$$

注意到三角恒等式：

$$\cot\frac{\theta}{2}=\frac{\sin\theta}{1-\cos\theta}=\frac{1+\cos\theta}{\sin\theta}$$

所以有

$$\cot\frac{\theta}{2}\boldsymbol{s}\times(\boldsymbol{s}\times\boldsymbol{\omega})=-(1+\cos\theta)\dot{\boldsymbol{s}}-\sin\theta\,\boldsymbol{s}\times\dot{\boldsymbol{s}} \tag{3.43}$$

于是可得

$$\dot{\boldsymbol{s}}=-\frac{1}{2}\left[\boldsymbol{s}\times\boldsymbol{\omega}+\cot\frac{\theta}{2}\boldsymbol{s}\times(\boldsymbol{s}\times\boldsymbol{\omega})\right] \tag{3.44}$$

为了计算方便，需要求 $\boldsymbol{s}$ 在连体坐标系 $Oxyz$ 中的时间导数，记为$(\dot{\boldsymbol{s}})_{\mathrm{r}}$，它为

$$(\dot{\boldsymbol{s}})_{\mathrm{r}}=\dot{\boldsymbol{s}}-\boldsymbol{\omega}\times\boldsymbol{s}=\frac{1}{2}\left[\boldsymbol{s}\times\boldsymbol{\omega}-\cot\frac{\theta}{2}\boldsymbol{s}\times(\boldsymbol{s}\times\boldsymbol{\omega})\right] \tag{3.45}$$

3.3.5　Euler 参数

式(3.38)给出的旋转矩阵可用下面的四个 **Euler 参数**表示：

$$\theta_0=\cos\frac{\theta}{2},\quad \theta_1=s_x\sin\frac{\theta}{2},\quad \theta_2=s_y\sin\frac{\theta}{2},\quad \theta_3=s_z\sin\frac{\theta}{2} \tag{3.46}$$

四个 Euler 参数满足

$$\sum_{k=0}^{3}(\theta_k)^2=\boldsymbol{\theta}^{\mathrm{T}}\boldsymbol{\theta}=1 \tag{3.47}$$

其中:$\boldsymbol{\theta}$ 为列向量。

$$\boldsymbol{\theta}=[\theta_0,\theta_1,\theta_2,\theta_3]^{\mathrm{T}} \tag{3.48}$$

可以推出,旋转矩阵 $\boldsymbol{Q}$ 用 Euler 参数写为

$$\boldsymbol{Q}=\begin{bmatrix}1-2(\theta_2^2+\theta_3^2) & 2(\theta_1\theta_2+\theta_0\theta_3) & 2(\theta_1\theta_3-\theta_0\theta_2)\\ 2(\theta_1\theta_2-\theta_0\theta_3) & 1-2(\theta_1^2+\theta_3^2) & 2(\theta_2\theta_3+\theta_0\theta_1)\\ 2(\theta_1\theta_3+\theta_0\theta_2) & 2(\theta_2\theta_3-\theta_0\theta_1) & 1-2(\theta_1^2+\theta_2^2)\end{bmatrix} \tag{3.49}$$

可以证明,刚体的角速度在连体坐标系中的分量可以用 Euler 参数表示,为

$$\begin{aligned}\omega_x&=2(\theta_0\dot\theta_1+\theta_3\dot\theta_2-\theta_2\dot\theta_3-\theta_1\dot\theta_0)\\ \omega_y&=2(\theta_0\dot\theta_2+\theta_1\dot\theta_3-\theta_3\dot\theta_1-\theta_2\dot\theta_0)\\ \omega_z&=2(\theta_0\dot\theta_3+\theta_2\dot\theta_1-\theta_1\dot\theta_2-\theta_3\dot\theta_0)\end{aligned} \tag{3.50}$$

式(3.50)也可写成矩阵形式:

$$\tilde{\boldsymbol{\omega}}=\begin{bmatrix}0 & -\omega_z & \omega_y\\ \omega_z & 0 & -\omega_x\\ -\omega_y & \omega_x & 0\end{bmatrix}=2\boldsymbol{E}\dot{\boldsymbol{E}}^{\mathrm{T}} \tag{3.51}$$

其中:

$$\boldsymbol{E}=\begin{bmatrix}-\theta_1 & \theta_0 & \theta_3 & -\theta_2\\ -\theta_2 & -\theta_3 & \theta_0 & \theta_1\\ -\theta_3 & \theta_2 & -\theta_1 & \theta_0\end{bmatrix},\quad \dot{\boldsymbol{E}}=\begin{bmatrix}-\dot\theta_1 & \dot\theta_0 & \dot\theta_3 & -\dot\theta_2\\ -\dot\theta_2 & -\dot\theta_3 & \dot\theta_0 & \dot\theta_1\\ -\dot\theta_3 & \dot\theta_2 & -\dot\theta_1 & \dot\theta_0\end{bmatrix} \tag{3.52}$$

可以推出,Euler 参数的时间导数可以用角速度分量表示,为

$$\begin{aligned}&\dot\theta_0=-\frac{1}{2}(\omega_x\theta_1+\omega_y\theta_2+\omega_z\theta_3),\quad \dot\theta_1=\frac{1}{2}(\omega_z\theta_2-\omega_y\theta_3+\omega_x\theta_0)\\ &\dot\theta_2=\frac{1}{2}(\omega_x\theta_3-\omega_z\theta_1+\omega_y\theta_0),\quad \dot\theta_3=\frac{1}{2}(\omega_y\theta_1-\omega_x\theta_2+\omega_z\theta_0)\end{aligned} \tag{3.53}$$

例 3.15 在平面运动情况下,取转轴沿如下单位矢量:

$$\boldsymbol{s}=[0,0,s_z]^{\mathrm{T}}=[0,0,1]^{\mathrm{T}}$$

四个 Euler 参数为

$$\theta_0=\cos\frac{\theta}{2},\quad \theta_1=\theta_2=0,\quad \theta_3=\sin\frac{\theta}{2}$$

将这些参数代入式(3.49)得到

$$
\boldsymbol{Q}=\begin{bmatrix} 2(\theta_0)^2-1 & 2\theta_0\theta_3 & 0 \\ -2\theta_0\theta_3 & 2(\theta_0)^2-1 & 0 \\ 0 & 0 & 1 \end{bmatrix}=\begin{bmatrix} 2\cos^2\dfrac{\theta}{2}-1 & 2\cos\dfrac{\theta}{2}\sin\dfrac{\theta}{2} & 0 \\ -2\cos\dfrac{\theta}{2}\sin\dfrac{\theta}{2} & 2\cos^2\dfrac{\theta}{2}-1 & 0 \\ 0 & 0 & 1 \end{bmatrix}
$$

$$
=\begin{bmatrix} \cos\theta & \sin\theta & 0 \\ -\sin\theta & \cos\theta & 0 \\ 0 & 0 & 1 \end{bmatrix}
$$

这与直接得到的变换矩阵相同。由于平面上一个矢量只有两个分量，因此将上式退化到平面情况，得

$$
\boldsymbol{Q}=\begin{bmatrix} \cos\theta & \sin\theta \\ -\sin\theta & \cos\theta \end{bmatrix}
$$

3.3.6　刚体的无限小转动

由前面的结果可知，对于一个无穷小的转角 θ，变换矩阵由 $\boldsymbol{Q}=\boldsymbol{I}-\tilde{\boldsymbol{s}}\theta$ 给出。虽然有限转动不是一个矢量，但我们却可以利用这个公式证明无限小转动是一个矢量。为此，我们考虑两个连续的无限小转动 θ_1 和 θ_2，其中 θ_1 为绕单位矢量 $\boldsymbol{s}_1$ 的转角，θ_2 为绕单位矢量 $\boldsymbol{s}_2$ 的转角。所以对应于第一次转动的变换矩阵为 $\boldsymbol{Q}_1=\boldsymbol{I}-\tilde{\boldsymbol{s}}_1\theta_1$，对应于第二次转动的变换矩阵为 $\boldsymbol{Q}_2=\boldsymbol{I}-\tilde{\boldsymbol{s}}_2\theta_2$。于是有

$$
\boldsymbol{Q}_1\boldsymbol{Q}_2=(\boldsymbol{I}-\tilde{\boldsymbol{s}}_1\theta_1)(\boldsymbol{I}-\tilde{\boldsymbol{s}}_2\theta_2)=\boldsymbol{I}-\tilde{\boldsymbol{s}}_1\theta_1-\tilde{\boldsymbol{s}}_2\theta_2+\tilde{\boldsymbol{s}}_1\tilde{\boldsymbol{s}}_2\theta_1\theta_2 \tag{3.54}
$$

忽略二阶微量，得

$$
\boldsymbol{Q}_1\boldsymbol{Q}_2=\boldsymbol{I}-\tilde{\boldsymbol{s}}_1\theta_1-\tilde{\boldsymbol{s}}_2\theta_2=\boldsymbol{Q}_2\boldsymbol{Q}_1 \tag{3.55}
$$

式(3.55)表明，两次无限小转动的顺序可以交换。对 n 次逐次转动，有

$$
\boldsymbol{Q}_1\boldsymbol{Q}_2\cdots\boldsymbol{Q}_n=\boldsymbol{I}-\tilde{\boldsymbol{s}}_1\theta_1-\tilde{\boldsymbol{s}}_2\theta_2-\cdots-\tilde{\boldsymbol{s}}_n\theta_n=\boldsymbol{Q}_n\boldsymbol{Q}_{n-1}\cdots\boldsymbol{Q}_1 \tag{3.56}
$$

因此，**每次无限小转动可以看成一个矢量**。

设刚体在无限小时间间隔 Δt 内绕某一轴 $\boldsymbol{s}$ 转动一个无限小角度 $\Delta\theta$，由角速度的物理意义可知，$\Delta\theta/\Delta t$ 的极限就是刚体在该瞬时的角速度 $\boldsymbol{\omega}$ 的大小，而角速度矢量 $\boldsymbol{\omega}$ 的方向则沿转轴 $\boldsymbol{s}$ 方向。于是有

$$
\boldsymbol{\omega}=\lim_{\Delta t\to 0}\frac{\Delta\theta}{\Delta t}\boldsymbol{s}=\dot{\theta}\boldsymbol{s} \tag{3.57}
$$

式(3.57)是刚体角速度的直观定义，因此刚体的**瞬时角加速度矢量** $\boldsymbol{\alpha}$ 可定义为

$$
\boldsymbol{\alpha}=\lim_{\Delta t\to 0}\frac{\Delta\boldsymbol{\omega}}{\Delta t}=\dot{\boldsymbol{\omega}} \tag{3.58}
$$

3.3.7　Euler 角

一个刚体从某个参考方位旋转到任意一个方位可以通过三次顺序转动实现。三

个转角称为 **Euler 角**。可以构造多种 Euler 角系统，主要有两种，一种称为**飞机 Euler 角**（或Ⅰ型 **Euler 角**），另一种称为**经典 Euler 角**（或Ⅱ型 **Euler 角**）。下面先介绍经典 Euler 角。

1. 经典 Euler 角(Ⅱ型 Euler 角)

如图 3.30 所示，取固定坐标系 $OXYZ$ 和定点运动刚体的连体坐标系 $Oxyz$。设 Oxy 与 OXY 两个平面的交线为 On，称之为**节线**。于是连体坐标系 $Oxyz$ 的位置完全由以下三个 Euler 角确定：

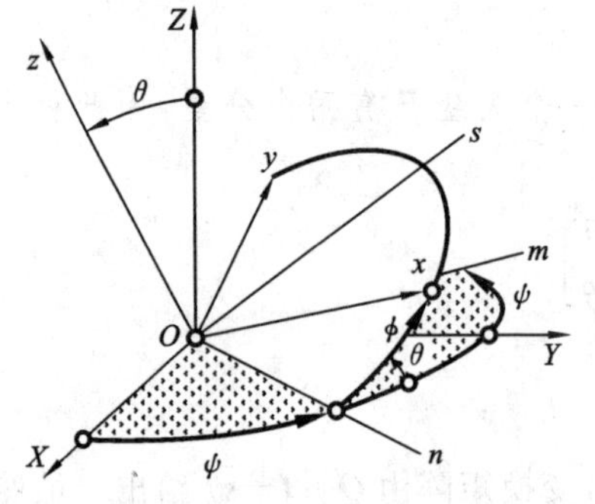

图 3.30 经典 Euler 角(Ⅱ型 Euler 角)

(1) $\angle XOn$，记作 ψ，称为**进动角**；

(2) $\angle ZOz$，即平面 OXY 与平面 Oxy 之间的夹角，记作 θ，称为**章动角**；

(3) $\angle nOx$，记作 ϕ，称为**自转角**。

这些角的正向规定如图 3.30 所示。这样，刚体的运动方程可以由三个 Euler 角与时间的关系给出：

$$\psi=\psi(t),\quad \theta=\theta(t),\quad \phi=\phi(t)$$

其实，固定坐标系 $OXYZ$ 可以通过三次定轴转动转到连体坐标系 $Oxyz$ 的位置，其转动次序如下：

(1) 先做进动，将 $OXYZ$ 绕 Z 轴转过 ψ 角，到达 $OnmZ$；

(2) 再做章动，将 $OnmZ$ 绕节线 On 转过 θ 角，到达 $Onsz$；

(3) 最后做自转，将 $Onsz$ 绕 z 轴转过 ϕ 角，到达 $Oxyz$。

进动、章动和自转形成的变换关系分别为

$$\begin{bmatrix}\boldsymbol{n}^0\\ \boldsymbol{m}^0\\ \boldsymbol{i}_3\end{bmatrix}=\begin{bmatrix}\cos\psi & \sin\psi & 0\\ -\sin\psi & \cos\psi & 0\\ 0 & 0 & 1\end{bmatrix}\triangleq\boldsymbol{Q}_\psi\begin{bmatrix}\boldsymbol{i}_1\\ \boldsymbol{i}_2\\ \boldsymbol{i}_3\end{bmatrix}\tag{3.59}$$

$$\begin{bmatrix}\boldsymbol{n}^0\\ \boldsymbol{s}^0\\ \boldsymbol{e}_3\end{bmatrix}=\begin{bmatrix}1 & 0 & 0\\ 0 & \cos\theta & \sin\theta\\ 0 & -\sin\theta & \cos\theta\end{bmatrix}\begin{bmatrix}\boldsymbol{n}^0\\ \boldsymbol{m}^0\\ \boldsymbol{i}_3\end{bmatrix}\triangleq\boldsymbol{Q}_\theta\begin{bmatrix}\boldsymbol{n}^0\\ \boldsymbol{m}^0\\ \boldsymbol{i}_3\end{bmatrix}\tag{3.60}$$

$$\begin{bmatrix}\boldsymbol{e}_1\\ \boldsymbol{e}_2\\ \boldsymbol{e}_3\end{bmatrix}=\begin{bmatrix}\cos\phi & \sin\phi & 0\\ -\sin\phi & \cos\phi & 0\\ 0 & 0 & 1\end{bmatrix}\begin{bmatrix}\boldsymbol{n}^0\\ \boldsymbol{s}^0\\ \boldsymbol{e}_3\end{bmatrix}\triangleq\boldsymbol{Q}_\phi\begin{bmatrix}\boldsymbol{n}^0\\ \boldsymbol{s}^0\\ \boldsymbol{e}_3\end{bmatrix}\tag{3.61}$$

其中：$[\boldsymbol{i}_1,\boldsymbol{i}_2,\boldsymbol{i}_3]^{\mathrm{T}}$ 为固定坐标系 $OXYZ$ 的基矢量；$[\boldsymbol{e}_1,\boldsymbol{e}_2,\boldsymbol{e}_3]^{\mathrm{T}}$ 为连体坐标系 $Oxyz$ 的基矢量；$\boldsymbol{n}^0$、$\boldsymbol{m}^0$、$\boldsymbol{s}^0$ 分别是中间轴 n、m 和 s 的正向单位矢量。因此，总的变换，也就是将 $OXYZ$ 变为 $Oxyz$ 的变换（或将基矢量 $[\boldsymbol{i}_1,\boldsymbol{i}_2,\boldsymbol{i}_3]^{\mathrm{T}}$ 变为 $[\boldsymbol{e}_1,\boldsymbol{e}_2,\boldsymbol{e}_3]^{\mathrm{T}}$ 的变换)，即

$$[\boldsymbol{e}_1,\boldsymbol{e}_2,\boldsymbol{e}_3]^{\mathrm{T}}=\boldsymbol{Q}[\boldsymbol{i}_1,\boldsymbol{i}_2,\boldsymbol{i}_3]^{\mathrm{T}}\tag{3.62}$$

其中：

$$
\begin{aligned}
\boldsymbol{Q} &= \boldsymbol{Q}_{\phi}\boldsymbol{Q}_{\theta}\boldsymbol{Q}_{\psi}\\
&= \begin{bmatrix}
\cos\phi\cos\psi-\sin\phi\cos\theta\sin\psi & \cos\phi\sin\psi+\sin\phi\cos\theta\cos\psi & \sin\phi\sin\theta\\
-\sin\phi\cos\psi-\cos\phi\cos\theta\sin\psi & -\sin\phi\sin\psi+\cos\phi\cos\theta\cos\psi & \cos\phi\sin\theta\\
\sin\theta\sin\psi & -\sin\theta\cos\psi & \cos\theta
\end{bmatrix}
\end{aligned}
\tag{3.63}
$$

刚体的角速度矩阵是 $\boldsymbol{Q}\dot{\boldsymbol{Q}}^{\mathrm{T}}$。显然，如果直接利用上述 $\boldsymbol{Q}$ 的表达式来求角速度矢量，计算是比较繁复的。下面我们应用角速度合成定理来求用 Euler 角表示的角速度矢量。

现在，我们应用角速度合成定理来求角速度矢量的一些具体表达式。

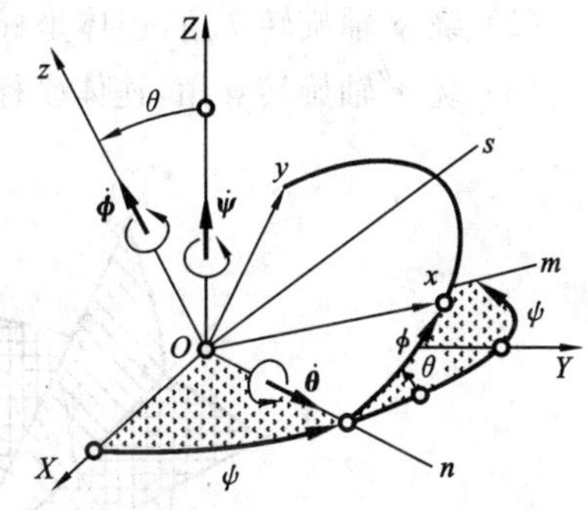

图 3.31　Euler 角表示的角速度

在 Euler 角 ψ、θ、ϕ 的任意一组取值附近，在 Δt 时间内，刚体将进一步转动无穷小角度 $\Delta\psi$、$\Delta\theta$、$\Delta\phi$，分别形成进动角速度 $\dot{\boldsymbol{\psi}}(\dot{\boldsymbol{\psi}}=\dot{\psi}\boldsymbol{i}_3)$、章动角速度 $\dot{\boldsymbol{\theta}}(\dot{\boldsymbol{\theta}}=\dot{\theta}\boldsymbol{n}^0)$ 和自转角速度 $\dot{\boldsymbol{\phi}}(\dot{\boldsymbol{\phi}}=\dot{\phi}\boldsymbol{e}_3)$，如图 3.31 所示。于是，根据角速度合成定理，刚体的角速度为

$$\boldsymbol{\omega}=\dot{\boldsymbol{\psi}}+\dot{\boldsymbol{\theta}}+\dot{\boldsymbol{\phi}}=\dot{\psi}\boldsymbol{i}_3+\dot{\theta}\boldsymbol{n}^0+\dot{\phi}\boldsymbol{e}_3$$

利用式(3.59)～式(3.61)可得

$$\boldsymbol{i}_3=\boldsymbol{s}^0\sin\theta+\boldsymbol{e}_3\cos\theta=\boldsymbol{e}_1\sin\phi\sin\theta+\boldsymbol{e}_2\cos\phi\sin\theta+\boldsymbol{e}_3\cos\theta$$

$$\boldsymbol{n}^0=\boldsymbol{e}_1\cos\phi-\boldsymbol{e}_2\sin\phi$$

根据以上两式，在连体坐标系 $Oxyz$ 中，刚体的角速度矢量用 Euler 角可表示为

$$\boldsymbol{\omega}=[\boldsymbol{e}_1,\boldsymbol{e}_2,\boldsymbol{e}_3]\begin{bmatrix}\omega_x\\ \omega_y\\ \omega_z\end{bmatrix}=[\boldsymbol{e}_1,\boldsymbol{e}_2,\boldsymbol{e}_3]\begin{bmatrix}\dot{\psi}\sin\phi\sin\theta+\dot{\theta}\cos\phi\\ \dot{\psi}\cos\phi\sin\theta-\dot{\theta}\sin\phi\\ \dot{\phi}+\dot{\psi}\cos\theta\end{bmatrix}\tag{3.64}$$

或角速度矢量 $\boldsymbol{\omega}$ 在连体坐标系中的分量为

$$\begin{aligned}\omega_x&=\dot{\psi}\sin\phi\sin\theta+\dot{\theta}\cos\phi\\ \omega_y&=\dot{\psi}\cos\phi\sin\theta-\dot{\theta}\sin\phi\\ \omega_z&=\dot{\psi}\cos\theta+\dot{\phi}\end{aligned}\tag{3.65}$$

该方程组称为 **Euler 运动学方程**。由式(3.65)可解出

$$\begin{aligned}\dot{\psi}&=(\omega_x\sin\phi+\omega_y\cos\phi)/\sin\theta\\ \dot{\theta}&=\omega_x\cos\phi-\omega_y\sin\phi\\ \dot{\phi}&=-(\omega_x\sin\phi+\omega_y\cos\phi)\cot\theta+\omega_z\end{aligned}\tag{3.66}$$

利用图 3.31，可得 $\boldsymbol{\omega}$ 在固定坐标系 $OXYZ$ 中的分量表达式，为

$$\boldsymbol{\omega}=[\boldsymbol{i}_1,\boldsymbol{i}_2,\boldsymbol{i}_3]\begin{bmatrix}\omega_X\\\omega_Y\\\omega_Z\end{bmatrix}=[\boldsymbol{i}_1,\boldsymbol{i}_2,\boldsymbol{i}_3]\begin{bmatrix}\dot{\phi}\sin\theta\sin\psi+\dot{\theta}\cos\psi\\-\dot{\phi}\sin\theta\cos\psi+\dot{\theta}\sin\psi\\\dot{\psi}+\dot{\phi}\cos\theta\end{bmatrix}\tag{3.67}$$

2. 飞机 Euler 角(Ⅰ型 Euler 角)

如图 3.32 所示。令 $Oxyz$ 为一个连体坐标系，$OXYZ$ 为一个惯性坐标系，在初始时刻两者重合。现在令刚体做如下三次转动：

(1) 绕 Z 轴旋转 ψ 角，连体坐标系从 $OXYZ$ 到达 $Ox'y'z'$；

(2) 绕 y' 轴旋转 θ 角，连体坐标系从 $Ox'y'z'$ 到达 $Ox''y''z''$；

(3) 绕 x'' 轴旋转 ϕ 角，连体坐标系从 $Ox''y''z''$ 到达最终位置 $Oxyz$。

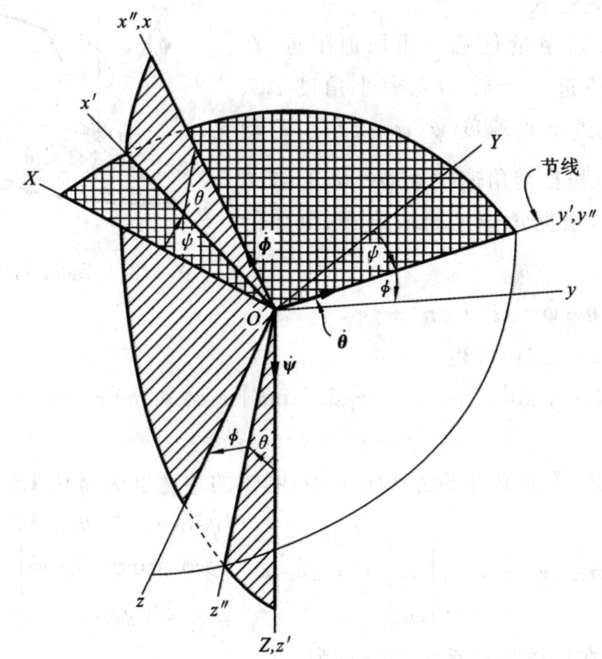

图 3.32　飞机 Euler 角(Ⅰ型 Euler 角)

Euler 角的增量变化由对应的角速度矢量表示，即沿 Z 轴的 $\dot{\boldsymbol{\psi}}$、沿 y' 轴的 $\dot{\boldsymbol{\theta}}$ 和沿 x 轴的 $\dot{\boldsymbol{\phi}}$。总的绝对角速度为

$$\boldsymbol{\omega}=\dot{\boldsymbol{\psi}}+\dot{\boldsymbol{\theta}}+\dot{\boldsymbol{\phi}}\tag{3.68}$$

将角速度矢量 $\boldsymbol{\omega}$ 表示成连体坐标系中的分量形式：

$$\boldsymbol{\omega}=\omega_x\boldsymbol{e}_1+\omega_y\boldsymbol{e}_2+\omega_z\boldsymbol{e}_3$$

对一架飞机，ω_x 为**滚转角速度(roll rate)**，ω_y 为**俯仰角速度(pitch rate)**，ω_z 为**横摆角速度(yaw rate)**。

三次转动的变换矩阵如下。

绕 Z 轴旋转 ψ 角的旋转矩阵为

$$\begin{bmatrix} \boldsymbol{i}'_1 \\ \boldsymbol{i}'_2 \\ \boldsymbol{i}'_3 \end{bmatrix} = \begin{bmatrix} \cos\psi & \sin\psi & 0 \\ -\sin\psi & \cos\psi & 0 \\ 0 & 0 & 1 \end{bmatrix} \begin{bmatrix} \boldsymbol{i}_1 \\ \boldsymbol{i}_2 \\ \boldsymbol{i}_3 \end{bmatrix} \triangleq \boldsymbol{Q}_\psi \begin{bmatrix} \boldsymbol{i}_1 \\ \boldsymbol{i}_2 \\ \boldsymbol{i}_3 \end{bmatrix} \tag{3.69}$$

绕 y' 轴旋转 θ 角的旋转矩阵为

$$\begin{bmatrix} \boldsymbol{i}''_1 \\ \boldsymbol{i}''_2 \\ \boldsymbol{i}''_3 \end{bmatrix} = \begin{bmatrix} \cos\theta & 0 & -\sin\theta \\ 0 & 1 & 0 \\ \sin\theta & 0 & \cos\theta \end{bmatrix} \begin{bmatrix} \boldsymbol{i}'_1 \\ \boldsymbol{i}'_2 \\ \boldsymbol{i}'_3 \end{bmatrix} \triangleq \boldsymbol{Q}_\theta \begin{bmatrix} \boldsymbol{i}'_1 \\ \boldsymbol{i}'_2 \\ \boldsymbol{i}'_3 \end{bmatrix} \tag{3.70}$$

绕 x'' 轴旋转 ϕ 角的旋转矩阵为

$$\begin{bmatrix} \boldsymbol{e}_1 \\ \boldsymbol{e}_2 \\ \boldsymbol{e}_3 \end{bmatrix} = \begin{bmatrix} 1 & 0 & 0 \\ 0 & \cos\phi & \sin\phi \\ 0 & -\sin\phi & \cos\phi \end{bmatrix} \begin{bmatrix} \boldsymbol{i}''_1 \\ \boldsymbol{i}''_2 \\ \boldsymbol{i}''_3 \end{bmatrix} \triangleq \boldsymbol{Q}_\phi \begin{bmatrix} \boldsymbol{i}''_1 \\ \boldsymbol{i}''_2 \\ \boldsymbol{i}''_3 \end{bmatrix} \tag{3.71}$$

总的旋转矩阵 $\boldsymbol{Q}$ 由以上三个矩阵顺次相乘给出：

$$\boldsymbol{Q} = \boldsymbol{Q}_\psi \boldsymbol{Q}_\theta \boldsymbol{Q}_\phi$$

或者具体为

$$\boldsymbol{Q} = \begin{bmatrix} \cos\theta\cos\psi & \cos\theta\sin\psi & -\sin\theta \\ \sin\phi\sin\theta\cos\psi - \cos\phi\sin\psi & \sin\phi\sin\theta\sin\psi + \cos\phi\cos\psi & \sin\phi\cos\theta \\ \cos\phi\sin\theta\cos\psi + \sin\phi\sin\psi & \cos\phi\sin\theta\sin\psi - \sin\phi\cos\psi & \cos\phi\cos\theta \end{bmatrix} \tag{3.72}$$

一般地，三个 Euler 角的变化范围为

$$0 \leqslant \psi < 2\pi, \quad -\frac{\pi}{2} \leqslant \theta \leqslant \frac{\pi}{2}, \quad 0 \leqslant \phi < 2\pi$$

角速度矢量在连体坐标系 $Oxyz$ 的分量为

$$\begin{aligned} \omega_x &= \dot{\phi} - \dot{\psi}\sin\theta \\ \omega_y &= \dot{\psi}\cos\theta\sin\phi + \dot{\theta}\cos\phi \\ \omega_z &= \dot{\psi}\cos\theta\cos\phi - \dot{\theta}\sin\phi \end{aligned} \tag{3.73}$$

反之，Euler 角速度用连体坐标系 $Oxyz$ 中的角速度分量表示为

$$\begin{aligned} \dot{\psi} &= (\omega_y\sin\phi + \omega_z\cos\phi)\sec\theta \\ \dot{\theta} &= \omega_y\cos\phi - \omega_z\sin\phi \\ \dot{\phi} &= \omega_x + \dot{\psi}\sin\theta = \omega_x + (\omega_y\sin\phi + \omega_z\cos\phi)\tan\theta \end{aligned} \tag{3.74}$$

例 3.16　刚体做定点运动时保持章动角 θ 不变、进动角速度的大小 $|\dot{\psi}|$ 不变和自转角速度的大小 $|\dot{\phi}|$ 不变，这种运动称为**规则进动**。图 3.33 所示为一个做规则进动的刚体，θ= 常数，进动角速度记为 $\boldsymbol{\omega}$（方向沿 Z 轴），自转角速度记为 $\boldsymbol{\Omega}$（方向沿 z 轴）。求刚体的角加速度。

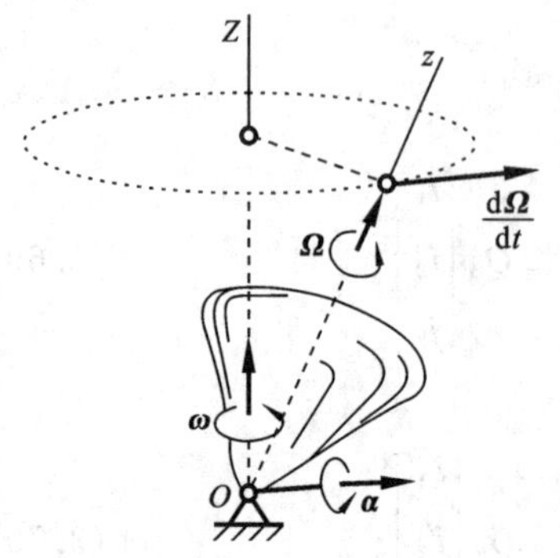

图 3.33 例 3.16 图

解 按照角速度合成定理，刚体的瞬时角速度为 $\boldsymbol{\omega}+\boldsymbol{\Omega}$。所以刚体的角加速度为

$$\boldsymbol{\varepsilon}=\frac{\mathrm{d}}{\mathrm{d}t}(\boldsymbol{\omega}+\boldsymbol{\Omega})$$

因为是规则进动，$\boldsymbol{\omega}$ 的大小和方向都不变，则有 $\boldsymbol{\varepsilon}=\mathrm{d}\boldsymbol{\Omega}/\mathrm{d}t$。如果把矢量 $\boldsymbol{\Omega}$ 看成一根做定点运动的刚性杆，则它的端点速度就是 $\mathrm{d}\Omega/\mathrm{d}t$。因为章动角 θ 保持不变，自转轴 z 将绕 Z 轴做定轴转动，其角速度为 $\boldsymbol{\omega}$，所以有

$$\boldsymbol{\varepsilon}=\mathrm{d}\boldsymbol{\Omega}/\mathrm{d}t=\boldsymbol{\omega}\times\boldsymbol{\Omega}$$

例 3.17 半顶角为 30°的一个圆锥体，在半顶角为 60°的锥面上做纯滚动，如图 3.34 所示。圆锥的角速度为矢量 $\boldsymbol{\omega}$，其幅值为常数 ω_0。取固定惯性系为 $OXYZ$，连体坐标系为 $Oxyz$（X 轴和 x 轴未画出）。试确定 Euler 角、旋转矩阵、一次性转动的转轴和转角、Euler 参数以及图示瞬时 Euler 参数的时间变化率。

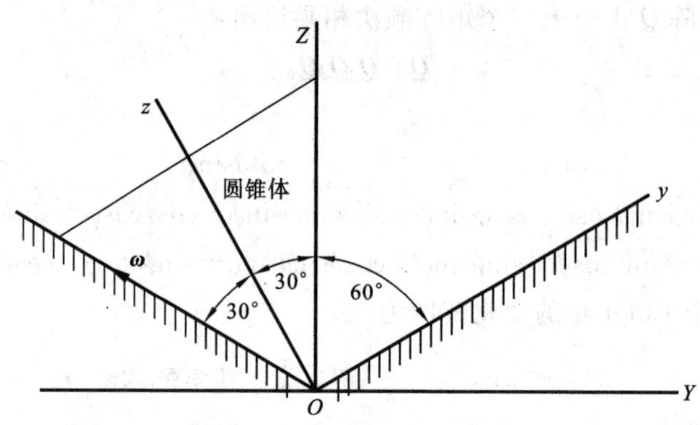

图 3.34 例 3.17 图

解 我们采用经典 Euler 角。刚体从 $OXYZ$ 变换到 $Oxyz$，需要转过的 Euler 角分别为 $\phi=0°$，$\theta=30°$，$\psi=0°$，由此可得旋转矩阵：

$$\boldsymbol{Q}=\begin{bmatrix}1 & 0 & 0\\ 0 & \frac{\sqrt{3}}{2} & \frac{1}{2}\\ 0 & -\frac{1}{2} & \frac{\sqrt{3}}{2}\end{bmatrix}$$

圆锥体绕接触线转动。因此，角速度矢量 $\boldsymbol{\omega}$ 在连体坐标系中的分量为

$$\omega_x=0,\quad \omega_y=-\frac{1}{2}\omega_0,\quad \omega_z=\frac{\sqrt{3}}{2}\omega_0$$

进而，由式(3.66)可得 Euler 角本身的角速度，分别为

$$\dot{\psi}=(\omega_x\sin\phi+\omega_y\cos\phi)/\sin\theta=-\omega_0$$

$$\dot{\theta}=\omega_x\cos\phi-\omega_y\sin\phi=0$$

$$\dot{\phi}=-(\omega_x\sin\phi+\omega_y\cos\phi)\cot\theta+\omega_z=\sqrt{3}\omega_0$$

因为第一个和第三个 Euler 角都为零，所以刚体绕 x 轴一次性转动 30°。因此刚体一次性转轴的单位矢量 $\boldsymbol{s}=\boldsymbol{e}_1$，转角 $\phi=30°$，这样就有

$$s_x=1,\quad s_y=0,\quad s_z=0,\quad \phi=30°$$

由式(3.46)可求出 Euler 参数，它们为

$$\theta_0=\cos15°,\quad \theta_1=\sin15°,\quad \theta_2=0,\quad \theta_3=0$$

Euler 参数的时间变化率由式(3.53)求出：

$$\dot{\theta}_0=-\frac{1}{2}(\omega_x\theta_1+\omega_y\theta_2+\omega_z\theta_3)=0$$

$$\dot{\theta}_1=\frac{1}{2}(\omega_z\theta_2-\omega_y\theta_3+\omega_x\theta_0)=0$$

$$\dot{\theta}_2=\frac{1}{2}(\omega_x\theta_3-\omega_z\theta_1+\omega_y\theta_0)=-\frac{\omega_0}{2}\sin45°=-\frac{\omega_0}{2\sqrt{2}}$$

$$\dot{\theta}_3=\frac{1}{2}(\omega_y\theta_1-\omega_x\theta_2+\omega_z\theta_0)=\frac{\omega_0}{2}\cos45°=\frac{\omega_0}{2\sqrt{2}}$$

3.4　刚体的任意运动

对于在空间做任意运动的刚体，需要用六个独立的变量来描述其瞬时位置，研究方法类似于平面运动刚体的。如图 3.35 所示，取固定坐标系$(O,\boldsymbol{i}_1,\boldsymbol{i}_2,\boldsymbol{i}_3)$(或 $OXYZ$)，在刚体上任取一点 D 作为基点，取连体坐标系$(D,\boldsymbol{e}_1,\boldsymbol{e}_2,\boldsymbol{e}_3)$(或 $Oxyz$)，再取一个跟随点 D 平动的坐标系$(D,\boldsymbol{i}_1,\boldsymbol{i}_2,\boldsymbol{i}_3)$。这样，刚体相对于平动的坐标系$(D,\boldsymbol{i}_1,\boldsymbol{i}_2,\boldsymbol{i}_3)$做定点转动；刚体的瞬时位置可用点 D 的三个坐标和刚体的三个转角来确定，比如，若采用 Euler 角，刚体的全部运动方程为

$$\begin{cases}X_D=X_D(t),\quad Y_D=Y_D(t),\quad Z_D=Z_D(t)\\ \psi=\psi(t),\qquad \theta=\theta(t),\qquad \phi=\phi(t)\end{cases}\tag{3.75}$$

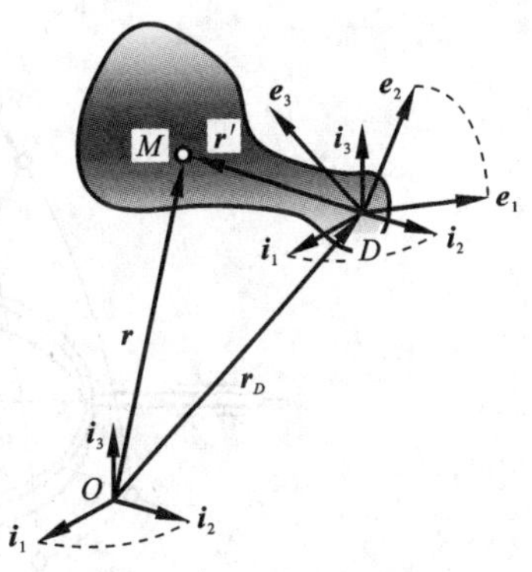

图 3.35　分析刚体任意运动的三种坐标系

前三个可以写成矢量形式：

$$\boldsymbol{r}_D=\boldsymbol{r}_D(t)$$

刚体在平动坐标系中做定点运动的角速度 $\boldsymbol{\omega}$ 称为**任意运动刚体的角速度**，它的

大小和方向与基点的选取无关。说明如下：设 $\boldsymbol{Q}$ 是将固定基 $\boldsymbol{i}=[\boldsymbol{i}_1,\boldsymbol{i}_2,\boldsymbol{i}_3]^{\mathrm{T}}$ 变为固连基 $\boldsymbol{e}=[\boldsymbol{e}_1,\boldsymbol{e}_2,\boldsymbol{e}_3]^{\mathrm{T}}$ 的变换矩阵，即有 $\boldsymbol{e}=\boldsymbol{Q}\boldsymbol{i}$，根据以前的结果，刚体的角速度 $\boldsymbol{\omega}$ 就是角速度矩阵 $\boldsymbol{Q}\dot{\boldsymbol{Q}}^{\mathrm{T}}$ 的相伴矢量；基点 D 无论取在刚体上的哪一点，同一瞬时的变换矩阵 $\boldsymbol{Q}$ 是相同的，进而角速度 $\boldsymbol{\omega}$ 也是相同的。

现在分析刚体上任意一点 M 的速度和加速度。设点 M 的矢径为

$$\boldsymbol{r}=\overrightarrow{OM}$$

从图 3.35 中看出，有关系式

$$\boldsymbol{r}=\overrightarrow{OD}+\overrightarrow{DM}=\boldsymbol{r}_D+\boldsymbol{r}'=\boldsymbol{r}_D+\boldsymbol{e}^{\mathrm{T}}\boldsymbol{x}$$

其中：$\boldsymbol{x}=[x_1,x_2,x_3]^{\mathrm{T}}$；$\boldsymbol{r}'=\overrightarrow{DM}$。$\boldsymbol{x}$ 是 $\boldsymbol{r}'$ 在连体坐标系中的坐标列向量。于是点 M 的速度为

$$\boldsymbol{v}=\mathrm{d}\boldsymbol{r}/\mathrm{d}t=\boldsymbol{v}_D+\dot{\boldsymbol{e}}^{\mathrm{T}}\boldsymbol{x}$$

而 $\dot{\boldsymbol{e}}^{\mathrm{T}}\boldsymbol{x}=\boldsymbol{i}^{\mathrm{T}}\dot{\boldsymbol{Q}}^{\mathrm{T}}\boldsymbol{x}=\boldsymbol{e}^{\mathrm{T}}\boldsymbol{Q}\dot{\boldsymbol{Q}}^{\mathrm{T}}\boldsymbol{x}=\boldsymbol{\omega}\times\boldsymbol{r}'$，其中 $\boldsymbol{Q}\dot{\boldsymbol{Q}}^{\mathrm{T}}$ 为刚体角速度矩阵。所以，刚体上任意一点的速度为

$$\boldsymbol{v}=\boldsymbol{v}_D+\boldsymbol{\omega}\times\boldsymbol{r}' \tag{3.76}$$

将式(3.76)对时间 t 求导，便得到刚体上任意一点的加速度，为

$$\boldsymbol{a}=\boldsymbol{a}_D+\boldsymbol{\alpha}\times\boldsymbol{r}'+\boldsymbol{\omega}\times(\boldsymbol{\omega}\times\boldsymbol{r}') \tag{3.77}$$

例 3.18　如图 3.36 所示，十字接头 AOB 绕固定点 O 做定点运动，两个叉子分别绕轴 1 和轴 2 做定轴转动，两轴之间的夹角为 α。设叉子 1 的角速度大小为 ω_1，求叉子 2 的角速度大小及十字接头的绝对角速度。

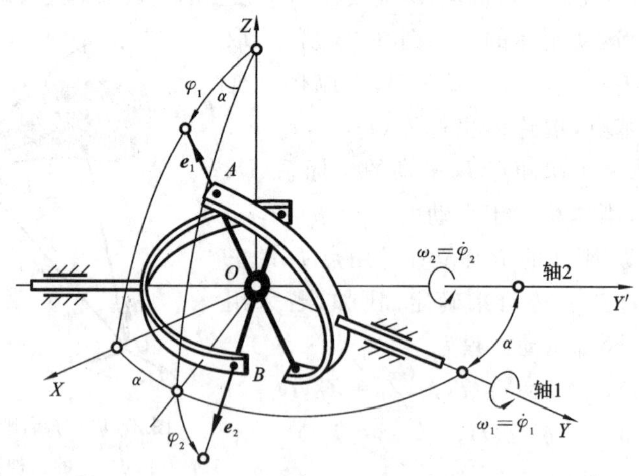

图 3.36　例 3.18 图

解　取轴 1 和轴 2 所组成的平面为 OXY，轴 1 为 y 轴。取固定坐标系 $OXYZ$，相应的基矢量记为 $\boldsymbol{i}$、$\boldsymbol{j}$、$\boldsymbol{k}$。在十字接头上取单位矢量 $\boldsymbol{e}_1$ 沿 OA 方向、$\boldsymbol{e}_2$ 沿 OB 方向。

令 $\boldsymbol{j}'$ 为沿 OY' 方向的单位矢量。十字接头做定点运动，设它的绝对角速度为 $\boldsymbol{\omega}$。

以叉子1为中间参考系，设十字接头相对于叉子1的角速度为 $\omega_{1r}\boldsymbol{e}_1$。叉子1相对于固定坐标系的角速度为 $\omega_1\boldsymbol{j}$。根据角速度合成定理，有

$$\boldsymbol{\omega}=\omega_1\boldsymbol{j}+\omega_{1r}\boldsymbol{e}_1 \tag{a}$$

再以叉子2为中间参考系，设十字接头相对于叉子2的角速度为 $\omega_{2r}\boldsymbol{e}_2$，叉子2相对于固定坐标系的角速度为 $\omega_2\boldsymbol{j}'$，则有

$$\boldsymbol{\omega}=\omega_2\boldsymbol{j}'+\omega_{2r}\boldsymbol{e}_2 \tag{b}$$

由此可得

$$\omega_1\boldsymbol{j}+\omega_{1r}\boldsymbol{e}_1=\omega_2\boldsymbol{j}'+\omega_{2r}\boldsymbol{e}_2 \tag{c}$$

因为 $\boldsymbol{j}'=-\sin\alpha\boldsymbol{i}+\cos\alpha\boldsymbol{j}$，$\boldsymbol{e}_1$ 垂直于 $\boldsymbol{e}_2$ 和 $\boldsymbol{j}$，$\boldsymbol{e}_1\cdot\boldsymbol{i}=\sin\varphi_1$，所以将式(c)两边点乘 $\boldsymbol{e}_1$，得

$$\omega_{1r}=-\omega_2\sin\alpha\sin\varphi_1 \tag{d}$$

又因为 $\boldsymbol{j}'$ 垂直于 $\boldsymbol{e}_2$，$\boldsymbol{j}'\cdot\boldsymbol{e}_1=-\sin\alpha\sin\varphi_1$，$\boldsymbol{j}'\cdot\boldsymbol{j}=\cos\alpha$，所以将式(c)两边点乘 $\boldsymbol{j}'$，得

$$\omega_1\cos\alpha-\omega_{1r}\sin\alpha\sin\varphi_1=\omega_2 \tag{e}$$

将式(d)代入式(e)，可得叉子2的角速度大小，为

$$\omega_2=\frac{\omega_1\cos\alpha}{1-\sin^2\alpha\sin^2\varphi_1} \tag{f}$$

因为 $\boldsymbol{e}_1=\sin\varphi_1\boldsymbol{i}+\cos\varphi_1\boldsymbol{k}$，将式(f)和式(d)代入式(a)，可得十字接头的绝对角速度，为

$$\boldsymbol{\omega}=\omega_1\boldsymbol{j}-\frac{\omega_1\cos\alpha\sin\alpha\sin\varphi_1}{1-\sin^2\alpha\sin^2\varphi_1}(\sin\varphi_1\boldsymbol{i}+\cos\varphi_1\boldsymbol{k})$$

例3.19 一圆锥体沿半径为 r 的轮Ⅰ表面做纯滚动，其顶点始终处在轮Ⅰ的中心，如图3.37所示。圆锥母线长 r，顶角 $\theta=\frac{1}{2}\pi$。轮Ⅰ本身由曲柄 EF 带动，沿同样大小的固定轮Ⅱ做纯滚动。设曲柄具有匀角速度 ω_0，圆锥底面中心 D 相对于轮Ⅰ以速度 $v_r=\omega_0 r$ 做匀速圆周运动，运动方向见图3.37。求圆锥母线 AC 通过 OA 延长线时，底面直径 CB 上端点 B 的绝对加速度。

解 在圆锥体上取连体坐标系$(A,\boldsymbol{e}_1,\boldsymbol{e}_2,\boldsymbol{e}_3)$。圆盘的角速度为

$$\omega_e=\frac{v_A}{r}=\frac{\omega_0\cdot 2r}{r}=2\omega_0 \quad\Rightarrow\quad \boldsymbol{\omega}_e=\omega_e\boldsymbol{e}_3=2\omega_0\boldsymbol{e}_3$$

圆锥体与圆盘的接触线段 AC 上的相对速度为零，所以圆锥体相对于圆盘的角速度 $\boldsymbol{\omega}_r$ 沿 AC 方向，即 $\boldsymbol{e}_2$ 方向，为

$$\omega_r=\frac{v_r}{\frac{1}{2}r}=\frac{\omega_0 r}{\frac{1}{2}r}=2\omega_0 \quad\Rightarrow\quad \boldsymbol{\omega}_r=\omega_r\boldsymbol{e}_2=2\omega_0\boldsymbol{e}_2$$

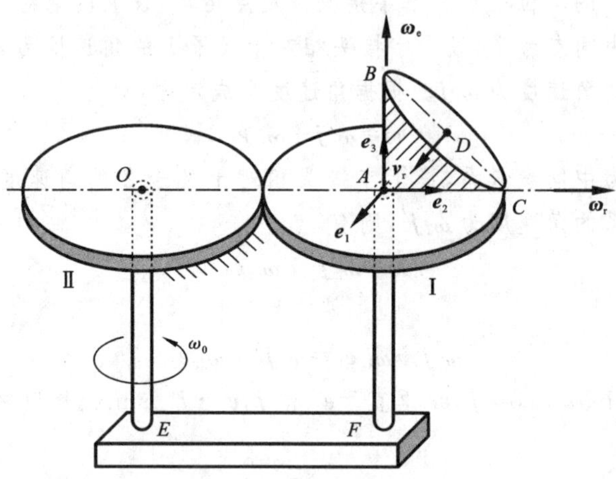

图 3.37　例 3.19 图

所以圆锥体的绝对角速度为

$$\boldsymbol{\omega}_a=\boldsymbol{\omega}_r+\boldsymbol{\omega}_e=2\omega_0\boldsymbol{e}_2+2\omega_0\boldsymbol{e}_3$$

圆锥体的绝对角加速度为

$$\boldsymbol{\alpha}_a=\frac{d\boldsymbol{\omega}_a}{dt}=\frac{d}{dt}(\boldsymbol{\omega}_r+\boldsymbol{\omega}_e)=\frac{d\boldsymbol{\omega}_r}{dt}=\boldsymbol{\omega}_e\times\boldsymbol{\omega}_r=-4\omega_0^2\boldsymbol{e}_1$$

易知圆锥体上点 A 的加速度为

$$\boldsymbol{a}_A=-2\omega_0^2 r\boldsymbol{e}_2$$

所以圆锥体上点 B 的加速度为

$$\begin{aligned}\boldsymbol{a}_B&=\boldsymbol{a}_A+\boldsymbol{\alpha}_a\times\boldsymbol{r}_{AB}+\boldsymbol{\omega}_a\times(\boldsymbol{\omega}_a\times\boldsymbol{r}_{AB})\\&=-2\omega_0^2 r\boldsymbol{e}_2+(-4\omega_0^2\boldsymbol{e}_1)\times r\boldsymbol{e}_3+(2\omega_0\boldsymbol{e}_2+2\omega_0\boldsymbol{e}_3)\times[(2\omega_0\boldsymbol{e}_2+2\omega_0\boldsymbol{e}_3)\times r\boldsymbol{e}_3]\\&=-2\omega_0^2 r\boldsymbol{e}_2+4\omega_0^2 r\boldsymbol{e}_2+(2\omega_0\boldsymbol{e}_2+2\omega_0\boldsymbol{e}_3)\times 2\omega_0 r\boldsymbol{e}_1\\&=-2\omega_0^2 r\boldsymbol{e}_2+4\omega_0^2 r\boldsymbol{e}_2-4\omega_0^2 r\boldsymbol{e}_3+4\omega_0^2 r\boldsymbol{e}_2\\&=6\omega_0^2 r\boldsymbol{e}_2-4\omega_0^2 r\boldsymbol{e}_3\end{aligned}$$

习　　题

第 3 章参考答案

3.1　指出图 3.38 所示机构中，1、2 号刚体各做什么形式的运动（答案填在括号内）。

3.2　如图 3.39 所示，茶桶由三个互相平行的曲柄来带动，$\triangle ABC$ 和 $\triangle A'B'C'$ 为两个等边三角形。已知每一曲柄长度均为 $r=15$ cm，且分别绕 A、B、C 轴做匀速（$n=45$ r/min）转动，求揉茶桶中心 O 的速度和加速度（要求在图上标出点 O 的速度、加速度方向）。

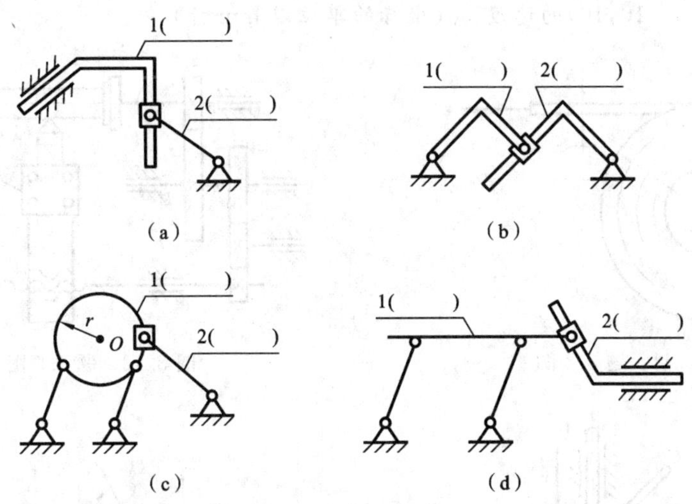

图 3.38　题 3.1 图

3.3　如图 3.40 所示，某飞轮绕固定轴 O 转动，在转动过程中，其轮缘上任意一点的加速度方向与轮半径的夹角恒为 60°。当转动开始时其转角 ϕ_0 等于零，其角速度为 ω_0，求该飞轮的转动方程，以及角速度和转角间的关系。

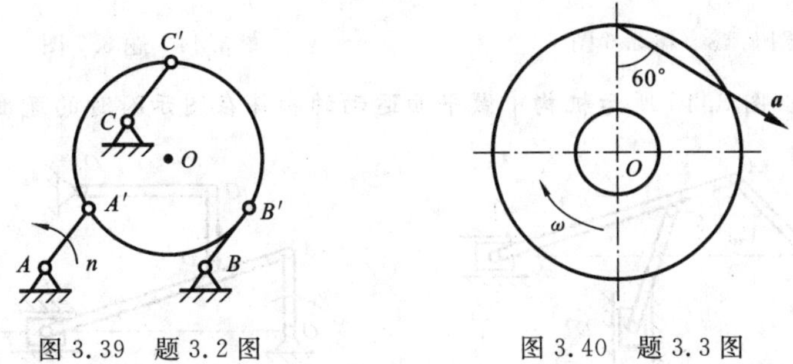

图 3.39　题 3.2 图　　　图 3.40　题 3.3 图

3.4　图 3.41 所示为连续印刷过程，纸(厚 b)以匀速 v 水平输送，试以纸盘的半径 r 表示纸盘的角加速度 α。

3.5　图 3.42 所示为车床走刀机构示意图，已知齿轮的齿数分别为 $z_1=40$、$z_2=90$、$z_3=60$、$z_4=20$，主轴转速 $n_1=120$ r/min，丝杠每转一圈，刀架移动一个螺距 $h=6$ mm，求走刀速度。

3.6　如图 3.43 所示，杆 AB 以匀速 v 沿铅直导轨向下运动，其一端 B 靠在直角杠杆 CDO 的 CD 边上，因而使杠杆绕导轨轴线上点 O 转动，试求杠杆上点 C 的速度和加速度大小(表示为角 φ 的函数)。假定 $\overline{OD}=a$，$\overline{CD}=2a$。

3.7　如图 3.44 所示，直角坐标系 $Oxyz$ 固定不动，已知在某瞬时刚体以角速度 $\omega=18$ rad/s 绕过原点的 OA 轴转动，点 A 的坐标为(10,40,80)，求在此瞬时刚体上

另一点 $M(20,-10,10)$ 的速度 v_M（坐标的单位以 mm 计）。

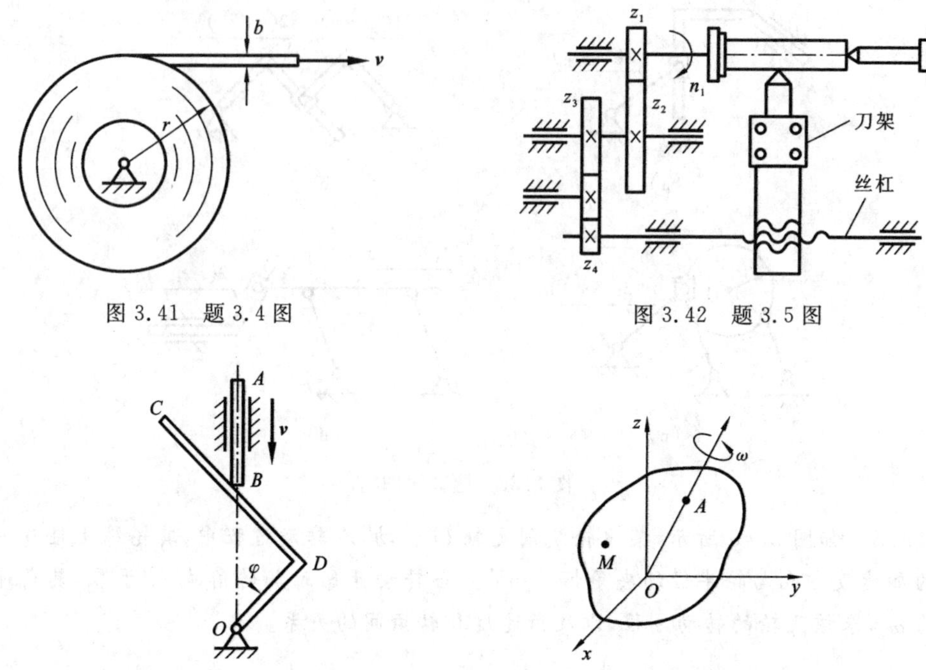

图 3.41　题 3.4 图　　图 3.42　题 3.5 图

图 3.43　题 3.6 图　　图 3.44　题 3.7 图

3.8　找出图 3.45 所示机构中做平面运动的构件在图示瞬时的速度瞬心位置。

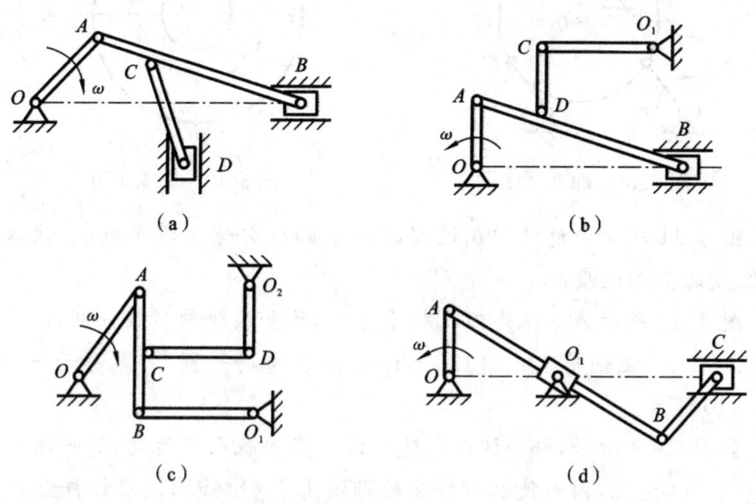

图 3.45　题 3.8 图

3.9　如图 3.46 所示，曲柄机构在其连杆 AB 的中点 C 以铰链与杆 CD 连接。而杆 CD 又与杆 DE 铰接，杆 DE 可绕点 E 转动。已知 O、A、B 三点在同一水平线上，曲柄 OA 的角速度 $\omega=8\ \mathrm{rad/s}$，$\overline{OA}=0.25\ \mathrm{m}$，$\overline{DE}=1\ \mathrm{m}$，$\angle CDE=90°$。求在图示位置，杆 DE 的角速度。

3.10　图3.47所示机构中，OB 水平，当 B、D 和 F 三点在同一铅垂线上时，DE 垂直于 EF，曲柄 OA 正好处于铅垂位置。已知 $\overline{OA}=\overline{BD}=\overline{DE}=100\ \mathrm{mm}$，$\overline{EF}=100\sqrt{3}\ \mathrm{mm}$，$\omega_A=4\ \mathrm{rad/s}$。求杆 EF 的角速度和点 F 的速度。

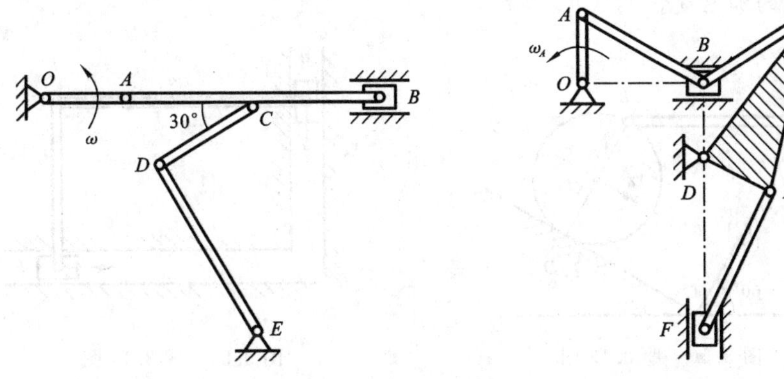

图3.46　题3.9图　　　图3.47　题3.10图

3.11　图3.48所示瓦特行星传动机构中，平衡杆 O_1A 绕 O_1 轴转动，并借连杆 AB 带动曲柄 OB 绕定轴 O 转动，在 O 轴上还装有齿轮Ⅰ。齿轮Ⅱ与连杆 AB 连为一体，并带动齿轮Ⅰ转动。已知 $r_1=r_2=0.3\sqrt{3}\ \mathrm{m}$，$\overline{O_1A}=0.75\ \mathrm{m}$，$\overline{AB}=1.5\ \mathrm{m}$，平衡杆的角速度 $\omega_{O1}=6\ \mathrm{rad/s}$，求当 $\theta=60°$ 和 $\beta=90°$ 时，曲柄 OB 及齿轮Ⅰ的角速度。

3.12　边长 $L=2\ \mathrm{cm}$ 的正方形 $ABCD$ 做平面运动。在图3.49所示位置，其顶点 A 与 B 的加速度分别为 $a_A=2\ \mathrm{cm/s^2}$、$a_B=4\sqrt{2}\mathrm{cm/s^2}$，方向如图所示。求正方形上顶点 C 的加速度。

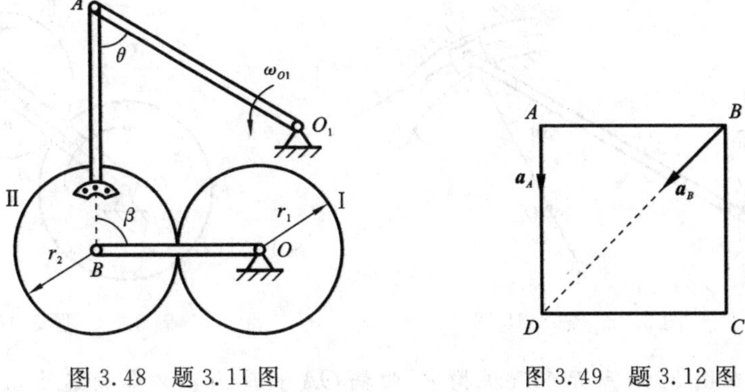

图3.48　题3.11图　　　图3.49　题3.12图

3.13　杆 AB 长度 $L=0.8\ \mathrm{m}$，其 A 端搁置在斜面 AC 上，B 端与圆轮铰接。圆轮的半径 $r=0.2\ \mathrm{m}$，斜面 CD 与水平面成30°角，设圆轮沿斜面 CD 做匀速纯滚动，其

轮心的速度 $v_O=0.12\ \mathrm{m/s}$。求当杆 AB 位于图 3.50 所示水平位置时的角速度和角加速度的大小。

3.14　滑块 A 和 B 可分别沿彼此垂直的两直线导轨运动。滑块间用两杆 AC 和 BC 相铰接，且 $\overline{AC}=L_1$，$\overline{BC}=L_2$，试求当两杆分别垂直于两直线导轨时点 C 的速度和加速度的大小。设此时两滑块分别具有速度 $\boldsymbol{v}_A$ 和 $\boldsymbol{v}_B$，如图 3.51 所示，并分别具有任意数值的加速度。

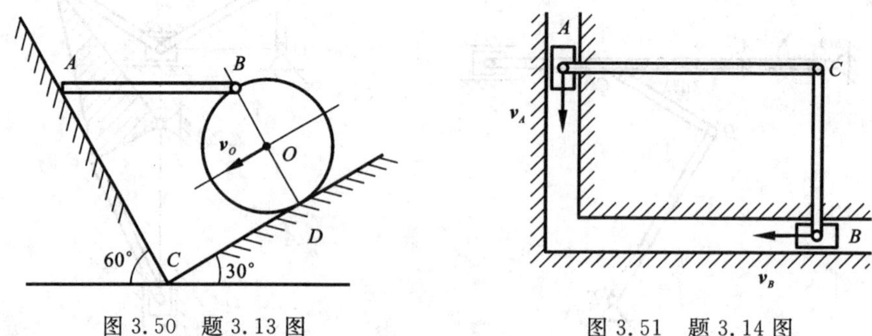

图 3.50　题 3.13 图　　图 3.51　题 3.14 图

3.15　在图 3.52 所示曲柄连杆机构中，曲柄 OA 绕 O 轴转动，其角速度为 ω_O，角加速度为 α_O，在某瞬时，曲柄与水平线成60°角，而连杆 AB 与曲柄 OA 垂直，滑块 B 在圆弧槽内滑动，此时 O_1B 方向与连杆 AB 成30°角。若 $\overline{OA}=r$，$\overline{AB}=2\sqrt{3}r$，$\overline{O_1B}=2r$，求在该瞬时滑块 B 的切向加速度和法向加速度。

3.16　在图 3.53 所示行星齿轮差动机构中，曲柄和轮Ⅰ都做变速运动。在给定瞬时，已知轮Ⅱ节圆上啮合点 A 的加速度大小等于 a_1，而方向指向轮Ⅱ的中心，同一直径上对称点 B 的加速度大小等于 a，而方向偏离直径 AB 某一锐角 β。试求在该给定瞬时曲柄 O_1O_2 和齿轮Ⅱ的角速度和角加速度的大小（设两轮半径分别为 r_1 和 r_2）。

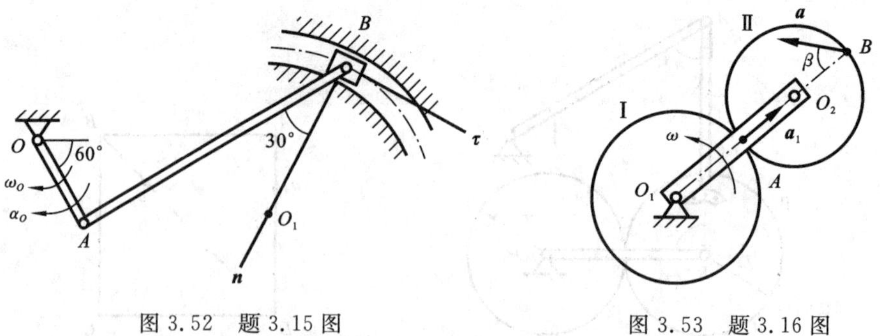

图 3.52　题 3.15 图　　图 3.53　题 3.16 图

3.17　在图 3.54 所示配汽机构中，曲柄 OA 长度为 r，以等角速度 ω_O 绕 O 轴转动。在某瞬时，$\varphi=60°$，$\beta=90°$，$\overline{AB}=6r$，$\overline{BC}=3\sqrt{3}r$。求机构在图示位置时，滑块 C 的速度和加速度的大小。

3.18　曲柄 OA 绕固定齿轮中心 O 轴转动，在曲柄上安装一个双联齿轮和一个小齿轮，如图 3.55 所示。已知曲柄转速 $n_0=30$ r/min，固定齿轮齿数 $z_0=60$，双联齿轮齿数 $z_1=40$ 和 $z_2=50$，小齿轮齿数 $z_3=25$。求小齿轮的转速和转向。

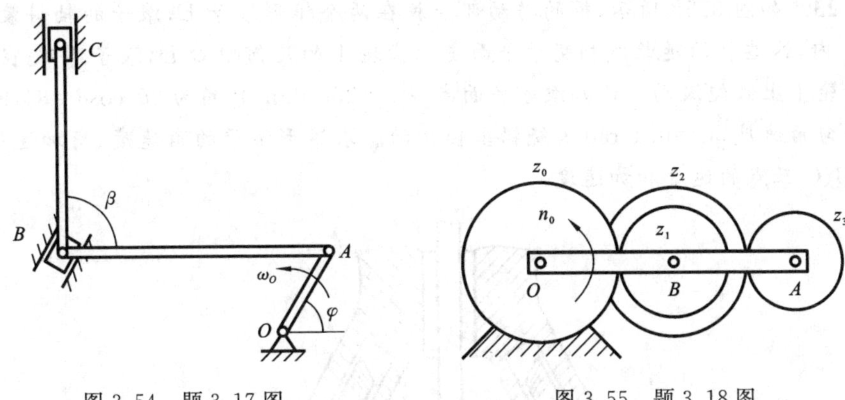

图 3.54　题 3.17 图　　图 3.55　题 3.18 图

3.19　如图 3.56 所示，半径为 a 的转轮 AB 以角速度 ω_1 绕其对称轴 OC 转动，而 OC 轴以角速度 ω_2 绕竖直轴 OE 转动。已知 $\overline{OD}=b$，$\angle COE=\theta$，求转轮最低点 B 的速度。

3.20　图 3.57 所示止推轴承的顶盖搁在一圈钢球上，该圈钢球放置在凹圆锥面内，沿圆周分布。设轴的半径为 R，球的半径为 r，且球在与轴、凹圆锥面及顶盖的接触处无相对滑动。又设球的瞬时角速度沿圆锥母线 AB 方向，则 AB 与水平面的夹角 α 应为多大（提示：当 $R/r=2$ 时，$\alpha=17°35'$）？

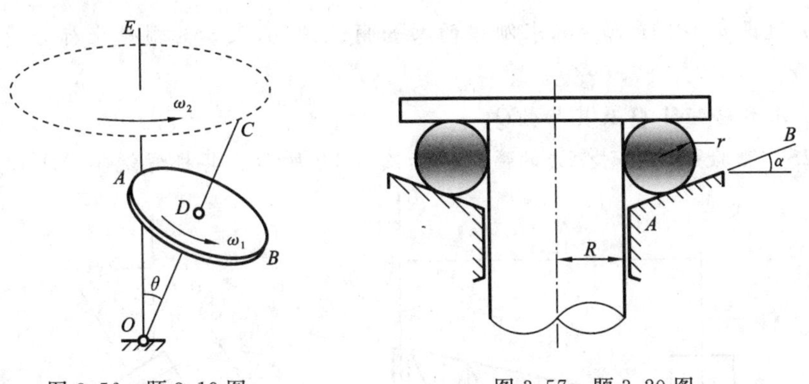

图 3.56　题 3.19 图　　图 3.57　题 3.20 图

3.21　已知物体绕点 O 做定点运动，其连体坐标系为 $Oxyz$。物体上一点在某瞬时的连体坐标为：$x=-a\cos\phi$，$y=a\sin\phi$，$z=a$，式中 a 为常数。已知连体坐标系 $Oxyz$ 的 Euler 角为 ψ、θ、ϕ。求在此瞬时该点的速度在连体坐标轴上的投影，以 Euler 角及其导数表示。

3.22　证明在规则进动中，即当 Euler 角可用下式表示时：$\psi = at, \theta = c, \phi = bt$（$a$、$b$、$c$ 都是常数），物体的角加速度在连体坐标系 $Oxyz$ 上的投影为

$$\alpha_x = ab\sin c\cos(bt),\quad \alpha_y = -ab\sin c\sin(bt),\quad \alpha_z = 0$$

3.23　如图 3.58 所示，桥的转动部分放在两个锥形滚子上，滚子的轴斜装在环形框 L 内，这些轴的延长线相交于平面支承齿轮Ⅰ的几何中心 D，滚子 K 就在这个支承齿轮Ⅰ上做纯滚动。已知滚子底面半径 $r=250$ mm，顶角为 2θ，$\cos\theta=84/85$，环形框以匀角速度 $\omega_0=0.1$ rad/s 绕铅垂轴转动。求锥形滚子的角速度、角加速度，以及 A、B、C 三点的速度和加速度。

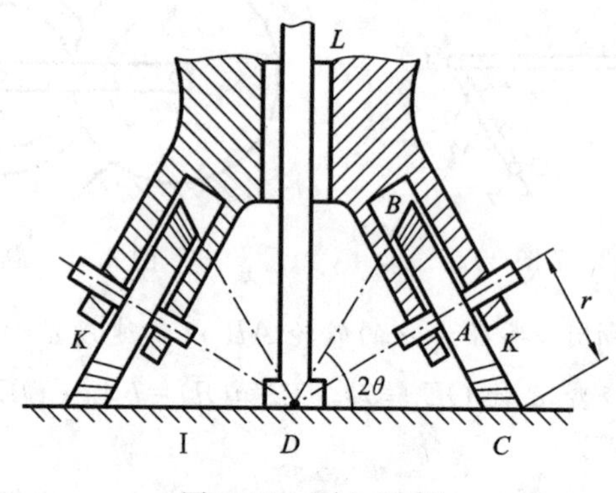

图 3.58　题 3.23 图

3.24　令 $OXYZ$ 为固定的惯性坐标系，相应的基矢量为 $\boldsymbol{i}_1$、$\boldsymbol{i}_2$、$\boldsymbol{i}_3$，$Oxyz$ 为一个刚体的连体坐标系，相应的基矢量为 $\boldsymbol{e}_1$、$\boldsymbol{e}_2$、$\boldsymbol{e}_3$。假设刚体的初始方位由轴 $\boldsymbol{s}=\boldsymbol{i}_1=\boldsymbol{e}_1$ 和角 $\phi=60°$ 给定。

(1) 假设 $\dot{\boldsymbol{a}}=0.1\boldsymbol{i}_2$，$\dot{\phi}=0$，求刚体的初始角速度 $\boldsymbol{\omega}$，表示为惯性坐标分量和连体坐标分量。

(2) 求旋转矩阵 $\boldsymbol{Q}$ 及其导数 $\dot{\boldsymbol{Q}}$。

3.25　测验航天员耐受力的离心机如图 3.59 所示。其机臂绕轴 AA' 以匀角速

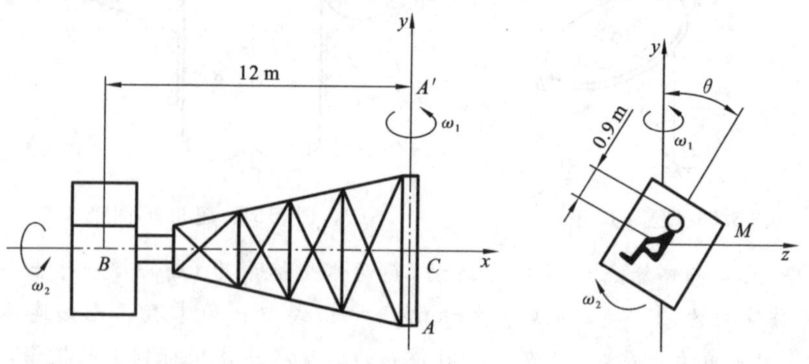

图 3.59　题 3.25 图

度 $\omega_1=2\pi$ rad/s 转动，其座舱则绕固结于机臂上的轴 BC 以匀角速度 $\omega_2=3$ rad/s 转动。如果航天员相对座舱固定，当座舱转至与铅垂轴成 $\theta=30°$ 角时，求航天员眼部 M 处的速度和加速度。

3.26　马达转子安装于框架之内，如图 3.60 所示，框架绕铅垂轴以角速度 $\omega_1=\pi/3$ rad/s 匀速转动；转子绕其自身的中心轴以角速度 $\omega_2=10\pi$ rad/s 匀速转动。转子半径 $R=60$ mm，转子中心轴与水平线的夹角为 36.9°。求：

(1) 转子的绝对角速度和角加速度；

(2) 转子上点 C 的速度与加速度。

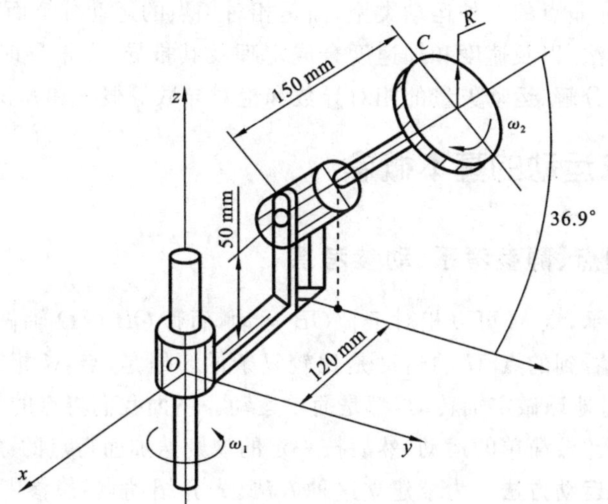

图 3.60　题 3.26 图

第 4 章　点的合成运动

一个动点可以是单个质点，也可以是刚体上的一点，在具体问题中，它们的运动可以非常复杂，为了分析这种点的复杂运动，我们将点的复杂运动分解为一些简单运动，再将简单运动合成，这种方法称为点的**合成运动**(或点的**复合运动**)方法。此处所谓的合成运动，并非点的一种运动类型，而是相对于点的运动分解而言的。本章介绍点运动的分解方法，以及速度和加速度合成定理及其推导，在推导时，需要同时引入刚体任意运动的分解、运动矢量的相对导数和绝对导数等概念和知识。

4.1　点合成运动的基本概念

4.1.1　动点、静参考系、动参考系

如图 4.1 所示，点 M 可以相对于管 OB 运动，而管 OB 绕 O 轴做定轴转动，这时地球上的观察者看到的点 M 的运动是比较复杂的。但是，点 M 相对管 OB 做直线运动，管 OB 相对地球做定轴转动，都是简单运动。下面我们将点的复杂运动在不同参考系中分解为比较简单的运动，然后按一定的规则迭加而得点的原来的运动规律，这就是**点的合成运动方法**。为了建立这种方法，先介绍动点、静参考系、动参考系这三个概念。

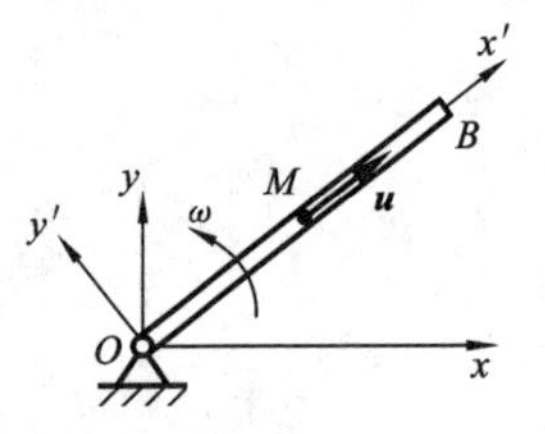

图 4.1　点的合成运动例子

动点:被研究的运动点。动点可以是单个点，也可以是刚体上的某点。

静参考系:简称**静系**。它是被指定用来研究动点运动规律的参考系，一般与地球固结。

动参考系:简称**动系**。它是相对于静系运动的任何参考系。

例如，图 4.1 中，坐标系 Oxy 为静系，坐标系 $Ox'y'$ 为动系，点 M 为动点。动系通常与某个刚体固连，为了简单，我们以后直接将该刚体称为动系。

4.1.2　绝对运动、相对运动、牵连运动及其速度和加速度

我们将动点的运动向静系和动系分解，为此，先给出三种运动的概念。

绝对运动:动点相对于静系的运动。

相对运动:动点相对于动系的运动。

牵连运动:动系相对于静系的运动。

为对应这三种运动,我们定义点的三种速度和加速度。

绝对速度、绝对加速度:动点相对于静系的速度、加速度,分别用 $\boldsymbol{v}_a$、$\boldsymbol{a}_a$ 表示。

相对速度、相对加速度:动点相对于动系的速度、加速度,分别用 $\boldsymbol{v}_r$、$\boldsymbol{a}_r$ 表示。

牵连速度、牵连加速度:动系上与动点相重合的点(牵连点)相对于静系的瞬时速度、瞬时加速度,分别用 $\boldsymbol{v}_e$、$\boldsymbol{a}_e$ 表示。

前两种速度和加速度是对动点而言的,牵连速度和牵连加速度则是对牵连点而言的。下面用一个具体问题来说明这些速度和绝对加速度。

对于图 4.2 所示的凸轮顶杆机构,为了研究顶杆(丁字杆 ABD)的平动,我们可以取圆凸轮的圆心 C 作为动点,丁字杆 ABD 作为动系(凸轮不能作为动系)。此时,地球为静系,绝对运动为圆周运动,相对运动为直线运动,牵连运动为平动;绝对速度、相对速度和牵连速度如图 4.2(a)所示,绝对加速度、相对加速度和牵连加速度如图 4.2(b)所示。其中,牵连速度和牵连加速度是顶杆上与点 C 相重合的点相对于静系的瞬时速度和瞬时加速度,实际的顶杆与点 C 没有重合点,我们可以假想将顶杆这一刚体扩大,扩大后就有重合点了,这样做不会改变顶杆原来的运动。因此,也可以这样说,牵连速度和牵连加速度是顶杆(扩大后)上的点 C 的绝对速度和绝对加速度。

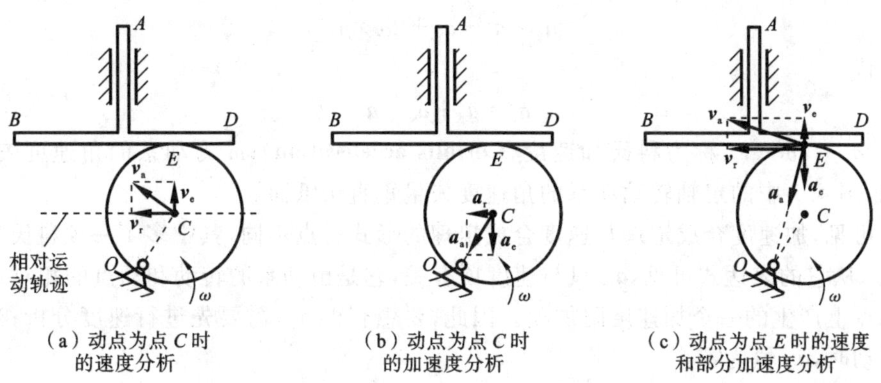

(a) 动点为点 C 时的速度分析　(b) 动点为点 C 时的加速度分析　(c) 动点为点 E 时的速度和部分加速度分析

图 4.2　凸轮顶杆机构取不同动点时的合成运动分析

画出图 4.2(a)、图 4.2(b)中的速度矢量和加速度矢量的过程分别称为**速度分析**和**加速度分析**,这两个图分别称为**速度分析图**和**加速度分析图**,它们和静力学中的受力图一样重要,如果图画错了,后面的分析一定会错。因此,学生练习时要认真对待,掌握正确的分析方法。

我们也可以选取凸轮上的与顶杆的接触点 E 作为动点,此时,绝对运动和牵连运动分析与上面的类似;此外,由凸轮与顶杆既不能脱离又不能侵彻可知,图 4.2(c)

所示瞬时相对速度的方向必须沿接触点的切向。但是相对加速度的分析将遇到麻烦,因为点 E 是固连在凸轮上的,随着运动的进行,在下一时刻,点 E 就不是接触点了,我们只能看出点 E 相对于顶杆的相对运动轨迹为一条向下凹的曲线,于是,相对加速度有两个分量,但是它们的大小未知,它们之间的其他关系也未知;换言之,相对加速度的方向无法知道。这会给以后的求解带来很大的困难,甚至无法求解。

可见,**动点、动系的选取很重要,下面给出一些注意事项**。

(1) 为了分解点的运动,动点与动系之间必须有相对运动,否则使用动系失去意义;因此若动点为刚体上一点,则该刚体就不能作为动系。

(2) 若动点为刚体上一点,则一定要牢记该点是与刚体固连的。

(3) 动点、动系的选取,一般应保证相对运动轨迹是已知的,或相对速度、相对加速度的方向是已知的;否则,会给相对速度和相对加速度的分析,以及以后的求解带来很大的困难,甚至无法求解。

4.2 点的速度、加速度合成定理

以上定义的绝对、相对和牵连速度之间的关系就是**速度合成定理**,它表明了这三个速度矢量中的任何一个可以由其余两个相加得到,表达式为

$$\boldsymbol{v}_{\mathrm{a}}=\boldsymbol{v}_{\mathrm{r}}+\boldsymbol{v}_{\mathrm{e}} \tag{4.1}$$

绝对、相对和牵连加速度之间的关系就是**加速度合成定理**,表达式为

$$\boldsymbol{a}_{\mathrm{a}}=\boldsymbol{a}_{\mathrm{r}}+\boldsymbol{a}_{\mathrm{e}}+2\boldsymbol{\omega}\times\boldsymbol{v}_{\mathrm{r}} \tag{4.2}$$

或写成

$$\boldsymbol{a}_{\mathrm{a}}=\boldsymbol{a}_{\mathrm{r}}+\boldsymbol{a}_{\mathrm{e}}+\boldsymbol{a}_{\mathrm{C}} \tag{4.3}$$

其中:$\boldsymbol{a}_{\mathrm{C}}=2\boldsymbol{\omega}\times\boldsymbol{v}_{\mathrm{r}}$,称为**科氏加速度(Coriolis acceleration)**;$\boldsymbol{\omega}$ 为动系的角速度矢量,比如,图 4.1 中的定轴转动动系的角速度矢量垂直于纸面。

可见,加速度合成定理与速度合成定理的形式有点不同,其中多了一项科氏加速度 $\boldsymbol{a}_{\mathrm{C}}$,从它的表达式可见,$\boldsymbol{a}_{\mathrm{C}}$ 只与速度项有关,它是由动系的转动和动点的相对运动在动点上产生的一个加速度附加项。因此,要想获得 $\boldsymbol{a}_{\mathrm{C}}$,需要先进行速度分析;当动系平动时,$\boldsymbol{a}_{\mathrm{C}}$ 恒为零。

对于平面问题,相对速度 $\boldsymbol{v}_{\mathrm{r}}$ 总是在角速度 ω 的旋转平面内,因此将角速度 ω 变成矢量 $\boldsymbol{\omega}$ 后,$\boldsymbol{\omega}$ 总是与 $\boldsymbol{v}_{\mathrm{r}}$ 垂直的,于是,$\boldsymbol{a}_{\mathrm{C}}$ 必在角速度 ω 的旋转平面内,**$\boldsymbol{a}_{\mathrm{C}}$ 的指向为 $\boldsymbol{v}_{\mathrm{r}}$ 沿 ω 的转向转过 90° 形成的方向,其大小为 $2\omega v_{\mathrm{r}}$**。

以上两个定理的形式很简单,物理意义很明确,但它们的推导过程比较复杂,因此,我们先通过例题来应用它们,将推导留到本章的最后。

4.2.1 点的合成运动例题

例 4.1 图 4.3 所示机构中,杆 AB 与套筒 B 固连,可在铅垂滑道中滑动,已知

$\overline{O_1C}=\overline{O_2D}=r$，杆 O_1C 以匀角速度 ω 绕 O_1 轴转动。求在图示位置，杆 AB 的速度和加速度。

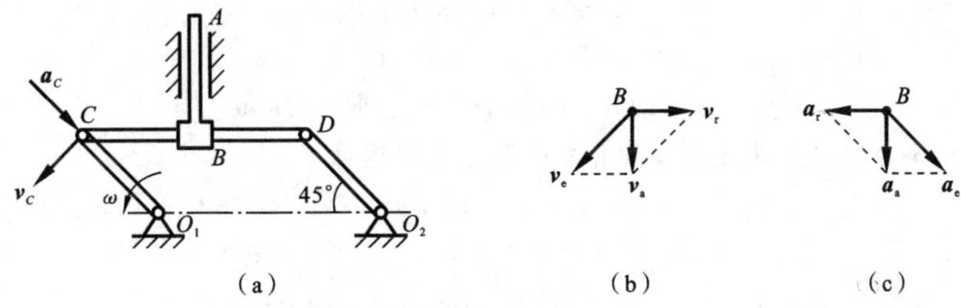

图 4.3　例 4.1 图

解　动点：杆 AB 上的点 B。动系：杆 CD。

由速度合成定理得

$$\boldsymbol{v}_a=\boldsymbol{v}_r+\boldsymbol{v}_e$$

上式向 $\boldsymbol{v}_a$ 所在方向投影，得

$$v_a=\frac{\sqrt{2}}{2}v_e=\frac{\sqrt{2}}{2}v_C=\frac{\sqrt{2}}{2}\omega r$$

由加速度合成定理得

$$\boldsymbol{a}_a=\boldsymbol{a}_r+\boldsymbol{a}_e$$

上式向 $\boldsymbol{a}_a$ 所在方向投影，得

$$a_a=\frac{\sqrt{2}}{2}a_e=\frac{\sqrt{2}}{2}a_C=\frac{\sqrt{2}}{2}\omega^2 r$$

例 4.2　滑块 A 上有一半径为 R 的圆弧滚道，半径为 r 的圆柱 B 在圆弧滚道上做相对纯滚动。已知圆弧滚道的圆心和圆柱 B 的圆心连线 OB 与铅垂线夹角为 φ。在图 4.4 所示瞬时，滑块 A 的速度和加速度分别为 $\boldsymbol{v}$、$\boldsymbol{a}$。求在任意时刻圆柱 B 的速度、加速度矢量表达式。

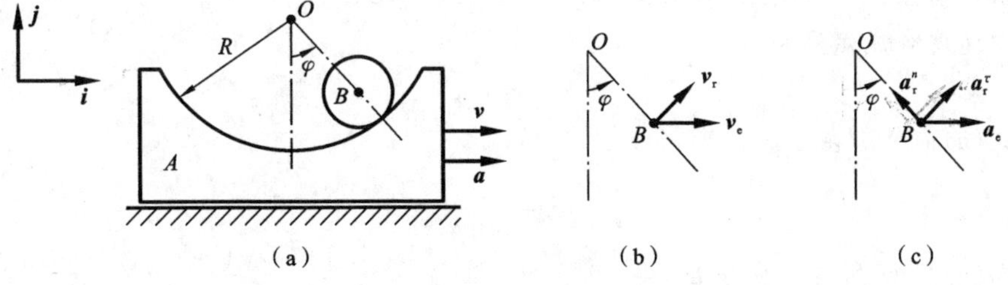

图 4.4　例 4.2 图

解　动点：柱心 B。动系：滑块 A。

设点 B 的速度为 $\boldsymbol{v}_B$，由速度合成定理得

$$\boldsymbol{v}_B=\boldsymbol{v}_r+\boldsymbol{v}_e$$

其中：

$$v_e=v,\quad v_r=\dot{\varphi}(R-r)$$

所以

$$\boldsymbol{v}_B=[v+\dot{\varphi}(R-r)\cos\varphi]\boldsymbol{i}+[\dot{\varphi}(R-r)\sin\varphi]\boldsymbol{j}$$

设点 B 的绝对加速度为 $\boldsymbol{a}_B$，由加速度合成定理得

$$\boldsymbol{a}_B=\boldsymbol{a}_r^n+\boldsymbol{a}_r^\tau+\boldsymbol{a}_e$$

其中：

$$a_e=a,\quad a_r^n=\dot{\varphi}^2(R-r),\quad a_r^\tau=\ddot{\varphi}(R-r)$$

所以

$$\begin{aligned}\boldsymbol{a}_B&=(a_e+a_r^\tau\cos\varphi-a_r^n\sin\varphi)\boldsymbol{i}+(a_r^\tau\sin\varphi+a_r^n\cos\varphi)\boldsymbol{j}\\&=[a+\ddot{\varphi}(R-r)\cos\varphi-\dot{\varphi}^2(R-r)\sin\varphi]\boldsymbol{i}\\&\quad+[\ddot{\varphi}(R-r)\sin\varphi+\dot{\varphi}^2(R-r)\cos\varphi]\boldsymbol{j}\end{aligned}$$

例 4.3　如图 4.5 所示，杆 AB 以匀速 v 沿滑道向下运动，其一端 B 靠在直角杠杆 EDO 的 ED 边上，因而使杠杆绕导轨轴线上一点 O 转动。已知 $\overline{OD}=b$，$\overline{DE}=2b$，求直角杠杆 EDO 上点 E 的速度和加速度（表示为 φ 的函数）。

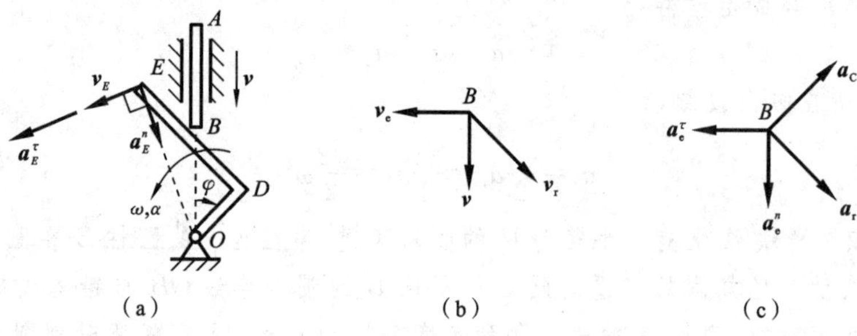

图 4.5　例 4.3 图

解　动点：杆 AB 上的点 B。动系：直角杠杆 ODE。

由速度合成定理得

$$\boldsymbol{v}=\boldsymbol{v}_r+\boldsymbol{v}_e \tag{a}$$

式(a)向 $\boldsymbol{v}$ 所在方向投影，得

$$v_r=\frac{v}{\sin\varphi}$$

式(a)向 $\boldsymbol{v}_e$ 所在方向投影，得

$$v_e=v_r\cos\varphi=\frac{v\cos\varphi}{\sin\varphi}$$

因为

$$\overline{OB}=\frac{\overline{OD}}{\cos\varphi}=\frac{b}{\cos\varphi}$$

所以直角杠杆 ODE 的角速度 ω 为

$$\omega=\frac{v_{\mathrm{e}}}{\overline{OB}}=\frac{v\cos^2\varphi}{b\sin\varphi} \tag{b}$$

由加速度合成定理得

$$\mathbf{0}=\boldsymbol{a}_{\mathrm{r}}+\boldsymbol{a}_{\mathrm{e}}^{n}+\boldsymbol{a}_{\mathrm{e}}^{\tau}+\boldsymbol{a}_{\mathrm{C}}$$

上式向 $\boldsymbol{a}_{\mathrm{C}}$ 所在方向投影，得

$$0=a_{\mathrm{e}}^{n}\cos\varphi+a_{\mathrm{e}}^{\tau}\sin\varphi-a_{\mathrm{C}}$$

所以

$$a_{\mathrm{e}}^{\tau}=\frac{a_{\mathrm{C}}-a_{\mathrm{e}}^{n}\cos\varphi}{\sin\varphi} \tag{c}$$

因为

$$a_{\mathrm{e}}^{n}=\omega^2\times\overline{OB}=\frac{v^2\cos^3\varphi}{b\sin^2\varphi},\quad a_{\mathrm{C}}=2\omega v_{\mathrm{r}}=\frac{2v^2\cos^2\varphi}{b\sin^2\varphi}$$

将此式代入式(c)，得

$$a_{\mathrm{e}}^{\tau}=\frac{1}{\sin\varphi}\left(\frac{2v^2\cos^2\varphi}{b\sin^2\varphi}-\frac{v^2\cos^3\varphi}{b\sin^2\varphi}\cos\varphi\right)=\frac{v^2\cos^2\varphi}{b\sin^3\varphi}(1+\sin^2\varphi)$$

所以，所以直角杠杆 ODE 的角加速度 α 为

$$\alpha=\frac{a_{\mathrm{e}}^{\tau}}{\overline{OB}}=\frac{v^2}{b^2}\cot^3\varphi(1+\sin^2\varphi) \tag{d}$$

因此，由式(b)、式(d)可得

$$v_E=\omega\times\overline{OE}=\frac{\sqrt{5}v\cos^2\varphi}{\sin\varphi}$$

$$a_E^{n}=\omega^2\times\overline{OE}=\frac{\sqrt{5}v^2\cos^4\varphi}{b\sin^2\varphi}=\frac{\sqrt{5}v^2}{b}\cot^3\varphi\sin\varphi\cos\varphi$$

$$a_E^{\tau}=\alpha\times\overline{OE}=\frac{\sqrt{5}v^2}{b}\cot^3\varphi(1+\sin^2\varphi)$$

$$a_E=\sqrt{(a_E^{n})^2+(a_E^{\tau})^2}=\frac{\sqrt{5}v^2}{b}\cot^3\varphi\sqrt{1+3\sin^2\varphi}$$

例 4.4　图 4.6 所示机构中，杆 OA 以匀角速度 ω 转动，$\overline{OA}=r$，在图示瞬时，$AO\perp OB$。求在该瞬时杆 AC 的角速度和角加速度。

解　动点：点 A。动系：套筒 B。

由速度合成定理得

$$\boldsymbol{v}_A=\boldsymbol{v}_{\mathrm{r}}+\boldsymbol{v}_{\mathrm{e}}$$

所以

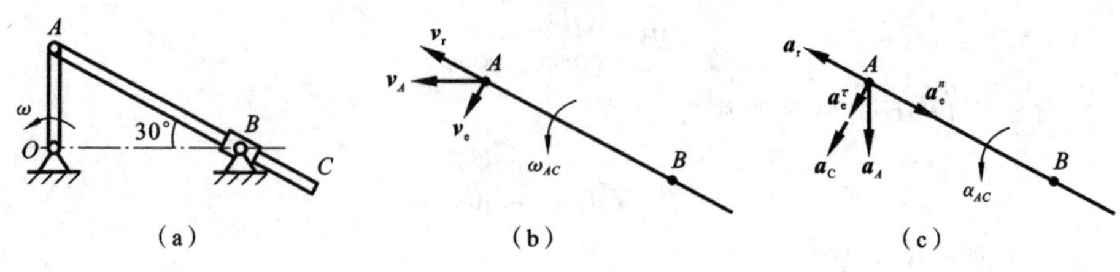

图 4.6　例 4.4 图

$$v_r = v_A\cos 30° = \frac{\sqrt{3}}{2}\omega r,\quad v_e = v_A\sin 30° = \frac{1}{2}\omega r \tag{a}$$

于是

$$\omega_{AC} = \frac{v_e}{AB} = \frac{\omega}{4}$$

由加速度合成定理得

$$\boldsymbol{a}_A = \boldsymbol{a}_r + \boldsymbol{a}_e^n + \boldsymbol{a}_e^\tau + \boldsymbol{a}_C$$

上式向 $\boldsymbol{a}_C$ 所在方向投影，得

$$a_A\cos 30° = a_e^\tau + a_C$$

所以

$$a_e^\tau = \frac{\sqrt{3}}{2}a_A - a_C \tag{b}$$

因为

$$a_A = \omega^2 r,\quad a_C = 2\omega_{AC}v_r = \sqrt{3}\omega^2 r/4$$

将此代入式(b)，得

$$a_e^\tau = \frac{\sqrt{3}}{4}\omega^2 r$$

所以，杆 AC 的角加速度为

$$\alpha_{AC} = \frac{a_e^\tau}{AB} = \frac{\sqrt{3}}{8}\omega^2$$

注意：本题中如果取杆 AC 上的点 B 为动点，则 $\boldsymbol{v}_e = \boldsymbol{0}$，所以 $\boldsymbol{v}_B = \boldsymbol{v}_r$；这意味着，当直杆与铰支套筒连接时，杆上与套筒重合的点的绝对速度方向沿杆的轴线。请学生记住这一结论，以后可以直接使用。

例 4.5　如图 4.7 所示，半径为 R 的圆轮 D 以匀角速度 ω 绕轮缘上的 O_1 轴转动，杆 OA 做定轴转动并与圆轮始终接触。求在图示瞬时杆 OA 的角速度和角加速度。

解　动点：轮心 D。动系：杆 OA。

由速度合成定理得

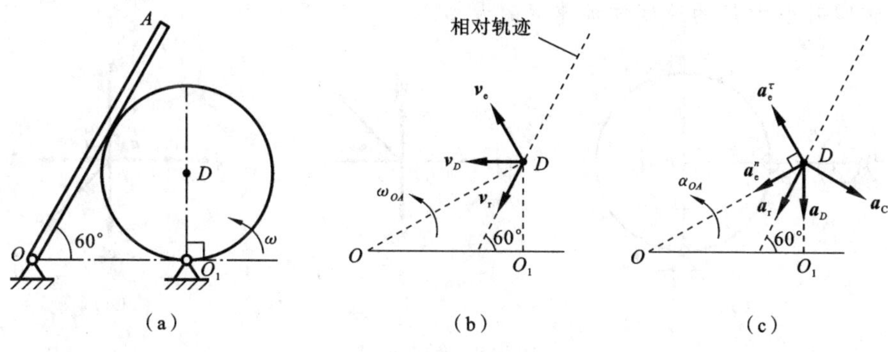

(a)　　(b)　　(c)

图 4.7　例 4.5 图

$$\boldsymbol{v}_D=\boldsymbol{v}_r+\boldsymbol{v}_e$$

上式分别向 OD 方向和 DO_1 方向投影，得

$$v_r=v_D=\omega R,\quad v_e=v_r=\omega R$$

于是有

$$\omega_{OA}=\frac{v_e}{\overline{OD}}=\frac{\omega}{2}$$

由加速度合成定理得

$$\boldsymbol{a}_D=\boldsymbol{a}_r+\boldsymbol{a}_e^n+\boldsymbol{a}_e^\tau+\boldsymbol{a}_C$$

上式向 $\boldsymbol{a}_C$ 所在方向投影，得

$$a_D\sin30°=-a_e^n\sin30°-a_e^\tau\cos30°+a_C$$

所以

$$a_e^\tau=\frac{\sqrt{3}}{3}(2a_C-a_e^n-a_D) \tag{a}$$

因为

$$a_D=\omega^2R,\quad a_C=2\omega_{OA}v_r=\omega^2R,\quad a_e^n=\omega_{OA}^2\times\overline{OD}=\frac{\omega^2R}{2}$$

将此式代入式(a)，得

$$a_e^\tau=\frac{\sqrt{3}}{6}\omega^2R$$

所以，杆 OA 的角加速度为

$$\alpha_{OA}=\frac{a_e^\tau}{\overline{OD}}=\frac{\sqrt{3}}{12}\omega^2$$

注意：本题选取动点的方法与图 4.2 所示的相同，我们将这类问题称为**直杆与圆轮相切接触问题**，请记住取轮心为动点。

例 4.6　如图 4.8 所示，小环 P 同时套在杆 AB 和圆环 E 上，杆 AB 和圆环 E 均以匀角速度 ω 做定轴转动，在图示瞬时，杆 AB 与圆环半径 DE 垂直，$\overline{AB}=\overline{DE}=R$。

求在该瞬时小环 P 的速度和加速度的大小。

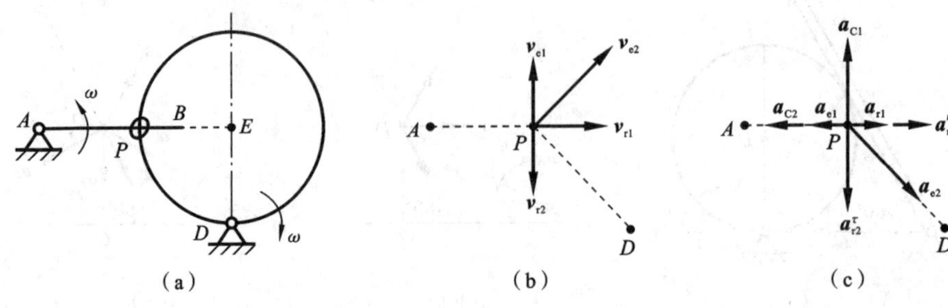

图 4.8 例 4.6 图

解 动点:小环 P。动系 1:杆 AB。动系 2:圆环 E。图中字母的下标中带“1”的量对应于动系 1,下标中带“2”的量对应于动系 2。

由速度合成定理,有

$$\boldsymbol{v}_P=\boldsymbol{v}_{r1}+\boldsymbol{v}_{e1} \tag{a}$$

$$\boldsymbol{v}_P=\boldsymbol{v}_{r2}+\boldsymbol{v}_{e2} \tag{b}$$

其中 v_{e1}、v_{e2} 已知,只要求出 v_{r1}、v_{r2} 中的任何一个,就可由式(a)或式(b)求出 v_P。为此,将式(a)、式(b)合并,得

$$\boldsymbol{v}_{r1}+\boldsymbol{v}_{e1}=\boldsymbol{v}_{r2}+\boldsymbol{v}_{e2} \tag{c}$$

式(c)向 $\boldsymbol{v}_{r1}$ 所在方向投影,得

$$v_{r1}=\frac{\sqrt{2}}{2}v_{e2}=\frac{\sqrt{2}}{2}\omega\cdot\sqrt{2}R=\omega R$$

考虑到 $\boldsymbol{v}_{r1}\perp\boldsymbol{v}_{e1}$,得

$$v_P=\sqrt{v_{r1}^2+v_{e1}^2}=\sqrt{(\omega R)^2+(\omega R)^2}=\sqrt{2}\omega R$$

式(c)向 $\boldsymbol{v}_{r2}$ 所在方向投影,得

$$v_{e1}=-v_{r2}+\frac{\sqrt{2}}{2}v_{e2} \quad\Rightarrow\quad v_{r2}=0$$

由加速度合成定理得

$$\boldsymbol{a}_P=\boldsymbol{a}_{r1}+\boldsymbol{a}_{e1}+\boldsymbol{a}_{C1} \tag{d}$$

$$\boldsymbol{a}_P=\boldsymbol{a}_{r2}^n+\boldsymbol{a}_{r2}^\tau+\boldsymbol{a}_{e2}+\boldsymbol{a}_{C2} \tag{e}$$

式(d)、式(e)合并,得

$$\boldsymbol{a}_{r1}+\boldsymbol{a}_{e1}+\boldsymbol{a}_{C1}=\boldsymbol{a}_{r2}^n+\boldsymbol{a}_{r2}^\tau+\boldsymbol{a}_{e2}+\boldsymbol{a}_{C2}$$

上式向 $\boldsymbol{a}_{r1}$ 所在方向投影,得

$$a_{r1}-a_{e1}=a_{r2}^n+\frac{\sqrt{2}}{2}a_{e2}-a_{C2} \tag{f}$$

因为

$$a_{e1}=\omega^2 R,\quad a_{e2}=\sqrt{2}\omega^2 R,\quad a_{r2}^n=\frac{v_{r2}^2}{R}=0,\quad a_{C2}=2\omega v_{r2}=0$$

将此式代入式(f),得

$$a_{r1}=2\omega^2 R$$

所以

$$\begin{aligned} a_p &=\sqrt{(a_{r1}-a_{e1})^2+a_{C1}^2}=\sqrt{(\omega^2 R)^2+(2\omega v_{r1})^2} \\ &=\sqrt{(\omega^2 R)^2+(2\omega^2 R)^2}=\sqrt{5}\omega^2 R \end{aligned}$$

注意:本例题属于**一个动点、多个动系**的类型。

例 4.7　图 4.9 所示机构中,转臂 OA 以匀角速度 ω 绕 O 轴转动,转臂中有垂直于 OA 的滑道,杆 DE 可在滑道中做相对滑动。在图示瞬时 DE 垂直于地面,求此时点 D 的速度、加速度。

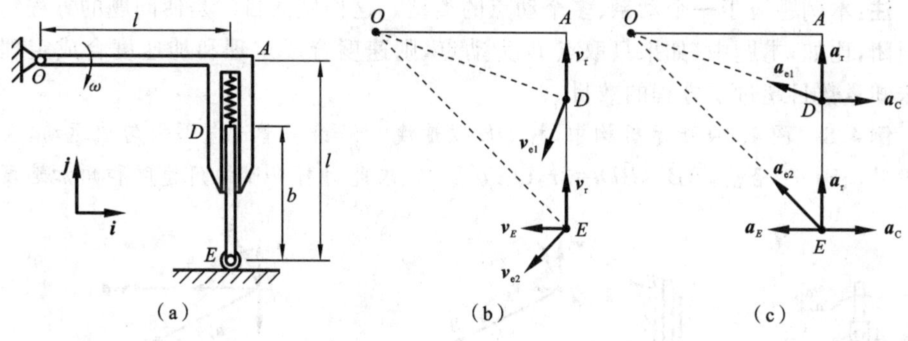

图 4.9　例 4.7 图

解　动系:转臂 OA。动点 1:杆 DE 上的点 D。动点 2:杆 DE 上的点 E。由于杆 DE 的相对运动为直线平动,因此 D、E 两点的相对速度、相对加速度和科氏加速度相等。

对点 E 应用速度合成定理,有

$$\boldsymbol{v}_E=\boldsymbol{v}_r+\boldsymbol{v}_{e2}$$

上式向 $\boldsymbol{v}_r$ 所在方向投影,得

$$v_r=\frac{\sqrt{2}}{2}v_{e2}=\frac{\sqrt{2}}{2}\omega\cdot\sqrt{2}l=\omega l$$

对点 D 应用速度合成定理,有

$$\boldsymbol{v}_D=\boldsymbol{v}_r+\boldsymbol{v}_{e1}$$

因为

$$v_{e1}=\omega\sqrt{l^2+(l-b)^2}$$

所以

$$\boldsymbol{v}_D=-(v_{e1}\sin\angle DOA)\boldsymbol{i}+(v_r-v_{e1}\cos\angle DOA)\boldsymbol{j}=-\omega(l-b)\boldsymbol{i}$$

对点 E 应用加速度合成定理，有

$$\boldsymbol{a}_E=\boldsymbol{a}_{\mathrm{r}}+\boldsymbol{a}_{\mathrm{e2}}+\boldsymbol{a}_{\mathrm{C}}$$

上式向 $\boldsymbol{a}_{\mathrm{r}}$ 所在方向投影，得

$$a_{\mathrm{r}}=-\frac{\sqrt{2}}{2}a_{\mathrm{e2}}=-\omega^2 l$$

而

$$a_{\mathrm{C}}=2\omega\cdot v_{\mathrm{r}}=2\omega^2 l,\quad a_{\mathrm{e1}}=\omega^2\sqrt{l^2+(l-b)^2}$$

对点 D 应用加速度合成定理，有

$$\boldsymbol{a}_D=\boldsymbol{a}_{\mathrm{r}}+\boldsymbol{a}_{\mathrm{e1}}+\boldsymbol{a}_{\mathrm{C}}$$

所以

$$\boldsymbol{a}_D=(a_{\mathrm{C}}-a_{\mathrm{e1}}\cos\angle DOA)\boldsymbol{i}+(a_{\mathrm{r}}+a_{\mathrm{e1}}\sin\angle DOA)\boldsymbol{j}=\omega^2 l\boldsymbol{i}+\omega^2 b\boldsymbol{j}$$

注：本例题属于**一个动系、多个动点**的类型。这样做的目的是使问题的方程组能够封闭，比如，本题中，如果只取点 D 为动点，则速度合成定理和加速度合成定理中的未知量数目超过了方程的数目。

例 4.8　图 4.10 所示机构中，杆 DE 以速度 v 沿铅垂滑道向下做匀速运动，在图示瞬时，杆 OA 铅垂，$\overline{AB}=\overline{BD}=2r$，$OA\,/\!/\,ED$。求此时杆 OA 的角速度和角加速度。

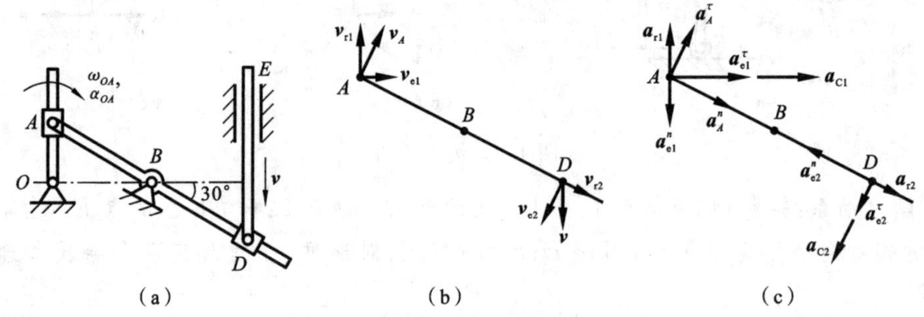

图 4.10　例 4.8 图

解　动点 1：套筒 A。动系 1：杆 OA。动点 2：套筒 D。动系 2：杆 ABD。

对点 D 应用速度合成定理，有

$$\boldsymbol{v}=\boldsymbol{v}_{\mathrm{r2}}+\boldsymbol{v}_{\mathrm{e2}}$$

所以

$$v_{\mathrm{e2}}=\frac{\sqrt{3}}{2}v,\quad v_{\mathrm{r2}}=\frac{1}{2}v$$

进而，有

$$v_A=\frac{v_{\mathrm{e2}}}{\overline{BD}}\cdot\overline{AB}=\frac{\sqrt{3}}{2}v$$

对点 A 应用速度合成定理，有

$$\boldsymbol{v}_A = \boldsymbol{v}_{r1} + \boldsymbol{v}_{e1}$$

所以

$$v_{r1} = \frac{\sqrt{3}}{2} v_A = \frac{3}{4} v, \quad v_{e1} = \frac{1}{2} v_A = \frac{\sqrt{3}}{4} v$$

于是有

$$\omega_{OA} = \frac{v_{e1}}{\overline{OA}} = \frac{\sqrt{3} v}{4r}$$

对点 D 应用加速度合成定理，有

$$\boldsymbol{0} = \boldsymbol{a}_{r2} + \boldsymbol{a}_{e2}^{n} + \boldsymbol{a}_{e2}^{\tau} + \boldsymbol{a}_{C2}$$

上式向 $\boldsymbol{a}_{e2}^{\tau}$ 所在方向投影，得

$$a_{e2}^{\tau} = -a_{C2} = -2\omega_{AB} \cdot v_{r2} = -2 \cdot \frac{v_{e2}}{2r} \cdot v_{r2} = -\frac{\sqrt{3} v^2}{4r}$$

所以

$$a_A^{\tau} = \frac{a_{e2}^{\tau}}{\overline{BD}} \cdot \overline{AB} = -\frac{\sqrt{3} v^2}{4r}$$

而

$$a_{C1} = 2\omega_{OA} \cdot v_{r1} = \frac{3\sqrt{3} v^2}{8r}, \quad a_A^{n} = \frac{v_A^2}{2r} = \frac{3v^2}{8r}$$

对点 A 应用加速度合成定理，有

$$\boldsymbol{a}_A^{n} + \boldsymbol{a}_A^{\tau} = \boldsymbol{a}_{r1} + \boldsymbol{a}_{e1}^{n} + \boldsymbol{a}_{e1}^{\tau} + \boldsymbol{a}_{C1}$$

上式向 $\boldsymbol{a}_{e1}^{\tau}$ 所在方向投影，得

$$a_{e1}^{\tau} = \frac{\sqrt{3}}{2} a_A^{n} + \frac{1}{2} a_A^{\tau} - a_{C1} = -\frac{5\sqrt{3} v^2}{16r}$$

于是有

$$\omega_{OA} = \frac{a_{e1}^{\tau}}{\overline{OA}} = -\frac{5\sqrt{3} v^2}{16r^2}$$

4.2.2　* 极坐标、柱坐标和球坐标中点的速度和加速度分析

在第 2 章中，我们已经给出了极坐标、柱坐标和球坐标中点的速度和加速度。现在我们应用合成运动方法（或作为合成运动方法的一个应用），再次给出这些坐标中点的速度和加速度。

1. 极坐标中点的速度和加速度

如图 4.11(a)所示，当动点 M 在平面内运动时，其瞬时位置可以用矢径 $\boldsymbol{r} = \overrightarrow{OM}$ 的长度 r 和矢径的转角 φ 来确定，即动点的瞬时位置为 (r, φ)，这就是动点位置的极坐标描述。再在矢径方向取单位矢量 $\boldsymbol{e}_1$，将 $\boldsymbol{e}_1$ 沿 φ 的正转向转 90°，得到单位矢量

$\boldsymbol{e}_2$，而 $\boldsymbol{e}_1$、$\boldsymbol{e}_2$ 就是极坐标系的正交基矢量。

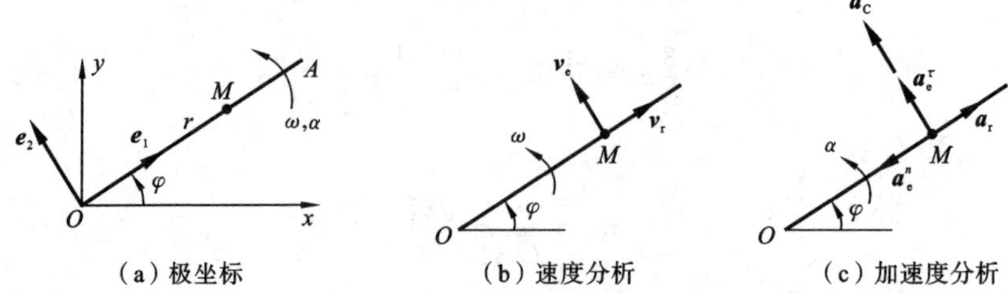

(a) 极坐标　(b) 速度分析　(c) 加速度分析

图 4.11　动点的极坐标描述

动点 M 的直角坐标(x,y)与极坐标(r,φ)的关系为

$$x=r\cos\varphi,\quad y=r\sin\varphi \tag{4.4}$$

由此可以求出用 r、φ、$\dot{r}$、$\dot{\varphi}$、$\ddot{r}$、$\ddot{\varphi}$ 表示的 $\dot{x}$、$\dot{y}$、$\ddot{x}$、$\ddot{y}$，进而可以用 r、φ、$\dot{r}$、$\dot{\varphi}$、$\ddot{r}$、$\ddot{\varphi}$ 表示出动点 M 在 x、y 轴方向的速度分量和加速度分量。如果需要动点 M 在 $\boldsymbol{e}_1$、$\boldsymbol{e}_2$ 方向的速度分量和加速度分量，则可以将 $\dot{x}\boldsymbol{i}$、$\dot{y}\boldsymbol{j}$、$\ddot{x}\boldsymbol{i}$、$\ddot{y}\boldsymbol{j}$ 向 $\boldsymbol{e}_1$、$\boldsymbol{e}_2$ 方向投影，这是一种处理方法，作为练习，请学生自行推导。下面用合成运动方法来完成这一工作。

我们以矢径所在直线 OA 为动系，动点 M 本身作为动点，速度、加速度的合成运动分析分别如图 4.11(b)、图 4.11(c)所示。动系的角速度 ω、角加速度 α 分别为

$$\omega=\dot{\varphi},\quad \alpha=\ddot{\varphi} \tag{4.5}$$

由速度合成定理，动点的绝对速度 $\boldsymbol{v}$ 为

$$\boldsymbol{v}=\boldsymbol{v}_{\mathrm{r}}+\boldsymbol{v}_{\mathrm{e}}$$

其中：

$$v_{\mathrm{r}}=\dot{r},\quad v_{\mathrm{e}}=\omega r=\dot{\varphi}r$$

所以动点速度的极坐标表示为

$$\boldsymbol{v}=\dot{r}\boldsymbol{e}_1+\dot{\varphi}r\boldsymbol{e}_2 \tag{4.6}$$

由加速度合成定理，动点的绝对加速度 $\boldsymbol{a}$ 为

$$\boldsymbol{a}=\boldsymbol{a}_{\mathrm{r}}+\boldsymbol{a}_{\mathrm{e}}^{n}+\boldsymbol{a}_{\mathrm{e}}^{\tau}+\boldsymbol{a}_{\mathrm{C}} \tag{4.7}$$

其中：

$$a_{\mathrm{r}}=\ddot{r},\quad a_{\mathrm{e}}^{n}=\omega^2 r=\dot{\varphi}^2 r,\quad a_{\mathrm{e}}^{\tau}=\alpha r=\ddot{\varphi}r,\quad a_{\mathrm{C}}=2\omega v_{\mathrm{r}}=2\dot{\varphi}\dot{r} \tag{4.8}$$

所以动点的绝对加速度的极坐标表示为

$$\boldsymbol{a}=(\ddot{r}-\dot{\varphi}^2 r)\boldsymbol{e}_1+(\ddot{\varphi}r+2\dot{\varphi}\dot{r})\boldsymbol{e}_2 \tag{4.9}$$

2. 柱坐标中点的速度和加速度

点的空间运动可以用柱坐标来描述，这对于在柱面上运动的点更具优越性。如图 4.12(a)所示，动点 M 瞬时位置的柱坐标为(r,φ,z)。$\boldsymbol{e}_1$、$\boldsymbol{e}_2$、$\boldsymbol{k}$ 为柱坐标系的正交基矢量，其中 $\boldsymbol{e}_1$、$\boldsymbol{e}_2$ 的取法与极坐标中的相同。

动点的柱坐标(r,φ,z)与对应的直角坐标(x,y,z)的关系为

$$x=r\cos\varphi,\quad y=r\sin\varphi,\quad z=z$$

由此可以直接对 t 求导得到动点 M 的速度和加速度的直角坐标分量、柱坐标系正交基矢量 $\boldsymbol{e}_1$、$\boldsymbol{e}_2$、$\boldsymbol{k}$ 中的分量。下面用合成运动方法来完成这一工作。

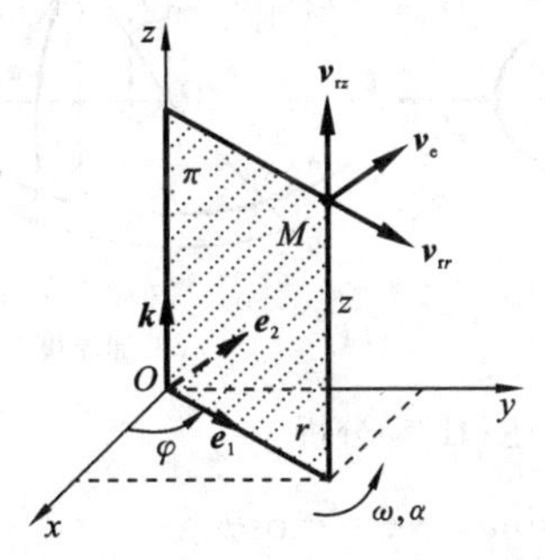

(a) 动点 M 的柱坐标描述、速度分析

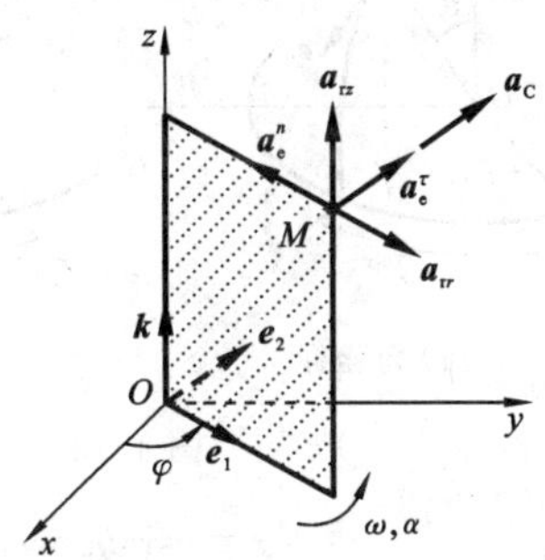

(b) 加速度分析

图 4.12　动点的柱坐标描述和运动分析

我们以过动点 M、绕 z 轴转动的平面 π 为动系，动点 M 本身作为动点，速度、加速度的合成运动分析分别如图 4.12(a)、图 4.12(b)所示。动系的角速度 ω、角加速度 α 分别为

$$\omega=\dot{\varphi},\quad \alpha=\ddot{\varphi}$$

由速度合成定理，动点的绝对速度 $\boldsymbol{v}$ 为

$$\boldsymbol{v}=\boldsymbol{v}_{rr}+\boldsymbol{v}_{rz}+\boldsymbol{v}_e \tag{4.10}$$

可见现在相对速度有两个分量 $\boldsymbol{v}_{rr}$、$\boldsymbol{v}_{rz}$。其中：

$$v_{rr}=\dot{r},\quad v_{rz}=\dot{z},\quad v_e=\omega r=\dot{\varphi}r \tag{4.11}$$

所以动点速度的柱坐标表示为

$$\boldsymbol{v}=\dot{r}\boldsymbol{e}_1+\dot{\varphi}r\boldsymbol{e}_2+\dot{z}\boldsymbol{k} \tag{4.12}$$

由加速度合成定理，动点的绝对加速度 $\boldsymbol{a}$ 为

$$\boldsymbol{a}=\boldsymbol{a}_{rr}+\boldsymbol{a}_{rz}+\boldsymbol{a}_e^n+\boldsymbol{a}_e^\tau+\boldsymbol{a}_C \tag{4.13}$$

相对加速度也有两个分量 $\boldsymbol{a}_{rr}$、$\boldsymbol{a}_{rz}$。其中：

$$a_{rr}=\ddot{r},\quad a_{rz}=\ddot{z},\quad a_e^n=\omega^2 r=\dot{\varphi}^2 r,\quad a_e^\tau=\alpha r=\ddot{\varphi}r \tag{4.14}$$

所以动点加速度的柱坐标表示为

$$\boldsymbol{a}=(\ddot{r}-\dot{\varphi}^2 r)\boldsymbol{e}_1+(\ddot{\varphi}r+2\dot{\varphi}\dot{r})\boldsymbol{e}_2+\ddot{z}\boldsymbol{k} \tag{4.15}$$

3. 球坐标中点的速度和加速度

点的空间运动也可以用球坐标来描述，这对于在球面上运动的点显得更具优越性。如图 4.13(a)所示，动点 M 瞬时位置的球坐标为(r,θ,φ)，其中 $r=\overline{OM}$。同时，$\boldsymbol{e}_1$、$\boldsymbol{e}_2$、$\boldsymbol{e}_3$ 为球坐标系的正交基矢量，其中 $\boldsymbol{e}_1$ 沿矢径 $\boldsymbol{r}=\overrightarrow{OM}$ 的方向，$\boldsymbol{e}_2$ 在 z 轴与 OM 所成的平面上，由 $\boldsymbol{e}_1$ 沿转角 θ 的正转向转 90°得到 $\boldsymbol{e}_2$，而 $\boldsymbol{e}_3=\boldsymbol{e}_1\times\boldsymbol{e}_2$。

动点的球坐标(r,θ,φ)与对应的直角坐标(x,y,z)的关系为

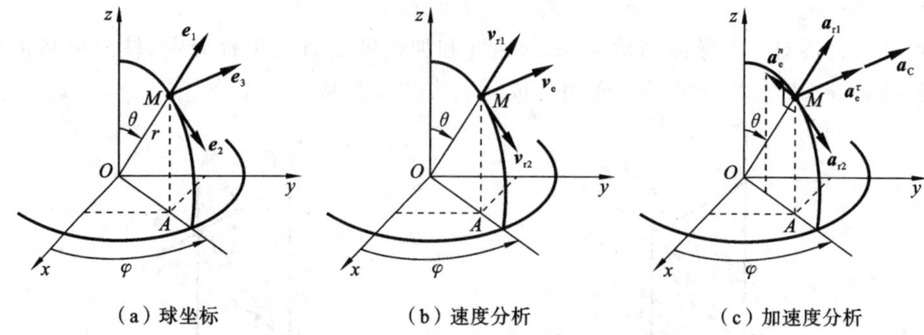

(a) 球坐标　　(b) 速度分析　　(c) 加速度分析

图 4.13　动点的球坐标描述和运动分析

$$x=r\sin\theta\cos\varphi,\quad y=r\sin\theta\sin\varphi,\quad z=r\cos\theta$$

同样地,可以由此直接对 t 求导得到动点 M 的速度和加速度的直角坐标分量、球坐标系正交基矢量 $\boldsymbol{e}_1$、$\boldsymbol{e}_2$、$\boldsymbol{e}_3$ 中的分量。下面用合成运动方法来完成这一工作。

我们以过动点 M、绕 z 轴转动的平面作为动系,动点 M 本身作为动点,如图4.13(a)所示。可见,动点的相对运动可以用动系平面内的极坐标(r,θ)描述,因此,由式(4.6)和式(4.9)可得相对速度为

$$\boldsymbol{v}_r=\dot{r}\boldsymbol{e}_1+\dot{\theta}r\boldsymbol{e}_2=\boldsymbol{v}_{r1}+\boldsymbol{v}_{r2} \tag{4.16}$$

其中:

$$\boldsymbol{v}_{r1}=\dot{r}\boldsymbol{e}_1,\quad \boldsymbol{v}_{r2}=\dot{\theta}r\boldsymbol{e}_2 \tag{4.17}$$

相对加速度为

$$\boldsymbol{a}_r=(\ddot{r}-\dot{\theta}^2r)\boldsymbol{e}_1+(\ddot{\theta}r+2\dot{\theta}\dot{r})\boldsymbol{e}_2=\boldsymbol{a}_{r1}+\boldsymbol{a}_{r2} \tag{4.18}$$

其中:

$$\boldsymbol{a}_{r1}=(\ddot{r}-\dot{\theta}^2r)\boldsymbol{e}_1,\quad \boldsymbol{a}_{r2}=(\ddot{\theta}r+2\dot{\theta}\dot{r})\boldsymbol{e}_2 \tag{4.19}$$

于是,可得速度、加速度的合成运动分析,如图 4.13(b)、图 4.13(c)所示。动系的角速度 ω、角加速度 α 分别为

$$\omega=\dot{\varphi},\quad \alpha=\ddot{\varphi}$$

由速度合成定理,动点的绝对速度 $\boldsymbol{v}$ 为

$$\boldsymbol{v}=\boldsymbol{v}_{r1}+\boldsymbol{v}_{r2}+\boldsymbol{v}_e \tag{4.20}$$

其中,计算 $\boldsymbol{v}_e$ 的转动半径为$\overline{OA}$,所以

$$\boldsymbol{v}_e=\omega r\sin\theta\boldsymbol{e}_3=\dot{\varphi}r\sin\theta\boldsymbol{e}_3 \tag{4.21}$$

所以,动点速度的球坐标表示为

$$\boldsymbol{v}=\dot{r}\boldsymbol{e}_1+\dot{\theta}r\boldsymbol{e}_2+\dot{\varphi}r\sin\theta\boldsymbol{e}_3 \tag{4.22}$$

由加速度合成定理,动点的绝对加速度 $\boldsymbol{a}$ 为

$$\boldsymbol{a}=\boldsymbol{a}_{r1}+\boldsymbol{a}_{r2}+\boldsymbol{a}_e^n+\boldsymbol{a}_e^\tau+\boldsymbol{a}_C \tag{4.23}$$

其中,计算 $\boldsymbol{a}_e^n$、$\boldsymbol{a}_e^\tau$ 的转动半径为$\overline{OA}$,$\boldsymbol{a}_e^n$ 的方向与$\overrightarrow{OA}$的相反,所以

$$\boldsymbol{a}_{\mathrm{e}}^{n}=-\omega^{2}r\sin\theta\frac{\overrightarrow{OA}}{\overline{OA}}=\dot{\varphi}^{2}r\sin\theta\frac{\overrightarrow{OA}}{\overline{OA}}=-\dot{\varphi}^{2}r\sin\theta\cos\theta\boldsymbol{e}_{1}-\dot{\varphi}^{2}r\sin\theta\sin\theta\boldsymbol{e}_{2} \tag{4.24}$$

$$\boldsymbol{a}_{\mathrm{e}}^{\tau}=\alpha r\sin\theta\boldsymbol{e}_{3}=\ddot{\varphi}r\sin\theta\boldsymbol{e}_{3}$$

而

$$\begin{aligned}\boldsymbol{a}_{\mathrm{C}}&=2\boldsymbol{\omega}\times\boldsymbol{v}_{\mathrm{r}}=2\omega\boldsymbol{k}\times\boldsymbol{v}_{\mathrm{r1}}+2\omega\boldsymbol{k}\times\boldsymbol{v}_{\mathrm{r2}}=2\omega\boldsymbol{k}\times\dot{r}\boldsymbol{e}_{1}+2\omega\boldsymbol{k}\times\dot{\theta}r\boldsymbol{e}_{2}\\&=(2\dot{r}\dot{\varphi}\sin\theta+2r\dot{\varphi}\dot{\theta}\cos\theta)\boldsymbol{e}_{3}\end{aligned} \tag{4.25}$$

所以动点加速度的球坐标表示为

$$\begin{aligned}\boldsymbol{a}&=(\ddot{r}-\dot{\theta}^{2}r)\boldsymbol{e}_{1}+(\ddot{\theta}r+2\dot{\theta}\dot{r})\boldsymbol{e}_{2}-\dot{\varphi}^{2}r\sin\theta\cos\theta\boldsymbol{e}_{1}-\dot{\varphi}^{2}r\sin\theta\sin\theta\boldsymbol{e}_{2}+\ddot{\varphi}r\sin\theta\boldsymbol{e}_{3}\\&\quad+(2\dot{r}\dot{\varphi}\sin\theta+2r\dot{\varphi}\dot{\theta}\cos\theta)\boldsymbol{e}_{3}\end{aligned}$$

即

$$\begin{aligned}\boldsymbol{a}=&(\ddot{r}-r\dot{\theta}^{2}-r\dot{\varphi}^{2}\sin\theta\cos\theta)\boldsymbol{e}_{1}+(r\ddot{\theta}+2\dot{r}\dot{\theta}-r\dot{\varphi}^{2}\sin\theta\sin\theta)\boldsymbol{e}_{2}\\&+(r\ddot{\varphi}\sin\theta+2\dot{r}\dot{\varphi}\sin\theta+2r\dot{\theta}\dot{\varphi}\cos\theta)\boldsymbol{e}_{3}\end{aligned} \tag{4.26}$$

4.3 动系做任意运动时速度、加速度合成定理的推导

4.3.1 绝对导数、相对导数的概念

在合成运动方法中，静系与动系之间有相对运动，由于一个矢量有大小和方向，一般地，静系和动系中的观察者对同一个运动矢量 $\boldsymbol{A}$ 所看到的变化情况是不一样的，因此对时间求导的结果一般也不一样。比如，在图 4.1 中，对于动系中的观察者，动点的相对速度矢量 $\boldsymbol{u}$ 只有大小的变化而没有方向的变化，而对于静系中的观察者，$\boldsymbol{u}$ 同时有大小和方向的变化。因此，动系中的观察者将 $\boldsymbol{u}$ 对 t 求导得到的结果为相对加速度 $\boldsymbol{a}_{\mathrm{r}}$，而静系中的观察者将 $\boldsymbol{u}$ 对 t 求导得到的结果则不等于 $\boldsymbol{a}_{\mathrm{r}}$。

另一方面，一个标量只有大小、没有方向，比如物体的长度、质量、密度、温度等标量，其大小的变化与参考系的运动无关，否则与客观物理事实不符。因此，同一标量 S 在不同的坐标系中对时间的导数值相等。

因此，当有多个参考系时，一个运动矢量 $\boldsymbol{A}$ 对时间的导数，必须明确是相对于哪个参考系的。对于合成运动中的静系和动系，我们定义：

(1) $\dot{\boldsymbol{A}}|_{\mathrm{F}}=\left.\dfrac{\mathrm{d}A}{\mathrm{d}t}\right|_{\mathrm{F}}$ 或 $\dot{\boldsymbol{A}}|_{\mathrm{F}}=\dfrac{\mathrm{d}A}{\mathrm{d}t}$——**绝对导数**，即静系中的观察者将矢量 $\boldsymbol{A}$ 对时间 t 求导；

(2) $\dot{\boldsymbol{A}}|_{\mathrm{M}}=\left.\dfrac{\mathrm{d}A}{\mathrm{d}t}\right|_{\mathrm{M}}$ 或 $\dot{\boldsymbol{A}}|_{\mathrm{M}}=\dfrac{\tilde{\mathrm{d}}\boldsymbol{A}}{\mathrm{d}t}$——**相对导数**，即动系中的观察者将矢量 $\boldsymbol{A}$ 对时间 t 求导。

设静系和动系均为直角坐标系，静系的基矢量为 $\boldsymbol{i}$、$\boldsymbol{j}$、$\boldsymbol{k}$，动系的基矢量为 $\boldsymbol{e}_1$、$\boldsymbol{e}_2$、$\boldsymbol{e}_3$，如图 4.14 所示，则矢量 $\boldsymbol{A}$ 在静系和动系中的投影式可分别表示为

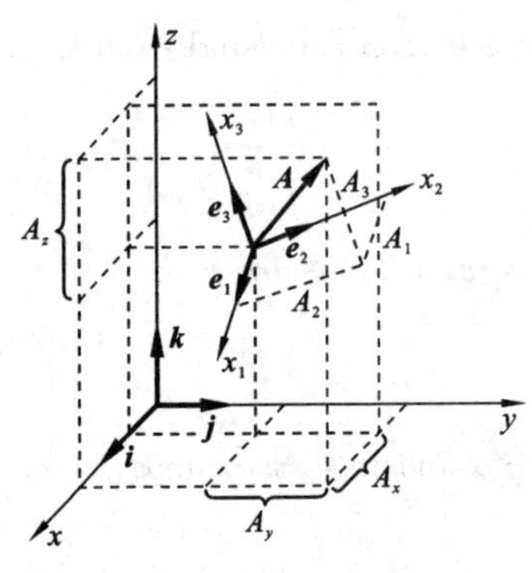

图 4.14　同一运动矢量 $\boldsymbol{A}$ 在不同坐标系中的投影

$$\boldsymbol{A}=A_x\boldsymbol{i}+A_y\boldsymbol{j}+A_z\boldsymbol{k}\,,\quad \boldsymbol{A}=A_1\boldsymbol{e}_1+A_2\boldsymbol{e}_2+A_3\boldsymbol{e}_3 \tag{4.27}$$

于是矢量 $\boldsymbol{A}$ 的相对导数为

$$\begin{aligned}\dot{\boldsymbol{A}}|_{\mathrm{M}}&=\frac{\mathrm{d}}{\mathrm{d}t}(A_1\boldsymbol{e}_1+A_2\boldsymbol{e}_2+A_3\boldsymbol{e}_3)|_{\mathrm{M}}\\&=\frac{\mathrm{d}A_1}{\mathrm{d}t}\boldsymbol{e}_1+\frac{\mathrm{d}A_2}{\mathrm{d}t}\boldsymbol{e}_2+\frac{\mathrm{d}A_3}{\mathrm{d}t}\boldsymbol{e}_3\end{aligned} \tag{4.28}$$

矢量 $\boldsymbol{A}$ 的绝对导数为

$$\dot{\boldsymbol{A}}|_{\mathrm{F}}=\frac{\mathrm{d}}{\mathrm{d}t}(A_x\boldsymbol{i}+A_y\boldsymbol{j}+A_z\boldsymbol{k})|_{\mathrm{F}}=\frac{\mathrm{d}A_x}{\mathrm{d}t}\boldsymbol{i}+\frac{\mathrm{d}A_y}{\mathrm{d}t}\boldsymbol{j}+\frac{\mathrm{d}A_z}{\mathrm{d}t}\boldsymbol{k} \tag{4.29}$$

$\boldsymbol{A}$ 的绝对导数也可写为

$$\begin{aligned}\dot{\boldsymbol{A}}|_{\mathrm{F}}&=\frac{\mathrm{d}}{\mathrm{d}t}(A_1\boldsymbol{e}_1+A_2\boldsymbol{e}_2+A_3\boldsymbol{e}_3)|_{\mathrm{F}}\\&=\frac{\mathrm{d}A_1}{\mathrm{d}t}\boldsymbol{e}_1+\frac{\mathrm{d}A_2}{\mathrm{d}t}\boldsymbol{e}_2+\frac{\mathrm{d}A_3}{\mathrm{d}t}\boldsymbol{e}_3+\frac{\mathrm{d}\boldsymbol{e}_1}{\mathrm{d}t}\bigg|_{\mathrm{F}}A_1+\frac{\mathrm{d}\boldsymbol{e}_2}{\mathrm{d}t}\bigg|_{\mathrm{F}}A_2+\frac{\mathrm{d}\boldsymbol{e}_3}{\mathrm{d}t}\bigg|_{\mathrm{F}}A_3\\&=\dot{\boldsymbol{A}}|_{\mathrm{M}}+\dot{\boldsymbol{e}}_1|_{\mathrm{F}}A_1+\dot{\boldsymbol{e}}_2|_{\mathrm{F}}A_2+\dot{\boldsymbol{e}}_3|_{\mathrm{F}}A_3\end{aligned} \tag{4.30}$$

可见，一般 $\dot{\boldsymbol{A}}|_{\mathrm{F}}\neq\dot{\boldsymbol{A}}|_{\mathrm{M}}$；只有当动系做平动时，有

$$\dot{\boldsymbol{e}}_1|_{\mathrm{F}}=\dot{\boldsymbol{e}}_2|_{\mathrm{F}}=\dot{\boldsymbol{e}}_3|_{\mathrm{F}}\equiv\boldsymbol{0}\ \Rightarrow\ \dot{\boldsymbol{e}}_1|_{\mathrm{F}}A_1+\dot{\boldsymbol{e}}_2|_{\mathrm{F}}A_2+\dot{\boldsymbol{e}}_3|_{\mathrm{F}}A_3\equiv\boldsymbol{0} \tag{4.31}$$

此时才有 $\dot{\boldsymbol{A}}|_{\mathrm{F}}=\dot{\boldsymbol{A}}|_{\mathrm{M}}$。

4.3.2　速度、加速度合成定理的推导

如图 4.15 所示，设静系为直角坐标系 $Oxyz$，其基矢量为 $\boldsymbol{i}$、$\boldsymbol{j}$、$\boldsymbol{k}$；动点为 M，动系为直角坐标系 $Dx_1x_2x_3$，动系及其固连的动参考体（为一个刚体）做任意运动，$\boldsymbol{e}_1$、$\boldsymbol{e}_2$、$\boldsymbol{e}_3$ 为动系的基矢量；$\boldsymbol{r}$ 为相对运动矢径，$\boldsymbol{r}_{\mathrm{a}}$ 为绝对运动矢径；$\boldsymbol{R}$ 为动系原点 D 的矢径。

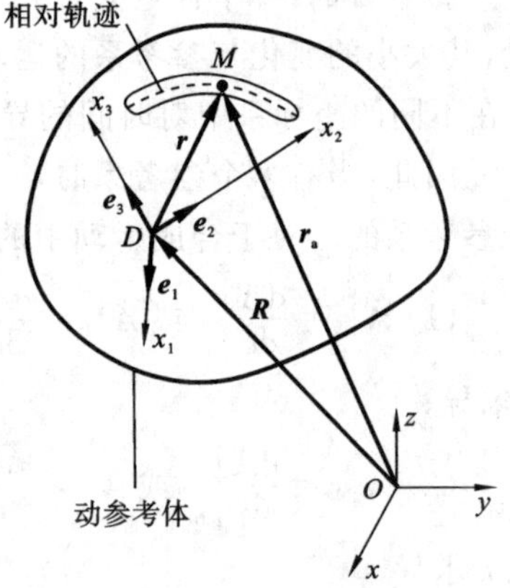

图 4.15　动系任意运动时点合成运动图示

将动系的原点 D 作为基点，则由第 3 章可知，动系（动参考体）上任意一点 M 的速度和加速度分别为

$$\boldsymbol{v}_M=\boldsymbol{v}_D+\boldsymbol{\omega}\times\boldsymbol{r} \tag{4.32}$$

$$\boldsymbol{a}_M=\dot{\boldsymbol{v}}_M=\boldsymbol{a}_D+\boldsymbol{\alpha}\times\boldsymbol{r}+\boldsymbol{\omega}\times(\boldsymbol{\omega}\times\boldsymbol{r}) \tag{4.33}$$

其中：$\boldsymbol{\omega}$ 和 $\boldsymbol{\alpha}$ 分别为动系（动参考体）的角速度和角加速度；$\boldsymbol{r}=\overrightarrow{DM}$。注意，以上两式中的点 M 是动系上一个确定的点，即 $\boldsymbol{r}$ 要视为一个与动系固连的矢量。

注意到式(4.32)是动系上两个确定点 D 和 M

之间的速度关系，由此可得动系上的长度矢量$\overrightarrow{DM}$的绝对导数，为

$$\dot{\overrightarrow{DM}}|_{\mathrm{F}}=\boldsymbol{v}_{\mathrm{M}}-\boldsymbol{v}_{\mathrm{D}}=\boldsymbol{\omega}\times\overrightarrow{DM} \tag{4.34}$$

因为$\boldsymbol{e}_1$、$\boldsymbol{e}_2$、$\boldsymbol{e}_3$为动系的三个单位矢量，所以由式(4.34)可得

$$\dot{\boldsymbol{e}}_1|_{\mathrm{F}}=\boldsymbol{\omega}\times\boldsymbol{e}_1,\quad \dot{\boldsymbol{e}}_2|_{\mathrm{F}}=\boldsymbol{\omega}\times\boldsymbol{e}_2,\quad \dot{\boldsymbol{e}}_3|_{\mathrm{F}}=\boldsymbol{\omega}\times\boldsymbol{e}_3 \tag{4.35}$$

式(4.35)称为**泊松公式**。

下面先来推导速度合成定理。相对运动矢径$\boldsymbol{r}$可表示为

$$\boldsymbol{r}=\sum_{i=1}^{3}x_i\boldsymbol{e}_i \tag{4.36}$$

由相对速度的定义可得

$$\boldsymbol{v}_{\mathrm{r}}=\dot{\boldsymbol{r}}|_{\mathrm{M}}=\sum_{i=1}^{3}\dot{x}_i\boldsymbol{e}_i \tag{4.37}$$

根据牵连速度$\boldsymbol{v}_{\mathrm{e}}$的定义，$\boldsymbol{v}_{\mathrm{e}}$等于动参考体上的点$M$(牵连点)在瞬时$t$的速度，由式(4.32)，得

$$\boldsymbol{v}_{\mathrm{e}}=\boldsymbol{v}_D+\boldsymbol{\omega}\times\boldsymbol{r} \tag{4.38}$$

所以绝对速度为

$$\begin{aligned}\boldsymbol{v}_{\mathrm{a}}&=\dot{\boldsymbol{r}}_{\mathrm{a}}|_{\mathrm{F}}=(\dot{\boldsymbol{R}}+\dot{\boldsymbol{r}})|_{\mathrm{F}}=\dot{\boldsymbol{R}}|_{\mathrm{F}}+\dot{\boldsymbol{r}}|_{\mathrm{F}}=\boldsymbol{v}_D+\frac{\mathrm{d}}{\mathrm{d}t}\Big(\sum_{i=1}^{3}x_i\boldsymbol{e}_i\Big)\Big|_{\mathrm{F}}\\&=\boldsymbol{v}_D+\sum_{i=1}^{3}\dot{x}_i\boldsymbol{e}_i+\sum_{i=1}^{3}x_i\dot{\boldsymbol{e}}_i|_{\mathrm{F}}\end{aligned}$$

将式(4.35)～式(4.38)代入上式，得

$$\boldsymbol{v}_{\mathrm{a}}=\boldsymbol{v}_{\mathrm{r}}+\boldsymbol{v}_D+\boldsymbol{\omega}\times\sum_{i=1}^{3}x_i\boldsymbol{e}_i=\boldsymbol{v}_{\mathrm{r}}+\boldsymbol{v}_D+\boldsymbol{\omega}\times\boldsymbol{r}=\boldsymbol{v}_{\mathrm{r}}+\boldsymbol{v}_{\mathrm{e}}$$

即

$$\boldsymbol{v}_{\mathrm{a}}=\boldsymbol{v}_{\mathrm{r}}+\boldsymbol{v}_{\mathrm{e}} \tag{4.39}$$

这样就得到了速度合成定理。

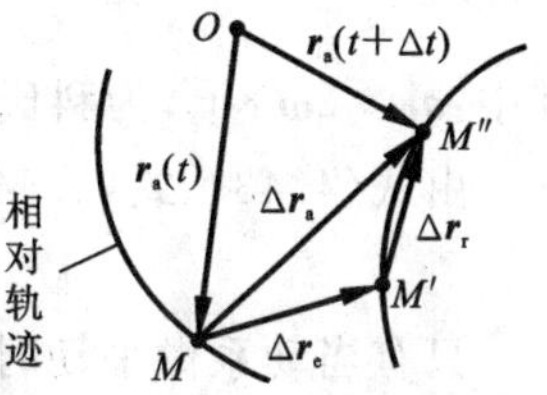

图4.16　动点位移的分解

速度合成定理也可采用更简单的图解方法来推导。如图4.16所示，假定相对轨迹已知，那么相对轨迹就是动系，在Δt时间内，动点M到达点M''的位置，牵连点到达点M'的位置，因此在Δt时间内，绝对运动的位移为$\Delta\boldsymbol{r}_{\mathrm{a}}$，相对运动的位移为$\Delta\boldsymbol{r}_{\mathrm{r}}$，牵连点的位移为$\Delta\boldsymbol{r}_{\mathrm{e}}$，由图4.16可得

$$\Delta\boldsymbol{r}_{\mathrm{a}}=\Delta\boldsymbol{r}_{\mathrm{r}}+\Delta\boldsymbol{r}_{\mathrm{e}}$$

上式除以Δt，取极限即得速度合成定理。

现在推导加速度合成定理。由定义可得相对加速度为

$$\boldsymbol{a}_{\mathrm{r}}=\dot{\boldsymbol{v}}_{\mathrm{r}}|_{\mathrm{M}}=\sum_{i=1}^{3}\ddot{x}_i\boldsymbol{e}_i \tag{4.40}$$

由定义,牵连加速度 $\boldsymbol{a}_e$ 等于动参考体上的点 M(牵连点)在瞬时 t 的加速度,因此,由式(4.33)可得 $\boldsymbol{a}_e$ 为

$$\boldsymbol{a}_e=\boldsymbol{a}_D+\boldsymbol{\alpha}\times\boldsymbol{r}+\boldsymbol{\omega}\times(\boldsymbol{\omega}\times\boldsymbol{r}) \tag{4.41}$$

而绝对加速度为

$$\boldsymbol{a}_a=\left.\frac{\mathrm{d}\boldsymbol{v}_a}{\mathrm{d}t}\right|_F=\frac{\mathrm{d}}{\mathrm{d}t}(\boldsymbol{v}_r+\boldsymbol{v}_e)|_F=\dot{\boldsymbol{v}}_r|_F+\dot{\boldsymbol{v}}_e|_F \tag{4.42}$$

再来计算 $\dot{\boldsymbol{v}}_r|_F$ 和 $\dot{\boldsymbol{v}}_e|_F$:

$$\begin{aligned}\dot{\boldsymbol{v}}_r|_F&=\frac{\mathrm{d}}{\mathrm{d}t}\left(\sum_{i=1}^3\dot{x}_i\boldsymbol{e}_i\right)\Bigg|_F=\sum_{i=1}^3\ddot{x}_i\boldsymbol{e}_i+\sum_{i=1}^3\dot{x}_i\dot{\boldsymbol{e}}_i|_F\\&=\boldsymbol{a}_r+\boldsymbol{\omega}\times\sum\dot{x}_i\boldsymbol{e}_i=\boldsymbol{a}_r+\boldsymbol{\omega}\times\dot{\boldsymbol{v}}_r\end{aligned} \tag{4.43}$$

$$\begin{aligned}\dot{\boldsymbol{v}}_e|_F&=\left.\frac{\mathrm{d}\boldsymbol{v}_D}{\mathrm{d}t}\right|_F+\left.\frac{\mathrm{d}}{\mathrm{d}t}(\boldsymbol{\omega}\times\boldsymbol{r})\right|_F=\boldsymbol{a}_D+\boldsymbol{\alpha}\times\boldsymbol{r}+\boldsymbol{\omega}\times\left.\frac{\mathrm{d}\boldsymbol{r}}{\mathrm{d}t}\right|_F\\&=\boldsymbol{a}_D+\boldsymbol{\alpha}\times\boldsymbol{r}+\boldsymbol{\omega}\times\frac{\mathrm{d}}{\mathrm{d}t}\left(\sum_{i=1}^3x_i\boldsymbol{e}_i\right)\Bigg|_F\\&=\boldsymbol{a}_D+\boldsymbol{\alpha}\times\boldsymbol{r}+\boldsymbol{\omega}\times\left(\sum_{i=1}^3\dot{x}_i\boldsymbol{e}_i\right)+\boldsymbol{\omega}\times\sum_{i=1}^3x_i\dot{\boldsymbol{e}}_i\\&=\boldsymbol{a}_D+\boldsymbol{\alpha}\times\boldsymbol{r}+\boldsymbol{\omega}\times\boldsymbol{v}_r+\boldsymbol{\omega}\times\left(\boldsymbol{\omega}\times\sum_{i=1}^3x_i\boldsymbol{e}_i\right)\\&=\boldsymbol{a}_D+\boldsymbol{\alpha}\times\boldsymbol{r}+\boldsymbol{\omega}\times\boldsymbol{v}_r+\boldsymbol{\omega}\times(\boldsymbol{\omega}\times\boldsymbol{r})\\&=[\boldsymbol{a}_D+\boldsymbol{\alpha}\times\boldsymbol{r}+\boldsymbol{\omega}\times(\boldsymbol{\omega}\times\boldsymbol{r})]+\boldsymbol{\omega}\times\boldsymbol{v}_r\\&=\boldsymbol{a}_e+\boldsymbol{\omega}\times\boldsymbol{v}_r\end{aligned} \tag{4.44}$$

将式(4.43)、式(4.44)代入式(4.42),即得加速度合成定理:

$$\boldsymbol{a}_a=\boldsymbol{a}_r+\boldsymbol{a}_e+2\boldsymbol{\omega}\times\boldsymbol{v}_r=\boldsymbol{a}_r+\boldsymbol{a}_e+\boldsymbol{a}_C \tag{4.45}$$

其中:$\boldsymbol{a}_C=2\boldsymbol{\omega}\times\boldsymbol{v}_r$,为**科氏加速度**。

由式(4.43)、式(4.44)可知,动系做任意运动时,一般有

$$\dot{\boldsymbol{v}}_r|_F\neq\boldsymbol{a}_r,\quad \dot{\boldsymbol{v}}_e|_F\neq\boldsymbol{a}_e \tag{4.46}$$

只有当动系做平动时,才有 $\dot{\boldsymbol{v}}_r|_F\equiv\boldsymbol{a}_r$,$\dot{\boldsymbol{v}}_e|_F\equiv\boldsymbol{a}_e$;或动系角速度 $\boldsymbol{\omega}=\boldsymbol{0}$,或 $\boldsymbol{v}_r=\boldsymbol{0}$,或 $\boldsymbol{v}_r/\!/\boldsymbol{\omega}$ 时,$\dot{\boldsymbol{v}}_r|_F=\boldsymbol{a}_r$,$\dot{\boldsymbol{v}}_e|_F=\boldsymbol{a}_e$ 瞬时成立。

4.3.3 任意矢量对时间的绝对导数与相对导数的关系

前面式(4.30)已经给出了任意一个运动矢量 $\boldsymbol{A}(t)$ 对时间的绝对导数与相对导数的关系,重写如下:

$$\dot{\boldsymbol{A}}|_F=\dot{\boldsymbol{A}}|_M+\dot{\boldsymbol{e}}_1|_FA_1+\dot{\boldsymbol{e}}_2|_FA_2+\dot{\boldsymbol{e}}_3|_FA_3$$

泊松公式(4.35)给出了动系的基矢量 $\boldsymbol{e}_1$、$\boldsymbol{e}_2$、$\boldsymbol{e}_3$ 对时间的绝对导数,将式(4.35)代入上式得到

$$\dot{\mathbf{A}}|_{\mathrm{F}}=\dot{\mathbf{A}}|_{\mathrm{M}}+\boldsymbol{\omega}\times\boldsymbol{e}_1A_1+\boldsymbol{\omega}\times\boldsymbol{e}_2A_2+\boldsymbol{\omega}\times\boldsymbol{e}_3A_3$$
$$=\dot{\mathbf{A}}|_{\mathrm{M}}+\boldsymbol{\omega}\times(A_1\boldsymbol{e}_1+A_2\boldsymbol{e}_2+A_3\boldsymbol{e}_3)$$
$$=\dot{\mathbf{A}}|_{\mathrm{M}}+\boldsymbol{\omega}\times\mathbf{A}$$

其中：$\boldsymbol{\omega}$ 为动系 $Dx_1x_2x_3$ 的角速度矢量，如图 4.17 所示。

$\dot{\mathbf{A}}|_{\mathrm{F}}$ 等于矢量 $\mathbf{A}$ 在平动坐标系 $Dxyz$ 中的时间导数，记为 $\dot{\mathbf{A}}|_{Dxyz}$，则有

$$\dot{\mathbf{A}}|_{\mathrm{F}}=\dot{\mathbf{A}}|_{Dxyz}=\dot{\mathbf{A}}|_{\mathrm{M}}+\boldsymbol{\omega}\times\mathbf{A} \tag{4.47}$$

这个公式可解释为：若将坐标系 $Dxyz$ 取为静系，坐标系 $Dx_1x_2x_3$ 取为动系，矢量 $\mathbf{A}$ 的末端取为动点，则 $\dot{\mathbf{A}}|_{Dxyz}$ 为动点的绝对速度，$\dot{\mathbf{A}}|_{\mathrm{M}}$ 为动点的相对速度，$\boldsymbol{\omega}\times\mathbf{A}$ 为牵连速度。

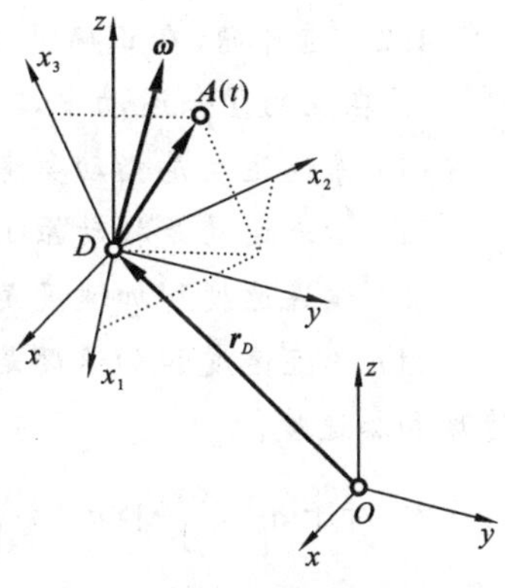

图 4.17　运动矢量 $\mathbf{A}(t)$ 在不同的坐标系中

习　题

第 4 章参考答案

4.1　在图 4.18 所示机构中，选取适当的动点及动系，分析三种运动，画出图示位置时三种速度矢量图。

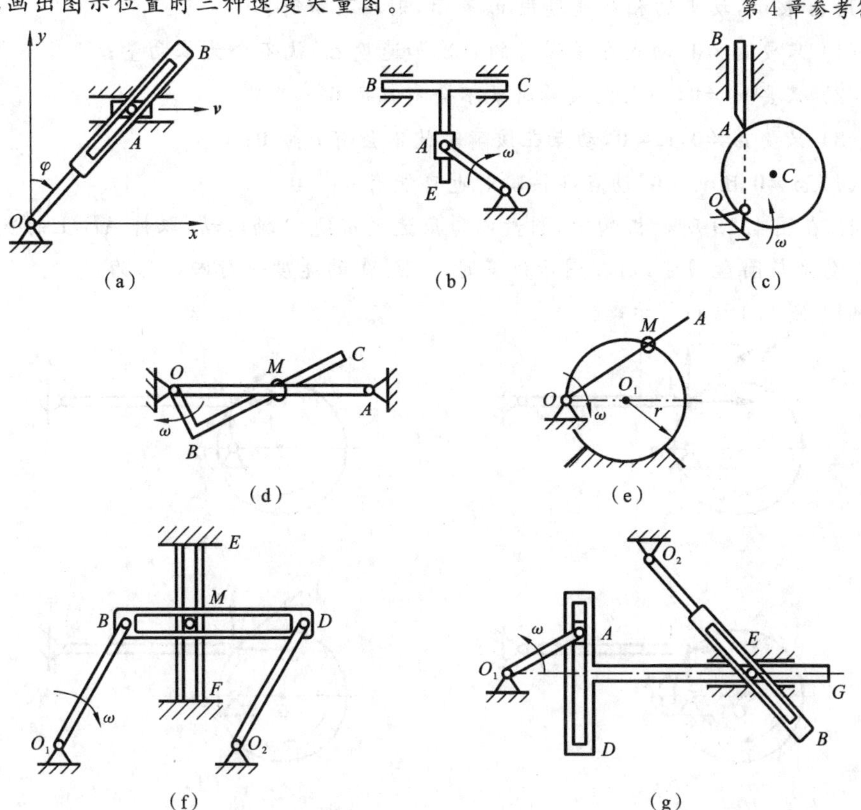

图 4.18　题 4.1 图

4.2 选择题(在正确答案的题号前画"√",错误答案的题号前画"×")

1. 在点的复合运动中,有:

(1) 牵连运动是指动参考系相对于静参考系的运动;

(2) 牵连运动是指动系上在该瞬时与动点重合之点相对于静系的运动;

(3) 牵连速度和加速度是指动系相对于静系的运动速度和加速度;

(4) 牵连速度和加速度是指动系上在该瞬时与动点重合之点相对于静系的运动速度和加速度。

2. 对于 $\boldsymbol{a}_e=\dfrac{d\boldsymbol{v}_e}{dt}$ 和 $\boldsymbol{a}_r=\dfrac{d\boldsymbol{v}_r}{dt}$ 两式,其中对 t 的导数为绝对导数,则这两式:

(1) 只有当牵连运动为平动时成立;

(2) 只有当牵连运动为转动时成立;

(3) 无论牵连运动为平动还是转动均成立;

(4) 无论牵连运动为平动还是转动均不成立。

3. 在应用点的合成运动方法进行加速度分析时,若牵连运动为转动,动系的角速度用 $\boldsymbol{\omega}$ 表示,动点的相对速度用 $\boldsymbol{v}_r$ 表示,则在某瞬时:

(1) 只要 $\boldsymbol{\omega}\neq\boldsymbol{0}$,动点在该瞬时的科氏加速度 $\boldsymbol{a}_C$ 就不会为零向量;

(2) 只要 $\boldsymbol{v}_r\neq\boldsymbol{0}$,动点在该瞬时就不会有 $\boldsymbol{a}_C=\boldsymbol{0}$;

(3) 只要 $\boldsymbol{\omega}\neq\boldsymbol{0}$,$\boldsymbol{v}_r\neq\boldsymbol{0}$,动点在该瞬时就不会有 $\boldsymbol{a}_C=\boldsymbol{0}$;

(4) $\boldsymbol{\omega}\neq\boldsymbol{0}$ 且 $\boldsymbol{v}_r\neq\boldsymbol{0}$,动点在该瞬时也可能有 $\boldsymbol{a}_C=\boldsymbol{0}$。

4. 在图 4.19 所示机构中,圆盘以匀角速度 ω 绕 O 轴转动,取杆 AB 上的点 A 为动点,动系与圆盘固连,则在图示位置时,动点 A 的速度平行四边形为:

(1) 图 4.19(a)所示;

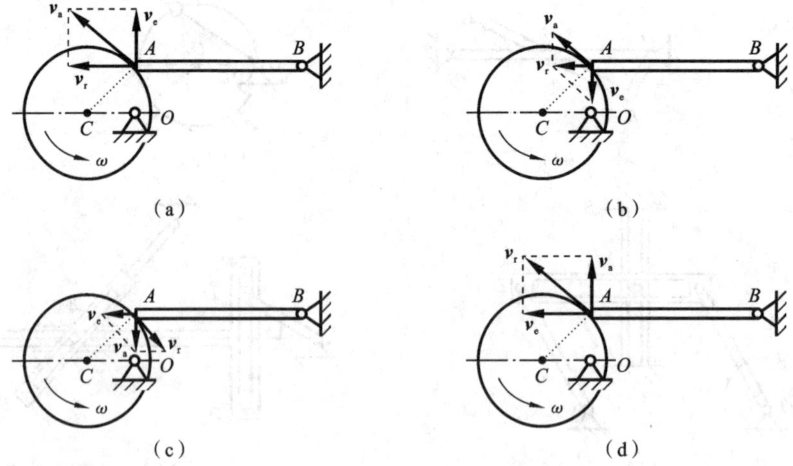

图 4.19 题 4.2-4 图

(2) 图 4.19(b)所示；

(3) 图 4.19(c)所示；

(4) 图 4.19(d)所示。

5. 在图 4.20(a)所示机构中，杆 O_2B 以匀角速度 ω 绕 O_2 轴转动，取杆 O_2B 上的点 B 为动点，动系与杆 O_1A 固定，则动点 B 在图示位置时的各项加速度可表示为：

(1) 图 4.20(b)所示；

(2) 图 4.20(c)所示；

(3) 图 4.20(d)所示；

(4) 图 4.20(e)所示。

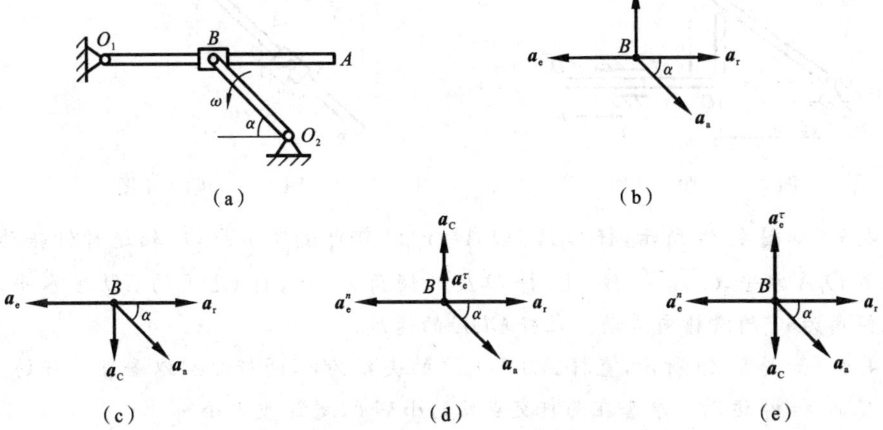

图 4.20　题 4.2-5 图

6. 图 4.21 所示曲柄滑道机构中，设$\overline{OA}=r$，已知角速度 ω 与角加速度 α，转向如图 4.21(a)所示。取 OA 上的点 A 为动点，动系与 T 形构件固连，点 A 的加速度矢量图如图 4.21(b)所示，为求 a_r、a_e，取坐标系 Axy，根据加速度合成定理，有：

(1) $a_a^n\cos\varphi+a_a^\tau\sin\varphi=a_e$，$a_a^\tau\cos\varphi-a_a^n\sin\varphi=a_r$；

(2) $a_a^n\cos\varphi+a_a^\tau\sin\varphi=a_e$，$a_a^\tau\cos\varphi+a_a^n\sin\varphi=a_r$；

(3) $a_a^n\cos\varphi+a_a^\tau\sin\varphi=-a_e$，$a_a^\tau\cos\varphi-a_a^n\sin\varphi=-a_r$；

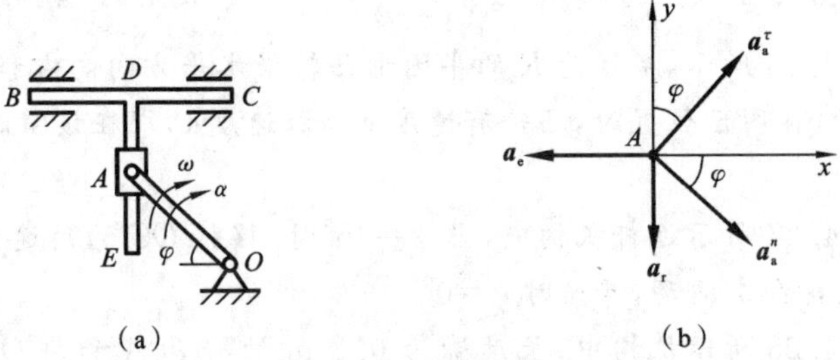

图 4.21　题 4.2-6 图

(4) $a_a^n\cos\varphi - a_a^\tau\sin\varphi = -a_e$，$a_a^\tau\cos\varphi + a_a^n\sin\varphi = -a_r$。

4.3 由直角推杆 BCD 推动长度为 L 的杆 OA 在图 4.22 所示平面内绕点 O 转动，已知推杆速度 u（水平向左）和 B、C 两点的距离 b。求当 $\overline{OC}=x$ 时，杆端 A 的速度大小（表示为 x 的函数）。

4.4 图 4.23 所示机构中，水平杆 CD 与摆杆 AB 铰接，杆 CD 做平动，而摆杆 AB 插在绕点 O 转动的导管内，设水平杆速度为 v。求图示瞬时导管的角速度及摆杆 AB 在导管中运动的速度。

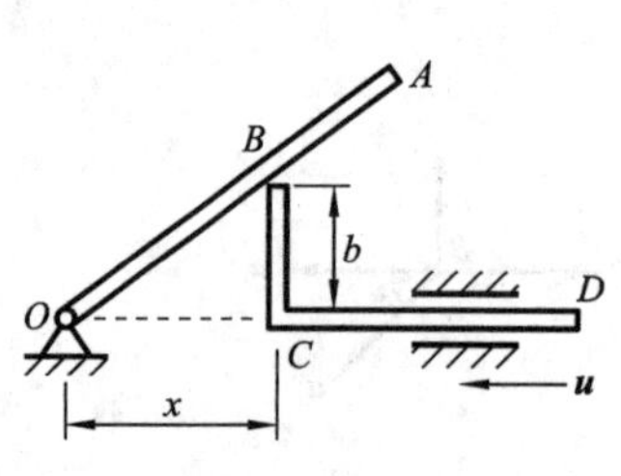

图 4.22 题 4.3 图

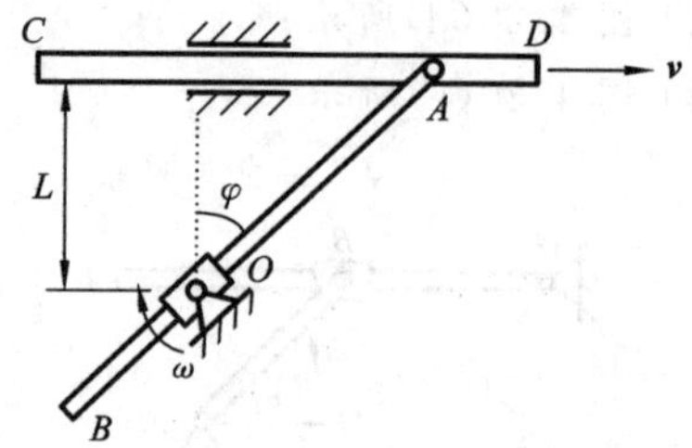

图 4.23 题 4.4 图

4.5 如图 4.24 所示，杆 O_1A（$\overline{O_1A}=r$）以匀角速度 ω 绕 O_1 轴逆时针转动，图示位置 O_1A 水平，$\overline{O_2A}=\overline{AB}=L$，杆 O_2B 的倾角为 60°，杆 CDE 的 CD 段水平，DE 段在倾角为60°的滑槽内滑动。求杆 CDE 的速度。

4.6 如图 4.25 所示，直杆 AB 和 CD 的夹角为 α，两杆分别以垂直于杆的方向的速度 $\boldsymbol{v}_1$ 和 $\boldsymbol{v}_2$ 运动。求套在两杆交点处的小环 M 的速度大小。

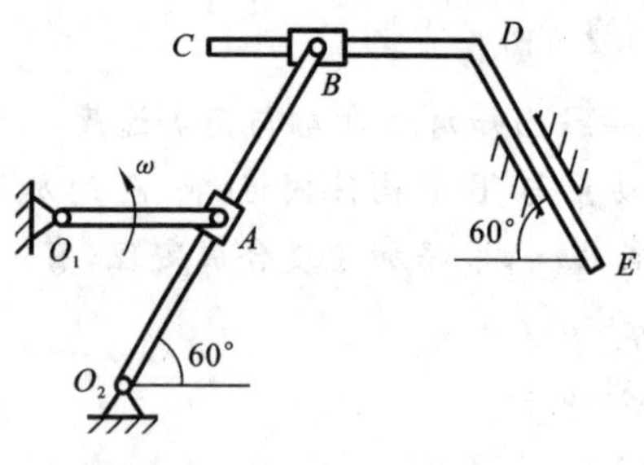

图 4.24 题 4.5 图

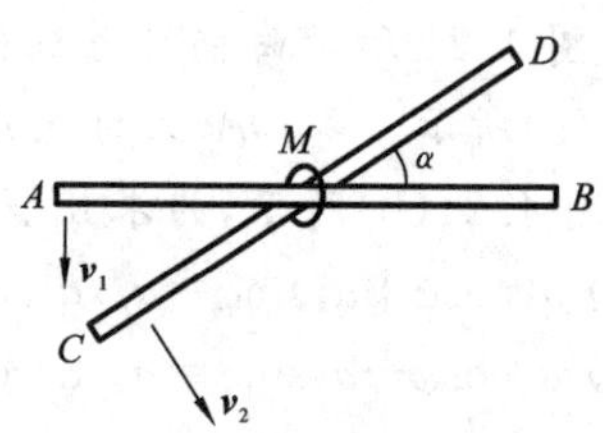

图 4.25 题 4.6 图

4.7 如图 4.26 所示，半径为 R 的半圆形凸轮沿水平方向向右移动，使推杆 AB 沿铅垂导轨滑动，在图示位置时，凸轮有速度 $\boldsymbol{v}$ 和加速度 $\boldsymbol{a}$，求在该瞬时推杆 AB 的速度和加速度。

4.8 求图 4.27 所示连杆机构中，当 $\varphi=45°$ 时，摇杆 OC 的角速度和角加速度。设杆 AB 以匀速 $\boldsymbol{u}$ 向上运动，开始时 $\varphi=0°$。

4.9 在图 4.28 所示机构中，长度皆为 0.2 m 的杆 O_1A 和杆 O_2B 按规律 $\varphi=5\pi t^3/48$ 分别绕 O_1 轴和 O_2 轴转动，并带动半径 $r=0.16$ m 的细半圆环在图示平面内

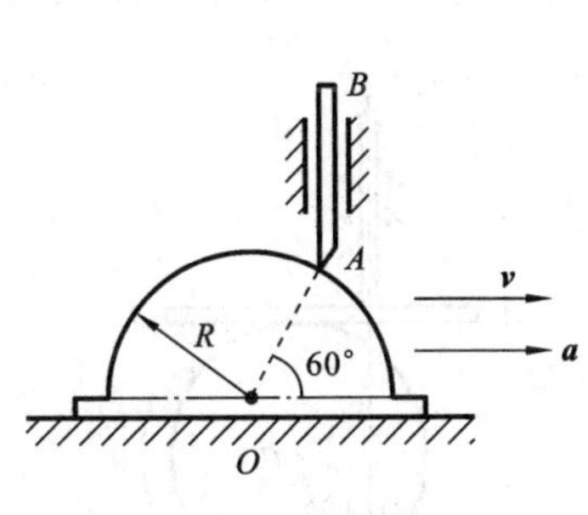

图 4.26　题 4.7 图

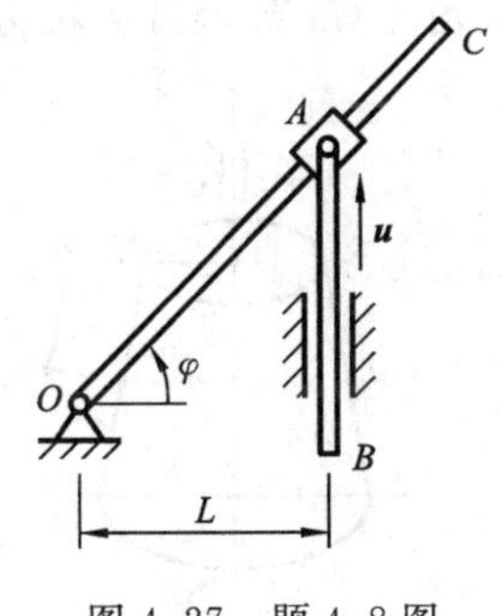

图 4.27　题 4.8 图

运动，点 M 沿圆环按方程 $\overset{\frown}{AM}=s=0.01\pi t^2$ 运动。试求在 $t=2$ s 时，点 M 的绝对速度和绝对加速度。

4.10　在图 4.29 所示机构中，曲柄 O_1A 长度为 r，角速度 ω 为常数，$L=4r$，试以 r 和 ω 表示在图示位置时水平杆 CD 的速度和加速度。

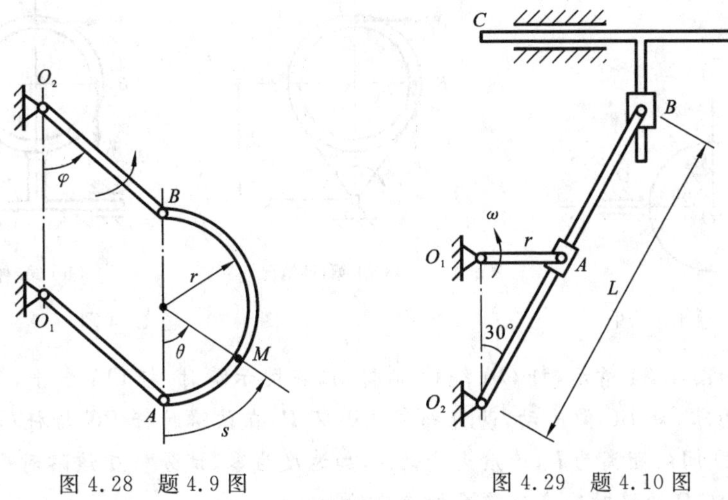

图 4.28　题 4.9 图　　图 4.29　题 4.10 图

4.11　如图 4.30 所示，点 M 按方程 $\overline{OM}=s=2.5t^2$ 沿截锥母线运动，截锥以匀角速度 $\omega=0.5$ rad/s 绕自身轴线转动，截锥上下底面半径分别为 $r=20$ cm 和 $R=50$ cm，截锥母线长度 $L=60$ cm。求在 $t=4$ s 时，点 M 的绝对速度和绝对加速度。

4.12　一偏心圆盘凸轮机构如图 4.31 所示，圆盘 C 的半径为 R，偏心距为 e，设凸轮以匀角速度 ω 绕 O 轴转动，求导板 AB 的速度和加速度。

4.13　如图 4.32 所示，圆盘以角速度 $\omega=2t$（角速度以 rad/s 计）绕 O_1O_2 轴转动，点 M 沿圆盘的半径 OA 以离开圆心的方向做相对运动，其运动规律为 $\overline{OM}=4t^2$（长度以 cm 计，时间以 s 计），半径 OA 与 O_1O_2 轴的夹角为60°，求在 $t=1$ s 时，点 M 的绝对加速度的大小。

4.14 图 4.33 所示圆环状构件绕转轴以匀角速度 ω 转动，转过一圈时，在与之连接的半径为 r 的圆环上做匀速运动的质点 M 沿圆环也走过一圈。求质点 M 经过圆环上 A 和 B 两点时的绝对加速度(分两种情况)。

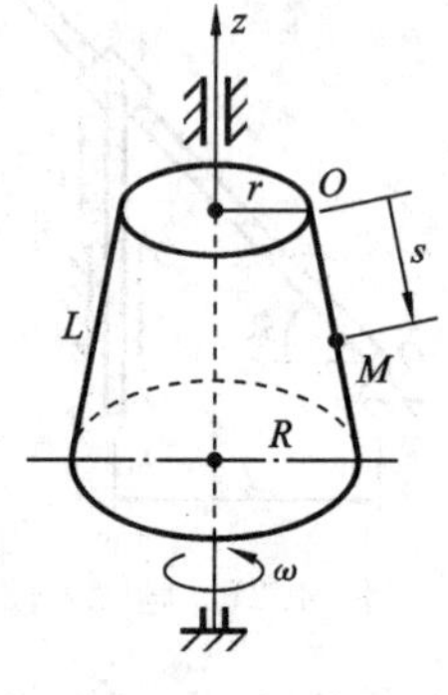

图 4.30 题 4.11 图

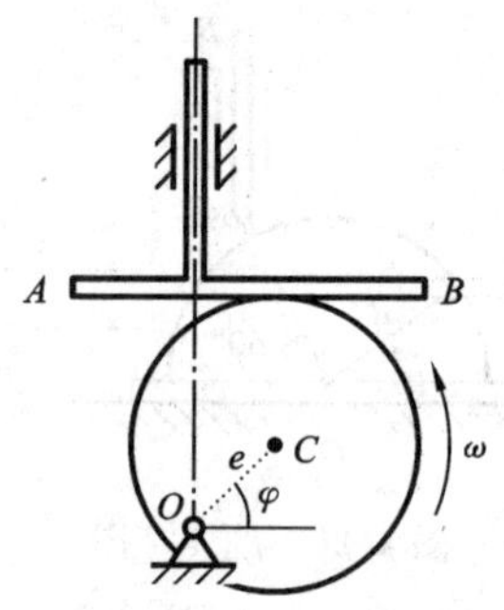

图 4.31 题 4.12 图

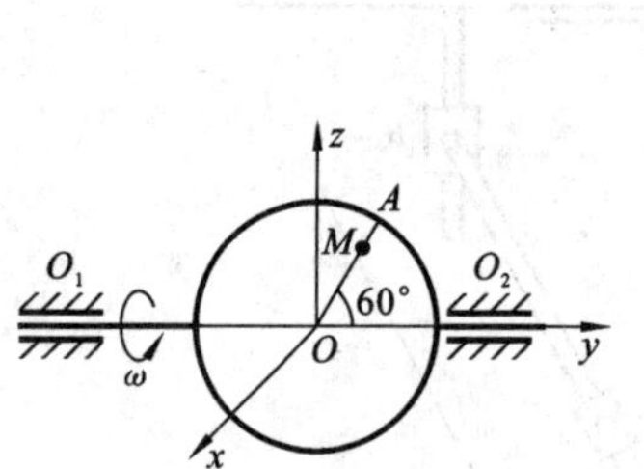

图 4.32 题 4.13 图

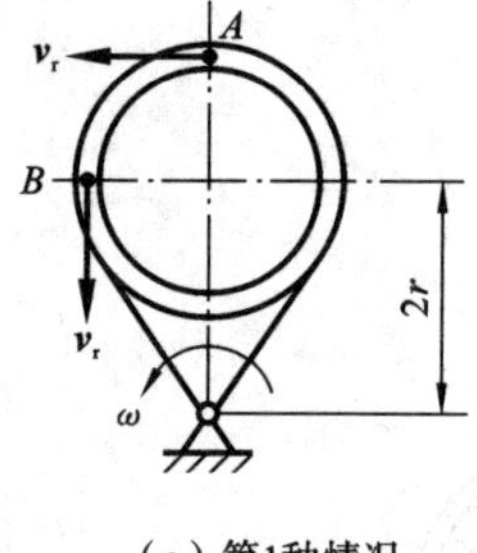

(a) 第1种情况

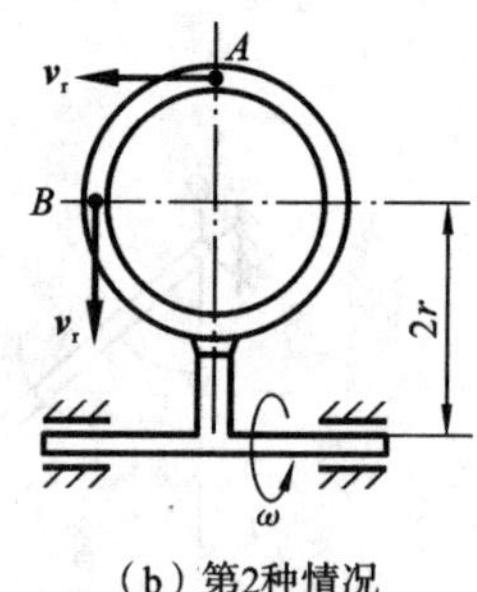

(b) 第2种情况

图 4.33 题 4.14 图

4.15 如图 4.34 所示，杆 OA 绕 O 轴转动，在图示瞬时，杆 OA 水平，角速度为 ω，角加速度为零，杆 BC 做平动，两杆都穿过小环 P，在该瞬时杆 BC 与杆 OA 垂直，小环 P 与点 O 间的距离为 L，速度大小为 u，加速度为零，试分析在该瞬时小环 P 的运动，求出小环 P 的绝对速度和绝对加速度的大小。

4.16 图 4.35 所示半径为 R 的圆轮以匀角速度 ω 绕 O 轴顺时针转动，从而带动杆 AB 绕 A 轴转动，试求在图示位置时，杆 AB 的角速度 ω_{AB} 和角加速度 α_{AB}。

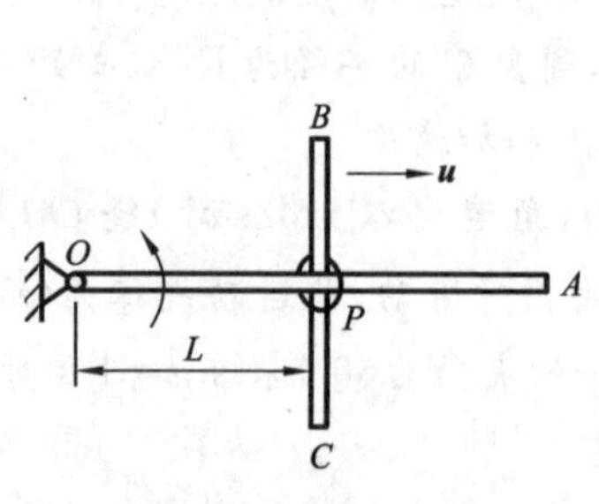

图 4.34 题 4.15 图

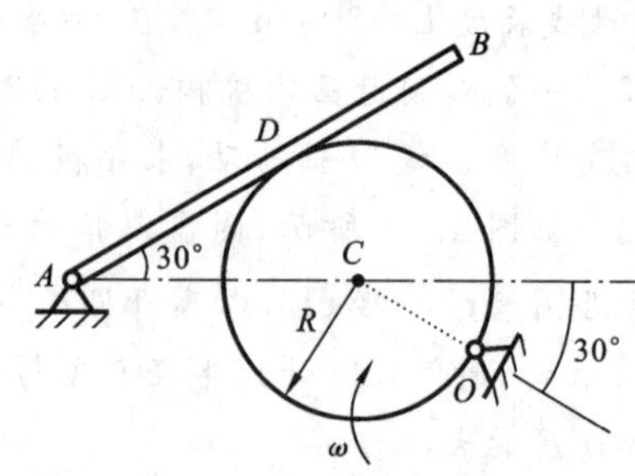

图 4.35 题 4.16 图

4.17　计算图4.36所示两机构在图示位置杆 CD 上点 D 的速度和加速度。设在图示瞬时水平杆 AB 的角速度为 ω，角加速度为零，$\overline{AB}=r$，$\overline{CD}=3r$。

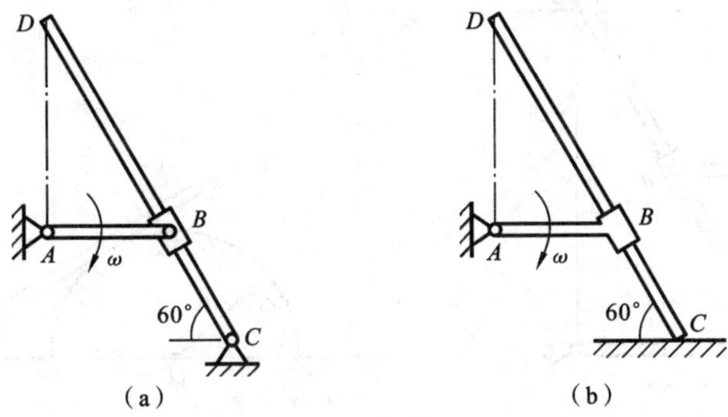

图4.36　题4.17图

4.18　平面机构如图4.37所示，已知 $CD/\!/EG$，点 B 为杆 DG 的中点，$\overline{CD}=\overline{EG}=0.2\ \mathrm{m}$，$\overline{DG}=0.5\ \mathrm{m}$，$\overline{OA}=0.4\ \mathrm{m}$，在图示位置，杆 CD 铅垂，$OA/\!/CD$，$v_B=0.2\ \mathrm{m/s}$，方向水平向左，点 B 的加速度沿水平方向的分量 $a_{Bx}=0.1\ \mathrm{m/s^2}$，$\tan\theta=0.3$。求在此瞬时：(1) 杆 CD 的角速度；(2) 点 B 的加速度沿铅垂方向的分量；(3) 杆 OA 的角加速度。

4.19　在图4.38所示机构中，已知 v 为常数，当点 O、点 A、点 D 处于同一水平直线上时，$\varphi=30^\circ$，$\overline{OA}=\overline{AD}=R$，试求在该瞬时杆 AB 的角速度 ω_{AB} 和角加速度 α_{AB}。

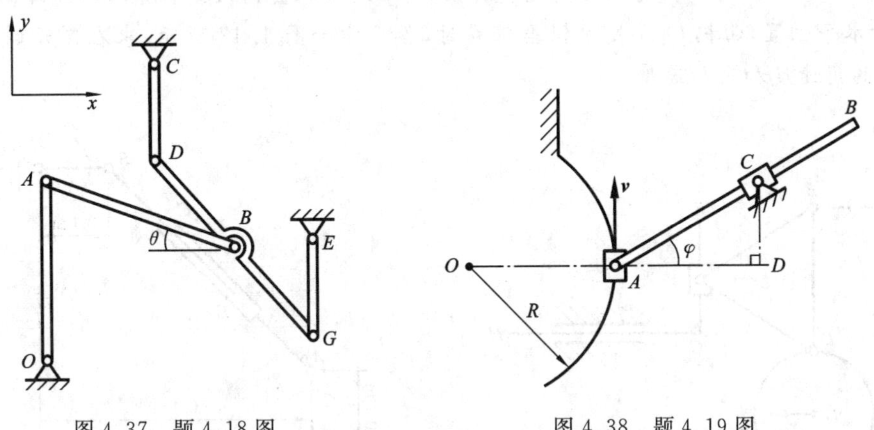

图4.37　题4.18图　　　　图4.38　题4.19图

4.20　图4.39所示机构中，$\overline{AB}=\overline{CD}=r$，$\overline{DE}=2r$，杆 AB 以匀角速度 ω 转动。在图示位置时点 B 位于杆 DE 的中点。求此时杆 CD 的角速度和角加速度。

4.21　如图4.40所示，杆 AB 的 A 端沿水平方向以匀速 $\boldsymbol{v}_A$ 向右运动，在运动过程中杆 AB 始终与一固定的半圆周相切，半圆周的半径为 R，求当杆 AB 与水平方向夹角 $\theta=30^\circ$ 时，杆 AB 的角速度和角加速度。要求用两种方法求解：一用建立运动方程求导的方法；二用合成运动方法。

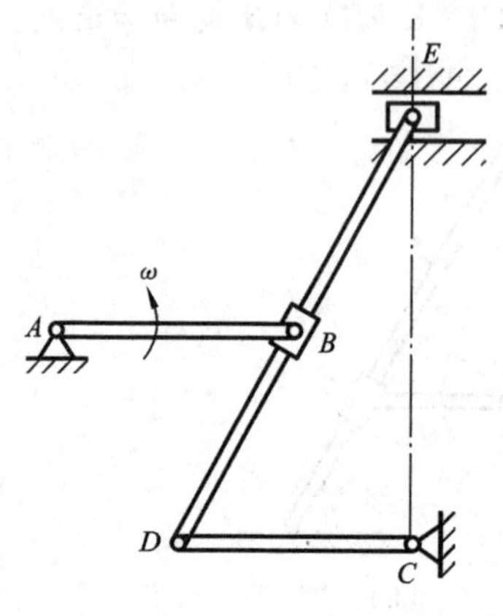

图 4.39　题 4.20 图

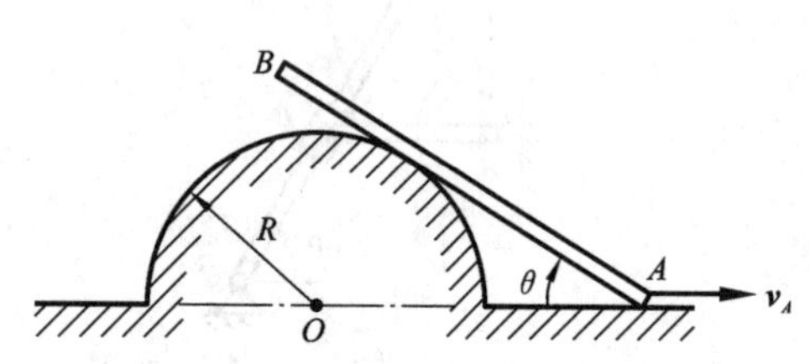

图 4.40　题 4.21 图

4.22　图 4.41 所示机构在同一铅垂面内运动，在某瞬时到达图示位置，杆 O_1B 水平，B、D、O 三点在同一铅垂线上，杆 ECH 的 CH 段水平，$EC\perp CH$，A、B、D 三处均以铰链连接，杆 ECH 通过套筒 A 与三角形 ABD 相连。轮 O 的半径为 r，$\overline{BD}=\overline{AB}=\overline{AD}=2r$，$\overline{O_1B}=r$。轮沿地面只滚不滑，轮心速度 $v_O=$ 常数。求在此瞬时杆 ECH 的速度与加速度。

4.23　图 4.42 所示机构中，曲柄 O_1A 的角速度 $\omega_1=4\ \mathrm{rad/s}$，曲柄 O_2B 的角速度 $\omega_2=2\ \mathrm{rad/s}$，两曲柄均以匀角速度转动，杆 BD 可在套筒 AC 中滑动。当曲柄 O_2B 处于水平位置，曲柄 O_1A 处于铅垂位置时，各尺寸如图 4.42 所示，求在图示瞬时杆 BD 的角速度和角加速度。

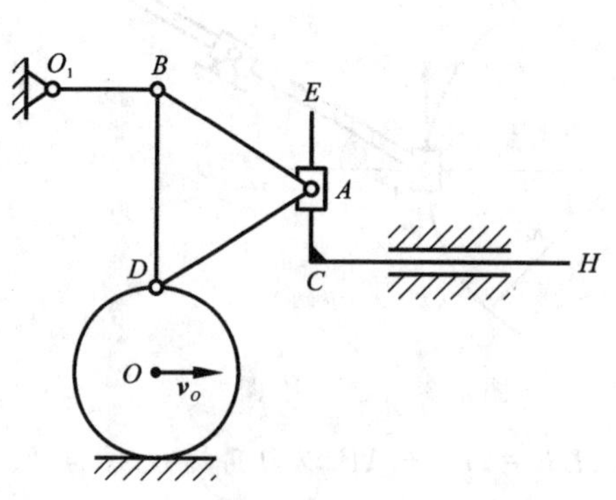

图 4.41　题 4.22 图

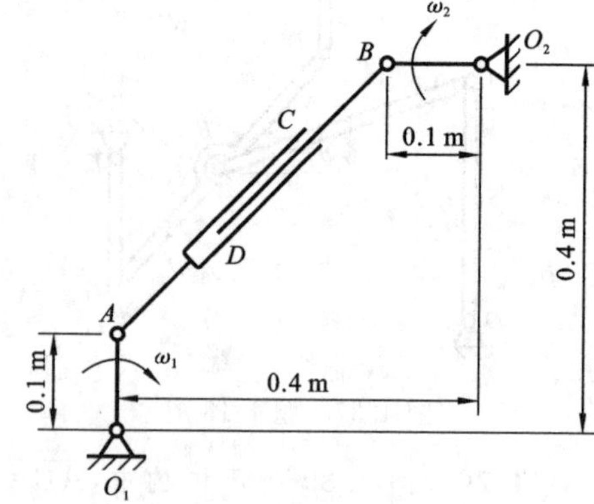

图 4.42　题 4.23 图

第 5 章　质点动力学基本规律

我们已经知道，在静力学中只研究力与力之间的平衡关系，不考虑质点和物体的运动，其主要特征是与时间无关；而在运动学中，只研究在选定参考系中质点和物体的位置随时间变化的描述方法，不考虑引起这种运动所需要的力。从本章开始研究力与运动之间的关系，这就是动力学。实际上，静力学只是动力学的特殊情况，而运动学是为研究动力学所做的必要的准备。力学研究的最基本物质模型是质点和质点系，牛顿运动定律完整地描述了质点的动力学规律，由牛顿运动定律可以进一步推导出质点系的动力学规律，因此牛顿运动定律是动力学的基础，也是整个力学学科的最基本的物理定律。本章介绍三个牛顿运动定律及其相关的质点动力学基本规律。

5.1　牛顿运动定律

5.1.1　牛顿运动定律的表述

在伽利略完成单摆实验和落体实验时人们对物体的运动与受力之间的关系已有定性认识，但定量关系直到 1687 年，才由牛顿建立的三个运动定律完成，它们是由天体观察资料中总结出来并得到验证的。牛顿的三个运动定律表述如下。

1. 牛顿第一定律

任何质点若不受力的作用，则将保持其原来的运动状态(静止或匀速直线运动状态)不变。这个定律称为**惯性定律**。

2. 牛顿第二定律

质点动量的时间变化率与质点受到的合力成正比，质点的**动量**为 $m\boldsymbol{v}$，其中 m 为质点的质量，$\boldsymbol{v}$ 为质点的瞬时速度，如图5.1 所示。

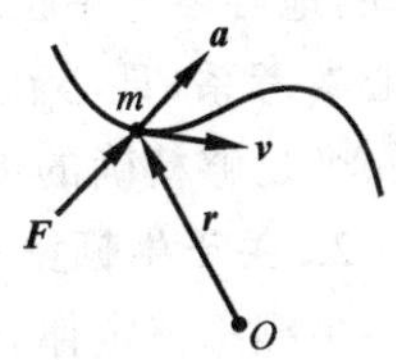

图 5.1　质点的运动

在适当的单位制中，牛顿第二定律的数学表达式为

$$\frac{\mathrm{d}(m\boldsymbol{v})}{\mathrm{d}t}=\boldsymbol{F} \tag{5.1}$$

其中：$\boldsymbol{F}$ 为质点受到的合力。当 m 是常数时，可以写成大家熟悉的形式：

$$m\boldsymbol{a}=\boldsymbol{F} \tag{5.2}$$

其中：$\boldsymbol{a}$ 为质点的瞬时加速度。式(5.2)已将力、加速度、质量三者联系起来，称为**质点动力学基本方程**。要注意的是，这里 $\boldsymbol{a}$、$\boldsymbol{F}$ 均为矢量，显然 $\boldsymbol{a}$ 与 $\boldsymbol{F}$ 的方向相同。

我们以后只使用式(5.2)，也就是**隐含规定，在我们研究的问题中，质点的质量保**

持不变。

3. 牛顿第三定律

每个作用力必有一个与其对应的等值反向、共线且作用点相同的反作用力。这个定律称为**作用与反作用定律**。

5.1.2 牛顿运动定律的讨论

1. 惯性参考系

初看起来，牛顿第一定律是牛顿第二定律的一个特殊情况，可以不要牛顿第一定律，这是错误的。因为牛顿第二定律中加速度 $\boldsymbol{a}$ 的量度是需要参考系的，牛顿第二定律本身没有规定这种参考系，而牛顿第一定律正好为整个力学体系规定了一种特殊的参考系——**惯性参考系**（简称**惯性系**），这就是当质点所受合力恒为零时，它在其中保持静止或匀速直线运动状态的参考系。牛顿第二定律只有在惯性参考系中才成立，对于非惯性系，不能随便使用方程 $m\boldsymbol{a}=\boldsymbol{F}$。

由运动学可知，当动系做匀速直线平动时，同一质点对于静系和动系的加速度不变。因此，相对于某个惯性参考系做匀速直线平动的所有参考系均为惯性参考系，这样的参考系有无限个。

要建立惯性参考系，必须找到一个绝对静止的参考体，这样的参考体在实际中是不存在的。因此，处理实际问题时，只能根据问题的类型和要求选取一些近似的惯性参考系。比如，对于地面上的一般工程运动问题，可以把地球当作一个惯性系，当然，也可以是在地面上做匀速直线平动的任何物体。如果物体运动范围很大，并且要求的精度较高，则需要考虑地球自转的影响，此时就不能将地球作为惯性系了，而要将地心参考系作为惯性系，所谓**地心参考系**，就是认为地球是一个球对称刚体，其中心为**地心**，跟随地心、相对于太阳做平动的参考系。进一步，如果研究太阳系中的行星运动，地心参考系也不能作为惯性系，因为地心沿椭圆轨道绕太阳运动，我们必须取日心参考系；日心在银河系中运动的加速度大约为 $3\times10^{-10}\ \mathrm{m/s^2}$，因此日心参考系是一个足够精确的惯性系。

2. 关于牛顿第三定律

牛顿第三定律，即作用与反作用定律。既然静力学是动力学的一种特殊情况，那么这个定律对静力学问题同样适用，所以它已在静力学中作为公理出现。此外，牛顿第三定律与参考系的选取无关。

3. 经典力学的适用性

以牛顿运动定律为基本定律建立的力学体系称为**牛顿力学**或**经典力学**。经典力学的适用范围来自两方面的限制。一方面的限制是要求质点的运动速度要远小于光速 c。牛顿运动定律是建立在时间与空间互不相关的假设上的，但是当质点速度可以与光速相比时，时间与空间的相关性就不能忽略了，此时经典力学已不准确，而必须使用相对论力学。时空的相关性可以用 Lorentz 变换来表征，图 5.2 所示为两个惯性系 S 和 S'，它们以相对速度 $\boldsymbol{u}=u\boldsymbol{e}_1$ 做匀速直线平动，假定初始时两个惯性系重合，且两个惯性系中的观察者均以该初始时刻作为时间零点，随着运动的进行，设有一个质点 M 恰好同时进入两个观察者的视线，惯性系 S 中的观察者看到的时间为 t，质点 M 的位置为 (x_1,x_2,x_3)，惯性系 S' 中的观察者看到的时间却不是 t，而是 t'，质点 M 的位置为 (x'_1,x'_2,x'_3)。两者的关系由相对论中的 Lorentz 变换确定，即

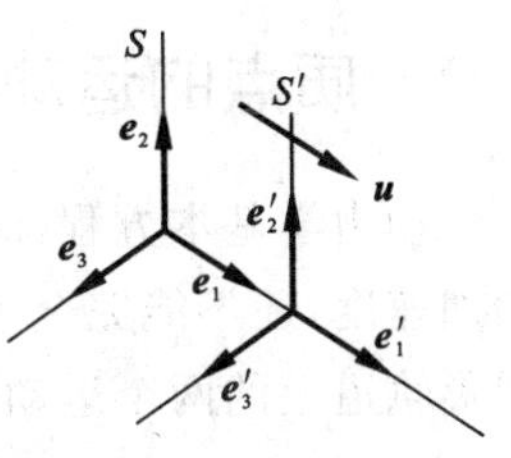

图 5.2　两个惯性系

$$\begin{bmatrix} x'_1 \\ x'_2 \\ x'_3 \\ ct' \end{bmatrix} = \begin{bmatrix} \dfrac{1}{\sqrt{1-\beta^2}} & 0 & 0 & -\dfrac{\beta}{\sqrt{1-\beta^2}} \\ 0 & 1 & 0 & 0 \\ 0 & 0 & 1 & 0 \\ -\dfrac{\beta}{\sqrt{1-\beta^2}} & 0 & 0 & \dfrac{1}{\sqrt{1-\beta^2}} \end{bmatrix} \begin{bmatrix} x_1 \\ x_2 \\ x_3 \\ ct \end{bmatrix} \tag{5.3}$$

其中：c 为光速；$\beta=u/c$。由式(5.3)可得

$$x'_1=\frac{x_1-ut}{\sqrt{1-\beta^2}},\quad t'=\frac{t-x_1\beta/c}{\sqrt{1-\beta^2}} \tag{5.4}$$

可见，只有当 β 很小时，才能得到与牛顿力学一样的结果，即 $x'_1=x_1-ut$ 和 $t'=t$。尽管如此，由于光速很大，因此牛顿力学可以在很大的速度范围内适用，比如高速飞行的航天器的速度 10^4 m/s，比光速 3×10^8 m/s 要小 4 个数量级。

另一方面的限制是研究对象的尺度不能太小。虽然，作为力学基本模型的质点，是只有质量而没有大小和形状的点，但这只是在一定条件下，对物质对象的宏观力学特性的一种近似和抽象。当物质对象小到原子量级时，其运动规律和物理特性需要用量子力学和其他物理科学来研究。经典力学适用的物质对象的尺度，可以用物质对象的 Planck 常数 h 来衡量，这个常数的量纲为[长度]×[动量]或[时间]×[能量]。当物质对象的质量、速度和位移相乘的结果远大于 h 时，应用经典力学就是足够精确的。比如，质量为 1 g 的物体，以 1 cm/s 的平均速度在 1 cm 的范围内运动，三者相乘的值为 1，这在一般工程问题中是很小的量，但它却是 Planck 常数的近 10^{26} 倍。可见，经典力学在一般的工程问题中是足够精确的，无须考虑应用量子力学。

4. 单位制

前面已讲到，动力学基本方程(5.2)的形式需要在适当的单位制中才成立，现在常用的是国际单位制，因此式(5.2)中三个物理量，即质量、加速度、力的基本单位分别为 kg、m/s²、N。在解决具体动力学问题时一定要注意三者物理量单位的统一。

5.2 质点的运动微分方程

动力学基本方程(5.2)只给出了瞬时加速度与合力之间的关系,仅知道每一时刻的加速度,还不能完全了解质点的运动特征和规律,比如,对于约束在圆形轨道和椭圆形轨道上的两个运动的质点,可以做到使它们的加速度矢量在各个时刻相等,但是,它们的速度和轨迹(或位移)显然是不同的;类似地,也可以做到使它们的速度矢量在各个时刻相等,但是,它们的轨迹(或位移)显然是不同的。由于质点的速度和加速度由位移对时间的导数唯一确定,因此,要想完全了解质点的运动特征和规律,就必须知道质点的运动方程,为此我们将动力学基本方程(5.2)用质点的位移变量来表示,得到关于位移变量的常微分方程,这就是质点的运动微分方程。通过对质点的运动微分方程的定性分析和定量求解,可以了解质点的运动特征、掌握它们的运动规律,也可以揭示出运动行为的复杂性和丰富性。

1. 矢量式

将 $\boldsymbol{a}=\mathrm{d}^2\boldsymbol{r}/\mathrm{d}t^2$ 代入动力学基本方程(5.2),得到矢量形式的质点的运动微分方程:

$$m\frac{\mathrm{d}^2\boldsymbol{r}}{\mathrm{d}t^2}=\boldsymbol{F} \tag{5.5}$$

2. 直角坐标形式

在直角坐标系中,令 $\boldsymbol{r}=x\boldsymbol{i}+y\boldsymbol{j}+z\boldsymbol{k}$,$\boldsymbol{F}=F_x\boldsymbol{i}+F_y\boldsymbol{j}+F_z\boldsymbol{k}$,则动力学基本方程(5.2)变为

$$m\frac{\mathrm{d}^2x}{\mathrm{d}t^2}=F_x,\quad m\frac{\mathrm{d}^2y}{\mathrm{d}t^2}=F_y,\quad m\frac{\mathrm{d}^2z}{\mathrm{d}t^2}=F_z \tag{5.6}$$

这就是直角坐标形式的质点的运动微分方程。

3. 自然坐标形式

加速度 $\boldsymbol{a}$ 和力 $\boldsymbol{F}$ 在自然轴系中的表达式分别为

$$\boldsymbol{a}=\frac{v^2}{\rho}\boldsymbol{n}+\frac{\mathrm{d}v}{\mathrm{d}t}\boldsymbol{\tau}=\frac{v^2}{\rho}\boldsymbol{n}+\frac{\mathrm{d}^2s}{\mathrm{d}t^2}\boldsymbol{\tau}$$

$$\boldsymbol{F}=F_n\boldsymbol{n}+F_\tau\boldsymbol{\tau}+F_b\boldsymbol{b}$$

代入动力学基本方程(5.2),得

$$m\frac{v^2}{\rho}=F_n,\quad m\frac{\mathrm{d}^2s}{\mathrm{d}t^2}=F_\tau\quad 或\quad m\frac{\mathrm{d}v}{\mathrm{d}t}=F_\tau,\quad 0=F_b \tag{5.7}$$

这就是自然坐标形式的质点的运动微分方程。

以上运动微分方程均为二阶方程,每个位移变量的通解中有两个待定常数,需要两个初始条件才能定解,如方程中的位移坐标 x、y、z。因此,在没有应用初始条件之前,每个质点的位移及其速度(位移的一阶导数)是可以独立取值的,即它们是相互独

立的变量。

5.3 质点动力学若干例题

质点动力学问题可以分成两类：第一类是已知运动，求力；第二类是已知力，求运动。

解决第一类问题主要采用微分方法，而不需要进行积分，因此比较简单、直接。

解决第二类问题需要求解以上运动微分方程，本质上需要进行积分，当力为有关时间、位移和速度的非线性函数时或质点的约束复杂时，求解会变得很困难，甚至不可能。因此，完全解决第二类问题一般是很困难的，至今还有大量有意义的动力学问题未被解决。不过，本书的重点是学习动力学的基本原理，而不是运动微分方程的求解。下面我们给出质点动力学的几个例题。

例 5.1　如图 5.3 所示，锥摆的摆长为 l，摆锤 A 重 P，当保持摆线与铅垂线的夹角为 α 时（$\alpha<\pi/2$），求摆锤速度 v 和摆线的张力 T。

解　摆锤 A 的动力学方程为

$$\frac{P}{g}\boldsymbol{a}=\boldsymbol{P}+\boldsymbol{T}$$

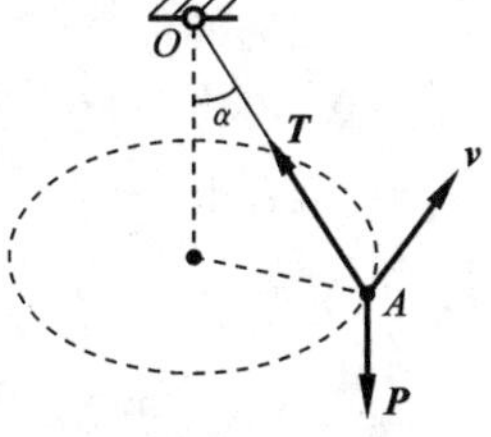

图 5.3　例 5.1 图

摆锤做圆周运动，上式向圆周的主、副法线方向投影，得

$$\frac{P}{g}\frac{v^2}{l\sin\alpha}=T\sin\alpha,\quad T\cos\alpha-P=0$$

解得

$$v=\sin\alpha\sqrt{\frac{gl}{\cos\alpha}},\quad T=\frac{P}{\cos\alpha}$$

例 5.2　如图 5.4 所示，物体 A 质量为 P，由吊索拖着沿竖杆上升。吊索跨过小滑轮 B 绕在匀速转动的鼓轮上，其线速度为 v_0。求吊索张力 T 与物体 A 的位置坐标 x 之间的关系。不计滑轮的质量和各处摩擦。

解　物体 A 的动力学方程为

$$\frac{P}{g}\boldsymbol{a}=\boldsymbol{P}+\boldsymbol{T}+\boldsymbol{N}$$

上式向铅垂方向投影，得

$$\frac{P}{g}a=P-T\cos\theta \tag{a}$$

其中：

$$\cos\theta=\frac{x}{\sqrt{l_0^2+x^2}} \tag{b}$$

另一方面，滑轮与物体 A 之间的吊索瞬时长度为

$$l=\sqrt{l_0^2+x^2}$$

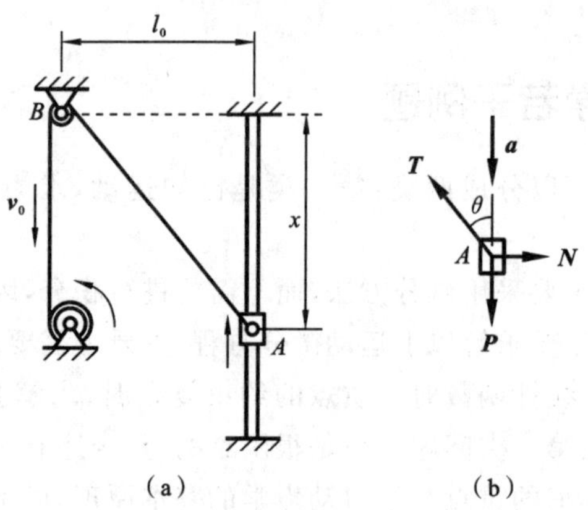

图 5.4 例 5.2 图

由题设有

$$v_0=-\frac{\mathrm{d}l}{\mathrm{d}t}=-\frac{x\dot{x}}{\sqrt{l_0^2+x^2}} \quad \Rightarrow \quad \dot{x}=-\frac{v_0\ \sqrt{l_0^2+x^2}}{x}$$

注意,因为长度 l 随时间缩短,所以 $\mathrm{d}l/\mathrm{d}t<0$,而 v_0 为已知速度,一定大于零,因此 $v_0=-\mathrm{d}l/\mathrm{d}t$。

所以

$$a=\ddot{x}=-\frac{v_0}{x^2}\left(\frac{x^2\dot{x}}{\sqrt{l_0^2+x^2}}-\dot{x}\ \sqrt{l_0^2+x^2}\right)=\frac{v_0 l_0^2\dot{x}}{x^2\sqrt{l_0^2+x^2}}=-\frac{v_0^2 l_0^2}{x^3} \tag{c}$$

将式(b)、式(c)代入式(a),得

$$T=P\left(1+\frac{l_0^2v_0^2}{gx^3}\right)\sqrt{1+\left(\frac{l_0}{x}\right)^2}$$

例 5.3 如图 5.5 所示,一质点的质量为 m,沿水平面内的椭圆轨道按椭圆方程 $\frac{x^2}{a^2}+\frac{y^2}{b^2}=1$ 运动,质点的加速度方向与 y 轴平行。当 $t=0$ 时,质点的坐标为 $x=0,y=b$,且初速度的大小为 v_0。求质点在轨道上任一位置时所受的力。

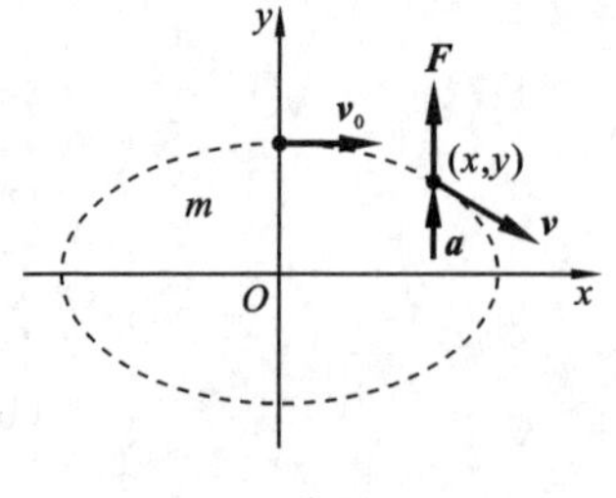

图 5.5 例 5.3 图

解 由题意,质点所受的力 $\boldsymbol{F}$ 也平行于 y 轴,质点在任一位置(x,y)时的受力和运动分析如图 5.5 所示。由此可得质点的运动微分方程,为

$$m\ddot{x}=0 \tag{a}$$

$$m\ddot{y}=F \tag{b}$$

式(a)积分一次并应用初始条件,得

$$\dot{x}=v_0 \tag{c}$$

椭圆方程对 t 依次微分一次、二次,得

$$\frac{x\dot{x}}{a^2}+\frac{y\dot{y}}{b^2}=0 \tag{d}$$

$$\frac{\dot{x}^2+x\ddot{x}}{a^2}+\frac{\dot{y}^2+y\ddot{y}}{b^2}=0 \tag{e}$$

由式(c)、式(d)得

$$\dot{y}=-\frac{b^2 v_0 x}{a^2 y} \tag{f}$$

将式(a)、式(c)、式(f)代入式(e)，得

$$\ddot{y}=-\frac{b^2 v_0^2}{ya^2}-\frac{b^4 v_0^2 x^2}{a^4 y^3}=-\frac{b^4 v_0^2}{a^2 y^3} \tag{g}$$

将式(g)代入式(b)，得

$$F=-m\frac{b^4 v_0^2}{a^2 y^3}$$

例 5.4　如图 5.6 所示，假想有一穿过地心的直线隧道，已知一质点处在地球内部时受到的引力与它到地心的距离成正比(地球半径 $R=6370$ km)，且此引力朝向地心。现有一小球自地面无初速地放入隧道，求：

(1) 小球的运动方程；

(2) 小球到达地心所需要的时间；

(3) 小球到达地心时的速度。

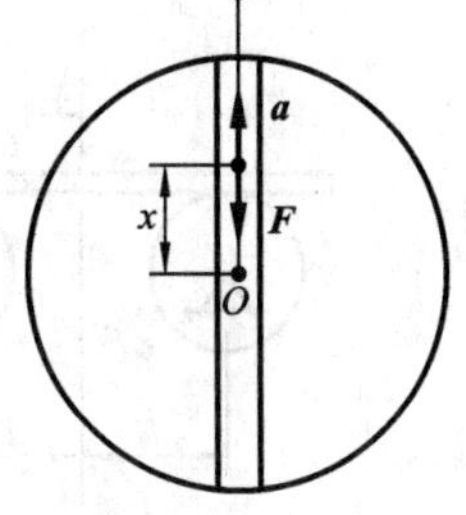

图 5.6　例 5.4 图

解　(1) 质点的运动微分方程为

$$m\ddot{x}=-F=-kx \tag{a}$$

其中：k 为引力比例常数。这是一个常系数二阶线性齐次常微分方程，其通解为

$$x=A\cos\sqrt{\frac{k}{m}}t+B\sin\sqrt{\frac{k}{m}}t \tag{b}$$

其中：A、B 为积分常数。应用初始条件，有

$$A=R,\quad B=0$$

将上式代入式(b)，得

$$x=R\cos\sqrt{\frac{k}{m}}t \tag{c}$$

因为地面上引力为 mg，所以

$$mg=kR\ \Rightarrow\ k=\frac{mg}{R}$$

将上式代入式(c)，得到小球的运动方程，为

$$x=R\cos\sqrt{\frac{g}{R}}t$$

可见，小球以地心为平衡点，做振荡运动。

(2) 设小球到达地心所需时间为 t_O，此时 $x=0$，所以有

$$R\cos\sqrt{\frac{g}{R}}t_O=0$$

所以

$$t_O=\frac{\pi}{2}\sqrt{\frac{R}{g}}=\frac{\pi}{2}\sqrt{\frac{6370\times10^3}{9.8}}=1265.77\ \text{s}=21\ \text{min}$$

(3) 小球的速度为

$$\dot{x}=-\sqrt{gR}\sin\sqrt{\frac{g}{R}}t$$

所以小球到达地心时的速度 v_O 为

$$v_O=|\dot{x}(t_O)|=|-\sqrt{gR}\sin\sqrt{\frac{g}{R}}t_O|=\sqrt{gR}=7900\ \text{m/s}=7.9\ \text{km/s}$$

例 5.5　均质木条水平地放在两个相同的圆轮上，若两轮边缘的速率 $u=0.2$ m/s，方向如图 5.7 所示，两轮的中心距 $2l=0.392$ m，摩擦系数 $\mu=0.32$。初始时，木条重心 C 位于离两轮的中心偏右 $x_0=0.1$ m 处，初速 $v_0=0$ m/s。求木条的运动规律。

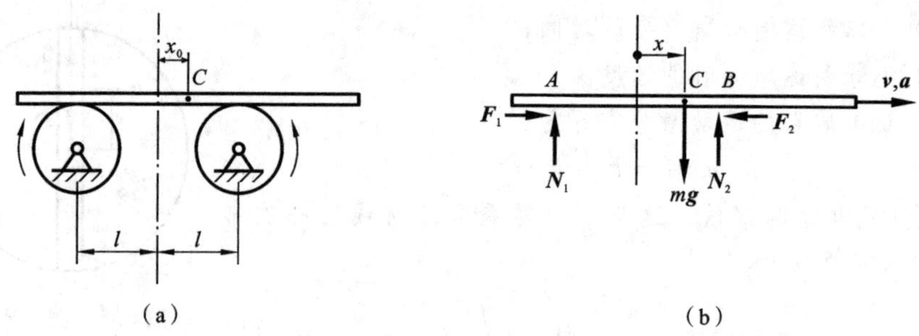

图 5.7　例 5.5 图

解　木条在水平线上做直线平动，令木条重心 C 的瞬时水平坐标为 x，坐标原点取在过两轮中心的铅垂线上。设两轮与木条的接触点分别为 A、B。由此可得木条重心 C 的运动微分方程，为

$$m\ddot{x}=F_1-F_2 \tag{a}$$

由木条的矩平衡可得

$$N_1=\frac{mg}{2}-\frac{mg}{2l}x,\quad N_2=\frac{mg}{2}+\frac{mg}{2l}x \tag{b}$$

木条在从静止开始运动后的一段时间内，有 $|v|\leqslant u$，即木条与两个轮子均有相对滑动，所以摩擦力分别为

$$F_1=N_1\mu=\frac{mg\mu}{2}\left(1-\frac{x}{l}\right),\quad F_2=N_2\mu=\frac{mg\mu}{2}\left(1+\frac{x}{l}\right) \tag{c}$$

将式(c)代入式(a)得

$$\ddot{x}=-\frac{g\mu}{l}x \tag{d}$$

该方程的通解为

$$x=A\cos\sqrt{\frac{g\mu}{l}}t+B\sin\sqrt{\frac{g\mu}{l}}t \tag{e}$$

应用初始条件后，得

$$x=x_0\cos\sqrt{\frac{g\mu}{l}}t$$

即

$$x=0.1\cos 4t \tag{f}$$

所以

$$v=\dot{x}=-0.4\sin 4t \tag{g}$$

可见，在开始阶段，木条向左做加速运动，但当 $v=-u=-0.2$ m/s 时，接触点 B 处的相对速度为零，摩擦力 $\boldsymbol{F}_2$ 的大小和方向待定，并且按照式(g)，此时木条的左行速度还未达到最大值，因此，木条此后的运动可能是向左继续做加速运动，或向左做减速运动，或向左做匀速运动。

如果木条向左继续加速，那么接触点 B 处的摩擦力 $\boldsymbol{F}_2$ 将反向，进而 $\boldsymbol{F}_1$、$\boldsymbol{F}_2$ 同向(向右)，这又会使木条会向右加速，是矛盾的，因此木条不可能向左加速；反之，如果木条向左减速，则木条左行速度会降低，这又回到了以前的状态，马上又会出现 $v=-u$ 的情况，可见木条也不可能向左减速。因此木条只能向左做匀速运动，这种情况下，接触点 B 处的相对速度始终为零，摩擦力 $\boldsymbol{F}_2$ 的方向不变，大小已不由式(c)控制，而是始终与 F_1 相等。

由式(f)可得，当达到 $v=-u=-0.2$ m/s 时的时间和位置分别为

$$t_1=\frac{\pi}{24},\quad x_1=0.1\cos\frac{\pi}{6}=0.05\sqrt{3}$$

所以 $t\geqslant t_1=\pi/24$ 时，木条的运动方程为

$$x=x_1-u(t-t_1)=0.05\sqrt{3}-0.2\left(t-\frac{\pi}{24}\right) \tag{h}$$

这种匀速运动状态一直要持续到 $F_1\neq F_2$，设这种状态开始发生在 $x_2=x(t_2)$ 时，此时 B 处即将滑动，F_2 达到临界值且等于 F_1。因为，在任意 x 处，F_1、F_2 的最大值由式(c)给出，所以 x_2 满足：

$$\frac{mg\mu}{2}\left(1-\frac{x_2}{l}\right)=\frac{mg\mu}{2}\left(1+\frac{x_2}{l}\right)\quad\Rightarrow\quad x_2=0$$

再由式(h)，得

$$0.05\sqrt{3}-0.2\left(t_2-\frac{\pi}{24}\right)=0\quad\Rightarrow\quad t_2=\frac{\sqrt{3}}{4}+\frac{\pi}{24} \tag{i}$$

当 $t>t_2$ 时，将有 $F_1>F_2$，木条向左做减速运动，这段时间内木条的运动微分方程仍然为式(d)，但初始条件为

$$x(t_2)=0,\quad \dot{x}(t_2)=-u \tag{j}$$

对通解(e)应用初始条件式(i)、式(j)，得

$$A\cos 4t_2+B\sin 4t_2=0$$
$$-4A\sin 4t_2+4B\cos 4t_2=-0.2$$

解得

$$A=0.05\sin 4t_2,\quad B=-0.05\cos 4t_2$$

将上式代入式(e)，得运动方程：

$$\begin{aligned} x&=0.05(\sin 4t_2\cos 4t-\cos 4t_2\sin 4t)=-0.05\sin 4(t-t_2)\\ &=-0.05\sin 4\left(t-\frac{\sqrt{3}}{4}-\frac{\pi}{24}\right) \end{aligned} \tag{k}$$

这个过程中的速度 $|v|\leqslant u$，等号只在过程开始的瞬间成立，因此木条与两个轮子总是处于相对滑动状态，这个过程可以一直持续到木条的速度为零。

接下来，木条以零初速开始从左向右运动，分析方法与以上完全相同，不再重复。

综上所述，木条从右向左的整个运动规律为

$$x=\begin{cases} 0.1\cos 4t, & 0\leqslant t<\dfrac{\pi}{24}\\ 0.05\sqrt{3}-0.2\left(t-\dfrac{\pi}{24}\right), & \dfrac{\pi}{24}\leqslant t\leqslant\dfrac{\sqrt{3}}{4}+\dfrac{\pi}{24}\\ -0.05\sin 4\left(t-\dfrac{\sqrt{3}}{4}-\dfrac{\pi}{24}\right), & t>\dfrac{\sqrt{3}}{4}+\dfrac{\pi}{24} \end{cases}$$

其中，时间单位为 s，长度单位为 m。

例 5.6　如图 5.8 所示，斜面 OA 与 OB 的倾角分别为 α 与 β。设自 A 处射出一子弹，初速为 v_0，且垂直于斜面 OA，$\overline{OA}=a$。子弹击中斜面 OB 时其速度方向与斜面 OB 恰好垂直，证明：

$$v_0^2=\frac{2ga\sin^2\beta}{\sin\alpha-\sin\beta\cos(\alpha+\beta)}$$

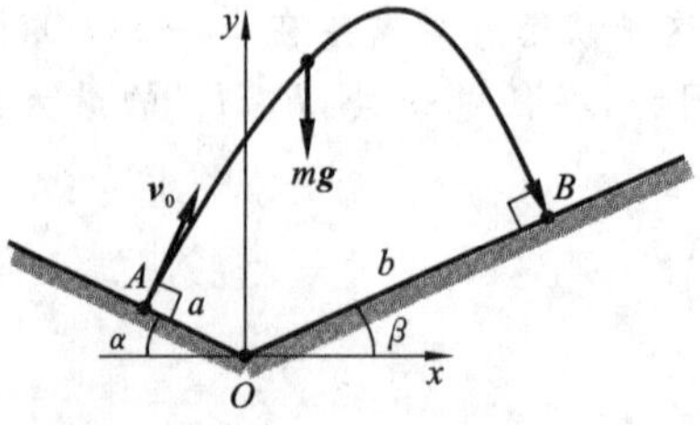

图 5.8　例 5.6 图

证明　以 O 为原点建立直角坐标系 Oxy，则子弹的运动微分方程为

$$m\ddot{x}=0,\quad m\ddot{y}=-mg$$

直接积分可得其通解，为

$$x=A+Bt,\quad y=-\frac{1}{2}gt^2+Ct+D$$

其中：A、B、C、D 为积分常数。初始条件为

$$x(0)=-a\cos\alpha,\quad y(0)=a\sin\alpha$$

$$\dot{x}(0)=v_0\sin\alpha,\quad \dot{y}(0)=v_0\cos\alpha$$

因此可得

$$A=-a\cos\alpha,\quad B=v_0\sin\alpha,\quad C=v_0\cos\alpha,\quad D=a\sin\alpha$$

所以子弹的运动方程组为

$$\begin{cases}x=-a\cos\alpha+v_0t\sin\alpha\\ y=-\dfrac{1}{2}gt^2+v_0t\cos\alpha+a\sin\alpha\end{cases}\tag{a}$$

进而,子弹的速度分量为

$$v_x=\dot{x}=v_0\sin\alpha,\quad v_y=\dot{y}=-gt+v_0\cos\alpha\tag{b}$$

子弹击中斜面 OB 时,$y_B=x_B\tan\beta$,按此将式(a)中的两个方程合并,得

$$-\frac{1}{2}gt_B^2+v_0t_B\cos\alpha+a\sin\alpha=(-a\cos\alpha+v_0t_B\sin\alpha)\tan\beta$$

即

$$-\frac{1}{2}gt_B^2+v_0t_B\frac{\cos(\alpha+\beta)}{\cos\beta}+a\frac{\sin(\alpha+\beta)}{\cos\beta}=0\tag{c}$$

OB 方向的单位矢量为 $\boldsymbol{e}_{OB}=\boldsymbol{i}\cos\beta+\boldsymbol{j}\sin\beta$,由题设有 $\boldsymbol{e}_{OB}\perp\boldsymbol{v}_B$,考虑到式(b),得

$$v_0\sin(\alpha+\beta)-gt_B\sin\beta=0\tag{d}$$

将式(c)、式(d)消去 t_B,得

$$v_0^2=\frac{2ga\sin^2\beta}{\sin\alpha-\sin\beta\cos(\alpha+\beta)}$$

证毕。

例 5.7 如图 5.9 所示,原子核 O(当作固定点)带有正电荷 Ze,其中 Z 是该原子的原子序数,e 为基本电荷。设有粒子 A,质量为 m,带有正电荷 q。它以初速 $\boldsymbol{v}_0$ 由十分远处发射,点 O 至 $\boldsymbol{v}_0$ 的垂直距离为 D。考虑库伦斥力($F=kZeq/r^2$)的作用,其中 r 为粒子与原子核之间的距离,k 为常数。证明粒子远离原子核时的偏转角为

$$\theta=2\arctan\frac{kZeq}{Dmv_0^2}$$

证明 采用极坐标描述,以原子核 O 为原点,粒子 A 的极坐标为(r,φ),粒子的速度、加速度表达式分别为

$$\boldsymbol{v}=\dot{r}\boldsymbol{e}_1+\dot{\varphi}r\boldsymbol{e}_2\tag{a}$$

$$\boldsymbol{a}=(\ddot{r}-\dot{\varphi}^2r)\boldsymbol{e}_1+(\ddot{\varphi}r+2\dot{\varphi}\dot{r})\boldsymbol{e}_2\tag{b}$$

将粒子的动力学基本方程 $m\boldsymbol{a}=\boldsymbol{F}$ 在极坐标系中投影,得到粒子的运动微分方程,为

$$m(\ddot{r}-\dot{\varphi}^2r)=F=\frac{kZeq}{r^2}\tag{c}$$

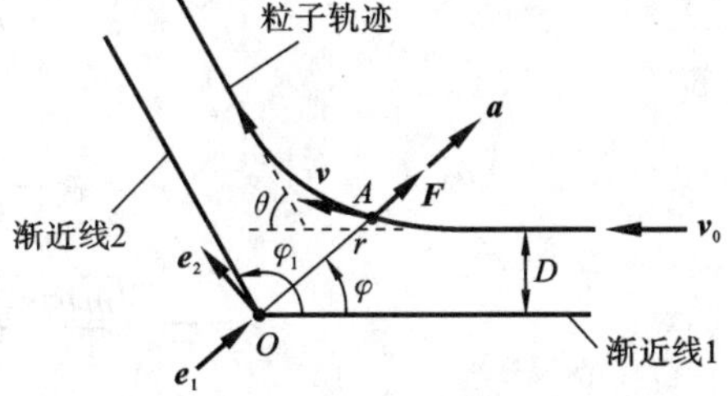

图 5.9 例 5.7 图

$$\ddot{\varphi}r+2\dot{\varphi}\dot{r}=0 \tag{d}$$

由题意,偏转角的初值 $\varphi(0)=\varphi_0\to 0$,再由式($a$),粒子的初始速度为

$$\boldsymbol{v}_0=\dot{r}(0)\boldsymbol{e}_1+\dot{\varphi}(0)r(0)\boldsymbol{e}_2=-v_0\cos\varphi_0\boldsymbol{e}_1+v_0\sin\varphi_0\boldsymbol{e}_2$$

由此得

$$\dot{r}(0)=-v_0\cos\varphi_0,\quad \dot{\varphi}(0)=\frac{v_0\sin\varphi_0}{r(0)}=\frac{v_0\sin^2\varphi_0}{D}$$

进而可得初始条件,为

$$\begin{cases} r(0)=\dfrac{D}{\sin\varphi_0}\to\infty, & \dot{r}(0)=-v_0\cos\varphi_0 \\ \varphi(0)=\varphi_0\to 0, & \dot{\varphi}(0)=\dfrac{v_0\sin^2\varphi_0}{D} \end{cases} \tag{e}$$

式(d)分离变量,得

$$\frac{\mathrm{d}\dot{\varphi}}{\dot{\varphi}}=-2\frac{\mathrm{d}r}{r}$$

积分得

$$\dot{\varphi}r^2=C_1$$

其中:C_1 为积分常数。应用初始条件(e),得 $C_1=Dv_0$,所以

$$\dot{\varphi}r^2=Dv_0 \tag{f}$$

由上式可知,当 $r\to\infty$ 时,$\dot{\varphi}\to 0$,进而有 $\varphi\to\varphi_1$,即轨迹趋近于一条渐近线,φ_1 为渐近线的极坐标转角;$\theta=\pi-\varphi$,为粒子远离原子核时与初速度方向的偏转角。

将式(f)代入式(c),得

$$\ddot{r}-\frac{D^2v_0^2}{r^3}=\frac{kZeq}{mr^2} \tag{g}$$

方程(g)两边同乘 $\dot{r}$ 再积分,得

$$\dot{r}^2=C_2-\frac{2kZeq}{mr}-\frac{D^2v_0^2}{r^2}$$

其中:C_2 为积分常数。对上式应用初始条件(e),可得

$$C_2=v_0^2+\frac{2kZeq}{mr(0)}\xrightarrow{r(0)\to\infty}v_0^2$$

所以

$$\dot{r}^2=v_0^2-\frac{2kZeq}{mr}-\frac{D^2v_0^2}{r^2} \tag{h}$$

$$\dot{r}=\pm\sqrt{\frac{mv_0^2r^2-2kZeqr-mD^2v_0^2}{mr^2}} \tag{i}$$

上式等号右边的负号对应于运动的前半段,正号对应于运动的后半段。(f)、(i)两式相除,得

$$\frac{\mathrm{d}\varphi}{\mathrm{d}r}=\pm\frac{Dv_0}{r^2}\sqrt{\frac{mr^2}{mv_0^2r^2-2kZeqr-mD^2v_0^2}}$$

即

$$\mathrm{d}\varphi=\pm\frac{D\mathrm{d}r}{r\sqrt{r^2-2\dfrac{kZeq}{mv_0^2}r-D^2}}$$

假设运动的前半段$(r,\varphi)=(\infty,0)\sim(r_c,\varphi_c)$，后半段$(r,\varphi)=(r_c,\varphi_c)\sim(\infty,\varphi_1)$，其中$(r_c,\varphi_c)$为$\dot{r}=0$时的极坐标。所以，分段积分得

$$\varphi_c-0+\varphi_1-\varphi_c=-\int_{\infty}^{r_c}\frac{D\mathrm{d}r}{r\sqrt{r^2-2\dfrac{kZeq}{mv_0^2}r-D^2}}+\int_{r_c}^{\infty}\frac{D\mathrm{d}r}{r\sqrt{r^2-2\dfrac{kZeq}{mv_0^2}r-D^2}}$$

$$=2\left[\arcsin\frac{\dfrac{kZeq}{mv_0^2}r+D^2}{r\sqrt{\left(\dfrac{kZeq}{mv_0^2}\right)^2+D^2}}\right]_{\infty}^{r_c}$$

即

$$\frac{\varphi_1}{2}=\varphi_1-\varphi_2\tag{j}$$

其中：

$$\varphi_1=\arcsin\frac{\dfrac{kZeq}{mv_0^2}r_c+D^2}{r_c\sqrt{\left(\dfrac{kZeq}{mv_0^2}\right)^2+D^2}},\quad \varphi_2=\arcsin\frac{\dfrac{kZeq}{mv_0^2}}{\sqrt{\left(\dfrac{kZeq}{mv_0^2}\right)^2+D^2}}\tag{k}$$

由式(h)得(r_c,φ_c)应满足：

$$r_c^2-\frac{2kZeq}{mv_0^2}r_c-D^2=0\tag{l}$$

由式(k)得

$$\cos\varphi_1=\frac{D\sqrt{r_c^2-\dfrac{2kZeq}{mv_0^2}r_c-D^2}}{r_c\sqrt{\left(\dfrac{kZeq}{mv_0^2}\right)^2+D^2}}$$

考虑到式(l)，得

$$\cos\varphi_1=0\quad\Rightarrow\quad\varphi_1=90^\circ\tag{m}$$

于是，由式(j)并参见本题的图示，可得

$$\varphi_2=\varphi_1-\frac{\varphi_1}{2}=90^\circ-\frac{\varphi_1}{2}=\frac{\theta}{2}\tag{n}$$

所以由式(k)可得

$$\sin\frac{\theta}{2}=\sin\varphi_2=\frac{\dfrac{kZeq}{mv_0^2}}{\sqrt{\left(\dfrac{kZeq}{mv_0^2}\right)^2+D^2}},\quad \cos\frac{\theta}{2}=\frac{D}{\sqrt{\left(\dfrac{kZeq}{mv_0^2}\right)^2+D^2}} \tag{o}$$

由此得

$$\tan\frac{\theta}{2}=\frac{kZeq}{Dmv_0^2}$$

证毕。

例 5.8 质量为 m 的小球在光滑旋转抛物面 $x^2+y^2=4az$ 的内壁上运动，z 轴竖直向上，a 为常数。当小球以匀速 u 沿半径为 $2a$ 的水平圆周运动时，受到一个冲击，使它在沿抛物面子午线切向获得一附加的速度 $v_0=\sqrt{ga}$，如图 5.10(a)所示。证明以后小球的运动轨迹将被限制在两个水平面之间。

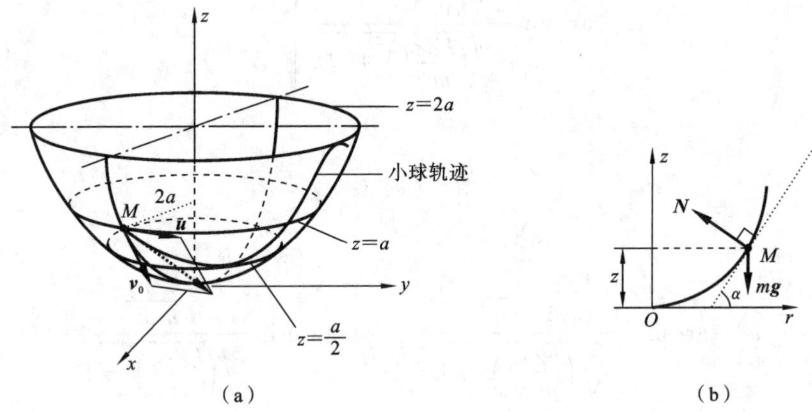

图 5.10 例 5.8 图

证明 采用柱坐标，抛物面的方程为

$$r^2=4az \tag{a}$$

小球的速度和加速度分别为

$$\boldsymbol{v}=\dot{r}\boldsymbol{e}_1+\dot{\varphi}r\boldsymbol{e}_2+\dot{z}\boldsymbol{k} \tag{b}$$

$$\boldsymbol{a}=(\ddot{r}-\dot{\varphi}^2r)\boldsymbol{e}_1+(\ddot{\varphi}r+2\dot{\varphi}\dot{r})\boldsymbol{e}_2+\ddot{z}\boldsymbol{k} \tag{c}$$

约束力 $\boldsymbol{N}$ 与 z 轴的夹角 α[见图 5.10(b)]为

$$\alpha=\arctan\frac{\mathrm{d}z}{\mathrm{d}r}=\arctan\frac{r}{2a} \tag{d}$$

小球的动力学基本方程为

$$m\boldsymbol{a}=\boldsymbol{N}-mg\boldsymbol{k}$$

其中：$\boldsymbol{N}=-N\sin\alpha\boldsymbol{e}_1+N\cos\alpha\boldsymbol{k}$。因此可得小球的运动微分方程，为

$$m(\ddot{r}-\dot{\varphi}^2r)=-N\sin\alpha \tag{e$_1$}$$

$$m(\ddot{\varphi}r+2\dot{\varphi}\dot{r})=0 \tag{e_2}$$

$$m\ddot{z}=N\cos\alpha-mg \tag{e_3}$$

将式(e_2)积分,得

$$\dot{\varphi}r^2=C_1 \tag{f}$$

其中:C_1 为积分常数。

由式(b)、式(d)和约束力 $\boldsymbol{N}$ 的表达式,很容易证明恒有 $\boldsymbol{N}\perp\boldsymbol{v}$,于是由小球的动力学基本方程可得

$$m\boldsymbol{v}\cdot\frac{\mathrm{d}\boldsymbol{v}}{\mathrm{d}t}=-mg\boldsymbol{v}\cdot\boldsymbol{k}=-mg\dot{z}$$

即

$$\frac{1}{2}\mathrm{d}v^2=-g\mathrm{d}z$$

其中:$v^2=\dot{r}^2+\dot{\varphi}^2r^2+\dot{z}^2$,积分上式,得

$$\frac{1}{2}v^2+gz=\frac{1}{2}(\dot{r}^2+\dot{\varphi}^2r^2+\dot{z}^2)+gz=C_2 \tag{g}$$

设受到冲击以前,圆周运动的水平速度为 u,它就是小球在 $\boldsymbol{e}_2$ 方向的速度;此时半径 $r=2a$,高度 $z=a$,所以 $\alpha=\pi/4$;由式(e_1)、式(e_3)可得

$$\frac{N}{\sqrt{2}}=m\frac{u^2}{2a},\quad \frac{N}{\sqrt{2}}-mg=0$$

由此解出 $u=\sqrt{2ga}$。因为 $u=\dot{\varphi}r|_{r=2a}=2\dot{\varphi}a$,所以式(f)中的积分常数 $C_1=2ua$,式(f)变为

$$\dot{\varphi}r^2=2ua=2a\sqrt{2ga} \tag{h}$$

由于冲击作用的时间很短,因此可以认为,冲击前后小球的位置不变;但由题设,冲击后小球沿抛物面子午线切向获得一附加的速度 $v_0=\sqrt{ga}$,因此小球在 $\boldsymbol{e}_2$ 方向的速度不变,式(h)在冲击后仍然成立,但 v^2 变为

$$v^2=u^2+v_0^2=3ga$$

由此可得式(g)中的积分常数 $C_2=5ga/2$,式(g)变为

$$\frac{1}{2}(\dot{r}^2+\dot{\varphi}^2r^2+\dot{z}^2)+gz=\frac{5ga}{2} \tag{i}$$

设冲击后任意时刻小球沿抛物面子午线的速度为 w,则 $w^2=\dot{r}^2+\dot{z}^2$。由式(h)和式(i)消去 $\dot{\varphi}$,并利用式(a),可得

$$w^2+\frac{2a^2g}{z}+2gz=5ga$$

当小球上升到最高点或下降到最低点时,$w=0$,代入上式得

$$2z^2-5az+2a^2=0$$

解得 $z=a/2$ 和 $z=2a$。当 $w\neq0$ 时,有

$$\frac{a}{2} \leqslant z \leqslant 2a$$

由此表明，小球的轨迹被约束在 $z=a/2$ 和 $z=2a$ 两个水平面之间。

证毕。

5.4 质点相对运动动力学

5.4.1 基本方程

所谓质点的相对运动动力学问题，是指质点在非惯性系中的运动与力之间的关系。这种问题在实际中经常会遇到，比如，交通工具上质点的相对运动，流体质点在转动坐标系中的运动，高速、大范围运动物体（炮弹、导弹、飞船等）相对地球的运动等。

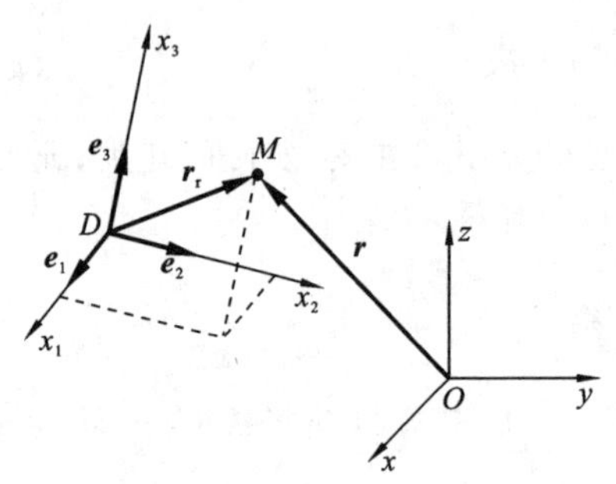

图 5.11 质点的相对运动

如图 5.11 所示，将惯性系 $Oxyz$ 作为静系，相对于该惯性系做任意运动的参考系 $Dx_1x_2x_3$ 作为动系，质量为 m 的质点 M 作为动点。由点的加速度合成定理，有

$$\boldsymbol{a}=\boldsymbol{a}_{\mathrm{r}}+\boldsymbol{a}_{\mathrm{e}}+\boldsymbol{a}_{\mathrm{C}}$$

所以

$$m\boldsymbol{a}=m\boldsymbol{a}_{\mathrm{r}}+m\boldsymbol{a}_{\mathrm{e}}+m\boldsymbol{a}_{\mathrm{C}} \tag{5.8}$$

将式(5.8)代入质点动力学基本方程(5.2)，得

$$m\boldsymbol{a}_{\mathrm{r}}=\boldsymbol{F}-m\boldsymbol{a}_{\mathrm{e}}-m\boldsymbol{a}_{\mathrm{C}} \tag{5.9}$$

令

$$\boldsymbol{F}_{\mathrm{Ie}}=-m\boldsymbol{a}_{\mathrm{e}}, \quad \boldsymbol{F}_{\mathrm{IC}}=-m\boldsymbol{a}_{\mathrm{C}} \tag{5.10}$$

其中：$\boldsymbol{F}_{\mathrm{Ie}}$和 $\boldsymbol{F}_{\mathrm{IC}}$具有力的量纲，分别称为**牵连惯性力**和**科氏惯性力（或科氏力）**。于是，式(5.9)可写为

$$m\boldsymbol{a}_{\mathrm{r}}=\boldsymbol{F}+\boldsymbol{F}_{\mathrm{Ie}}+\boldsymbol{F}_{\mathrm{IC}} \tag{5.11}$$

式(5.11)给出了质点在任意参考系中的加速度 $\boldsymbol{a}_{\mathrm{r}}$ 需要满足的规律，或者说给出了质点在任意参考系中的相对运动规律，因此式(5.11)称为**质点相对运动动力学基本方程**。用该方程可以研究质点在任意非惯性系中的运动规律。

1. 矢量式

如图 5.11 所示，令质点在动系中的相对运动矢径为 $\boldsymbol{r}_{\mathrm{r}}$，则有

$$m\frac{\mathrm{d}^2\boldsymbol{r}_{\mathrm{r}}}{\mathrm{d}t^2}=\boldsymbol{F}+\boldsymbol{F}_{\mathrm{Ie}}+\boldsymbol{F}_{\mathrm{IC}} \tag{5.12}$$

这就是矢量形式的质点相对运动微分方程。

2. 直角坐标形式

将 $\boldsymbol{F}$、$\boldsymbol{F}_{\mathrm{Ie}}$、$\boldsymbol{F}_{\mathrm{IC}}$和相对运动矢径 $\boldsymbol{r}_{\mathrm{r}}$ 在动系 $Dx_1x_2x_3$ 中的投影式分别为

$$\boldsymbol{F}=F_1\boldsymbol{e}_1+F_2\boldsymbol{e}_2+F_3\boldsymbol{e}_3$$

$$\boldsymbol{F}_{\mathrm{Ie}}=F_{\mathrm{Ie1}}\boldsymbol{e}_1+F_{\mathrm{Ie2}}\boldsymbol{e}_2+F_{\mathrm{Ie3}}\boldsymbol{e}_3$$

$$\boldsymbol{F}_{\mathrm{IC}}=F_{\mathrm{IC1}}\boldsymbol{e}_1+F_{\mathrm{IC2}}\boldsymbol{e}_2+F_{\mathrm{IC3}}\boldsymbol{e}_3$$

$$\boldsymbol{r}_{\mathrm{r}}=x_1\boldsymbol{e}_1+x_2\boldsymbol{e}_2+x_3\boldsymbol{e}_3$$

代入式(5.12)，得

$$\begin{cases} m\dfrac{\mathrm{d}^2x_1}{\mathrm{d}t^2}=F_1+F_{\mathrm{Ie1}}+F_{\mathrm{IC1}} \\ m\dfrac{\mathrm{d}^2x_2}{\mathrm{d}t^2}=F_2+F_{\mathrm{Ie2}}+F_{\mathrm{IC2}} \\ m\dfrac{\mathrm{d}^2x_3}{\mathrm{d}t^2}=F_3+F_{\mathrm{Ie3}}+F_{\mathrm{IC3}} \end{cases} \tag{5.13}$$

这就是直角坐标形式的质点相对运动微分方程。

3. 自然坐标形式

相对加速度 $\boldsymbol{a}_{\mathrm{r}}$ 在相对运动轨迹的自然轴系中的表达式为

$$\boldsymbol{a}_{\mathrm{r}}=\frac{v_{\mathrm{r}}^2}{\rho}\boldsymbol{n}_{\mathrm{r}}+\frac{\mathrm{d}v_{\mathrm{r}}}{\mathrm{d}t}\boldsymbol{\tau}_{\mathrm{r}}=\frac{v_{\mathrm{r}}^2}{\rho_{\mathrm{r}}}\boldsymbol{n}_{\mathrm{r}}+\frac{\mathrm{d}^2s_{\mathrm{r}}}{\mathrm{d}t^2}\boldsymbol{\tau}_{\mathrm{r}}$$

其中：s_{r} 表示质点在相对轨迹上的弧坐标；$\boldsymbol{\tau}_{\mathrm{r}}$、$\boldsymbol{n}_{\mathrm{r}}$ 分别为相对轨迹的切向和主法向单位矢量。

同样地，可写出 $\boldsymbol{F}$、$\boldsymbol{F}_{\mathrm{Ie}}$、$\boldsymbol{F}_{\mathrm{IC}}$在相对运动轨迹的自然轴系中的投影式，分别为

$$\boldsymbol{F}=F_{\tau}\boldsymbol{\tau}_{\mathrm{r}}+F_n\boldsymbol{n}_{\mathrm{r}}+F_b\boldsymbol{b}_{\mathrm{r}}$$

$$\boldsymbol{F}_{\mathrm{Ie}}=F_{\mathrm{Ie}\tau}\boldsymbol{\tau}_{\mathrm{r}}+F_{\mathrm{Ie}n}\boldsymbol{n}_{\mathrm{r}}+F_{\mathrm{Ie}b}\boldsymbol{b}_{r}$$

$$\boldsymbol{F}_{\mathrm{IC}}=F_{\mathrm{IC}\tau}\boldsymbol{\tau}_{\mathrm{r}}+F_{\mathrm{IC}n}\boldsymbol{n}_{\mathrm{r}}+F_{\mathrm{IC}b}\boldsymbol{b}_{\mathrm{r}}$$

其中：$\boldsymbol{b}_{\mathrm{r}}$ 为相对轨迹的副法向单位矢量。此外，因为恒有 $\boldsymbol{F}_{\mathrm{IC}}\perp\boldsymbol{v}_{\mathrm{r}}\Rightarrow\boldsymbol{F}_{\mathrm{IC}}\perp\boldsymbol{\tau}_{\mathrm{r}}$，所以 $F_{\mathrm{IC}\tau}\equiv0$。将这些结果代入式(5.11)，得

$$\begin{cases} m\dfrac{\mathrm{d}^2s_{\mathrm{r}}}{\mathrm{d}t^2}=F_{\tau}+F_{\mathrm{Ie}\tau}\quad 或\quad m\dfrac{\mathrm{d}v_{\mathrm{r}}}{\mathrm{d}t}=F_{\tau}+F_{\mathrm{Ie}\tau} \\ m\dfrac{v_{\mathrm{r}}^2}{\rho}=F_n+F_{\mathrm{Ie}n}+F_{\mathrm{IC}n} \\ 0=F_b+F_{\mathrm{Ie}b}+F_{\mathrm{IC}b} \end{cases} \tag{5.14}$$

这就是自然坐标形式的质点相对运动微分方程。

例 5.9　质量为 m 的小环套在光滑的金属丝上，金属丝的形状为一顶点在下方的抛物线，其方程为 $x^2=4ay$，a 为常数，y 轴竖直向上。如果金属丝以匀角速度 ω 绕 y 轴转动，求小环相对于金属丝的运动微分方程。

解　如图 5.12 所示，将直角坐标系 Oxy 与金属丝固连作为动系，因此小环的相

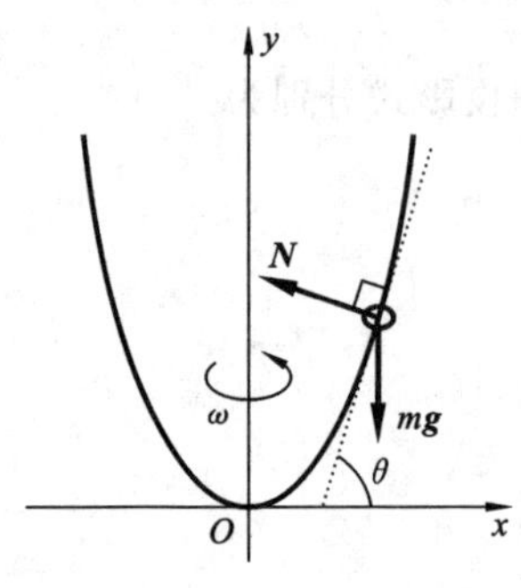

图 5.12　例 5.9 图

对运动方程为

$$m\ddot{\boldsymbol{r}}=-mg\boldsymbol{j}+\boldsymbol{N}+\boldsymbol{F}_{\mathrm{Ie}}+\boldsymbol{F}_{\mathrm{IC}} \tag{a}$$

其中：

$$\boldsymbol{r}=x\boldsymbol{i}+y\boldsymbol{j},\quad \boldsymbol{F}_{\mathrm{Ie}}=m\omega^2x\boldsymbol{i},\quad \boldsymbol{F}_{\mathrm{IC}}=2\omega\boldsymbol{j}\times\dot{\boldsymbol{r}}=-2\omega\dot{x}\boldsymbol{k} \tag{b}$$

将式(b)代入式(a)，得

$$m\ddot{x}=-N\sin\theta+m\omega^2x,\quad m\ddot{y}=N\cos\theta-mg \tag{c}$$

切线角 θ 为

$$\theta=\arctan\frac{\mathrm{d}y}{\mathrm{d}x}=\arctan\frac{x}{2a} \tag{d}$$

(c)、(d)两式中消去 θ 和 N，得

$$\frac{\ddot{x}-\omega^2x}{\ddot{y}+g}=-\tan\theta=-\frac{x}{2a} \tag{e}$$

由抛物线方程可得 $\ddot{y}=(x\ddot{x}+\dot{x}^2)/(2a)$，代入式(e)，得

$$\left(1+\frac{x^2}{4a^2}\right)\ddot{x}+\frac{x}{4a^2}\dot{x}^2+\left(\frac{g}{2a}-\omega^2\right)x=0$$

例 5.10　如图 5.13 所示，一质点放在光滑水平面上，该平面绕固定铅垂轴 Oz 以匀角速度 ω 转动。现给质点一水平初速度，证明在质点的相对运动中，以下等式成立：

$$\dot{x}^2+\dot{y}^2-\omega^2(x^2+y^2)=\text{常数}$$
$$y\dot{x}-x\dot{y}+\omega(x^2+y^2)=\text{常数}$$

证明　不妨设质点的初始位置在 x 轴上，否则，可事先将坐标系 Oxy 转一个角度。将坐标系 Oxy 与转动平面固连，质点的相对运动矢径 $\boldsymbol{r}$ 为

$$\boldsymbol{r}=x\boldsymbol{i}+y\boldsymbol{j}$$

质点在水平面内没有主动力，所以其相对运动微分方程为

$$m\ddot{\boldsymbol{r}}=m\omega^2\boldsymbol{r}+2m\omega\boldsymbol{k}\times\dot{\boldsymbol{r}}$$

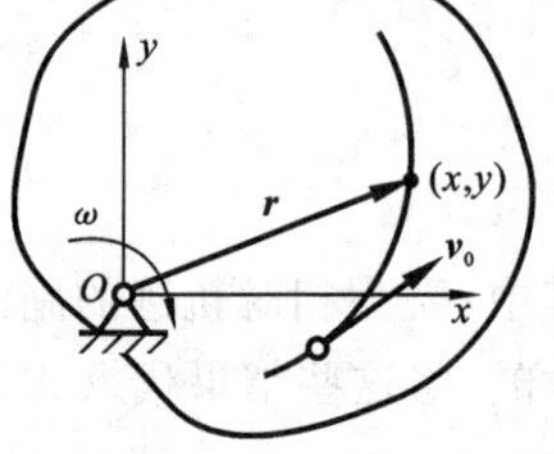

图 5.13　例 5.10 图

展开上式得

$$\ddot{x}=\omega^2x-2\omega\dot{y} \tag{a}$$
$$\ddot{y}=\omega^2y+2\omega\dot{x} \tag{b}$$

式(a)乘以 $\dot{x}$、式(b)乘以 $\dot{y}$，将结果相加，得

$$\dot{x}\ddot{x}+\dot{y}\ddot{y}-\omega^2(x\dot{x}+y\dot{y})=0\quad\Rightarrow\quad \mathrm{d}(\dot{x}^2+\dot{y}^2)-\omega^2\mathrm{d}(x^2+y^2)=0$$

积分得

$$\dot{x}^2+\dot{y}^2-\omega^2(x^2+y^2)=\text{常数}$$

式(a)乘以 y、式(b)乘以 x，将结果相减，得

$$y\ddot{x}-x\ddot{y}+2\omega(x\dot{x}+y\dot{y})=0 \tag{c}$$

因为

$$\frac{\mathrm{d}(y\dot{x})}{\mathrm{d}t}=y\ddot{x}+\dot{x}\dot{y},\quad \frac{\mathrm{d}(x\dot{y})}{\mathrm{d}t}=x\ddot{y}+\dot{x}\dot{y} \tag{d}$$

式(d)代入式(c)，得

$$\mathrm{d}(y\dot{x})-\mathrm{d}(x\dot{y})+\omega\mathrm{d}(x^2+y^2)=0$$

积分得

$$y\dot{x}-x\dot{y}+\omega(x^2+y^2)=\text{常数}$$

证毕。

5.4.2　*质点相对于地球的运动

随地心一起平动的参考系称为**地心参考系**（见第 2 章），研究相对于地球的运动时，我们将地心参考系作为惯性系。

于是，与地球固连的参考系（即地球本身）在地心参考系中几乎做匀速定轴转动，角速度大小为

$$\omega=\frac{2\pi}{8614}\ \mathrm{rad/s}=7.29\times10^{-4}\ \mathrm{rad/s} \tag{5.15}$$

尽管这一角速度很小，但在某些问题中必须考虑它的影响，因此，地球本身是一个非惯性系。下面讨论在这个非惯性系中的几个重要结果。

1. 铅垂线不通过地球中心

在地面上用细线 AB 挂一个质量为 m 的小球，如图 5.14 所示。当小球处于平衡状态时，通常我们称 AB 为**铅垂线**或**竖直线**。实际上，AB 并不经过地心 O，而与 OB 有一个夹角 θ。在地心参考系中，质点受到的力有：地心引力 $\boldsymbol{W}$，它的大小 $W=mg_0$，方向指向地心；牵连惯性力（或离心惯性力）$\boldsymbol{F}$，其大小 $F=m\omega^2R\cos\lambda$，方向与地球自转轴垂直，指向地球外部，其中 λ 为当地的纬度，R 为地球半径；细线张力 $\boldsymbol{T}$。小球相对地球平衡时，即相对于地球的相对加速度 $\boldsymbol{a}_{\mathrm{r}}\equiv\boldsymbol{0}$，由式(5.11)，这三个力构成平衡力系，即

$$\boldsymbol{T}+\boldsymbol{W}+\boldsymbol{F}=\boldsymbol{0}\quad\Rightarrow\quad m\boldsymbol{g}=m\boldsymbol{g}_0+\boldsymbol{F}=-\boldsymbol{T} \tag{5.16}$$

即细线中的张力 $T=mg$，这就是我们平时认为的地球重力，其中 g 称为**表观重力加**

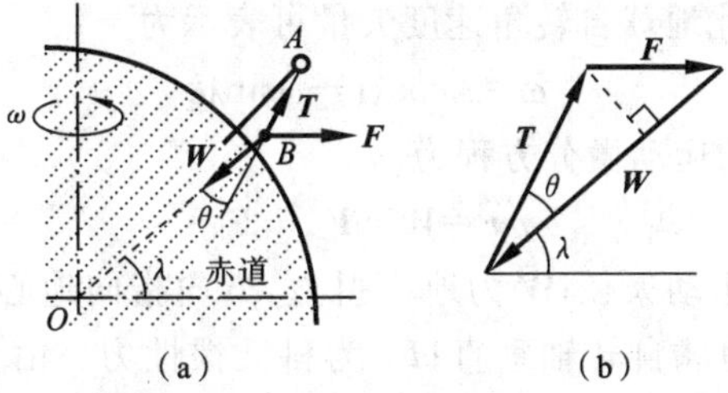

图 5.14　考虑地球自转时的单摆及其受力分析

速度,意思是由于受地球自转的影响,我们在地球表面附近观察或测量到的重力加速度是 g 而不是地心引力造成的加速度 g_0。

由于 $F \ll mg_0$(或 $R\omega^2 \ll g_0$),由图 5.14(b),近似可得

$$\theta = \frac{F\sin\lambda}{W} = \frac{R\omega^2}{g_0}\sin\lambda\cos\lambda$$

$$m(g_0 - g) = W - T = F\cos\lambda = mR\omega^2\cos^2\lambda$$

将 $R = 6370 \times 10^3$ m, $g_0 = 9.82$ m/s^2 代入上式,得

$$\theta \approx \frac{1}{290}\sin\lambda\cos\lambda, \quad 1 + \frac{g}{g_0} \approx \frac{1}{290}\cos^2\lambda \tag{5.17}$$

由此可以计算任意纬度处铅垂线与地心轴之间的夹角 θ,以及表观重力加速度 g。

2. 自由落体东偏

设物体在离地球表面高度为 h 的 A 处自由落下,如图 5.15 所示。由于受到地球自转的影响,该物体并不沿着铅垂线下降,落地点将比垂足点 O 稍微偏东一些。现在计算这个偏东量 Δ。

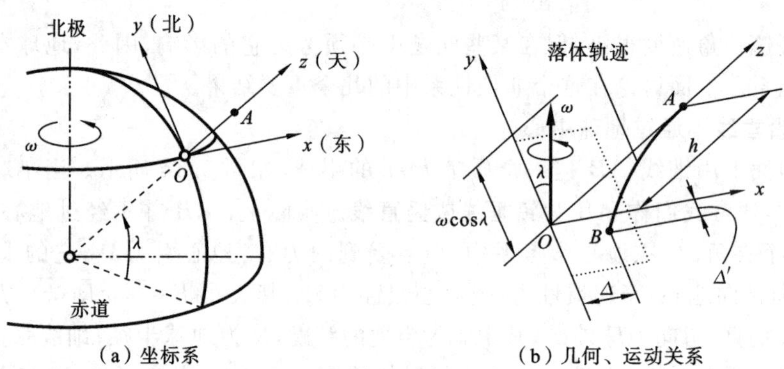

图 5.15 考虑地球自转时的自由落体运动

以地心系作为惯性系。取地面上的点 O 作为坐标原点,以当地的东、北、天方向组成直角坐标系 $Oxyz$,相应的矢量基为 $\boldsymbol{i}$、$\boldsymbol{j}$、$\boldsymbol{k}$;直角坐标系 $Oxyz$ 为动系。设当地的纬度为 λ(北半球),因此地球自转角速度矢量可表示为

$$\boldsymbol{\omega} = \omega\cos\lambda\boldsymbol{j} + \omega\sin\lambda\boldsymbol{k} \tag{5.18}$$

质点相对于地球的运动微分方程为

$$m\ddot{\boldsymbol{r}} = \boldsymbol{W} + \boldsymbol{F}_{\mathrm{Ie}} + \boldsymbol{F}_{\mathrm{IC}} \tag{5.19}$$

其中:$\boldsymbol{r}$ 为质点的相对运动矢径;$\boldsymbol{W}$ 为地心引力,方向指向地心;$\boldsymbol{F}_{\mathrm{Ie}}$ 为牵连惯性力(或离心惯性力),方向与地球自转轴垂直;$\boldsymbol{F}_{\mathrm{IC}}$ 为科氏惯性力。由上文可知,$\boldsymbol{W} + \boldsymbol{F}_{\mathrm{Ie}}$ 为表观重力,它近似为

$$\boldsymbol{W} + \boldsymbol{F}_{\mathrm{Ie}} \approx -mg\boldsymbol{k} \tag{5.20}$$

$\boldsymbol{r}$ 和科氏惯性力 $\boldsymbol{F}_{IC}$ 的表达式分别为

$$\boldsymbol{r}=x\boldsymbol{i}+y\boldsymbol{j}+z\boldsymbol{k} \tag{5.21}$$

$$\boldsymbol{F}_{IC}=-2m\boldsymbol{\omega}\times\dot{\boldsymbol{r}}=-2m[(\dot{z}\omega\cos\lambda-\dot{y}\omega\sin\lambda)\boldsymbol{i}+\dot{x}\omega\sin\lambda\boldsymbol{j}+\dot{x}\omega\cos\lambda\boldsymbol{k}] \tag{5.22}$$

将式(5.20)～式(5.22)代入式(5.19)，得

$$\begin{cases}\ddot{x}=2\omega(\dot{y}\sin\lambda-\dot{z}\cos\lambda)\\ \ddot{y}=-2\omega\dot{x}\sin\lambda\\ \ddot{z}=-g+2\omega\dot{x}\cos\lambda\end{cases} \tag{5.23}$$

自由落体的初始条件为

$$\begin{cases}x(0)=0,\quad y(0)=0,\quad z(0)=h\\ \dot{x}(0)=\dot{y}(0)=\dot{z}(0)=0\end{cases} \tag{5.24}$$

方程组(5.23)是一个常系数线性微分方程组，可以求出精确解，但需要用到线性代数的知识，为了使大学低年级学生避开这一数学上的困难，我们来给出初值问题(5.23)、(5.24)的近似解。以上微分方程的解必然与 ω 有关，因为 ω 是小量，所以我们将方程的解展成 ω 的幂级数，略去二阶以上的微小项，可将近似解设为

$$x(t)=x_0(t)+x_1(t)\omega,\quad y(t)=y_0(t)+y_1(t)\omega,\quad z(t)=z_0(t)+z_1(t)\omega \tag{5.25}$$

将近似解(5.25)代入初值问题(5.23)、(5.24)，将得到一组关于 ω 的幂级数方程，在每个方程中，令等号两边 ω 的同次幂系数相等，$x_0(t)$、$y_0(t)$、$z_0(t)$ 满足以下方程和初始条件：

$$\ddot{x}_0=0,\quad \ddot{y}_0=0,\quad \ddot{z}_0(t)=-g \tag{5.26}$$

$$\begin{cases}x_0(0)=0,\quad y_0(0)=0,\quad z_0(0)=h\\ \dot{x}_0(0)=\dot{y}_0(0)=\dot{z}_0(0)=0\end{cases} \tag{5.27}$$

解得

$$x_0(t)=0,\quad y_0(t)=0,\quad z_0(t)=h-\frac{1}{2}gt^2 \tag{5.28}$$

$x_1(t)$、$y_1(t)$、$z_1(t)$ 满足以下方程和初始条件：

$$\ddot{x}_1=2\omega(\dot{y}_0\sin\lambda-\dot{z}_0\cos\lambda),\quad \ddot{y}_1=-2\dot{x}_0\sin\lambda,\quad \ddot{z}_1=\dot{x}_0\dot{x}\cos\lambda \tag{5.29}$$

$$\begin{cases}x_1(0)=y_1(0)=z_1(0)=0\\ \dot{x}_0(0)=\dot{y}_0(0)=\dot{z}_0(0)=0\end{cases} \tag{5.30}$$

解得

$$x_1(t)=\frac{1}{3}g\omega t^3\cos\lambda,\quad y_1(t)=0,\quad z_1(t)=0 \tag{5.31}$$

将式(5.28)、式(5.31)代入式(5.25)，得到自由落体的一阶近似解，为

$$x(t)=\frac{1}{3}g\omega t^3\cos\lambda,\quad y(t)=0,\quad z(t)=h-\frac{1}{2}gt^2 \tag{5.32}$$

可见，质点落地点的 x 坐标大于零，即落地点东偏。偏东量 Δ 就是落地点的 x 坐标值，计算如下。

质点从开始至落到地面的时间为 $t=(2h/g)^{1/2}$，所以由式(5.32)得偏东量 Δ，为

$$\Delta=x=\frac{1}{3}g\omega\left(\frac{2h}{g}\right)^{3/2}\cos\lambda \tag{5.33}$$

3. 傅科摆(Foucault Pendulum)

在北纬纬度 λ 处有一摆长为 l 的单摆。以地心系作为惯性系。取地面上的点 O 作为坐标原点，以当地的东、北、天方向组成直角坐标系 $Oxyz$，相应的矢量基为 $\boldsymbol{i}$、$\boldsymbol{j}$、$\boldsymbol{k}$；直角坐标系 $Oxyz$ 为动系。将摆绳做得很长，这样摆锤 M 可以近似地认为在水平面 Oxy 内运动，如图 5.16 所示。科氏加速度为 $2\boldsymbol{\omega}\times\boldsymbol{v}$，它在水平面上的分量为 $2\omega_z\boldsymbol{k}\times\boldsymbol{v}$，其中 $\omega_z=\omega\sin\lambda$。绳子中的张力 $\boldsymbol{S}$ 在水平面上的分量近似为 $-(Sr/l)\boldsymbol{e}_2$，而 $S\approx mg$。所以摆锤 M 在水平面内的相对运动微分方程为：

$$m\frac{\mathrm{d}\boldsymbol{v}}{\mathrm{d}t}=-mg\frac{r}{l}\boldsymbol{e}_2-2m\omega\sin\lambda\boldsymbol{k}\times\boldsymbol{v} \tag{5.34}$$

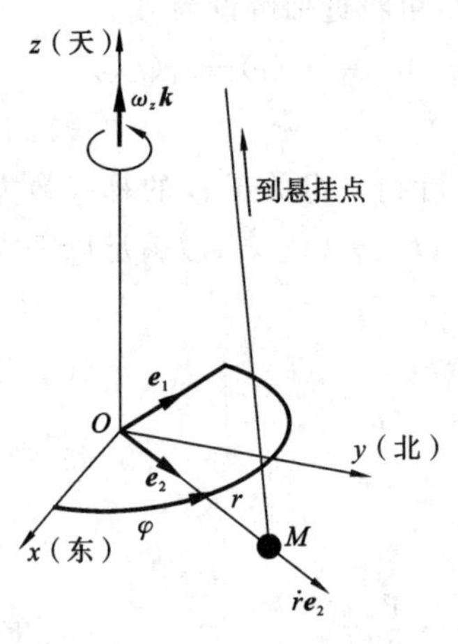

图 5.16 傅科摆

采用图 5.16 中的平面极坐标系，则根据极坐标系中的速度和加速度表达式，式(5.34)可写为两个极坐标投影方程：

$$\begin{cases}m(\ddot{r}-\dot{\varphi}^2r)=-\dfrac{mgr}{l}+2mr\dot{\varphi}\omega\sin\lambda\\ m(\ddot{\varphi}r+2\dot{\varphi}\dot{r})=-2m\omega\dot{r}\sin\lambda\end{cases} \tag{5.35}$$

如果 $\ddot{\varphi}\equiv0$，则由式(5.35)中的第二个方程，得

$$\dot{\varphi}=-\omega\sin\lambda \tag{5.36}$$

将式(5.36)代入式(5.35)中的第一个方程，略去 ω^2 项，得

$$\ddot{r}+\frac{g}{l}r=0 \tag{5.37}$$

假定初始时 $r(0)=r_0$，$\dot{r}(0)=0$，则方程的解为

$$r=r_0\cos\sqrt{\frac{g}{l}}t \tag{5.38}$$

可见摆锤在水平面径沿向做简谐摆动。摆动周期为

$$T=2\pi\sqrt{\frac{l}{g}} \tag{5.39}$$

式(5.36)和式(5.38)为摆锤在水平面内的运动方程。将摆绳与 z 轴组成的平面称为**摆动平面**，那么摆锤的运动是：在摆动平面内沿径向做简谐摆动，同时摆动平面绕 z 轴以匀角速度沿顺时针方向(从上向下看)旋转，即摆动平面做匀速顺时针进动。进动周期为

$$\tau=\frac{2\pi}{\omega\sin\lambda} \tag{5.40}$$

傅科于 1851 年在巴黎($\lambda=49^{\circ}$)通过单摆实验证明了地球的自转，该实验使用的摆锤为 28 kg 的铁球，摆长为 70 m。

对自由落体偏东和傅科摆问题稍做检查就可发现，出现这些现象的原因是科氏力的存在。地球上许多运动现象都与科氏力的存在有关，这里不再一一研究。

习　题

第 5 章参考答案

5.1　选择填空。

1. 同一速率的同一汽车对于桥的压力最大的是(　　)。

(1) 驶过凸桥；

(2) 驶过凹桥；

(3) 驶过平桥。

2. 对不同惯性系，质点的加速度、速度关系为(　　)。

(1) 加速度、速度相同；

(2) 加速度、速度不相同；

(3) 加速度相同、速度差一常矢量；

(4) 加速度相同、速度差一常数。

3. 在介质中上抛一质量为 m 的小球，如图 5.17(a)所示。已知小球所受的阻力 $\boldsymbol{R}=-k\boldsymbol{v}$，坐标选择如图所示，则上升段与下降段中小球的运动微分方程分别是(　　)和(　　)。

(1) $m\ddot{x}=-mg-k\dot{x}$；

(2) $m\ddot{x}=-mg+k\dot{x}$；

(3) $-m\ddot{x}=-mg-k\dot{x}$；

(4) $-m\ddot{x}=-mg+k\dot{x}$。

4. 自同一地点，以大小相同的初速度 v_0 斜抛两质量相同的小球，如图 5.17(b)所示。在所选定的坐标系 Oxy，两小球的运动微分方程、运动初始条件、落地速度的大小和方向是(　　)。

(1) 运动微分方程和初始条件不同，落地速度大小和方向相同；

(2) 运动微分方程相同，初始条件不同，落地速度大小相同，速度方向不同；

(3) 运动微分方程和初始条件相同，落地速度大小和方向不同；

(4) 运动微分方程和初始条件不同，落地速度大小相同，速度方向不同。

5. 如图 5.17(c)所示，$\overline{OA}=\overline{O_1B}$，$\overline{AB}=\overline{OO_1}$，杆 AO 绕通过点 O 的水平轴以匀角速度 ω 转动。质量为 m 的质点 M 以相对速度 v_r 沿杆 AB 运动，则该质点的牵连惯性力的方向是(　　)。

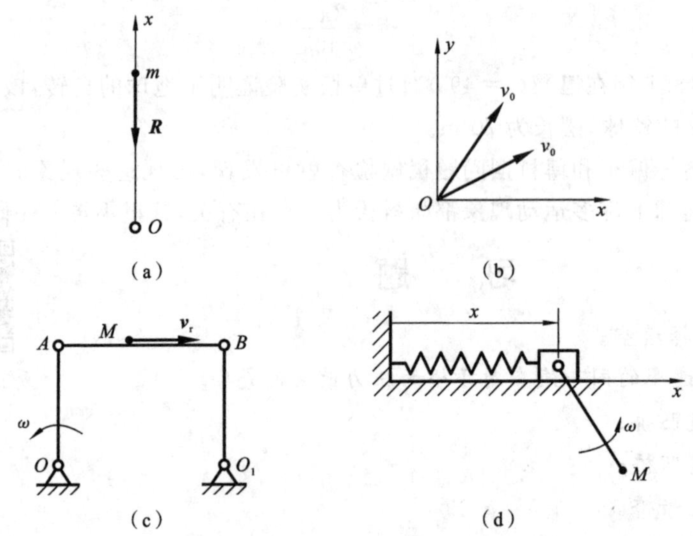

图 5.17　题 5.1 图

(1) 沿 OM 方向；

(2) 沿 O_1M 方向；

(3) 铅垂向上；

(4) 铅垂向下。

6. 图 5.17(d)所示滑块的运动方程为 $x=B\cos\omega t$，质量为 m 的质点 M 相对于滑块做圆周运动，当 $0<\omega t<\pi/2$ 时，质点 M 的牵连惯性力的大小是(　　)，方向是(　　)。

(1) $G_e=B\omega^2\cdot\cos\omega t\cdot m$；

(2) $G_e=-B\omega^2\cdot\cos\omega t\cdot m$；

(3) $G_e=B\omega^2\cdot m$；

(4) $G_e=m\ddot{x}$；

(5) 水平向左；

(6) 水平向右；

(7) 沿切向和法向的反方向。

5.2　如图 5.18 所示，重 P 的小球 M 和两根刚杆 AM、BM 铰接。设两杆长度均为 L，$\overline{AB}=2b$，系统以角速度 ω 绕铅直轴 AB 转动。求两杆的拉力(杆的重量不计)。

5.3　如图 5.19 所示，滑块 A 重 P，被细绳牵引沿水平光滑导杆滑动。绳绕在半径为 r 的鼓轮上，鼓轮以匀角速度 ω 转动。求绳的拉力 T 与距离 x 之间的关系。

5.4　物块 A 重 P，放置在以匀加速度 a 向右运动的斜面上，如图 5.20 所示。

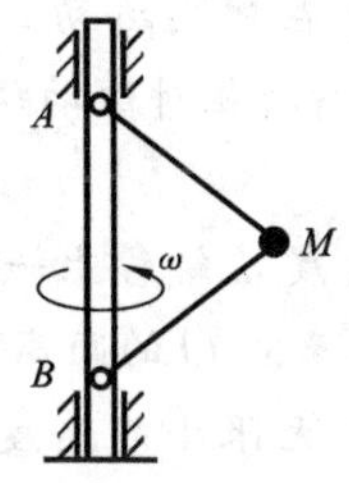

图 5.18　题 5.2 图

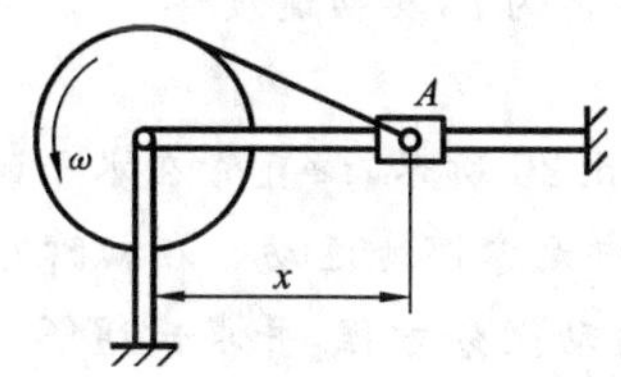

图 5.19　题 5.3 图

物块与斜面间静摩擦系数为 f，斜面的倾角为 45°，试求物块与斜面之间没有相对滑动时，加速度 a 应为多大？

5.5　如图 5.21 所示，静止中心 O 以引力 $F=-k^2mr$ 吸引质量为 m 的质点 M，其中 k 是比例常数，$r=\overline{OM}$，$\boldsymbol{r}$ 是点 M 的矢径。运动开始时，$\overline{OM_0}=b$，初速度为 v_0 并与 OM_0 成夹角 α，求质点 M 的运动方程。

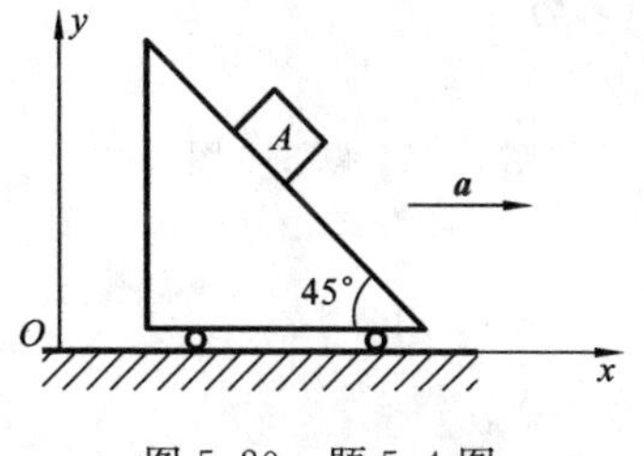

图 5.20　题 5.4 图

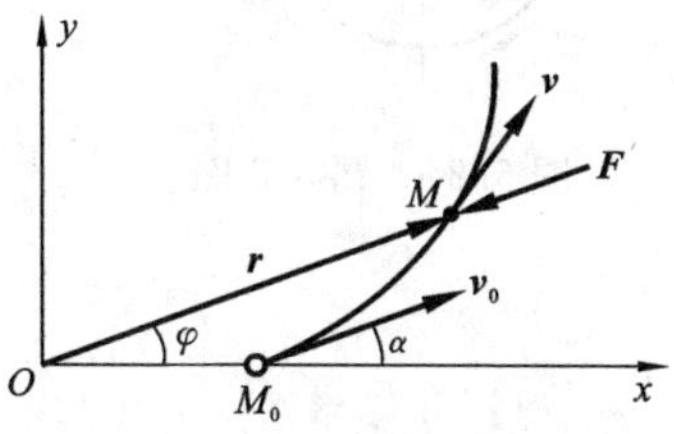

图 5.21　题 5.5 图

5.6　图 5.22 所示一质点带有负电荷 e，其质量为 m，以初速度 v_0 进入强度为 H 的均匀磁场中，初速度方向与磁场强度方向垂直。设已知作用于质点的力 $\boldsymbol{F}=-e(\boldsymbol{v}\times\boldsymbol{H})$，试求质点的运动轨迹（提示：解题时宜采用自然坐标形式的运动微分方程）。

5.7　图 5.23 所示船舶模型的质量 $m=10$ kg，由实验可知，水的阻力大小与速度平方成正比，比例系数为 2，即 $R=2v^2$。试求船舶模型的速度由 2 m/s 减到 1 m/s 时所需的时间 t 及在此段时间内船舶模型走过的路程 x。

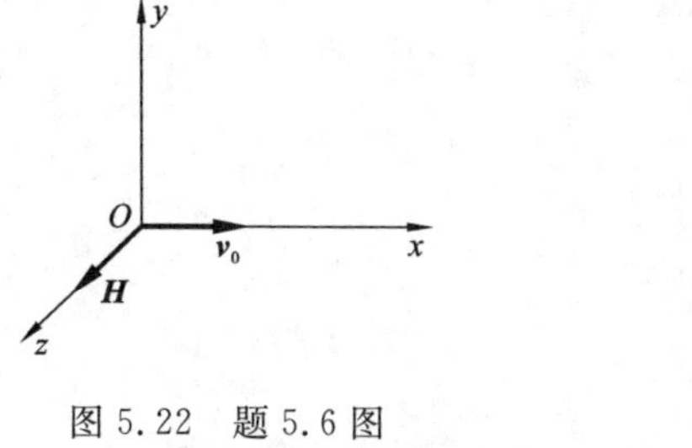

图 5.22　题 5.6 图

图 5.23　题 5.7 图

5.8　如图 5.24 所示，一圆盘在水平面 Oxy 内以匀角速度 ω 绕其中心轴 Oz 转动。沿圆盘的直径有一光滑槽，一质量为 m 的质点 M 在槽内运动。质点在开始运动时与盘心的距离为 b，其初速度等于零，求质点 M 沿槽的相对运动规律及槽给质点的反作用力 N。

5.9 如图 5.25 所示，细直管在水平面内以匀角速度 ω 绕管上一点 O 转动。小球 M 可以在管中无摩擦地运动。在初瞬时 $t_0=0$，小球离点 O 的距离$\overline{OM}=r_0$。试写出小球的相对运动微分方程，并求出通解。欲使球能以无限小的速度无限地接近轴心 O，则小球相对于直管的初速度应满足什么条件？小球相对直管的运动规律是什么？

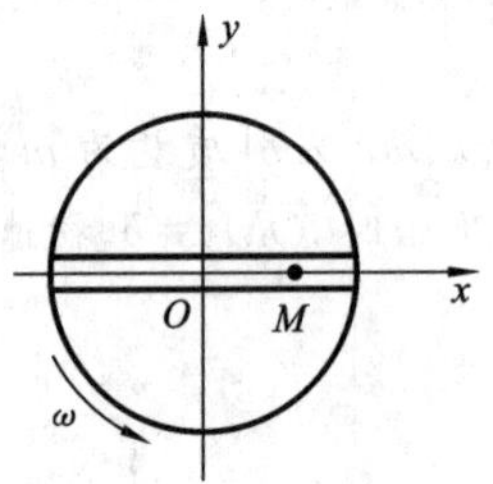

图 5.24 题 5.8 图

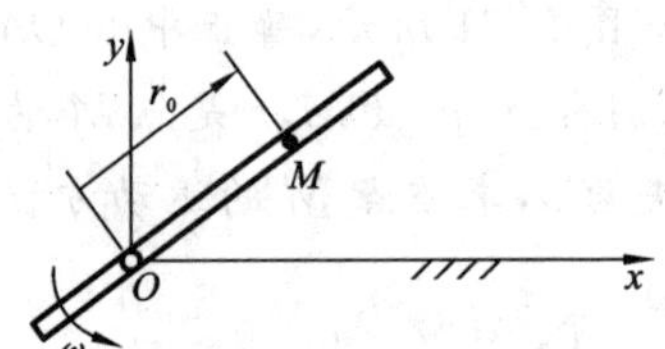

图 5.25 题 5.9 图

第 6 章　动力学普遍定理

牛顿运动定律只解决了单个质点的动力学问题，但是在经典力学范围内，我们遇到的绝大部分力学对象是由很多质点组成的一个集合，即质点系，如物体（刚体、变形体等）、散体集合（干沙、煤、谷物等粉体或颗粒物质）等。由于一般质点系中质点的数量庞大、质点之间的相互作用力未知，因此试图用牛顿运动定律得到每个质点的运动规律，一般是不可能的，实际上，也是不必要的。从现在开始我们研究质点系的整体动力学基本规律，即将讲述的动量定理、动量矩定理和动能定理，称为**动力学普遍定理**，所谓普遍，是指它们适用于任何质点系的宏观力学特性研究。

(A)　动 量 定 理

6.1　动量定理及其基本方程

动量定理是牛顿运动定律在质点系中的直接推广，它控制了质点系的整体线运动规律，即质点系质心的运动规律。质点的质量与其瞬时速度的乘积 $m\boldsymbol{v}$ 称为**质点的动量**，这一概念实际上在第 5 章介绍牛顿第二定律时已经提出。对于质点系中任意一个质量为 m_i 的质点 i，由牛顿第二定律，有

$$\frac{\mathrm{d}(m_i\boldsymbol{v}_i)}{\mathrm{d}t}=\boldsymbol{F}_i^{(\mathrm{e})}+\boldsymbol{F}_i^{(\mathrm{i})} \tag{6.1}$$

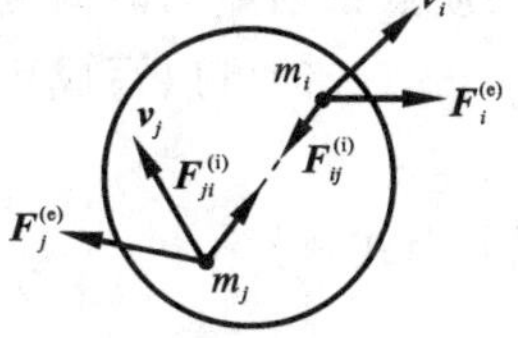

图 6.1　质点系的动量和质点的受力

其中：$\boldsymbol{F}_i^{(\mathrm{e})}$ 为质点系的外部对质点 i 的作用力的合力，即质点 i 受到的外力合力；$\boldsymbol{F}_i^{(\mathrm{i})}$ 为质点系中其他质点对质点 i 的作用力的合力，即质点 i 受到的内力合力，如图 6.1 所示。

假定质点系有 N 个质点，则式(6.1)对质点系中所有质点均成立，我们将这 N 个方程相加，得

$$\sum_{i=1}^{N}\frac{\mathrm{d}(m_i\boldsymbol{v}_i)}{\mathrm{d}t}=\sum_{i=1}^{N}\boldsymbol{F}_i^{(\mathrm{e})}+\sum_{i=1}^{N}\boldsymbol{F}_i^{(\mathrm{i})} \tag{6.2}$$

根据定义，$\boldsymbol{F}_i^{(\mathrm{i})}$ 可写为

$$\boldsymbol{F}_i^{(\mathrm{i})}=\sum_{j=1}^{N}\boldsymbol{F}_{ij}^{(\mathrm{i})},\quad \boldsymbol{F}_{ii}^{(\mathrm{i})}\equiv\boldsymbol{0}$$

其中：$\boldsymbol{F}_{ij}^{(\mathrm{i})}$ 表示质点 j 对质点 i 的作用力；设质点 i 对质点 j 的作用力为 $\boldsymbol{F}_{ji}^{(\mathrm{i})}$，由作用与反作用定律有 $\boldsymbol{F}_{ij}^{(\mathrm{i})}=-\boldsymbol{F}_{ji}^{(\mathrm{i})}$，如图 6.1 所示。我们将所有 $\boldsymbol{F}_{ij}^{(\mathrm{i})}$ 排成一个矩阵：

$$\begin{bmatrix} \boldsymbol{0} & \boldsymbol{F}_{12}^{(i)} & \cdots & \boldsymbol{F}_{1N}^{(i)} \\ \boldsymbol{F}_{21}^{(i)} & \boldsymbol{0} & \cdots & \boldsymbol{F}_{2N}^{(i)} \\ \vdots & \vdots & & \vdots \\ \boldsymbol{F}_{N1}^{(i)} & \boldsymbol{F}_{N2}^{(i)} & \cdots & \boldsymbol{0} \end{bmatrix}$$

可见,以上矩阵的第 i 行元素之和为 $\boldsymbol{F}_i^{(i)}$,所有元素之和为 $\sum_{i=1}^{N}\boldsymbol{F}_i^{(i)}$,但由于矩阵元素关于对角线反对称,因此所有元素之和为零,即

$$\sum_{i=1}^{N}\boldsymbol{F}_i^{(i)} = \sum_{i=1,j=1}^{N}\boldsymbol{F}_{ij}^{(i)} \equiv \boldsymbol{0} \tag{6.3}$$

于是式(6.2)可写为

$$\frac{\mathrm{d}}{\mathrm{d}t}\left(\sum_{i=1}^{N}m_i\boldsymbol{v}_i\right) = \sum_{i=1}^{N}\boldsymbol{F}_i^{(e)} \tag{6.4}$$

令

$$\boldsymbol{p} = \sum_{i=1}^{N}m_i\boldsymbol{v}_i,\quad \boldsymbol{F}^{(e)} = \sum_{i=1}^{N}\boldsymbol{F}_i^{(e)} \tag{6.5}$$

其中:$\boldsymbol{p}$ **为质点系的动量**,是质点系中所有质点动量的矢量和;$\boldsymbol{F}^{(e)}$ 为质点系受到的所有外力的矢量和,即外力主矢。动量的量纲为[质量]×[长度]/[时间]。

这样式(6.4)可写为

$$\frac{\mathrm{d}\boldsymbol{p}}{\mathrm{d}t} = \boldsymbol{F}^{(e)} \tag{6.6}$$

式(6.6)就是质点系动量定理的数学表达式,称为**动量定理的微分形式**,**用文字表述为:质点系动量的时间变化率等于质点系受到的所有外力之和。**

式(6.6)可以写成积分形式,有

$$\mathrm{d}\boldsymbol{p} = \boldsymbol{F}^{(e)}\,\mathrm{d}t$$

积分上式,得

$$\boldsymbol{p}_2 - \boldsymbol{p}_1 = \int_{t_1}^{t_2}\boldsymbol{F}^{(e)}\,\mathrm{d}t \tag{6.7}$$

或写为

$$\boldsymbol{p}_2 - \boldsymbol{p}_1 = \boldsymbol{I}_{12} \tag{6.8}$$

其中:

$$\boldsymbol{p}_1 = \left[\sum_{i=1}^{N}m_i\boldsymbol{v}_i\right]_{t=t_1},\quad \boldsymbol{p}_2 = \left[\sum_{i=1}^{N}m_i\boldsymbol{v}_i\right]_{t=t_2},\quad \boldsymbol{I}_{12} = \int_{t_1}^{t_2}\boldsymbol{F}^{(e)}\,\mathrm{d}t \tag{6.9}$$

我们将 $\boldsymbol{F}^{(e)}\mathrm{d}t$ 和 $\boldsymbol{I}_{12}$ 称为**力的冲量**。式(6.7)或式(6.8)就是**动量定理的积分形式**。

可见,动量定理不需要考虑质点系的内力,只需知道整体的动量和外力,正是这一点为它得以应用提供了可能。

以上推导过程表明，**动量定理成立的前提条件是质点系的质量不能变化**，否则，如果被研究质点系中的质点或质量跑出该质点系，或者有质点或质量从外部进入质点系，若仍然将原来的质点系作为分析对象，则内力将不平衡。因此，**在应用动量定理时，质点系一旦取定，以后不管如何变化，初始时属于该质点系的所有质量始终属于该质点系，也不接纳外来质量，请学生牢记这一点。**对于与外界有质量交换的质点系，需要将交换质量始终计入质点系中构成一个质量封闭系统，才能应用动量定理，在以后的变质量系统方程的推导中将会看到这一点。

将矢量方程式(6.6)、式(6.8)在任取的直角坐标系 $Oxyz$ 中投影，可得动量定理的代数方程：

$$\begin{cases}\dfrac{\mathrm{d}p_x}{\mathrm{d}t}=F_x^{(e)}\\[2ex]\dfrac{\mathrm{d}p_y}{\mathrm{d}t}=F_y^{(e)}\\[2ex]\dfrac{\mathrm{d}p_z}{\mathrm{d}t}=F_z^{(e)}\end{cases},\quad\begin{cases}p_{2x}-p_{1x}=\displaystyle\int_{t_1}^{t_2}F_x^{(e)}\,\mathrm{d}t=I_{12x}\\[2ex]p_{2y}-p_{1y}=\displaystyle\int_{t_1}^{t_2}F_y^{(e)}\,\mathrm{d}t=I_{12y}\\[2ex]p_{2z}-p_{1z}=\displaystyle\int_{t_1}^{t_2}F_z^{(e)}\,\mathrm{d}t=I_{12z}\end{cases}\tag{6.10}$$

现在考虑质点系的动量保持不变，即**动量守恒**的情况。有两种可能：

(1) 当 $\boldsymbol{F}^{(e)}\equiv\mathbf{0}$ 时，有 $\boldsymbol{p}=$常向量；

(2) 当 $F_i^{(e)}\equiv 0, i=x,y,z$ 时，有 $p_i=$常数。

例 6.1 质量都为 M 的甲、乙两船沿同一直线以相同的速度 v_0 匀速前进（甲船在前），甲船上以水平相对速度 u 向后抛出一质量为 m 的物体。求：(1) 乙船接到物体后的速度；(2) 如果乙船接到物体后立即以水平相对速度 u 将物体抛向甲船，物体能落在甲船上的条件。不考虑物体在空中的飞行时间和两船之间的距离。

解 (1) 以甲船和物体为质点系，则它们在水平方向动量守恒。设物体抛出后甲船的速度为 v_1，有

$$Mv_1-m(u-v_1)=(M+m)v_0$$

解得

$$v_1=v_0+\frac{mu}{M+m}$$

再以乙船和物体为质点系，设乙船接到物体后的速度为 v_2，同样由它们在水平方向动量守恒，得

$$Mv_0-m\left(u-v_0-\frac{mu}{M+m}\right)=(M+m)v_2$$

解得

$$v_2=v_0-\frac{Mmu}{(M+m)^2}$$

(2) 设物体抛出后乙船的速度为 v_3，有

$$Mv_3+m(u+v_3)=(M+m)v_2$$

解得

$$v_3=v_0-\frac{m^2+2Mm}{(M+m)^2}u$$

此时物体 m 的绝对速度 v_{m} 为

$$v_{\mathrm{m}}=u+v_3=v_0+\frac{M^2}{(M+m)^2}u$$

物体能落在甲船上的条件为

$$v_{\mathrm{m}}>v_1$$

即

$$M^2>m(M+m) \quad \Rightarrow \quad \left(\frac{m}{M}\right)^2+\frac{m}{M}<1$$

所以

$$\frac{m}{M}<\frac{\sqrt{5}-1}{2}=0.618$$

可见,这一条件与船速和物体的速度无关。

例 6.2 如图 6.2 所示,三个质点 A、B 和 C,质量分别为 m_1、m_2、m_3,用拉直且不可伸长的绳子 AB、BC 相连,静止放在光滑水平面上,$\angle ABC=\pi-\alpha$。对质点 C 施加一冲击力,其冲量的大小为 I,沿 BC 方向。求冲击后质点 B 的运动方向与 AB 之间的夹角,以及质点 A 的速度。

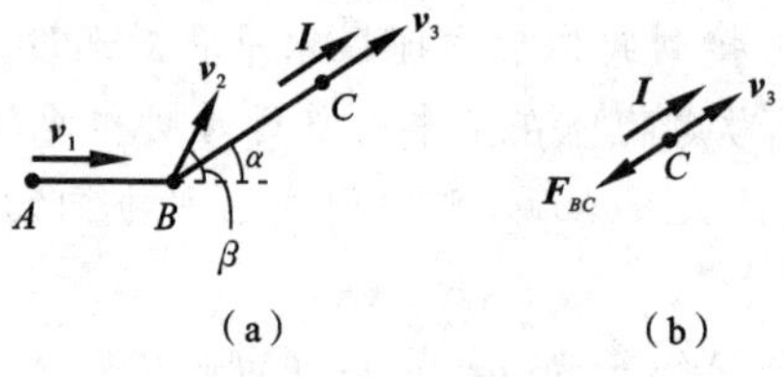

图 6.2 例 6.2 图

解 由于冲击时间极短,因此可以认为冲击前后系统的位置没有改变(来不及改变),但各个质点的速度是要改变的,设三个质点 A、B 和 C 的速度分别为 $\boldsymbol{v}_1$、$\boldsymbol{v}_2$、$\boldsymbol{v}_3$。对整体用动量定理,得

$$m_1\boldsymbol{v}_1+m_2\boldsymbol{v}_2+m_3\boldsymbol{v}_3=\boldsymbol{I} \tag{a}$$

对质点 C 用动量定理,得

$$m_3\boldsymbol{v}_3=\boldsymbol{I}+\boldsymbol{F}_{BC}\Delta t \tag{b}$$

其中:Δt 表示冲击过程的时间;$\boldsymbol{F}_{BC}$ 为绳 BC 对质点 C 的拉力,它与冲量 $\boldsymbol{I}$ 平行,所以由式(b)可知 $\boldsymbol{v}_3$ 沿 BC 方向。类似地,对质点 A 用动量定理,可得 $\boldsymbol{v}_1$ 沿 AB 方向。

因为绳不能伸长,所以可用速度投影定理,得

$$v_2\cos\beta = v_1,\quad v_2\cos(\beta-\alpha) = v_3 \tag{c}$$

将式(a)沿 AB、BC 方向投影，得

$$\begin{cases} m_1 v_1 + m_2 v_2 \cos\beta + m_3 v_3 \cos\alpha = I\cos\alpha \\ m_1 v_1 \cos\alpha + m_2 v_2 \cos(\beta-\alpha) + m_3 v_3 = I \end{cases} \tag{d}$$

由式(c)、式(d)，解得冲击后 B 的运动方向(即 $\boldsymbol{v}_2$ 矢量)与 AB 的夹角，为

$$\tan\beta = \left(1+\frac{m_1}{m_2}\right)\tan\alpha$$

同时可解出质点 A 的速度大小 v_1，为

$$v_1 = \frac{Im_2\cos\alpha}{(m_1+m_2+m_3)m_2 + m_1 m_3 \sin^2\alpha}$$

6.2　质心运动定理

下面推导动量定理的另一种表达式，即质心运动定理，由此可以更明确地揭示动量定理的本质，在很多场合，应用也更方便。

6.2.1　质点系的质心和动量计算

如图 6.3 所示，在任意一个参考系中，我们定义质点系的**质心** C 的位置为

$$\boldsymbol{r}_C = \frac{\sum_i m_i \boldsymbol{r}_i}{M} \tag{6.11}$$

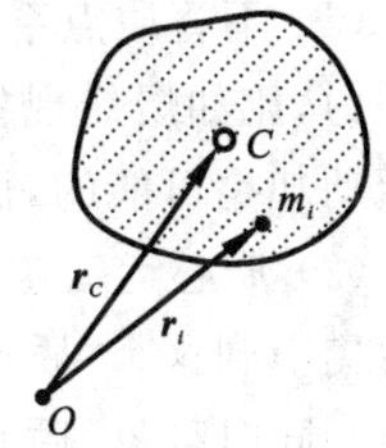

图 6.3　质点系的质心

其中：$\boldsymbol{r}_i$ 为质点 i 的瞬时矢径；$\boldsymbol{r}_C$ 为质点系质心的瞬时矢径；M 为质点系的总质量。

如果将式(6.11)右边的分子、分母同乘重力加速度 g，则式(6.11)变为质点系的重心位置表达式，**即在地球上质心和重心是同一个点**。但是，它们的内涵是不同的，重心是地球表面重力(近似为平行同向力系)的合力作用点，只适用于地球表面的重力环境；而质心是质点系的质量中心，是普遍适用的。如果质点系是刚体，则质心相对于刚体本身的位置是不变的，对于其他质点系，质心的空间位置和相对于质点系本身的位置一般都是变化的。

现在，假定参考系为惯性系，则将式(6.11)对时间 t 求导可得**质心速度** $\boldsymbol{v}_C$，即

$$\boldsymbol{v}_C = \dot{\boldsymbol{r}}_C = \frac{\sum_i m_i \dot{\boldsymbol{r}}_i}{M} \tag{6.12}$$

所以，质点系的动量可以表示为

$$\boldsymbol{p} = \sum_i m_i \dot{\boldsymbol{r}}_i = M\boldsymbol{v}_C \tag{6.13}$$

这个表达式很重要，它可以使我们更方便地计算质点系，特别是刚体的动量，我们无

须考虑刚体的形状以及质量和速度分布，只需抓住刚体的质心速度即可。比如质量为 m 的立方体和圆球，如果它们的质心速度相同，则其动量也相同。

6.2.2 质心运动定理简介

将式(6.13)代入质点系动量定理的数学表达式(6.6)，得

$$M\boldsymbol{a}_C=\boldsymbol{F}^{(e)} \tag{6.14}$$

其中：

$$\boldsymbol{a}_C=\dot{\boldsymbol{v}}_C=\ddot{\boldsymbol{r}}_C \tag{6.15}$$

为**质心加速度**。式(6.14)就是**质心运动定理**，即质点系的总质量与质心加速度的乘积等于质点系所受的外力合力。

将式(6.14)在直角坐标系中投影，可得

$$\begin{cases} Ma_{Cx}=M\ddot{x}_C=\sum F_x^{(e)} \\ Ma_{Cy}=M\ddot{y}_C=\sum F_y^{(e)} \\ Ma_{Cz}=M\ddot{z}_C=\sum F_z^{(e)} \end{cases} \tag{6.16}$$

同时，$\boldsymbol{r}_C=x_C\boldsymbol{i}+y_C\boldsymbol{j}+z_C\boldsymbol{k}$。

由以上结果可得以下结论。

(1) 不管质点系内各质点的运动如何复杂，其质心的运动只受控于质点系所受的外力，比如爆炸现象中，各个碎片的运动是很复杂的，一般难以估计，但预测其质心的运动却是可能的，例如定向爆破就是用质心运动定理作为它的一个理论基础的。

(2) 质心运动定理相当于将质点系的质量集中到质心形成一个"质点"，将所有外力集中到这个"质点"上，再对质心这个含有质点系总质量的"质点"应用牛顿第二定律。同时可见，质心运动定理与动量定理是完全等价的，因此，我们说动量定理是牛顿第二定律在质点系中的直接推广，它控制了质点系的整体线运动规律，即质点系质心的运动规律。

由动量表达式(6.13)可知，质点系的动量守恒与质心速度恒定是等价的，质心速度恒定的情况称为**质心运动守恒**。由质心运动定理，有两种守恒情况：

(1) 当 $\boldsymbol{F}^{(e)}\equiv\boldsymbol{0}$ 时，有 $\boldsymbol{v}_C=$常向量；

(2) 当 $F_i^{(e)}\equiv 0,i=x,y,z$ 时，有 $v_i=$常数。

进一步，如果上述常数为零，则还可得**质心位置守恒**的两种情况：

(1) 如果 $\boldsymbol{v}_C=$常向量$=\boldsymbol{0}$，则 $\boldsymbol{r}_C=$常向量，即质心位置不变；

(2) 如果 $v_{Ci}=$常数$=0,i=x,y,z$，则 x_C 或 y_C 或 $z_C=$常数，即质心的某一坐标不变。

例 6.3 如图 6.4 所示，一均匀细直杆 AB 的长度为 $2l$，A 端靠在光滑的水平地面上。开始时，杆是静止的，并与地面成 θ 角。释放后杆在重力作用下运动，已知在

运动过程中 A 端始终靠着地面，求杆 B 端的轨迹。

解 易知，杆在水平方向质心位置守恒，因此杆的质心沿同一条铅垂线运动，建立坐标系 Oxy，则杆 B 端的瞬时坐标为

$$x_B = l\cos\alpha, \quad y_B = 2l\sin\alpha$$

其中：α 为杆与地面间的瞬时夹角。上式中消去 α，即得杆 B 端的轨迹，为

图 6.4 例 6.3 图

$$\frac{x_B^2}{l^2} + \frac{y_B^2}{4l^2} = 1$$

即杆 B 端的轨迹是椭圆。

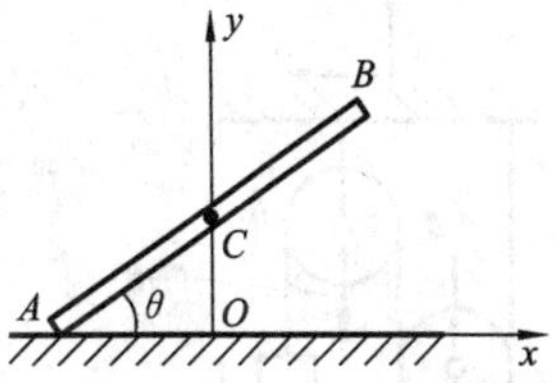

例 6.4 一种离心振动压实机械如图 6.5 所示，偏心块质量为 m，偏心距为 r，以匀角速度 ω 转动；机体部分的总质量（除了偏心块之外的所有机器质量）为 M，设机体的质心在旋转轴 A 处。

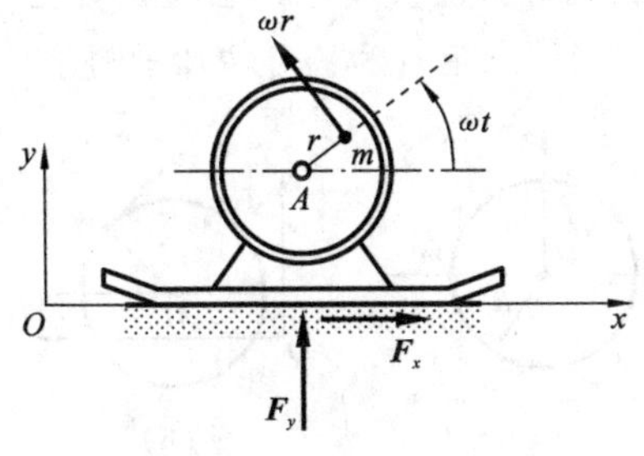

图 6.5 例 6.4 图

(1) 假定机体不运动，求地面对底板的约束力。

(2) 求机体产生运动的条件。设地面与底板间的摩擦系数为 μ。

解 以压实机械整体为分析对象。

(1) 当机体不运动时，整体质心 C 的速度为

$$v_{Cx} = \frac{-m\omega r\sin\omega t}{M+m}, \quad v_{Cy} = \frac{m\omega r\cos\omega t}{M+m}$$

由质心运动定理，得

$$(M+m)\dot{v}_{Cx} = F_x, \quad (M+m)\dot{v}_{Cy} = F_y - (M+m)g$$

即

$$F_x = -m\omega^2 r\cos\omega t, \quad F_y = (M+m)g - m\omega^2 r\sin\omega t$$

以上结果中与时间有关的项称为**附加动反力**。

(2) 当 $F_y \leqslant 0$ 时，机体将跳离地面，所以机体跳离地面的条件为

$$\omega^2 r \geqslant \frac{(M+m)g}{m\sin\omega t}$$

因此，当 $\omega^2 r < (M+m)g/(m\sin\omega t)$ 时，底板与地面总是接触的，此时，如果 $|F_x| \leqslant F_y\mu$，则机体将沿水平方向滑动，所以机体水平滑动的条件为

$$\frac{[(M+m)g - m\omega^2 r\sin\omega t]\mu}{m|\cos\omega t|} \leqslant \omega^2 r < \frac{(M+m)g}{m\sin\omega t}$$

例 6.5 如图 6.6 所示，滑轮质块系统整体悬挂在天花板上，已知物块 A、滑轮 B、滑轮 C 和物块 B 的质量分别为 m_1、m_2、m_3、m_4，物块 A 以加速度 a 下降，求天花板

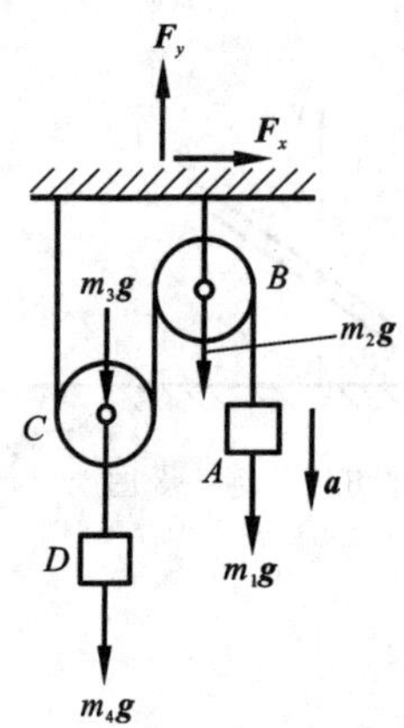

图 6.6 例 6.5 图

的约束力。

解 以整体为分析对象。系统水平方向没有运动，所以系统水平方向的质心加速度 $a_{Cx}\equiv 0$，系统铅垂方向的质心加速度为

$$a_{Cy}=\frac{-m_1a+(m_3+m_4)a/2}{m_1+m_2+m_3+m_4}$$

由质心运动定理，得

$$(m_1+m_2+m_3+m_4)a_{Cx}=F_x$$

$$(m_1+m_2+m_3+m_4)a_{Cy}=F_y-(m_1+m_2+m_3+m_4)g$$

所以

$$F_x=0$$

$$F_y=(m_1+m_2+m_3+m_4)g+\frac{1}{2}(m_3+m_4-2m_1)a$$

例 6.6 如图 6.7 所示，半径为 R、质量为 M 的圆环放在光滑水平面上。环上有一质量为 m 的甲虫，原来甲虫静止，后甲虫沿圆环爬行，求甲虫和圆环中心轨迹。

解 系统整体质心 C 位置守恒。以初始时刻圆环中心 O 为坐标原点建立直角坐标系 Oxy，设甲虫初始位置为 $(R,0)$，则系统的初始质心位置为

$$x_{C0}=\frac{mR}{M+m},\quad y_{C0}=0$$

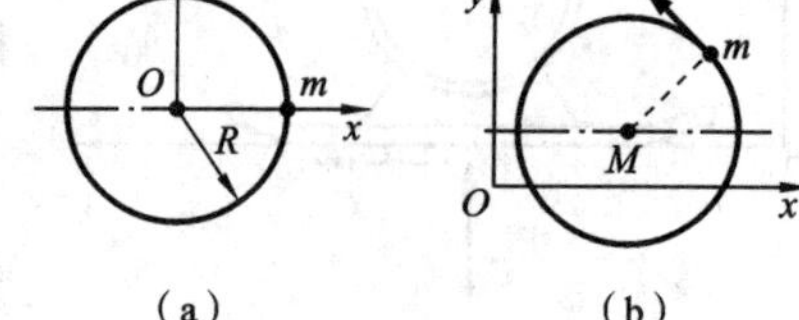

图 6.7 例 6.6 图

系统运动后，设圆环的质心位置为 (x_M, y_M)，甲虫质心位置为 (x_m, y_m)，则有

$$x_C=\frac{Mx_M+mx_m}{M+m}=x_{C0}=\frac{mR}{M+m}\quad\Rightarrow\quad Mx_M+mx_m=mR \tag{a}$$

$$y_C=\frac{My_M+my_m}{M+m}=y_{C0}=0\quad\Rightarrow\quad My_M+my_m=0 \tag{b}$$

几何约束条件为

$$(x_M-x_m)^2+(y_M-y_m)^2=R^2 \tag{c}$$

由式(a)、式(b)解出 x_m、y_m，代入式(c)，得圆环中心轨迹为

$$\left(x_M-\frac{mR}{M+m}\right)^2+y_M^2=\left(\frac{mR}{M+m}\right)^2$$

这是一个圆心为 $(mR/(M+m),0)$、半径为 $mR/(M+m)$ 的圆。

由式(a)、式(b)解出 x_M、y_M，代入式(c)，得甲虫的轨迹为

$$\left(x_m-\frac{mR}{M+m}\right)^2+y_m^2=\left(\frac{MR}{M+m}\right)^2$$

这是一个圆心为 $(mR/(M+m),0)$、半径为 $MR/(M+m)$ 的圆。

例6.7 如图6.8所示,质量为 $2m$ 的直角楔放在水平面上。质点 P 的质量为 $3m$,质点 Q 的质量为 m。所有接触面都是光滑的,不计滑轮 A 和绳子的质量。求楔的加速度、绳中张力和楔对质点 P 的作用力。

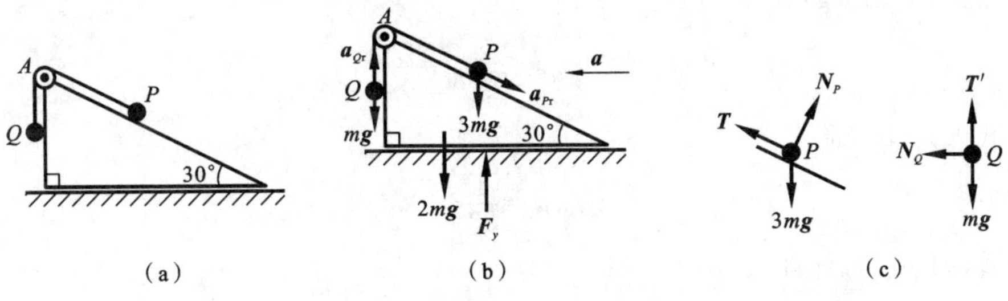

图6.8 例6.7图

解 由于质点 P 的重力沿斜面方向的分力大于质点 Q 的重力,因此质点 P 将下滑;又因为整体在水平方向动量守恒,因此楔将左滑,进而质点 Q 将沿楔的直角边上滑。以楔为动系,用合成运动方法,可得质点 P、Q 的绝对加速度 $\boldsymbol{a}_P$、$\boldsymbol{a}_Q$ 分别为

$$\boldsymbol{a}_P=\boldsymbol{a}+\boldsymbol{a}_{Pr},\quad \boldsymbol{a}_Q=\boldsymbol{a}+\boldsymbol{a}_{Qr} \tag{a}$$

其中:$\boldsymbol{a}$ 为楔的加速度。

显然,整体在水平方向质心加速度恒为零,即

$$a_{Cx}=\frac{3m(a-a_{Pr}\cos30°)+2ma+ma}{6m}=0$$

即

$$4a-\sqrt{3}a_{Pr}=0 \tag{b}$$

由于滑轮 A 和绳子的质量不计,因此绳子两端的张力大小相等。对质点 P、Q 应用牛顿第二定律,得

$$3m\left(\frac{\sqrt{3}}{2}a-a_{Pr}\right)=T-\frac{3}{2}mg \tag{c}$$

$$\frac{3}{2}ma=\frac{3\sqrt{3}}{2}mg-N_P \tag{d}$$

$$ma_{Qr}=T-mg \tag{e}$$

由于绳子不能伸长且处于拉直状态,因此质点 P、Q 的相对速度在滑轮 A 两边绳子方向的投影必须相等,即

$$v_{Qr}=v_{Pr}$$

此式在系统运动中总是成立,因此可以对 t 求导,立得

$$a_{Qr}=a_{Pr}$$

将上式代入式(e),得

$$T=ma_{Pr}+mg \tag{f}$$

将式(f)此代入式(c),得

$$\frac{3\sqrt{3}}{2}ma-4ma_{\mathrm{Pr}}=-\frac{1}{2}mg \tag{g}$$

由式(b)、式(g)解得

$$a=\frac{\sqrt{3}}{23}g$$

将其代入式(b),得

$$a_{\mathrm{Pr}}=\frac{4}{23}g$$

再由式(d)、式(f)解得

$$N_P=\frac{33\sqrt{3}}{23}mg,\quad T=\frac{27}{23}mg$$

6.3 动量定理的一些典型应用

6.3.1 理想不可压缩流体一维定常流动管壁的附加动反力

动量定理在流体力学中的一个直接应用,就是计算不可压缩流体一维定常流动管壁的附加动反力。一维指运动是单个空间变量的函数,理想流体是指没有内摩擦的流体,不可压缩是指任何一个流体微团在运动过程中体积或密度不变,定常是指在任意一个确定的空间点上流体的速度不变。图 6.9 所示为一段管子的示意图,其内为做一维定常运动的理想不可压缩流体,我们的目的是应用动量定理,计算这段管子的管壁对流体的附加动反力,即因流体流动而需要管壁提供的额外的约束力。

在瞬时 t 截取任意一段流体为 $ABCD$,以此为分析对象,设进口截面 AB 处流体的流速为 $\boldsymbol{v}_1$、压力为 $\boldsymbol{P}_1$;出口截面 CD 处流体的流速为 $\boldsymbol{v}_2$、压力为 $\boldsymbol{P}_2$。在瞬时 $t+\Delta t$,这段流体运动到了 $A'B'C'D'$,设 $ABB'A'$ 段的质量为 $\mathrm{d}m$,由于流体不可压缩,$CDD'C'$ 段的质量也为 $\mathrm{d}m$。又由于流体做定常运动,故在 $A'B'CD$ 段流体的动量不变,设为 $\boldsymbol{p}_0$。于是同一段流体在瞬时 t 和瞬时 $t+\Delta t$ 的动量分别为

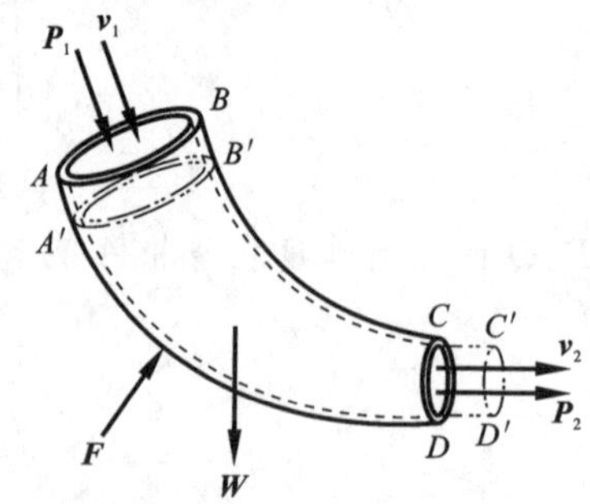

图 6.9 理想不可压缩流体的一维定常流动

$$\boldsymbol{p}(t)=\boldsymbol{p}_0+\mathrm{d}m\cdot\boldsymbol{v}_1$$

$$\boldsymbol{p}(t+\Delta t)=\boldsymbol{p}_0+\mathrm{d}m\cdot\boldsymbol{v}_2$$

所以动量的增量为

$$\begin{aligned}\Delta\boldsymbol{p}(t)&=\boldsymbol{p}(t+\Delta t)-\boldsymbol{p}(t)=(\boldsymbol{v}_2-\boldsymbol{v}_1)\mathrm{d}m\\&=\rho q_{\mathrm{v}}(\boldsymbol{v}_2-\boldsymbol{v}_1)\Delta t\end{aligned}$$

其中:q_{v} 为管中流体的体积流量;ρ 为流体的密度。

由动量定理$\lim\limits_{\Delta t\to 0}\dfrac{\Delta \boldsymbol{p}}{\Delta t}=\boldsymbol{F}^{(e)}$，得

$$\rho q_v(\boldsymbol{v}_2-\boldsymbol{v}_1)=\boldsymbol{W}+\boldsymbol{F}+\boldsymbol{P}_1+\boldsymbol{P}_2 \tag{6.17}$$

其中：$\boldsymbol{F}$ 为管壁对流体的约束力合力。将 $\boldsymbol{F}$ 分解为

$$\boldsymbol{F}=\boldsymbol{F}_S+\boldsymbol{F}_D$$

其中：$\boldsymbol{F}_S$ 为管壁对流体的静态约束力合力，它与外作用静态力 $\boldsymbol{W}$、$\boldsymbol{P}_1$、$\boldsymbol{P}_2$ 一起构成平衡力系，即 $\boldsymbol{F}_S=-(\boldsymbol{W}+\boldsymbol{P}_1+\boldsymbol{P}_2)$。所以有

$$\boldsymbol{F}_D=\rho q_v(\boldsymbol{v}_2-\boldsymbol{v}_1) \tag{6.18}$$

$\boldsymbol{F}_D$ 与流体的流动速度有关，因此 $\boldsymbol{F}_D$ 就是因流体流动而需要管壁额外提供的约束力，称为**管壁的附加动反力**。

例 6.8　如图 6.10 所示，水流入固定水管。进口流速 $v_1=2$ m/s，方向铅垂，进口截面积为 0.02 m²。出口流速 $v_2=4$ m/s，与水平成 30°角。求水对管壁的动压力。

解　体积流量为

$$q_v=0.02\times v_1=0.04\ (\text{m}^3/\text{s})$$

所以管壁的附加动反力为

$$F_{Dx}=\rho q_v(v_{2x}-v_{1x})=1000\times 0.04\times v_2\cos 30^\circ$$
$$=80\sqrt{3}\ (\text{N})$$
$$F_{Dy}=\rho q_v(v_{2y}-v_{1y})$$
$$=1000\times 0.04\times(v_2\sin 30^\circ-v_1)=0$$

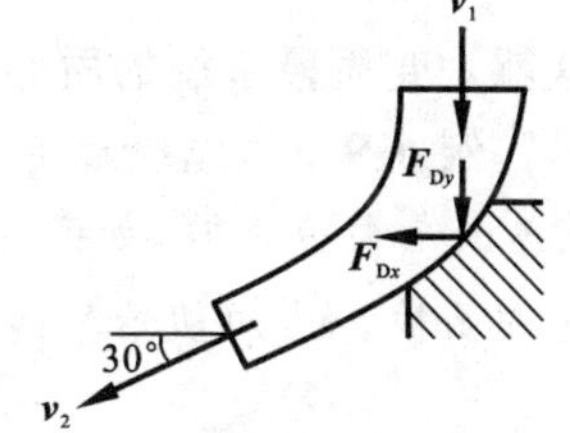

图 6.10　例 6.8 图

水对管壁的动压力与上述附加动反力等值反向。

6.3.2　一类变质量系统问题

我们考虑如下问题：设一个系统的质量随时间 t 连续变化，在瞬时 t 其质量为 $m(t)$，在 Δt 时间内，质量的变化量 $\mathrm{d}m=(\mathrm{d}m/\mathrm{d}t)\mathrm{d}t$，规定当 $\mathrm{d}m>0$ 时，外界向系统输入质量，当 $\mathrm{d}m<0$ 时，系统向外界抛出质量。下面，我们推导这种变质量系统的控制微分方程。

我们将瞬时质量为 $m(t)$ 的系统称为**主系统**，设在瞬时 t 主系统的质心速度为 $\boldsymbol{v}$，在瞬时 $t+\Delta t$ 主系统的质量变为 $m+\mathrm{d}m$，质心的速度变为 $\boldsymbol{v}+\mathrm{d}\boldsymbol{v}$。在 Δt 时间内，主系统与外界交换的质量为 $\mathrm{d}m$，假定 $\mathrm{d}m$ 进入（或离开）主系统时相对于主系统质心的速度为 $\boldsymbol{v}_r$。将 $m(t)+\mathrm{d}m$ 作为分析对象，如图 6.11 所示；那么在$[t,t+\Delta t]$时间内，分析对象的质量不变，可以应用动量定理。

瞬时 t 的动量为

$$\boldsymbol{p}(t)=m\boldsymbol{v}+\mathrm{d}m\cdot(\boldsymbol{v}+\boldsymbol{v}_r)$$

瞬时 $t+\Delta t$ 的动量为

$$\boldsymbol{p}(t+\Delta t)=(m+\mathrm{d}m)(\boldsymbol{v}+\mathrm{d}\boldsymbol{v})=m\boldsymbol{v}+\boldsymbol{v}\mathrm{d}m+m\mathrm{d}\boldsymbol{v}+\mathrm{d}m\mathrm{d}\boldsymbol{v}$$

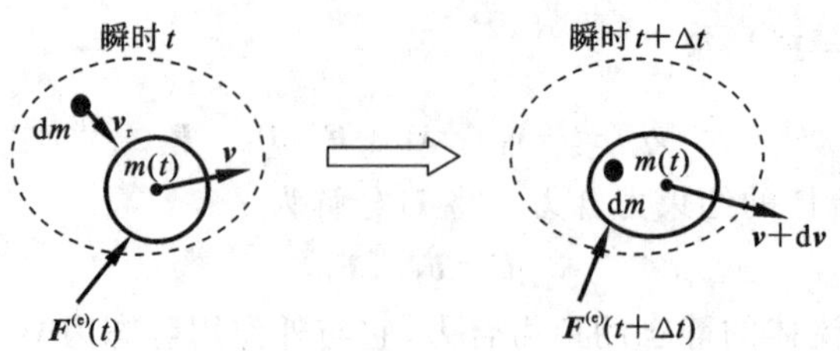

图 6.11 变质量系统的运动和受力

所以动量的增量为

$$\Delta \boldsymbol{p}(t)=\boldsymbol{p}(t+\Delta t)-\boldsymbol{p}(t)=m\mathrm{d}\boldsymbol{v}-\boldsymbol{v}_{\mathrm{r}}\mathrm{d}m+\mathrm{d}m\mathrm{d}\boldsymbol{v}$$

由动量定理$\lim\limits_{\Delta t\to 0}\dfrac{\Delta \boldsymbol{p}}{\Delta t}=\boldsymbol{F}^{(\mathrm{e})}$,得

$$m\frac{\mathrm{d}\boldsymbol{v}}{\mathrm{d}t}-\boldsymbol{v}_{\mathrm{r}}\frac{\mathrm{d}m}{\mathrm{d}t}=\boldsymbol{F}^{(\mathrm{e})}(t) \tag{6.19}$$

这就是**变质量系统的质心运动微分方程**。

例 6.9 细绳绕过定滑轮垂直提升链条。假设链条总长度 $l=20$ m,链条以 $v=0.4$ m/s 匀速上升,如图 6.12 所示,求提升力 $\boldsymbol{F}$ 和地面支持力 $\boldsymbol{N}$ 的大小随时间 t 变化的函数。已知初始时链条静止在地面上,链条单位长度的质量为 2 kg/m。

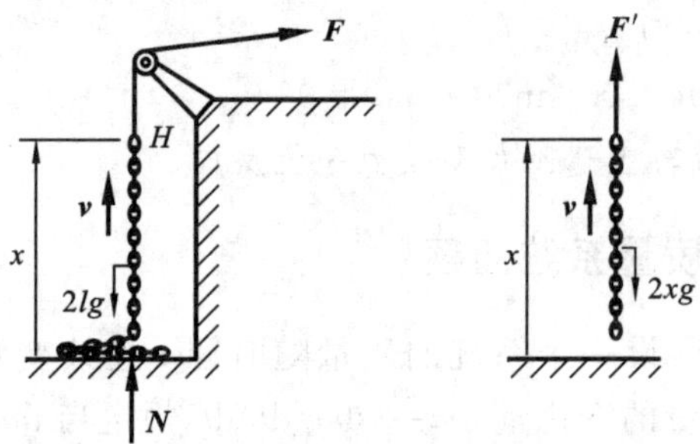

图 6.12 例 6.9 图

解 设链条最高点 H 的瞬时高度为 x,$x=vt$;链条运动部分(即主系统)的质量为 $2x$。以运动部分的链条为分析对象,在 $\mathrm{d}t$ 时间内进入运动的、长度为 $\mathrm{d}x$ 的一小段链条,经链条运动部分的冲击,绝对速度由零突变为 $\boldsymbol{v}$,所以 $\boldsymbol{v}_{\mathrm{r}}=\boldsymbol{0}-\boldsymbol{v}$。在 x 轴方向应用变质量系统的质心运动微分方程,得

$$2x\frac{\mathrm{d}v}{\mathrm{d}t}+v\frac{2\mathrm{d}x}{\mathrm{d}t}=F-2xg$$

因为 $\mathrm{d}x/\mathrm{d}t=v$,所以

$$F=2gvt+2v^2=7.84t+0.32\ (\mathrm{N})$$

再以整根链条为质点系,链条总质量为 $2l$,铅垂方向的动量为

$$p_y(t)=2xv$$

由动量定理，得

$$\frac{\mathrm{d}p_y}{\mathrm{d}t}=\frac{\mathrm{d}(2xv)}{\mathrm{d}t}=F+N-2lg$$

所以

$$N=2gl-2gvt=392-7.84t\ (\mathrm{N})$$

· 现在提出一个问题，如果链条从上往下以匀速 v 落到地面上，则分析有何不同，结果如何？

例 6.10　如图 6.13 所示，设车厢质量为 2000 kg，车上载有 1000 kg 的沙子。原来车和沙子都是静止的，后将沙子水平向后抛出，沙子离开车厢时的相对速度大小为 v_r。设车子不受水平外力，求沙子抛完时车厢的速度大小 v 与 v_r 的比值。

解　在水平方向应用变质量系统的质点运动微分方程，得

图 6.13　例 6.10 图

$$m\frac{\mathrm{d}v}{\mathrm{d}t}+v_r\frac{\mathrm{d}m}{\mathrm{d}t}=0$$

即

$$\mathrm{d}v+v_r\frac{\mathrm{d}m}{m}=0$$

因为 v_r 为常数，所以积分上式，得

$$v+v_r\ln m=C$$

其中：C 为积分常数。由初始条件得

$$C=v_r\ln m_0=v_r\ln 3000$$

所以

$$v+v_r\ln m=v_r\ln 3000\quad\Rightarrow\quad\frac{v}{v_r}=\ln\frac{3000}{m}$$

沙子抛完时，$m=2000$ kg，此时有

$$\frac{v}{v_r}=\ln\frac{3}{2}\approx 0.405$$

(B) 动量矩定理

动量定理或质心运动定理，只解决了质点系和物体的质心运动问题，或者说对于质量相同、质心速度相同的两个质点系，动量定理不能揭示它们之间的运动差别。一个很典型的例子是，对于绕过质心的任意轴做定轴转动的刚体，动量定理得到的信息与该刚体静止时的一样。由实践可知，刚体的转动是由力矩或力偶造成的，这就启发我们，需要考察在力矩或力偶作用下质点系的运动规律，下面将要研究的动量矩定理就是要解决这类问题。

6.4　质点的动量矩定理

1. 方程推导

仍然从牛顿第二定律出发，其数学表达式为

$$\frac{\mathrm{d}(m\boldsymbol{v})}{\mathrm{d}t}=\boldsymbol{F}$$

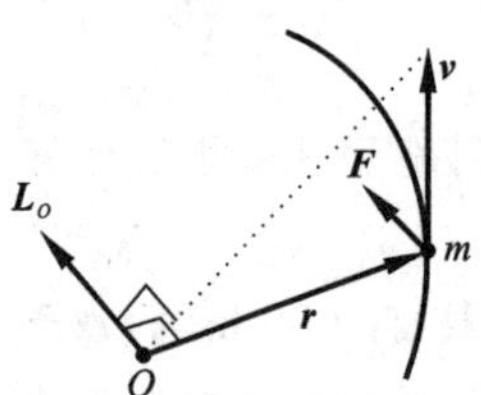

图 6.14　质点的动量距

因为力矩为 $\boldsymbol{r}\times\boldsymbol{F}$，所以我们在惯性系中任意选取一个固定点 O，从点 O 出发到质点的矢径记为 $\boldsymbol{r}$，如图 6.14 所示。我们用 $\boldsymbol{r}$ 与式(6.20)作矢量积，得

$$\boldsymbol{r}\times\frac{\mathrm{d}(m\boldsymbol{v})}{\mathrm{d}t}=\boldsymbol{r}\times\boldsymbol{F} \tag{6.20}$$

这样，式(6.20)右边就是质点上作用的合力 $\boldsymbol{F}$ 对点 O 的力矩，再将其边做如下处理：

$$\boldsymbol{r}\times\frac{\mathrm{d}(m\boldsymbol{v})}{\mathrm{d}t}=\frac{\mathrm{d}(\boldsymbol{r}\times m\boldsymbol{v})}{\mathrm{d}t}-\boldsymbol{v}\times(m\boldsymbol{v})=\frac{\mathrm{d}(\boldsymbol{r}\times m\boldsymbol{v})}{\mathrm{d}t}=\frac{\mathrm{d}\boldsymbol{L}_O(m\boldsymbol{v})}{\mathrm{d}t} \tag{6.21}$$

其中：

$$\boldsymbol{L}_O(m\boldsymbol{v})=\boldsymbol{r}\times m\boldsymbol{v} \tag{6.22}$$

称为质点的**动量矩**，它是质点的动量矢量 $m\boldsymbol{v}$ 对点 O 之矩，其含义和计算方法与力矩类似。

于是式(6.20)变为

$$\frac{\mathrm{d}\boldsymbol{L}_O(m\boldsymbol{v})}{\mathrm{d}t}=\boldsymbol{r}\times\boldsymbol{F}=\boldsymbol{m}_O(\boldsymbol{F}) \tag{6.23}$$

式(6.23)就是**质点的动量矩定理**，即质点对任意固定点 O 的动量矩对时间的导数等于质点上的合力对同一点之矩。它揭示了矩心为任意固定点时，质点上作用的力矩与其动量矩(即运动)之间的关系。

式(6.23)在直角坐标系中的投影式为

$$\begin{cases}\dfrac{\mathrm{d}}{\mathrm{d}t}L_x(m\boldsymbol{v})=m_x(\boldsymbol{F})\\ \dfrac{\mathrm{d}}{\mathrm{d}t}L_y(m\boldsymbol{v})=m_y(\boldsymbol{F})\\ \dfrac{\mathrm{d}}{\mathrm{d}t}L_z(m\boldsymbol{v})=m_z(\boldsymbol{F})\end{cases}$$

2. 动量矩守恒

在某些情况下，对于合适选取的矩心，动量矩可守恒。由上述公式有

(1) $\boldsymbol{m}_O(\boldsymbol{F})\equiv\boldsymbol{0}\quad\Rightarrow\quad\boldsymbol{L}_O(m\boldsymbol{v})=$常矢量；

(2) $m_i(\boldsymbol{F})\equiv 0\quad\Rightarrow\quad L_i(m\boldsymbol{v})=$常数，$i=x,y,z$。

在图 6.15 中，质点受到的合力 $\boldsymbol{F}$ 始终指向一个固定点 O，这种力称为有心力，在

有心力 $\boldsymbol{F}$ 作用下的质点的运动(如地球在太阳引力作用下的运动),是典型的动量矩守恒问题。

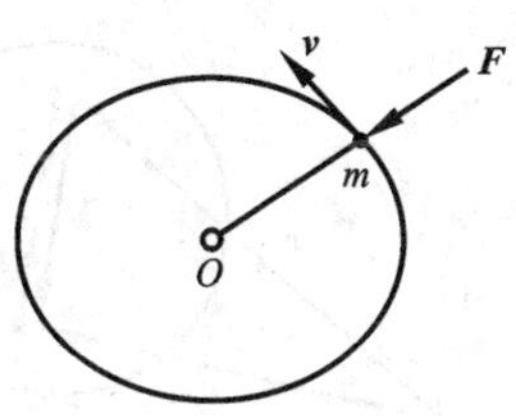

图 6.15　有心力作用的质点

6.5　质点系的动量矩定理

1. 定理的推导

显然,对于质点系中任意一个质量为 m_i 的质点,式(6.23)都成立,只是现在质点 m_i 受到的合力可分为内力合力与外力合力,所以有

$$\frac{\mathrm{d}(\boldsymbol{r}_i\times m_i\boldsymbol{v})}{\mathrm{d}t}=\boldsymbol{r}_i\times\boldsymbol{F}_i^{(\mathrm{e})}+\boldsymbol{r}_i\times\boldsymbol{F}_i^{(\mathrm{i})}\tag{6.24}$$

假定质点系有 N 个质点,我们将 N 个方程相加,得

$$\frac{\mathrm{d}}{\mathrm{d}t}\sum_{i=1}^{N}\boldsymbol{r}_i\times m_i\boldsymbol{v}=\sum_{i=1}^{N}\boldsymbol{r}_i\times\boldsymbol{F}_i^{(\mathrm{e})}+\sum_{i=1}^{N}\boldsymbol{r}_i\times\boldsymbol{F}_i^{(\mathrm{i})}\tag{6.25}$$

式(6.25)等号右边第一项为外力矩之和,第二项为内力矩之和。由上文已知,内力 $\boldsymbol{F}_i^{(\mathrm{i})}$ 可写为

$$\boldsymbol{F}_i^{(\mathrm{i})}=\sum_{j=1}^{N}\boldsymbol{F}_{ij}^{(\mathrm{i})},\quad \boldsymbol{F}_{ii}^{(\mathrm{i})}\equiv\boldsymbol{0}\tag{6.26}$$

将式(6.26)代入式(6.25),可得

$$\frac{\mathrm{d}\boldsymbol{L}_O}{\mathrm{d}t}=\boldsymbol{M}_O^{(\mathrm{e})}+\boldsymbol{M}_O^{(\mathrm{i})}\tag{6.27}$$

其中:

$$\boldsymbol{L}_O=\sum_{i=1}^{N}\boldsymbol{r}_i\times m_i\boldsymbol{v},\quad \boldsymbol{M}_O^{(\mathrm{e})}=\sum_{i=1}^{N}\boldsymbol{r}_i\times\boldsymbol{F}_i^{(\mathrm{e})},\quad \boldsymbol{M}_O^{(\mathrm{i})}=\sum_{i=1}^{N}\boldsymbol{r}_i\times\boldsymbol{F}_i^{(\mathrm{i})}=\sum_{i=1}^{N}\sum_{j=1}^{N}\boldsymbol{r}_i\times\boldsymbol{F}_{ij}^{(\mathrm{i})}\tag{6.28}$$

我们将内力矩 $\boldsymbol{M}_O^{(\mathrm{i})}$ 的各项 $\boldsymbol{r}_i\times\boldsymbol{F}_{ij}^{(\mathrm{i})}$ 排成一个矩阵:

$$\begin{bmatrix}\boldsymbol{0} & \boldsymbol{r}_1\times\boldsymbol{F}_{12}^{(\mathrm{i})} & \cdots & \boldsymbol{r}_1\times\boldsymbol{F}_{1N}^{(\mathrm{i})}\\ \boldsymbol{r}_2\times\boldsymbol{F}_{21}^{(\mathrm{i})} & \boldsymbol{0} & \cdots & \boldsymbol{r}_2\times\boldsymbol{F}_{2N}^{(\mathrm{i})}\\ \vdots & \vdots & & \vdots\\ \boldsymbol{r}_N\times\boldsymbol{F}_{N1}^{(\mathrm{i})} & \boldsymbol{r}_N\times\boldsymbol{F}_{N2}^{(\mathrm{i})} & \cdots & \boldsymbol{0}\end{bmatrix}$$

显然,该矩阵所有元素之和为 $\boldsymbol{M}_O^{(\mathrm{i})}$。我们来考察与对角线对称的任意两个元素 $\boldsymbol{r}_i\times\boldsymbol{F}_{ij}^{(\mathrm{i})}$ 与 $\boldsymbol{r}_j\times\boldsymbol{F}_{ji}^{(\mathrm{i})}$ 之和,考虑到 $\boldsymbol{F}_{ij}^{(\mathrm{i})}=-\boldsymbol{F}_{ji}^{(\mathrm{i})}$,由图 6.16 可得

$$\begin{aligned}\boldsymbol{r}_i\times\boldsymbol{F}_{ij}^{(\mathrm{i})}+\boldsymbol{r}_j\times\boldsymbol{F}_{ji}^{(\mathrm{i})}&=\boldsymbol{r}_i\times\boldsymbol{F}_{ij}^{(\mathrm{i})}+(\boldsymbol{r}_i+\boldsymbol{r}_{ij})\times\boldsymbol{F}_{ji}^{(\mathrm{i})}\\&=\boldsymbol{r}_i\times\boldsymbol{F}_{ij}^{(\mathrm{i})}+\boldsymbol{r}_i\times\boldsymbol{F}_{ji}^{(\mathrm{i})}\\&=\boldsymbol{r}_i\times\boldsymbol{F}_{ij}^{(\mathrm{i})}-\boldsymbol{r}_i\times\boldsymbol{F}_{ij}^{(\mathrm{i})}\equiv\boldsymbol{0}\end{aligned}\tag{6.29}$$

矩阵的所有元素是由这种成对的元素组成的,所以 $\boldsymbol{M}_O^{(\mathrm{i})}\equiv\boldsymbol{0}$。于是式(6.27)可

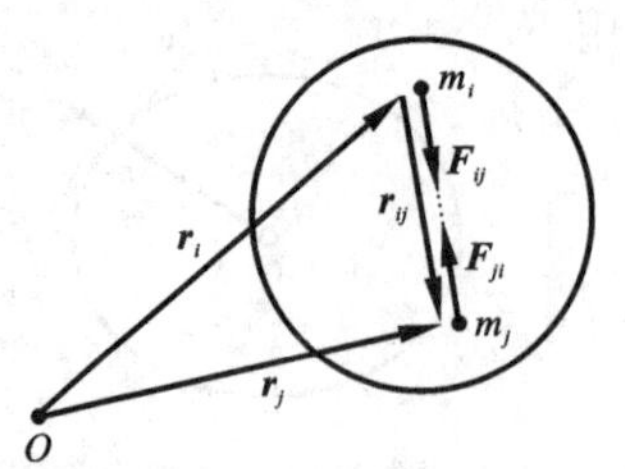

图 6.16 任意两个质点相互作用的内力和矢径关系

写为

$$\frac{\mathrm{d}\boldsymbol{L}_O}{\mathrm{d}t}=\boldsymbol{M}_O^{(\mathrm{e})} \tag{6.30}$$

式(6.30)就是质点系的**动量矩定理**,用文字表述为:**质点系对任意一点 O 的动量矩的时间变化率等于质点系受到的所有外力对同一点 O 的主矩。**

在直角坐标系中,式(6.30)的投影式为

$$\frac{\mathrm{d}L_x}{\mathrm{d}t}=M_x^{(\mathrm{e})},\quad \frac{\mathrm{d}L_y}{\mathrm{d}t}=M_y^{(\mathrm{e})},\quad \frac{\mathrm{d}L_z}{\mathrm{d}t}=M_z^{(\mathrm{e})} \tag{6.31}$$

2. 动量矩守恒

对于取定的或合适选取的矩心,在某些情况下,质点系的动量矩可守恒。由上述方程有:

(1) $\boldsymbol{M}_O^{(\mathrm{e})}\equiv\boldsymbol{0} \quad\Rightarrow\quad \boldsymbol{L}_O=$常矢量;

(2) $M_i^{(\mathrm{e})}\equiv 0 \quad\Rightarrow\quad L_i=$常数,$i=x,y,z$。

例 6.11 如图 6.17 所示,滑轮轴 O 上悬有一根绳子,绳子两端离过轴 O 的水平线的距离分别为 l_1 和 l_2。质量分别为 m_1 和 m_2 的两个人抓着绳子的两端,同时开始向上爬并同时到达过轴 O 的水平线。不计滑轮和绳子的质量,忽略所有对运动的阻力。求两人同时到达的时间。

解 设质量为 m_1 和 m_2 的两个人的绝对速度分别为 $\boldsymbol{v}_1$、$\boldsymbol{v}_2$,两人同时到达的时间为 T,则系统对轴 O 的动量矩为

$$L_O=m_1v_1r-m_2v_2r$$

由动量矩定理,得

$$\frac{\mathrm{d}L_O}{\mathrm{d}t}=(m_2g-m_1g)r$$

即

$$\frac{\mathrm{d}}{\mathrm{d}t}(m_1v_1-m_2v_2)=m_2g-m_1g$$

图 6.17 例 6.11 图

积分上式并考虑到初始动量矩为零,得

$$m_1v_1-m_2v_2=(m_2g-m_1g)t$$

上式对时间积分,得

$$m_1\int_0^T v_1\,\mathrm{d}t-m_2\int_0^T v_2\,\mathrm{d}t=\frac{1}{2}(m_2g-m_1g)T^2 \tag{a}$$

在时间 T 内,两人上升的绝对路程分别为 l_1 和 l_2,由此得

$$l_1=\int_0^T v_1\,\mathrm{d}t,\quad l_2=\int_0^T v_2\,\mathrm{d}t \tag{b}$$

将式(b)代入式(a)，得

$$m_1l_1-m_2l_2=\frac{1}{2}(m_2g-m_1g)T^2$$

所以

$$T=\sqrt{\frac{2(m_1l_1-m_2l_2)}{(m_2-m_1)g}}$$

6.6　定轴转动刚体的动力学

1. 动力学方程

设一刚体绕某定轴 z 转动，如图 6.18 所示，由式(6.31)可得

$$\frac{\mathrm{d}L_z}{\mathrm{d}t}=M_z^{(e)}$$

其中：$M_z^{(e)}$ 为刚体上作用的所有外力对 z 轴之矩；L_z 为定轴转动刚体对 z 轴的动量矩。它们均为代数量，其正负号由参考正转向来定。**注意，这里没有考虑 x 轴和 y 轴方向的动量矩方程。**

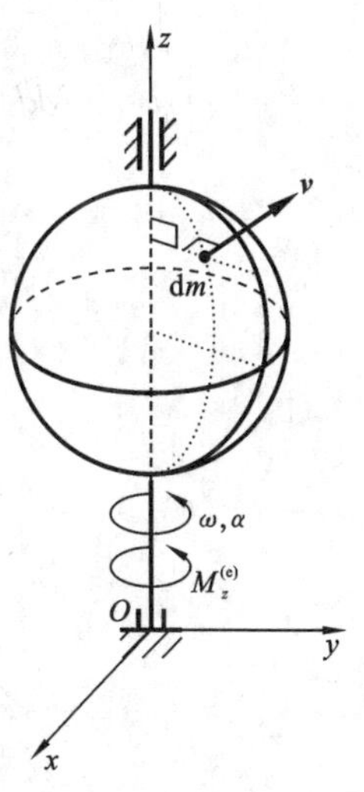

图 6.18　定轴转动刚体

L_z 的计算可以仿照力对轴之矩进行，如图 6.18 所示，可得

$$L_z=\int_M r(v\mathrm{d}m)=\int_M \omega r^2\,\mathrm{d}m=\omega\int_M r^2\,\mathrm{d}m=J_z\omega \tag{6.32}$$

其中：

$$J_z=\int_M r^2\,\mathrm{d}m \tag{6.33}$$

称为**刚体对 z 轴的转动惯量**。由于刚体的形状不变，它与转轴的相对位置一旦确定，J_z 是不变的，因此，J_z 对确定的刚体和转轴是常数。有时也将转动惯量写成如下形式：

$$J_z=M\rho^2 \tag{6.34}$$

其中：ρ 是具有长度的量纲，称为刚体对 z 轴的**惯性半径或回转半径**。

将式(6.32)代入 $\frac{\mathrm{d}L_z}{\mathrm{d}t}=M_z^{(e)}$，得

$$J_z\varepsilon=M_z^{(e)}\quad 或\quad J_z\frac{\mathrm{d}\omega}{\mathrm{d}t}=M_z^{(e)}\quad 或\quad J_z\frac{\mathrm{d}^2\varphi}{\mathrm{d}t^2}=M_z^{(e)} \tag{6.35}$$

这就是**定轴转动刚体的动力学方程**。

2. 刚体对轴的转动惯量计算

1）平行轴定理

设有平行的两轴 z 和 z_C，轴 z_C 通过刚体的质心 C，令 J_z、J_C 分别为同一刚体对两轴的转动惯量，M 为刚体的质量，d 为两轴间的距离，如图 6.19 所示。图 6.19(b) 中的 x_m、y_m 表示矢量 $\boldsymbol{r}_m$ 在坐标系 Oxy 中的投影，在以 C 为原点的坐标系 Cxy 中，根据质心坐标的计算公式立得

$$0=\frac{\int_M x_m \mathrm{d}m}{M},\quad 0=\frac{\int_M y_m \mathrm{d}m}{M}$$

所以转动惯量 J_z 为

$$\begin{aligned}J_z&=\int_M r^2\mathrm{d}m=\int_M (x^2+y^2)\mathrm{d}m=\int_M[(x_C+x_m)^2+(y_C+y_m)^2]\mathrm{d}m\\&=\int_M (x_m^2+y_m^2)\mathrm{d}m+\int_M (x_C^2+y_C^2)\mathrm{d}m+2x_C\int_M x_m\mathrm{d}m+2y_C\int_M y_m\mathrm{d}m\\&=J_C+Md^2\end{aligned}$$

即

$$J_z=J_C+Md^2 \tag{6.36}$$

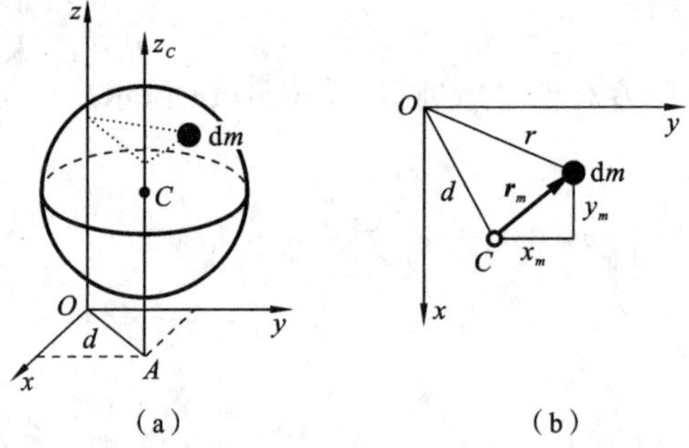

图 6.19 刚体对平行轴的转动惯量

2）复杂形状刚体的转动惯量

按如下一般公式进行解析或数值积分计算：

$$J_z=\int_M r^2\mathrm{d}m=\begin{cases}\int_V r^2\rho\mathrm{d}V & （非均质刚体）\\ \rho\int_V r^2\mathrm{d}V & （均质刚体）\end{cases} \tag{6.37}$$

其中：V 为刚体的体积；$\rho=\rho(x,y,z)$，为刚体的密度。

3）简单形状刚体的转动惯量

简单形状刚体的转动惯量可查表获得，一些简单均质物体的转动惯量列于书后附录中的附表 2。对于由若干个简单形状刚体组合成的刚体，可按下式计算转动

惯量：

$$J_z = \sum (J_{Ci} + M_i d_i^2) \tag{6.38}$$

其中：J_{Ci} 为第 i 个简单形状刚体的质心轴（平行于 z 轴）转动惯量；d_i 为第 i 个刚体的质心 C_i 与 z 轴之间的距离。

例 6.12　图 6.20 所示机构中有均质摩擦轮 A 和 B，质量分别为 m_1 和 m_2，半径分别为 r_1 和 r_2。初始时，使轮 A 获得初角速度 ω 后再与静止的轮 B 接触，两轮间的摩擦系数为 f，略去轴承的摩擦和杆 OA 的质量，系统在铅垂面内。求从开始接触到两轮无相对滑动经过的时间。

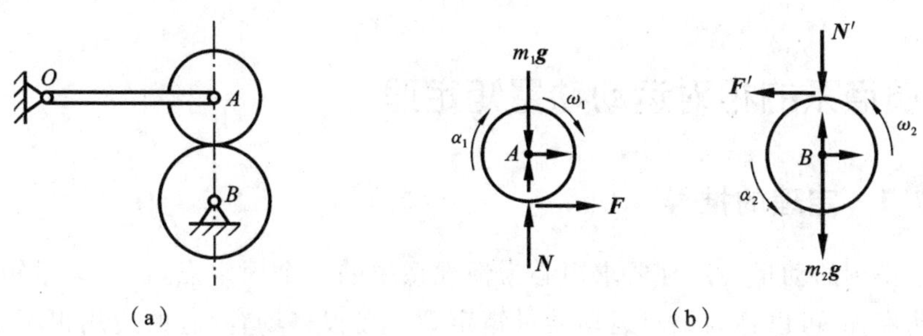

图 6.20　例 6.12 图

解　(1) 轮 A。

因为忽略杆 OA 的质量，所以杆 OA 对轮 A 的铅垂方向的约束力为零。由质心运动定理，得

$$N - m_1 g = 0 \quad \Rightarrow \quad N = m_1 g$$

在运动开始阶段两轮有相对滑动，所以摩擦定律成立，得

$$F = Nf$$

由转动动力学方程，得

$$\frac{1}{2} m_1 r_1^2 \alpha_1 = -F r_1$$

组合以上三式，得

$$\alpha_1 = -\frac{2gf}{r_1} \quad \Rightarrow \quad \frac{\mathrm{d}\omega_1}{\mathrm{d}t} = -\frac{2gf}{r_1}$$

积分得

$$\omega_1 = \omega - \frac{2gf}{r_1} t \tag{a}$$

(2) 轮 B。

由转动动力学方程，得

$$\frac{1}{2} m_2 r_2^2 \alpha_2 = F r_2 \quad \Rightarrow \quad \alpha_2 = \frac{\mathrm{d}\omega_2}{\mathrm{d}t} = \frac{2 m_1 g f}{m_2 r_2}$$

积分得

$$\omega_2=\frac{2m_1gf}{m_2r_2}t \tag{b}$$

当两轮无相对滑动时有 $\omega_1r_1=\omega_2r_2$，设经过的时间为 T，则由式(a)、式(b)，得

$$r_1\left(\omega-\frac{2gf}{r_1}T\right)=r_2\cdot\frac{2m_1gf}{m_2r_2}T$$

解得

$$T=\frac{\omega r_1}{2gf\left(1+\dfrac{m_1}{m_2}\right)}$$

6.7 质点系的相对运动动量矩定理

6.7.1 定理的推导

以上得到的动量矩定理要求矩心为惯性系中的一个固定点，计算动量矩的速度为绝对速度，故可以称为绝对运动动量矩定理。在很多场合，它的应用很不方便，为此，我们来推导质点系相对于动矩心的动量矩定理，即所谓的相对运动动量矩定理。如图 6.21 所示，设动矩心 D 以速度 $\boldsymbol{v}_D$ 和加速度 $\boldsymbol{a}_D$ 在惯性系 $Oxyz$ 中运动。任取一个随点 D 一起平动的坐标系 $Dx_Dy_Dz_D$，在平动坐标系 $Dx_Dy_Dz_D$ 中的观察者，按照观察到的各个质点的速度和动量矩的计算方法，在每一瞬时都可以计算出质点系关于点 D 的动量矩，这个动量矩就是相对运动动量矩，它的变化规律就是相对于动矩心的动量矩定理或相对运动动量矩定理。这个定理可以用绝对运动动量矩定理演化得到。

设质点系中质点 i 的瞬时绝对速度为 $\boldsymbol{v}_i$，由合成运动方法，有

$$\boldsymbol{v}_i=\boldsymbol{v}_{ri}+\boldsymbol{v}_D \tag{6.39}$$

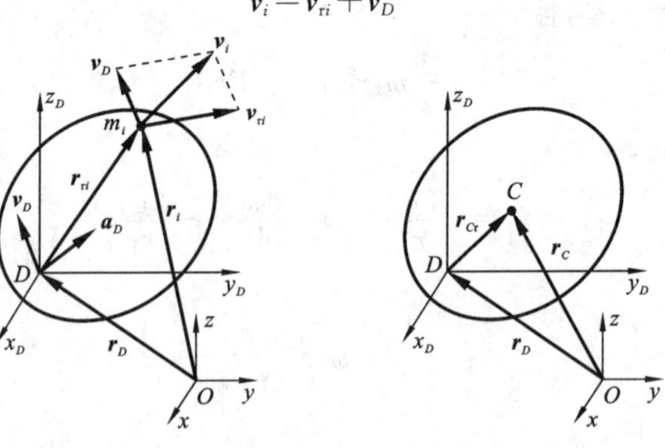

(a) 任意质点 m_i 的复合运动　　(b) 质心的运动

图 6.21　质点系相对于动矩心 D 的运动

则质点系对固定点 O 的绝对运动动量矩为

$$\begin{aligned}\boldsymbol{L}_O &= \sum \boldsymbol{r}_i \times m_i\boldsymbol{v}_i = \sum [(\boldsymbol{r}_{ri} + \boldsymbol{r}_D) \times (m_i\boldsymbol{v}_{ri} + m_i\boldsymbol{v}_D)] \\ &= \sum \boldsymbol{r}_{ri} \times m_i\boldsymbol{v}_{ri} + \boldsymbol{r}_D \times \sum m_i\boldsymbol{v}_{ri} + \sum \boldsymbol{r}_{ri} \times m_i\boldsymbol{v}_D + \boldsymbol{r}_D \times \sum m_i\boldsymbol{v}_D \\ &= \boldsymbol{L}_{Dr} + \boldsymbol{r}_D \times M\boldsymbol{v}_{Cr} + \boldsymbol{r}_{Cr} \times M\boldsymbol{v}_D + \boldsymbol{r}_D \times M\boldsymbol{v}_D \\ &= \boldsymbol{L}_{Dr} + \boldsymbol{r}_D \times M\boldsymbol{v}_C + \boldsymbol{r}_{Cr} \times M\boldsymbol{v}_D \end{aligned} \tag{6.40}$$

其中：$\boldsymbol{L}_{Dr} = \sum \boldsymbol{r}_{ri} \times m_i\boldsymbol{v}_{ri}$，就是质点系的相对运动动量矩；$\boldsymbol{r}_{Cr}$ 和 $\boldsymbol{v}_{Cr}$ 分别为质心 C 的相对运动矢径和相对速度，有

$$\boldsymbol{r}_{Cr} = \frac{\sum m_i\boldsymbol{r}_{ri}}{M}, \quad \boldsymbol{v}_{Cr} = \frac{\sum m_i\boldsymbol{v}_{ri}}{M} \tag{6.41}$$

注意，在式(6.39)、式(6.40)中所有质点的牵连速度均为 $\boldsymbol{v}_D$，这只有在平动动系中才是正确的，因此 **$\boldsymbol{L}_{Dr}$ 必须在平动动系中计算**。

对式(6.40)求时间绝对导数，并注意到 $\boldsymbol{r}_C = \boldsymbol{r}_D + \boldsymbol{r}_{Cr}$，$\boldsymbol{v}_C = \boldsymbol{v}_D + \boldsymbol{v}_{Cr}$，得

$$\frac{\mathrm{d}\boldsymbol{L}_O}{\mathrm{d}t} = \frac{\mathrm{d}\boldsymbol{L}_{Dr}}{\mathrm{d}t} + \boldsymbol{v}_D \times M\boldsymbol{v}_C + \boldsymbol{r}_D \times M\boldsymbol{a}_C + \boldsymbol{v}_{Cr} \times M\boldsymbol{v}_D + \boldsymbol{r}_{Cr} \times M\boldsymbol{a}_D$$

（以上等号右边第二项、第四项之和为零）

$$= \frac{\mathrm{d}\boldsymbol{L}_{Dr}}{\mathrm{d}t} + \boldsymbol{r}_D \times M\boldsymbol{a}_C + \boldsymbol{r}_{Cr} \times M\boldsymbol{a}_D \tag{6.42}$$

外力对固定点 O 的主矩为

$$\begin{aligned}\boldsymbol{M}_O^{(e)} &= \sum \boldsymbol{r}_i \times \boldsymbol{F}_i^{(e)} = \sum (\boldsymbol{r}_{ri} + \boldsymbol{r}_D) \times \boldsymbol{F}_i^{(e)} = \sum \boldsymbol{r}_{ri} \times \boldsymbol{F}_i^{(e)} + \sum \boldsymbol{r}_D \times \boldsymbol{F}_i^{(e)} \\ &= \boldsymbol{M}_D^{(e)} + \boldsymbol{r}_D \times \sum \boldsymbol{F}_i^{(e)} \end{aligned} \tag{6.43}$$

将式(6.42)、式(6.43)代入动量矩定理 $\dfrac{\mathrm{d}\boldsymbol{L}_O}{\mathrm{d}t} = \boldsymbol{M}_O^{(e)}$，得

$$\frac{\mathrm{d}\boldsymbol{L}_{Dr}}{\mathrm{d}t} = \boldsymbol{M}_D^{(e)} + \boldsymbol{r}_D \times \left(\sum \boldsymbol{F}_i^{(e)} - M\boldsymbol{a}_C\right) - \boldsymbol{r}_{Cr} \times M\boldsymbol{a}_D \tag{6.44}$$

由质心运动定理，有 $\sum \boldsymbol{F}_i^{(e)} - M\boldsymbol{a}_C = \boldsymbol{0}$，所以式(6.44) 变为

$$\frac{\mathrm{d}\boldsymbol{L}_{Dr}}{\mathrm{d}t} = \boldsymbol{M}_D^{(e)} + \boldsymbol{r}_{Cr} \times (-M\boldsymbol{a}_D) \tag{6.45}$$

以上 $\mathrm{d}\boldsymbol{L}_{Dr}/\mathrm{d}t$ 是 $\boldsymbol{L}_{Dr}$ 在惯性系 $Oxyz$（即静系）中对 t 的导数，由于 $Dx_Dy_Dz_D$ 平动，它也等于 $\boldsymbol{L}_{Dr}$ 在动系中对 t 的导数，因此式(6.45)就变为一个完全在平动动系 $Dx_Dy_Dz_D$ 中适用的方程；这就是**质点系的相对运动动量矩定理**。

6.7.2 特殊动矩心

式(6.45)等号右边的第二项使用起来一般很困难，为了消除这一项，使 $\boldsymbol{r}_{Cr} \times (-M\boldsymbol{a}_D) = \boldsymbol{0}$，我们选择动矩心 D 为以下三种点：**质心 C**；**加速度为零的点**；**加速度矢**

量通过质心的点。这时分别有 $\boldsymbol{r}_{Cr}=\boldsymbol{0}$ 或 $\boldsymbol{a}_D=\boldsymbol{0}$ 或 $\boldsymbol{r}_{Cr}/\!/\boldsymbol{a}_D$，不管哪种情况，都有 $\boldsymbol{r}_{Cr}\times(-M\boldsymbol{a}_D)=\boldsymbol{0}$。

(1) **对于动矩心 D 为质心 C 的情况，方程简化为**

$$\frac{\mathrm{d}\boldsymbol{L}_{Cr}}{\mathrm{d}t}=\boldsymbol{M}_C^{(e)} \tag{6.46}$$

这就是**质点系相对于质心的动量矩定理**，式(6.47)在任何时刻都成立。

这种情况下，由式(6.40)，质点系对任意固定点 O 的动量矩 $\boldsymbol{L}_O$ 为

$$\boldsymbol{L}_O=\boldsymbol{L}_{Cr}+\boldsymbol{r}_C\times M\boldsymbol{v}_C \tag{6.47}$$

式(6.47)可用来计算任意运动刚体对某一固定点的绝对运动动量矩。

(2) **选择加速度为零的点 A 作为动矩心，有**

$$\frac{\mathrm{d}\boldsymbol{L}_{Ar}}{\mathrm{d}t}=\boldsymbol{M}_A^{(e)} \tag{6.48}$$

当点 A 的加速度恒等于零时，式(6.48)恒成立；当点 A 的加速度瞬时等于零时，式(6.48)只在该瞬时成立。

(3) **选择加速度矢量通过质心 C 的点 P 作为动矩心，有**

$$\frac{\mathrm{d}\boldsymbol{L}_{Pr}}{\mathrm{d}t}=\boldsymbol{M}_P^{(e)} \tag{6.49}$$

式(6.49)只有当动矩心的选择条件恒满足时才恒成立，但这样的动矩心不易找到，因此一般情况下，式(6.49)只是瞬时成立。

6.8 平面运动刚体的动力学

现在将相对运动动量矩定理应用于平面运动刚体。将平面运动刚体简化为通过质心的平面运动图形，并且设想将刚体的质量沿该平面的垂线方向压缩到该平面上，因此，这个平面运动图形有质量分布，且其总质量等于原刚体的质量。该平面运动图形的运动可分解为随质心 C 的平动和绕基点 D 的转动(见图 6.22)。取基点 D 为以上三种动矩心之一，由质心运动定理和相对运动动量矩定理，得

$$M\boldsymbol{a}_C=\boldsymbol{F}^{(e)},\quad \frac{\mathrm{d}L_{Dr}}{\mathrm{d}t}=M_D^{(e)} \tag{6.50}$$

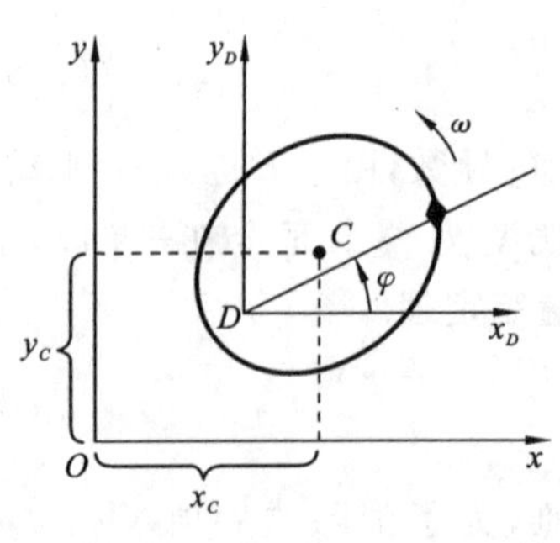

图 6.22 平面运动刚体

其中：$L_{Dr}=J_D\omega$。这就是平面运动刚体的动力学方程。将式(6.50)中的质心运动定理方程写成投影式，得

$$\begin{cases}Ma_{Cx}=F_x^{(e)} & \text{或} \quad M\dot{v}_{Cx}=F_x^{(e)} & \text{或} \quad M\ddot{x}_C=F_x^{(e)}\\ Ma_{Cy}=F_y^{(e)} & \text{或} \quad M\dot{v}_{Cy}=F_y^{(e)} & \text{或} \quad M\ddot{y}_C=F_x^{(e)}\\ J_D\dot{\omega}=M_D^{(e)} & \text{或} \quad J_D\alpha=M_D^{(e)} & \text{或} \quad J_D\ddot{\varphi}=M_D^{(e)}\end{cases} \tag{6.51}$$

这组方程中的微分形式称为**平面运动刚体的微分方程**。注意，这组方程只研究了运动平面内的刚体动力学问题，没有涉及平面运动刚体的三维动力学问题，这方面的内容将在其他章节研究。

例 6.13　如图 6.23 所示，半径为 R、质量为 m 的薄圆环放在光滑水平面上，环上有一质量为 m 的甲虫，原来环和甲虫静止，后甲虫相对圆环以匀速 v 沿圆环爬行。当甲虫爬完一周时，求圆环绕其中心转过的角度和圆环中心绕整个系统的质心转过的角度。

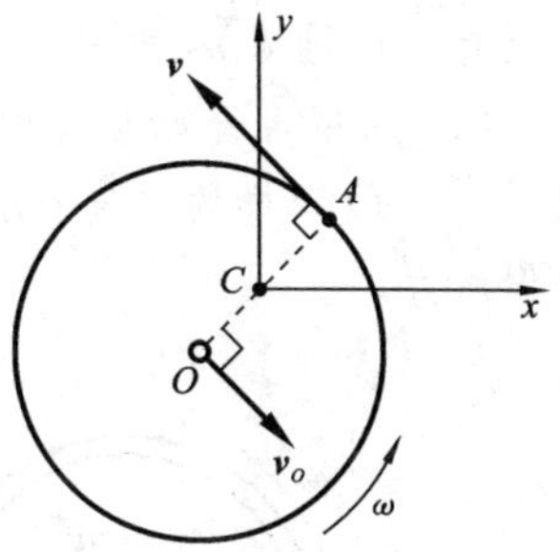

解　系统在水平面内无外力，所以系统整体质心 C 位置不动，同时整体对点 C 动量矩守恒。以点 C 为原点建立固定直角坐标系 Cxy。显然，点 C 位于圆环中心 O 和甲虫 A 的连线中点，因此圆环中心 O 和甲虫 A 的轨迹均为以点 C 为圆心、半径为 $R/2$ 的圆。设圆环的绝对角速度为 ω、中心 O 的速度为 $\boldsymbol{v}_O$，则甲虫的绝对速度 $\boldsymbol{v}_A$ 为

图 6.23　例 6.13 图

$$\boldsymbol{v}_A=\boldsymbol{v}+\boldsymbol{v}_O+\boldsymbol{v}_{AO}$$

其中：$v_{AO}=\omega R$。所以 $\boldsymbol{v}_A$ 沿 $\boldsymbol{v}$ 方向，大小为

$$v_A=v+\omega R-v_O$$

由系统动量守恒可知 $v_A=v_O$，所以

$$v_A=v_O=\frac{v+\omega R}{2}$$

计算系统对点 C 的动量矩，并由动量矩守恒，得

$$mv_O\frac{R}{2}+mR^2\omega+mv_A\frac{R}{2}=0$$

所以

$$\omega=-\frac{v}{3R}\tag{a}$$

甲虫相对于圆环中心 O 的角速度 ω_{AO} 为

$$\omega_{AO}=\frac{v}{R}$$

所以甲虫爬完一周所需时间为

$$t=\frac{2\pi}{\omega_{AO}}=\frac{2\pi R}{v}\tag{b}$$

由式(a)、式(b)可得圆环绕其中心转过的角度 φ_{AO} 为

$$\varphi_{AO}=\omega t=-\frac{v}{3R}\frac{2\pi R}{v}=-\frac{2\pi}{3}$$

负号表示与假设的 ω 的转向相反，即圆环绕其中心的转向与甲虫的转向相反。

圆环中心 O 相对于整体质心 C 的角速度 ω_{OC} 为

$$\omega_{OC}=\frac{v_O}{R/2}=\frac{2v}{3R}$$

所以圆环中心 O 绕整体质心 C 转过的角度 φ_{OC} 为

$$\varphi_{OC}=\omega_{OC}t=\frac{4\pi}{3}$$

φ_{OC} 为正值表明与假设的 ω 的转向相同，即与甲虫的转向相同。

例 6.14 如图 6.24 所示，半径为 R、质量为 m 的薄圆环直立在光滑水平面上。环上有一质量为 m 的甲虫，原来环和甲虫静止，后甲虫相对圆环以匀速 u 沿圆环爬行。(1) 求甲虫开始运动时圆环的角速度；(2) 相对速度 u 多大时，甲虫才能爬到与圆环中心 O 同样的高度？(3) 求甲虫爬到与圆环中心 O 同样的高度时，地面对圆环的作用力。

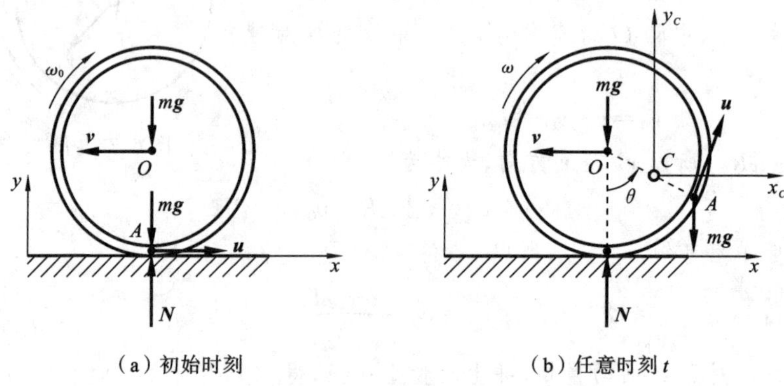

图 6.24 例 6.14 图

解 (1) 甲虫从静止到以匀速 u 开始运动，在很短的时间内完成，可以视为冲击过程，在此过程中系统的位置不变。由系统水平动量守恒，得

$$-mv+m(-v-\omega_0R+u)=0 \tag{a}$$

由系统对固定点 O 动量矩守恒，得

$$-mR^2\omega_0+m(-v-\omega_0R+u)R=0 \tag{b}$$

联立式(a)、式(b)解出

$$\omega_0=\frac{u}{3R}$$

(2) 任意时刻系统质心 C 的铅垂坐标为

$$y_C=R-\frac{1}{2}R\cos\theta$$

所以

$$\ddot{y}_C=\frac{1}{2}R(\ddot{\theta}\sin\theta+\dot{\theta}^2\cos\theta) \tag{c}$$

由 y 轴方向的质心运动定理，得

$$mR(\ddot{\theta}\sin\theta+\dot{\theta}^2\cos\theta)=N-2mg \tag{d}$$

在随质心 C 平动的坐标系 Cx_Cy_C 中，圆环做平面运动，其角速度为 ω，OA 连线绕点 C 以角速度 $\dot{\theta}$ 转动。因此，由相对于质心 C 的动量矩定理，得

$$\frac{\mathrm{d}}{\mathrm{d}t}\left[\frac{1}{4}mR^2\dot{\theta}+\left(\frac{1}{4}mR^2\dot{\theta}-mR^2\omega\right)\right]=-N\times\frac{1}{2}R\sin\theta \tag{e}$$

其中，左边第一项为甲虫的相对运动动量矩，左边圆括号中的两项为圆环的相对运动动量矩。

因为

$$\frac{u}{R}=\dot{\theta}+\omega \tag{f}$$

所以式(e)变为

$$3mR\ddot{\theta}=-N\sin\theta \tag{g}$$

在式(d)、式(g)中消去 N，得

$$R(\sin^2\theta+3)\ddot{\theta}+R\dot{\theta}^2\sin\theta\cos\theta+2g\sin\theta=0 \tag{h}$$

因为

$$\frac{1}{2}\frac{\mathrm{d}}{\mathrm{d}t}[\dot{\theta}^2(\sin^2\theta+3)]=\dot{\theta}\ddot{\theta}(\sin^2\theta+3)+\dot{\theta}^3\sin\theta\cos\theta$$

所以式(h)可写为

$$\frac{R}{2}\frac{\mathrm{d}}{\mathrm{d}t}[\dot{\theta}^2(\sin^2\theta+3)]+2g\dot{\theta}\sin\theta=0$$

即

$$R\mathrm{d}[\dot{\theta}^2(\sin^2\theta+3)]+4g\sin\theta\mathrm{d}\theta=0$$

积分得

$$R\dot{\theta}^2(\sin^2\theta+3)-4g\cos\theta=c \tag{i}$$

其中：c 为积分常数。由题意和式(f)，可得

$$\theta(0)=0,\quad \dot{\theta}(0)=\frac{u}{R}-\omega_0=\frac{2u}{3R}$$

将这些初始条件代入式(i)，得

$$c=\frac{4u^2}{3R}-4g$$

因此式(i)变为

$$R\dot{\theta}^2(\sin^2\theta+3)-4g\cos\theta=\frac{4u^2}{3R}-4g \tag{j}$$

要使甲虫能爬到与圆环中心 O 同样的高度，必须在 $\theta=90^\circ$ 时有 $\dot{\theta}\geqslant0$，则 u 应满足的条件为

$$\dot{\theta}^2=\frac{u^2}{3R^2}-\frac{g}{R}\geqslant 0 \tag{k}$$

即

$$u\geqslant\sqrt{3Rg}$$

(3) 当 $\theta=90°$ 时,由式(d)、式(g)得

$$mR\ddot{\theta}=N-2mg,\quad N=-3mR\ddot{\theta}$$

得

$$N=\frac{3}{2}mg$$

例 6.15 一均质圆柱质量为 m、半径为 r,给圆柱一个初始的质心速度 v_0 和初始角速度 ω_0,再放到地面上,如图 6.25 所示。设 $v_0>\omega_0 r$,圆柱与地面间滑动摩擦系数为 f,求经过多长时间圆柱做纯滚动,并求出纯滚动速度。

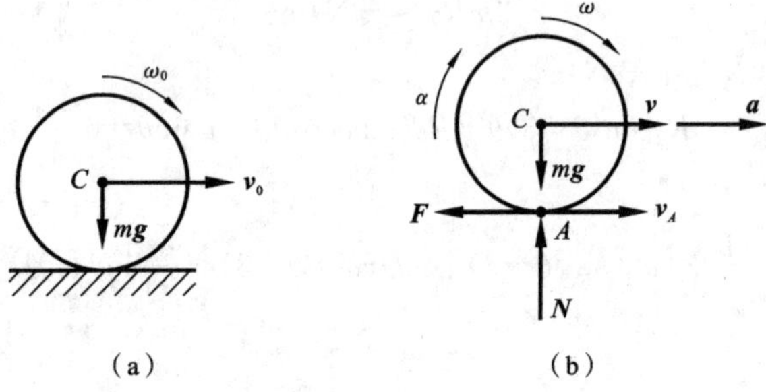

图 6.25 例 6.15 图

解 因为 $v_0>\omega_0 r$,所以在开始阶段接触点 A 的速度 $\boldsymbol{v}_A$ 向右,摩擦力 $\boldsymbol{F}$ 向左。由平面运动刚体的动力学方程,得

$$\begin{cases}N-mg=0,\quad ma=-F\\ \dfrac{1}{2}mr^2\alpha=Fr\end{cases}$$

补充方程(摩擦定律):

$$F=Nf$$

由此得

$$a=-gf,\quad \alpha=\frac{2gf}{r}$$

即

$$\frac{\mathrm{d}v}{\mathrm{d}t}=-gf,\quad \frac{\mathrm{d}\omega}{\mathrm{d}t}=\frac{2gf}{r}$$

积分上面两个方程并考虑初始条件,得

$$v=v_0-gft,\quad \omega=\frac{2gf}{r}t+\omega_0 \tag{a}$$

圆柱做纯滚动时，有 $v=\omega r$，所以有

$$v_0-gft=\left(\frac{2gf}{r}t+\omega_0\right)r$$

圆柱做纯滚动的时间为

$$t=\frac{v_0-\omega_0 r}{3gf}$$

将此式代入式(a)，得圆柱做纯滚动的速度，为

$$v=\frac{2v_0+\omega_0 r}{3}$$

例 6.16 如图 6.26 所示，均质圆柱质量为 m、半径为 r，斜面的倾角为 θ，圆柱与斜面之间的摩擦系数为 μ。求圆柱沿斜面做纯滚动时，倾角 θ 应满足的条件。

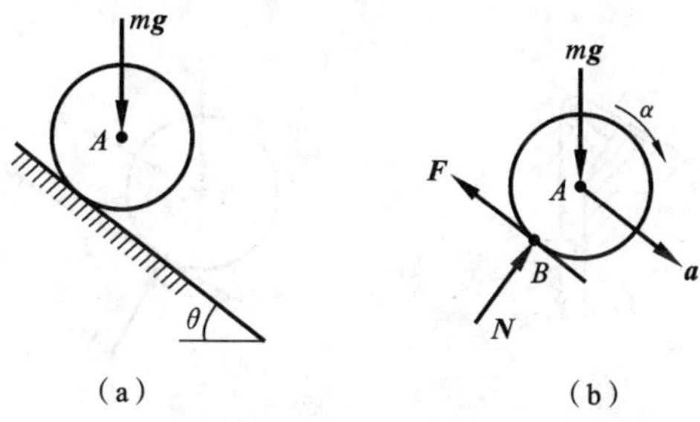

图 6.26 例 6.16 图

解 圆柱做纯滚动时，与斜面的接触点，即速度瞬心的加速度指向柱心，对均质圆柱，柱心即质心，所以可对速度瞬心 B 应用相对运动动量矩定理，得

$$J_B\alpha=mgr\sin\theta \quad \Rightarrow \quad \frac{3}{2}mr^2\alpha=mgr\sin\theta$$

由此直接得

$$\alpha=\frac{2g}{3r}\sin\theta$$

由运动学关系得

$$a=\alpha r=\frac{2g}{3}\sin\theta$$

再由质心运动定理，得

$$mg\sin\theta-F=ma, \quad N-mg\cos\theta=0$$

所以

$$F=\frac{1}{3}mg\sin\theta, \quad N=mg\cos\theta$$

这就是圆柱做纯滚动时要求斜面对其提供的摩擦力和正压力，这一摩擦力不能大于斜面所能提供的最大摩擦力，即 $F\leqslant F_{\max}$，所以有

$$\frac{1}{3}mg\sin\theta \leqslant mg\mu\cos\theta$$

即圆柱做纯滚动时，斜面的倾角应满足

$$\tan\theta \leqslant 3\mu$$

注意：圆柱做纯滚动时，接触点无滑动，摩擦定律不成立，摩擦力和正压力是由动力学方程和运动学关系决定的。

例 6.17 如图 6.27 所示，一圆柱体的质量为 M、半径为 r，相对其中心轴的回转半径为 ρ。圆柱外面绕着柔软而不可伸长的轻绳，放在光滑的倾角为 θ 的斜面上，绳子向上跨过一固定滑轮并在端点挂一质量为 m 的重物。不计滑轮质量，圆柱与绳之间无相对滑动，初始时系统静止。求：(1) 圆柱中心和重物的加速度以及绳中张力；(2) 圆柱仅有转动的条件；(3) 重物不动的条件，以及此时绳中的张力。

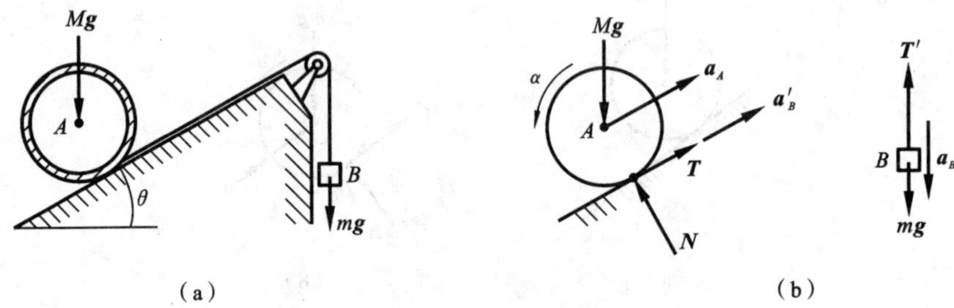

图 6.27 例 6.17 图

解 (1) 求圆柱中心和重物的加速度以及绳中张力。

对重物 B，有

$$mg - T = ma_B$$

对圆柱 A，由平面运动动力学方程，得

$$T - Mg\sin\theta = Ma_A$$

$$M\rho^2\alpha = Tr$$

由运动分析，可得

$$a_B - a_A = \alpha r$$

由上面四个公式不难解得

$$a_A = \frac{(\rho^2 - r^2\sin\theta)m - \rho^2 M\sin\theta}{(\rho^2 + r^2)m + M\rho^2}g \tag{a}$$

$$a_B = \frac{(r^2 + \rho^2)m - \rho^2 M\sin\theta}{(\rho^2 + r^2)m + M\rho^2}g \tag{b}$$

$$T = \frac{mMg\rho^2(1 + \sin\theta)}{(\rho^2 + r^2)m + M\rho^2}$$

(2) 因为系统初始静止，所以如果 $a_A \equiv 0$，则柱心 A 静止，这时圆柱只有转动。

因此由式(a)得所求条件为

$$\frac{m}{M}=\frac{\rho^2\sin\theta}{\rho^2-r^2\sin\theta}$$

另外,还必须保证上式右边分母大于零,即 $\rho^2>r^2\sin\theta$。

(3) 如果 $a_B\equiv0$,则重物 B 静止。因此由式(b)得所求条件为

$$\frac{m}{M}=\frac{\rho^2\sin\theta}{\rho^2+r^2}$$

此时绳中的张力为

$$T=mg$$

例 6.18 图 6.28 所示曲柄滑块机构在铅垂面内,曲柄 OA 长度为 r,以匀角速度 ω 转动。均质连杆 AB 长度为 $2r$,质量为 m。已知滑块的工作阻力为 F,不计滑块 B 的质量,忽略所有阻碍运动的摩擦。求在图示瞬时滑道对滑块 B 的约束力。

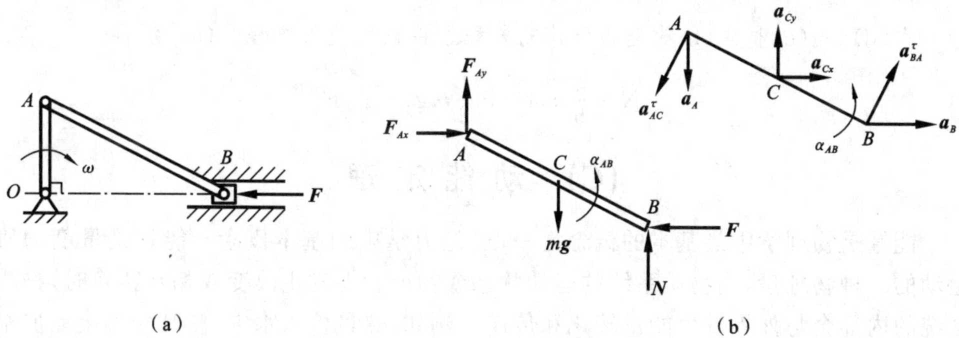

图 6.28 例 6.18 图

解 由均质连杆 AB 平面运动动力学方程,得

$$\begin{cases} ma_{Cx}=F_{Ax}-F \\ ma_{Cy}=F_{Ay}+N-mg \\ \left(\dfrac{1}{12}m\times4r^2\right)\alpha_{AB}=-\dfrac{1}{2}(F+F_{Ax})r+\dfrac{\sqrt{3}}{2}(N-F_{Ay})r \end{cases} \tag{a}$$

方程组(a)的 3 个方程中有 a_{Cx}、a_{Cy}、α_{AB}、F_{Ax}、F_{Ay}、N 这样 6 个未知量,因此需要补充 3 个方程才能使方程组封闭,本题中除了运动学关系之外,没有其他可以补充的关系。因此分析均质连杆 AB 的加速度。

以点 A 为基点求 $\boldsymbol{a}_B$:

$$\boldsymbol{a}_B=\boldsymbol{a}_A+\boldsymbol{a}_{BA}^{\tau} \tag{b}$$

以点 C 为基点求 $\boldsymbol{a}_A$:

$$\boldsymbol{a}_A=\boldsymbol{a}_{Cx}+\boldsymbol{a}_{Cy}+\boldsymbol{a}_{AC}^{\tau} \tag{c}$$

将式(b)向铅垂方向投影,得

$$0=a_A-\frac{\sqrt{3}}{2}a_{BA}^{\tau}$$

由上式得

$$\alpha_{AB}=\frac{\sqrt{3}}{3}\omega^2 \tag{d}$$

将式(c)分别向水平和铅垂方向投影,得

$$0=a_{Cx}-\frac{1}{2}a_{AC}^{\tau},\quad a_A=-a_{Cy}+\frac{\sqrt{3}}{2}a_{AC}^{\tau}$$

由此得

$$a_{Cx}=\frac{\sqrt{3}}{6}\omega^2 r \tag{e}$$

$$a_{Cy}=-\frac{1}{2}\omega^2 r \tag{f}$$

式(d)、式(e)和式(f)就是3个补充方程。将它们代入方程组(a),解得

$$N=\frac{4}{9}m\omega^2 r+\frac{1}{2}mg+\frac{\sqrt{3}}{3}F$$

(C) 动 能 定 理

能量是物理学中最基本的概念之一,也是力学中的基本概念。能量是量度物质运动的一种物理量,当物质系统的运动状态或物质状态发生改变或相互转换时,物质系统的内部会与外界发生能量转化和传递。例如,热量传入水中,使其分子运动加剧从而使水的温度升高;物体在地面上滑行,由于摩擦使其速度降低、温度升高。我们已经讲过,经典力学研究质点和质点系的运动与力之间的关系,下面即将学习的动能定理,研究质点和质点系在力的作用下,其宏观运动能量即动能的变化规律。动能定理也是由牛顿运动定律推导出来的,它的适用范围与牛顿运动定律的相同,因此是动力学的一个普遍定理。

6.9 质点的动能定理

由牛顿第二定律 $m\boldsymbol{a}=\boldsymbol{F}$,可得

$$m\boldsymbol{v}\cdot \mathrm{d}\boldsymbol{v}=\boldsymbol{F}\cdot \mathrm{d}\boldsymbol{r}$$

得

$$\mathrm{d}\left(\frac{1}{2}mv^2\right)=\delta w \tag{6.52}$$

这就是**质点动能定理的微分形式**,其中$\frac{1}{2}mv^2$ 称为质点的**动能**;而

$$\delta w=\boldsymbol{F}\cdot \mathrm{d}\boldsymbol{r} \tag{6.53}$$

称为力 $\boldsymbol{F}$ 对质点所做的(微)**元功**,它是一个代数量,并且一般与力 $\boldsymbol{F}$ 的运行路径有关,因此不是某个函数 w 的全微分,所以一般不用全微分符号 $\mathrm{d}w$ 表示元功。

对式(6.52)两边积分,得

$$\int_{v_1}^{v_2}\mathrm{d}\left(\frac{1}{2}mv^2\right)=\int_{r_1}^{r_2}\boldsymbol{F}\cdot\mathrm{d}\boldsymbol{r}$$

即

$$\frac{1}{2}mv_2^2-\frac{1}{2}mv_1^2=W_{12} \tag{6.54}$$

$$W_{12}=\int_{r_1}^{r_2}\boldsymbol{F}\cdot\mathrm{d}\boldsymbol{r} \tag{6.55}$$

可见,动能定理是由牛顿运动定律经过直接的数学变形得到的,因此其中用到的速度、力的功都必须相对于惯性系计算。

动能定理揭示了动能与功的转换关系,它是力学系统必须遵守的基本力学定理之一。由于动能与功均为标量,因此应用这种功能方法将给动力学问题的研究带来很大的方便。

功的标准单位为 J(焦耳),1 J=1 N·m。

6.10　质点系的动能定理

对质点系中的每一质点,设其上的外力、内力的合力分别为 $\boldsymbol{F}_i^{(e)}$、$\boldsymbol{F}_i^{(i)}$,则有

$$\mathrm{d}\left(\frac{1}{2}m_iv_i^2\right)=\delta w_i^{(e)}+\delta w_i^{(i)}$$

其中:$\delta w_i^{(e)}=\boldsymbol{F}_i^{(e)}\cdot\mathrm{d}\boldsymbol{r}_i$,为质点 i 上的外力的合力 $\boldsymbol{F}_i^{(e)}$ 对质点 i 所做的功,简称**外力功**;$\delta w_i^{(i)}=\boldsymbol{F}_i^{(i)}\cdot\mathrm{d}\boldsymbol{r}_i$,为质点 i 上的内力的合力 $\boldsymbol{F}_i^{(i)}$ 对质点 i 所做的功,简称**内力功**。

对整个质点系,可得

$$\mathrm{d}\sum_i\left(\frac{1}{2}m_iv_i^2\right)=\sum_i\delta w_i^{(e)}+\sum_i\delta w_i^{(i)}$$

令

$$T=\sum_i\left(\frac{1}{2}m_iv_i^2\right) \tag{6.56}$$

这就是**质点系的动能**。于是**质点系动能定理的微分形式**为

$$\mathrm{d}T=\delta w^{(e)}+\delta w^{(i)} \tag{6.57}$$

其中:

$$\delta w^{(e)}=\sum_i\delta w_i^{(e)}=\sum_i\boldsymbol{F}_i^{(e)}\cdot\mathrm{d}\boldsymbol{r}_i,\quad \delta w^{(i)}=\sum_i\delta w_i^{(i)}=\sum_i\boldsymbol{F}_i^{(i)}\cdot\mathrm{d}\boldsymbol{r}_i \tag{6.58}$$

分别为质点系的外力功之和与内力功之和。我们不能证明质点系的内力功之和 $\delta w^{(i)}$ 恒为零,恰恰相反,它一般不等于零,比如电动机定子与转子之间的内力矩对转子做功。

对式(6.57)两边积分,可得**质点系动能定理的积分形式**为

$$T_2 - T_1 = W_{12} \tag{6.59}$$

其中:

$$W_{12} = \sum_i \int_{\boldsymbol{r}_{i1}}^{\boldsymbol{r}_{i2}} \boldsymbol{F}_i^{(e)} \cdot \mathrm{d}\boldsymbol{r}_i + \sum_i \int_{\boldsymbol{r}_{i1}}^{\boldsymbol{r}_{i2}} \boldsymbol{F}_i^{(i)} \cdot \mathrm{d}\boldsymbol{r}_i \tag{6.60}$$

T_1 为质点系起始时刻 t_1 的动能;T_2 为质点系末了时刻 t_2 的动能;W_{12} 为这段时间内质点系上所有力对质点系所做的功。

6.11 力对质点之功

6.11.1 力对质点之功在直角坐标系中的表示

在直角坐标系 $Oxyz$ 中,$\boldsymbol{F}=F_x\boldsymbol{i}+F_y\boldsymbol{j}+F_z\boldsymbol{k}$,$\mathrm{d}\boldsymbol{r}=\mathrm{d}x\boldsymbol{i}+\mathrm{d}y\boldsymbol{j}+\mathrm{d}z\boldsymbol{k}$,所以力 $\boldsymbol{F}$ 对质点所做的元功 $\delta w=\boldsymbol{F}\cdot\mathrm{d}\boldsymbol{r}$ 为

$$\delta w = F_x\mathrm{d}x + F_y\mathrm{d}y + F_z\mathrm{d}z \tag{6.61}$$

当质点从点 M_1 运动到点 M_2 时,力 $\boldsymbol{F}$ 沿曲线 M_1M_2 对质点所做的功 W 为

$$W = \int_{\widehat{M_1M_2}} \delta w = \int_{\widehat{M_1M_2}} \boldsymbol{F}\cdot\mathrm{d}\boldsymbol{r} = \int_{\widehat{M_1M_2}} (F_x\mathrm{d}x + F_y\mathrm{d}y + F_z\mathrm{d}z) \tag{6.62}$$

显然,上述线积分一般与路径有关,因此 $F_x\mathrm{d}x+F_y\mathrm{d}y+F_z\mathrm{d}z$ 一般不是全微分。

6.11.2 合力对质点所做的功

质点 m 同时受 n 个力$\boldsymbol{F}_1,\boldsymbol{F}_2,\cdots,\boldsymbol{F}_n$ 的作用,其合力 $\boldsymbol{F}_R$ 为

$$\boldsymbol{F}_R = \boldsymbol{F}_1 + \boldsymbol{F}_2 + \cdots + \boldsymbol{F}_n$$

则合力对该质点所做的功为

$$\begin{aligned} W &= \int_{\widehat{M_1M_2}} \boldsymbol{F}_R\cdot\mathrm{d}\boldsymbol{r} = \int_{\widehat{M_1M_2}} (\boldsymbol{F}_1 + \boldsymbol{F}_2 + \cdots + \boldsymbol{F}_n)\cdot\mathrm{d}\boldsymbol{r} \\ &= \int_{\widehat{M_1M_2}} \boldsymbol{F}_1\cdot\mathrm{d}\boldsymbol{r} + \cdots + \int_{\widehat{M_1M_2}} \boldsymbol{F}_n\cdot\mathrm{d}\boldsymbol{r} = W_1 + \cdots + W_n \end{aligned} \tag{6.63}$$

即合力对质点所做的功等于各个分力对质点所做的功的代数和。

6.11.3 三种具体力对质点做的功

1. 重力做的功

在图 6.29 所示直角坐标系 $Oxyz$ 中,重力 $\boldsymbol{P}=0\boldsymbol{i}+0\boldsymbol{j}-P\boldsymbol{k}$,所以重力做的功为

$$\begin{aligned} W &= \int_{\widehat{M_1M_2}} (0\mathrm{d}x + 0\mathrm{d}y - P\mathrm{d}z) \\ &= -\int_{z_1}^{z_2} P\mathrm{d}z = P(z_1 - z_2) \end{aligned} \tag{6.64}$$

其中：$z_1 - z_2$ 为起点与终点的高度差。由此说明，重力做的功与路径无关。**另外要记住，当质点从高处往低处运动时，重力对质点做正功，反之做负功。高度不变时，重力不做功。**

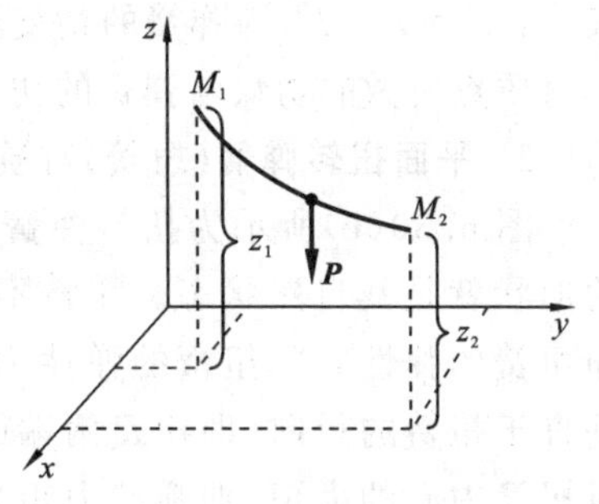

图 6.29　重力做的功

2. 弹性力做的功

1）拉压弹簧对质点做的功

图 6.30(a)所示为拉压弹簧，这种弹簧的两端作用拉力或压力时，弹簧会伸长或缩短，在没有受轴向外力时弹簧的轴向长度称为**自然长度**或**原长**，记为 l_0。因此，在弹簧-质点系统的运动中，质点会受到弹簧的作用力，这种力称为弹性力，其大小一般与弹簧的伸长或缩短长度成正比，比例系数称为弹簧的**刚度系数**或**刚度**，记为 k（其标准单位为 N/m）；弹性力的方向总是使弹簧的长度回复到原长，因此弹簧的作用力也称为**恢复力**。

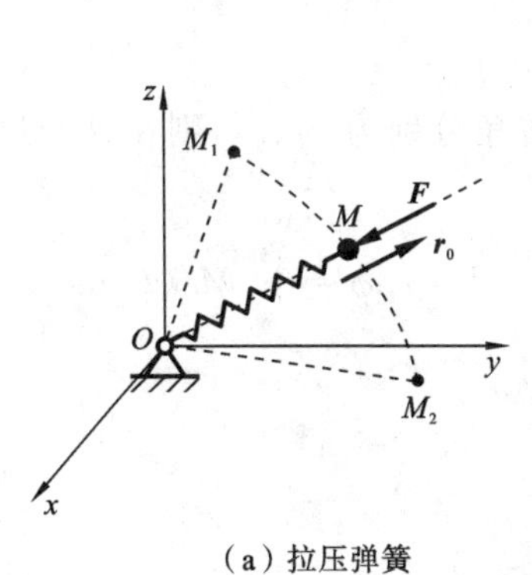

(a) 拉压弹簧

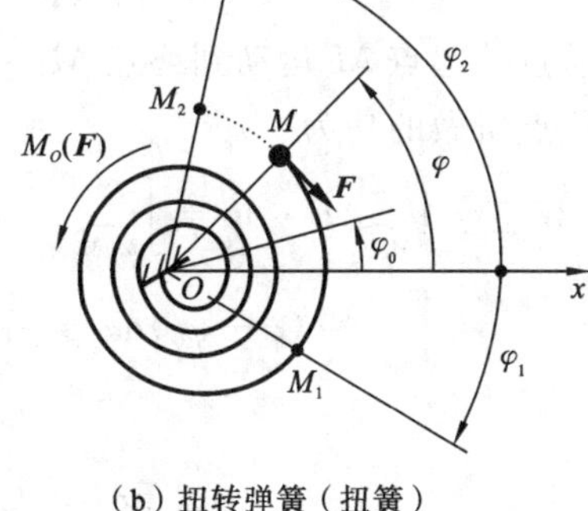

(b) 扭转弹簧（扭簧）

图 6.30　弹簧的弹性力

如图 6.30(a)所示，设弹簧端点从起点 M_1 运动到终点 M_2，这两点弹簧长度分别为 $\overline{OM_1} = l_1$ 和 $\overline{OM_2} = l_2$，中间过程中弹簧的瞬时长度为 l。设质点矢径方向的单位矢量为 $\boldsymbol{r}_0$，根据前述弹性力的性质，弹簧弹性力矢量 $\boldsymbol{F}$ 为

$$\boldsymbol{F} = -k(l - l_0)\boldsymbol{r}_0 \tag{6.65}$$

从起点 M_1 到终点 M_2 弹性力 $\boldsymbol{F}$ 对质点所做的功为

$$\begin{aligned} W_{12} &= \int_{\widehat{M_1M_2}} \boldsymbol{F} \cdot \mathrm{d}\boldsymbol{r} = \int_{\widehat{M_1M_2}} -k(l - l_0)\boldsymbol{r}_0 \cdot \mathrm{d}\boldsymbol{r} = \int_{l_1}^{l_2} -k(l - l_0)\boldsymbol{r}_0 \cdot \boldsymbol{r}_0 \mathrm{d}l \\ &= \int_{l_1}^{l_2} -k(l - l_0)\mathrm{d}l = \frac{1}{2}k(\Delta l_1^2 - \Delta l_2^2) \end{aligned}$$

即

$$W_{12} = \frac{1}{2}k(\Delta l_1^2 - \Delta l_2^2) \tag{6.66}$$

其中：$\Delta l_1 = l_1 - l_0$，为弹簧的初变形量；$\Delta l_2 = l_2 - l_0$，为弹簧的终变形量。故有：弹性力对质点所做的功只与弹簧的初、终变形量有关，而与质点的运动路径无关。

2）平面扭转弹簧（扭簧）对质点做的功

图 6.30(b)所示为扭转弹簧（扭簧），当扭簧自由地放在光滑水平面上时，呈现的形状就是其自然状态。扭簧不在自然状态时，就会对被约束的质点产生作用力，即扭簧的弹性力。扭簧的弹性力 $\boldsymbol{F}$ 的径向分量很小，可以忽略，可以认为 $\boldsymbol{F}$ 总是垂直于扭簧的径向（即扭簧两端的瞬时连线方向）。扭簧弹性力的特征，用弹性力对扭簧中心的力矩，即弹性力矩来描述；弹性力矩的转向总是力图使扭簧恢复到自然状态；弹性力矩的大小与扭簧的扭转角成正比，扭转角是指扭簧的瞬时径向线与自然状态时的径向线之间的夹角。比例系数称为扭簧的**刚度系数**或**刚度**，记为 k（其标准单位为 N · m/rad）。

如图 6.30(b)所示，设 x 轴为任意一条过扭簧中心的固定参考线，设扭簧自然状态时径向线与 x 轴间的夹角为 φ_0，扭簧瞬时径向线与 x 轴间的夹角为 φ，根据扭簧的特性，其弹性力矩的表达式可写为

$$M_O(\boldsymbol{F}) = -k(\varphi - \varphi_0) \tag{6.67}$$

设质点从起点 M_1 运动到终点 M_2，对应的位置角分别为 φ_1、φ_2，则在这个过程中扭簧对质点所做的功为

$$\begin{aligned} W_{12} &= \int_{\widehat{M_1M_2}} \boldsymbol{F} \cdot \mathrm{d}\boldsymbol{r} = \int_{\widehat{M_1M_2}} -F\mathrm{d}s = \int_{\varphi_1}^{\varphi_2} -F \cdot r\mathrm{d}\varphi = \int_{\varphi_1}^{\varphi_2} M_O(\boldsymbol{F})\mathrm{d}\varphi \\ &= \int_{\varphi_1}^{\varphi_2} -k(\varphi - \varphi_0)\mathrm{d}\varphi = \frac{1}{2}k(\Delta\varphi_1^2 - \Delta\varphi_2^2) \end{aligned}$$

即

$$W_{12} = \frac{1}{2}k(\Delta\varphi_1^2 - \Delta\varphi_2^2) \tag{6.68}$$

其中：$\Delta\varphi_1 = \varphi_1 - \varphi_0$，为扭簧的初角位移；$\Delta\varphi_2 = \varphi_2 - \varphi_0$，为扭簧的终角位移。故有：**扭簧弹性力对质点所做的功只与扭簧的初角位移和终角位移有关，而与质点的运动路径无关。**

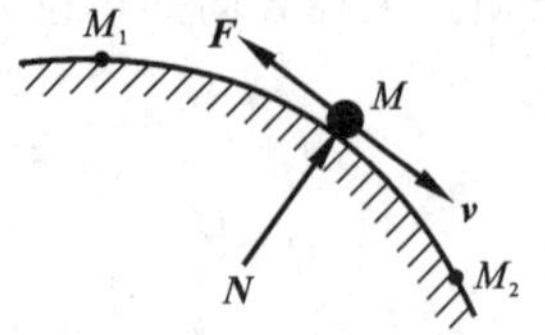

图 6.31 质点受到的摩擦力

3. 库仑摩擦力对质点做的功

如图 6.31 所示，在固定面上运动的质点，受到的摩擦力 $\boldsymbol{F}$ 总是与质点的运动速度矢量共线、反向，因此有

$$\boldsymbol{F} = -fN\frac{\boldsymbol{v}}{|\boldsymbol{v}|}$$

其中：正压力 N 规定为正值；f 为摩擦系数。摩擦力对质点所做的功为

$$W_{12} = \int_{\widehat{M_1M_2}} \boldsymbol{F} \cdot \mathrm{d}\boldsymbol{r} = \int_{\widehat{M_1M_2}} -fN\frac{\boldsymbol{v}}{|\boldsymbol{v}|} \cdot \mathrm{d}\boldsymbol{r}$$

$$= -f\int_{\widehat{M_1M_2}} N\frac{v^2}{|v|}\mathrm{d}t = -f\int_{\widehat{M_1M_2}} N\,|\,v\,|\,\mathrm{d}t$$

$$= -f\int_{\widehat{M_1M_2}} N\mathrm{d}\,|\,s\,| \tag{6.69}$$

故摩擦力对质点所做的功 W 与路径有关。

若在整个路径上 $N=$常数,则

$$W = -fNS \tag{6.70}$$

其中:S 为质点经过的路程总和,总为正值,因此固定表面的摩擦力对质点总是做负功。此外,如果颠倒起点和终点,W 不变。

但是,需要指出,如果表面是运动的,那么摩擦力的方向取决于质点与表面的相对速度方向,而计算功是用绝对位移(或绝对速度),两者的方向可以相反,也可以相同,因此运动表面的摩擦力对质点做功可正可负。

例 6.19 如图 6.32 所示,质量分别为 m_1、m_2 的木板和质点,中间用刚度为 k 的弹簧固连起来。在质点的上方掉下一质量为 m_3 的泥巴,与质点碰撞后与之黏结一起运动。高度 H 至少为多少时,方能使质点跳起时带动下面的木板?

解 碰撞前泥巴的速度 v_3 满足动能定理:

$$\frac{1}{2}m_3v_3^2 = m_3gH \quad \Rightarrow \quad v_3 = \sqrt{2gH}$$

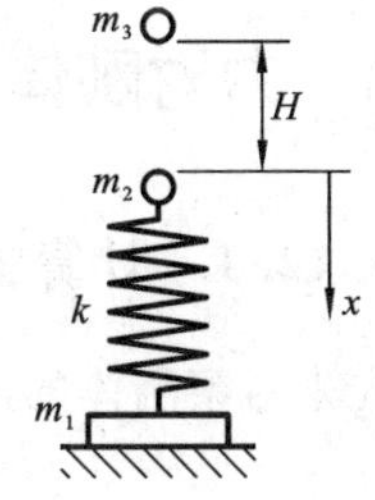

图 6.32 例 6.19 图

假设碰撞结束时质点与泥巴的速度为 v_2,由于碰撞过程时间很短,可以认为系统位置不变,对碰撞过程应用动量定理的积分形式,并忽略非冲击力,得

$$m_3v_3 - (m_2+m_3)v_2 = 0$$

所以

$$v_2 = \frac{m_3v_3}{m_2+m_3} = \frac{m_3\sqrt{2gH}}{m_2+m_3} \tag{a}$$

碰撞结束后,质点与泥巴一起先向下运动,然后向上运动(起跳),在此过程中下面的木板不动,设质点与泥巴的瞬时速度为 v,由动能定理得

$$\frac{1}{2}(m_2+m_3)v^2 - \frac{1}{2}(m_2+m_3)v_2^2 = (m_2+m_3)gx + \frac{1}{2}k(\Delta l_1^2 - \Delta l_2^2) \tag{b}$$

其中:

$$\Delta l_1 = \frac{m_2g}{k}, \quad \Delta l_2 = \Delta l_1 + x = \frac{m_2g}{k} + x \tag{c}$$

x 坐标的原点在质点的平衡位置,向下为正。将式(a)、式(c)代入式(b),得

$$kx^2 - 2m_3gx + \left[(m_2+m_3)v^2 - \frac{2m_3^2gH}{m_2+m_3}\right] = 0 \tag{d}$$

由此得

$$\frac{\mathrm{d}x}{\mathrm{d}v}=-\frac{(m_2+m_3)v}{kx-m_3g}$$

所以，当 $v=0$ 时，$\mathrm{d}x/\mathrm{d}v=0$，此时 x 达到极大值或极小值。当 x 达到极小值时，质点与泥巴向上运动到最高点，此时弹簧对木板向上的拉力最大。因此，令 $v=0$，由式(d)解得 x 的极小值为

$$x_{\min}=\frac{1}{k}\left(m_3g-\sqrt{m_3^2g^2+\frac{2km_3^2gH}{m_2+m_3}}\right)$$

此时要使弹簧能带动木板，至少应有

$$k|x_{\min}+\Delta l_1|=m_1g$$

由以上两式和式(c)，得

$$\sqrt{m_3^2g^2+\frac{2km_3^2gH}{m_2+m_3}}-m_3g-m_2g=m_1g$$

解得

$$H=\frac{g}{2km_3^2}(m_1+m_2)(m_2+m_3)(m_1+m_2+2m_3)$$

6.12 力对刚体之功

6.12.1 计算方法

先来考察刚体的内力功。如图 6.16 所示，可得刚体的内力功之和，为

$$\delta w^{(\mathrm{i})}=\sum_{i=1}^{N}\boldsymbol{F}_i^{(\mathrm{i})}\cdot\mathrm{d}\boldsymbol{r}_i=\sum_{i=1}^{N}\sum_{j=1}^{N}\boldsymbol{F}_{ij}^{(\mathrm{i})}\cdot\mathrm{d}\boldsymbol{r}_i,\quad \boldsymbol{F}_{ii}^{(\mathrm{i})}\equiv\boldsymbol{0}$$

其中：N 表示刚体所含的质点数目。因为 $\boldsymbol{F}_{ij}^{(\mathrm{i})}=-\boldsymbol{F}_{ji}^{(\mathrm{i})}$，所以上式可写为

$$\begin{aligned}\delta w^{(\mathrm{i})}&=\sum_{i=1}^{N-1}\sum_{j=i+1}^{N}(\boldsymbol{F}_{ij}^{(\mathrm{i})}\cdot\mathrm{d}\boldsymbol{r}_i+\boldsymbol{F}_{ji}^{(\mathrm{i})}\cdot\mathrm{d}\boldsymbol{r}_j)=\sum_{i=1}^{N-1}\sum_{j=i+1}^{N}(\boldsymbol{F}_{ij}^{(\mathrm{i})}\cdot\mathrm{d}\boldsymbol{r}_i-\boldsymbol{F}_{ij}^{(\mathrm{i})}\cdot\mathrm{d}\boldsymbol{r}_j)\\&=\sum_{i=1}^{N-1}\sum_{j=i+1}^{N}\boldsymbol{F}_{ij}^{(\mathrm{i})}\cdot(\mathrm{d}\boldsymbol{r}_i-\mathrm{d}\boldsymbol{r}_j)=\sum_{i=1}^{N-1}\sum_{j=i+1}^{N}\boldsymbol{F}_{ij}^{(\mathrm{i})}\cdot\mathrm{d}\boldsymbol{r}_{ij}\end{aligned}\tag{6.71}$$

其中：$\boldsymbol{r}_{ij}=\boldsymbol{r}_i-\boldsymbol{r}_j$，为刚体内任意两个质点之间的连线矢量。在刚体的运动中，$\boldsymbol{r}_{ij}$ 长度始终不变，只有方向变化，因此恒有 $\mathrm{d}\boldsymbol{r}_{ij}\perp\boldsymbol{r}_{ij}$，但 $\boldsymbol{F}_{ij}^{(\mathrm{i})}/\!/\boldsymbol{r}_{ij}$，所以

$$\delta w^{(\mathrm{i})}\equiv 0\tag{6.72}$$

即刚体的内力功之和恒为零。

顺便指出，对于一般的质点系，方程中 $\boldsymbol{r}_{ij}$ 的长度、方向一般都在变化，因此不能保证恒有 $\mathrm{d}\boldsymbol{r}_{ij}\perp\boldsymbol{r}_{ij}$，也就不能证明内力功之和恒为零。

现在来考察外力对刚体做功计算中容易使人模糊的几个特例，如图 6.33 所示。图 6.33(a)中，主动轮以力 $\boldsymbol{F}$ 推动从动轮转动，显然 $\boldsymbol{F}$ 对从动轮是做功的，但 $\boldsymbol{F}$ 始终

在两轮接触点处不动，由前面的定义 $\boldsymbol{F}$ 又不做功。图 6.33(b)中，地面对刚体的摩擦力显然对刚体做功，那么其反作用力 $\boldsymbol{F}'$ 对地面是否做功呢？$\boldsymbol{F}'$ 是作用于固定不动的地面上的，这样看它的作用点应该没有位移，但是 $\boldsymbol{F}'$ 却在不断地前进，这样看力 $\boldsymbol{F}'$ 又是有位移的，试问 $\boldsymbol{F}'$ 到底有没有做功？图 6.33(c)中，设圆柱做纯滚动，则地面对圆柱的摩擦力 $\boldsymbol{F}$ 在不断地左移，这样看它对圆柱做负功，但 $\boldsymbol{F}$ 总是作用在纯滚动的接触点即瞬心处，所以 $\boldsymbol{F}$ 在任意瞬时都没有位移，这样看它对圆柱又不做功，矛盾！

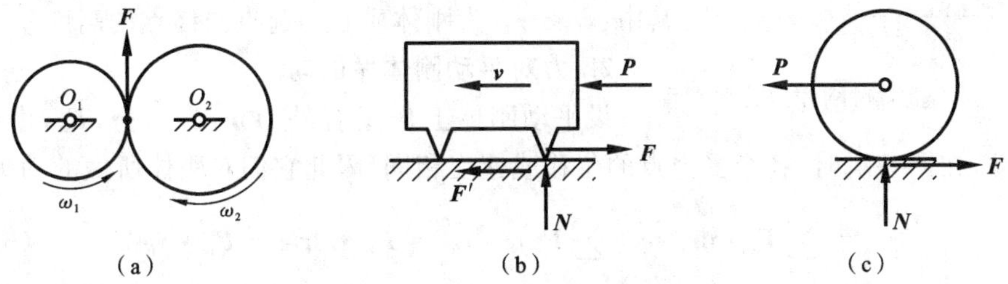

图 6.33　力对刚体做功的几个特例

出现问题的原因是对力作用点的含义理解不足。实际上，当取定分析对象后，对于受力物体、加力物体和力本身，作用点的含义是不一样的，应包括以下三方面。

(1) 受力点：受力物体(分析对象)上直接受到力的那个点。

(2) 加力点：施力物体上加力的那个点，即在该瞬时与受力点接触的那个点。

(3) 力点：力作用点的空间位置。

在任何瞬时这三个点都是重合的，但在很多情况下，这三个点具有不同的运动和轨迹。例如，图 6.33(a)中，加力点和受力点做圆周运动，力点则静止，图 6.33(b)中加力点和力点做直线运动，受力点静止，图 6.33(c)中，加力点和受力点静止，力点做直线运动。

因此，在计算力对刚体做的功时，需要明确力作用点的位移 $\mathrm{d}\boldsymbol{r}$ 或瞬时速度 $\boldsymbol{v}$，究竟是以上哪个点的位移或速度。研究表明，$\mathrm{d}\boldsymbol{r}$ 或 $\boldsymbol{v}$ 必须是受力点的位移或瞬时速度。因此，力对刚体做功的计算公式的形式与前面相同，为

$$\delta w = \boldsymbol{F} \cdot \mathrm{d}\boldsymbol{r} = \boldsymbol{F} \cdot \boldsymbol{v}\mathrm{d}t \quad \text{或} \quad W_{12} = \int_{r_1}^{r_2} \boldsymbol{F} \cdot \mathrm{d}\boldsymbol{r} = \int_{t_1}^{t_2} \boldsymbol{F} \cdot \boldsymbol{v}\mathrm{d}t \tag{6.73}$$

但是，其中 $\mathrm{d}\boldsymbol{r}$ 和 $\boldsymbol{v}$ **为受力点的位移和速度**。

由此定义可得，图 6.33(a)中的 $\boldsymbol{F}$ 对从动轮做功；图 6.33(b)中的 $\boldsymbol{F}'$ 对地面不做功；图 6.33(c)中，**地面对纯滚动圆柱的摩擦力 $\boldsymbol{F}$ 对圆柱不做功**(当然，正压力也不做功)。

对质点来说，受力点和力点的运动与质点的运动完全相同，所以前面研究力对质点做功时，我们没有必要对力作用点的位移加以区分。

6.12.2　力对刚体做功的几种常见情况

下面给出重力对刚体做功，以及力对平动刚体、定轴转动刚体和平面运动刚体做

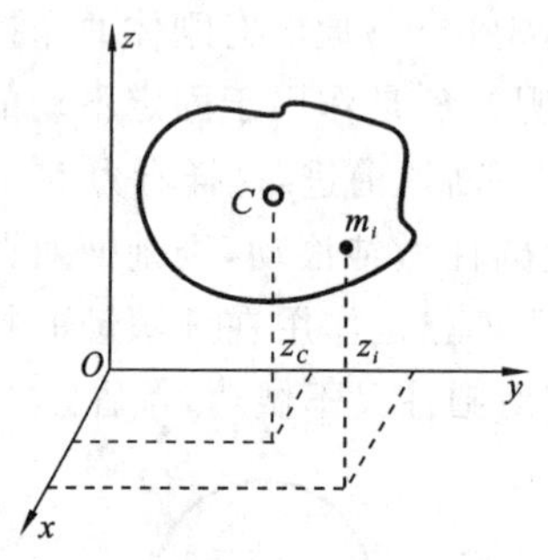

图 6.34　重力对刚体做的功

功的公式。

1. 重力对刚体做的功

如图 6.34 所示，刚体的质心为 C，重力对刚体所做的功等于其中各个质点的重力所做的功之和：

$$W_{12} = \sum m_i g(z_{1i} - z_{2i}) = g\sum m_i z_{1i} - g\sum m_i z_{2i} = Mg(z_{C1} - z_{C2}) \tag{6.74}$$

其中：$z_{C1} - z_{C2}$ 为刚体质心的起点与终点的高度差。

2. 力对平动刚体做的功

设平动刚体上作用有外力 $\boldsymbol{F}_1, \boldsymbol{F}_2, \cdots, \boldsymbol{F}_n$，由于刚体平动，在同一瞬时，各个受力点的位移或速度相同，因此它们对刚体所做的功为

$$\delta w = \sum_{i=1}^{n} \boldsymbol{F}_i \cdot \mathrm{d}\boldsymbol{r}_i = \left(\sum_{i=1}^{n} \boldsymbol{F}_i\right) \cdot \mathrm{d}\boldsymbol{r}_C = \boldsymbol{F}_{\mathrm{R}} \cdot \mathrm{d}\boldsymbol{r}_C = \boldsymbol{F}_{\mathrm{R}} \cdot \boldsymbol{v}_C \mathrm{d}t \tag{6.75}$$

其中：$\mathrm{d}\boldsymbol{r}_C$ 和 $\boldsymbol{v}_C$ 为刚体质心 C 的位移和速度；$\boldsymbol{F}_{\mathrm{R}}$ 为力系的主矢。

3. 力对定轴转动刚体做的功

设定轴转动刚体上作用有外力 $\boldsymbol{F}_1, \boldsymbol{F}_2, \cdots, \boldsymbol{F}_n$，$z$ 轴为转轴，如图 6.35(a)所示，为了推导方便，我们取所有转动量按右手规则以 z 轴正向为正方向。各个受力点 A_i 绕 z 轴做圆周运动，由图 6.35(b)，有

$$\mathrm{d}\boldsymbol{r}_i = \mathrm{d}(x_i\boldsymbol{i} + y_i\boldsymbol{j} + z_i\boldsymbol{k}) = \boldsymbol{i}\mathrm{d}x_i + \boldsymbol{j}\mathrm{d}y_i = (-y_i\boldsymbol{i} + x_i\boldsymbol{j})\mathrm{d}\varphi \tag{6.76}$$

所以定轴转动刚体上所有力做的功为

$$\delta w = \sum_{i=1}^{n} \boldsymbol{F}_i \cdot \mathrm{d}\boldsymbol{r}_i = \sum_{i=1}^{n} (F_{ix}\boldsymbol{i} + F_{iy}\boldsymbol{j} + F_{iz}\boldsymbol{k}) \cdot (-y_i\boldsymbol{i} + x_i\boldsymbol{j})\mathrm{d}\varphi$$

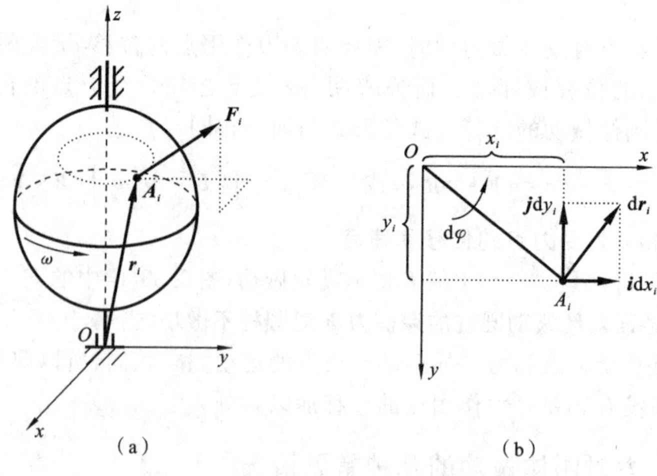

图 6.35　力对定轴转动刚体做的功

$$= \sum_{i=1}^{n}(-F_{ix}y_i + F_{iy}x_i)\mathrm{d}\varphi = \sum_{i=1}^{n} m_z(\boldsymbol{F}_i)\mathrm{d}\varphi$$
$$= M_z \mathrm{d}\varphi \tag{6.77}$$

其中：$M_z = \sum_{i=1}^{n} m_z(\boldsymbol{F}_i)$，为刚体上作用的所有力对转轴 z 的矩。

所以，**力对定轴转动刚体做的功等于力对转轴的力矩乘刚体的转角；当两者转向相同时，做正功，否则做负功。**

4. 力对平面运动刚体做的功

设平面运动刚体上作用有外力 $\boldsymbol{F}_1, \boldsymbol{F}_2, \cdots, \boldsymbol{F}_n$。如图 6.36 所示，取刚体上任意一点 O 为基点，平面 Oxy 随基点平动，则力系对平面运动刚体所做的功为

$$\begin{aligned}\delta w &= \sum_{i=1}^{n} \boldsymbol{F}_i \cdot \boldsymbol{v}_i \mathrm{d}t = \sum_{i=1}^{n} \boldsymbol{F}_i \cdot (\boldsymbol{v}_O + \boldsymbol{v}_{iO})\mathrm{d}t \\ &= \boldsymbol{F}_\mathrm{R} \cdot \boldsymbol{v}_O \mathrm{d}t + \sum_{i=1}^{n} \boldsymbol{F}_i \cdot \boldsymbol{v}_{iO}\mathrm{d}t \\ &= \boldsymbol{F}_\mathrm{R} \cdot \mathrm{d}\boldsymbol{r}_O + \sum_{i=1}^{n} \boldsymbol{F}_i \cdot \mathrm{d}\boldsymbol{r}_i \\ &= \boldsymbol{F}_\mathrm{R} \cdot \mathrm{d}\boldsymbol{r}_O + \sum_{i=1}^{n} m_O(\boldsymbol{F}_i)\mathrm{d}\varphi \\ &= \boldsymbol{F}_\mathrm{R} \cdot \mathrm{d}\boldsymbol{r}_O + M_O \mathrm{d}\varphi \end{aligned} \tag{6.78}$$

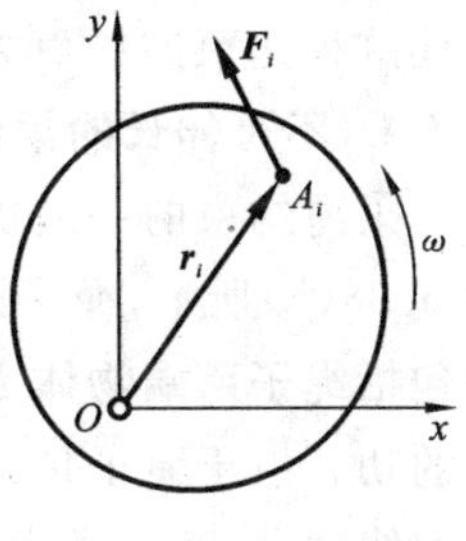

图 6.36　力对平面运动刚体做的功

式(6.78)可以理解为两种计算方法：一是第一个等号形成的公式，它表示对各个力直接计算功，再作代数和；二是最后一个等号形成的公式，它表示先将力系向任意一点 O 简化，再计算合力做的功和合力偶矩做的功，进行叠加。实际应用中，视方便选用一种方法进行计算。

6.12.3　典型约束力做的功

对于取定的分析对象而言，其约束力一般都是内力，它们随着外力和运动而变化，通常会非常复杂，幸运的是，一些常见约束的约束力做的功恒为零。下面介绍其中的几种。

1. 固定的光滑接触面约束

如图 6.37(a)所示，物体受到约束力 $\boldsymbol{N}$，地面受到约束力 $\boldsymbol{N}'$，地面上受力点的速度恒为零，物体上受力点的速度总是与 $\boldsymbol{N}$ 垂直，所以这种约束的约束力做的功之和恒为零。

2. 光滑铰支座约束

如图 6.37(b)所示，这种约束就是销钉和底座构成的光滑接触面约束，与上面的情况相同，因此这种约束的约束力做的功之和恒为零。

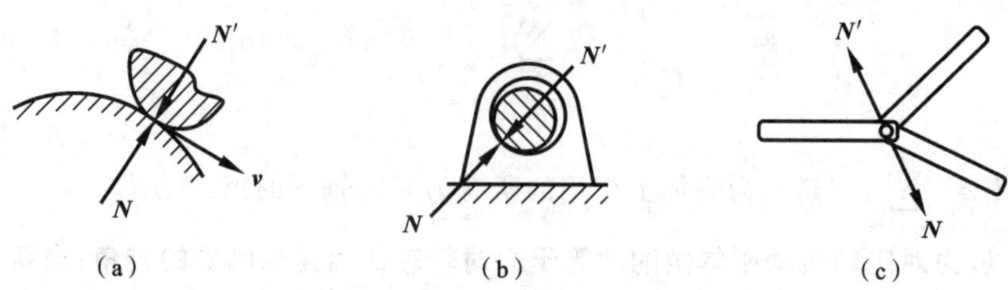

图 6.37　三种典型约束的约束力做的功

3. 光滑铰链约束

如图 6.37(c)所示，各个构件受到的约束力合力为 $\boldsymbol{N}$，销钉受到的约束力合力为 $\boldsymbol{N}'$，如果忽略销钉的大小和质量，则 $\boldsymbol{N}$ 与 $\boldsymbol{N}'$ 始终等值、反向，而且受力点始终重合，因此这种约束的约束力做的功之和 $\boldsymbol{N}\mathrm{d}\boldsymbol{r}+\boldsymbol{N}'\mathrm{d}\boldsymbol{r}$ 恒为零。

4. 不可伸长的柔绳约束

柔绳约束的一般情况如图 6.38(a)所示。绳子两端的受力和绳子的张力分布如图 6.38(b)所示，绳子两端的被约束物体的受力如图 6.38(c)所示。**柔绳约束力做的功包括绳子两端物体 B、A 受到的约束力 $\boldsymbol{T}'_A$ 和 $\boldsymbol{T}'_B$ 做的功，以及柔索内部的张力所做的功**。由于绳子是柔软的，不能抵抗力偶，因此绳子任一截面上的张力一定沿绳子的切线方向；而由柔索不可伸长可知，绳子上所有点的切向速度大小相同，记为 v_τ。

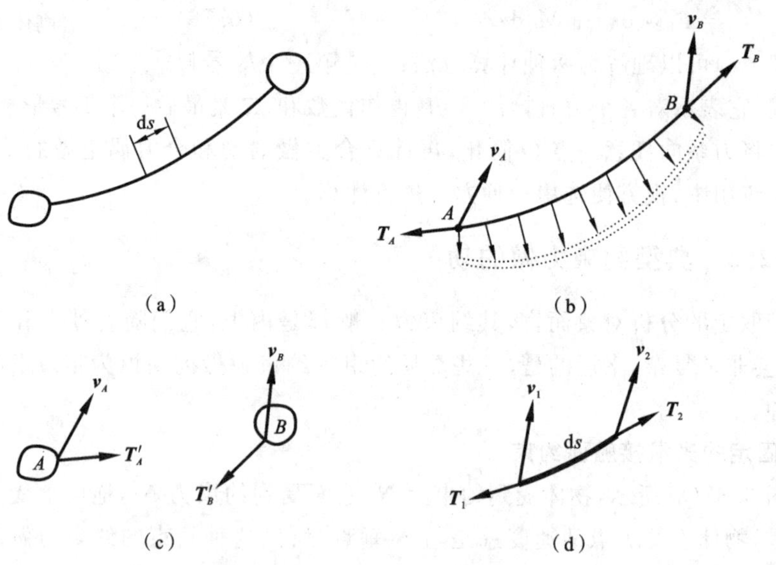

图 6.38　柔绳约束及其约束力做的功

因此 $\boldsymbol{T}'_A$ 和 $\boldsymbol{T}'_B$ 做的功之和 δw_{P} 为

$$\delta w_{\mathrm{P}}=\boldsymbol{T}'_A\cdot\boldsymbol{v}_A\mathrm{d}t+\boldsymbol{T}'_B\cdot\boldsymbol{v}_B\mathrm{d}t=T_Av_\tau\mathrm{d}t-T_Bv_\tau\mathrm{d}t$$

对于绳子内部张力做的功，需要将绳子看成许多微段，并将所有微段中的张力做的功相加。图 6.38(d)所示为一个绳子微段，当绳子的形状连续变化时，内部的张力也应该是连续变化的，所以可设 $T_2=T_1+\mathrm{d}T$，由此可得绳子内部张力做的功 δw_S 为

$$\begin{aligned}\delta w_\mathrm{S} &= \int_{\widehat{AB}}(\boldsymbol{T}_2\cdot\boldsymbol{v}_2\mathrm{d}t+\boldsymbol{T}_1\cdot\boldsymbol{v}_1\mathrm{d}t)=v_\tau\mathrm{d}t\left[\int_{\widehat{AB}}(T_2-T_1)\right]\\ &= v_\tau\mathrm{d}t\left\{\int_{\widehat{AB}}[(T_1+\mathrm{d}T)-T_1]\right\}=v_\tau\mathrm{d}t\left(\int_{T_A}^{T_B}\mathrm{d}T\right)\\ &= T_Bv_\tau\mathrm{d}t-T_Av_\tau\mathrm{d}t\end{aligned}$$

于是，柔绳约束力所做的总功 δw 为

$$\delta w=\delta w_\mathrm{P}+\delta w_\mathrm{S}=(T_Av_\tau\mathrm{d}t-T_Bv_\tau\mathrm{d}t)+(T_Bv_\tau\mathrm{d}t-T_Av_\tau\mathrm{d}t)\equiv 0$$

即不可伸长的柔绳约束的约束力做的功恒为零。

有了以上这些结论，应用动能定理和其他功能方法解决问题时，无须考虑这些约束的约束力之功，这给研究问题带来极大的方便。

6.13 质点系和刚体的动能计算

6.13.1 质点系动能的分解计算

现在我们将质点系的动能分解为随质心的平动动能和相对于质心的相对运动动能。如图 6.39 所示，在质点系的质心 C 附加一个随点 C 平动的动系 $Cx_Cy_Cz_C$，将各个质量为 m 的质点 M 的速度 $\boldsymbol{v}$ 分解为相对速度 $\boldsymbol{v}_\mathrm{r}$ 和牵连速度 $\boldsymbol{v}_C$，则质点系的动能为

$$\begin{aligned}T &= \frac{1}{2}\sum mv^2=\frac{1}{2}\sum m(\boldsymbol{v}_\mathrm{r}+\boldsymbol{v}_C)\cdot(\boldsymbol{v}_\mathrm{r}+\boldsymbol{v}_C)\\ &= \frac{1}{2}\sum mv_\mathrm{r}^2+\frac{1}{2}\sum mv_C^2+\sum m\boldsymbol{v}_C\cdot\boldsymbol{v}_\mathrm{r}\\ &= \frac{1}{2}Mv_C^2+T_\mathrm{r}+\boldsymbol{v}_C\cdot\sum m\boldsymbol{v}_\mathrm{r}\\ &= \frac{1}{2}Mv_C^2+T_\mathrm{r}+M\boldsymbol{v}_C\cdot\boldsymbol{v}_{C\mathrm{r}}\\ &\xrightarrow{\boldsymbol{v}_{C\mathrm{r}}\equiv 0}\frac{1}{2}Mv_C^2+T_\mathrm{r}\end{aligned}$$

即

$$T=\frac{1}{2}Mv_C^2+T_\mathrm{r} \tag{6.79}$$

其中：

$$T_\mathrm{r}=\frac{1}{2}\sum mv_\mathrm{r}^2 \tag{6.80}$$

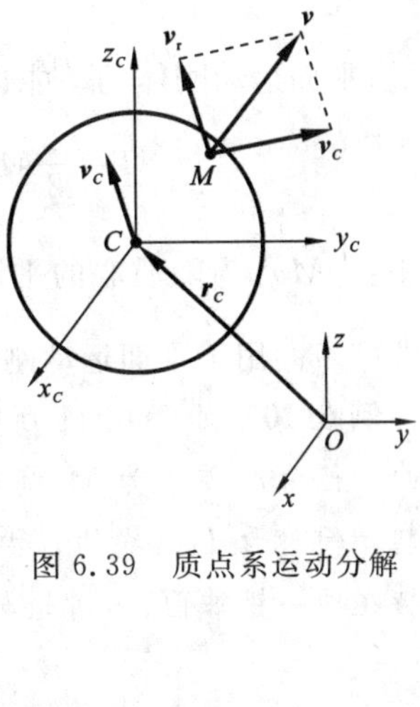

图 6.39　质点系运动分解

M 为质点系的总质量；$\frac{1}{2}Mv_C^2$ 为随质心的平动动能；T_r 为相对于质心的相对运动动能。

6.13.2 三种简单运动刚体的动能

1. 平动刚体的动能

平动刚体上同一瞬时各点速度相等，所以动能为

$$T = \sum \frac{1}{2}mv^2 = \frac{1}{2}v^2\sum m = \frac{1}{2}Mv^2 \tag{6.81}$$

其中：v 为平动刚体上任意一点的速度。

2. 定轴转动刚体的动能

定轴转动刚体上同一瞬时各点速度 $v=\omega r$，所以动能为

$$T = \sum \frac{1}{2}mv^2 = \sum \frac{1}{2}m(\omega r)^2 = \frac{1}{2}\omega^2\sum mr^2 = \frac{1}{2}J\omega^2 \tag{6.82}$$

其中：J 为刚体绕转轴的转动惯量。

3. 平面运动刚体的动能

如果平面运动刚体在某一时刻做瞬时平动，则在该瞬时刚体上各点速度相等，此时动能的计算与平动刚体的相同。在其他时刻，刚体的角速度 $\omega\neq0$，一定有瞬心 D，此时平面运动刚体上同一瞬时各点速度 $v=\omega r_D$，r_D 为各点至瞬心 D 的距离，如图 6.40 所示，所以动能为

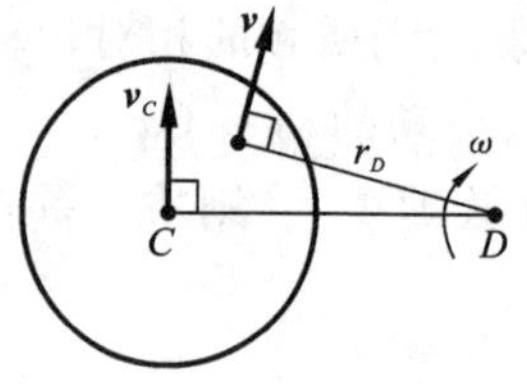

图 6.40 平面运动刚体的速度分布

$$T=\frac{1}{2}J_D\omega^2$$

其中：J_D 为刚体绕瞬心轴 D 的转动惯量。由转动惯量的平行轴定理，有

$$J_D=J_C+M\cdot\overline{CD}^2$$

因此，平面运动刚体的动能也可写为

$$T=\frac{1}{2}M\omega^2\cdot\overline{CD}^2+\frac{1}{2}J_C\omega^2=\frac{1}{2}Mv_C^2+\frac{1}{2}J_C\omega^2 \tag{6.83}$$

其中：$\frac{1}{2}Mv_C^2$ 为随质心的平动动能，$\frac{1}{2}J_C\omega^2$ 为绕质心的转动动能。式(6.83)也可以将式(6.79)用于平面运动刚体得到。

例 6.20 如图 6.41 所示，一端固定的细线绕过动滑轮 B 和定滑轮 A。动滑轮 B 的半径为 r，质量为 M，绕其对称轴的转动惯量为 J，而定滑轮 A 具有相同的半径，但转动惯量为 J_1。线的自由端挂有质量为 m 的重物。设在运动过程中，线的各段都保持在同一铅垂面内，滑轮与线之间没有相对滑动，求重物的加速度。

解　设重物向下运动，速度为 v，运动距离为 x。重物 C 做平动，定滑轮 A 做定轴转动，动滑轮 B 沿固定端线段做纯滚动。直接应用动能定理，得

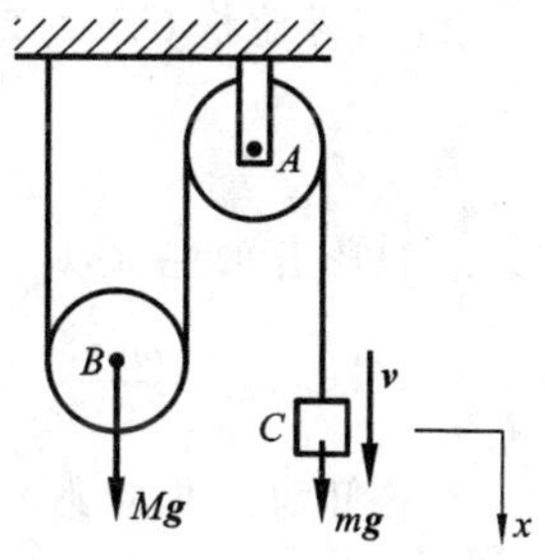

图 6.41　例 6.20 图

$$\frac{1}{2}mv^2+\frac{1}{2}J_1\left(\frac{v}{r}\right)^2+\frac{1}{2}M\left(\frac{v}{2}\right)^2+\frac{1}{2}J\left(\frac{v}{2r}\right)^2$$

$$=mgx-Mg\times\frac{x}{2}$$

即

$$v^2\left(4m+M+\frac{J+4J_1}{r^2}\right)=4(2m-M)gx$$

上式对任意时刻成立，所以可以对时间 t 求导，得

$$2va\left(4m+M+\frac{J+4J_1}{r^2}\right)=4(2m-M)gv$$

所以

$$a=\frac{2(2m-M)r^2}{(4m+M)r^2+J+4J_1}g$$

例 6.21　图 6.42 所示机构在水平面内运动，作用在曲柄 OA 上的不变力矩 L 使机构由静止开始运动。曲柄 OA 的重量是 Q，定齿轮Ⅰ的半径为 r_1，动齿轮Ⅱ的半径为 r_2，重量为 P。齿轮可看作均质圆盘，曲柄视为均质细杆。求曲柄 OA 的角速度、角加速度，以及轮Ⅰ对轮Ⅱ的切向作用力（以曲柄 OA 与它的初始位置间的夹角 φ 表示）。

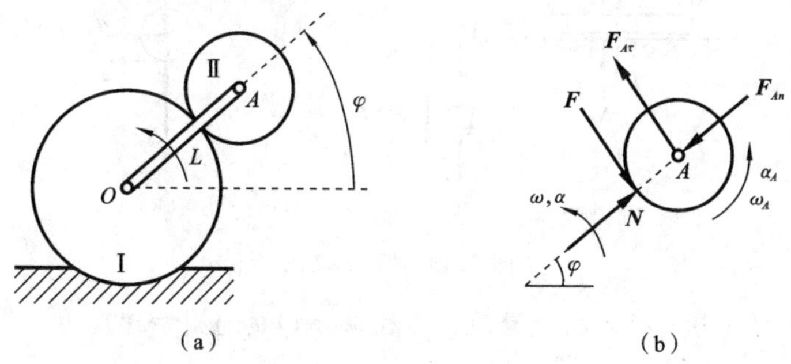

图 6.42　例 6.21 图

解　以整体为分析对象。曲柄做定轴转动，轮Ⅱ沿轮Ⅰ的圆周做纯滚动。设曲柄 OA 的角速度为 ω，由动能定理，得

$$\frac{1}{2}\left[\frac{1}{3}\frac{Q}{g}(r_1+r_2)^2\right]\omega^2+\frac{1}{2}\left(\frac{3}{2}\frac{P}{g}r_2^2\right)\left[\frac{\omega(r_1+r_2)}{r_2}\right]^2=L\varphi$$

所以

$$\omega=\frac{2}{r_1+r_2}\sqrt{\frac{3Lg\varphi}{2Q+9P}}$$

对 t 求导,得曲柄 OA 的角加速度 α,为

$$\alpha=\frac{6Lg}{(r_1+r_2)^2(2Q+9P)}$$

由此可得轮Ⅱ的纯滚动角速度和角加速度,为

$$\omega_A=\frac{\omega(r_1+r_2)}{r_2}=\sqrt{\frac{12Lg\varphi}{r_2^2(2Q+9P)}},\quad \alpha_A=\dot{\omega}_A=\frac{6Lg}{r_2^2(2Q+9P)} \tag{a}$$

以轮Ⅱ为分析对象。由相对质心的动量矩定理,得

$$\frac{1}{2}\frac{P}{g}r_2^2\alpha_A=Fr_2$$

将式(a)代入上式,得

$$F=\frac{3L}{r_2(2Q+9P)}P$$

例 6.22 如图 6.43 所示,重量为 $2P$、半径为 r 的均质圆柱 O,放在重量为 P 的水平木板 AB 上,木板放在水平地面上。有一轻绳,一端拴在木板上,另一端绕过光滑的小轮挂一重量为 P 的物块 C,木板与圆柱、桌面间的摩擦系数均为 μ,初始时系统静止。求:(1) 圆柱与木板无相对滑动时,物块的加速度 a 和圆柱的角加速度 α,以及滑动条件;(2) 圆柱与木板有相对滑动时,物块的加速度 a 和圆柱的角加速度 α,以及因相对滑动而做的功。

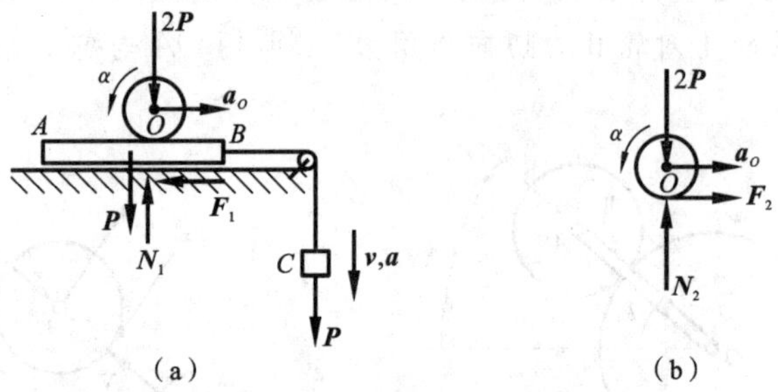

图 6.43 例 6.22 图

解 (1) 圆柱与木板无相对滑动。圆柱中心 O 的绝对加速度为

$$a_O=a-\alpha r \tag{a}$$

分别以圆柱+木板以及物块 C 为分析对象,应用质心运动定理和摩擦定律,不难得到

$$2\times\left(\frac{P}{g}a\right)+\frac{2P}{g}a_O=P-F_1 \tag{b}$$

$$N_1-3P=0,\quad F_1=N_1\mu \;\Rightarrow\; F_1=3P\mu \tag{c}$$

由以上三式得

$$\frac{4}{g}a-\frac{2r}{g}\alpha=1-3\mu \tag{d}$$

对圆柱应用平面运动动力学方程，得

$$\frac{2P}{g}a_O=F_2 \tag{e}$$

$$\frac{1}{2}\frac{2P}{g}r^2\alpha=F_2r \tag{f}$$

由式(a)、式(e)和式(f)，得

$$a=\frac{3}{2}\alpha r \tag{g}$$

由式(d)、式(g)解得

$$a=\frac{3(1-3\mu)g}{8},\quad \alpha=\frac{(1-3\mu)g}{4r}$$

由式(e)可得

$$F_2=\frac{(1-3\mu)P}{4} \tag{h}$$

因此，保证圆柱与木板无相对滑动的条件为

$$F_2\leqslant N_2\mu=2P\mu \quad\Rightarrow\quad \mu\geqslant\frac{1}{11}$$

反之，当 $\mu\leqslant 1/11$ 时，圆柱与木板相对滑动。

(2) 圆柱与木板有相对滑动。这时，式(b)、式(c)仍然成立，由这两式得

$$\frac{2}{g}a+\frac{2}{g}a_O=1-3\mu \tag{i}$$

式(e)、式(f)也仍然成立。再由圆柱铅垂方向的动力学方程和摩擦定律可得

$$F_2=N_2\mu,\quad N_2-2P=0 \quad\Rightarrow\quad F_2=2P\mu \tag{j}$$

由式(e)、式(f)、式(i)、式(j)解得

$$a=\frac{1-5\mu}{2}g,\quad a_O=\mu g,\quad \alpha=\frac{2\mu g}{r}$$

下面来计算由于圆柱与木板相对滑动所做的功 W_{slid}。在任意时刻 t，木板的速度 v、圆柱的速度 v_O 和角速度 ω 分别为

$$v=at=\frac{1-5\mu}{2}gt,\quad v_O=a_Ot=\mu gt,\quad \omega=\alpha t=\frac{2\mu g}{r}t$$

物块 C 下降的距离为

$$s=\frac{1}{2}at^2=\frac{1-5\mu}{4}gt^2$$

对整体用动能定理得

$$2\times\left(\frac{1}{2}\frac{P}{g}v^2\right)+\frac{1}{2}\frac{2P}{g}v_O^2+\frac{1}{2}\left(\frac{1}{2}\frac{2P}{g}r^2\right)\omega^2=Ps-F_1s+W_{slid}$$

所以

$$W_{\text{slid}}=\frac{P}{g}v^2+\frac{P}{g}v_O^2+\frac{1}{2}\frac{P}{g}r^2\omega^2-Ps+F_1 s$$

$$=Pgt^2\left[\frac{(1-5\mu)^2}{4}+\mu^2+2\mu^2-\frac{1-5\mu}{4}+\frac{3\mu(1-5\mu)}{4}\right]$$

$$=\frac{Pgt^2}{2}(11\mu^2-\mu)$$

即

$$W_{\text{slid}}=\frac{Pgt^2}{2}(11\mu^2-\mu)$$

例 6.23　如图 6.44 所示，均质杆 AB，质量为 m、长度为 $4l$。A 端用细绳 OA 系住，B 端置于光滑水平面上，细绳长度为 l，无重且不可伸长。初始时静止，O、A、B 三点共线。求当 A 端第一次运动到 O 点的正下方时，杆质心 C 的加速度和绳中张力。

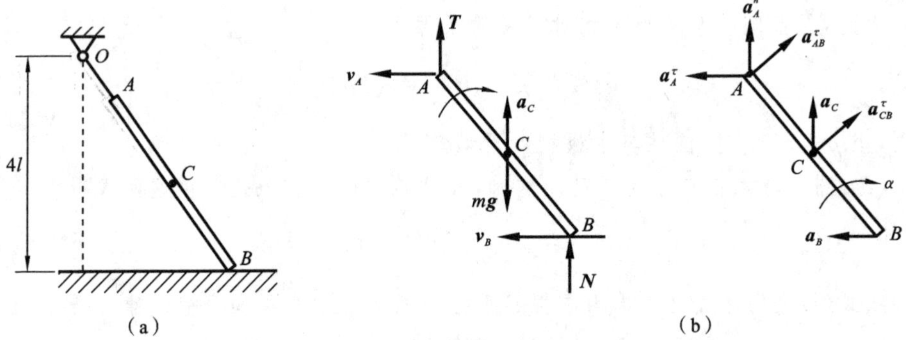

图 6.44　例 6.23 图

解　当细绳 OA 运动到铅垂位置时，杆 AB 瞬时平动，设速度为 v，由动能定理得

$$\frac{1}{2}mv^2=mg\left(\frac{8}{5}l-\frac{3}{2}l\right)$$

所以

$$v^2=\frac{1}{5}gl,\quad a_A^n=\frac{v^2}{l}=\frac{1}{5}g$$

由平面运动动力学方程，得

$$ma_C=T+N-mg \tag{a}$$

$$\frac{1}{12}m\,(4l)^2\alpha=\frac{\sqrt{7}}{2}l(T-N) \tag{b}$$

分析杆 AB 的加速度。以点 B 为基点，得

$$\boldsymbol{a}_A^n+\boldsymbol{a}_A^\tau=\boldsymbol{a}_B+\boldsymbol{a}_{AB}^\tau$$

$$\boldsymbol{a}_C=\boldsymbol{a}_B+\boldsymbol{a}_{CB}^{\tau}$$

以上两式均向铅垂方向投影,得

$$a_A^n=a_{AB}^{\tau}\cdot\frac{\sqrt{7}}{4}=\sqrt{7}\alpha l$$

$$a_C=a_{CB}^{\tau}\cdot\frac{\sqrt{7}}{4}=\frac{\sqrt{7}}{2}\alpha l$$

所以

$$\alpha=\frac{g}{5\sqrt{7}l},\quad a_C=\frac{1}{10}g$$

将这些结果代入式(a)、式(b),并消去 N,得

$$\frac{8}{3\sqrt{7}}ml\alpha+ma_C=2T-mg$$

所以绳中张力为

$$T=\frac{247}{420}mg$$

6.14 功率和功率方程

力对系统做同样的功,或者系统对外做同样的功,可以多花一些时间,也可以少花一些时间。在日常生活中,大家有这样的体会,搬运同样的重物(做功相同),搬快了人明显感到吃力。由此可见,系统做功的快慢表征了系统的一种性能或能力。因此我们将系统做功的时间变化率称为**功率**,记为 P,定义式为

$$P=\frac{\delta w}{\mathrm{d}t}=\boldsymbol{F}\cdot\boldsymbol{v} \tag{6.84}$$

力对转动物体的功率为

$$P=\frac{\delta w}{\mathrm{d}t}=\frac{M\mathrm{d}\varphi}{\mathrm{d}t}=M\omega \tag{6.85}$$

其中:M 为作用于转动物体上的力对转轴的力矩(**转矩**);ω 为物体转动的角速度。功率的标准单位为 W(瓦),1 W=1 J/s。

对于平面运动系统,假设在各个物体上的点 $A_1,A_2,\cdots$ 处分别作用有力 $\boldsymbol{F}_1$,$\boldsymbol{F}_2,\cdots$,这些点的位移分别为 $\mathrm{d}\boldsymbol{r}_1,\mathrm{d}\boldsymbol{r}_2,\cdots$,同时各物体上分别作用有力矩 $M_1,M_2,\cdots$,各物体的角速度分别为 $\omega_1,\omega_2,\cdots$,则根据动能定理的微分形式,系统满足下列**功率方程**:

$$\frac{\mathrm{d}T}{\mathrm{d}t}=\sum\boldsymbol{F}_i\cdot\mathrm{d}\boldsymbol{r}_i+\sum M_k\cdot\omega_k \tag{6.86}$$

可见,功率方程与动能定理是等价的,但是对于功率计算比较容易的某些问题,功率

方程应用起来更方便。

需要指出,不光是平面运动系统,任何质量系统都满足一个功率方程,只是方程的形式需要改动一下。

对于大部分机械系统,从力学的观点看,它们要对外做功去完成某个预定任务。在任意时刻 t,一个机械系统在 Δt 时间内所做的功,可以分为外界输入系统的功(input work)δw_{I} 和系统为了完成要求的任务而对外做的有用功(effective work)δw_{E},以及系统所做的无用功(unavailable work)δw_{U}。如果这些量按以上定义都为正值,则动能定理可以写成

$$\mathrm{d}T=\delta w_{\mathrm{I}}-\delta w_{\mathrm{E}}-\delta w_{\mathrm{U}} \tag{6.87}$$

必须指出,上式右边各个功的计算不能死板地套用前面功的计算公式,而需要先将系统所受的力分类,再分别计算各类力做功之和的绝对值,然后赋以正确的符号,其中 δw_{I} 以能源向系统输入能量为正,δw_{E} 以系统向外界做有效功为正,δw_{U} 以系统消耗不必要的(预定任务之外的)能量为正。式(6.87)两边除以 $\mathrm{d}t$,得

$$\frac{\mathrm{d}T}{\mathrm{d}t}=P_{\mathrm{I}}-P_{\mathrm{E}}-P_{\mathrm{U}} \tag{6.88}$$

其中:P_{I}、P_{E}、P_{U} 分别为**输入功率**、**有用功率**和**无用功率**。由此可知:

(1) 当 $P_{\mathrm{I}}>P_{\mathrm{E}}+P_{\mathrm{U}}$ 时,$\mathrm{d}T/\mathrm{d}t>0$,系统加速运行;

(2) 当 $P_{\mathrm{I}}<P_{\mathrm{E}}+P_{\mathrm{U}}$ 时,$\mathrm{d}T/\mathrm{d}t<0$,系统减速运行;

(3) 当 $P_{\mathrm{I}}=P_{\mathrm{E}}+P_{\mathrm{U}}$ 时,$\mathrm{d}T/\mathrm{d}t=0$,系统恒速运行。

实际中,总是希望将输入功率尽可能转化为有用功率,机械系统的这种性能称为**机械效率**,定义为

$$\eta=\frac{P_{\mathrm{E}}}{P_{\mathrm{I}}}\times 100\% \tag{6.89}$$

例 6.24 一电机功率为 4 kW 的水泵机组的效率为 0.6,如果将 900 m^3 的水送到 12 m 高的地方,需要多少时间?

解 有用功率为

$$P_{\mathrm{E}}=P_{\mathrm{I}}\eta=4\times 0.6=2.4\ (\mathrm{kW})$$

将 900 m^3 的水送到 12 m 高的地方,需要做功:

$$W_{\mathrm{E}}=mgh=900\times 10^3\times 9.8\times 12=1.0584\times 10^8\,(\mathrm{J})$$

设送水所需时间为 T,则有

$$P_{\mathrm{E}}T=W_{\mathrm{E}}$$

所以

$$T=\frac{W_{\mathrm{E}}}{P_{\mathrm{E}}}=\frac{1.0584\times 10^8}{2.4\times 10^3}=44100\ (\mathrm{s})=12\ \mathrm{h}15\ \mathrm{min}$$

6.15 势力、势能以及相应的动能定理

6.15.1 势力和势能

如果质点在一个空间区域内的任意位置上，受到确定大小和方向的作用力，这个力作为矢量，是位置的单值、有界和可微的函数，则这个区域称为**力场**，力场对质点的作用力称为**场力**。如果一个场力 $\boldsymbol{F}=\boldsymbol{F}(x,y,z)=\boldsymbol{F}(\boldsymbol{r})$ 所做的功与路径无关，则 $\boldsymbol{F}$ 称为**势力(或有势力)**或**保守力**，对应的力场称为**势力场**或**保守力场**。

在直角坐标系 $Oxyz$ 中，设势力为

$$\boldsymbol{F}(x,y,z)=F_x\boldsymbol{i}+F_y\boldsymbol{j}+F_z\boldsymbol{k}$$

如图 6.45 所示，当质点从点 $M:(x,y,z)$ 运动到点 $M_0:(x_0,y_0,z_0)$，势力所做的功记为 V。让 M_0 不变而改变 M，因为势力做功与路径无关，所以 V 是点 M 的矢径 $\boldsymbol{r}$ 或坐标 (x,y,z) 的单值函数，这个单值函数 $V(x,y,z)$ 称为势力 $\boldsymbol{F}$ 的**势能**，即

$$V(x,y,z)=\int_{\widehat{MM_0}}\boldsymbol{F}\cdot\mathrm{d}\boldsymbol{r}=\int_{\widehat{MM_0}}(F_x\mathrm{d}x+F_y\mathrm{d}y+F_z\mathrm{d}z)$$

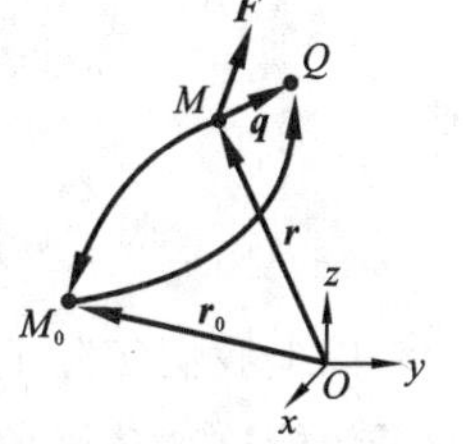

图 6.45 势力在微小位移上做功

显然，不管点 M_0 取在何处，都有 $V(x_0,y_0,z_0)=0$，所以点 M_0 称为**零势点**。由上式易知，对同一个势力场，选取不同的零势点，势能的结果只相差一个常数，因此，计算势能时，零势点可以视方便任意选取。

由 $V(x,y,z)=$ 常数所确定的空间曲面称为**等势面**，显然，质点在等势面上运动，势力不做功。由前面功的计算已知，重力和弹性力对质点做功与路径无关，因此它们是势力。由这两种力做功的计算公式可知，重力的等势面是任意一个水平面；而一端固定的拉伸弹簧，其弹性力的等势面为任意一个球面。

下面来推导势能函数与势力的微分关系。如图 6.45 所示，在势力场中，质点以任意路径到达点 $M:(x,y,z)$ 后，再让它沿任意路径到达点 M 邻域内的任意一点 Q，由于势力做功与路径无关，从点 M 到点 Q，势力 $\boldsymbol{F}$ 所做的功为

$$\delta w_{MQ}=\boldsymbol{F}\cdot\boldsymbol{q} \tag{6.90}$$

其中：

$$\boldsymbol{q}=\overrightarrow{MQ}=q_x\boldsymbol{i}+q_y\boldsymbol{j}+q_z\boldsymbol{k},\quad |\boldsymbol{q}|\to 0 \tag{6.91}$$

即 $\boldsymbol{q}$ 为一个任意的微元矢量。另外，功 δw_{MQ} 也可用势能来表示：

$$\delta w_{MQ}=\int_{\widehat{MQ}}\boldsymbol{F}\cdot\mathrm{d}\boldsymbol{r}=\int_{\widehat{MM_0}}\boldsymbol{F}\cdot\mathrm{d}\boldsymbol{r}+\int_{\widehat{M_0Q}}\boldsymbol{F}\cdot\mathrm{d}\boldsymbol{r}$$

$$=-\left(\int_{\widehat{QM_0}} \boldsymbol{F}\cdot \mathrm{d}\boldsymbol{r}-\int_{\widehat{MM_0}} \boldsymbol{F}\cdot \mathrm{d}\boldsymbol{r}\right)$$
$$=-[V(x+q_x,y+q_y,z+q_z)-V(x,y,z)]$$
$$=-\left(\frac{\partial V}{\partial x}q_x+\frac{\partial V}{\partial y}q_y+\frac{\partial V}{\partial z}q_z\right)$$
$$=-\left(\frac{\partial V}{\partial x}\boldsymbol{i}+\frac{\partial V}{\partial y}\boldsymbol{j}+\frac{\partial V}{\partial z}\boldsymbol{k}\right)\cdot(q_x\boldsymbol{i}+q_y\boldsymbol{j}+q_z\boldsymbol{k})$$
$$=-(\mathrm{grad}\ V)\cdot \boldsymbol{q} \tag{6.92}$$

其中：

$$\mathrm{grad}\ V=\frac{\partial V}{\partial x}\boldsymbol{i}+\frac{\partial V}{\partial y}\boldsymbol{j}+\frac{\partial V}{\partial z}\boldsymbol{k} \tag{6.93}$$

为势能函数 $V(x,y,z)$ 的梯度矢量，grad V 由于也是在空间分布的一个函数，因此又称为势能函数 V 的梯度场。由式(6.90)和式(6.92)，得

$$\boldsymbol{F}\cdot\boldsymbol{q}=-(\mathrm{grad}\ V)\cdot\boldsymbol{q}$$

由于矢量 $\boldsymbol{q}$ 的大小和方向都是任意的，因此由上式立知

$$\boldsymbol{F}=-(\mathrm{grad}\ V)=-\left(\frac{\partial V}{\partial x}\boldsymbol{i}+\frac{\partial V}{\partial y}\boldsymbol{j}+\frac{\partial V}{\partial z}\boldsymbol{k}\right) \tag{6.94}$$

或

$$F_x=-\frac{\partial V}{\partial x},\quad F_y=-\frac{\partial V}{\partial y},\quad F_z=-\frac{\partial V}{\partial z}$$

以上我们实际上证明了一个结论：**势力一定是某个空间函数的梯度**。这里我们取了势能这个功函数。

这个结论的逆命题也是成立的，即**如果一个场力是某个空间函数的梯度，则该力做功一定与路径无关，所以也一定是势力**。证明比较简单，请学生自己完成。

6.15.2 具有势力时系统的动能定理

一个质点系中的所有力可以分成势力(保守力)和非势力(非保守力)。由上面的结论已知，势力对质点系中每个质点所做的功可以用势能来描述，显然，将质点系中各个质点的势能叠加就得到整个质点系的势能，仍然记为 V。在质点系从时刻 t_1 运动到时刻 t_2 的过程中，势力对质点系所做的功 W_{P12} 为

$$W_{\mathrm{P12}}=V_1-V_2 \tag{6.95}$$

其中：V_1、V_2 分别为质点系在时刻 t_1、t_2 的势能。在这个过程中，设非势力对质点系所做的功为 W_{NP12}，则现在可将动能定理写为

$$T_2-T_1=W_{\mathrm{P12}}+W_{\mathrm{NP12}}$$

即

$$T_2+V_2=T_1+V_1+W_{NP12} \tag{6.96}$$

我们将任意时刻质点系的动能和势能之和称为**机械能**，记为 E，即

$$E=T+V \tag{6.97}$$

则式(6.96)可写为

$$E_2=E_1+W_{NP12} \tag{6.98}$$

这就是在势力和非势力共同作用下质点系动能定理的积分形式。将 E_1 固定，对上式微分，可得动能定理的微分形式：

$$\mathrm{d}E=\delta w_{NP} \tag{6.99}$$

质点系只有当势力和做功恒为零的力作用时，称为**保守系统**，此时由式(6.98)或式(6.99)均可得

$$E=\text{常数} \tag{6.100}$$

即保守系统**机械能守恒**。

例 6.25　如图 6.46 所示，一条平行于光滑斜面的弹簧刚度为 k，一端固定，另一端与物块 A 连接，杆 AB 与物块 A 铰接。物块和杆的质量均为 m，杆长为 l。系统在任意时刻的位置可以用位置变量 x、φ(或广义坐标)来描述。将零势位取在广义坐标 x、φ 的原点，求：(1) x、φ 的原点取在系统的平衡位置时，系统的势能；(2) x、φ 的原点取在弹簧原长位置时，系统的势能。

解　(1) 重力势能为

$$V_W=-2mgx\sin\theta+\frac{1}{2}mgl(1-\cos\varphi)$$

弹性力势能为

$$V_S=\frac{1}{2}k[(x+\delta)^2-\delta^2]$$

其中：δ 为系统平衡时弹簧的伸长量。由平衡条件易知

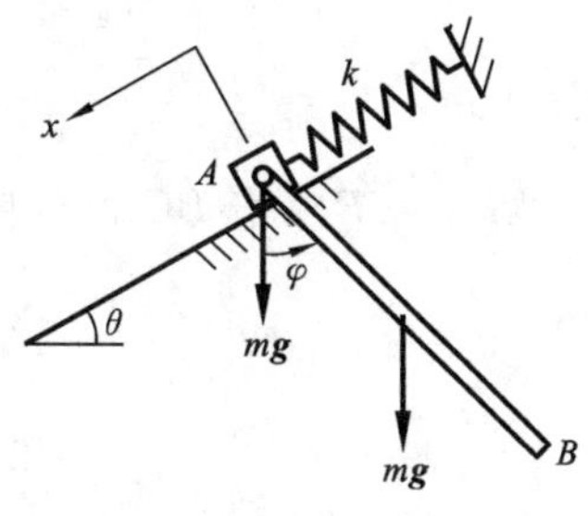

图 6.46　例 6.25 图

$$k\delta=2mg\sin\theta \quad\Rightarrow\quad \delta=\frac{2mg\sin\theta}{k}$$

所以

$$V_S=\frac{1}{2}kx^2+2mgx\sin\theta$$

系统的总势能 $V=V_W+V_S$，为

$$V=\frac{1}{2}mgl(1-\cos\varphi)+\frac{1}{2}kx^2 \tag{a}$$

(2) 这时 V_W 的表达式不变，V_S 变为 $V_S=\frac{1}{2}kx^2$，所以系统总势能为

$$V=\frac{1}{2}mgl(1-\cos\varphi)-2mgx\sin\theta+\frac{1}{2}kx^2 \tag{b}$$

由例 6.25 可见，**对于重力作用的线性弹性系统，如果存在静平衡状态，建议将系统位置坐标的原点、零势位都取在系统的静平衡位置，这样只需要计算恢复力的势能。**

例 6.26 两相同均质杆和两相同的均质圆柱滚子，用光滑铰链组成图 6.47 所示系统，两杆用弹簧拉住。设滚子在水平地面上的运动为纯滚动，已知杆子的质量为 m，长度为 l，$\overline{CD}=\overline{CE}=b$，滚子的半径为 R，质量为 M，弹簧刚度为 k，原长为 l_0。求当铰链 C 沿同一条铅垂线运动时，系统的运动微分方程(用图示 φ 角表示)。

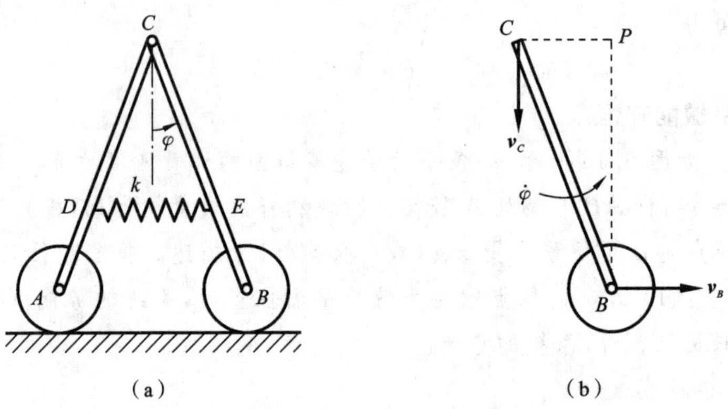

图 6.47 例 6.26 图

解 点 P 为杆 BC 的速度瞬心，则具有对称性的系统的动能为

$$\begin{aligned}T&=2\times\left[\frac{1}{2}J_P\dot{\varphi}+\frac{1}{2}\left(\frac{3}{2}MR^2\right)\left(\frac{v_B}{R}\right)^2\right]\\&=2\times\left(\frac{1}{6}ml^2\dot{\varphi}^2+\frac{3}{4}Ml^2\dot{\varphi}^2\cos^2\varphi\right)\\&=\frac{1}{3}ml^2\dot{\varphi}^2+\frac{3}{2}Ml^2\dot{\varphi}^2\cos^2\varphi\end{aligned}$$

以水平线 AB 作为重力势能的零势位，取弹簧原长状态为弹性势能的零势位，则系统的势能为

$$V=mgl\cos\varphi+\frac{1}{2}k\,(2b\sin\varphi-l_0)^2$$

由系统机械能守恒，得

$$\frac{1}{3}ml^2\dot{\varphi}^2+\frac{3}{2}Ml^2\dot{\varphi}^2\cos^2\varphi+mgl\cos\varphi+\frac{1}{2}k\,(2b\sin\varphi-l_0)^2=\text{常数}$$

将上式对 t 求导，即得系统的运动微分方程，为

$$\left(\frac{2}{3}ml^2+3Ml^2\cos^2\varphi\right)\ddot{\varphi}-3Ml^2\dot{\varphi}^2\cos\varphi\sin\varphi+2bk(2b\sin\varphi-l_0)\cos\varphi-mgl\sin\varphi=0$$

习　题

(A) 动量定理习题

第 6 章参考答案

6.1　简单计算题。

1. 图 6.48(a)～6.48(d)所示均质物体的质量均为 m，计算它们的动量，并在图上画出动量的方向。

2. 图 6.48(e)所示机构中，已知 $\overline{O_1A}=\overline{O_2B}$，$\overline{O_3M}=r$，杆 O_3G 绕轴 O_3 转动的角速度为 ω，求杆 MD 的动量(均质杆 MD 的质量为 m)。

3. 如图 6.48(f)所示，曲柄 O_1O_2 质量为 m_1，长度为 L，角速度为 ω，小齿轮质量为 m_2，半径为 L，在半径为 $2L$ 的固定内齿轮上滚动，啮合点为 C。导杆 AB 质量为 m_3。在图示瞬时，A、B、O_1 三点共线且 $CB\perp AB$，令 $\angle O_2O_1B=\theta$。求此机构在图示

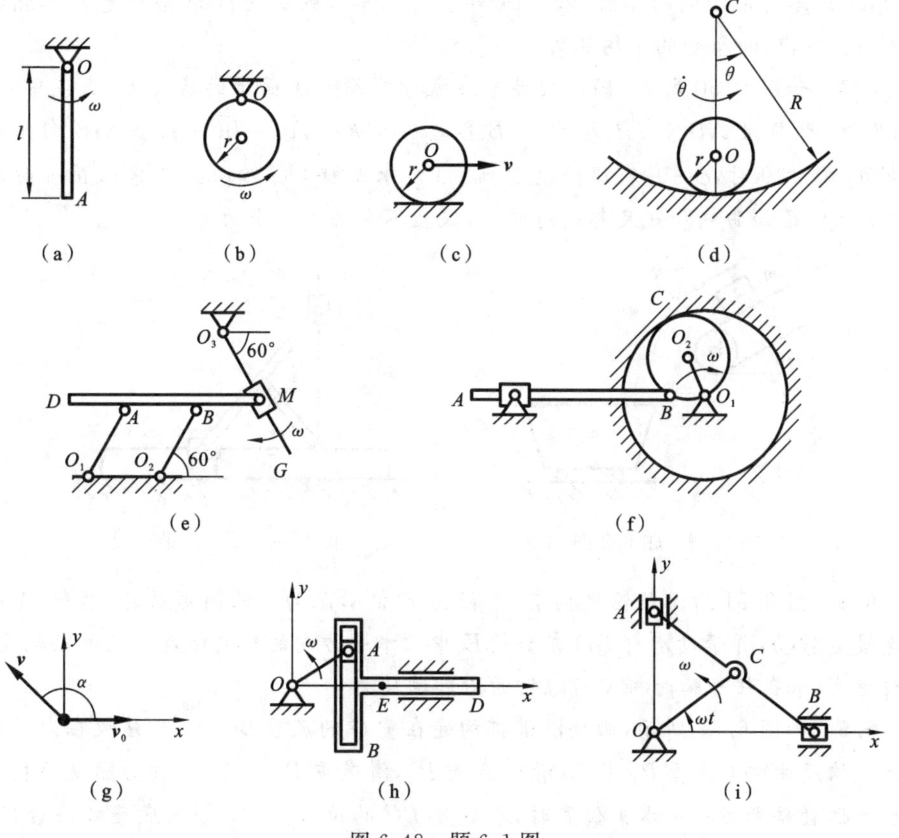

图 6.48　题 6.1 图

位置的动量。

4. 棒球的质量 $m=0.14$ kg，以速度 $v_0=50$ m/s 沿水平方向向右运动，如图 6.48(g)所示。在它被球棒打击后速度方向改变，与 v_0 成 $\alpha=135°$ 角(向左朝上)，速度大小降至 40 m/s，试计算球棒作用于球的冲量的水平及铅垂分量。

5. 在图 6.48(h)所示曲柄机构中，曲柄以匀角速度 ω 绕 O 轴转动。开始时，曲柄 OA 的位置水平向右。已知曲柄质量为 m_1，滑块 A 质量为 m_2，滑杆质量为 m_3，曲柄的质心在其中点，$\overline{OA}=l$，滑杆的质心 E 至滑槽 AB 的距离为 $l/2$。求此机构质量中心的运动方程。

6. 椭圆规尺 AB 的重量为 $2P$，曲柄 OC 的重量为 P，滑块 A、B 的重量均为 Q，如图 6.48(i)所示。已知 $\overline{OC}=\overline{AC}=\overline{CB}=l$，直尺与曲柄均可视为均质杆，滑块可视为质点。求当曲柄以角速度 ω 转动时，此椭圆机构质量中心的运动方程和轨迹。

6.2　设一质量 $m_1=10$ kg 的邮包从传送带上以速度 $v_1=3$ m/s 沿斜面落入一小车内，落入车后与车一起运动，如图 6.49 所示。已知车的质量 $m_2=50$ kg，原处于静止，不计车与地面间的摩擦，求：(1) 邮包落入车后的速度；(2) 设邮包与车相撞时间 $t=0.3$ s，地面所受的平均压力。

6.3　如图 6.50 所示，椭圆规连接在置于光滑水平面上的底座上，底座重 G，曲柄 OC 重 P，规尺 AB 重 $2P$，滑块 A、B 各重 G_1，$\overline{OC}=\overline{AC}=\overline{BC}=L$，曲柄以匀角速度 ω 转动，且 $t=0$ 时，$\varphi=0$，底座的速度 $v_0=0$。求曲柄 OC 转动至任意位置 φ 时底座的速度 v。已知曲柄和规尺都是均质的，底座不会跳离水平面。

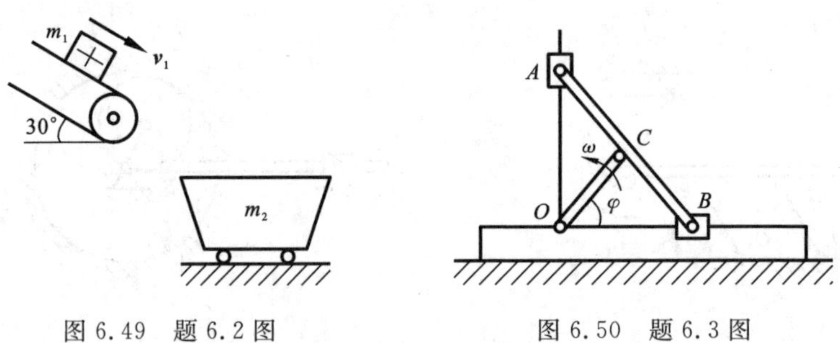

图 6.49　题 6.2 图　　　　图 6.50　题 6.3 图

6.4　图 6.51 所示凸轮机构中，半径为 r、偏心距为 e 的圆形凸轮，绕轴 A 以匀角速度 ω 转动，并带动滑杆 BD 在套筒 E 中做水平方向的往复运动。已知凸轮重 P，滑杆重 G，求在任一瞬时机座与螺钉的附加动反力。

6.5　如图 6.52 所示，曲柄滑道机构连在重 G 的底座 BC 上，底座放在光滑水平面上。均质曲柄 OA 重 P_1 长 L，滑块 A 重 P_2，滑道重 P_3。(1) 当内力驱使曲柄从一个水平位置转到另一个水平位置时，求底座 BC 的位移。(2) 如果底座被凸台嵌住，而曲柄 OA 以匀角速度 ω 转动，求底座对凸台的最大水平压力。

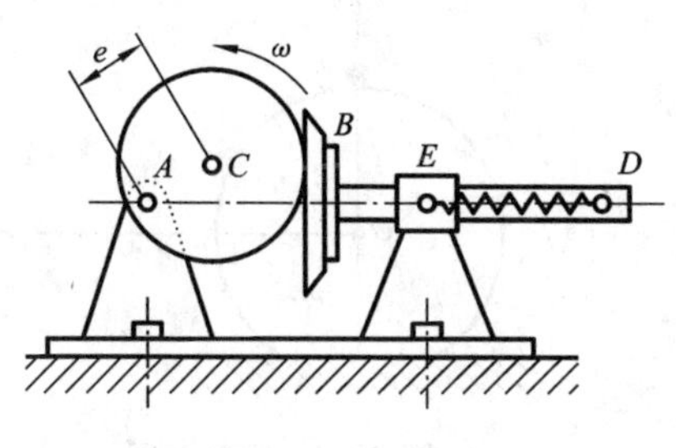

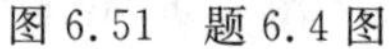

图 6.51　题 6.4 图

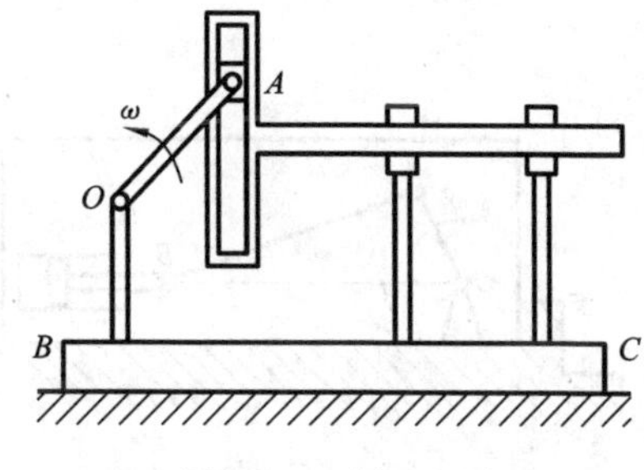

图 6.52　题 6.5 图

6.6　如图 6.53 所示，质量为 m_1 的物体 A，借助滑轮装置和质量为 m_2 的物体 B 来提升。滑轮 D 和 E 的质量分别是 m_3 和 m_4，质心都在轴上。物体 B 以加速度 a 下降，试求定滑轮 E 的支承反力。绳索质量与摩擦都忽略不计。

6.7　图 6.54 所示水平面上放一均质三棱柱 A，在其斜面上又放一均质三棱柱 B。两三棱柱的横截面均为直角三角形，三棱柱 A 的质量为三棱柱 B 的质量的 3 倍。设各处摩擦不计，求当三棱柱 B 沿三棱柱 A 滑下接触到水平面时，三棱柱 A 移动的距离。

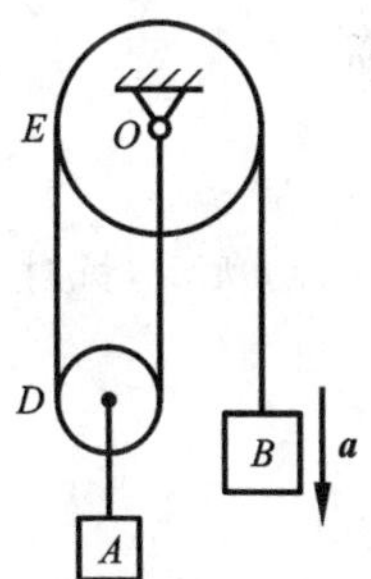

图 6.53　题 6.6 图

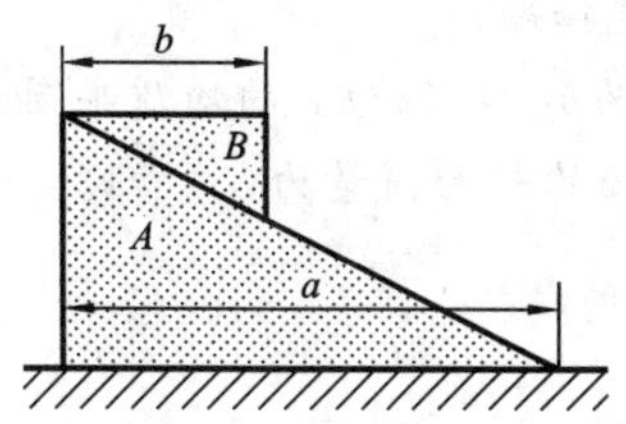

图 6.54　题 6.7 图

6.8　一水平安放的发动机如图 6.55 所示，曲柄 OA 重 P_1，连杆 AB 重 P_2，活塞 BD 重 P_3，$\overline{OA}=r$，$AB=6r$，曲柄以匀角速度 ω 旋转。求曲柄位于两水平位置时，外壳对支座 E 和 F 的水平压力。

6.9　如图 6.56 所示，半径为 r，质量为 m_1 的平底圆柱放在光滑水平面上，一质量为 m_2 的小球，从圆柱顶点无初速下滑，试求小球离开圆柱前的轨迹方程。

6.10　如图 6.57 所示，直径 $d=0.3$ m 的水管管道中有一个 135°的弯头，水的流量 $q_v=0.57\ \mathrm{m^3/s}$。求弯头的附加动反力。

6.11　空载时质量为 m_0 的铁路运沙车厢在光滑水平轨道上运动，沙从铅垂漏斗以 $\mathrm{d}m/\mathrm{d}t=q_m$ 的恒定质量流率输入车厢，如图 6.58 所示。用 v_0 表示车厢在 $t=0$ 时（即当加载开始时）的速度，求车厢的速度和加速度，将其表示为 t 的函数。

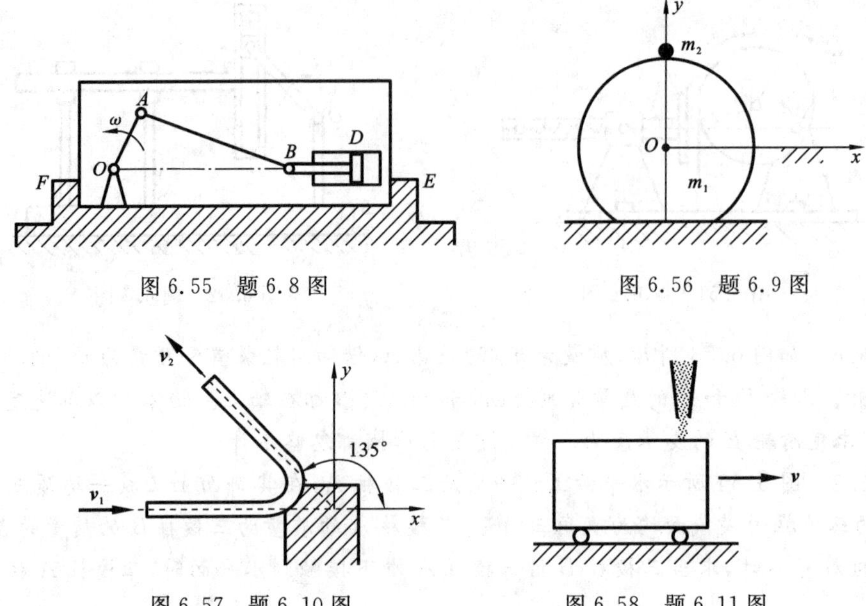

图 6.55 题 6.8 图

图 6.56 题 6.9 图

图 6.57 题 6.10 图

图 6.58 题 6.11 图

(B) 动量矩定理习题

6.12 选择题。

1. 质量为 m、半径为 r 的均质半圆形薄板如图 6.59(a)所示，板对过圆心且垂直于板面的 O 轴的转动惯量为(　　)。

(1) $\frac{1}{4}mr^2$；

(2) $\frac{1}{2}mr^2$；

(3) mr^2；

(4) $2mr^2$。

2. 图 6.59(b)所示均质矩形板的质量为 m，轴 z_1、z_2、z_3 相互平行，薄板对三轴的转动惯量分别为 J_{z1}、J_{z2}、J_{z3}，则(　　)。

(1) J_{z1} 最小，J_{z2} 最大；

(2) J_{z1} 最小，J_{z3} 最大；

(3) J_{z1} 最大，J_{z2} 最小；

(4) J_{z1} 最小，J_{z3} 最小。

3. 图 6.59(c)所示半径为 r、质量为 m 的均质圆轮，轮Ⅰ上绳的一端受拉力 G，轮Ⅱ上绳的一端挂一重物，重量为 G。设轮Ⅰ的角加速度为 α_1，绳的张力为 T_1，轮Ⅱ的角加速度为 α_2，绳的张力为 T_2，则(　　)。

(1) $\alpha_1<\alpha_2$，$T_1<T_2$；

(2) $\alpha_1>\alpha_2$，$T_1>T_2$；

(3) $\alpha_1<\alpha_2$，$T_1>T_2$；

(4) $\alpha_1>\alpha_2$，$T_1<T_2$。

4. 均质杆长度为L，质量为m，在图6.59(d)所示位置，质心速度为v_C，则此杆对O轴的动量矩为(　　)。

(1) $\dfrac{1}{2}mv_C$；

(2) $\dfrac{2L}{3}mv_C$；

(3) $\dfrac{L}{3}mv_C$。

5. 圆环以角速度ω绕z轴转动[见图6.59(e)]，转动惯量为J_z，在圆环顶点A处放一质量为m的小球，由于微小干扰，小球离开点A运动，不计摩擦，则此系统在运动过程中(　　)。

(1) ω不变，对z轴的动量矩守恒；

(2) ω改变，对z轴的动量矩守恒；

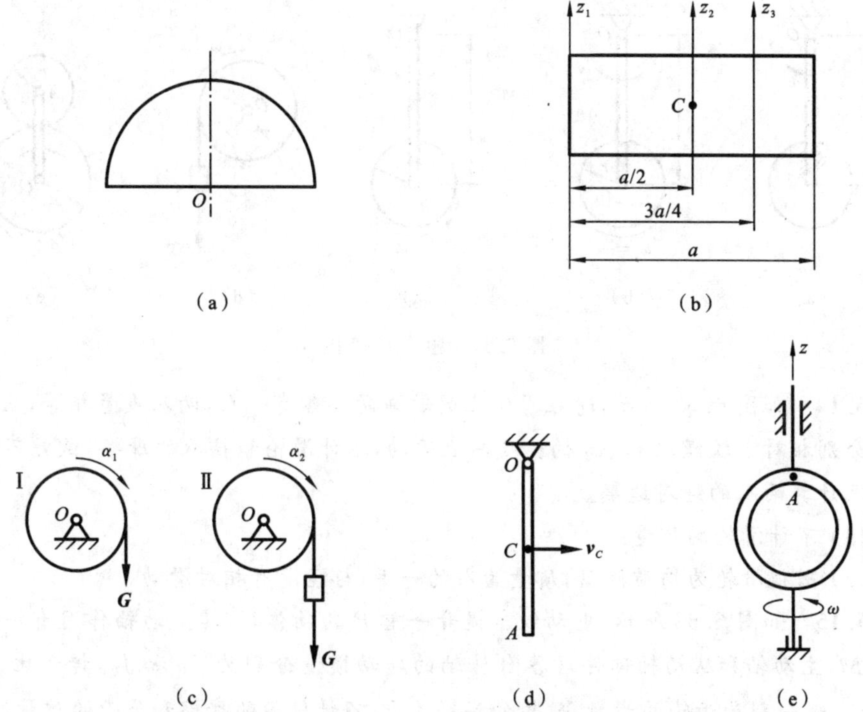

图6.59　题6.12图

(3) ω 改变,对 z 轴的动量矩不守恒;

(4) ω 不变,对 z 轴的动量矩不守恒。

6.13 简单计算题。

1. 图 6.60 所示的各均质物体质量均为 m,尺寸和角速度如图所示,分别计算出对 O 轴的动量矩。

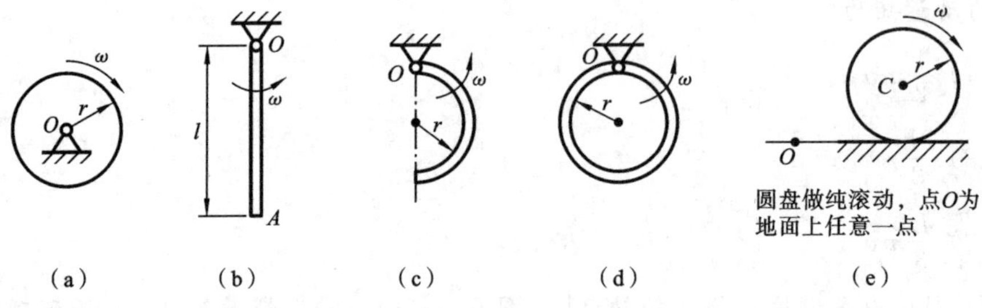

图 6.60 题 6.13-1 图

2. 图 6.61 所示的各均质物体质量均为 m,以不同连接形式组合在一起,尺寸和角速度如图所示,其中 ω_A 为圆盘相对于杆的角速度。分别计算出系统对 O 轴的动量矩。

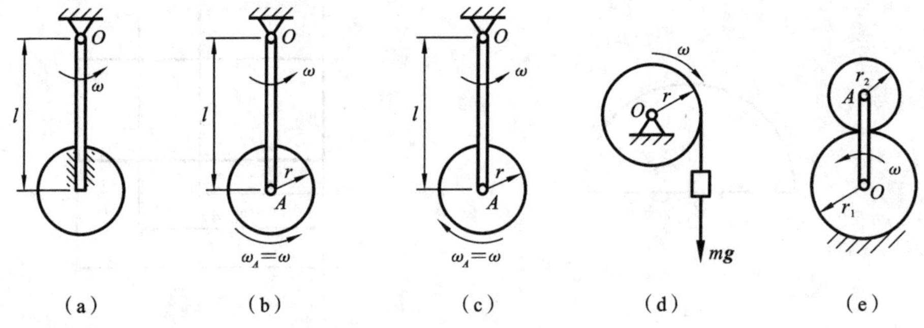

图 6.61 题 6.13-2 图

6.14 如图 6.62 所示,跨在滑轮上的软绳两端各有一人,两人重量相等,从静止开始分别相对于软绳以 v_1、v_2 的速度向上运动,不计滑轮和轴承的摩擦,试就下列两种情况计算两人的绝对速度。

(1) 不计滑轮的质量。

(2) 若视滑轮为均质圆盘,质量为人的一半,与绳没有相对滑动。

6.15 如图 6.63 所示,电动绞车提升一重 P 的物体 C,其主动轴作用有一定值力矩 M,主动轴和从动轴部件对各自转轴的转动惯量分别为 J_1 和 J_2,传动比 $z_2/z_1=k$,z_1、z_2 分别为齿轮的齿数,鼓轮的半径为 R,不计轴承的摩擦和吊索的质量,求重物的加速度。

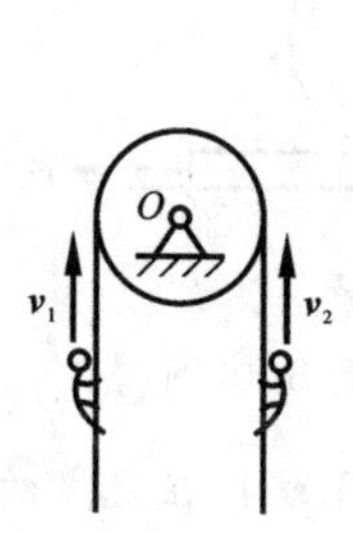
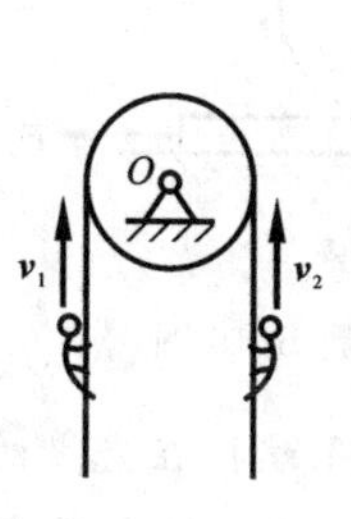

图 6.62　题 6.14 图

图 6.63　题 6.15 图

6.16　如图 6.64 所示，轮子质量 $m=100$ kg，半径 $r=1$ m，可视为均质圆盘，当轮子以转速 $n=120$ r/min 绕定轴 C 转动时，在杆的 A 端施加铅垂常力 P，经 10 s 轮子转动停止，设轮与闸块间的动摩擦系数 $f=0.1$，试求力 P 的大小(不计轴承的摩擦及闸块的厚度)。

6.17　如图 6.65 所示，水平圆盘对 O 轴的转动惯量为 J_O，其上一质量为 m 的质点以匀速 v_0 相对圆盘做半径为 r 的圆周运动，圆心在圆盘上的点 O_1，$\overline{OO_1}=L$，当质点在点 M_0 时，圆盘的转速 $\omega_0=0$，不计摩擦。试求：(1)质点在 M_0 位置时系统对 O 轴的动量矩；(2)质点在 M 位置时(φ 视为已知)圆盘的角速度。

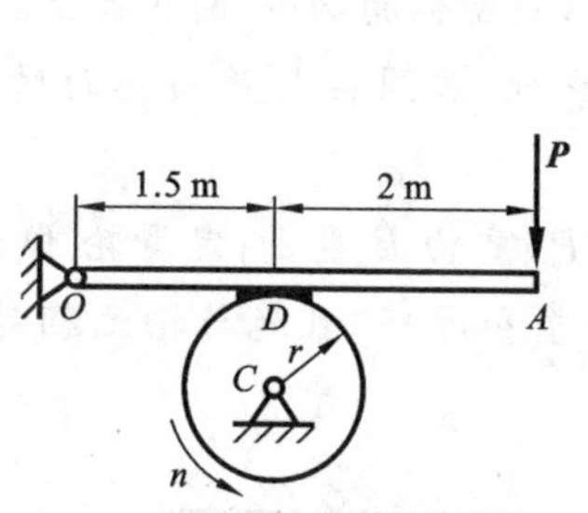

图 6.64　题 6.16 图

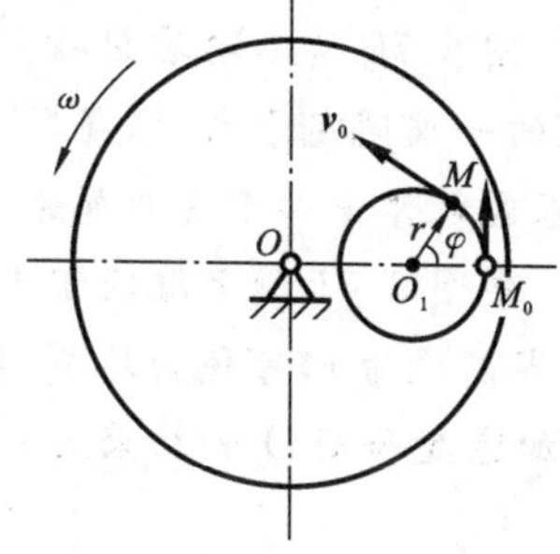

图 6.65　题 6.17 图

6.18　均质圆柱重 P，半径为 r，放置如图 6.66 所示，并给予初始角速度 ω_0，设在 A 和 B 两处的摩擦系数均为 f，问经过多长时间圆柱停止转动？

6.19　如图 6.67 所示，平板的质量 m_1，受水平力 F 作用而沿水平面运动，板与水平面间的摩擦系数为 f，在平板上放一质量为 m_2 的均质圆柱体，它相对平板只滚不滑，求平板的加速度。

6.20　如图 6.68 所示，长 L 的均质杆置于桌上，质心 C 与桌边 E 的距离 $\overline{CE}=kL$(k 为常数)，从静止开始杆将以点 E 为支点转动，设杆与桌边的摩擦系数为 f，试求杆开始滑动时杆与水平线间的夹角 θ。

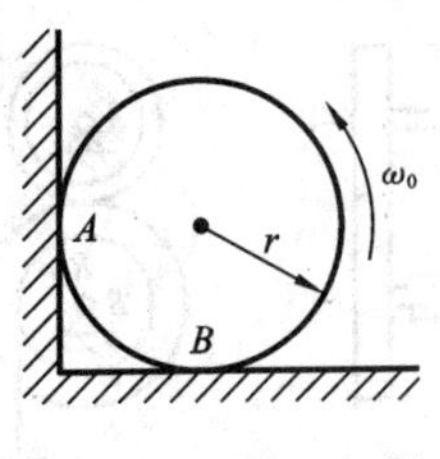

图 6.66　题 6.18 图

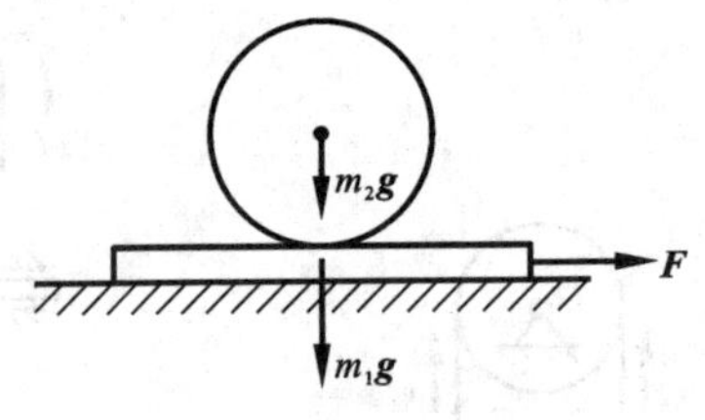

图 6.67　题 6.19 图

6.21　质量 $m=50$ kg 的均质杆 AB 如图 6.69 所示，A 端搁在光滑的水平面上，另一端由质量不计的绳子系在固定点 O，且 A、B、O 三点在同一铅垂面内，当绳子在水平位置时，杆 AB 由静止释放。求释放瞬时杆的角加速度、绳子 BO 的拉力以及点 A 的反力，已知杆 AB 长度 $L=2.5$ m，绳 BO 长度 $b=1$ m，点 O 至地面的高度 $h=2$ m。

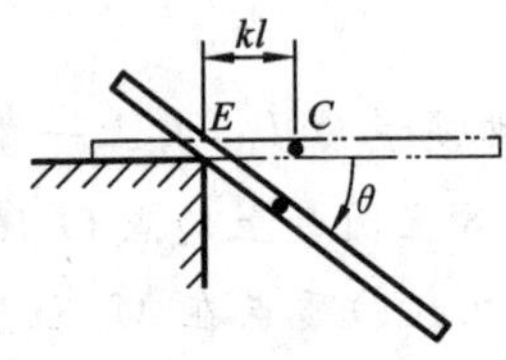

图 6.68　题 6.20 图

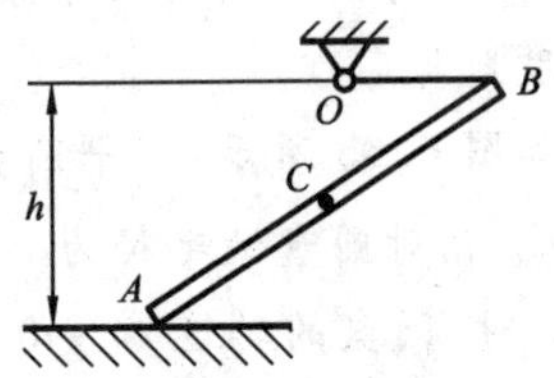

图 6.69　题 6.21 图

6.22　图 6.70 所示均质圆柱重 P，半径为 r，放在倾角为60°的斜面上，一细绳绕于其上，绳的一端固定于点 A，绳段 AB 与斜面平行，若圆柱与斜面间的摩擦系数 $f=1/3$，试求圆柱体中心下落的加速度 a_C。

6.23　在图 6.71 所示滑轮组中重物 A 重 $2P$，重物 B 重 P；定滑轮 D 和动滑轮 C 均重 P，半径均为 r，可视为均质圆盘。不计绳重和摩擦，且绳与轮无相对滑动，求重物 A 的加速度和轴 D 的约束力。

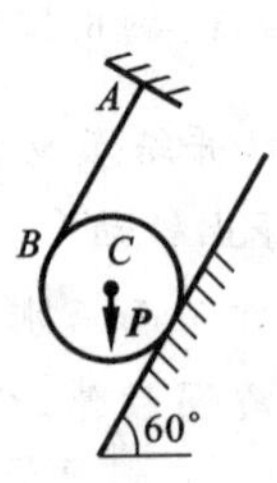

图 6.70　题 6.22 图

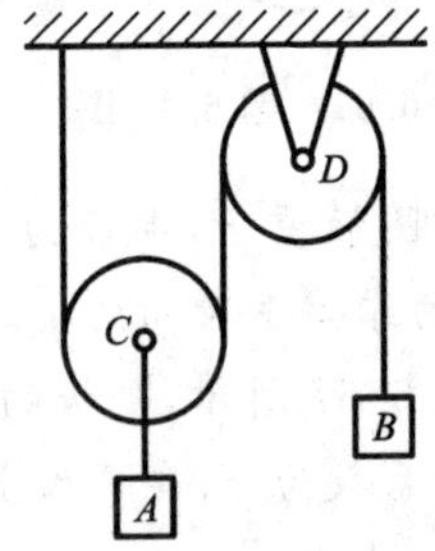

图 6.71　题 6.23 图

6.24　如图 6.72 所示，滚轮 A 与鼓轮 B 可视为均质圆盘，它们的质量都是 m，半径均为 R，若在鼓轮 B 上加一定值力偶，其矩为 M，使滚轮 A 沿倾角为 θ 的斜面做纯滚动。鼓轮轮心 D 在斜面延长线上，铅垂杆 DC 长 L，不计杆和绳的质量，试求：(1) 滚轮 A 的中心 O 的加速度和绳子的张力；(2) 杆 DC 的固定端 C 的约束力。

6.25 在图 6.73 所示机构中圆盘以角速度 $\omega_0=12$ rad/s 绕垂直于图面的 A 轴转动(逆钟向)，均质杆 BD 长度为 $4r$，质量为 m，若机构在水平面内，试求在图示瞬时套筒 E 对杆 BD 的约束力(不计摩擦)。

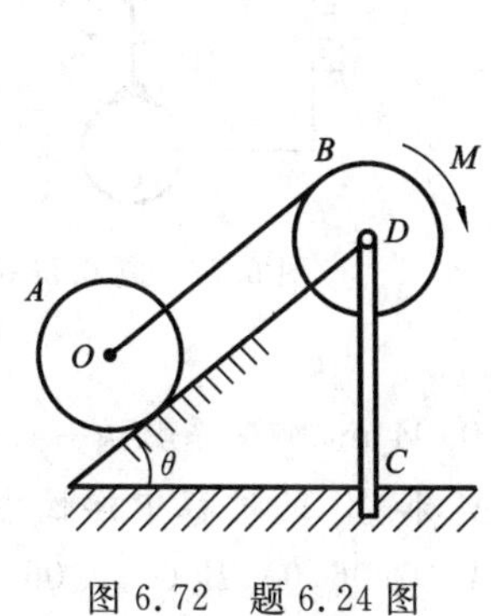

图 6.72 题 6.24 图

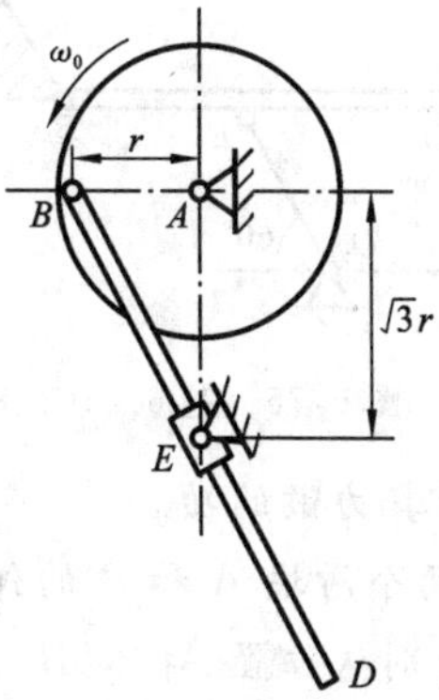

图 6.73 题 6.25 图

(C) 动能定理习题

6.26 计算动能。

1. 图 6.74(a)和图 6.74(b)所示均质物体分别绕定轴转动，图 6.74(c)所示均质圆盘在水平面上滚动而不滑动。设物体的质量都等于 m，物体的角速度均为 ω，杆子的长度为 L，圆盘的半径为 r，试分别计算各物体的动能。

2. 拖车的车轮 A 和垫滚 B 的半径均为 r，设拖车与垫滚 B、车轮 A 与地面之间均无滑动，并设拖车质量为 m_1，车轮 A 质量为 m_2，垫滚 B 质量为 m_3，如图 6.75 所示。求当拖车以速度 v 前进时，整个系统的动能。

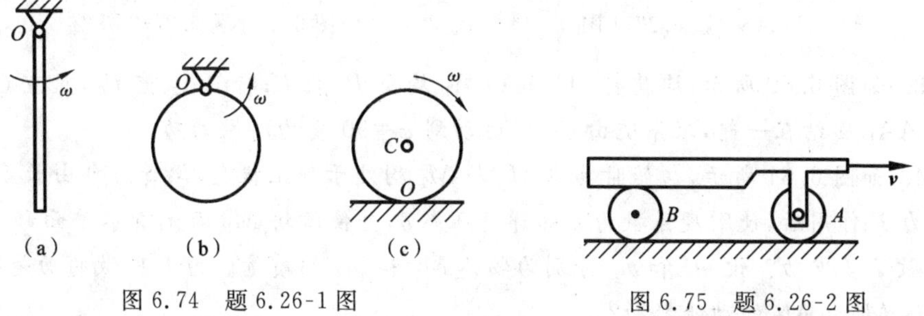

图 6.74 题 6.26-1 图　　图 6.75 题 6.26-2 图

3. 已知边长为 a 的均质等边三角板的质量为 m，对质心的回转半径为 ρ，$O_1D /\!/ O_2E$，$\overline{O_1D}=\overline{O_2E}=r$，绕 O_1 轴转动的角速度为 ω，在图 6.76 所示瞬时 D、E、B、C 四点

在同一水平线上。试求三角板的动能。

4. 输送器 A 以 $v=10$ m/s 的速度沿轨道运动，其上用轻杆吊一重 450 N、半径为 0.3 m 的均质圆盘。若圆盘以 $\omega=5$ rad/s 的角速度转动，试计算圆盘在图 6.77 所示瞬时的动能。

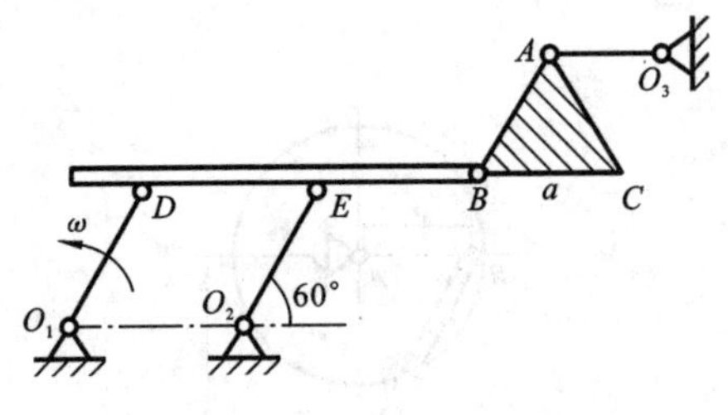

图 6.76 题 6.26-3 图

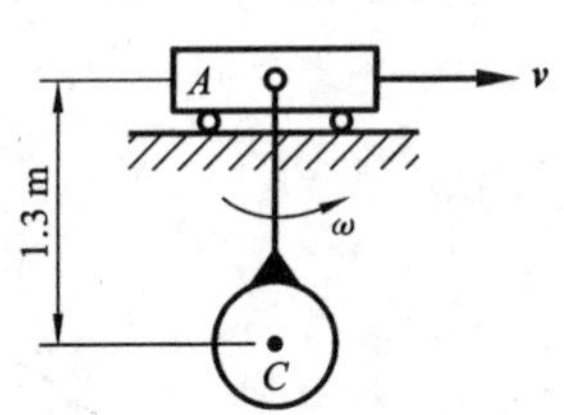

图 6.77 题 6.26-4 图

6.27 计算力做的功。

1. 连接两个滑块 A 和 B 的弹簧原长 $L_0=0.04$ m，刚度系数 $k=4.9$ kN/m，试求当两滑块分别从位置 A_1 和 B_1 运动到位置 A_2 和 B_2 的过程中弹性力所做的功。各点的位置坐标是 $A_1(0.04,0)$、$B_1(0,0.03)$、$A_2(0.06,0)$、$B_2(0,0.06)$，如图 6.78 所示。

2. 图 6.79 所示质点 M 沿轨迹 $x^2/25+y^2/9=1$ 运动，求其上某一作用力 $\boldsymbol{F}=-5x\boldsymbol{i}-5y\boldsymbol{j}$（力以 N 计）在由 $M_0(5,0)$ 至 $M_1(0,3)$ 的路程上所做的功。

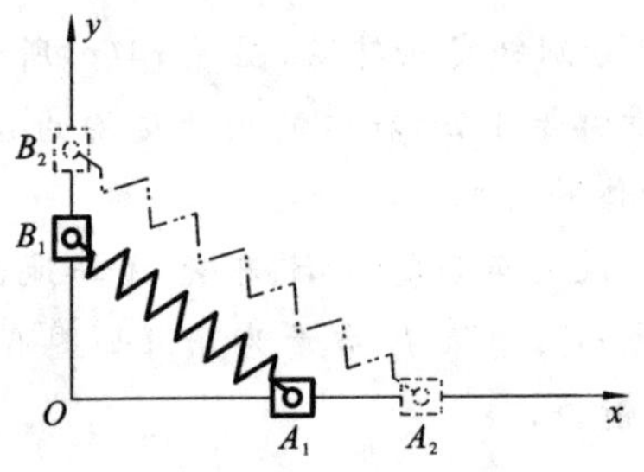

图 6.78 题 6.27-1 图

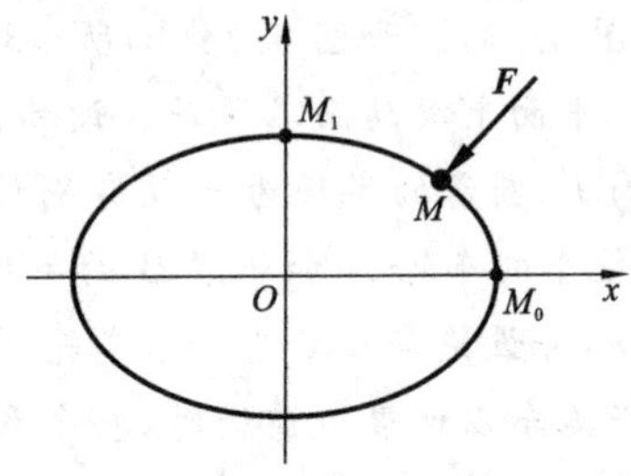

图 6.79 题 6.27-2 图

3. 如图 6.80 所示，均质杆 OA 和 O_1A_1 均重 P，长 L；杆 AA_1 重 P_1，盘重 G；盘与杆 AA_1 固结在一起，求系统由 $\varphi=0°$ 运动到 $\varphi=90°$ 重力所做的功。

4. 如图 6.81 所示，初始时物体 M_2 与 M_1 均处于静止状态，弹簧为自由长度，当一恒力 $\boldsymbol{F}$ 作用后，使刚度系数为 k 的弹簧压缩 δ，并使滑块 M_1 沿光滑水平面移动 s，力 $\boldsymbol{F}$ 做了多少功？设 m_1 和 m_2 分别为物体 M_1 和 M_2 的质量。力 $\boldsymbol{F}$ 所做的功是否等于物体 M_1 和 M_2 的动能之和？

6.28 已知轮子半径为 r，对转轴 O 的转动惯量为 J_O；连杆 AB 长度为 L，质量为 m_1，并可视为均质细杆；滑块 A 的质量为 m_2，可沿光滑竖直导槽滑动。滑块在最高位置($\theta=0°$)受微小扰动后，由静止开始运动，如图 6.82 所示。求当滑块到达最低位置时轮子的角速度(各处的静摩擦均不计)。

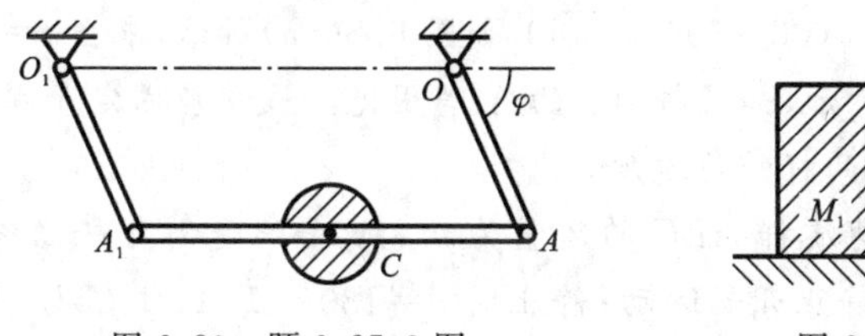

图 6.80　题 6.27-3 图　　图 6.81　题 6.27-4 图

6.29　等长等重的三根均质杆用光滑铰链连接，在铅垂平面内摆动，如图 6.83 所示。求自图示位置无初速地运动到平衡位置时，杆 AB 中点 C 的速度。设杆长 $L=1$ m。

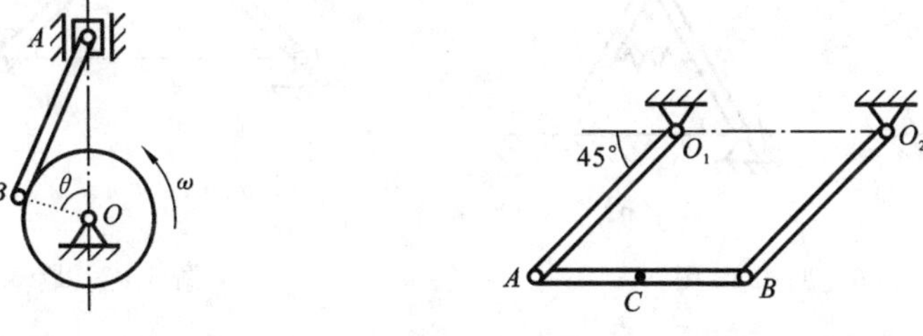

图 6.82　题 6.28 图　　图 6.83　题 6.29 图

6.30　一系统如图 6.84 所示。当物体 M 距离地面 h 时，系统处于平衡状态。现在给物体 M 以向下的初速度 v_0，使其恰能到达地面处，求 v_0 大小。已知物体 M 和滑轮 A、B 的重量均为 P，且滑轮可看成均质圆盘。弹簧的刚度为 k，绳与轮之间无滑动。

6.31　行星轮机构如图 6.85 所示，三齿轮均视为均质圆盘，质量均为 m，半径为 R。曲柄 O_1O_3 视为均质细杆，质量为 m_1。作用在曲柄上的力矩 M 为常数，整个机构在水平面内由静止开始运动，不计摩擦。求曲柄的角速度和角加速度(表示为曲柄转角 φ 的函数)。

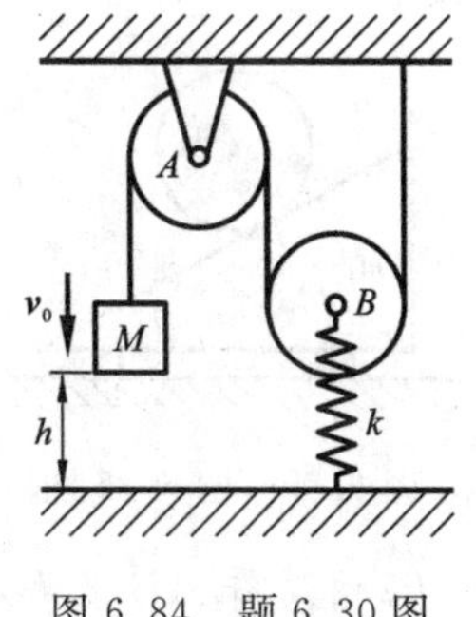

图 6.84　题 6.30 图

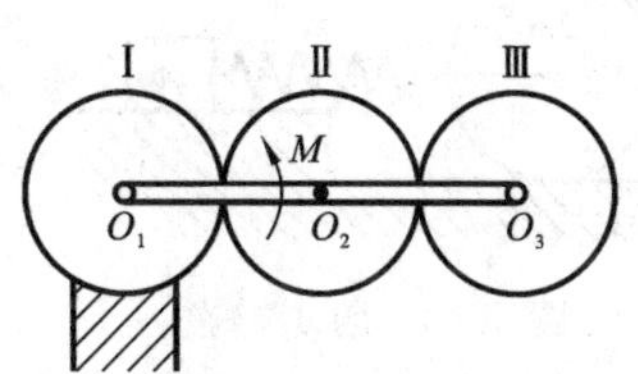

图 6.85　题 6.31 图

6.32 均质杆 AC、CB 各重 W、长 L，由光滑铰链 C 铰接。在两杆中点连接一刚度系数为 k 的弹簧，置于光滑水平面上，在铅垂平面内运动。设开始时 $\theta=60°$，速度为零，弹簧未变形。设 $k=W/[(\sqrt{3}-1)L]$。(1) 如图 6.86(a)所示，求当 $\theta=30°$ 时点 C 的速度；(2) 如图 6.86(b)所示，如果杆 AC 的 A 端用光滑铰支座固定于水平面上，起始条件相同，求当 $\theta=30°$ 时两杆的角速度。

6.33 如图 6.87 所示，均质杆 ABC 的质量为 m，杆 A 端受到与杆始终保持垂直的力 P 作用，P 为定值，从静止开始运动；静止时 $\theta=180°$，且 A、B、C 与 O 四点共线。求当点 B 到达点 O 时（此时 $\theta=0°$）杆的角速度。滚子 B 与曲柄 OC 的质量不计。

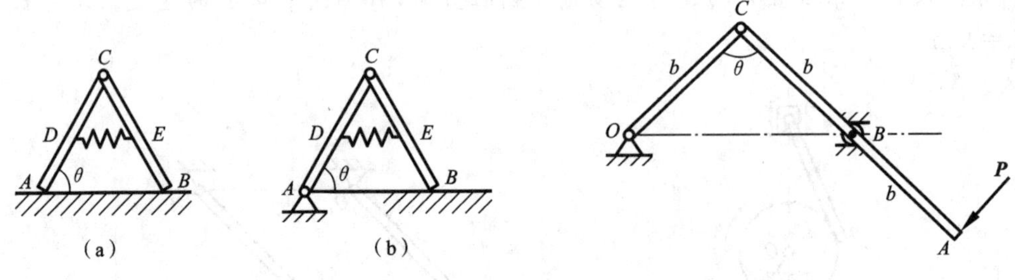

图 6.86 题 6.32 图　　图 6.87 题 6.33 图

动力学普遍定理综合练习题

6.34 均质圆柱 C 的半径为 r，质量为 $2m$，可沿粗糙水平轨道做纯滚动，物块 A 质量为 m，可沿光滑水平轨道滑动，C、A 两点在同一水平直线上，用刚度系数为 k 的弹簧相连。初瞬时弹簧伸长量为 δ，无初速释放，如图 6.88 所示。求当弹簧恢复到自然长度时，圆柱轴心 C 的速度。

6.35 在光滑水平面上放置一直角三棱柱体，其质量为 m_1，可沿光滑水平面运动；质量为 m_2、半径为 r 的均质圆柱体，在三棱柱体的斜面滚下而不滑动，如图6.89所示。设三棱柱体的倾角为 θ，试求三棱柱体的加速度。

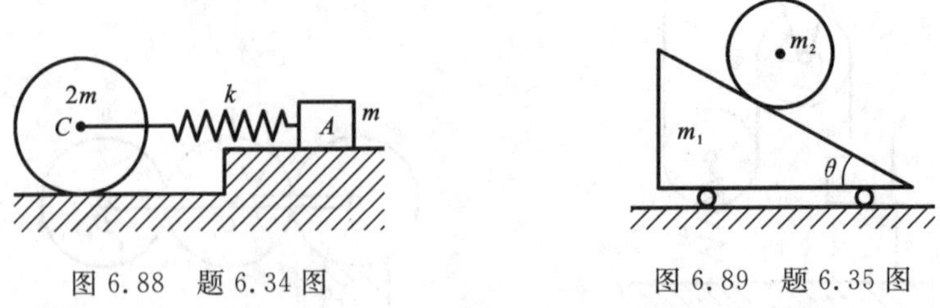

图 6.88 题 6.34 图　　图 6.89 题 6.35 图

6.36 图 6.90 所示均质杆 OA 长度为 r，重量为 P；均质杆 AB 长 L，重 G；两者用铰链连接。杆 OA 的 O 端用铰链固定，杆 AB 的 B 端通过铰链安装一小滚轮，并能在水平面上滚动。初始时，杆 OA 水平，将系统由静止状态自由释放，求在重力作用下，杆 OA 运动到铅垂位置时，点 B 的速度及水平面对滚轮 B 的反力。滚轮 B 的质量忽略不计。

6.37　如图 6.91 所示，质量为 m、半径为 r 的均质圆柱，其质心 C 位于与点 O 同一高度时，由静止开始沿斜面滚动而不滑动。求滚至半径为 R 的圆弧 AB 上时，作用于圆柱上的正压力及摩擦力（表示为 θ 的函数）。

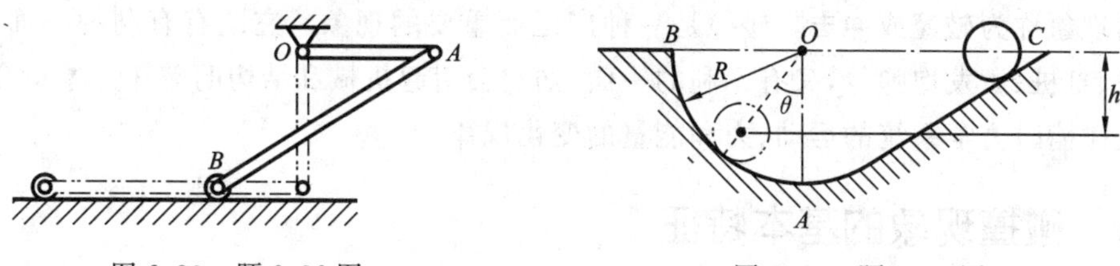

图 6.90　题 6.36 图　　　图 6.91　题 6.37 图

6.38　一质量 $m_1=15$ kg、半径 $R=0.135$ m 的均质圆盘，在圆心 B 与长度 $L=0.225$ m 的均质杆 AB 连接，如图 6.92 所示。杆的质量 $m_2=6$ kg，A 端为光滑铰接。系统由图示位置无初速释放，试求点 B 在通过最低点时的速度。

（1）假定圆盘与杆焊接在一起。

（2）假定圆盘与杆在点 B 用光滑销钉连接。

6.39　如图 6.93 所示，长 $2a$、重 P 的均质杆 AB 可在半径为 $\sqrt{2}a$ 的光滑半圆筒内运动。开始时杆处于 A_0B_0 位置且在铅垂平面内。若将杆无初速释放，则杆将在自身重力作用下运动。试求在任意瞬时杆的角速度及 A、B 两端的反力（以图示 φ 角表示）。

6.40　如图 6.94 所示，均质圆盘半径为 R，质量为 m，偏心距 $OC=R/4$，开始时重心 C 在轴承 O 的正上方。在轮缘上固连一质量为 $m/4$ 的质点 A。设圆盘受扰动后，由静止状态进入运动状态。求 OA 到达水平位置（$\theta=0°$）时，圆盘的角速度 ω、角加速度 α 及轴承 O 处的水平方向的约束反力。

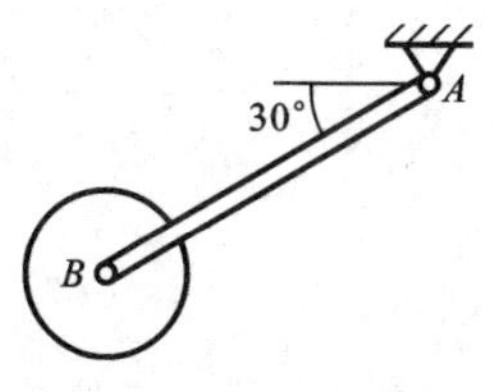

图 6.92　题 6.38 图

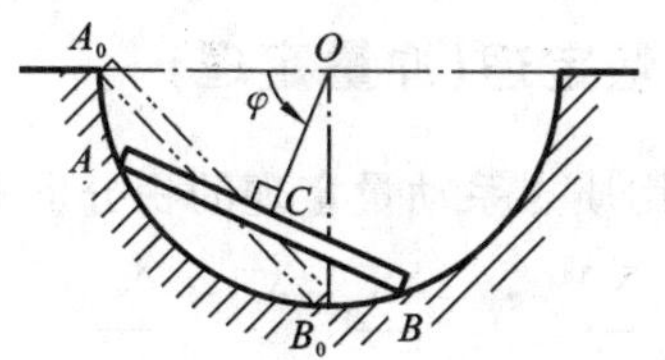

图 6.93　题 6.39 图

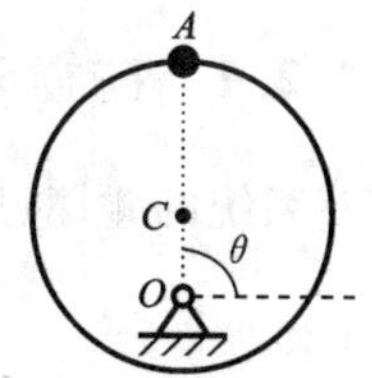

图 6.94　题 6.40 图

第 7 章　碰　　撞

当物体受到冲击或由于运动遇到障碍，在非常短的时间内，它的速度发生急剧改变的现象称为**碰撞**或**冲击**。碰撞是一种广泛而重要的现象。它既有有利的一面，如锻铁、打桩、激发炮弹等，又有不利的一面，如它会引起机械和结构的破坏。本章介绍发生碰撞时力学系统的运动、力和能量的变化规律。

7.1　碰撞现象的基本特征

1. 基本特征

碰撞过程(从碰撞开始至结束)在极短时间($10^{-4}\sim10^{-2}$ s)内完成，而碰撞物体的速度或动量却发生有限改变，故加速度很大，进而相互作用力也很大，碰撞过程中的作用力称为**碰撞力**或**瞬时力**。由于碰撞过程时间很短，因此碰撞物体的位移很小。

碰撞过程虽然极其短暂，但是非常复杂，会发生各种物理和化学变化。我们只研究简单系统在碰撞前后的运动状态的变化。

2. 两点简化

(1) 在碰撞过程中，非碰撞力的冲量忽略不计。

(2) 在碰撞过程中，物体的位移忽略不计。

碰撞过程的这些特征和简化，在前面几章的一些例题中已经零散论述过，这里只是将它们进行归纳后重新提出而已。

7.2　研究碰撞的基本定理

7.2.1　碰撞时的动量定理(冲量定理)

对系统的碰撞过程，应用质点系动量定理的积分形式，得

$$\sum m\boldsymbol{v}_2-\sum m\boldsymbol{v}_1=\sum \boldsymbol{I}^{(e)} \tag{7.1}$$

$$\boldsymbol{I}^{(e)}=\int_0^{\tau}\boldsymbol{F}^{(e)}\,\mathrm{d}t \tag{7.2}$$

其中：$\boldsymbol{v}_1$ 为碰撞开始瞬时，系统各质点的速度矢量；$\boldsymbol{v}_2$ 为碰撞结束瞬时，系统各质点的速度矢量；$\boldsymbol{I}^{(e)}$ 为外碰撞力 $\boldsymbol{F}^{(e)}$ 的冲量，简称**碰撞冲量**；τ 为碰撞时间。当 $\boldsymbol{I}^{(e)}$ 和 τ 已知时，碰撞力的平均值为

$$\boldsymbol{F}_{\text{aver}}^{(\text{e})}=\boldsymbol{I}^{(\text{e})}/\tau \tag{7.3}$$

式(7.3)称为**冲量定理**,其意思是:由于碰撞过程很短暂,外碰撞力的变化又很复杂,因此研究碰撞只使用整个碰撞过程的冲量,而不用注意外碰撞力的变化,也不用考虑非碰撞外力的冲量(如重力、已知的常规外作用力等)。

注意:外碰撞力随分析对象的不同而不同。

7.2.2 碰撞时的动量矩定理(冲量矩定理)

1. 绝对运动冲量矩定理

由质点系动量矩定理,有

$$\frac{\mathrm{d}\boldsymbol{L}_O}{\mathrm{d}t}=\sum\boldsymbol{m}_O(\boldsymbol{F}^{(\text{e})})=\sum\boldsymbol{r}\times\boldsymbol{F}^{(\text{e})}\quad\Rightarrow\quad\mathrm{d}\boldsymbol{L}_O=\sum\boldsymbol{r}\times\boldsymbol{F}^{(\text{e})}\mathrm{d}t$$

在碰撞过程中,已假设各质点的位置 $\boldsymbol{r}$ 不变,由此,将上式在碰撞过程时间内积分,可得

$$\boldsymbol{L}_{O2}-\boldsymbol{L}_{O1}=\sum\int_0^\tau\boldsymbol{r}\times\boldsymbol{F}^{(\text{e})}\mathrm{d}t=\sum\boldsymbol{r}\times\int_0^\tau\boldsymbol{F}^{(\text{e})}\mathrm{d}t=\sum\boldsymbol{r}\times\boldsymbol{I}^{(\text{e})}=\sum\boldsymbol{m}_O(\boldsymbol{I}^{(\text{e})})$$

即

$$\boldsymbol{L}_{O2}-\boldsymbol{L}_{O1}=\sum\boldsymbol{m}_O(\boldsymbol{I}^{(\text{e})}) \tag{7.4}$$

其中:$\boldsymbol{L}_{O1}$ 和 $\boldsymbol{L}_{O2}$ 分别为在碰撞开始和结束瞬时系统对固定点 O 的动量矩;$\boldsymbol{m}_O(\boldsymbol{I}^{(\text{e})})$ 为外碰撞力冲量 $\boldsymbol{I}^{(\text{e})}$ 对点 O 的**冲量矩**。式(7.4)为研究碰撞的绝对运动**冲量矩定理**。

2. 相对于质心的冲量矩定理

由质点系相对于质心的动量矩定理,有

$$\frac{\mathrm{d}\boldsymbol{L}_C}{\mathrm{d}t}=\sum\boldsymbol{m}_C(\boldsymbol{F}^{(\text{e})})=\sum\boldsymbol{r}\times\boldsymbol{F}^{(\text{e})}\quad\Rightarrow\quad\mathrm{d}\boldsymbol{L}_C=\sum\boldsymbol{r}\times\boldsymbol{F}^{(\text{e})}\mathrm{d}t$$

其中:$\boldsymbol{L}_C$ 为质点系相对于质心 C 的相对运动动量矩;$\boldsymbol{r}$ 为各质点相对于质心的矢径。它们在碰撞过程中不变,因此,对上式在碰撞过程时间内积分,可得质点系**相对于质心的冲量矩定理**:

$$\boldsymbol{L}_{C2}-\boldsymbol{L}_{C1}=\sum\int_0^\tau\boldsymbol{r}\times\boldsymbol{F}^{(\text{e})}\mathrm{d}t=\sum\boldsymbol{r}\times\int_0^\tau\boldsymbol{F}^{(\text{e})}\mathrm{d}t=\sum\boldsymbol{r}\times\boldsymbol{I}^{(\text{e})}=\sum\boldsymbol{m}_C(\boldsymbol{I}^{(\text{e})})$$

$$\boldsymbol{L}_{C2}-\boldsymbol{L}_{C1}=\sum\boldsymbol{m}_C(\boldsymbol{I}^{(\text{e})}) \tag{7.5}$$

在相对运动动量矩定理中,还可以取瞬时加速度为零和加速度指向质心两种动矩心,但这两种动矩心一般只使定理瞬时成立,而在上面的积分中,要求相对运动动量矩定理对所选动矩心在碰撞过程中始终成立,因此,这两种动矩心在碰撞问题的相对运动冲量矩定理中一般不能使用,而只采用相对于质心的冲量矩定理。

7.3 两物体的碰撞及其恢复系数

7.3.1 两物体的对心碰撞

当两个物体发生碰撞时，如果这两个物体的质心在碰撞接触面的公法线上，则称这两个物体做**对心碰撞**。

做对心碰撞的两个物体，如果它们的质心速度也在碰撞接触面的公法线上，则称这两个物体做**对心正碰撞**，否则，称这两个物体做**对心斜碰撞**，如图 7.1 所示。

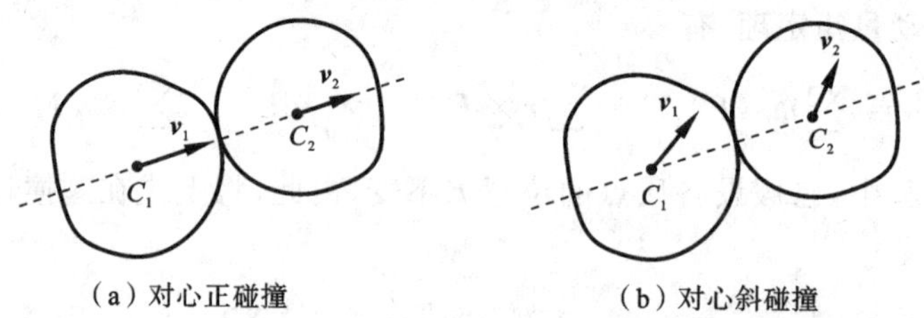

图 7.1 两物体的对心碰撞

1. 对心正碰撞的恢复系数

实验证明，给定材料的两个物体发生正碰撞时，不论碰撞前后的速度如何，两物体碰撞前后的相对速度大小的比值是不变的，该比值称为**恢复系数**，用 k 表示：

$$k=|u_r|/|v_r| \tag{7.6}$$

设质量分别为 m_1、m_2 的两物体发生正碰撞，碰撞前的速度分别为 $\boldsymbol{v}_1$、$\boldsymbol{v}_2$，碰撞后的速度分别为 $\boldsymbol{u}_1$、$\boldsymbol{u}_2$。取两物体质心的连线作为 x 轴，因为是对心正碰撞，所以 $\boldsymbol{v}_1$、$\boldsymbol{v}_2$、$\boldsymbol{u}_1$、$\boldsymbol{u}_2$ 与 x 轴共线。假设 $\boldsymbol{v}_1$、$\boldsymbol{v}_2$、$\boldsymbol{u}_1$、$\boldsymbol{u}_2$ 与 x 轴正向相同，如图 7.2 所示。恢复系数 k 为

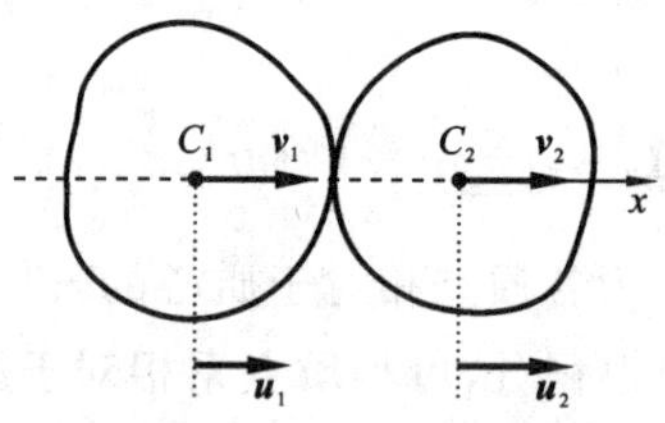

图 7.2 对心正碰撞前后的速度

$$k=\frac{u_2-u_1}{v_1-v_2} \tag{7.7}$$

其中：v_1、v_2、u_1、u_2 分别为 $\boldsymbol{v}_1$、$\boldsymbol{v}_2$、$\boldsymbol{u}_1$、$\boldsymbol{u}_2$ 在 x 轴正方向的投影。在 x 轴正方向应用冲量定理得

$$(m_1u_1+m_2u_2)-(m_1v_1+m_2v_2)=0 \tag{7.8}$$

式(7.7)、式(7.8)是求解正碰撞问题的两个基本方程。

2. 对心正碰撞过程的动能关系

碰撞前两物体的动能为

$$T_1=\frac{1}{2}m_1v_1^2+\frac{1}{2}m_2v_2^2 \tag{7.9}$$

碰撞后两物体的动能为

$$T_2=\frac{1}{2}m_1u_1^2+\frac{1}{2}m_2u_2^2 \tag{7.10}$$

考虑到式(7.7)、式(7.8)，可得

$$T_1-T_2=\frac{m_1m_2}{2(m_1+m_2)}(1-k^2)(v_1-v_2)^2 \tag{7.11}$$

或

$$T_1-T_2=\frac{1-k}{1+k}\left[\frac{1}{2}m_1(v_1-u_1)^2+\frac{1}{2}m_2(v_2-u_2)^2\right] \tag{7.12}$$

由于两物体在碰撞过程中无外界能量输入，故必有

$$T_1\geqslant T_2 \quad 或 \quad T_1-T_2\geqslant 0 \tag{7.13}$$

由此得

$$0\leqslant k\leqslant 1 \tag{7.14}$$

因此 T_1-T_2 就是碰撞前后系统的动能损失，由此将碰撞过程分为：

(1) $k=1$ 时，动能无损失，称为**完全弹性碰撞**；

(2) $k=0$ 时，$u_2=u_1$，两物体碰撞后不分开，动能损失达到最大值，称为**塑性碰撞或完全非弹性碰撞**；

(3) $0<k<1$ 时，有动能损失，但两物体碰撞后分开，称为**非完全弹性碰撞**。

因此，恢复系数 k 的大小表征了两物体在碰撞过程中动能损失的大小。

3. 对心斜碰撞的恢复系数

对于斜碰撞问题，恢复系数定义为

$$k=\frac{u_{2n}-u_{1n}}{v_{1n}-v_{2n}} \tag{7.15}$$

其中：v_{1n}、v_{2n}、u_{1n}、u_{2n} 分别为 $\boldsymbol{v}_1$、$\boldsymbol{v}_2$、$\boldsymbol{u}_1$、$\boldsymbol{u}_2$ 在碰撞接触面公法线上的投影，如图 7.3 所示。此外，将式(7.8)～式(7.12)中的 v_1、v_2、u_1、u_2 分别改为 v_{1n}、v_{2n}、u_{1n}、u_{2n} 仍然成立。

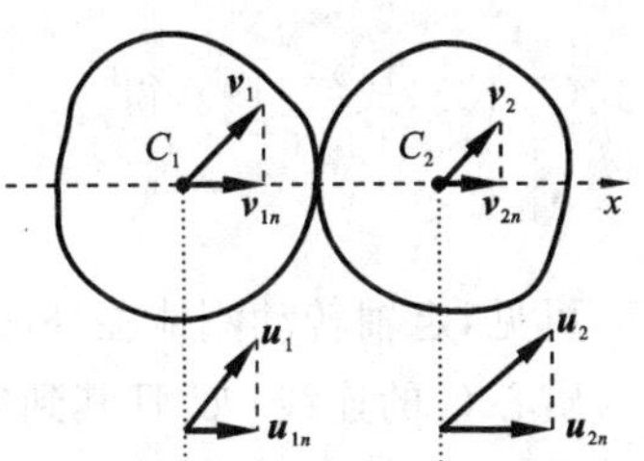

图 7.3 对心斜碰撞前后的速度

7.3.2 两物体非对心碰撞的恢复系数

以上关于恢复系数的定义对于非对心碰撞的两物体也近似适用，这时恢复系数定义与式(7.15)相同，但 v_{1n}、v_{2n}、u_{1n}、u_{2n} 为两物体在碰撞接触点的法向速度。

7.4 碰撞对定轴转动刚体和平面运动刚体的作用

7.4.1 对定轴转动刚体的作用

设图 7.4 所示刚体可绕 O 轴转动，其质心在点 C，对 O 轴的转动惯量为 J_O，质量为 m，对转轴应用冲量矩定理，得

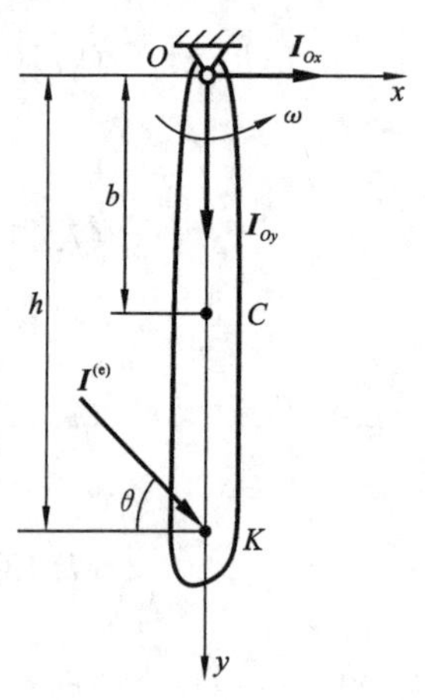

图 7.4　受冲击的定轴转动刚体

$$J_O\omega_2 - J_O\omega_1 = \sum m_O(\boldsymbol{I}^{(e)}) \tag{7.16}$$

或

$$\omega_2 - \omega_1 = \frac{\sum m_O(\boldsymbol{I}^{(e)})}{J_O}$$

其中：ω_1、ω_2 分别为碰撞前后刚体的角速度。

再来研究撞击中心的问题。设定轴转动刚体在外碰撞冲量 $\boldsymbol{I}^{(e)}$ 的作用下，在轴承 O 处产生的反作用冲量为 $\boldsymbol{I}_O = I_{Ox}\boldsymbol{i} + I_{Oy}\boldsymbol{j}$。由冲量定理有

$$m(\omega_2-\omega_1)b = I^{(e)}\cos\theta + I_{Ox}$$

$$0 = I^{(e)}\sin\theta + I_{Oy}$$

得

$$I_{Oy} = -I^{(e)}\sin\theta,\quad I_{Ox} = mb(\omega_2-\omega_1) - I^{(e)}\cos\theta \tag{7.17}$$

我们希望 $I_{Ox}=I_{Oy}=0$，为此，必须有

$$\theta=0^\circ,\quad I^{(e)} = mb(\omega_2-\omega_1) \tag{7.18}$$

由冲量矩定理，并考虑到 $\theta=0^\circ$，得

$$\omega_2-\omega_1 = \frac{hI^{(e)}}{J_O} \tag{7.19}$$

由式(7.18)、式(7.19)，得

$$h = \frac{J_O}{mb} \tag{7.20}$$

可见，定轴转动刚体在外碰撞冲量 $\boldsymbol{I}^{(e)}$ 的作用下，当外碰撞冲量 $\boldsymbol{I}^{(e)}$ 垂直于转轴 O 与质心 C 的连线 OC 且其到转轴 O 的距离由式(7.20)确定时，轴承 O 处将无反作用冲量。外碰撞冲量 $\boldsymbol{I}^{(e)}$ 的这个作用点 K 称为**撞击中心**，撞击中心与冲量的大小无关。对于经常受到冲击的旋转物体，让冲击点在物体的撞击中心上，可以保护轴承；当用一个杆子击打另一个物体(如击球)时，使打击点在撞击中心上，可以使握杆的手不受到或少受到杆的反作用冲击。

7.4.2　对平面运动刚体的作用

将冲量定理和相对于质心的冲量矩定理用于平面运动刚体的碰撞过程，可得研究平面运动刚体碰撞的基本方程，为

$$\begin{cases} M(u_{Cx}-v_{Cx}) = \sum I_x^{(e)} \\ M(u_{Cy}-v_{Cy}) = \sum I_y^{(e)} \\ J_C(\omega_2-\omega_1) = \sum m_C(\boldsymbol{I}^{(e)}) \end{cases} \tag{7.21}$$

其中：ω_1、ω_2 分别为碰撞前后刚体的平面运动角速度；v_C、u_C 分别为碰撞前后刚体的质心速度。

7.5 例题

例 7.1 如图 7.5 所示，质点 A、B、C 放在光滑水平面上，每个质点的质量均为 m。质点 A 与质点 B、质点 B 与质点 C 直接用无质量刚杆铰链连接，$\angle ABC=\pi-\alpha$（$\alpha<\pi/2$）。整个系统以速度 V（保持这个形状）沿 AB 方向运动。当质点 C 碰撞到无弹性的、光滑的、与 AB 垂直的墙上时，求作用在墙上的冲量的大小。

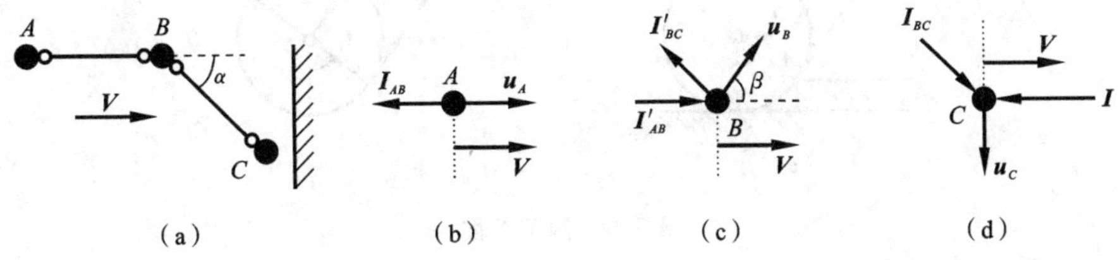

图 7.5 例 7.1 图

解 杆无质量且与质点铰接，所以两杆均为二力杆；墙面光滑无弹性，所以质点 C 碰撞后的速度沿墙面。

分别取质点 A、B、C，由冲量定理，得

$$
\begin{aligned}
&\text{质点 } A:\quad m(u_A-V)=-I_{AB}\\
&\text{质点 } B:\quad \begin{cases} m(u_B\cos\beta-V)=I_{AB}-I_{BC}\cos\alpha \\ mu_B\sin\beta=I_{BC}\sin\alpha \end{cases}\\
&\text{质点 } C:\quad \begin{cases} -mV=I_{BC}\cos\alpha-I \\ mu_C=I_{BC}\sin\alpha \end{cases}
\end{aligned}
\tag{a}
$$

以上 5 个公式是在考虑杆的动力学约束和碰撞恢复特性的条件下得到的，因此，质点系的全部动力学方程已经列完，无须再对整体应用冲量定理，也无须对任何分析对象应用冲量矩定理，否则，新得到的方程与方程组(a)是不独立的。但是方程组(a)有 7 个未知量，需要补充独立方程，剩下只有约束关系，由速度投影定理，得

$$u_B\cos\beta=u_A \tag{b}$$

$$u_B\cos(\alpha+\beta)=u_C\sin\alpha \tag{c}$$

从方程组(a)中消去 I_{AB}、I_{BC}，得

$$u_A=2V-\left(\frac{I}{m}-V\right)\left(\frac{\tan\alpha}{\tan\beta}+1\right),\quad u_B=\left(\frac{I}{m}-V\right)\frac{\tan\alpha}{\sin\beta},\quad u_C=\left(\frac{I}{m}-V\right)\tan\alpha$$

将以上结果代入式(b)、式(c)，得

$$\left(\frac{I}{m}-V\right)\frac{\tan\alpha}{\tan\beta}=2V-\left(\frac{I}{m}-V\right)\left(\frac{\tan\alpha}{\tan\beta}+1\right)$$

$$\cos\alpha\cos\beta=2\sin\alpha\sin\beta$$

以上两式消去β,得

$$I=\frac{3+\sin^2\alpha}{1+3\sin^2\alpha}mV$$

例 7.2 一均质圆柱的质量为m、半径为r,沿一粗糙水平面做纯滚动,如图 7.6 所示。圆心速度大小为v_O。圆柱撞在高度为$h(h<r)$的台阶上,假设碰撞是完全非弹性碰撞,碰撞点A处不产生滑动,求碰撞冲量沿x、y轴方向的分量。

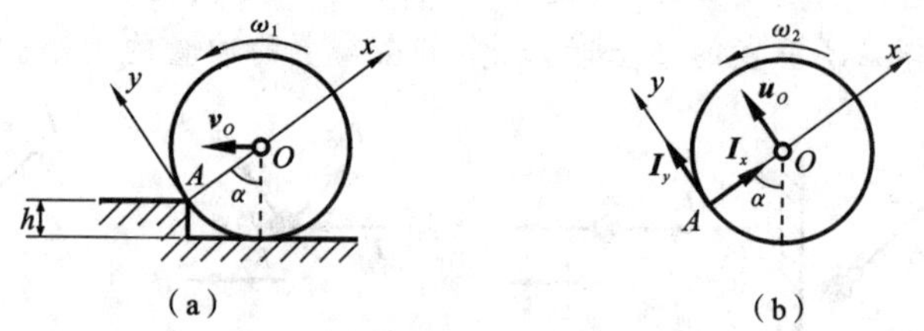

图 7.6 例 7.2 图

解 由于碰撞点A处不产生滑动,且碰撞为完全非弹性碰撞,因此碰撞后圆柱上点A的切向和径向速度均为零,即点A为碰撞后圆柱的速度瞬心。对圆柱应用冲量定理,得

$$\begin{aligned}-(-mv_O\sin\alpha)&=I_x\\ mu_O-mv_O\cos\alpha&=I_y\end{aligned}\tag{a}$$

将圆柱对点O应用冲量矩定理,得

$$\frac{1}{2}mr^2\left(\frac{u_O}{r}-\frac{v_O}{r}\right)=-I_yr\tag{b}$$

由式(a)、式(b)解得

$$I_x=mv_O\sin\alpha,\quad I_y=\frac{1}{3}mv_O(1-\cos\alpha)$$

其中:$\alpha=\arcsin\dfrac{r-h}{r}$。

例 7.3 一长$2l$的均质杆与铅垂线成θ角,自高处无初速落下时其与光滑水平面做完全非弹性碰撞,如图 7.7 所示。证明:若杆中心下落高度

$$H>\frac{l\,(1+3\sin^2\theta)^2}{18\sin^2\theta\cos\theta}$$

则杆下端与地面接触后又立即离开地面。

证明 杆下落时在空中做平动,A端碰到地面时杆的速度为

$$v_C=\sqrt{2gH}\tag{a}$$

由于杆与光滑水平面做完全非弹性碰撞,因此碰撞结束时A端的速度$\boldsymbol{u}_A$沿地面。应用冲量定理和对点C的冲量矩定理,得

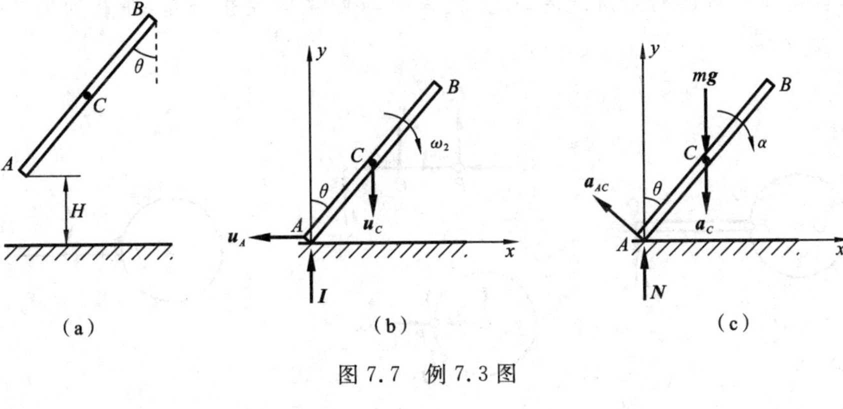

图 7.7 例 7.3 图

$$m(u_C - v_C) = -I$$

$$\frac{1}{12}m \cdot 4l^2\omega_2 = Il\sin\theta$$

运动约束关系为

$$\omega_2 = \frac{u_C}{l\sin\theta}$$

由以上三式解得

$$u_C = \frac{3\sin^2\theta}{1+3\sin^2\theta}v_C, \quad \omega_2 = \frac{3\sin\theta}{1+3\sin^2\theta}\frac{v_C}{l} \tag{b}$$

碰撞结束后,杆开始做平面运动。由平面运动动力学方程,得

$$ma_C = mg - N$$

$$\frac{1}{12}m \cdot 4l^2\alpha = Nl\sin\theta$$

如果 A 端触地后立刻离开地面,则 $N=0$,这样由以上两式可得

$$a_C = g, \quad \alpha = 0$$

因此 A 端的加速度为

$$\boldsymbol{a}_A = \boldsymbol{a}_C + \boldsymbol{a}_{AC}^n$$

进而 A 端的 y 轴方向加速度为

$$a_{Ay} = -a_C + a_{AC}^n \cdot \cos\theta = -g + \omega_2^2 l\cos\theta \tag{c}$$

要使 A 端离开地面,必须有 $a_{Ay} > 0$,由式(a)、式(b)和式(c),得

$$H > \frac{l\,(1+3\,\sin^2\theta)^2}{18\,\sin^2\theta\cos\theta}$$

证毕。

例 7.4 如图 7.8 所示,一长度为 $2r$、质量为 m 的均质杆 PQ 自由地铰接在一圆盘的边缘 P 处,圆盘是均质的,半径为 r,质量为 m,圆心为 O。系统静止在光滑水平面上,且 O、P、Q 三点在同一直线上。今有冲量 $\boldsymbol{I}$ 作用在点 Q,方向垂直于 PQ。求:

(1) 圆盘受冲击后的初始角速度;(2) 如果杆与圆盘固连在一起,在相同的打击下,圆盘的角速度。

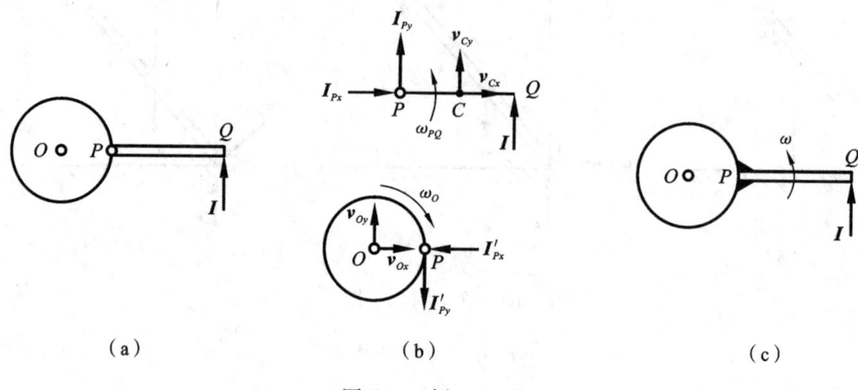

图 7.8 例 7.4 图

解 (1) 对杆 PQ 应用 y 轴方向的冲量定理和相对于质心的冲量矩定理,得

$$mv_{Cy}=I+I_{Py}$$

$$\frac{1}{12}m\cdot 4r^2\omega_{PQ}=(I-I_{Py})r$$

对圆盘 O 应用 y 轴方向的冲量定理和相对于质心的冲量矩定理,得

$$mv_{Oy}=-I_{Py}$$

$$\frac{1}{2}mr^2\omega_O=I_{Py}r$$

由点 P 在 y 轴方向的速度协调条件,得

$$v_{Oy}-\omega_O r=v_{Cy}-\omega_{PQ}r$$

在以上 5 个公式中消去 v_{Oy}、v_{Cy}、I_{Py},得

$$\frac{5}{6}r\omega_{PQ}-\frac{1}{2}\omega_O r=\frac{3I}{2m},\quad -\frac{1}{2}\omega_{PQ}r+r\omega_O=-\frac{1}{2}\frac{I}{m}$$

由此解得

$$\omega_O=\frac{4I}{7mr}$$

(2) 当杆与圆盘固连时,变成一个刚体,整体质心在点 P。应用相对于质心的冲量矩定理,得

$$\left(\frac{4}{3}mr^2+\frac{3}{2}mr^2\right)\omega=2Ir$$

所以

$$\omega=\frac{12I}{17mr}$$

例 7.5 如图 7.9 所示,两根均质杆 AB 和 BC,长度都为 $2l$,质量都为 m,在点 B

铰接且在同一铅垂平面内运动，点 B 在点 A、C 的上面，每根杆与铅垂线的夹角均为 θ。系统由静止释放，在自由下落了高度 h 时，点 A 和点 C 同时碰撞在无弹性的光滑水平面上。求：碰撞结束时每根杆子的角速度大小和铰链 B 处的冲量。假定在自由下落过程中系统构形不变。

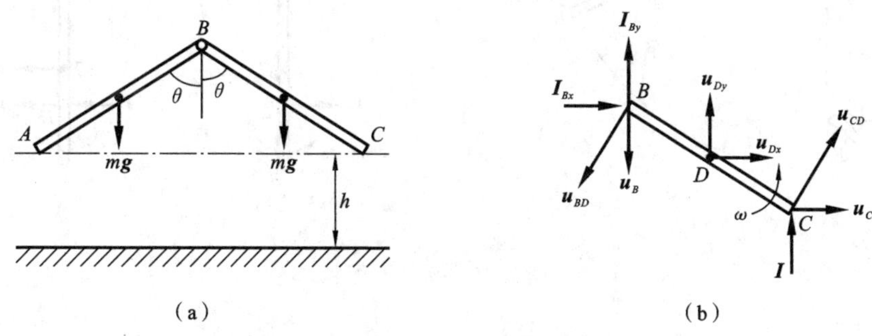

图 7.9　例 7.5 图

解　由于两杆及其碰撞条件均关于过点 B 的铅垂线对称，故只需分析任一杆的碰撞。以杆 BC 为分析对象，应用冲量定理和相对于质心的冲量矩定理，得

$$mu_{Dx}=I_{Bx}$$

$$mu_{Dy}-(-mv)=I+I_{By}$$

$$\frac{1}{12}m\cdot 4l^2\omega=(I-I_{By})l\sin\theta-I_{Bx}l\cos\theta$$

其中：$v=\sqrt{2gh}$，为碰撞开始时杆的质心速度，方向向下。速度约束条件为

$$u_{Dx}=\omega l\cos\theta,\quad u_{Dy}=-\omega l\sin\theta$$

因为销钉 B 作用于两杆的冲量关于过点 B 的铅垂线对称，所以

$$I_{By}=0$$

由以上 6 个公式容易解得

$$\omega=\frac{3}{4l}v\sin\theta=\frac{3}{4l}\sqrt{2gh}\sin\theta$$

$$I_{Bx}=\frac{3}{4}m\sqrt{2gh}\sin\theta\cos\theta,\quad I_{By}=0$$

例 7.6　如图 7.10 所示，长度 $2b=0.2\ \mathrm{m}$、质量 $m=10\ \mathrm{kg}$ 的均质杆 AB 的一端 A 用长度 $b=0.1\ \mathrm{m}$ 的轻杆与固定点 H 铰接。杆 AB 从 $\theta=60°$ 由静止开始运动，到 $\theta=0°$ 时与光滑凸台 E 发生完全弹性碰撞，HE 为铅垂线。在碰撞前的整个过程中，铰链 A 紧锁，两杆连为一体；由于碰撞使铰链 A 的紧锁装置失效，两杆可以相对转动。如果要使碰撞结束时 A 端的速度为零，求：(1) 凸台 E 的位置 d；(2) 凸台 E 对杆 AB 作用的冲量。

解　(1) 碰撞前杆 AB 做定轴转动，设碰撞开始时的动能为 T_1，由动能定理得

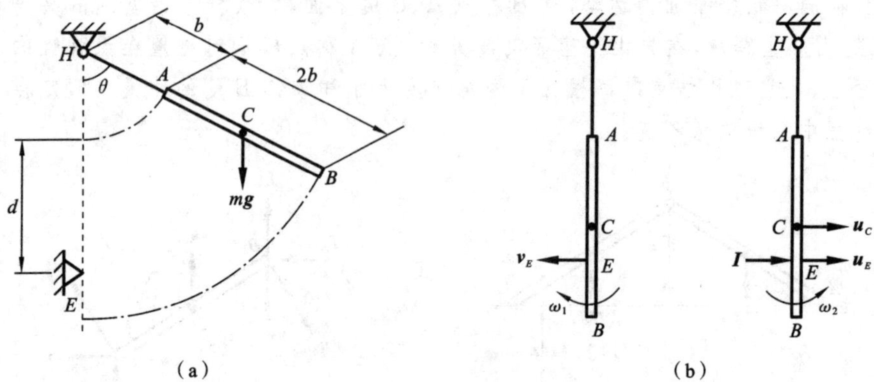

图 7.10　例 7.6 图

$$T_1=\frac{1}{2}J_H\omega_1^2=mg(2b-b)$$

其中：$J_H=\frac{13}{3}mb^2$。所以

$$\omega_1=\sqrt{\frac{6g}{13b}} \tag{a}$$

碰撞结束时，由题设 $u_A=0$，设此时杆 AB 的动能为 T_2，由于碰撞是完全弹性的，因此有

$$u_E=v_E=\omega_1(b+d) \tag{b}$$

$$T_1=T_2 \quad \Rightarrow \quad \frac{1}{2}J_H\omega_1^2=\frac{1}{2}J_A\omega_2^2$$

其中：$J_A=\frac{4}{3}mb^2$。　　(c)

速度关系为

$$u_E=\omega_2 d \tag{d}$$

由式(b)～式(d)得

$$4(b+d)^2=13d^2 \tag{e}$$

$$d=\frac{4+2\sqrt{13}}{9}b=0.125\ \text{m} \tag{f}$$

(2) 整体对固定点 H 应用冲量矩定理，得

$$L_{H2}-L_{H1}=I(b+d) \tag{g}$$

其中：

$$L_{H1}=-J_H\omega_1=-\frac{13}{3}mb^2\omega_1$$

$$L_{H2}=J_C\omega_2+mu_C\cdot 2b=\frac{1}{3}mb^2\omega_2+2m\omega_2 b^2=\frac{7}{3}mb^2\omega_2$$

由式(b)、式(d)得

$$\omega_2=\frac{b+d}{d}\omega_1$$

所以式(g)变为

$$\frac{7}{3}mb^2\cdot\frac{b+d}{d}\cdot\omega_1+\frac{13}{3}mb^2\omega_1=I(b+d) \tag{h}$$

将式(a)、式(f)代入上式,解得

$$I=\frac{mb^2}{3(b+d)}\sqrt{\frac{6g}{13b}}\left(20+\frac{7b}{d}\right)=25.575\ \text{N}\cdot\text{s}$$

习 题

第7章参考答案

7.1 两个相同的弹性球 A 与 B 正面相对运动,碰撞的恢复系数为 k,两者在碰撞前速度之比为多少方能使球 A 在碰撞后停止?

7.2 一摆由一直杆及一圆盘固连而成,如图7.11所示,设杆长为 L,圆盘的半径为 r,且 $L=4r$。试求当摆的撞击中心正好与圆盘的质心相重合时,直杆与圆盘的质量之比。

7.3 摆锤 A 的质量 $m_A=4$ kg,悬线长度 $L_A=3$ m,摆锤自偏角 $\theta_A=90^\circ$ 处无初速地落下,击中静止在水平面上质量 $m_B=5$ kg 的物块 B,如图7.12所示。撞击后物块 B 在水平面上滑行了距离 s_B 而停止,设恢复系数 $k=0.8$,动摩擦系数 $f=0.3$,求 s_B 以及摆锤碰撞后升高的偏角 θ'_A。

7.4 如图7.13所示,物体 A、B 质量均为 m,物体 A 自高度 h 自由落下,与物体 B 相碰撞,支持物体 B 的弹簧(刚度为 k)在碰撞前已有静压缩量 mg/k,假定碰撞是塑性的,求碰撞后弹簧的最大总压缩量。

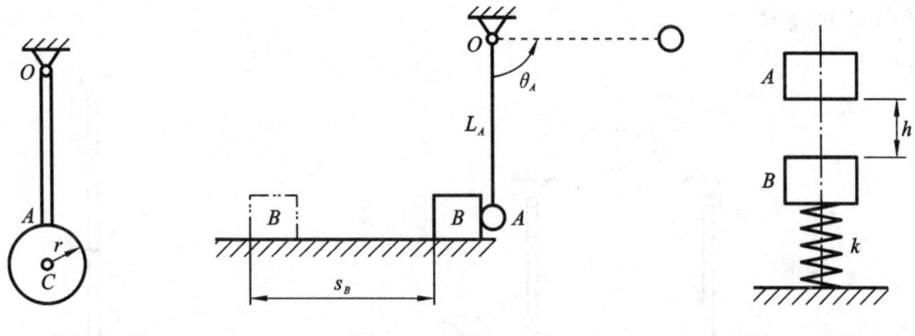

图7.11 题7.2图　　图7.12 题7.3图　　图7.13 题7.4图

7.5 带有 n 个齿的凸轮驱使桩锤运动,如图7.14所示。设在凸轮与锤相撞前锤是静止的,而凸轮的角速度为 ω_1。若凸轮对 O 轴的转动惯量为 J_O,锤的质量为 m,并且碰撞是完全非弹性的,试求碰撞后凸轮的角速度 ω_2、锤的速度 u 及碰撞时凸轮对锤的碰撞冲量 I。

7.6　如图 7.15 所示，射击摆为一悬挂于水平轴 O 且填满沙土的筒，当枪弹穿入沙筒时使摆绕 O 轴转过一个偏角 α，测量偏角的大小即可求出枪弹的速度。若已知摆的质量为 m_1，绕 O 轴的转动惯量为 J_O，摆的重心 C 到 O 轴的距离为 h，枪弹的质量为 m_2，枪弹穿入沙筒后到 O 轴的距离为 a。试证明弹速为

$$v=2\,\frac{J_O+m_2a^2}{m_2a}\sqrt{\frac{(m_1h+m_2a)g}{J_O+m_2a^2}}\cdot\sin\frac{\alpha}{2}$$

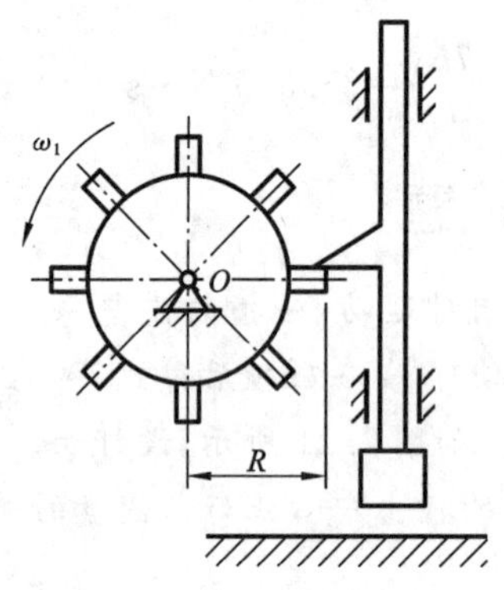

图 7.14　题 7.5 图

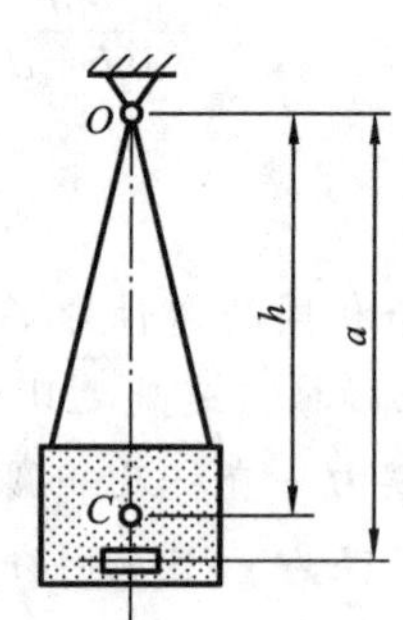

图 7.15　题 7.6 图

7.7　如图 7.16 所示，两均质杆 OA 和 O_1B，上端固定铰支，下端与杆 AB 铰接，使杆 OA 与杆 O_1B 竖直，而杆 AB 水平。若在铰链 A 处向右作用一水平冲量 I，试求杆 OA 及杆 O_1B 的最大偏角 φ。设各铰链均光滑，三杆的质量均为 m，且杆长 $\overline{OA}=\overline{O_1B}=\overline{AB}=L$。

7.8　质量为 m、长度为 L 的两均质杆 AB 和 BC 以铰链 B 连接，A 端以铰支座固定，处于铅垂平衡位置，如图 7.17 所示。今在杆 BC 的 C 端作用一水平冲量 I。试求两杆的角速度。

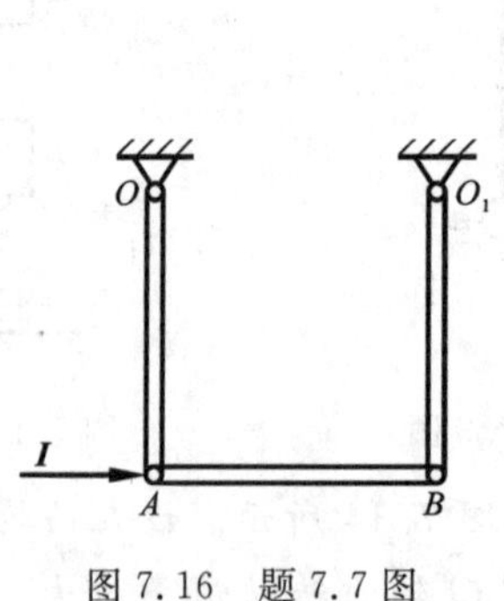

图 7.16　题 7.7 图

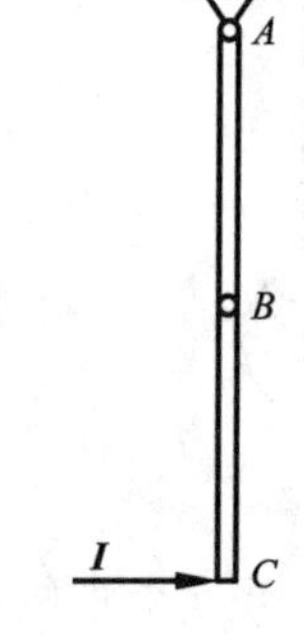

图 7.17　题 7.8 图

第 8 章　刚体动力学

一个刚体可以看作质点之间刚性连接的一个特殊质点系。因此，适用于质点系的基本原理同样可用于刚体。但是，基于刚体的特殊性，可以推出针对刚体的动力学方程，它们对刚体分析有很大的作用。本章将对这一内容展开讨论。

8.1　定轴转动刚体的三维动力学

8.1.1　运动方程

在第 6 章我们已经知道了定轴转动刚体绕转轴的转动动力学方程，但是过转轴任意一点还可以作出两根独立的轴线，刚体绕这两根轴线是不转动的，人们自然要问，刚体的运动和受力需要满足什么条件才能实现定轴转动，现在我们来解决这个问题。

考虑两个点 O 和 O_1 不动的刚体（见图 8.1），即刚体绕 OO_1 轴转动。设 $\boldsymbol{F}$ 和 $\boldsymbol{F}_1$ 是支承点 O 和 O_1 处的约束力，$\boldsymbol{R}$ 是主动力系的主矢（向点 O 简化的合力），$\boldsymbol{M}_O$ 是主动力系对点 O 的主矩。

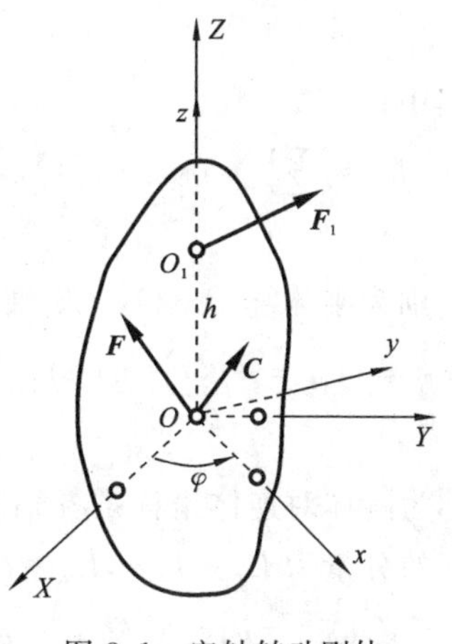

图 8.1　定轴转动刚体

取固定坐标系 $OXYZ$，OZ 轴沿 OO_1，取连体坐标系 $Oxyz$，Oz 轴也沿 OO_1；取 OX 轴与 Ox 轴之间的夹角 φ 为刚体的转角。设 M 是刚体的质量，$\boldsymbol{\omega}$ 是刚体的角速度，$\boldsymbol{v}_C$ 是刚体的质心速度，$\boldsymbol{L}_O$ 为刚体对点 O 的动量矩。

应用质心运动定理和对点 O 的动量矩定理可得

$$M\frac{\mathrm{d}\boldsymbol{v}_C}{\mathrm{d}t}=\boldsymbol{R}+\boldsymbol{F}+\boldsymbol{F}_1,\quad \frac{\mathrm{d}\boldsymbol{L}_O}{\mathrm{d}t}=\boldsymbol{M}_O+\overrightarrow{OO_1}\times\boldsymbol{F}_1 \tag{8.1}$$

式中：$\mathrm{d}(\cdot)/\mathrm{d}t$ 为在固定坐标系中对时间求导（绝对导数）。为了简化运算，我们希望将它们转换为在连体坐标系中的时间导数（相对导数）。为此，我们应用点的合成运动方法，将固定坐标系作为静系，连体坐标系作为动系，可将矢量 $\boldsymbol{v}_C$（或 $\boldsymbol{L}_O$）的起点平移至点 O，将其终点视为动点，这样动点的绝对速度就是 $\mathrm{d}\boldsymbol{v}_C/\mathrm{d}t$，而动点的相对速度则为 $\tilde{\mathrm{d}}\boldsymbol{v}_C/\mathrm{d}t$，其中 $\tilde{\mathrm{d}}(\cdot)/\mathrm{d}t$ 表示在动系（连体坐标系）中对时间求导。根据速度合成定理有

$$\frac{\mathrm{d}\boldsymbol{v}_C}{\mathrm{d}t}=\frac{\tilde{\mathrm{d}}\boldsymbol{v}_C}{\mathrm{d}t}+\boldsymbol{\omega}\times\boldsymbol{v}_C,\quad \frac{\mathrm{d}\boldsymbol{L}_O}{\mathrm{d}t}=\frac{\tilde{\mathrm{d}}\boldsymbol{L}_O}{\mathrm{d}t}+\boldsymbol{\omega}\times\boldsymbol{L}_O \tag{8.2}$$

注意，式(8.2)具有普遍适用性，我们以后还会应用。将式(8.2)代入式(8.1)，得

$$M\frac{\tilde{\mathrm{d}}\boldsymbol{v}_C}{\mathrm{d}t}+M\boldsymbol{\omega}\times\boldsymbol{v}_C=\boldsymbol{R}+\boldsymbol{F}+\boldsymbol{F}_1 \tag{8.3}$$

$$\frac{\tilde{\mathrm{d}}\boldsymbol{L}_O}{\mathrm{d}t}+\boldsymbol{\omega}\times\boldsymbol{L}_O=\boldsymbol{M}_O+\overrightarrow{OO_1}\times\boldsymbol{F}_1 \tag{8.4}$$

设各个矢量在连体坐标系中的分量为

$$\boldsymbol{R}=\begin{bmatrix}R_x\\R_y\\R_z\end{bmatrix},\quad \boldsymbol{M}_O=\begin{bmatrix}M_x\\M_y\\M_z\end{bmatrix},\quad \boldsymbol{F}=\begin{bmatrix}F_x\\F_y\\F_z\end{bmatrix},\quad \boldsymbol{F}_1=\begin{bmatrix}F_{1x}\\F_{1y}\\F_{1z}\end{bmatrix}$$

$$\boldsymbol{\omega}=\begin{bmatrix}\omega_x\\\omega_y\\\omega_z\end{bmatrix},\quad \overrightarrow{OC}=\begin{bmatrix}x_C\\y_C\\z_C\end{bmatrix},\quad \boldsymbol{L}_O=\begin{bmatrix}L_x\\L_y\\L_z\end{bmatrix}$$

已知对点 O 的动量矩 $\boldsymbol{L}_O$ 表达式为

$$\boldsymbol{L}_O=\begin{bmatrix}L_x\\L_y\\L_z\end{bmatrix}=\begin{bmatrix}J_x & J_{xy} & J_{xz}\\J_{xy} & J_y & J_{yz}\\J_{xz} & J_{yz} & J_z\end{bmatrix}\begin{bmatrix}\omega_x\\\omega_y\\\omega_z\end{bmatrix} \tag{8.5}$$

其中：

$$J_x=\sum[m(y^2+z^2)],\quad J_y=\sum[m(x^2+z^2)],\quad J_z=\sum[m(x^2+y^2)] \tag{8.6}$$

分别为刚体绕 Ox、Oy、Oz 轴的**转动惯量**(或**惯性矩**)，而

$$J_{xy}=J_{yx}=-\sum(mxy),\quad J_{yz}=J_{zy}=-\sum(myz),\quad J_{xz}=J_{zx}=-\sum(mxz) \tag{8.7}$$

称为刚体对连体坐标系各轴的**惯性积**。对定轴转动刚体，$\omega_x=\omega_y=0$，$\omega_z=\dot{\varphi}$，故动量矩的分量为 $L_x=J_{xz}\dot{\varphi}$，$L_y=J_{yz}\dot{\varphi}$，$L_z=J_z\dot{\varphi}$。式(8.5)的详细推导将在下一节中给出。

令$\overline{OO_1}=h$，注意到 $\boldsymbol{v}_C=\boldsymbol{\omega}\times\overrightarrow{OC}$，则可将式(8.3)和式(8.4)写成下面的形式：

$$\begin{cases}-My_C\ddot{\varphi}-Mx_C\dot{\varphi}^2=R_x+F_x+F_{1x}\\ Mx_C\ddot{\varphi}-My_C\dot{\varphi}^2=R_y+F_y+F_{1y}\\ 0=R_z+F_z+F_{1z}\\ J_{xz}\ddot{\varphi}-J_{yz}\dot{\varphi}^2=M_x-hF_{1y}\\ J_{yz}\ddot{\varphi}+J_{xz}\dot{\varphi}^2=M_y+hF_{1x}\\ J_z\ddot{\varphi}=M_z\end{cases} \tag{8.8}$$

最后一个方程不包含约束力，称为刚体定轴转动微分方程(以前已经研究过)，其

他 5 个方程包含待求的约束力。转轴 Oz 方向的约束力 F_z 和 F_{1z} 不能单独求出，只能利用方程组(8.8)的第 3 个方程求出它们的和，这个和不依赖于刚体的转动特性。侧向约束力 F_x、F_y、F_{1x}、F_{1y} 可以由方程组(8.8)的第 1、2、4、5 个方程求出，它们依赖于刚体的转动特性。

例 8.1　均质直角等腰三角形薄板 OO_1A 质量为 m，以直角边 $\overline{OO_1}=a$ 绕铅垂轴转动，如图 8.2 所示。问转动角速度多大时下支承点 O 处的侧向压力等于零？

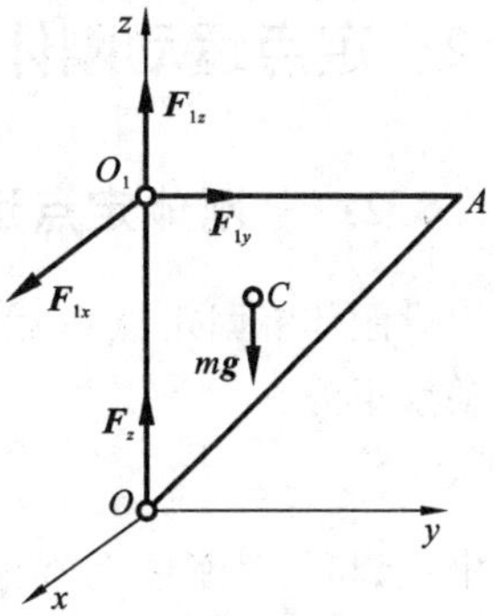

解　为了求解该问题，利用方程组(8.8)，各个已知参数为

$$x_C=0,\quad y_C=a/3,\quad h=a,\quad J_{xz}=0$$

$$J_{yz}=-\int_m yz\,\mathrm{d}m=-\frac{2m}{a^2}\int_0^a z\left(\int_0^z y\,\mathrm{d}y\right)\mathrm{d}z=-\frac{1}{4}ma^2$$

$$R_x=R_y=0,\quad R_z=-mg$$

$$M_x=-\frac{1}{3}mga,\quad M_y=M_z=0$$

图 8.2　例 8.1 图

由于要求 $F_x=F_y=0$，可将方程组(8.8)写为

$$-\frac{1}{3}ma\ddot{\varphi}=F_{1x},\quad -\frac{1}{3}ma\dot{\varphi}^2=F_{1y},\quad 0=-mg+F_z+F_{1z}$$

$$\frac{1}{4}ma^2\dot{\varphi}^2=-\frac{1}{3}mga-aF_{1y},\quad -\frac{1}{4}ma^2\ddot{\varphi}=aF_{1x},\quad J_z\ddot{\varphi}=0$$

由最后一个方程可得 $\dot{\varphi}=\omega=$ 常数；再由第 2 个和第 4 个方程可得

$$\omega=2\sqrt{g/a}$$

8.1.2　消除附加动反力的条件

如果在方程组(8.8)的第 1、2、4、5 个方程中令 $\dot{\varphi}=0$ 及 $\ddot{\varphi}=0$，则得到**侧向静反力**的方程。如果刚体转动，则 $\dot{\varphi}$ 或 $\ddot{\varphi}$ 不等于零，或者两个都不等于零，这些方程的左边不等于零，此时的侧向约束反力称为**动反力**，它们不同于静反力，动反力扣除静反力后的余值称为**附加动反力**。

下面我们来研究消除附加动反力的条件。令方程组(8.8)中的第 1、2、4、5 个方程的左边等于零，得到下面两组方程：

$$\begin{cases} y_C\ddot{\varphi}+x_C\dot{\varphi}^2=0 \\ -y_C\dot{\varphi}^2+x_C\ddot{\varphi}=0 \end{cases} \Rightarrow \begin{bmatrix} \ddot{\varphi} & \dot{\varphi}^2 \\ -\dot{\varphi}^2 & \ddot{\varphi} \end{bmatrix}\begin{bmatrix} y_C \\ x_C \end{bmatrix}=\mathbf{0} \tag{8.9}$$

$$\begin{cases} J_{xz}\ddot{\varphi}-J_{yz}\dot{\varphi}^2=0 \\ J_{xz}\dot{\varphi}^2+J_{yz}\ddot{\varphi}=0 \end{cases} \Rightarrow \begin{bmatrix} \ddot{\varphi} & -\dot{\varphi}^2 \\ \dot{\varphi}^2 & \ddot{\varphi} \end{bmatrix}\begin{bmatrix} J_{xz} \\ J_{yz} \end{bmatrix}=\mathbf{0} \tag{8.10}$$

这是两个齐次线性方程组，它们的系数矩阵行列式均为 $\Delta=\ddot{\varphi}^2+\dot{\varphi}^4$，刚体只要转

动就有 $\Delta \neq 0$，因此要使式(8.9)和式(8.10)成立，必须有

$$x_C = y_C = 0, \quad J_{xz} = J_{yz} = 0$$

即刚体的转轴通过质心且与转轴相关的两个惯性积为零，这样的转轴称为**中心惯性主轴**。因此，**消除附加动反力的条件**是使得转轴成为定轴转动刚体（转子）的中心惯性主轴。

8.2 定点运动刚体的动力学方程

8.2.1 刚体定点运动时的动量矩和动能

设刚体绕固定点 O 运动，它的瞬时角速度是 $\boldsymbol{\omega}$。根据动量矩的定义，刚体对点 O 的动量矩为

$$\boldsymbol{L}_O = \sum (\boldsymbol{r} \times m\boldsymbol{v})$$

其中：求和是对刚体上所有的质点取的。

由于 $\boldsymbol{v} = \boldsymbol{\omega} \times \boldsymbol{r}$，并利用恒等式：

$$\boldsymbol{r} \times (\boldsymbol{\omega} \times \boldsymbol{r}) = (\boldsymbol{r} \cdot \boldsymbol{r})\boldsymbol{\omega} - (\boldsymbol{r} \cdot \boldsymbol{\omega})\boldsymbol{r}$$

可将 $\boldsymbol{L}_O$ 表示成

$$\boldsymbol{L}_O = \left[\sum (mr^2)\right]\boldsymbol{\omega} - \sum [m(\boldsymbol{r} \cdot \boldsymbol{\omega})\boldsymbol{r}] \tag{8.11}$$

取定直角坐标系后，就可以写出 $\boldsymbol{L}_O$ 的各个分量表达式。取固定坐标系为 $OXYZ$；连体坐标系为 $Oxyz$（也经常记为 $O\xi\eta\zeta$），其基矢量为 $[\boldsymbol{e}_1, \boldsymbol{e}_2, \boldsymbol{e}_3]$。在连体坐标系中，令

$$\boldsymbol{r} = [x, y, z]^{\mathrm{T}}, \quad \boldsymbol{\omega} = [\omega_x, \omega_y, \omega_z]^{\mathrm{T}}$$

这样，不管刚体怎样运动，上式中的 x、y、z 是不随时间变化的常数。将上面两式代入式(8.11)中，可得 $\boldsymbol{L}_O$ 在连体坐标系中的分量 L_x、L_y、L_z 表达式，即式(8.5)。

例 8.2 图 8.3 所示"哑铃"式刚体 AB 由长度为 $2l$ 的轻杆和两个质量为 m 的质点 A 和 B 组成，它绕 OZ 轴做定轴转动，点 O 为杆的中点，角速度矢量 $\boldsymbol{\omega}$ 与 AB 间的夹角为 θ，求刚体的动量矩。

解 取连体坐标系 $Oxyz$，根据式(8.6)和式(8.7)可得

$$J_x = 2ml^2, \quad J_y = 2ml^2\cos^2\theta, \quad J_z = 2ml^2\sin^2\theta$$

$$J_{xy} = 0, \quad J_{yz} = 2ml^2\cos\theta\sin\theta, \quad J_{xz} = 0$$

角速度 $\boldsymbol{\omega}$ 的三个分量为 $[0, 0, \omega]^{\mathrm{T}}$。根据式(8.5)得到

$$\begin{bmatrix} L_x \\ L_y \\ L_z \end{bmatrix} = \begin{bmatrix} 2ml^2 & 0 & 0 \\ 0 & 2ml^2\cos^2\theta & 2ml^2\cos\theta\sin\theta \\ 0 & 2ml^2\cos\theta\sin\theta & 2ml^2\sin^2\theta \end{bmatrix} \begin{bmatrix} 0 \\ 0 \\ \omega \end{bmatrix}$$

$$= 2ml^2\omega\sin\theta[0, \cos\theta, \sin\theta]^{\mathrm{T}}$$

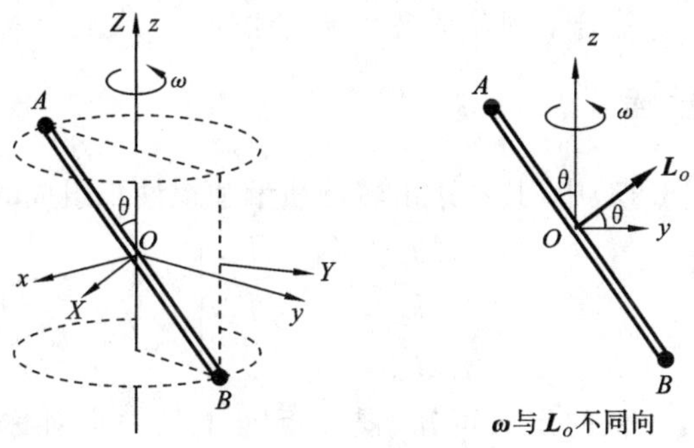

图 8.3　例 8.2 图

即

$$L_O=2ml^2\omega\sin\theta(\cos\theta\boldsymbol{e}_2+\sin\theta\boldsymbol{e}_3)$$

它是平面 Oyz 上的一个矢量，与杆 AB 垂直。在惯性系中，$\boldsymbol{L}_O$ 随时间变化。**此例说明 $\boldsymbol{L}_O$ 与 $\boldsymbol{\omega}$ 一般不平行。**

下面推导刚体定点运动时动能的表达式。按定义，动能为

$$T=\frac{1}{2}\sum(mv^2)=\frac{1}{2}\sum(m\boldsymbol{v}\cdot\boldsymbol{v})$$

将 $\boldsymbol{v}=\boldsymbol{\omega}\times\boldsymbol{r}$ 代替上式右边中前一个 $\boldsymbol{v}$，并利用矢量混合积的性质：

$$(\boldsymbol{a}\times\boldsymbol{b})\cdot\boldsymbol{c}=\boldsymbol{a}\cdot(\boldsymbol{b}\times\boldsymbol{c})$$

可得

$$T=\frac{1}{2}\boldsymbol{\omega}\cdot\sum(\boldsymbol{r}\times m\boldsymbol{v})$$

上式可写成

$$T=\frac{1}{2}\boldsymbol{\omega}\cdot\boldsymbol{L}_O \tag{8.12}$$

动能是一个标量，因此它的值与坐标系的选取无关。如果选取连体坐标系 $Oxyz$，将式(8.5)代入式(8.12)得到

$$T=\frac{1}{2}\begin{bmatrix}\omega_x\\\omega_y\\\omega_z\end{bmatrix}^{\mathrm{T}}\begin{bmatrix}J_x & J_{xy} & J_{xz}\\J_{yx} & J_y & J_{yz}\\J_{zx} & J_{zy} & J_z\end{bmatrix}\begin{bmatrix}\omega_x\\\omega_y\\\omega_z\end{bmatrix} \tag{8.13}$$

或

$$2T=J_x\omega_x^2+J_y\omega_y^2+J_z\omega_z^2+2J_{xy}\omega_x\omega_y+2J_{yz}\omega_y\omega_z+2J_{xz}\omega_x\omega_z \tag{8.14}$$

例 8.3　求例 8.2 中“哑铃”式刚体的动能。

解　取连体坐标系 $Oxyz$，则

$$T=\frac{1}{2}\begin{bmatrix}0\\0\\\omega\end{bmatrix}^{\mathrm{T}}\begin{bmatrix}2ml^2 & 0 & 0\\0 & 2ml^2\cos^2\theta & 2ml^2\cos\theta\sin\theta\\0 & 2ml^2\cos\theta\sin\theta & 2ml^2\sin^2\theta\end{bmatrix}\begin{bmatrix}0\\0\\\omega\end{bmatrix}=ml^2\omega^2\sin^2\theta$$

结果与直接采用定轴转动刚体的动能算法相同。

8.2.2 惯性矩阵

在式(8.5)和式(8.13)中,其右边由转动惯量和惯性积组成的矩阵

$$\boldsymbol{J}=\begin{bmatrix} J_x & J_{xy} & J_{xz} \\ J_{yx} & J_y & J_{yz} \\ J_{zx} & J_{zy} & J_z \end{bmatrix} \tag{8.15}$$

称为**惯性矩阵**。由惯性积的定义可知,惯性矩阵 $\boldsymbol{J}$ 是一个对称矩阵。利用惯性矩阵,做定点运动刚体的动量矩和动能可写为

$$\boldsymbol{L}_O=\boldsymbol{J\omega} \tag{8.16}$$

$$T=\frac{1}{2}\boldsymbol{\omega}^{\mathrm{T}}\boldsymbol{J\omega} \tag{8.17}$$

其中:$\boldsymbol{\omega}=[\omega_x,\omega_y,\omega_z]^{\mathrm{T}}$。

在刚体的连体坐标系中,惯性矩阵是一个定值矩阵,每一个元素的值只与刚体本身的几何形状以及刚体的密度分布有关,而与刚体的转动角速度无关。若刚体质量是连续分布的,在具体计算惯性矩阵各个元素时,应将求和改成积分。

例 8.4 一均质长方体如图 8.4 所示,边长分别为 a、b、c,质量为 M,求对 $Oxyz$ 的惯性矩阵 $\boldsymbol{J}$。

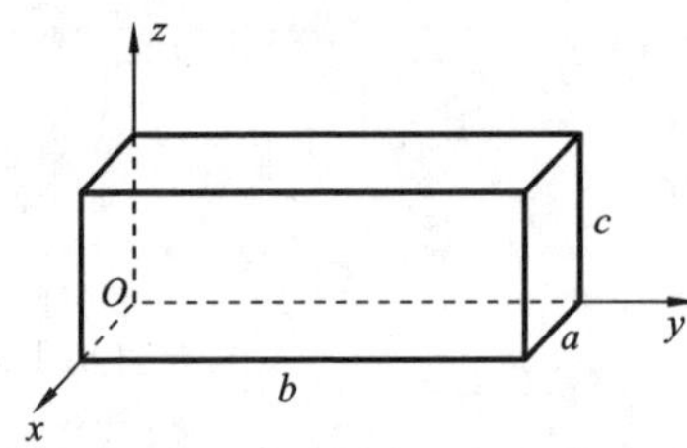

图 8.4 例 8.4 图

解 设密度是 μ,则有 $\mu=M/(abc)$。于是可得

$$J_x=\int_V (y^2+z^2)\mu\mathrm{d}V=\frac{1}{3}M(b^2+c^2)$$

$$J_{xy}=-\int_V xy\mu\mathrm{d}V=-\frac{1}{4}Mab$$

按照类似计算,可以求出其他各个元素。实际上,由于 x、y、z 在计算式中位置相当,可以参照以上结果直接将其他元素写出来,最后得到

$$\boldsymbol{J}=M\begin{bmatrix} \frac{1}{3}(b^2+c^2) & -\frac{1}{4}ab & -\frac{1}{4}ac \\ -\frac{1}{4}ab & \frac{1}{3}(c^2+a^2) & -\frac{1}{4}bc \\ -\frac{1}{4}ac & -\frac{1}{4}bc & \frac{1}{3}(a^2+b^2) \end{bmatrix}$$

1. 惯性矩阵的平移变换

我们知道,刚体对轴的转动惯量有平行移轴定理;现在证明,对于惯性积也有类似的结果。设坐标系 $Oxyz$ 是过刚体上点 O 的连体坐标系,坐标系 $Cx'y'z'$ 是过刚体

质心 C 的另一组平行的连体坐标系(见图 8.5,图中 z' 轴和 z 轴未画出)。J_{xy} 和 $J_{x'y'}$ 分别是对两组坐标系的惯性积。**设点** C **在坐标系** $Oxyz$ **中的坐标为**(a,b,c),则有

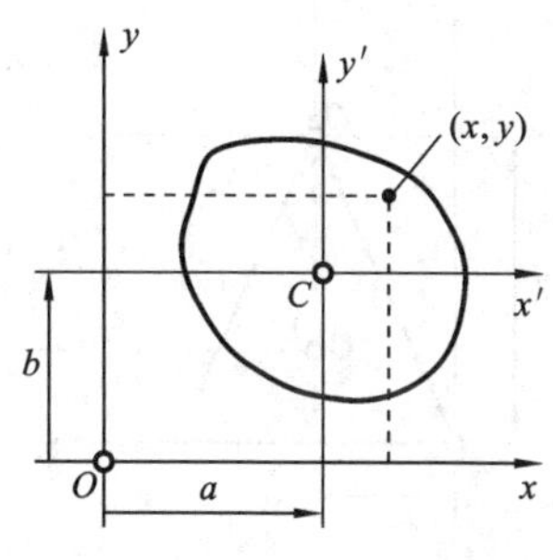

图 8.5　平行移轴

$$\begin{aligned}J_{xy} &= -\sum(mxy) = -\sum[m(x'+a)(y'+b)]\\ &= -\sum(mx'y') - a\sum(my') - b\sum(mx')\\ &\quad - ab\sum m\end{aligned}$$

因为坐标系 $Cx'y'z'$ 的原点是质心,由质心的定义可知,有

$$\sum(my') = \sum(mx') = 0$$

于是得到

$$J_{xy} = J_{x'y'} - Mab \tag{8.18}$$

其他惯性积有类似的结果。因此,整个惯性矩阵的平行移轴定理可以表述为

$$\boldsymbol{J}^{(O)} = \boldsymbol{J}^{(C)} + M\begin{bmatrix} b^2+c^2 & -ab & -ac \\ -ab & c^2+a^2 & -bc \\ -ac & -bc & a^2+b^2 \end{bmatrix} \tag{8.19}$$

其中:$\boldsymbol{J}^{(O)}$ 和 $\boldsymbol{J}^{(C)}$ 分别为刚体在坐标系 $Oxyz$ 和坐标系 $Cx'y'z'$ 中的惯性矩阵。

对于具有对称面的均质刚体,惯性积的计算可以大为简化。例如,如果平面 Oxy 是物体的对称平面,则

$$J_{yz} = -\sum(myz) = -\sum_{\text{上半部}}(myz) - \sum_{\text{下半部}}(myz)$$

显然,对每个点(y,z)存在点$(y,-z)$,故有

$$J_{yz} = 0,\quad J_{xz} = 0$$

例 8.5　一均质圆锥体如图 8.6 所示,质量为 M,高度为 h,底半径为 a,质心为 C。求相对于坐标系 $Cx'y'z'$ 的惯性矩阵 $\boldsymbol{J}^{(C)}$,并由此求出相对于坐标系 $A\xi\eta\zeta$ 的惯性矩阵 $\boldsymbol{J}^{(A)}$。

解　过顶点 O 取坐标系 $Oxyz$,基于对称性,所有惯性积均为零。

J_x、J_y、J_z 可以分别用积分求出。例如,求 J_x 时,取宽度为 $\mathrm{d}z$ 的体积元,它的质量为

$$\mathrm{d}m = \frac{M}{\pi a^2 h/3} \cdot \pi\left(\frac{a}{h}z\right)^2 \mathrm{d}z$$

应用平行移轴定理可以写出它对 x 轴的转动惯量,为

$$\mathrm{d}J_x = \mathrm{d}m\left[\frac{1}{4}\left(\frac{a}{h}z\right)^2 + z^2\right]$$

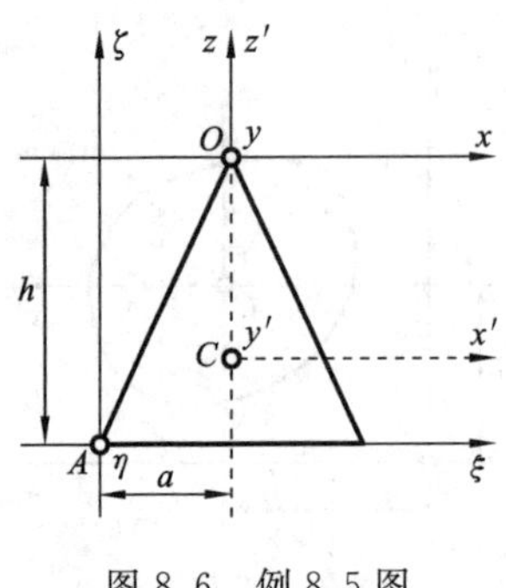

图 8.6 例 8.5 图

将上式从 $z=-h$ 到 $z=0$ 积分，可得

$$J_x=M\left(\frac{3}{20}a^2+\frac{3}{5}h^2\right)$$

同理可得，$J_y=J_x$，$J_z=3Ma^2/10$。所以惯性矩阵为

$$\boldsymbol{J}^{(O)}=M\begin{bmatrix}\frac{3}{20}a^2+\frac{3}{5}h^2 & 0 & 0\\ 0 & \frac{3}{20}a^2+\frac{3}{5}h^2 & 0\\ 0 & 0 & \frac{3}{10}a^2\end{bmatrix}$$

点 C 在坐标系 $Oxyz$ 中的坐标为 $\left(0,0,-\frac{3}{4}h\right)$，应用式(8.19)，可求出相对于原点在质心 C 的平行参考系 $Cx'y'z'$ 的惯性矩阵：

$$\boldsymbol{J}^{(C)}=M\begin{bmatrix}\frac{3}{20}a^2+\frac{3}{80}h^2 & 0 & 0\\ 0 & \frac{3}{20}a^2+\frac{3}{80}h^2 & 0\\ 0 & 0 & \frac{3}{10}a^2\end{bmatrix}$$

再利用式(8.19)，即可求得刚体在坐标系 $A\xi\eta\zeta$ 中的惯性矩阵：

$$\boldsymbol{J}^{(A)}=\frac{M}{20}\begin{bmatrix}3a^2+2h^2 & 0 & -5ah\\ 0 & 3a^2+2h^2 & 0\\ -5ah & 0 & 26a^2\end{bmatrix}$$

2. 惯性矩阵的旋转变换

设过刚体上的点 O 有两个连体坐标系 $Oxyz$ 和 $Ox'y'z'$，对应的基矢量分别为 $\boldsymbol{e}=[\boldsymbol{e}_1,\boldsymbol{e}_2,\boldsymbol{e}_3]^{\mathrm{T}}$ 和 $\boldsymbol{e}'=[\boldsymbol{e}'_1,\boldsymbol{e}'_2,\boldsymbol{e}'_3]^{\mathrm{T}}$，基变换或坐标变换矩阵为 $\mathbf{A}$，则有

$$\boldsymbol{e}'=\mathbf{A}\boldsymbol{e} \tag{8.20}$$

其中：$\mathbf{A}$ 的元素 $a_{ij}=\boldsymbol{e}'_i\cdot\boldsymbol{e}_j$，$i,j=1,2,3$。这样，角速度分量在两个连体坐标系中的列向量 $\boldsymbol{\omega}=[\omega_x,\omega_y,\omega_z]^{\mathrm{T}}$ 和 $\boldsymbol{\omega}'=[\omega_{x'},\omega_{y'},\omega_{z'}]^{\mathrm{T}}$ 的变换为

$$\boldsymbol{\omega}'=\mathbf{A}\boldsymbol{\omega} \tag{8.21}$$

令刚体在两个连体坐标系中的惯性矩阵分别为 $\boldsymbol{J}$ 和 $\boldsymbol{J}'$，于是，将式(8.21)代入刚体动能表达式，得动能在两个连体坐标系中的形式，为

$$T=\frac{1}{2}\boldsymbol{\omega}^{\mathrm{T}}\boldsymbol{J}\boldsymbol{\omega}=\frac{1}{2}\boldsymbol{\omega}'^{\mathrm{T}}\mathbf{A}\boldsymbol{J}\mathbf{A}^{\mathrm{T}}\boldsymbol{\omega}'$$

显然动能也为

$$T=\frac{1}{2}\boldsymbol{\omega}'^{\mathrm{T}}\boldsymbol{J}'\boldsymbol{\omega}'$$

由以上两式得到刚体在两个连体坐标系中的惯性矩阵的变换关系，为

$$\boldsymbol{J}'=\boldsymbol{A}\boldsymbol{J}\boldsymbol{A}^{\mathrm{T}} \tag{8.22}$$

设通过连体坐标系 $Oxyz$ 的原点 O 的任意一根轴为 OA，下面来推导刚体对 OA 轴的转动惯量。不妨设 OA 轴为另一个连体坐标系 $Ox'y'z'$ 的 Ox' 轴，Ox' 轴的方向余弦为 $[\cos\alpha,\cos\beta,\cos\gamma]$，如图 8.7 所示。易知，方向余弦 $[\cos\alpha,\cos\beta,\cos\gamma]$ 为变换矩阵 $\boldsymbol{A}$ 的第一行元素，即

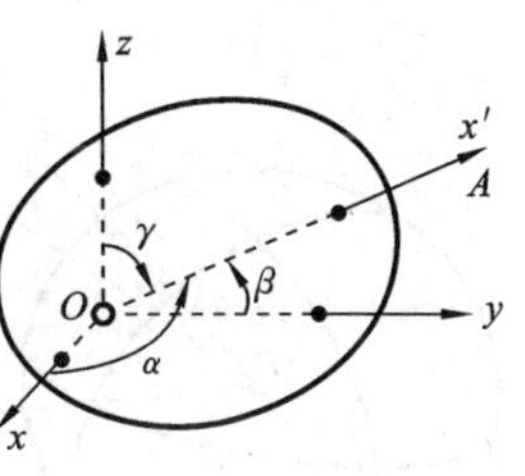

图 8.7　求对 OA 轴的转动惯量

$$\boldsymbol{A}=\begin{bmatrix}\cos\alpha & \cos\beta & \cos\gamma\\ \vdots & \vdots & \vdots\\ \vdots & \vdots & \vdots\end{bmatrix} \tag{8.23}$$

刚体对 Ox' 轴的转动惯量为惯性矩阵 $\boldsymbol{J}'$ 的(1,1)元素，由式(8.22)可知刚体对 Ox' 轴(即 OA 轴)的转动惯量 $J_{x'}$(即 J_{OA})为

$$J_{OA}=J_{x'}=[\cos\alpha,\cos\beta,\cos\gamma]\boldsymbol{J}\,[\cos\alpha,\cos\beta,\cos\gamma]^{\mathrm{T}} \tag{8.24}$$

展开后成为

$$\begin{aligned}J_{OA}=&J_x\cos^2\alpha+J_y\cos^2\beta+J_z\cos^2\gamma+2J_{xy}\cos\alpha\cos\beta\\&+2J_{yz}\cos\beta\cos\gamma+2J_{zx}\cos\gamma\cos\alpha\end{aligned} \tag{8.25}$$

这就是**转动惯量的转轴公式，它是方向余弦的一个二次型**，由此可以求出刚体对任何一根轴的转动惯量。

例 8.6　求例 8.4 中均质长方体对它的对角线的转动惯量。

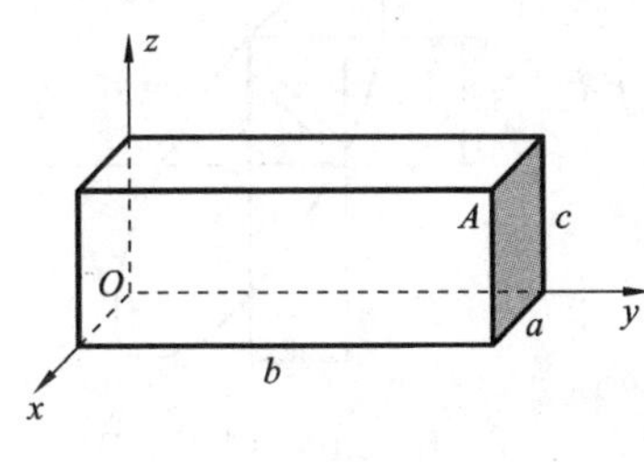

图 8.8　例 8.6 图

解　惯性矩阵 $\boldsymbol{J}$ 已由例 8.4 算出。如图 8.8 所示，对角线 OA 的方向余弦为

$$[\cos\alpha,\cos\beta,\cos\gamma]=\frac{1}{\sqrt{a^2+b^2+c^2}}[a,b,c]$$

所以均质长方体对它的对角线 OA 的转动惯量为

$$\begin{aligned}J_{OA}&=\frac{1}{a^2+b^2+c^2}[a,b,c]\boldsymbol{J}[a,b,c]^{\mathrm{T}}\\&=\frac{M}{6}\cdot\frac{a^2b^2+b^2c^2+c^2a^2}{a^2+b^2+c^2}\end{aligned}$$

8.2.3　惯性椭球和主惯性矩

惯性矩阵的元素与坐标轴的方向有关。本节的目的在于寻求一种坐标轴的方向，使得惯性矩阵具有最简单的形式。

设有一根任意轴 OA，刚体相对于这根轴的转动惯量为 J'。在 OA 轴上取一点 M(见图 8.9)，使得线段 OM 的长度 R 与 J' 的平方根成反比，即

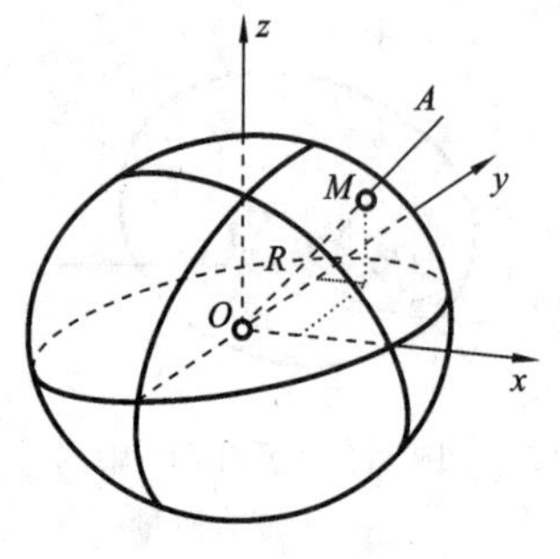

图 8.9 惯性椭球

$$R=\overline{OM}=k/\sqrt{J'} \tag{8.26}$$

其中:k 为适当选取的常数。

当 OA 轴的方向取遍空间的各个方向时,点 M 在空间的位置组成一个曲面。设点 M 在连体坐标系 $Oxyz$ 中的坐标是(x,y,z),则 OA 轴的方向余弦为

$$\cos\alpha=x/R,\quad \cos\beta=y/R,\quad \cos\gamma=z/R$$

将这些关系式代入式(8.25),并注意到 $J'=k^2/R^2$,得

$$J_x x^2+J_y y^2+J_z z^2+2J_{xy}xy+2J_{yz}yz+2J_{zx}zx=k^2 \tag{8.27}$$

这就是上述曲面的方程,它是一个二次曲面。按定义,必须有 $J'>0$(只有在刚体退化为沿 OA 轴的细线时,才有 $J'=0$),由此可知 R 应该是一个有限量,于是式(8.27)表示的是一个椭球面,这个椭球面称为**惯性椭球**。对于均质的刚体,其**质心惯性椭球**(点 O 取在刚体的质心 C 上)的形状大致与刚体本身的形状相类似。

例 8.7 长 $3a$、宽 $2a$ 的矩形薄板置于坐标系 Oxy 的第二象限,如图 8.10 所示,板的质量为 m。求该薄板的惯性椭球方程。

解 容易算得

$$J_x=3ma^2,\quad J_y=\frac{4}{3}ma^2,\quad J_{xy}=\frac{3}{2}ma^2,\quad J_z=\frac{13}{3}ma^2,\quad J_{yz}=J_{zx}=0$$

将此式代入式(8.27),化简后得

$$9x^2+9xy+4y^2+13z^2=\frac{3k^2}{ma^2}$$

图 8.10 中画出了这个椭球面在平面 Oxy 上的截线,它是一个椭圆,其中取 $k^2=12ma^4$。该椭圆方程为

$$9x^2+9xy+4y^2=36a^2$$

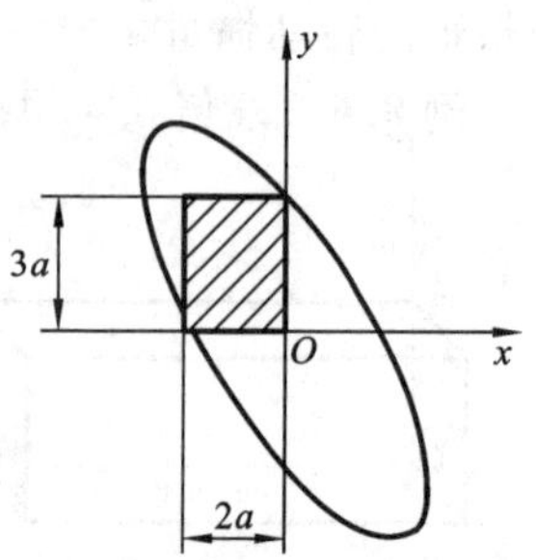

图 8.10 例 8.7 图

由解析几何可知,一个椭球总有三根相互垂直的主轴。如果我们把这三根主轴取作坐标系 $Ox_1x_2x_3$ 的坐标轴,那么惯性椭球面方程将简化为

$$J_1x_1^2+J_2x_2^2+J_3x_3^2=k^2$$

其中:J_1、J_2、J_3 分别是刚体关于 x_1、x_2、x_3 三轴的转动惯量。该方程未出现坐标的交叉乘积项,这是有心二次曲面的标准形式。惯性椭球的主轴 x_1、x_2、x_3 称为刚体对于原点 O 的**惯性主轴**,相应的转动惯量 J_1、J_2、J_3 称为**主惯性矩**,所以某轴为惯性主轴的充分必要条件是对于该轴的惯性积等于零,在主轴系中刚体的所有惯性积等于零。

下面给出主惯性矩和惯性主轴的求解方法。设主轴系 $Ox_1x_2x_3$ 的基矢量为$\boldsymbol{n}_1$、$\boldsymbol{n}_2$、$\boldsymbol{n}_3$,在主轴系中,惯性矩阵为对角矩阵,对角元素为 J_1、J_2、J_3。当角速度 $\boldsymbol{\omega}$ 与某

一主轴平行(即 $\boldsymbol{\omega}=\omega\boldsymbol{n}_i$)时,$\boldsymbol{L}_O=J_i\omega\boldsymbol{n}_i=J_i\boldsymbol{\omega}$。可见,**如果 $\boldsymbol{\omega}$ 沿任一主轴方向,则动量矩 $\boldsymbol{L}_O$ 也正好沿此方向。**

在任意连体坐标系 $Oxyz$ 中,动量矩 $\boldsymbol{L}_O=\boldsymbol{J\omega}$,当 $\boldsymbol{\omega}$ 沿某一主轴 $\boldsymbol{n}$ 方向时,由上述讨论可知,动量矩也可写为 $\boldsymbol{L}_O=J\boldsymbol{\omega}$,其中 J 为刚体对该主轴的转动惯量。所以在主轴 $\boldsymbol{n}$ 方向满足

$$\boldsymbol{Jn}=J\boldsymbol{n}$$

或

$$\begin{bmatrix} J_x-J & J_{xy} & J_{xz} \\ J_{xy} & J_y-J & J_{yz} \\ J_{xz} & J_{yz} & J_z-J \end{bmatrix}\begin{bmatrix} n_x \\ n_y \\ n_z \end{bmatrix}=\boldsymbol{0} \tag{8.28}$$

其中:n_x、n_y、n_z 为主轴 $\boldsymbol{n}$ 方向在连体坐标系 $Oxyz$ 中的分量。这是一个三阶矩阵的特征值问题,为了使 n_x、n_y、n_z 有非零解,上式中的矩阵行列式必须为零,即

$$\det\begin{bmatrix} J_x-J & J_{xy} & J_{xz} \\ J_{xy} & J_y-J & J_{yz} \\ J_{xz} & J_{yz} & J_z-J \end{bmatrix}=0 \tag{8.29}$$

这就是**特征方程**。由此可求出 J,再由式(8.28)可求出对应的特征向量。显然,一个特征值 J 就是一个主惯性矩,对应的特征向量$[n_x,n_y,n_z]^{\mathrm{T}}$ 就是一个惯性主轴的方向。

若取刚体的惯性主轴为连体坐标系,则刚体的动量矩和动能的表达式就可以大为简化,它们分别为

$$\boldsymbol{L}_O=J_1\omega_1\boldsymbol{n}_1+J_2\omega_2\boldsymbol{n}_2+J_3\omega_3\boldsymbol{n}_3 \tag{8.30}$$

和

$$T=\frac{1}{2}(J_1\omega_1^2+J_2\omega_2^2+J_3\omega_3^2) \tag{8.31}$$

其中:$\boldsymbol{n}_1$、$\boldsymbol{n}_2$、$\boldsymbol{n}_3$ 为主轴方向的单位矢量,它们组成右手系。

有时可由对称性确定惯性主轴,这里指出以下几种情况。

(1) 如果均质刚体有一对称轴,则它一定是该轴上任意一点的惯性主轴。通过质心的惯性主轴称为**中心惯性主轴**,简称**中心主轴**。取此直线为 z 轴,则有

$$J_{yz}=J_{zx}=0$$

(2) 如果均质刚体有一对称平面 S,则垂直于这一平面的任意直线必是该直线与平面 S 的交点 O 的惯性主轴。取此直线为 z 轴,点 O 为坐标原点,则有

$$J_{yz}=J_{zx}=0$$

(3) 如果刚体是均质旋转体,则旋转轴必是中心主轴。

例 8.8　已知某一刚体在连体坐标系 $Oxyz$ 中的惯性矩阵为

$$J=\frac{ma^2}{3}\begin{bmatrix}65 & -12 & -21\\ -12 & 65 & -21\\ -21 & -21 & 32\end{bmatrix}$$

求该刚体关于点 O 的主惯性矩及相应的主方向。

解　设 $\boldsymbol{J}$ 的特征值为

$$J=\rho ma^2/3$$

则 ρ 应满足

$$\begin{vmatrix}65-\rho & -12 & -21\\ -12 & 65-\rho & -21\\ -21 & -21 & 32-\rho\end{vmatrix}=0$$

或

$$\rho^3-162\rho^2+7359\rho-62678=0$$

这个方程的根是 11、74 和 77，即主惯性矩分别为

$$J_1=\frac{11}{3}ma^2,\quad J_2=\frac{74}{3}ma^2,\quad J_3=\frac{77}{3}ma^2$$

对应于 J_1 的主轴取为 x_1 轴，这个主方向的方向数 $[p_1,p_2,p_3]^T$ 由以下齐次方程确定：

$$\begin{bmatrix}65-11 & -12 & -21\\ -12 & 65-11 & -21\\ -21 & -21 & 32-11\end{bmatrix}\begin{bmatrix}p_1\\ p_2\\ p_3\end{bmatrix}=0$$

由此解出 $p_1:p_2:p_3=1:1:2$，即 $[1,1,2]^T$ 是一个特征向量，主轴 x_1 轴的方向余弦为 $[1,1,2]/\sqrt{6}$。

类似地，可求出其余两个主方向。

例 8.9　均质圆柱体的高和底圆直径相等，Oz 轴过圆柱体的中心 O 以及底圆的边缘上一点 A，如图 8.11 所示。当圆柱体绕 Oz 轴转动时，求动量矩矢量 $\boldsymbol{L}_O$ 与角速度 $\boldsymbol{\omega}$ 之间的夹角 θ。

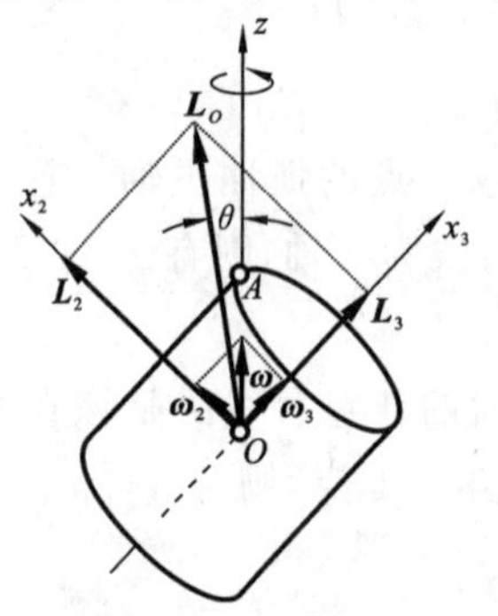

图 8.11　例 8.9 图

解　对称轴 Ox_3 是一根主轴，惯性椭球是旋转椭球，另一主轴 Ox_1 可在垂直于 Ox_3 轴的平面内任意选取。为简单起见取 Ox_1 轴垂直于平面 Ozx_3（图中未画出），还有一根主轴 Ox_2 在平面 Ozx_3 内。设圆柱体的质量为 m，高度为 h，半径为 $h/2$，则可以算出三个主惯性矩为

$$J_1=J_2=7mh^2/48,\quad J_3=mh^2/8$$

即

$$J_1:J_2:J_3=7:7:6$$

设沿 Oz 轴的角速度矢量为 $\boldsymbol{\omega}$，则它在三个主轴方向

的分量大小之比为

$$\omega_1 : \omega_2 : \omega_3 = 0 : 1 : 1$$

所以动量矩 $\boldsymbol{L}_O$ 沿三根主轴的分量之比为

$$J_1\omega_1 : J_2\omega_2 : J_3\omega_3 = 0 : 7 : 6$$

由此可知 $\boldsymbol{L}_O$ 在平面 Ozx_3 内，与 Ox_3 轴的夹角为 arctan(7/6)，而 $\boldsymbol{L}_O$ 与 Oz 轴的夹角为

$$\theta = \arctan(7/6) - 45° = 4°24'$$

由此可以得到一个有趣的结论：如果圆柱体绕 Oz 轴做定轴匀速转动，$\boldsymbol{L}_O$ 将画出一个锥面，此时 $\mathrm{d}\boldsymbol{L}_O/\mathrm{d}t \neq 0$，这表明即使是做定轴匀速转动，也必须有外力矩的作用才能维持。

8.2.4 Euler 动力学方程

设定点运动刚体的不动点为点 O，令 $\boldsymbol{L}_O$ 和 $\boldsymbol{M}_O^{(e)}$ 分别是刚体对固定点 O 的动量矩和外力对点 O 的主矩，则由动量矩定理有

$$\frac{\mathrm{d}\boldsymbol{L}_O}{\mathrm{d}t} = \boldsymbol{M}_O^{(e)} \tag{8.32}$$

利用式(8.2)，将式(8.32)写成连体坐标系 $Oxyz$ 中的相对导数形式，为

$$\frac{\tilde{\mathrm{d}}\boldsymbol{L}_O}{\mathrm{d}t} + \boldsymbol{\omega} \times \boldsymbol{L}_O = \boldsymbol{M}_O^{(e)} \tag{8.33}$$

其中：$\tilde{\mathrm{d}}(\cdot)/\mathrm{d}t$ 表示在连体坐标系中对时间求导。在坐标系 $Oxyz$ 中，令 $\boldsymbol{M}_O^{(e)} = [M_x, M_y, M_z]^{\mathrm{T}}$，$\boldsymbol{\omega} = [\omega_x, \omega_y, \omega_z]^{\mathrm{T}}$，$\boldsymbol{L}_O$ 的表达式由式(8.5)给出，矢量方程(8.33)可以写成矩阵形式，为

$$\begin{bmatrix} J_x & J_{xy} & J_{xz} \\ J_{xy} & J_y & J_{yz} \\ J_{xz} & J_{yz} & J_z \end{bmatrix} \begin{bmatrix} \dot{\omega}_x \\ \dot{\omega}_y \\ \dot{\omega}_z \end{bmatrix} + \begin{bmatrix} 0 & -\omega_z & \omega_y \\ \omega_z & 0 & -\omega_x \\ -\omega_y & \omega_x & 0 \end{bmatrix} \begin{bmatrix} J_x & J_{xy} & J_{xz} \\ J_{xy} & J_y & J_{yz} \\ J_{xz} & J_{yz} & J_z \end{bmatrix} \begin{bmatrix} \omega_x \\ \omega_y \\ \omega_z \end{bmatrix} = \begin{bmatrix} M_x \\ M_y \\ M_z \end{bmatrix} \tag{8.34}$$

这个方程组展开后的形式为

$$\begin{cases} J_x\dot{\omega}_x + J_{xy}\dot{\omega}_y + J_{xz}\dot{\omega}_z + (J_z - J_y)\omega_y\omega_z + J_{yz}(\omega_y^2 - \omega_z^2) + (J_{xz}\omega_y - J_{xy}\omega_z)\omega_x = M_x \\ J_{xy}\dot{\omega}_x + J_y\dot{\omega}_y + J_{yz}\dot{\omega}_z + (J_x - J_z)\omega_x\omega_z + J_{xz}(\omega_z^2 - \omega_x^2) + (J_{xy}\omega_z - J_{yz}\omega_x)\omega_y = M_y \\ J_{xz}\dot{\omega}_x + J_{yz}\dot{\omega}_y + J_z\dot{\omega}_z + (J_y - J_x)\omega_x\omega_y + J_{xy}(\omega_x^2 - \omega_y^2) + (J_{yz}\omega_x - J_{xz}\omega_y)\omega_z = M_z \end{cases} \tag{8.35}$$

如果连体坐标系 $Oxyz$ 为惯性主轴系，则所有惯性积等于零，式(8.35)简化为

$$\begin{cases} J_x\dot{\omega}_x + (J_z - J_y)\omega_y\omega_z = M_x \\ J_y\dot{\omega}_y + (J_x - J_z)\omega_x\omega_z = M_y \\ J_z\dot{\omega}_z + (J_y - J_x)\omega_x\omega_y = M_z \end{cases} \tag{8.36}$$

方程组(8.36)称为**Euler 动力学方程**。如果 M_x、M_y、M_z 是 ω_x、ω_y、ω_z、t 的函数，则方程组(8.36)构成封闭方程组，积分可得 ω_x、ω_y、ω_z 依赖于时间 t 和初始条件 ω_{x0}、ω_{y0}、ω_{z0} 的关系。然后，应用经典 Euler 角表示的 Euler 运动学方程：

$$\omega_x=\dot{\psi}\sin\theta\sin\phi+\dot{\theta}\cos\phi$$
$$\omega_y=\dot{\psi}\sin\theta\cos\phi-\dot{\theta}\sin\phi$$
$$\omega_z=\dot{\psi}\cos\theta+\dot{\phi}$$

可以求出 Euler 角依赖于时间及其初始条件的关系。

如果 M_x、M_y、M_z 是时间、Euler 角及其导数的函数，则必须同时对方程组(8.36)和 Euler 运动学方程进行积分，才能解得答案。

下面我们将讨论定点运动刚体的一种特殊运动。

8.3 定点运动刚体的自由转动

8.3.1 首次积分

当外力对固定点的主矩恒等于零时，即 $M_x=M_y=M_z\equiv 0$，这种情况称为定点运动刚体的**自由转动**。假设连体坐标系 $Oxyz$ 为惯性主轴系，此时方程组(8.36)变为

$$\begin{aligned}&J_x\dot{\omega}_x+(J_z-J_y)\omega_y\omega_z=0\\&J_y\dot{\omega}_y+(J_x-J_z)\omega_x\omega_z=0\\&J_z\dot{\omega}_z+(J_y-J_x)\omega_x\omega_y=0\end{aligned}\tag{8.37}$$

因为 $\boldsymbol{M}_O^{(e)}=\boldsymbol{0}$，由式(8.32)直接得

$$\boldsymbol{L}_O=\text{常向量}\tag{8.38}$$

即自由转动刚体对定点 O 的动量矩 $\boldsymbol{L}_O$ 在固定坐标系(惯性系)中方向不变、大小为常数。

因为 $J_x\omega_x$、$J_y\omega_y$、$J_z\omega_z$ 分别是矢量 $\boldsymbol{L}_O$ 在主轴 Ox、Oy、Oz 上的投影，L_O^2 是矢量 $\boldsymbol{L}_O$ 大小的平方，因此由式(8.38)可得下面的**首次积分**：

$$L_O^2=J_x^2\omega_x^2+J_y^2\omega_y^2+J_z^2\omega_z^2=\text{常数}\tag{8.39}$$

另外，由动能定理可得

$$\frac{\mathrm{d}T}{\mathrm{d}t}=\boldsymbol{M}_O^{(e)}\cdot\boldsymbol{\omega}+\boldsymbol{R}^{(e)}\cdot\boldsymbol{v}_O$$

由于 $\boldsymbol{M}_O^{(e)}=\boldsymbol{0}$，$\boldsymbol{v}_O=\boldsymbol{0}$，因此动能 T 为常数，这样就得到另一个**首次积分**：

$$T=\frac{1}{2}(J_x\omega_x^2+J_y\omega_y^2+J_z\omega_z^2)=\text{常数}\tag{8.40}$$

首次积分式(8.39)和式(8.40)也可以直接由方程组(8.37)得到。事实上，将方程组(8.37)的第 1 个方程乘以 $J_x\omega_x$，第 2 个方程乘以 $J_y\omega_y$，第 3 个方程乘以 $J_z\omega_z$，再将三个方程相加可得首次积分式(8.39)。如果将方程组(8.37)的三个方程分别乘以

ω_x、ω_y、ω_z 再相加，可得首次积分式(8.40)。

8.3.2　自由转动刚体的角速度

取固定坐标系 $OXYZ$ 的 OZ 轴沿着动量矩矢量 $\boldsymbol{L}_O$，用经典 Euler 角表示刚体的方位，如图 8.12 所示。动量矩矢量 $\boldsymbol{L}_O$ 在连体坐标系 $Oxyz$ 中三个分量分别为

$$L_x = J_x\omega_x,\quad L_y = J_y\omega_y,\quad L_z = J_z\omega_z$$

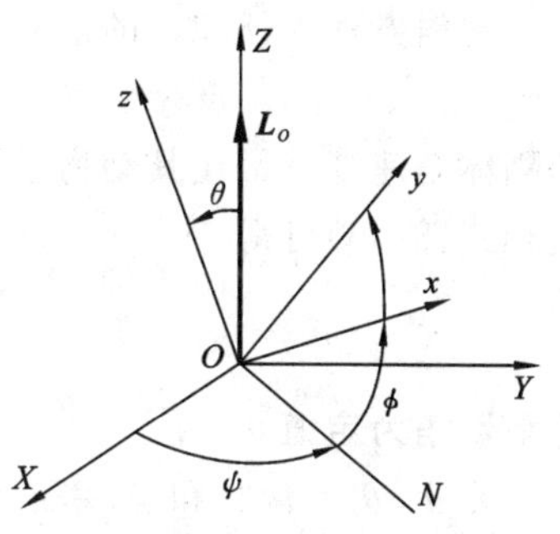

图 8.12　自由转动刚体的动量矩和坐标系

现在，由于 $\boldsymbol{L}_O$ 沿着 OZ 轴正向，即与进动角速度矢量 $\dot{\boldsymbol{\psi}}$ 同向，因此 $\boldsymbol{L}_O$ 在坐标系 $Oxyz$ 中三个分量与 $\dot{\boldsymbol{\psi}}$ 的三个分量成比例，由经典 Euler 角表示的 Euler 运动学方程可得

$$L_x = L_O\sin\theta\sin\phi,\quad L_y = L_O\sin\theta\cos\phi,\quad L_z = L_O\cos\theta \tag{8.41}$$

于是得到

$$\begin{cases} L_x = J_x\omega_x = L_O\sin\theta\sin\phi \\ L_y = J_y\omega_y = L_O\sin\theta\cos\phi \\ L_z = J_z\omega_z = L_O\cos\theta \end{cases} \tag{8.42}$$

其中：$L_O = |\boldsymbol{L}_O|$。进而得到在主轴系中刚体的角速度分量，为

$$\omega_x = \frac{L_O}{J_x}\sin\theta\sin\phi,\quad \omega_y = \frac{L_O}{J_y}\sin\theta\cos\phi,\quad \omega_z = \frac{L_O}{J_z}\cos\theta \tag{8.43}$$

由 Euler 运动学方程和式(8.43)得到

$$\dot{\psi}\sin\theta\sin\phi + \dot{\theta}\cos\phi = \frac{L_O}{J_x}\sin\theta\sin\phi$$

$$\dot{\psi}\sin\theta\cos\phi - \dot{\theta}\sin\phi = \frac{L_O}{J_y}\sin\theta\cos\phi$$

$$\dot{\psi}\cos\theta + \dot{\phi} = \frac{L_O}{J_z}\cos\theta$$

由此可解得

$$\begin{cases} \dot{\psi} = L_O\left(\dfrac{\sin^2\phi}{J_x} + \dfrac{\cos^2\phi}{J_y}\right) \\ \dot{\theta} = L_O\left(\dfrac{1}{J_x} - \dfrac{1}{J_y}\right)\sin\theta\sin\phi\cos\phi \\ \dot{\phi} = L_O\left(\dfrac{1}{J_z} - \dfrac{\sin^2\phi}{J_x} - \dfrac{\cos^2\phi}{J_y}\right)\cos\theta \end{cases} \tag{8.44}$$

8.3.3　动力学对称刚体的自由转动

如果刚体对点 O 的两个主惯性矩相等，例如 $J_x = J_y$，则称**刚体动力学对称**，Oz

轴称为**动力学对称轴**。下面我们研究动力学对称刚体的自由转动。

根据方程组(8.37)的最后一个方程，在 $J_x=J_y$ 时有

$$\omega_z=\omega_{z0}=\text{常数} \tag{8.45}$$

即刚体角速度矢量在其动力学对称轴上的投影为常数。由方程组(8.43)的第 3 个等式和式(8.45)可得

$$\cos\theta=\frac{J_z}{L_O}\omega_{z0}=\text{常数} \tag{8.46}$$

即章动角为定值 θ_0。

在 $\theta=\theta_0=$常数和 $\omega_z=\omega_{z0}=$常数时，Euler 运动学方程可写成

$$\omega_x=\dot{\psi}\sin\theta_0\sin\phi,\quad \omega_y=\dot{\psi}\sin\theta_0\cos\phi,\quad \omega_{z0}=\dot{\psi}\cos\theta_0+\dot{\phi} \tag{8.47}$$

将式(8.47)中 ω_x 的表达式代入方程组(8.43)的第 1 个等式，得

$$\dot{\psi}=L_O/J_x=\text{常数} \tag{8.48}$$

此式表明**进动角速度为常数**。由方程组(8.47)中最后一个等式和式(8.46)、式(8.48)可得

$$\dot{\phi}=\omega_{z0}-\dot{\psi}\cos\theta_0=\omega_{z0}-\frac{L_O}{J_x}\cos\theta_0=\omega_{z0}-\frac{J_z}{J_x}\omega_{z0}=\frac{J_x-J_z}{J_x}\omega_{z0}=\text{常数} \tag{8.49}$$

此式表明**自转角速度为常数**。

如果一个定点运动刚体的章动角 θ、进动角速度和自转角速度均为常数，则称该刚体做**规则进动**。可见，**自由转动的动力学对称刚体做规则进动**。在进动过程中，刚体的对称轴画出一个以 $\boldsymbol{L}_O$ 为轴、以 $2\theta_0$ 为顶角的圆锥，对称轴绕 $\boldsymbol{L}_O$ 以常角速度 $\dot{\psi}$ 转动，同时刚体以常角速度 $\dot{\phi}$ 绕其对称轴转动。

例 8.10　试证明，在惯性矩满足 $J_z>J_x=J_y$ 的条件下，自由转动的轴对称刚体的角速度矢量 $\boldsymbol{\omega}$ 与动量矩矢量 $\boldsymbol{L}_O$ 的夹角不超过 19°28′。

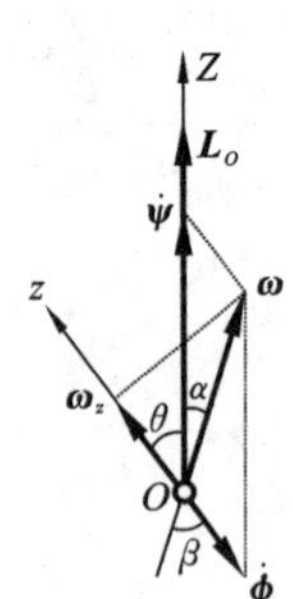

图 8.13　例 8.10 图

证明　取 $\omega_{z0}>0$，则由式(8.46)可知 $\theta<90°$。由于 $J_z>J_x=J_y$ 并由式(8.48)和式(8.49)可知，$\dot{\psi}>0$，$\dot{\phi}<0$，因此进动角速度矢量 $\dot{\boldsymbol{\psi}}$ 与自转角速度矢量 $\dot{\boldsymbol{\phi}}$ 间的夹角为钝角。同时由于 $\dot{\theta}=0$，故有 $\boldsymbol{\omega}=\dot{\boldsymbol{\psi}}+\dot{\boldsymbol{\phi}}$，如图 8.13 所示。

我们有如下关系：

$$\cos\beta=\frac{\omega_{z0}}{\omega},\quad \sin\beta=\sqrt{1-\left(\frac{\omega_{z0}}{\omega}\right)^2}=\frac{\sqrt{\omega_x^2+\omega_y^2}}{\omega},\quad \tan\beta=\frac{\sqrt{\omega_x^2+\omega_y^2}}{\omega_{z0}}$$

$$\cos\theta=\frac{J_z\omega_{z0}}{L_O},\quad \sin\theta=\sqrt{1-\left(\frac{J_z\omega_{z0}}{L_O}\right)^2}=\frac{J_x\sqrt{\omega_x^2+\omega_y^2}}{L_O},$$

$$\tan\theta=\frac{J_x}{J_z}\frac{\sqrt{\omega_x^2+\omega_y^2}}{\omega_{z0}}$$

所以

$$\tan\beta=\gamma\tan\theta,\quad \gamma=\frac{J_z}{J_x}$$

由于 $J_z>J_x$，同时不难证明惯性矩总是满足不等式 $J_x+J_y\geqslant J_z$，在 $J_x+J_y\geqslant J_z$ 时有 $2J_x\geqslant J_z$，因此 γ 满足不等式 $1<\gamma\leqslant 2$。这样就可得到下面的一系列关系式：

$$\begin{aligned}\tan\alpha&=\tan(\beta-\theta)=\frac{\tan\beta-\tan\theta}{1+\tan\theta\tan\beta}=(\gamma-1)\frac{\tan\theta}{1+\gamma\tan^2\theta}\\&=\frac{\gamma-1}{2\sqrt{\gamma}}\frac{2\sqrt{\gamma}|\tan\theta|}{1+(\sqrt{\gamma}\tan\theta)^2}\leqslant\frac{1}{2}\left(\sqrt{\gamma}-\frac{1}{\sqrt{\gamma}}\right)\leqslant\frac{1}{2}\left(\sqrt{2}-\frac{1}{\sqrt{2}}\right)=\frac{\sqrt{2}}{4}\end{aligned}$$

由此可知

$$\alpha\leqslant\arctan(\sqrt{2}/4)=19°28'$$

8.3.4　Poinsot 方法

Poinsot 方法是分析刚体自由转动的一种几何方法，它是基于动量矩守恒和动能守恒的一种精确方法。假定刚体绕固定点 O 自由转动，取一个连体主轴系 $Oxyz$，主惯性矩分别为 J_x、J_y、J_z，对应的惯性椭球取为

$$J_x x^2+J_y y^2+J_z z^2=1\tag{8.50}$$

设刚体的瞬时转轴与椭球面的交点为点 P（即刚体的角速度矢量 $\boldsymbol{\omega}$ 与矢径 $\boldsymbol{\rho}=\overrightarrow{OP}$ 共线），Poinsot 将刚体的自由转动解释为惯性椭球在垂直于动量矩 $\boldsymbol{L}_O$ 的一个固定平面上做纯滚动，接触点为点 P，如图 8.14 所示。我们来证明这一结果。

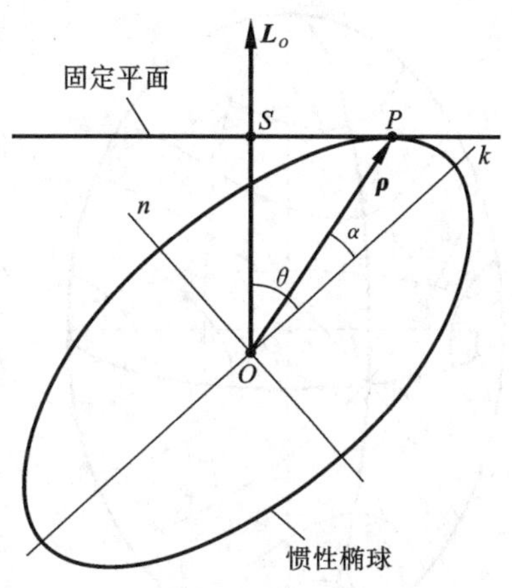

图 8.14　Poinsot 解释：惯性椭球在固定平面上做纯滚动（图中只画出了惯性椭球的一个主轴截面 Okn）

首先，我们证明，**刚体的角速度矢量 $\boldsymbol{\omega}$ 与 $\boldsymbol{\rho}$ = 矢径 $\overrightarrow{OP}$ 共线时，角速度的大小 ω 与线段 OP 长度的比值为常数**。事实上，当矢量 $\boldsymbol{\omega}$ 与矢径 $\boldsymbol{\rho}$ 共线时有 $\boldsymbol{\rho}=\lambda\boldsymbol{\omega}$。将点 P 坐标 $x_P=\lambda\omega_x$，$y_P=\lambda\omega_y$，$z_P=\lambda\omega_z$ 代入惯性椭球的方程(8.50)并利用动能守恒式可得

$$\lambda(J_x\omega_x^2+J_y\omega_y^2+J_z\omega_z^2)=1\quad\Rightarrow\quad\lambda=\frac{1}{\sqrt{2T}}=\text{常数}$$

其次，我们证明，**当刚体运动时，点 P 在与动量矩 $\boldsymbol{L}_O$ 垂直的一个固定平面上移动**。这是因为线段 OS 长度为

$$\overline{OS}=\frac{\boldsymbol{\rho}\cdot\boldsymbol{L}_O}{L_O}=\frac{\lambda\boldsymbol{\omega}\cdot\boldsymbol{L}_O}{L_O}=\frac{\lambda\cdot 2T}{L_O}=\frac{\sqrt{2T}}{L_O}=\text{常数}\tag{8.51}$$

可见，当点 P 移动时线段 OS 长度为常数。这意味着点 P 在垂直于动量矩 $\boldsymbol{L}_O$ 的一个平面上移动，该平面与 $\boldsymbol{L}_O$ 的交点为点 S。由于 $\boldsymbol{L}_O$ 在空间是固定的，因此这个平面在空间也是固定的，称为**不变平面**。

然后，我们来证明**不变平面在点 P 与惯性椭球相切**。椭球面的方程为

$$F(x,y,z)=J_x x^2+J_y y^2+J_z z^2=1$$

于椭球面在点 P 的法线矢量 $\boldsymbol{N}$ 为

$$\boldsymbol{N}=\begin{bmatrix}\dfrac{\partial F}{\partial x}\\ \dfrac{\partial F}{\partial y}\\ \dfrac{\partial F}{\partial z}\end{bmatrix}=\begin{bmatrix}2J_x x_P\\ 2J_y y_P\\ 2J_z z_P\end{bmatrix}=2\lambda\begin{bmatrix}J_x\omega_x\\ J_y\omega_y\\ J_z\omega_z\end{bmatrix}=2\lambda\boldsymbol{L}_O \tag{8.52}$$

所以 $\boldsymbol{N}$ 平行于 $\boldsymbol{L}_O$。这样就可断言不变平面在点 P 与惯性椭球相切。

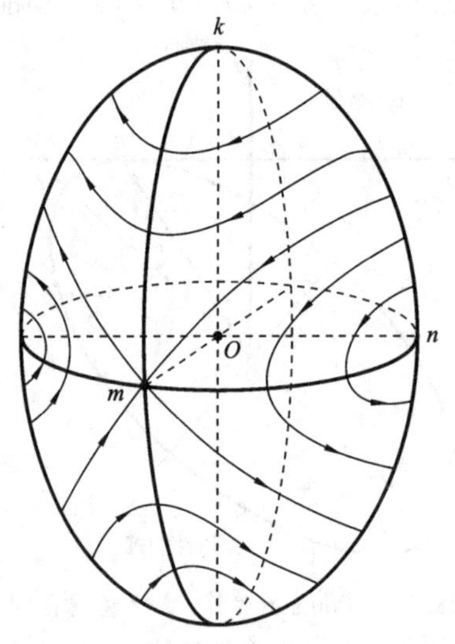

图 8.15 惯性椭球上的本体极迹

由于瞬时转轴通过接触点 P，因此**惯性椭球在不变平面上做纯滚动**。由式(8.51)可知，不变平面的位置取决于动能和动量矩的值，即取决于刚体初始条件。

于是得到自由转动刚体运动的 Poinsot 几何解释：**绕固定点自由转动的惯性椭球将沿着空间中固定的不变平面做纯滚动，这个平面垂直于动量矩，刚体角速度正比于切点的矢径。**

刚体运动时，点 P 在不变平面上画出的轨迹为**空间极迹(herpolhode)**。点 P 在惯性椭球上画出的轨迹为**本体极迹(polhode)**。它一般是封闭曲线，要么围绕最小惯性主轴 Ok，要么围绕最大惯性主轴 On，如图 8.15 所示。

当刚体绕一根主轴自由转动时，其稳定性可应用图 8.15 判断。k 和 n 附近的本体极迹为微小椭圆，表示稳定，即转轴相对于刚体的一个微小偏移将保持微小。另外，m 附近的本体极迹为双曲线，是不稳定的。

现在考虑轴对称刚体的自由转动，此时惯性椭球是绕对称轴的一个旋转椭球，分以下两种情况讨论。

(1) $I_z<I_x=I_y$，即对称轴为最小惯性主轴(记为 z 轴)，而惯性椭球是一个长椭球。当它在不变平面上做纯滚动时，矢量 $\boldsymbol{\omega}$ 相对于刚体画出一个圆锥，在该圆锥的外部相对于空间画出另一个圆锥，分别称为**本体圆锥(body cone)**和**空间圆锥(space cone)**，刚体的转动相当于本体圆锥在空间圆锥上做纯滚动。此时对称轴 z 和矢量 $\boldsymbol{\omega}$ 位于矢量 $\boldsymbol{L}_O$ 的同侧，这样就使得空间圆锥在本体圆锥的外部，如

图 8.16(a)所示。

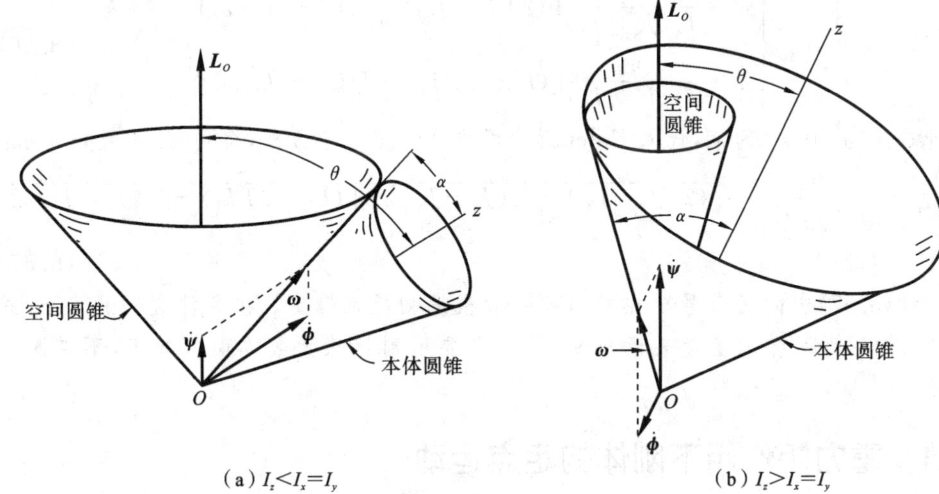

(a) $I_z<I_x=I_y$　　(b) $I_z>I_x=I_y$

图 8.16　自由转动刚体的空间圆锥和本体圆锥

(2) $I_z>I_x=I_y$，即对称轴为最大惯性主轴(仍记为 z 轴)，而惯性椭球是一个扁平椭球。此时对称轴 z 和矢量 $\boldsymbol{\omega}$ 位于矢量 $\boldsymbol{L}_O$ 的两侧，这样就使得空间圆锥在本体圆锥的内部，如图 8.16(b)所示。

例 8.11　均质矩形板以质心为固定点做自由转动，初始时刻 $t=0$ 时板以角速度 $\boldsymbol{\omega}_0$ 绕对角线 PQ 转动；设 $\overline{QS}=b$，$\overline{QR}=c$，$b<c$，对角线长度为 d；用 α 表示对角线之间夹角的一半，取连体坐标系 $Oxyz$，如图 8.17 所示。求板的角速度分量 ω_x、ω_y 和 ω_z 的表达式或满足的微分方程。

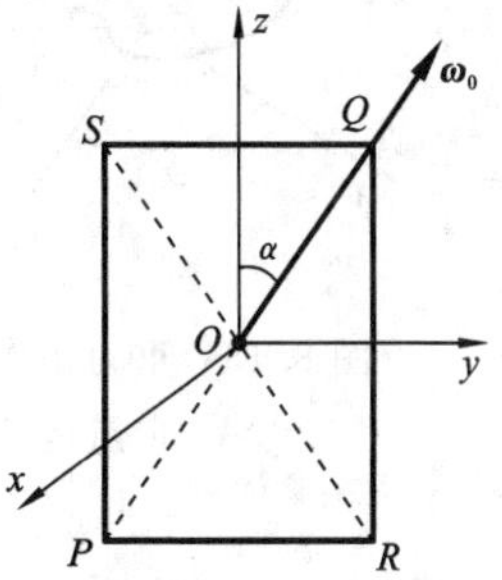

解　连体坐标系 $Oxyz$ 的坐标轴是板的惯性主轴，不难得到

$$J_x=\frac{1}{12}md^2,\quad J_y=\frac{1}{12}md^2\cos^2\alpha,\quad J_z=\frac{1}{12}md^2\ \sin^2\alpha$$

在 $t=0$ 时，$\omega_x=0$，$\omega_y=\omega_0\sin\alpha$，$\omega_z=\omega_0\cos\alpha$，因此有

$$T=\frac{1}{2}(J_x\omega_x^2+J_y\omega_y^2+J_z\omega_z^2)=\frac{1}{12}md^2\sin^2\alpha\cos^2\alpha\cdot\omega_0^2$$
$$=\text{常数}\tag{8.53}$$

图 8.17　例 8.11 图

$$L_O^2=J_x^2\omega_x^2+J_y^2\omega_y^2+J_z^2\omega_z^2=\frac{1}{144}m^2d^4\sin^2\alpha\cos^2\alpha\cdot\omega_0^2$$
$$=\text{常数}\tag{8.54}$$

因为 $b<c$ 时角 α 不超过 $\pi/4$，通过直接计算不难验证如下不等式：

$$J_x>J_y>J_z,\quad 2TJ_y>L_O^2>2TJ_z\tag{8.55}$$

于是，通过式(8.53)和式(8.54)，可将 ω_x^2 和 ω_z^2 用 ω_y^2 以及常数 T、L_O 表示出来：

$$\begin{cases}\omega_x^2=\dfrac{1}{J_x(J_z-J_x)}[(2TJ_z-L_O^2)-J_y(J_z-J_y)\omega_y^2]\\ \omega_z^2=\dfrac{1}{J_z(J_z-J_x)}[(L_O^2-2TJ_x)-J_y(J_y-J_x)\omega_y^2]\end{cases}\tag{8.56}$$

由此确定 ω_x 和 ω_z 的值，代入 Euler 动力学方程的第二个方程，得到 ω_y 的微分方程：

$$\frac{\mathrm{d}\omega_y}{\mathrm{d}t}=\pm\frac{1}{J_y\sqrt{J_xJ_z}}\sqrt{[(2TJ_z-L_O^2)-J_y(J_z-J_y)\omega_y^2][(L_O^2-2TJ_x)-J_y(J_y-J_x)\omega_y^2]}\tag{8.57}$$

式(8.57)中的正负号要在求出积分后根据初值来确定。在条件式(8.55)下，式(8.57)的解可用椭圆函数表示出来，其中需要用到特殊函数方面的知识，不再深入讨论。

8.4 重力矩作用下刚体的定点运动

8.4.1 运动方程及其首次积分

下面研究刚体在重力矩作用下绕固定点 O 的运动。取固定坐标系的 OZ 轴竖直向上，刚体的连体坐标系取位 $Oxyz$，其坐标轴为刚体对固定点 O 的惯性主轴。刚体质心 C 在坐标系 $Oxyz$ 中的坐标为(a,b,c)，刚体相对于固定坐标系的方向借助经典 Euler 角 ψ、θ、ϕ 确定(见图 8.18)。

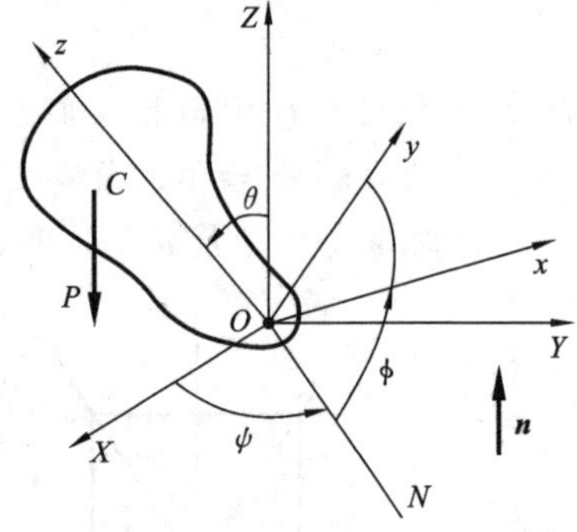

图 8.18 重力矩作用下的定点运动刚体

刚体相对于 Ox、Oy、Oz 轴的惯性矩分别用 J_x、J_y、J_z 表示，而刚体的重力用 $\boldsymbol{P}$ 表示。

设竖直轴 OZ 的单位矢量 $\boldsymbol{n}$ 在连体坐标系 $Oxyz$ 中的分量为 γ_x、γ_y、γ_z，在 Euler 运动学方程中，ω_x、ω_y、ω_z 的表达式中 $\dot{\psi}$ 的系数就是 γ_x、γ_y、γ_z：

$$\gamma_x=\sin\theta\sin\phi,\quad \gamma_y=\sin\theta\cos\phi,\quad \gamma_z=\cos\theta\tag{8.58}$$

矢量 $\boldsymbol{n}$ 在固定坐标系中是常矢量，所以其绝对导数为零：

$$\frac{\mathrm{d}\boldsymbol{n}}{\mathrm{d}t}=\boldsymbol{0}$$

考虑到绝对导数与相对导数的关系，上面的公式可改写为

$$\frac{\tilde{\mathrm{d}}\boldsymbol{n}}{\mathrm{d}t}+\boldsymbol{\omega}\times\boldsymbol{n}=\boldsymbol{0}\tag{8.59}$$

其中：$\boldsymbol{\omega}$ 为刚体的角速度矢量。式(8.59)称为 **Poisson 方程**。矢量形式的 Poisson 方

程可以写成如下3个标量方程：

$$\frac{d\gamma_x}{dt}=\omega_z\gamma_y-\omega_y\gamma_z,\quad \frac{d\gamma_y}{dt}=\omega_x\gamma_z-\omega_z\gamma_x,\quad \frac{d\gamma_z}{dt}=\omega_y\gamma_x-\omega_x\gamma_y \tag{8.60}$$

作用在刚体上的外力是重力和点 O 的约束反力，约束反力对点 O 没有矩，而重力 $\boldsymbol{P}$ 对点 O 的矩 $\boldsymbol{M}_O$ 为

$$\boldsymbol{M}_O=\overrightarrow{OC}\times\boldsymbol{P}=P\boldsymbol{n}\times\overrightarrow{OC} \tag{8.61}$$

令 $\boldsymbol{M}_O$ 在坐标系 $Oxyz$ 中的分量为 M_x、M_y、M_z，则由式(8.61)得

$$M_x=P(\gamma_y c-\gamma_z b),\quad M_y=P(\gamma_z a-\gamma_x c),\quad M_z=P(\gamma_x b-\gamma_y a) \tag{8.62}$$

于是，Euler 动力学方程(8.36)有如下形式：

$$\begin{aligned}J_x\dot{\omega}_x+(J_z-J_y)\omega_y\omega_z&=P(\gamma_y c-\gamma_z b)\\ J_y\dot{\omega}_y+(J_x-J_z)\omega_x\omega_z&=P(\gamma_z a-\gamma_x c)\\ J_z\dot{\omega}_z+(J_y-J_x)\omega_x\omega_y&=P(\gamma_x b-\gamma_y a)\end{aligned} \tag{8.63}$$

方程组(8.60)和方程组(8.63)就是刚体在重力矩作用下的动力学方程。

下面给出方程组(8.60)和方程组(8.63)的3个首次积分。**第一个首次积分**是矢量 $\boldsymbol{n}$ 的模等于1，即

$$\gamma_x^2+\gamma_y^2+\gamma_z^2=1 \tag{8.64}$$

第二个首次积分可由动量矩定理得到。事实上，因为外力(重力和约束反力)对竖直轴没有矩，所以动量矩 $\boldsymbol{L}_O$ 在竖直轴上的投影为常数，即

$$\boldsymbol{L}_O\cdot\boldsymbol{n}=\text{常数}$$

上式可写为

$$J_x\omega_x\gamma_x+J_y\omega_y\gamma_y+J_z\omega_z\gamma_z=\text{常数} \tag{8.65}$$

进一步可以发现，点 O 约束反力做的功等于零，重力有势且势力不显含时间，因此在运动过程中机械能 $E=T+V$(V 为重力势能)守恒。取水平面 OXY 为零势位，可得 $V=Ph$，其中 h 是质心的高度坐标(即 OZ 轴的坐标)，它为

$$h=\overrightarrow{OC}\cdot\boldsymbol{n}=a\gamma_x+b\gamma_y+c\gamma_z$$

又因为

$$T=\frac{1}{2}(J_x\omega_x^2+J_y\omega_y^2+J_z\omega_z^2)$$

所以能量积分(**第三个首次积分**)可写成

$$\frac{1}{2}(J_x\omega_x^2+J_y\omega_y^2+J_z\omega_z^2)+P(a\gamma_x+b\gamma_y+c\gamma_z)=\text{常数} \tag{8.66}$$

8.4.2 陀螺基本公式

惯性椭球为旋转椭球的定点运动刚体称为**陀螺**。前面已经看到，如果外力对固定点 O 的主矩为零，则陀螺绕不变的动量矩 $\boldsymbol{L}_O$ 做规则进动。

但是，为了使陀螺做规则进动，不一定要外力对固定点 O 的主矩为零，我们来详细研究这个问题。设坐标系 $OXYZ$ 是以固定点 O 为原点的固定坐标系；而坐标系 $Oxyz$ 为连体坐标系，Ox、Oy、Oz 轴为刚体在点 O 的惯性主轴，对应的主惯性矩分别为 J_x、J_y、J_z，且设 $J_x=J_y$。这种情况下 Euler 动力学方程(8.36)可写为

$$\begin{cases}J_x\dot{\omega}_x+(J_z-J_y)\omega_y\omega_z=M_x\\ J_y\dot{\omega}_y+(J_x-J_z)\omega_x\omega_z=M_y\\ J_z\dot{\omega}_z=M_z\end{cases}\tag{8.67}$$

下面我们来求陀螺绕 OZ 轴做规则进动的条件。此时，要求章动角保持为常数($\theta=\theta_0$)，自转角速度 $\dot{\phi}=\omega_1$ 和进动角速度 $\dot{\psi}=\omega_2$ 都是常数。换言之，我们要求出使陀螺以给定的 θ_0、ω_1、ω_2 做规则进动时外力对点 O 的矩 $\boldsymbol{M}_O$。

对于给定的 θ_0、ω_1、ω_2，经典 Euler 角表示的 Euler 运动学方程有如下形式：

$$\omega_x=\omega_2\sin\theta_0\sin\phi,\quad \omega_y=\omega_2\sin\theta_0\cos\phi,\quad \omega_z=\omega_2\cos\theta_0+\omega_1\tag{8.68}$$

由方程组(8.68)的最后一个公式可知，ω_z 是常数，所以由方程组(8.67)的第 3 个方程给出：

$$M_z=0\tag{8.69}$$

将方程组(8.68)中的 ω_x、ω_y、ω_z 代入方程组(8.67)的第 1 个方程，可得

$$M_x=J_x\omega_2\sin\theta_0\cos\phi\frac{\mathrm{d}\phi}{\mathrm{d}t}+(J_z-J_x)\omega_2\sin\theta_0\cos\phi(\omega_2\cos\theta_0+\omega_1)$$

用 ω_1 替代导数 $\mathrm{d}\phi/\mathrm{d}t$，得

$$M_x=\omega_2\omega_1\sin\theta_0\cos\phi\left[J_z+(J_z-J_x)\frac{\omega_2}{\omega_1}\cos\theta_0\right]\tag{8.70}$$

类似地，由方程组(8.68)和方程组(8.67)的第 2 个方程可得

$$M_y=-\omega_2\omega_1\sin\theta_0\sin\phi\left[J_z+(J_z-J_x)\frac{\omega_2}{\omega_1}\cos\theta_0\right]\tag{8.71}$$

注意到在连体坐标系 $Oxyz$ 中矢量 $\boldsymbol{\omega}_1$ 和 $\boldsymbol{\omega}_2$ 的分量分别为$(0,0,\omega_1)$和$(\omega_2\sin\theta_0\sin\phi,\omega_2\sin\theta_0\cos\phi,\omega_2\cos\theta_0)$，这样，式(8.69)～式(8.71)可以写成一个矢量等式：

$$\boldsymbol{M}_O=\boldsymbol{\omega}_2\times\boldsymbol{\omega}_1\left[J_z+(J_z-J_x)\frac{\omega_2}{\omega_1}\cos\theta_0\right]\tag{8.72}$$

考察可知，**力矩矢量 $\boldsymbol{M}_O$ 的大小为常数，方向沿着节线**。式(8.72)称为**陀螺基本公式**。由这个基本公式可以计算出陀螺做规则进动时作用于陀螺的外力矩。

现在，陀螺的动量矩 $\boldsymbol{L}_O$ 不是常矢量，根据动量矩定理，有

$$\frac{\mathrm{d}\boldsymbol{L}_O}{\mathrm{d}t}=\boldsymbol{M}_O$$

例 8.12 质量为 m、高度为 h、顶角为 2α 的均质圆锥，如图 8.19 所示，顶点 O 固定，圆锥在水平面上做无滑动滚动，圆锥底面中心具有水平速度 $\boldsymbol{v}$。求水平面约束力

的合力(大小、方向和作用点)。

解 设点 G 是圆锥的质心,R 是底面半径,J_z 是圆锥相对于自身对称轴的惯性矩,J_x 是圆锥相对于过顶点且垂直于对称轴的主轴的惯性矩,于是有

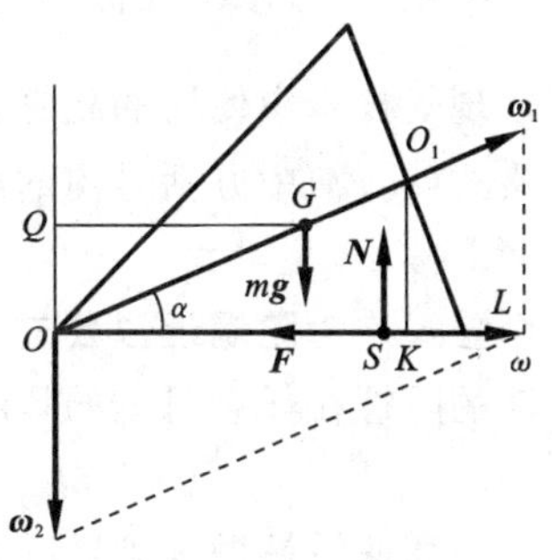

图 8.19 例 8.12 图

$$\overline{OG}=\frac{3}{4}h,\quad J_z=\frac{3}{10}mR^2,\quad J_x=\frac{3}{20}m(R^2+4h^2)$$

又因为 $R=\overline{O_1L}=h\tan\alpha$,所以

$$J_z=\frac{3}{10}mh^2\tan^2\alpha,\quad J_x=\frac{3}{20}mh^2(4+\tan^2\alpha)$$

此外,还有

$$\overline{O_1K}=h\sin\alpha,\quad \overline{QG}=\frac{3}{4}h\cos\alpha$$

设圆锥底面中心的速度矢量垂直于题图所在平面指向读者,由于圆锥做无滑动滚动,其瞬时转动轴沿着母线 OL。由 $v_{O_1}=v=\omega\cdot\overline{O_1K}$ 可以求出圆锥角速度大小:

$$\omega=\frac{v}{h\sin\alpha}$$

圆锥做规则进动,自转角速度 $\boldsymbol{\omega}_1$ 和进动角速度 $\boldsymbol{\omega}_2$ 的方向在图 8.19 中已给出,它们的大小分别为

$$\omega_1=\frac{\omega}{\cos\alpha}=\frac{v}{h\sin\alpha\cos\alpha},\quad \omega_2=\omega\tan\alpha=\frac{v}{h\cos\alpha}$$

章动角($\boldsymbol{\omega}_1$ 和 $\boldsymbol{\omega}_2$ 间的夹角)等于 $\pi/2+\alpha$。

进动在重力、平面约束反力作用下进行,这些力对点 O 的主矩 $\boldsymbol{M}_O$ 可以用陀螺基本公式(8.72)计算,由此可求出力矩的大小:

$$M_O=\omega_2\omega_1\cos\alpha\left[J_z+(J_z-J_x)\frac{\omega_2}{\omega_1}\sin\alpha\right]=\frac{3}{20}\frac{mv^2\sin\alpha}{\cos^3\alpha}(1+5\cos^2\alpha)$$

矢量 $\boldsymbol{M}_O$ 垂直于题图所在平面指向读者,再考虑到重力沿竖直方向,待求的水平面约束反力的合力位于题图所在平面内。设水平面约束反力的合力作用点是圆锥母线 OL 上的点 S,将其分解为竖直力 $\boldsymbol{N}$ 和沿母线的水平力 $\boldsymbol{F}$。

根据质心运动定理可以求得 N、F。质心的竖直加速度等于零,因此 $N=mg$;当质心沿着半径为 $\overline{QG}$ 的圆周做匀速运动时,质心只有法向加速度,所以

$$F=m\omega_2^2\cdot\overline{QG}=\frac{3}{4}\frac{mv^2}{h\cos\alpha}$$

$\boldsymbol{F}$、$\boldsymbol{N}$ 和 $m\boldsymbol{g}$ 对过点 O 垂直于纸面的轴的力矩之和应满足:

$$N\cdot\overline{OS}-mg\cdot\overline{QG}=M_O$$

由此可得点 S 到圆锥顶点的距离:

$$\overline{OS}=\frac{3}{4}h\cos\alpha+\frac{3}{20g}\frac{v^2\sin\alpha}{\cos^3\alpha}(1+5\cos^2\alpha)$$

8.4.3 陀螺近似理论

现代技术中使用的陀螺自转角速度通常远大于进动角速度，即 $\omega_1 \gg \omega_2$，此时可忽略式(8.72)中方括号内的第二项小量，有

$$\boldsymbol{M}_O = J_z \boldsymbol{\omega}_2 \times \boldsymbol{\omega}_1 \tag{8.73}$$

这个公式称为**陀螺近似公式**。这个基本公式实际上对陀螺作了如下**基本假设**：高速自转的陀螺在任意时刻的瞬时角速度和动量矩都沿着动力学对称轴 z，并且

$$\boldsymbol{L}_O = J_z \boldsymbol{\omega}_1 \tag{8.74}$$

当高速陀螺做规则进动时，$\boldsymbol{L}_O$ 绕固定轴 OZ 以进动角速度 $\boldsymbol{\omega}_2$ 做规则进动，所以 $\mathrm{d}\boldsymbol{L}_O/\mathrm{d}t = J_z \boldsymbol{\omega}_2 \times \boldsymbol{\omega}_1$，再由 $\dfrac{\mathrm{d}\boldsymbol{L}_O}{\mathrm{d}t} = \boldsymbol{M}_O$ 同样可得陀螺近似公式。

若章动角 $\theta_0 = 90°$ 或 $\theta_0 \approx 90°$，则由式(8.72)也有以上近似结果。

对于以角速度 $\boldsymbol{\omega}_1$ 自转的陀螺，假设陀螺轴(自身对称轴)安装在以角速度 $\boldsymbol{\omega}_2$ 进动的支架上。进动所需的力矩 $\boldsymbol{M}_O$ 由支架提供，这个力矩可以用陀螺基本公式(8.72)计算。由作用与反作用效应，陀螺也对支架产生一个反作用力矩 $\boldsymbol{M}_G = -\boldsymbol{M}_O$，称为**陀螺力矩**。

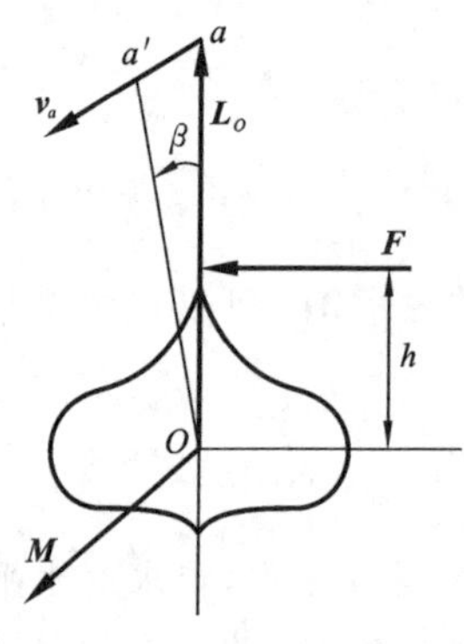

图 8.20 陀螺受力后的偏转分析

高速自转陀螺具有指向性。设陀螺的质心与固定点重合，这种陀螺称为**平衡陀螺**。令陀螺绕对称轴转动的角速度为 $\boldsymbol{\omega}_1$，由于这种情况下对称轴是中心惯性主轴，陀螺的动量矩 $\boldsymbol{L}_O$ 沿着对称轴并且 $\boldsymbol{L}_O = J_z \boldsymbol{\omega}_1$。如果外力对质心的主矩为零，则矢量 $\boldsymbol{L}_O$ 是常矢量，陀螺轴在固定坐标系中保持其初始方向，这就是**陀螺的指向性**。

假设在陀螺轴上作用一个力 $\boldsymbol{F}$，它对点 O 的主矩等于 $\boldsymbol{M}$(见图 8.20)。根据 $\dfrac{\mathrm{d}\boldsymbol{L}_O}{\mathrm{d}t} = \boldsymbol{M}_O$，矢量 $\boldsymbol{L}_O$(以及陀螺对称轴)将发生偏移，但不是偏向力的作用方向，而是偏向力矩 $\boldsymbol{M}$ 的方向(即垂直于力的方向)，这是高速转动陀螺的一个有趣性质。

例 8.13 陀螺由半径 $R = 0.1$ m 及转速为 $n = 100$ r/min 的轮子构成，如图 8.21 所示。在图中没有画出的陀螺框架可绕定点 O 自由转动，轮子到点 O 的距离 $\overline{OO_1}$ 等于 0.2 m。假设轮子是均质圆盘，框架质量可忽略不计，如果 OO_1 处于水平位置，求陀螺进动的方向和角速度。取重力加速度 $g = 10\ \mathrm{m/s^2}$。

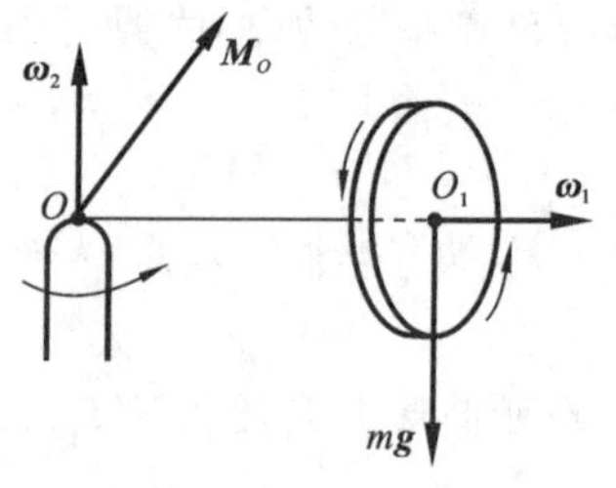

图 8.21 例 8.13 图

解 重力的力矩 $\boldsymbol{M}_O$ 沿水平方向且垂直于 OO_1，

指向如图 8.21 所示，其大小为 $M_O = mg \cdot \overline{OO_1}$，其中 m 为轮子的质量。由于自转角速度 ω_1 的大小未知，因此，如果这个系统在 ω_1 不大的情况下也能做规则进动，则只能是章动角 $\theta_0 \approx 90°$，于是进动角速度 $\boldsymbol{\omega}_2$ 的方向竖直向上。

根据式(8.72)或式(8.73)有

$$J\omega_1\omega_2 = mg \cdot \overline{OO_1}$$

考虑到 $J = mR^2/2$，得到

$$\omega_2 = \frac{mg \cdot \overline{OO_1}}{J\omega_1} = \frac{mg \cdot \overline{OO_1}}{(mR^2/2) \cdot 2\pi n} = \frac{2}{\pi}$$

例 8.14　如图 8.22 所示，飞机模型以速度 v 绕半径为 ρ 的水平圆盘旋，螺旋桨和马达相对它们共同转动轴的惯性矩等于 J，螺旋桨和马达以角速度 ω_1 自转，求陀螺力矩。

解　进动角速度 $\boldsymbol{\omega}_2$ 沿竖直方向，大小为 v/ρ，章动角 $\theta = \pi/2$。由陀螺近似公式得

$$\boldsymbol{M}_G = J\boldsymbol{\omega}_1 \times \boldsymbol{\omega}_2 \quad M_G = \frac{Jv\omega_1}{\rho}$$

陀螺力矩 $\boldsymbol{M}_G$ 沿水平方向，陀螺压力沿竖直方向。

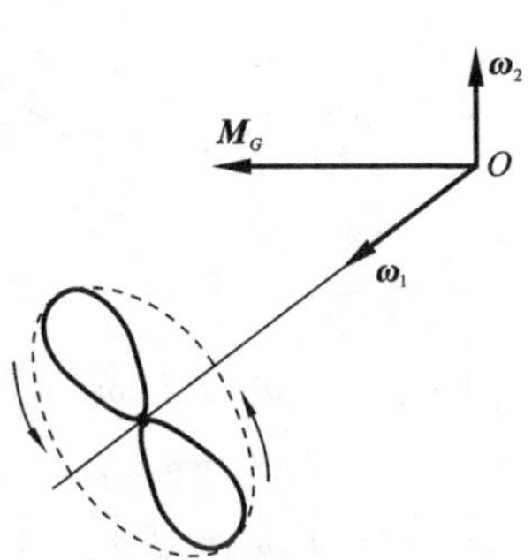

图 8.22　例 8.14 图

8.5　任意运动刚体的动力学

8.5.1　任意运动刚体的运动微分方程

下面我们研究任意运动刚体的动力学问题。刚体的任何运动都可看作随基点的平动和绕基点的转动的叠加。对于刚体动力学问题，取刚体质心作为基点是一种好的做法，此时绕刚体质心运动的动量矩和动能公式与定点运动时的一样。如图 8.23 所示，取固定坐标系 $OXYZ$，刚体的质心记为 C，取连体坐标系 $Cxyz$，坐标系 $CXYZ$ 为随点 C 平动的平动坐标系；点 C 在固定坐标系中的瞬时坐标记为 X_C、Y_C、Z_C，刚体的方位可以用经典 Euler 角 ψ、θ、ϕ 确定。

设 $\boldsymbol{v}_C$ 是质心 C 的速度，$\boldsymbol{L}_C$ 是刚体相对于质心的动量矩，$\boldsymbol{F}^{(e)}$ 和 $\boldsymbol{M}_C^{(e)}$ 是外力的主矢和对点 C 的主矩，令刚体的质量为 m，则由质心运动定理和相对于质心的动量矩定理可得

$$m\frac{\mathrm{d}\boldsymbol{v}_C}{\mathrm{d}t} = \boldsymbol{F}^{(e)}, \quad \frac{\mathrm{d}\boldsymbol{L}_C}{\mathrm{d}t} = \boldsymbol{M}_C^{(e)} \tag{8.75}$$

这两个矢量方程可分别写成下面两组标量方程：

$$m\frac{\mathrm{d}^2 X_C}{\mathrm{d}t^2} = F_X^{(e)}, \quad m\frac{\mathrm{d}^2 Y_C}{\mathrm{d}t^2} = F_Y^{(e)}, \quad m\frac{\mathrm{d}^2 Z_C}{\mathrm{d}t^2} = F_Z^{(e)} \tag{8.76}$$

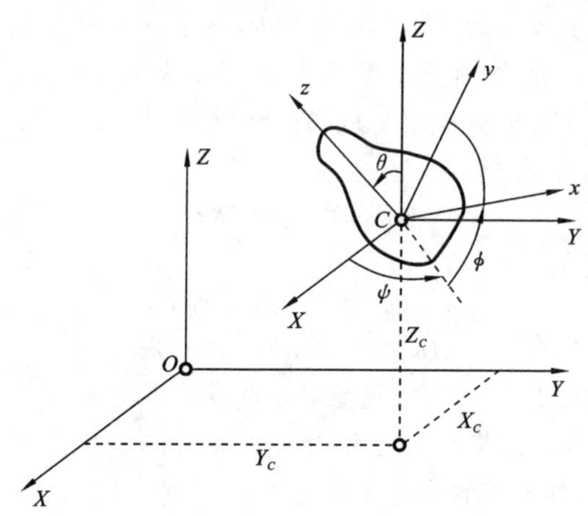

图 8.23　空间任意运动刚体的定位

$$\begin{cases}J_x\dot{\omega}_x+J_{xy}\dot{\omega}_y+J_{xz}\dot{\omega}_z+(J_z-J_y)\omega_y\omega_z+J_{yz}(\omega_y^2-\omega_z^2)+(J_{xz}\omega_y-J_{xy}\omega_z)\omega_x=M_x\\ J_{xy}\dot{\omega}_x+J_y\dot{\omega}_y+J_{yz}\dot{\omega}_z+(J_x-J_z)\omega_z\omega_x+J_{xz}(\omega_z^2-\omega_x^2)+(J_{xy}\omega_z-J_{yz}\omega_x)\omega_y=M_y\\ J_{xz}\dot{\omega}_x+J_{yz}\dot{\omega}_y+J_z\dot{\omega}_z+(J_y-J_x)\omega_x\omega_y+J_{xy}(\omega_x^2-\omega_y^2)+(J_{yz}\omega_x-J_{xz}\omega_y)\omega_z=M_z\end{cases} \tag{8.77}$$

方程组(8.77)也可写成如下矩阵形式：

$$\begin{bmatrix}J_x & J_{xy} & J_{xz}\\ J_{xy} & J_y & J_{yz}\\ J_{xz} & J_{yz} & J_z\end{bmatrix}\begin{bmatrix}\dot{\omega}_x\\ \dot{\omega}_y\\ \dot{\omega}_z\end{bmatrix}+\begin{bmatrix}0 & -\omega_z & \omega_y\\ \omega_z & 0 & -\omega_x\\ -\omega_y & \omega_x & 0\end{bmatrix}\begin{bmatrix}J_x & J_{xy} & J_{xz}\\ J_{xy} & J_y & J_{yz}\\ J_{xz} & J_{yz} & J_z\end{bmatrix}\begin{bmatrix}\omega_x\\ \omega_y\\ \omega_z\end{bmatrix}=\begin{bmatrix}M_x\\ M_y\\ M_z\end{bmatrix} \tag{8.78}$$

其中：ω_x、ω_y、ω_z 是刚体角速度 $\boldsymbol{\omega}$ 在连体坐标系 $Cxyz$ 中的分量；M_x、M_y、M_z 是对质心 C 的外力矩矢量 $\boldsymbol{M}_C^{(e)}$ 在坐标系 $Cxyz$ 中的分量；J_x、J_y、J_z、J_{xy}、J_{xz}、J_{yz} 是刚体相对于坐标系 $Cxyz$ 的惯性矩和惯性积。

经典 Euler 角表示的 Euler 运动学方程为

$$\omega_x=\dot{\psi}\sin\theta\sin\phi+\dot{\theta}\cos\phi$$
$$\omega_y=\dot{\psi}\sin\theta\cos\phi-\dot{\theta}\sin\phi$$
$$\omega_z=\dot{\psi}\cos\theta+\dot{\phi}$$

方程组(8.76)～方程组(8.78)和该方程组构成了描述自由刚体的微分方程组。一般情况下，方程组(8.78)和方程组(8.77)的右端依赖于 X_C、Y_C、Z_C、ψ、θ、ϕ 以及它们的一阶导数和时间 t，这种情况下方程组(8.76)～方程组(8.78)和经典 Euler 角表示的 Euler 运动学方程必须同时求解。

例 8.15　在掷铁饼的时候，铁饼面水平，而质心高于地面 h。铁饼质心具有水平速度 $\boldsymbol{v}_0$，而铁饼自身以角速度 $\boldsymbol{\omega}_0$ 转动，$\boldsymbol{\omega}_0$ 与铁饼面间的夹角 $\delta=\pi/4$，矢量 $\boldsymbol{v}_0$ 和 $\boldsymbol{\omega}_0$

位于固定的铅垂面 OYZ 内，如图 8.24(a)所示。忽略空气阻力，将铁饼当作均质薄圆盘，则铁饼是如何运动的。

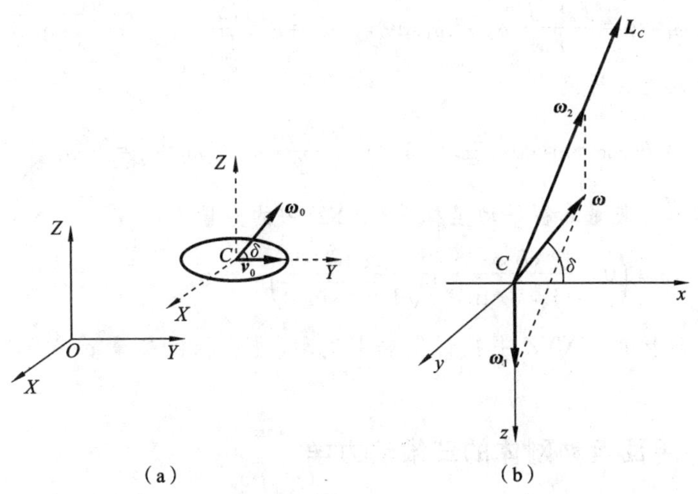

图 8.24 例 8.15 图

解 在固定坐标系 $OXYZ$ 中平面 OXY 与水平面重合，而 OZ 轴竖直，易得铁饼质心 C 的运动方程，为

$$X_C(t)=0,\quad Y_C(t)=v_0t+Y_C(0),\quad Z_C(t)=h-\frac{gt^2}{2}$$

即点 C 沿着抛物线运动。

由于所有外力（重力）对质心 C 的力矩恒为零，铁饼绕点 C 做自由转动，因此动量矩 $\boldsymbol{L}_C$ 的方向和大小保持不变，即 $\boldsymbol{L}_C$ 随点 C 平移；铁饼在平动坐标系 $CXYZ$ 中绕 $\boldsymbol{L}_C$ 所在轴线做规则进动。

取连体坐标系 $Cxyz$，在 $t=0$ 时，使 Cx 轴与 CY 轴重合，Cy 轴与 CX 轴重合，而 Cz 轴的方向与 CZ 轴的方向相反。因此连体坐标系 $Cxyz$ 是铁饼的中心惯性主轴系。假定铁饼的中心主惯性矩 $J_z=2J_x=2J_y=mR^2/2$（m 为铁饼的质量，R 为铁饼半径）。

在图 8.24(b)中画出了 $t=0$ 时矢量 $\boldsymbol{\omega}$ 和连体坐标系，显然有 $\omega_{x0}=\omega_0\cos\delta$，$\omega_{y0}=0$，$\omega_{z0}=-\omega_0\sin\delta$。因为 $J_z>J_x=J_y$ 和 $\omega_{z0}<0$，所以由式(8.49)可知，自转角速度 $\dot{\varphi}>0$，而由式(8.48)可知，进动角速度 $\dot{\psi}>0$。令 $\boldsymbol{\omega}_1$ 和 $\boldsymbol{\omega}_2$ 分别表示自转和进动角速度矢量，则 $\boldsymbol{\omega}_1$ 与 z 轴同向，$\boldsymbol{\omega}_2$ 总是与 $\boldsymbol{L}_C$ 同向；同时，由式(8.46)可知，章动角 $\theta>90°$（即 $\boldsymbol{L}_C$ 与 z 轴间的夹角或 $\boldsymbol{\omega}_1$ 和 $\boldsymbol{\omega}_2$ 间的夹角）。

因此铁饼相对质心的动量矩大小为

$$L_C=\sqrt{J_x^2\omega_x^2+J_y^2\omega_y^2+J_z^2\omega_z^2}=J_x\omega_0\sqrt{1+3\sin^2\delta}$$

由式(8.46)、式(8.48)和式(8.49)可给出

$$\cos\theta=\frac{J_z\omega_{z0}}{L_C}=-\frac{2\sin\delta}{\sqrt{1+3\sin^2\delta}}$$

$$\omega_1=\dot{\phi}=\frac{J_x-J_z}{J_x}\omega_{z0}=\omega_0\sin\delta,\quad \omega_2=\dot{\psi}=\frac{L_C}{J_x}=\omega_0\sqrt{1+3\sin^2\delta}$$

将 $\delta=\pi/4$ 代入上式得到

$$\theta=\pi-\arccos\frac{2}{\sqrt{5}},\quad \omega_2=\dot{\psi}=\frac{\sqrt{10}}{2}\omega_0,\quad \omega_1=\dot{\varphi}=\frac{\sqrt{2}}{2}\omega_0$$

沿 $\boldsymbol{L}_C$ 的单位矢量 $\boldsymbol{e}$ 在平动坐标系 $CXYZ$ 中的分量为：

$$\boldsymbol{e}=\left(0,\frac{\cos\delta}{\sqrt{1+3\sin^2\delta}},\frac{2\sin\delta}{\sqrt{1+3\sin^2\delta}}\right)^{\mathrm{T}}=(0,1/\sqrt{5},2/\sqrt{5})^{\mathrm{T}}$$

总之，在平动坐标系 $CXYZ$ 中铁饼做规则进动，进动轴由矢量 $\boldsymbol{e}=(0,1/\sqrt{5},2/\sqrt{5})^{\mathrm{T}}$ 确定。

8.5.2 平面运动刚体的三维动力学

假定刚体质心 C 位于固定平面 OXY 内，所以 $Z_C\equiv 0$。又设连体坐标系 $Oxyz$ 的平面 Oxy 与平面 OXY 重合，进而可设 $\theta\equiv 0,\psi\equiv 0$，因此有

$$\omega_x=\omega_y=0,\quad \omega_z=\dot{\phi} \tag{8.79}$$

这样，由方程组(8.76)、方程组(8.77)和方程组(8.79)可得平面运动刚体的三维动力学方程：

$$M\frac{\mathrm{d}^2X_C}{\mathrm{d}t^2}=F_X^{(\mathrm{e})},\quad M\frac{\mathrm{d}^2Y_C}{\mathrm{d}t^2}=F_Y^{(\mathrm{e})},\quad Z_C=0 \tag{8.80}$$

$$\begin{cases} J_{xz}\dfrac{\mathrm{d}^2\phi}{\mathrm{d}t^2}+J_{yz}\left(\dfrac{\mathrm{d}\phi}{\mathrm{d}t}\right)^2=M_x \\ J_{yz}\dfrac{\mathrm{d}^2\phi}{\mathrm{d}t^2}+J_{xz}\left(\dfrac{\mathrm{d}\phi}{\mathrm{d}t}\right)^2=M_y \\ J_z\dfrac{\mathrm{d}^2\phi}{\mathrm{d}t^2}=M_z \end{cases} \tag{8.81}$$

方程组(8.80)的最后一个方程和方程组(8.81)的前两个方程给出了对平面运动刚体质心、外力和部分初始条件的限制，在满足这些限制下平面运动才是可能的。其他三个方程

$$M\frac{\mathrm{d}^2X_C}{\mathrm{d}t^2}=F_X^{(\mathrm{e})},\quad M\frac{\mathrm{d}^2Y_C}{\mathrm{d}t^2}=F_Y^{(\mathrm{e})},\quad J_z\frac{\mathrm{d}^2\phi}{\mathrm{d}t^2}=M_z$$

就是以前给出的刚体平面运动微分方程。

例 8.16 非均质圆盘在固定平面上做纯滚动，圆盘面始终位于固定竖直平面内。圆盘质量为 m，半径为 a，质心 C 与圆盘圆心的距离为 b，圆盘对质心轴 C(垂直于圆盘面)的惯性矩为 J_C，如图 8.25 所示。求圆盘的运动微分方程。

解　圆盘在重力和水平面的约束反力 $\boldsymbol{N}$、$\boldsymbol{F}$ 的作用下运动，动力学方程组可写为

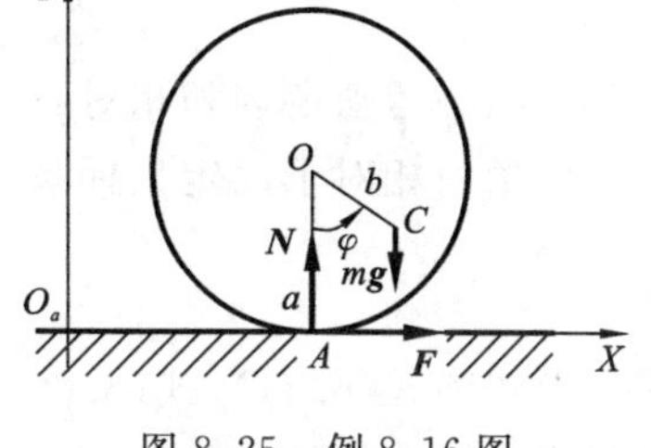

图 8.25　例 8.16 图

$$m\ddot{X}_C=F$$
$$m\ddot{Y}_C=N-mg$$
$$J_C\ddot{\varphi}=F(a-b\cos\varphi)-Nb\sin\varphi$$

由纯滚动条件可得

$$\dot{X}_C=-(a-b\cos\varphi)\dot{\varphi},\quad \dot{Y}_C=b\sin\varphi\cdot\dot{\varphi}$$

进而，有

$$\ddot{X}_C=-(a-b\cos\varphi)\ddot{\varphi}-b\sin\varphi\cdot\dot{\varphi}^2$$
$$\ddot{Y}_C=b\sin\varphi\cdot\ddot{\varphi}+b\cos\varphi\cdot\dot{\varphi}^2$$

将上式代入圆盘动力学方程组的前两个方程得出

$$N=mg+mb(\sin\varphi\cdot\ddot{\varphi}+\cos\varphi\cdot\dot{\varphi}^2)$$
$$F=-m[(a-b\cos\varphi)\ddot{\varphi}+b\sin\varphi\cdot\dot{\varphi}^2]$$

将这些表达式代入圆盘动力学方程组的第 3 个方程，则 φ 满足的微分方程为

$$[J_C+m(a^2+b^2-2ab\cos\varphi)]\ddot{\varphi}+mab\sin\varphi\cdot\dot{\varphi}^2+mbg\sin\varphi=0$$

8.5.3　任意凸形刚体在水平面上的运动

由前面的介绍可见，即使是单个刚体，其运动也可以非常复杂，刚体在不同情况下的运动已有很多结果，不胜枚举。下面来推出刚体在水平面上运动的动力学方程以及接触条件。

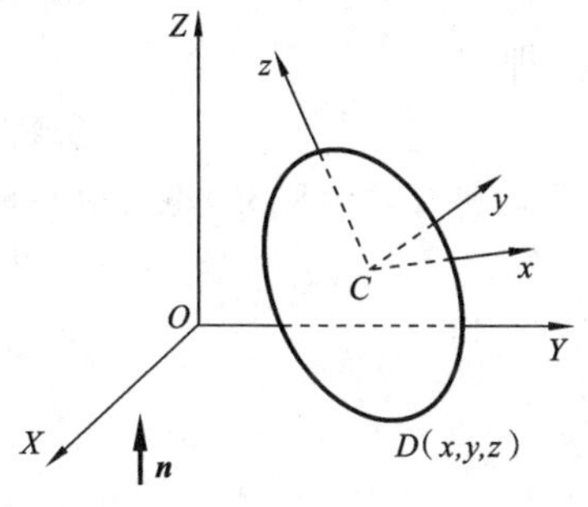

图 8.26　刚体在水平面上运动

设刚体在重力场中沿固定水平面运动，刚体以其光滑凸面与水平面接触。取固定坐标系 $OXYZ$，平面 OXY 与支承水平面重合，OZ 轴铅垂向上(见图 8.26)，该轴的单位矢量用 $\boldsymbol{n}$ 表示。连体坐标系 $Cxyz$ 以刚体质心 C 为原点，设各坐标轴为中心惯性主轴。刚体与水平面的接触点 D 相对于质心的矢径 $\boldsymbol{\rho}$ 在连体坐标系 $Cxyz$ 中的坐标为 (x,y,z)。刚体的表面方程在连体坐标系 $Cxyz$ 中写为

$$f(x,y,z)=0 \tag{8.82}$$

选择函数 f 的符号使得曲面在点 D 的法线与单位矢量 $\boldsymbol{n}$ 重合：

$$\boldsymbol{n}=-\frac{\mathrm{grad}f}{|\mathrm{grad}f|} \tag{8.83}$$

设 m 是刚体的质量，$\boldsymbol{v}$ 是质心速度，$\boldsymbol{\omega}$ 是刚体的角速度，$\boldsymbol{L}$ 是刚体对质心的动量矩，$\boldsymbol{F}_\mathrm{R}$ 是平面的约束反力，则刚体的运动微分方程可写成两个矢量方程：

$$\frac{\tilde{\mathrm{d}}\boldsymbol{v}}{\mathrm{d}t}+\boldsymbol{\omega}\times\boldsymbol{v}=-g\boldsymbol{n}+\frac{1}{m}\boldsymbol{F}_\mathrm{R} \tag{8.84}$$

$$\frac{\tilde{\mathrm{d}}\boldsymbol{L}}{\mathrm{d}t}+\boldsymbol{\omega}\times\boldsymbol{L}=\boldsymbol{\rho}\times\boldsymbol{F}_{\mathrm{R}} \tag{8.85}$$

这就是质心运动定理和相对质心的动量矩定理，其中时间导数在动系 $Cxyz$ 求导。

矢量 $\boldsymbol{n}$ 相对于固定坐标系 $OXYZ$ 是不变的，所以它满足 Poisson 方程

$$\frac{\tilde{\mathrm{d}}\boldsymbol{n}}{\mathrm{d}t}+\boldsymbol{\omega}\times\boldsymbol{n}=\boldsymbol{0}$$

上式和式(8.84)、式(8.85)对无滑动情况、有滑动也有摩擦力的情况，以及平面绝对光滑情况都是成立的，但这些情况下的补充方程却是各不相同的。

(1) 无滑动的情况。

此时刚体与平面的接触点 D 的速度为零，这就给出下面的矢量约束方程：

$$\boldsymbol{v}+\boldsymbol{\omega}\times\boldsymbol{\rho}=\boldsymbol{0} \tag{8.86}$$

$\frac{\tilde{\mathrm{d}}\boldsymbol{n}}{\mathrm{d}t}+\boldsymbol{\omega}\times\boldsymbol{n}=\boldsymbol{0}$ 和式(8.82)～式(8.86)组成完整的方程组，可以确定 12 个未知量：v_x、v_y、v_z、ω_x、ω_y、ω_z、x、y、z、$F_{\mathrm{R}x}$、$F_{\mathrm{R}y}$、$F_{\mathrm{R}z}$，它们是矢量 $\boldsymbol{v}$、$\boldsymbol{\omega}$、$\boldsymbol{\rho}$、$\boldsymbol{F}$ 在连体坐标系 $Cxyz$ 中的分量。

由动能定理可知，在没有滑动时机械能守恒，即

$$E=\frac{1}{2}mv^2+\frac{1}{2}(\boldsymbol{L}\cdot\boldsymbol{\omega})-mg(\boldsymbol{\rho}\cdot\boldsymbol{n})=\text{常数} \tag{8.87}$$

(2) 支承平面绝对光滑的情况。

此时，约束反力 $\boldsymbol{F}_{\mathrm{R}}$ 垂直于水平面：

$$\boldsymbol{F}_{\mathrm{R}}=N\boldsymbol{n} \tag{8.88}$$

约束限制了刚体上点 D 速度沿着水平方向，大小为零，即

$$\boldsymbol{n}\cdot(\boldsymbol{v}+\boldsymbol{\omega}\times\boldsymbol{\rho})=0 \tag{8.89}$$

设 X_C、Y_C、Z_C 是质心在固定坐标系 $OXYZ$ 中的 Z 向坐标，式(8.89)也可以写成

$$\dot{Z}_G=-\boldsymbol{n}\cdot(\boldsymbol{\omega}\times\boldsymbol{\rho}) \tag{8.90}$$

不难验证式(8.90)可以从几何约束 $Z_C=-(\boldsymbol{\rho}\cdot\boldsymbol{n})$ 得到。

式(8.84)在固定坐标系 $OXYZ$ 中有

$$\ddot{X}_C=0,\quad \ddot{Y}_C=0,\quad \ddot{Z}_C=-g+\frac{N}{m} \tag{8.91}$$

由方程组(8.91)的前两个方程可知，在支承平面绝对光滑情况下，刚体质心在平面上的投影做匀速直线运动。由第 3 个方程以及式(8.90)和 $\frac{\tilde{\mathrm{d}}\boldsymbol{n}}{\mathrm{d}t}+\boldsymbol{\omega}\times\boldsymbol{n}=\boldsymbol{0}$ 可以得到法向约束反力：

$$N=mg-m\boldsymbol{n}\cdot[\dot{\boldsymbol{\omega}}\times\boldsymbol{\rho}+\boldsymbol{\omega}\times\dot{\boldsymbol{\rho}}+\boldsymbol{\omega}\times(\boldsymbol{\omega}\times\boldsymbol{\rho})] \tag{8.92}$$

由式(8.82)、式(8.83)、式(8.85)、式(8.88)和式(8.92)，以及 $\frac{\tilde{\mathrm{d}}\boldsymbol{n}}{\mathrm{d}t}+\boldsymbol{\omega}\times\boldsymbol{n}=\boldsymbol{0}$ 构成的方程组可以确定 6 个未知量：ω_x、ω_y、ω_z、x、y、z。然后，约束反力和质心在竖直

方向的运动规律就可以利用式(8.91)和式(8.92)确定。

在支承平面绝对光滑的情况下，除了能量积分和质心在平面上的运动特性以外，还有刚体动量矩在竖直方向的投影为常数：

$$\boldsymbol{L}\cdot\boldsymbol{n}=\text{常数} \tag{8.93}$$

(3) 刚体在支承平面上既有滑动又有摩擦的情况。

摩擦力按摩擦定律计算。设 $\boldsymbol{v}_D=\boldsymbol{v}+\boldsymbol{\omega}\times\boldsymbol{\rho}$ 是球上的接触点 D 的速度且 $\boldsymbol{v}_D\neq\boldsymbol{0}$，那么平面的约束力 $\boldsymbol{F}_{\mathrm{R}}$ 可以写成

$$\boldsymbol{F}_{\mathrm{R}}=N\boldsymbol{n}+\boldsymbol{F} \tag{8.94}$$

其中：$N\boldsymbol{n}$ 为平面的法向约束力；$\boldsymbol{F}$ 为摩擦力，即

$$\boldsymbol{F}=-kN\frac{\boldsymbol{v}_D}{v_D} \tag{8.95}$$

这种情况下的约束方程与支承平面绝对光滑的情况的约束方程一样，即式(8.90)，而法向约束反力的大小按式(8.92)计算。

习　题

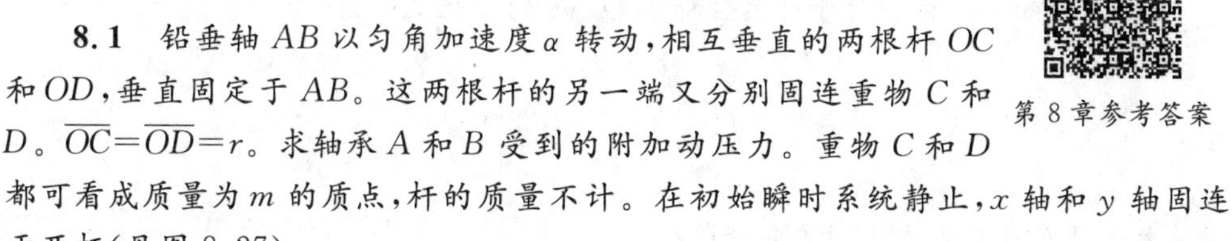

第 8 章参考答案

8.1　铅垂轴 AB 以匀角加速度 α 转动，相互垂直的两根杆 OC 和 OD，垂直固定于 AB。这两根杆的另一端又分别固连重物 C 和 D。$\overline{OC}=\overline{OD}=r$。求轴承 A 和 B 受到的附加动压力。重物 C 和 D 都可看成质量为 m 的质点，杆的质量不计。在初始瞬时系统静止，x 轴和 y 轴固连于两杆(见图 8.27)。

8.2　蒸汽涡轮的均质薄圆盘 CD 绕 AB 轴转动，求轴承 A 和 B 受到的压力。假定 AB 轴通过圆盘的中心 O，但因轴套钻孔不正，与圆盘平面的垂线夹角 $\angle AOE=\theta=0.02$ rad，如图 8.28 所示。已知：圆盘的质量等于 3.27 kg，半径等于 20 cm，角速度等于 30000 r/min，$\overline{AO}=50$ cm，$\overline{OB}=30$ cm，可认为 $\sin2\theta=2\theta$。

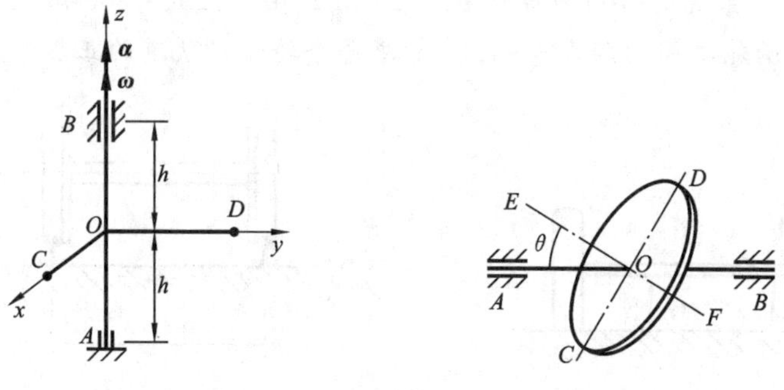

图 8.27　题 8.1 图　　　图 8.28　题 8.2 图

8.3　蒸汽涡轮圆盘的安装不精确，结果使盘面的垂线与 AB 轴的夹角为 θ，圆盘的质心 C 也不在轴上，偏心距 $\overline{OC}=a$，如图 8.29 所示。已知圆盘的质量为 m，半径为

r，并且$\overline{AO}=\overline{OB}=h$。圆盘的角速度恒等于$\omega$。求轴承$A$和$B$受到的附加动压力中的侧向分量。

8.4 均质圆柱的质量为m，高度为h，底半径为a，点A与点B是上、下底圆周上的点，且AB通过柱体中心O，如图8.30所示。求圆柱对AB的转动惯量。

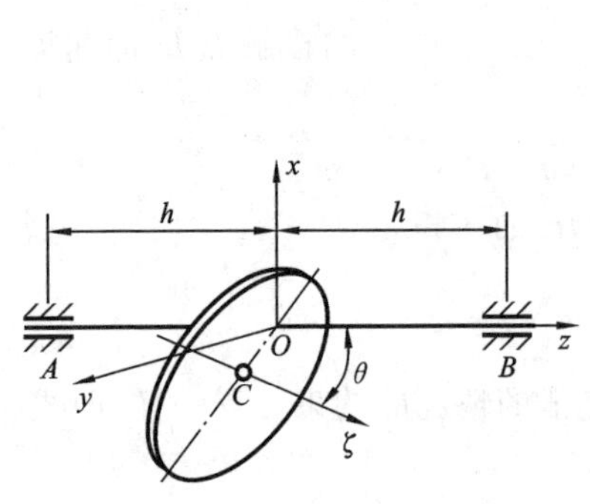

图8.29 题8.3图

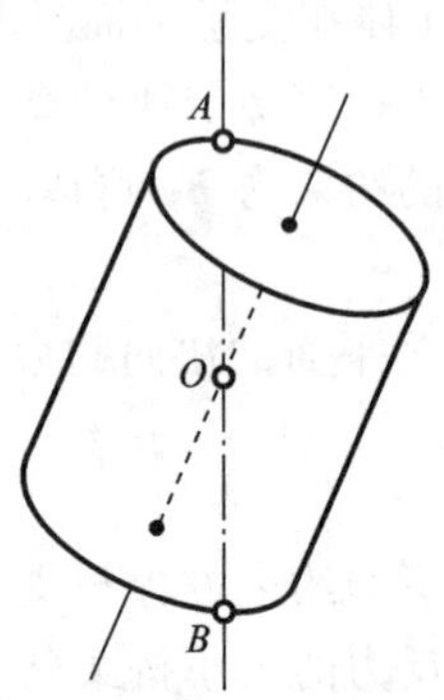

图8.30 题8.4图

8.5 已知一物体相对于连体坐标系$Oxyz$的惯性矩阵为

$$\boldsymbol{J}=\begin{bmatrix}2 & 0 & 0\\ 0 & 5 & \sqrt{3}\\ 0 & \sqrt{3} & 7\end{bmatrix}$$

求最大主惯量及其主方向的方向余弦。

8.6 碾磨机的滚子质量$m=1200\ \text{kg}$，半径$a=0.5\ \text{m}$，对滚子轴Ox的回转半径$\rho=0.4\ \text{m}$。滚子只滚不滑，且滚子轴以匀角速度Ω绕铅垂轴Oz转动，如图8.31所示。已知$\Omega=60\ \text{r/min}$，求滚子对水平底面的压力。

8.7 图8.32所示轮轴系统总质量$m=1400\ \text{kg}$，轮子半径$a=0.75\ \text{m}$，回转半径$\rho=\sqrt{0.55}a$。系统质心C以等速$v_C=20\ \text{m/s}$在半径$R=200\ \text{m}$的水平圆周轨道上运动。如果两轮之间的距离$l=1.5\ \text{m}$，求每个轮子对轨道的正压力。

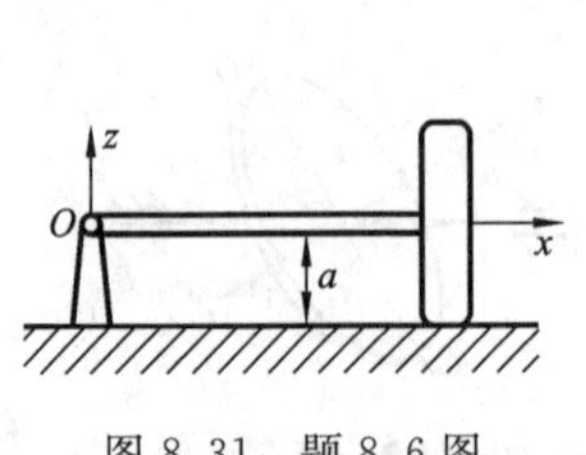

图8.31 题8.6图

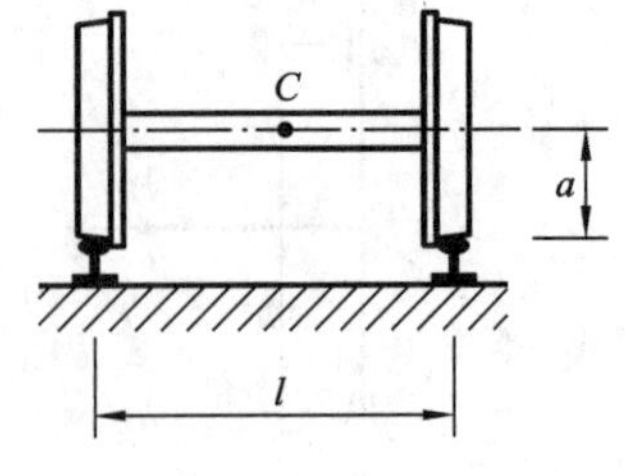

图8.32 题8.7图

8.8 如图8.33所示，一均质圆盘质量为m，以角速度ω绕Oz轴转动，Oz轴又绕固定的水平轴OX摆动，不计摩擦和空气阻力。固定轴OZ铅垂向下，$\overline{OC}=l$。取

圆盘的连体坐标系 $Oxyz$，设圆盘相对于 Ox 轴和 Oy 轴的转动惯量为 J_x，相对于 Oz 轴的转动惯量为 J_z。圆盘的定点运动位置用经典欧拉角 ψ、θ、ϕ 表示，对本题有 $\psi=\dot{\psi}\equiv0$，$\dot{\phi}=\omega$。求 Oz 轴的摆角 θ 满足的运动微分方程，并讨论摆动周期的特性。

8.9　一均质圆盘绕其质心做定点运动，不受外力矩作用，如图 8.34 所示。初始时给圆盘一角速度 $\boldsymbol{\omega}$，其方向与盘面夹角为 β。求圆盘的进动角速度 Ω 和章动角 θ。

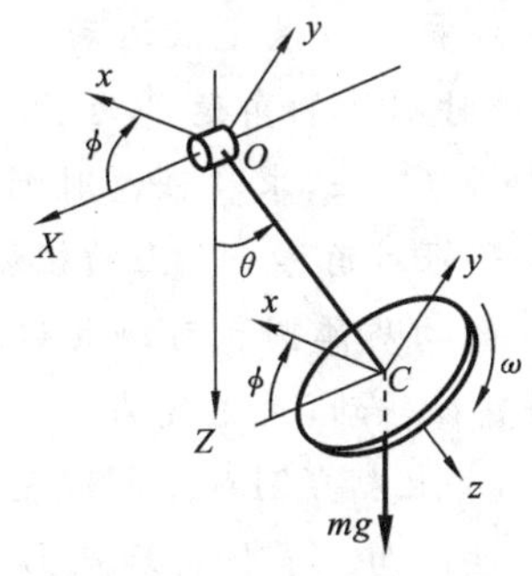

图 8.33　题 8.8 图

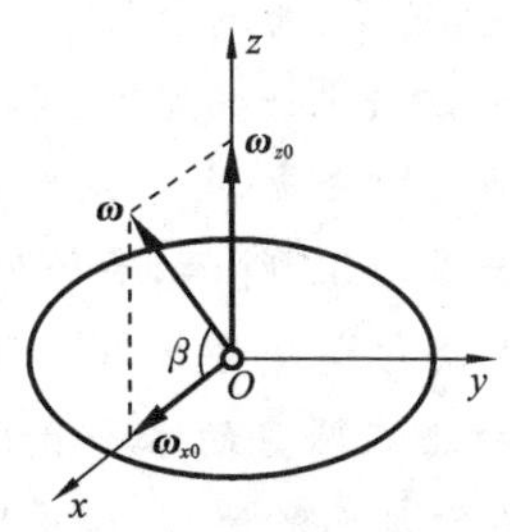

图 8.34　题 8.9 图

8.10　一个均质圆球质量为 m，半径为 a，在一个水平台面上做纯滚动，台面以匀角速度 Ω 绕过固定点 O 的铅垂轴转动，如图 8.35 所示。求球心 C 的速度和轨迹。

8.11　如图 8.36 所示，设均质薄圆盘半径为 a，质量为 m，在水平地面上做纯滚动。在任意瞬时，圆盘中心 C（也是质心）的坐标为 (x,y,z)，z 轴铅垂向上，圆盘与地面的接触点为 A；采用莱沙尔坐标系 $(C,\boldsymbol{n}^0,\boldsymbol{s}^0,\boldsymbol{e}_3)$，这里取节线 Cn 平行于圆盘平面与水平地面 Oxy 的交线 AN，$\boldsymbol{s}^0=\boldsymbol{e}_3\times\boldsymbol{n}^0$ 沿半径 AC 方向，$\boldsymbol{e}_3$ 沿 $C\zeta$ 轴；坐标系 $C\xi\eta\zeta$ 为固连坐标系。$\boldsymbol{F}_n$、$\boldsymbol{F}_m$、$\boldsymbol{F}_z$ 为地面对圆盘约束力的三个分量，它们分别沿 $\boldsymbol{n}^0$、AB 和 z 轴方向。设圆盘对任意直径的转动惯量为 J_1，对 ζ 轴的转动惯量为 J_3。求：(1) 圆

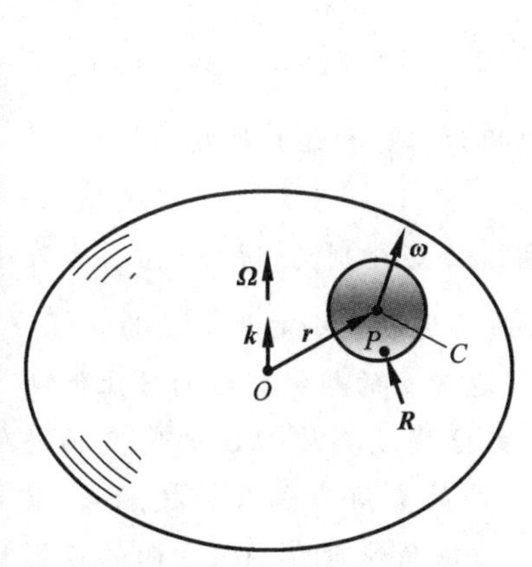

图 8.35　题 8.10 图

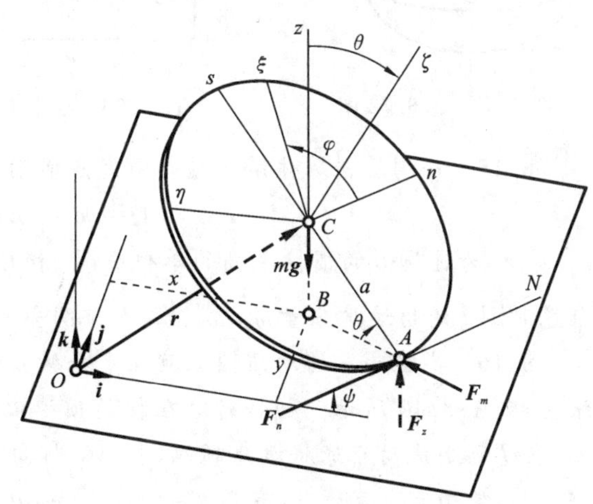

图 8.36　题 8.11 图

盘的角速度矢量 $\boldsymbol{\omega}$ 在莱沙尔坐标系中的投影;(2) 点 A 的速度约束方程在 $\boldsymbol{n}^0$、AB 和 z 轴三个方向的投影方程;(3) 圆盘动力学方程。

8.12　如图 8.37 所示,均质刚体绕固定点 O 转动,取连体坐标系 $Oxyz$ 为刚体的惯性主轴系,其中 z 轴为刚体的对称轴,设除了作用在固定点 O 的力以外,刚体上没有其他力的作用。求刚体的角速度及其变化规律。

8.13　如图 8.38 所示,一均质的扁方块绕其质心 O 做定点运动,外力矩为零。扁方块的长度、宽度、高度分别为 $2a$、$2a$、a。初始时刚体的角速度为 Ω,方向沿一对角线 OA(A 为方块上一角顶)。取连体惯性主轴系 $Oxyz$,求在任意时刻 t 角速度在三根惯性主轴上的分量,并求此时角速度在原来那根对角线 OA 上的投影。

8.14　如图 8.39 所示,半径为 a、质量为 m 的均质薄圆盘可绕其边缘上一点 A 自由转动。现使它绕着过点 A 的圆盘上的铅垂直径转动,角速度为 Ω。有一质量也为 m 的质点打击在圆盘的水平直径的端点 B 上,并且粘在圆盘上。假定当质点打击圆盘时有垂直于盘面的速度 u,并且与点 B 的速度同向。求打击后点 B 的速度以及打击过程中支承点的约束冲量的大小。

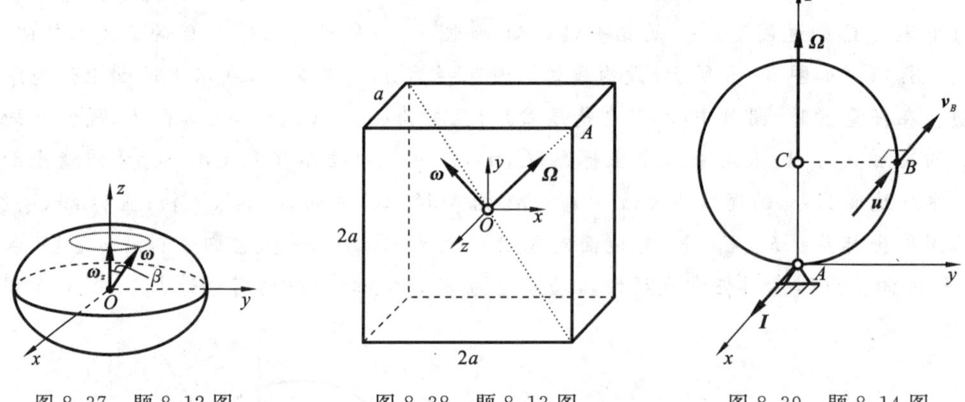

图 8.37　题 8.12 图　　图 8.38　题 8.13 图　　图 8.39　题 8.14 图

8.15　一均质椭球体绕其质心做定点运动,外力矩为零。初始角速度为

$$\boldsymbol{\Omega}=n\boldsymbol{e}_1+3n\boldsymbol{e}_3$$

$\boldsymbol{e}_1$、$\boldsymbol{e}_2$、$\boldsymbol{e}_3$ 为过质心的惯性主轴的单位矢量,相应的主惯性矩分别为 $6J$、$3J$、J。求在任意时刻 t 的角速度分量 ω_x、ω_y、ω_z,并证明当 t 很大时角速度大小的近似值为 $n\sqrt{5}$。

8.16　半径为 a 的均质圆球放在水平横放的半径也为 a 的粗糙圆柱面 S 上做纯滚动,如图 8.40 所示。初始时球在柱的顶端以角速度 Ω 绕过其质心 C 的竖直轴转动,在受到小扰动后球将滚离顶端,取 AC 与向上竖直线的夹角为 θ,A 为接触点,求证:(1) 在以后的运动中,有 $7a\dot{\theta}^2=5g(1-\cos\theta)$;(2) 圆球角速度在 AC 方向的投影为 $\Omega\cos(\sqrt{2\theta/7})$。

8.17　半径为a的小球C放在半径为b的粗糙、固定大圆球面S上做纯滚动，如图8.41所示。取两球连心线OC与向上竖直轴Oz之间的夹角为θ，小球角速度在OC方向上的投影为ω_3。求证：$\theta=\theta_0$（常数），$\dot{\psi}=p$（常数），且

$$\omega_3^2\geqslant\frac{35(a+b)}{a^2}g\cos\theta_0$$

是小球的一种可能运动，$\dot{\psi}$是平面$zO\zeta$绕Oz轴的转动角速度。

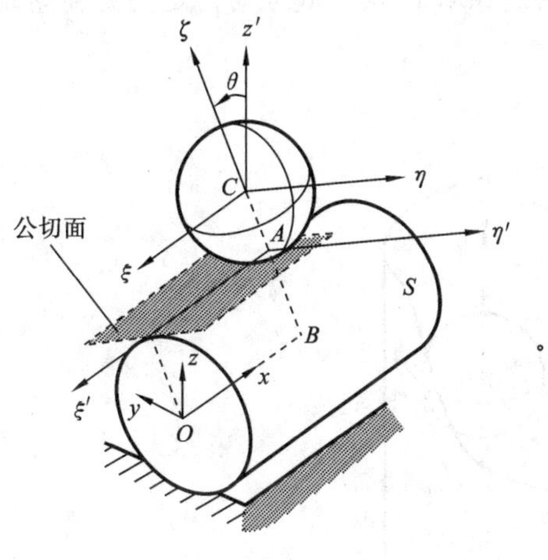

图8.40　题8.16图

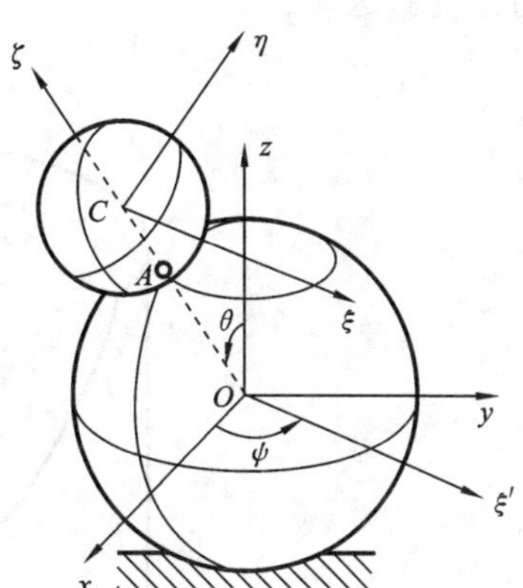

图8.41　题8.17图

8.18　一相当粗糙的平面绕平面内一竖直线以恒定角速度Ω转动，如图8.42所示。一均质圆球在重力作用下沿平面做纯滚动，初始时圆球相对平面无运动。求证：在后面的运动中球心永远不会低于它初始水平面以下$5g/\Omega^2$的位置。

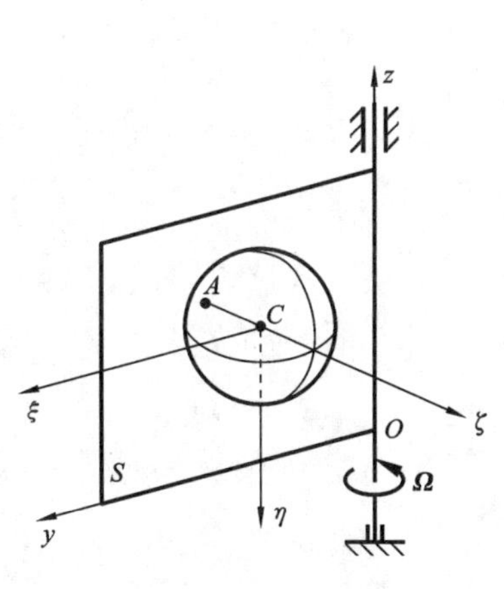

图8.42　题8.18图

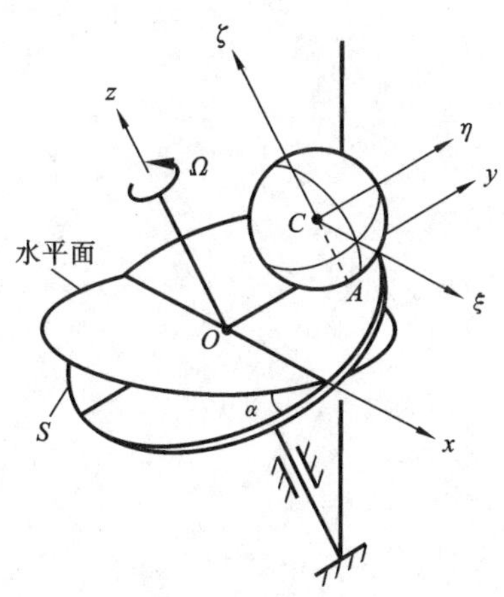

图8.43　题8.19图

8.19　一均质圆球在一倾斜的平板上做无滑动地滚动，如图8.43所示，平板与

水平面间的夹角为 α，且以恒定角速度 Ω 绕垂直于平板的一固定线做定轴转动。如果初始时球心速度为零，求证：在后面的运动中球心在两个相距为 $\frac{35g}{2\Omega^2}\sin^2\alpha$ 的水平面之间运动，并且从一个水平面运动到另一个水平面的时间为 $\frac{7\pi}{2\Omega}$。

8.20　半径为 a、质量为 m 的圆球在半径为 $b(>a)$、内表面粗糙的竖直固定圆筒的内壁上做纯滚动，如图 8.44 所示。求证：球心 C 在竖直方向的运动是简谐运动或匀速直线运动。

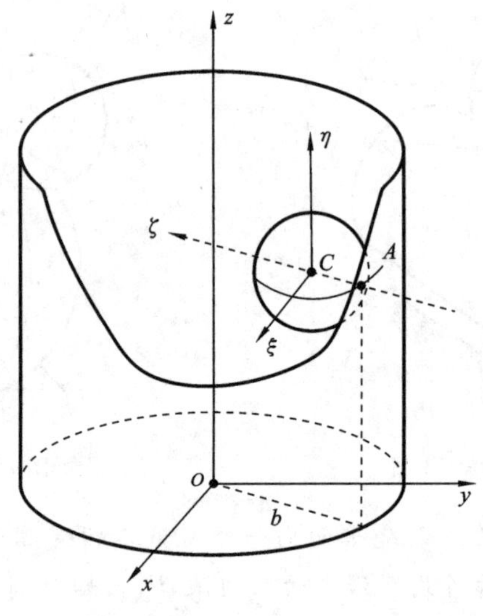

图 8.44　题 8.20 图

第 9 章 分析力学基础

实际问题中经常遇到的情况是，质点系的各个质点在运动过程中，其位置与速度受到某些限制，即受到约束。这样的质点系称为**受约束质点系**或**非自由系统**。研究非自由系统的问题，首先要选择合适的变量和列出合适的运动微分方程。

前面，动力学问题基本建立在牛顿运动定律的基础上，简称**牛顿力学**，其特点是考虑力、速度和加速度作为基本量，它们都是矢量，在分析问题时几何直观性强，这种力学体系称为**矢量力学**。但是，在非自由系统问题中，应用牛顿运动定律和矢量工具就显得复杂和费力。这样，人们就考虑采用能量和功作为基础来研究非自由系统问题。

18 世纪，Lagrange 写出了《分析力学》一书，全书根据一个虚位移原理，用严格的分析方法来处理所有力学问题，包括静力学、动力学、流体静力学和流体动力学问题。他导出了 Lagrange 形式的动力学方程，这种方程具有普遍意义，特别适用于非自由系统的力学问题。分析力学的另一个代表人物是 Hamilton，他在 1834 年提出了 Hamilton 原理这样一个力学基本原理，以及 Hamilton 形式的动力学方程，以此为基础形成的力学简称为 **Hamilton 力学**。Lagrange 力学和 Hamilton 力学统称为**分析力学**，以区别于原来的矢量力学。

至今，分析力学的内容和应用的涉及面很广，本章将介绍分析力学的一些基础内容，包括系统的约束、广义坐标、自由度、Lagrange 方程、Hamilton 正则方程以及非完整系统的方程等，希望学生能了解和掌握分析力学对非自由系统的基本处理和分析方法，特别是要掌握非自由系统运动微分方程的建立方法，以便形成比较完整的动力学知识体系。

9.1 质点系运动学的基本特征

9.1.1 非自由质点系及其约束

我们来考察质点系 $P_\nu(\nu=1,2,\cdots,N)$ 相对于固定参考系的运动，系统的状态由各质点的矢径 $\boldsymbol{r}_\nu$ 和速度 $\boldsymbol{v}_\nu$ 确定。系统运动时各质点的位置和速度经常不能是任意的，对矢径 $\boldsymbol{r}_\nu$ 和速度 $\boldsymbol{v}_\nu$ 的限制不因受力而改变，称为**约束**。如果系统不受约束，则系统为**自由的**。当存在一个或多个约束时，系统为**非自由的**。

例 9.1 质点可以在直角坐标系 $Oxyz$ 的平面 Oxy 中运动，则 $z=0$ 是约束方程。

例 9.2 质点沿着中心为原点、半径 $R=f(t)$ 的球面运动。如果 (x,y,z) 是运动的质点的坐标，则约束方程为 $x^2+y^2+z^2-f^2(t)=0$。

例 9.3 两个质点 P_1 和 P_2 用长度为 l 的不可伸长的绳相连，则约束关系为 $(\boldsymbol{r}_2-\boldsymbol{r}_1)^2\leqslant l^2$。

例 9.4 质点在空间中运动并保持在第一象限内或边界上，则约束关系为 $x\geqslant 0$，$y\geqslant 0$，$z\geqslant 0$。

例 9.5 研究冰刀运动。设冰刀沿着水平冰面运动。冰刀以细杆为模型，在运动过程中杆上一个点 C 的速度始终沿着杆，如图 9.1 所示。令点 C 的坐标为 (x,y)，φ 是杆与 x 轴间的夹角，则约束方程为 $\dot{y}=\dot{x}\tan\varphi$。

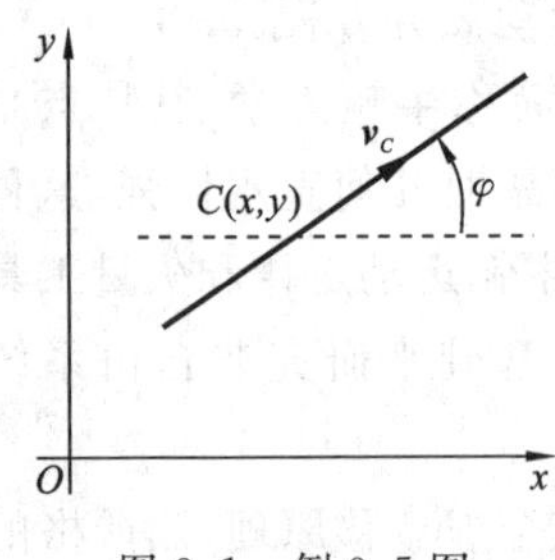

图 9.1　例 9.5 图

一般情况下约束用关系式 $f(\boldsymbol{r}_\nu,\boldsymbol{v}_\nu,t)$ 给出。这里 $f(\boldsymbol{r}_\nu,\boldsymbol{v}_\nu,t)$ 是一种简写形式，它表示 $f(\boldsymbol{r}_1,\cdots,\boldsymbol{r}_N,\boldsymbol{v}_1,\cdots,\boldsymbol{v}_N,t)$，函数 f 一般有 $6N+1$ 个自变量；假设函数 f 是二阶连续可微的。

如果约束关系式是等式，则约束称为**双面约束**；如果约束关系式是不等式，则约束称为**单面约束**。例 9.1、例 9.2、例 9.5 中的约束为双面约束，例 9.3、例 9.4 中的约束为单面约束。

如果约束方程可以写成不含点的速度的形式，即 $f(\boldsymbol{r}_\nu,t)=0$，则称该约束为**完整约束**（**或几何约束**）。如果约束方程中包含点的速度，即 $f(\boldsymbol{r}_\nu,\boldsymbol{v}_\nu,t)=0$，则称该约束为**非完整约束**（**或运动约束**）。

如果约束方程中不显含时间 t，即 $f(\boldsymbol{r}_\nu)=0$ 或 $f(\boldsymbol{r}_\nu,\boldsymbol{v}_\nu)=0$，则称该约束为**定常约束**；如果约束方程中显含时间 t，则称该约束为**非定常约束**。

例 9.1 中的约束为完整定常约束，例 9.2 中的约束为完整非定常约束，例 9.5 中的约束为定常非完整约束。具有完整约束的系统称为**完整系统**，而含有非完整约束（不可积微分约束）的系统称为**非完整系统**。

下面顺便证明例 9.5 中的微分约束 $\dot{y}=\dot{x}\tan\varphi$ 是不可积的。用反证法，假设可积，即 x、y、φ 之间存在约束关系式 $f(x,y,\varphi,t)=0$，设 x、y、φ 为冰刀的真实运动，求 f 对时间的全导数，得到

$$\frac{\mathrm{d}f}{\mathrm{d}t}=\frac{\partial f}{\partial x}\dot{x}+\frac{\partial f}{\partial y}\dot{y}+\frac{\partial f}{\partial\varphi}\dot{\varphi}+\frac{\partial f}{\partial t}\equiv 0$$

利用约束方程，上式可写成

$$\frac{\mathrm{d}f}{\mathrm{d}t}=\left(\frac{\partial f}{\partial x}+\frac{\partial f}{\partial y}\tan\varphi\right)\dot{x}+\frac{\partial f}{\partial\varphi}\dot{\varphi}+\frac{\partial f}{\partial t}\equiv 0$$

由于 $\dot{x}$ 与 $\dot{\varphi}$ 相互独立，故有

$$\frac{\partial f}{\partial x}+\frac{\partial f}{\partial y}\tan\varphi=0,\quad \frac{\partial f}{\partial\varphi}=0,\quad \frac{\partial f}{\partial t}=0$$

再根据角 φ 的任意性，函数 f 对其所有变量的偏导数都等于零，即 f 不依赖于 x、y、φ、t，因此，假设约束 $\dot{y}=\dot{x}\tan\varphi$ 可积是不正确的。

本章我们主要研究线性非完整约束，即系统的非完整约束（微分约束）对于速度分量 $\dot{x}_\nu$、$\dot{y}_\nu$、$\dot{z}_\nu$ 是线性的。系统的几何约束和微分约束都可以有多个，因此，我们将研究具有如下约束形式的非自由质点系：

$$f_\alpha(\boldsymbol{r}_\nu,t)=0,\quad \alpha=1,2,\cdots,r \tag{9.1}$$

$$\sum_{\nu=1}^{N}\boldsymbol{c}_{\beta\nu}\cdot\boldsymbol{v}_\nu+c_\beta=0,\quad \beta=1,2,\cdots,s \tag{9.2}$$

其中：**矢量 $\boldsymbol{c}_{\beta\nu}$ 和标量 c_β 是 $\boldsymbol{r}_1,\boldsymbol{r}_2,\cdots,\boldsymbol{r}_N,t$ 的给定函数。**式(9.1)是完整约束（几何约束），式(9.2)是非完整约束（运动约束或微分约束）；特殊情况下 r 和 s 可以等于零。如果式(9.1)和函数 $\boldsymbol{c}_{\beta\nu}$ 中不显含 t，且函数 c_β 恒等于零，则对应的约束就是定常约束。

9.1.2　约束对质点系的位置和速度的限制

非自由系统的质点不能在空间中任意运动，约束允许的位置、速度和加速度应该满足约束方程[式(9.1)和式(9.2)]（这里我们不讨论对加速度的约束）。

在任意给定时刻 $t=t^*$，如果构成系统的各点的矢径 $\boldsymbol{r}_\nu=\boldsymbol{r}_\nu^*$ 满足几何约束方程(9.1)，则 $\boldsymbol{r}_\nu=\boldsymbol{r}_\nu^*$ 称为该时刻的**可能位置**。

系统质点的速度，不但受到非完整约束方程(9.2)的限制，而且受到完整约束方程(9.1)的限制，这只需将完整约束方程(9.1)对时间求导即可，我们有

$$\sum_{\nu=1}^{N}\frac{\partial f_\alpha}{\partial\boldsymbol{r}_\nu}\cdot\boldsymbol{v}_\nu+\frac{\partial f_\alpha}{\partial t}=0,\quad \alpha=1,2,\cdots,r \tag{9.3}$$

显然，系统质点的速度同时受到式(9.2)和式(9.3)的限制。

当系统在给定时刻处于可能位置时，满足式(9.2)和式(9.3)的矢量 $\boldsymbol{v}_\nu=\boldsymbol{v}_\nu^*$ 的集合称为该时刻的**可能速度**。

9.1.3　真实位移、可能位移与虚位移

非自由质点系在运动过程中，各质点的矢径($\boldsymbol{r}_\nu,\nu=1,2,\cdots,N$)一方面要满足动力学微分方程和初始条件，另一方面，还必须满足约束方程[式(9.1)和式(9.2)]；同时满足这两方面条件的运动就是实际发生的运动，称为**真实运动**。在任意时刻 t 到 $t+\Delta t$ 这无穷小时间间隔内，真实运动使各质点产生的无穷小位移称为**真实位移**，记为 $\mathrm{d}\boldsymbol{r}_\nu,\nu=1,2,\cdots,N$。设在给定时刻 t，各质点的真实速度为 $\boldsymbol{v}_\nu$，则真实位移 $\mathrm{d}\boldsymbol{r}_\nu=\boldsymbol{v}_\nu\mathrm{d}t$，它们要满足约束方程[式(9.3)和式(9.2)]，只需在式(9.3)和式(9.2)等号两边同乘 $\mathrm{d}t$ 即可，可得

$$\sum_{\nu=1}^{N}\frac{\partial f_\alpha}{\partial\boldsymbol{r}_\nu}\cdot\boldsymbol{v}_\nu\mathrm{d}t+\frac{\partial f_\alpha}{\partial t}\mathrm{d}t=0,\quad \alpha=1,2,\cdots,r$$

$$\sum_{\nu=1}^{N} \boldsymbol{c}_{\beta\nu} \cdot \boldsymbol{v}_{\nu} \mathrm{d}t + c_{\beta} \mathrm{d}t = 0, \quad \beta = 1,2,\cdots,s$$

即

$$\sum_{\nu=1}^{N} \frac{\partial f_{\alpha}}{\partial \boldsymbol{r}_{\nu}} \cdot \mathrm{d}\boldsymbol{r}_{\nu} + \frac{\partial f_{\alpha}}{\partial t} \mathrm{d}t = 0, \quad \alpha = 1,2,\cdots,r \tag{9.4}$$

$$\sum_{\nu=1}^{N} \boldsymbol{c}_{\beta\nu} \cdot \mathrm{d}\boldsymbol{r}_{\nu} + c_{\beta} \mathrm{d}t = 0, \quad \beta = 1,2,\cdots,s \tag{9.5}$$

这就是**真实位移需要满足的两个约束方程**。

在任意给定时刻 $t=t^*$，设系统各质点的可能位置为 $\boldsymbol{r}_{\nu}=\boldsymbol{r}_{\nu}^*$，可能速度为 $\boldsymbol{v}_{\nu}^*$。在接下来的无穷小时间 $\mathrm{d}t$ 内，各质点将产生无穷小位移 $\mathrm{d}\boldsymbol{r}_{\nu}=\boldsymbol{v}_{\nu}^*\mathrm{d}t$，它们是约束允许的位移，称为系统在 $t=t^*$ 时刻的**可能位移**。同样地，可能位移必须满足式(9.4)和式(9.5)，这只需在式(9.3)和式(9.2)这两个方程两边乘以 $\mathrm{d}t$ 即可，有

$$\sum_{\nu=1}^{N} \frac{\partial f_{\alpha}}{\partial \boldsymbol{r}_{\nu}} \cdot \boldsymbol{v}_{\nu}^* \mathrm{d}t + \frac{\partial f_{\alpha}}{\partial t} \mathrm{d}t = 0, \quad \alpha = 1,2,\cdots,r$$

$$\sum_{\nu=1}^{N} \boldsymbol{c}_{\beta\nu} \cdot \boldsymbol{v}_{\nu}^* \mathrm{d}t + c_{\beta} \mathrm{d}t = 0, \quad \beta = 1,2,\cdots,s$$

显然，这两个公式仍然可写为式(9.4)和式(9.5)的形式，因此**式**(9.4)**和式**(9.5)**也是可能位移需要满足的约束方程**。显然，真实位移和可能位移都要满足式(9.4)和式(9.5)，因此真实位移是可能位移的一组，但反之则不然，因为可能位移无须满足动力学微分方程和初始条件。

例 9.6 点 P 沿着固定曲面运动(见图 9.2)，在这种情况下，曲面在点 P 的切平面内过点 P 的任意矢量都是可能速度 $\boldsymbol{v}_{\nu}^*$。切平面内从点 P 出发的任意矢量都是可能位移，如果曲面方程为 $f(\boldsymbol{r})=0$，则所有可能位移垂直于曲面的法线，即 $\Delta\boldsymbol{r} \cdot \mathrm{grad}\ f=0$。

例 9.7 点 P 沿着动态或者变形的曲面运动，曲面上所有点的速度均为 $\boldsymbol{u}$(见图 9.3)。在这种情况下，可能速度不再位于切平面内，可能位移还是有无限个。如果忽略高于 Δt 的项，则所有可能位移都要在上一个例子的可能位移上附加 $\boldsymbol{u}\Delta t$。此时关系式 $\Delta\boldsymbol{r} \cdot \mathrm{grad} f=0$ 不再对任意 $\Delta\boldsymbol{r}$ 成立。

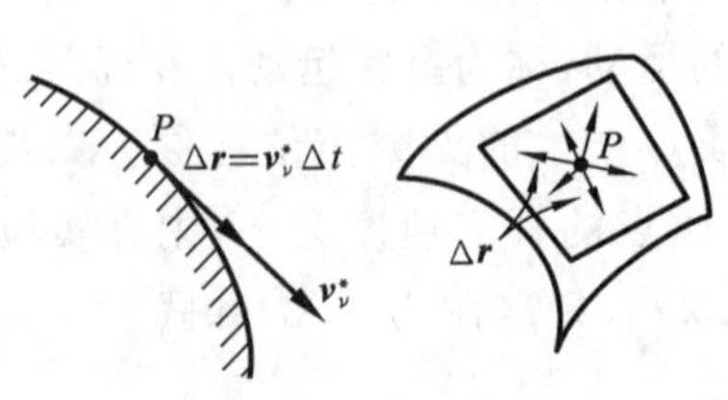

图 9.2 例 9.6 图

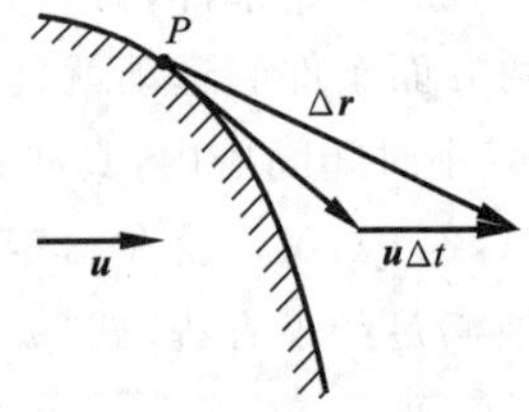

图 9.3 例 9.7 图

下面来给出具有重要意义的虚位移。设在时刻 t 系统处于某一可能位置，只要

系统没有被完全固定住，则在该时刻、该可能位置的无限小邻域中，系统一定还存在无数个其他可能的位置，设其中任意两个不同的可能位置由矢径 $\boldsymbol{r}_{\nu1}^*(t)$、$\boldsymbol{r}_{\nu2}^*(t)$，$\nu=1,2,\cdots,N$ 确定。这样，我们就可作出由系统在同一时刻 t 的两个邻近的可能位置形成的一组无穷小位移：

$$\delta\boldsymbol{r}_\nu(t)=\boldsymbol{r}_{\nu1}^*(t)-\boldsymbol{r}_{\nu2}^*(t),\quad \nu=1,2,\cdots,N \tag{9.6}$$

其中：$\boldsymbol{r}_\nu^*$ 表示系统的一个可能位置。显然这种位移可作出无数组，我们将这种位移称为系统在时刻 t 的**虚位移**。即在同一时刻，系统中两个邻近的可能位置形成的位移就是虚位移。

由于系统的可能位置要满足约束，因此虚位移也要满足一定的约束，下面来推出这些约束条件。式(9.6)所示的虚位移可表示为

$$\begin{aligned}\delta\boldsymbol{r}_\nu(t)&=[\boldsymbol{r}_{\nu1}^*(t)-\boldsymbol{r}_\nu^*(t-\Delta t)]-[\boldsymbol{r}_{\nu2}^*(t)-\boldsymbol{r}_\nu^*(t-\Delta t)]\\&=\mathrm{d}\boldsymbol{r}_{\nu1}^*(t)-\mathrm{d}\boldsymbol{r}_{\nu2}^*(t),\quad \nu=1,2,\cdots,N\end{aligned}$$

即

$$\delta\boldsymbol{r}_\nu(t)=\mathrm{d}\boldsymbol{r}_{\nu1}^*(t)-\mathrm{d}\boldsymbol{r}_{\nu2}^*(t),\quad \nu=1,2,\cdots,N \tag{9.7}$$

式(9.7)等号右边是质点 ν 在时刻 t 的两个可能位移之差，因此，时刻 t 的**虚位移也可定义为在该时刻任意两个可能位移之差**。

因为可能位移 $\mathrm{d}\boldsymbol{r}_\nu^*$ 与可能速度 $\boldsymbol{v}_\nu^*$ 有关系：$\mathrm{d}\boldsymbol{r}_\nu^*=\boldsymbol{v}_\nu^*\mathrm{d}t$，所以由式(9.7)可将虚位移用时刻 t 的两个邻近位置的可能速度 $\boldsymbol{v}_{\nu1}^*(t)$ 和 $\boldsymbol{v}_{\nu2}^*(t)$ 表示：

$$\delta\boldsymbol{r}_\nu(t)=[\boldsymbol{v}_{\nu1}^*(t)-\boldsymbol{v}_{\nu2}^*(t)]\mathrm{d}t,\quad \nu=1,2,\cdots,N \tag{9.8}$$

可能位移 $\mathrm{d}\boldsymbol{r}_{\nu1}^*(t)$ 和 $\mathrm{d}\boldsymbol{r}_{\nu2}^*(t)$ 都要满足式(9.4)和式(9.5)，即有

$$\sum_{\nu=1}^N\frac{\partial f_\alpha}{\partial\boldsymbol{r}_\nu}\cdot\mathrm{d}\boldsymbol{r}_{\nu1}^*+\frac{\partial f_\alpha}{\partial t}\mathrm{d}t=0,\quad \alpha=1,2,\cdots,r$$

$$\sum_{\nu=1}^N\boldsymbol{c}_{\beta\nu}\cdot\mathrm{d}\boldsymbol{r}_{\nu1}^*+c_\beta\mathrm{d}t=0,\quad \beta=1,2,\cdots,s$$

和

$$\sum_{\nu=1}^N\frac{\partial f_\alpha}{\partial\boldsymbol{r}_\nu}\cdot\mathrm{d}\boldsymbol{r}_{\nu2}^*+\frac{\partial f_\alpha}{\partial t}\mathrm{d}t=0,\quad \alpha=1,2,\cdots,r$$

$$\sum_{\nu=1}^N\boldsymbol{c}_{\beta\nu}\cdot\mathrm{d}\boldsymbol{r}_{\nu2}^*+c_\beta\mathrm{d}t=0,\quad \beta=1,2,\cdots,s$$

两组方程相减得到

$$\sum_{\nu=1}^N\frac{\partial f_\alpha}{\partial\boldsymbol{r}_\nu}\cdot\delta\boldsymbol{r}_\nu=0,\quad \alpha=1,2,\cdots,r \tag{9.9}$$

$$\sum_{\nu=1}^N\boldsymbol{c}_{\beta\nu}\cdot\delta\boldsymbol{r}_\nu=0,\quad \beta=1,2,\cdots,s \tag{9.10}$$

式(9.9)和式(9.10)就是**虚位移需要满足的约束方程**。这组方程是由速度约束方程在时间不变的条件下得到的，因此，**每一组虚位移可看成在时间不变的条件下的**

一组速度,我们可以用这种速度分析的方法来分析实际系统的虚位移。

纯粹从位移的角度看,在可能位移的方程组(9.4)和(9.5)中令 $\mathrm{d}t=0$ 后形成的位移集合,与按照方程组(9.9)和(9.10)形成的虚位移集合完全相同。**因此可以说,虚位移是在时间"冻结"情况下的可能位移**。在例 9.6 和例 9.7 中,虚位移集合是相同的,都是位于曲面过点 P 的切平面内且过点 P 的矢量 $\delta \boldsymbol{r}$。

由方程组(9.4)和(9.5)与方程组(9.9)和(9.10)可知,**定常系统的真实位移是虚位移中的一组**。此外,由方程组(9.4)和(9.5)与方程组(9.9)和(9.10)可知,对于定常系统,与 $\mathrm{d}t$ 呈线性关系的可能位移集合与虚位移集合完全相同。

显然,虚位移是一组**等时位移**(即它们不是由于时间的改变形成的,或**产生虚位移不需要时间)。在等时位移中我们不考察系统的运动过程,而只是比较在给定时刻约束允许的无限接近的位置(位形)**。从数学处理看,虚位移是一组**等时变分**。

9.1.4 自由度

每个质点的虚位移分量 δx_ν、δy_ν、δz_ν($\nu=1,2,\cdots,N$)满足 $r+s$ 个式(9.9)和式(9.10),由此决定的独立的虚位移数目称为系统的**自由度**。如果用 n 表示自由度,显然 $n=3N-r-s$。

例 9.8 一个质点在空间运动有三个自由度。

例 9.9 两个质点用杆连接后在平面内运动有三个自由度。

例 9.10 沿着固定或运动曲面运动的质点有两个自由度。

例 9.11 两根杆用柱铰链连接后在平面内运动(如剪刀)有四个自由度。

9.1.5 广义坐标和广义速度

现在来进一步研究具有约束方程(9.1)、(9.2)的非自由质点系。假设 r 个关于 $3N$ 个标量 x_ν、y_ν、z_ν($\nu=1,2,\cdots,N$)的函数 f_α 是相互独立的(这里时间 t 看作参数),否则,约束中至少有一个是与其他矛盾的或者可以从其他得到。

能够确定系统可能位置的独立参数称为**广义坐标**,因为函数 f_α($\alpha=1,2,\cdots,r$)是相互独立的,广义坐标数 $m=3N-r$。m 个广义坐标可以从 $3N$ 个笛卡儿坐标 x_ν、y_ν、z_ν 中选取 m 个,使得方程相对它们可以解出;但是这种选取广义坐标的方法在实践中很少使用。实际上,可以选取任意 m 个独立的、可以确定系统位形的量 q_1,q_2,$\cdots$,q_m,它们可以是长度、角度、面积,也可以没有直接几何意义和物理意义,只需要相互独立且可以将笛卡儿坐标 x_ν、y_ν、z_ν(或 $\boldsymbol{r}_\nu$)用 $q_1,q_2,\cdots,q_m$ 和 t 表示出来:

$$\boldsymbol{r}_\nu=\boldsymbol{r}_\nu(q_1,q_2,\cdots,q_m,t),\quad \nu=1,2,\cdots,N \tag{9.11}$$

将这些函数代入式(9.1)后将得到恒等式。

我们假设函数对其所有自变量都是二阶连续可微的。另外,**如果系统是定常的,则通过选择广义坐标总是可以使得时间 t 不显含在关系式(9.11)中**。

在具体问题中确定广义坐标时，经常不需要建立约束方程(9.1)，而是根据问题的物理意义就可选出确定系统可能位置所必需的广义坐标。如果解题时需要关系式(9.1)，可以借助几何意义建立。

系统运动时，广义坐标 $q_j(j=1,2,\cdots,m)$随时间变化，$\dot{q}_j$ 称为**广义速度**。易知各个质点的速度为

$$\boldsymbol{v}_\nu = \dot{\boldsymbol{r}}_\nu = \sum_{j=1}^{m} \frac{\partial \boldsymbol{r}_\nu}{\partial q_j}\dot{q}_j + \frac{\partial \boldsymbol{r}_\nu}{\partial t}, \quad \nu = 1,2,\cdots,N \tag{9.12}$$

由式(9.12)可得以后要用到的两个恒等式：

$$\frac{\partial \dot{\boldsymbol{r}}_\nu}{\partial \dot{q}_j}=\frac{\partial \boldsymbol{r}_\nu}{\partial q_j}, \quad \frac{\mathrm{d}}{\mathrm{d}t}\left(\frac{\partial \boldsymbol{r}_\nu}{\partial q_j}\right)=\frac{\partial \dot{\boldsymbol{r}}_\nu}{\partial q_j}, \quad j=1,2,\cdots,m \tag{9.13}$$

如果 $q_j(j=1,2,\cdots,m)$不是广义坐标，而是一组非独立坐标，则易知恒等式照样成立。

由于各个广义坐标相互独立，因此它们之间已经没有任何约束，也就是说**广义坐标之间已经不存在完整约束**。但是，如果系统存在非完整约束(9.2)，则广义速度之间具有非完整约束。将式(9.11)和式(9.12)代入式(9.2)，得

$$\sum_{j=1}^{m} b_{\beta j}(q_1,\cdots,q_m,t)\dot{q}_j + b_\beta(q_1,\cdots,q_m,t) = 0, \quad \beta = 1,2,\cdots,s \tag{9.14}$$

其中：$b_{\beta j}$ 和 b_β 由以下公式确定。

$$b_{\beta j} = \sum_{\nu=1}^{N} \frac{\partial \boldsymbol{r}_\nu}{\partial q_j} \cdot \boldsymbol{c}_{\beta\nu}, \quad \beta = 1,2,\cdots,s, \quad j = 1,2,\cdots,m$$

$$b_\beta = \sum_{\nu=1}^{N} \frac{\partial \boldsymbol{r}_\nu}{\partial t} \cdot \boldsymbol{c}_{\beta\nu} + a_\beta, \quad \beta = 1,2,\cdots,s$$

对于完整系统，广义坐标 q_j 相互独立，广义速度 $\dot{q}_j$ 也相互独立，它们可以任意取值。对于非完整系统，广义坐标仍然相互独立(与完整系统一样可以任意取值)，但广义速度不相互独立，它们受到 s 个约束关系(9.14)的限制。

考虑到虚位移不需要时间，所以各个质点的虚位移 $\delta\boldsymbol{r}_\nu$ 可用广义坐标的变分 δq_j 表示为

$$\delta\boldsymbol{r}_\nu = \sum_{j=1}^{m} \frac{\partial \boldsymbol{r}_\nu}{\partial q_j}\delta q_j, \quad \nu = 1,2,\cdots,N \tag{9.15}$$

对于完整系统，各个 δq_j 之间没有约束，可以任意取值；对于非完整系统，它们需要满足由约束方程(9.14)导出的限制，即去掉 b_β 项，再在其等号两边乘以 $\mathrm{d}t$ 后将 $\mathrm{d}q_j$ 改写为 δq_j，可得

$$\sum_{j=1}^{m} b_{\beta j}\delta q_j = 0, \quad \beta = 1,2,\cdots,s \tag{9.16}$$

根据前面自由度的定义，易知自由度就是独立的广义坐标变分的数目。因此，**完整系统的自由度与广义坐标数 m 相等**；非完整系统的自由度小于广义坐标数，数目

为 $m-s$。

例 9.12 对图 9.4 中给出的 6 个完整系统分别选取一组广义坐标，指出它们的自由度。

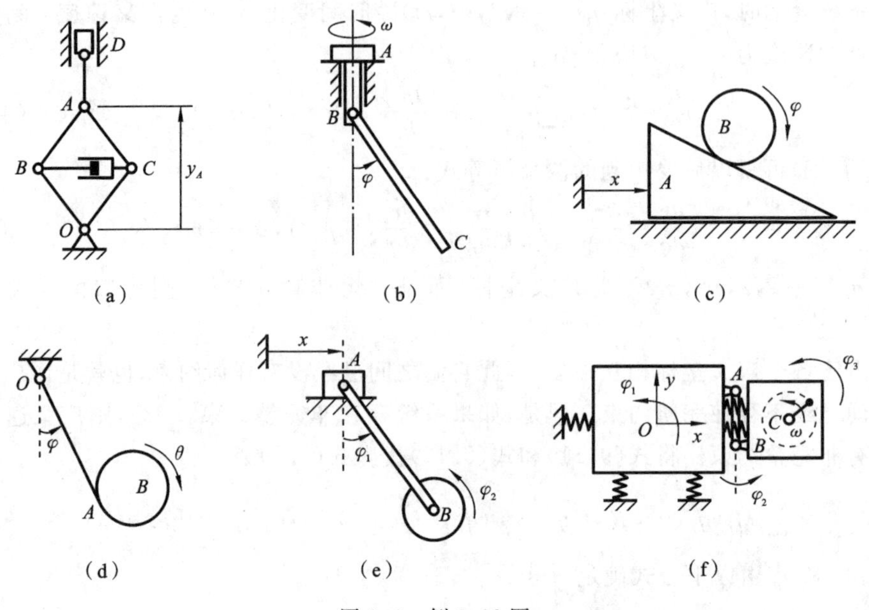

图 9.4 例 9.12 图

解 这 6 个系统均为完整系统，所以自由度等于广义坐标数。

图 9.4(a)所示机构关于铅垂线 OA 对称，点 A 沿 OA 线运动，因此点 A 的位置一旦确定，系统的位置也就确定，所以选 y_A 作为广义坐标，自由度为 1。

图 9.4(b)中 ω 已知，系统为一个非定常系统，只需确定杆 BC 的位置，故选角 φ 为广义坐标，自由度为 1。

图 9.4(c)中圆柱与三角块之间无滑动；三角块做直线平动，以位移坐标 x 定位，再用角 φ 表示圆柱相对于三角块的纯滚动位置。所以 x、φ 为广义坐标，自由度为 2。

细绳缠绕圆柱后系到固定点 O 如图 9.4(d)所示，绳做定轴转动，以角 φ 定位；再以角 θ 表示圆柱相对细绳的纯滚动位置。所以 φ、θ 为广义坐标，自由度为 2。

图 9.4(e)中物块 A 做直线平动，以位移坐标 x 定位，再用角 φ_1 表示杆 AB 绕点 A 的转动位置，以角 φ_2 表示圆盘绕点 B 的平面运动转角。所以 x、φ_1、φ_2 为广义坐标，自由度为 3。

图 9.4(f)所示为一个振动机构，ω 已知。部件 O 做平面运动，其位置用 x、y 和角 φ_1 确定；再用角 φ_2 表示杆 AB 的平面运动转角；最后用角 φ_3 表示部件 C 的平面运动转角。所以 x、y、φ_1、φ_2、φ_3 为广义坐标，自由度为 5。

例 9.13 图 9.5 所示机构中，杆 OA 与直角弯杆 BCD 始终接触，$\overline{OA}=l$，$\overline{BC}=$

b;以 φ 为广义坐标。求点 A 与点 D 的虚位移大小之间的比值。

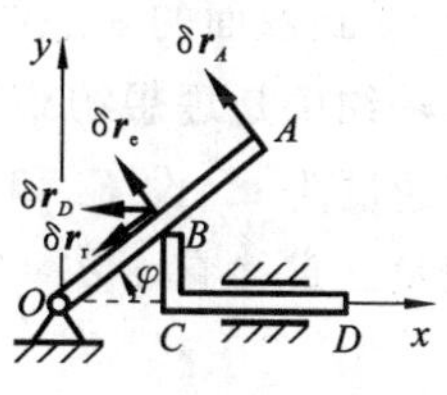

图 9.5　例 9.13 图

解　(1) 解析法。

建立坐标系 Oxy,点 A 和点 D 的坐标为

$$x_A = l\cos\varphi, \quad y_A = l\sin\varphi$$

$$x_D = b\cot\varphi + \overline{CD}, \quad y_D \equiv 0$$

坐标的变分为

$$\delta x_A = -l\delta\varphi\sin\varphi, \quad \delta y_A = l\delta\varphi\cos\varphi$$

$$\delta x_D = -\frac{b\delta\varphi}{\sin^2\varphi}, \quad \delta y_D = 0$$

则点 A 和点 D 的虚位移大小分别为

$$\delta r_A = \sqrt{(\delta x_A)^2 + (\delta y_A)^2} = l\delta\varphi$$

$$\delta r_D = |\delta x_D| = \frac{b\delta\varphi}{\sin^2\varphi}$$

因此

$$\frac{\delta r_A}{\delta r_D} = \sqrt{(\delta x_A)^2 + (\delta y_A)^2} = \frac{l}{b}\sin^2\varphi$$

(2) 几何法。

系统各点的虚位移矢量如图 9.5 所示,它们都是按速度分析方法得到的,其中点 B 的虚位移图像由合成运动方法得到。

$$\delta r_D = \frac{\delta r_e}{\sin\varphi} = \frac{b\delta\varphi}{\sin^2\varphi}, \quad \delta r_A = l\delta\varphi$$

因此

$$\frac{\delta r_A}{\delta r_D} = \frac{l}{b}\sin^2\varphi$$

例 9.14　图 9.6 所示机构中,$\overline{OA} = \overline{AB}$,以 φ 为广义坐标。求点 A 与杆 BC 的虚位移大小之间的比值。

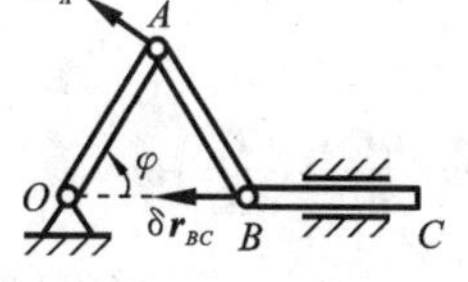

图 9.6　例 9.14 图

解　由速度投影方法可得

$$\delta r_A \cos(2\varphi - 90°) = \delta r_{BC} \cos\varphi$$

所以

$$\frac{\delta r_A}{\delta r_{BC}} = \frac{1}{2\sin\varphi}$$

9.2　Lagrange 变分方程

我们研究 N 个质点 $P_\nu(\nu = 1, 2, \cdots, N)$ 组成的系统(质点系)。设系统是非自由

的，受到双面的理想约束(如果全体约束力在任何一组虚位移上的虚功都为零，则称这种约束是**理想约束**)。对于理想约束系统，设质点 P_ν 的虚位移是 $\delta\boldsymbol{r}_\nu$，质量为 m_ν，加速度为 $\boldsymbol{a}_\nu$，设 $\boldsymbol{F}_\nu$ 和 $\boldsymbol{N}_\nu$ 分别是作用在质点 P_ν 上的主动力和约束力的合力，则由牛顿第二定律有 $m_\nu\boldsymbol{a}_\nu=\boldsymbol{F}_\nu+\boldsymbol{N}_\nu(\nu=1,2,\cdots,N)$，考虑到理想约束，可得

$$\sum_{\nu=1}^{N}(\boldsymbol{F}_\nu-m_\nu\boldsymbol{a}_\nu)\cdot\delta\boldsymbol{r}_\nu=0 \tag{9.17}$$

式(9.17)称为**动力学普遍方程**。如果系统含有非理想约束，则解除非理想约束，将非理想约束力当作主动力处理即可。

设 $u_1,u_2,\cdots,u_m$ 是可以确定系统位置的 m 个坐标(现在不要求它们相互独立)，则质点 P_ν 相对于惯性坐标系原点的矢径 $\boldsymbol{r}_\nu$ 可写为

$$\boldsymbol{r}_\nu=\boldsymbol{r}_\nu(u_1,u_2,\cdots,u_m,t) \tag{9.18}$$

如果系统是定常的，则可选择坐标 $u_1,u_2,\cdots,u_m$ 使函数 $\boldsymbol{r}_\nu$ 不显含时间 t。由式(9.18)可得

$$\boldsymbol{v}_\nu=\dot{\boldsymbol{r}}_\nu=\sum_{j=1}^{m}\frac{\partial\boldsymbol{r}_\nu}{\partial u_j}\dot{u}_j+\frac{\partial\boldsymbol{r}_\nu}{\partial t} \tag{9.19}$$

$$\delta\boldsymbol{r}_\nu=\sum_{j=1}^{m}\frac{\partial\boldsymbol{r}_\nu}{\partial u_j}\delta u_j \tag{9.20}$$

一个力 $\boldsymbol{F}$ 与虚位移 $\delta\boldsymbol{r}_\nu$ 的点积 $\boldsymbol{F}\cdot\delta\boldsymbol{r}_\nu$ 称为力 $\boldsymbol{F}$ 在虚位移 $\delta\boldsymbol{r}_\nu$ 上所做的**虚功**。因此在动力学普遍方程(9.17)中，应用式(9.20)可知主动力的虚功，为

$$\delta W=\sum_{\nu=1}^{N}\boldsymbol{F}_\nu\cdot\delta\boldsymbol{r}_\nu=\sum_{\nu=1}^{N}\boldsymbol{F}_\nu\cdot\sum_{j=1}^{m}\frac{\partial\boldsymbol{r}_\nu}{\partial u_j}\delta u_j=\sum_{j=1}^{m}\left(\sum_{\nu=1}^{N}\boldsymbol{F}_\nu\cdot\frac{\partial\boldsymbol{r}_\nu}{\partial u_j}\right)\delta u_j=\sum_{j=1}^{m}Q_j\delta u_j \tag{9.21}$$

其中：

$$Q_j=\sum_{\nu=1}^{N}\boldsymbol{F}_\nu\cdot\frac{\partial\boldsymbol{r}_\nu}{\partial u_j} \tag{9.22}$$

称为主动力系 $\boldsymbol{F}_\nu$ 对应于坐标 u_j 的**广义力**，一般是 u_j、$\dot{u}_j$、$t(j=1,2,\cdots,m)$的函数。动力学普遍方程(9.17)中的另一项是惯性力的虚功，应用式(9.19)和式(9.20)，该虚功可写成

$$-\sum_{\nu=1}^{N}m_\nu\boldsymbol{a}_\nu\cdot\delta\boldsymbol{r}_\nu=-\sum_{\nu=1}^{N}m_\nu\frac{\mathrm{d}\dot{\boldsymbol{r}}_\nu}{\mathrm{d}t}\cdot\sum_{j=1}^{m}\frac{\partial\boldsymbol{r}_\nu}{\partial u_j}\delta u_j=-\sum_{j=1}^{m}\left(\sum_{\nu=1}^{N}m_\nu\frac{\mathrm{d}\dot{\boldsymbol{r}}_\nu}{\mathrm{d}t}\cdot\frac{\partial\boldsymbol{r}_\nu}{\partial u_j}\right)\delta u_j \tag{9.23}$$

又因为

$$\begin{aligned}\sum_{\nu=1}^{N}m_\nu\frac{\mathrm{d}\dot{\boldsymbol{r}}_\nu}{\mathrm{d}t}\cdot\frac{\partial\boldsymbol{r}_\nu}{\partial u_j}&=\frac{\mathrm{d}}{\mathrm{d}t}\left(\sum_{\nu=1}^{N}m_\nu\dot{\boldsymbol{r}}_\nu\cdot\frac{\partial\boldsymbol{r}_\nu}{\partial u_j}\right)-\sum_{\nu=1}^{N}m_\nu\dot{\boldsymbol{r}}_\nu\cdot\frac{\mathrm{d}}{\mathrm{d}t}\frac{\partial\boldsymbol{r}_\nu}{\partial u_j}\\&=\frac{\mathrm{d}}{\mathrm{d}t}\left(\sum_{\nu=1}^{N}m_\nu\dot{\boldsymbol{r}}_\nu\cdot\frac{\partial\dot{\boldsymbol{r}}_\nu}{\partial\dot{u}_j}\right)-\sum_{\nu=1}^{N}m_\nu\dot{\boldsymbol{r}}_\nu\cdot\frac{\partial\dot{\boldsymbol{r}}_\nu}{\partial u_j}\end{aligned} \tag{9.24}$$

上式第二个等号使用了恒等式(9.13)[无论 $u_1,u_2,\cdots,u_m$ 是否为广义坐标,式(9.13)都成立]。利用系统的动能表达式:

$$T=\frac{1}{2}\sum_{\nu=1}^{N}m_\nu\dot{\boldsymbol{r}}_\nu\cdot\dot{\boldsymbol{r}}_\nu$$

式(9.24)可写成

$$\sum_{\nu=1}^{N}m_\nu\frac{\mathrm{d}\dot{\boldsymbol{r}}_\nu}{\mathrm{d}t}\cdot\frac{\partial\boldsymbol{r}_\nu}{\partial u_j}=\frac{\mathrm{d}}{\mathrm{d}t}\frac{\partial T}{\partial\dot{u}_j}-\frac{\partial T}{\partial u_j}\tag{9.25}$$

将式(9.25)代入式(9.23)可得

$$-\sum_{\nu=1}^{N}m_\nu\boldsymbol{a}_\nu\cdot\delta\boldsymbol{r}_\nu=-\sum_{j=1}^{m}\left(\frac{\mathrm{d}}{\mathrm{d}t}\frac{\partial T}{\partial\dot{u}_j}-\frac{\partial T}{\partial u_j}\right)\delta u_j\tag{9.26}$$

将式(9.21)和式(9.26)代入动力学普遍方程(9.17),得到**一般坐标下的动力学普遍方程**:

$$\sum_{j=1}^{m}\left(\frac{\mathrm{d}}{\mathrm{d}t}\frac{\partial T}{\partial\dot{u}_j}-\frac{\partial T}{\partial u_j}-Q_j\right)\delta u_j=0\tag{9.27}$$

式(9.27)称为**拉格朗日变分方程**,对完整系统和非完整系统都是成立的,只要它们是理想约束系统即可。

9.3 Lagrange 方程(第二类)

9.3.1 Lagrange 方程

假设系统是完整的,有 m 个广义坐标,用 $q_1,q_2,\cdots,q_m$ 表示,则式(9.27)可写为

$$\sum_{j=1}^{m}\left(\frac{\mathrm{d}}{\mathrm{d}t}\frac{\partial T}{\partial\dot{q}_j}-\frac{\partial T}{\partial q_j}-Q_j\right)\delta q_j=0\tag{9.28}$$

现在广义坐标变分 $\delta q_j(j=1,2,\cdots,m)$ 是相互独立的(且广义坐标数与自由度相等)。利用 δq_j 的独立性,式(9.28)成立当且仅当所有 δq_j 的系数都等于零,所以式(9.28)等价于下面 n 个方程:

$$\frac{\mathrm{d}}{\mathrm{d}t}\frac{\partial T}{\partial\dot{q}_i}-\frac{\partial T}{\partial q_i}=Q_i,\quad i=1,2,\cdots,n\tag{9.29}$$

式(9.29)称为**第二类 Lagrange 方程**,这是关于 n 个坐标 $q_i(t)$ 的 n 个二阶微分方程。

为了得到 Lagrange 方程,必须将系统的动能 T 表示成广义坐标和广义速度的函数,并且必须求出广义力,按照式(9.29)中那样将 $T(q_j,\dot{q}_j,t)$ 对广义坐标、广义速度和时间求导。可以发现,Lagrange 方程的形式不依赖于广义坐标的选取,选择其他广义坐标只会改变函数 T 和 Q_i,而式(9.29)的形式不会改变,这就是说 Lagrange 方程具有**不变性**。

Lagrange 方程不包含理想约束反力。如果希望求出理想约束反力,需要在求出函数 $q_i(t)$ 后代入式(9.18),则作用在质点 P_ν 的约束反力的合力 $\boldsymbol{R}_\nu$ 由下式求出:

$$\boldsymbol{R}_\nu = m_\nu \ddot{\boldsymbol{r}}_\nu - \boldsymbol{F}_\nu(\boldsymbol{r}_\nu, \dot{\boldsymbol{r}}_\nu, t)$$

另外，如果所有主动力有势，则**势力的广义力**可写为

$$Q_i = -\frac{\partial V}{\partial q_i}, \quad i=1,2,\cdots,n$$

其中：V 为系统的势能。这样，Lagrange 方程可写为

$$\frac{\mathrm{d}}{\mathrm{d}t}\frac{\partial T}{\partial \dot{q}_i} - \frac{\partial T}{\partial q_i} = -\frac{\partial V}{\partial q_i}, \quad i=1,2,\cdots,n$$

引入 **Lagrange 函数** $L=T-V$，则 Lagrange 方程可写为

$$\frac{\mathrm{d}}{\mathrm{d}t}\frac{\partial L}{\partial \dot{q}_i} - \frac{\partial L}{\partial q_i} = 0, \quad i=1,2,\cdots,n \tag{9.30}$$

例 9.15　如图 9.7 所示，一个平行于光滑斜面的弹簧的刚度为 k，一端固定，另一端与物块 A 连接，杆 AB 与物块 A 铰接。物块和杆的质量均为 m，杆长为 l。系统的广义坐标为 x、φ，x、φ 的原点取在系统的平衡位置。求系统弹性力和重力的广义力。

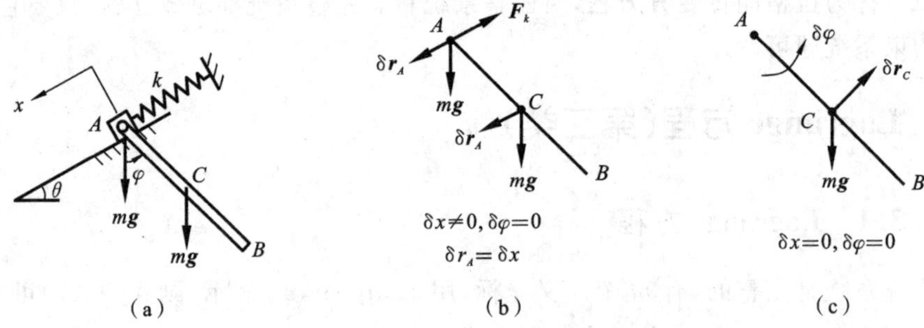

图 9.7　例 9.15 图

解　方法一：先计算势能再求广义力。

取系统的平衡位置为零势位，可得系统的势能为

$$V=\frac{1}{2}mgl(1-\cos\varphi)+\frac{1}{2}kx^2$$

所以广义力为

$$Q_x = -\frac{\partial V}{\partial x} = -kx$$

$$Q_\varphi = -\frac{\partial V}{\partial \varphi} = -\frac{1}{2}mgl\sin\varphi$$

方法二：应用式(9.21)计算广义力；对于完整系统，同时利用各个坐标变分的独立性。

令 $\delta x \neq 0$，$\delta\varphi = 0$，虚功为

$$\delta W(\delta x) = 2mg\boldsymbol{j}\cdot\delta\boldsymbol{r}_A + \boldsymbol{F}_k\cdot\delta\boldsymbol{r}_A = 2mg\delta x\sin\theta - k(x+\Delta)\delta x \tag{a}$$

其中：$\boldsymbol{j}$ 为铅垂向下的单位矢量；Δ 为系统平衡时弹簧的伸长量。由平衡条件易知

$$k\Delta=2mg\sin\theta \quad \Rightarrow \quad \Delta=\frac{2mg\sin\theta}{k}$$

所以式(a)变为

$$\delta W(\delta x)=-kx\delta x$$

所以

$$Q_x=\frac{\delta W(\delta x)}{\delta x}=-kx$$

令 $\delta x=0$，$\delta\varphi\neq 0$，此时只有杆的重力在其质心 C 的虚位移上做虚功，虚功为

$$\delta W(\delta\varphi)=mg\boldsymbol{j}\cdot\delta\boldsymbol{r}_C=-mg\cdot\frac{1}{2}l\delta\varphi\sin\theta$$

所以

$$Q_\varphi=\frac{\delta W(\delta\varphi)}{\delta\varphi}=-\frac{1}{2}mgl\sin\varphi$$

例 9.16　如图 9.8 所示，弹簧刚度为 k，原长为 r_0，一端与固定支座 O 连接，另一端与均质杆 AB 连接，杆的长度为 l、质量为 m。取系统的广义坐标为 r、φ_1、φ_2，系统在铅垂面内。求系统弹性力和重力的广义力。

解　本例中各个受力点的位置可以方便地用坐标表示，因此我们采用解析法求虚位移，再求虚功和广义力。

点 C 的竖向坐标为

$$y_C=r\cos\varphi_1+\frac{l}{2}\cos\varphi_2$$

所以

$$\delta y_C=\delta r\cos\varphi_1-r\delta\varphi_1\sin\varphi_1-\frac{l}{2}\delta\varphi_2\sin\varphi_2$$

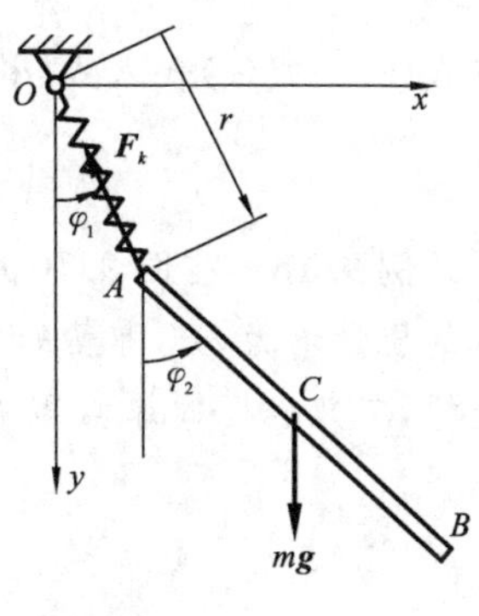

图 9.8　例 9.16 图

因此系统的总虚功为

$$\begin{aligned}\delta W&=mg\delta y_C-F_k\delta r\\&=mg(\delta r\cos\varphi_1-r\delta\varphi_1\sin\varphi_1)-k(r-r_0)\delta r\\&=[mg\cos\varphi_1-k(r-r_0)]\delta r-(mgr\sin\varphi_1)\delta\varphi_1-\left(\frac{1}{2}mgl\sin\varphi_2\right)\delta\varphi_2\end{aligned}$$

对照式(9.21)可得，广义力为

$$Q_r=mg\cos\varphi_1-k(r-r_0),\quad Q_{\varphi_1}=-mgr\sin\varphi_1,\quad Q_{\varphi_2}=-\frac{1}{2}mgl\sin\varphi_2$$

本题通过势能来求广义力更简单，请学生自己完成。

例 9.17　如图 9.9 所示，半径为 R 的半圆柱 O 固定，其上有一质量为 m、长度为 l 的均质杆 AB 做无滑动摆动，静平衡时，杆的中心与半圆柱顶点 C 重合。试以 θ 为广义坐标，用 Lagrange 方程建立系统的运动微分方程。

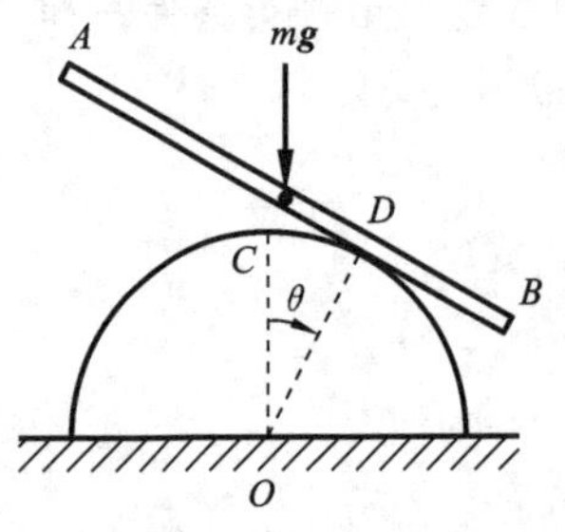

图 9.9　例 9.17 图

解　系统的动能为

$$T=\frac{1}{2}J_D\dot{\theta}^2=\frac{1}{2}\left(\frac{1}{12}ml^2+mR^2\theta^2\right)\dot{\theta}^2$$

以地面为零势位，系统的势能为

$$V=mg(R\cos\theta+R\theta\sin\theta)$$

所以广义力为

$$Q_\theta=-\frac{\partial V}{\partial\theta}=-mgR\theta\cos\theta \tag{a}$$

Lagrange 方程中的动能微分项为

$$\frac{\mathrm{d}}{\mathrm{d}t}\frac{\partial T}{\partial\dot{\theta}}=\frac{\mathrm{d}}{\mathrm{d}t}\left\{\frac{\partial}{\partial\dot{\theta}}\left[\frac{1}{2}\left(\frac{1}{12}ml^2+mR^2\theta^2\right)\dot{\theta}^2\right]\right\}=\frac{\mathrm{d}}{\mathrm{d}t}\left[\left(\frac{1}{12}ml^2+mR^2\theta^2\right)\dot{\theta}\right]$$

$$=\left(\frac{1}{12}ml^2+mR^2\theta^2\right)\ddot{\theta}+2mR^2\theta\dot{\theta}^2 \tag{b}$$

$$\frac{\partial T}{\partial\theta}=\frac{\partial}{\partial\theta}\left[\frac{1}{2}\left(\frac{1}{12}ml^2+mR^2\theta^2\right)\dot{\theta}^2\right]=mR^2\theta\dot{\theta}^2 \tag{c}$$

本例的 Lagrange 方程的一般形式为

$$\frac{\mathrm{d}}{\mathrm{d}t}\frac{\partial T}{\partial\dot{\theta}}-\frac{\partial T}{\partial\theta}=Q_\theta \tag{d}$$

将式(a)～式(c)代入式(d)，就可得到系统的运动微分方程：

$$\left(\frac{1}{12}l^2+R^2\theta^2\right)\ddot{\theta}+R^2\theta\dot{\theta}^2+gR\theta\cos\theta=0$$

例 9.18　在图 9.10 所示系统中，均质细杆 AB 长度为 l、均质圆柱半径为 r，两者的质量均为 m，弹簧的刚度为 k。圆柱 A 在水平面上做纯滚动。以 θ 和 ϕ 为广义坐标，广义坐标的原点取在系统的平衡位置，用 Lagrange 方程求系统的运动微分方程。

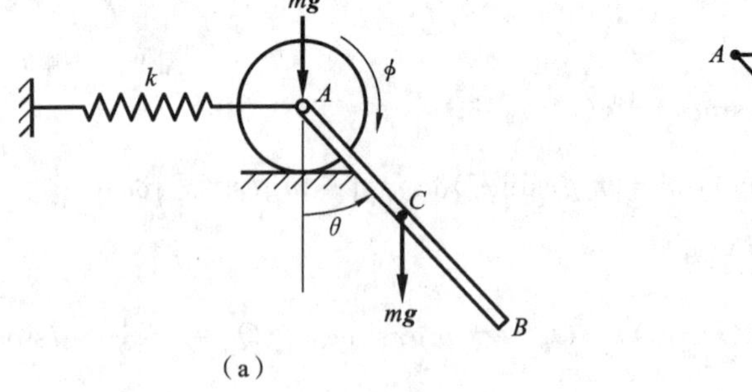

图 9.10　例 9.18 图

解　杆 AB 的质心速度为

$$\boldsymbol{v}_C=\boldsymbol{v}_A+\boldsymbol{v}_{CA}$$

其中：$v_A = r\dot{\phi}$；$v_{CA} = \frac{1}{2} l\dot{\theta}$。

所以

$$v_C^2 = (\boldsymbol{v}_A + \boldsymbol{v}_{CA}) \cdot (\boldsymbol{v}_A + \boldsymbol{v}_{CA}) = \boldsymbol{v}_A^2 + \boldsymbol{v}_{CA}^2 + 2\boldsymbol{v}_A \cdot \boldsymbol{v}_{CA}$$
$$= r^2\dot{\phi}^2 + \frac{1}{4} l^2\dot{\theta}^2 + rl\dot{\phi}\dot{\theta}\cos\theta$$

由此，系统的动能为

$$T = \frac{1}{2}\left(\frac{3}{2}mr^2\right)\dot{\phi}^2 + \frac{1}{2}mv_C^2 + \frac{1}{2}\left(\frac{1}{12}ml^2\right)\dot{\theta}^2$$
$$= \frac{3}{4}mr^2\dot{\phi}^2 + \frac{1}{2}m\left(r^2\dot{\phi}^2 + \frac{1}{4}l^2\dot{\theta}^2 + rl\dot{\phi}\dot{\theta}\cos\theta\right) + \frac{1}{24}ml^2\dot{\theta}^2$$
$$= \frac{5}{4}mr^2\dot{\phi}^2 + \frac{1}{6}ml^2\dot{\theta}^2 + \frac{1}{2}mrl\dot{\phi}\dot{\theta}\cos\theta$$

以系统的平衡位置作为零势位，得系统的势能为

$$V = \frac{1}{2}k\,(r\phi)^2 + \frac{1}{2}lmg(1-\cos\theta)$$

所以

$$\begin{aligned} &\frac{\mathrm{d}}{\mathrm{d}t}\frac{\partial T}{\partial \dot{\phi}} = \frac{5}{2}mr^2\ddot{\phi} + \frac{1}{2}mrl\ddot{\theta}\cos\theta - \frac{1}{2}mrl\dot{\theta}^2\sin\theta, \quad \frac{\partial T}{\partial \phi} = 0 \\ &\frac{\mathrm{d}}{\mathrm{d}t}\frac{\partial T}{\partial \dot{\theta}} = \frac{1}{3}ml^2\ddot{\theta} + \frac{1}{2}mrl\ddot{\phi}\cos\theta - \frac{1}{2}mrl\dot{\phi}\dot{\theta}\sin\theta, \quad \frac{\partial T}{\partial \theta} = -\frac{1}{2}mrl\dot{\phi}\dot{\theta}\sin\theta \end{aligned} \tag{a}$$

广义力为

$$Q_\phi = -\frac{\partial V}{\partial \phi} = kr^2\phi, \quad Q_\phi = -\frac{\partial V}{\partial \phi} = -\frac{1}{2}lmg\sin\theta \tag{b}$$

将式(a)、式(b)代入 Lagrange 方程：

$$\begin{cases} \dfrac{\mathrm{d}}{\mathrm{d}t}\dfrac{\partial T}{\partial \dot{\phi}} - \dfrac{\partial T}{\partial \phi} = Q_\phi \\ \dfrac{\mathrm{d}}{\mathrm{d}t}\dfrac{\partial T}{\partial \dot{\theta}} - \dfrac{\partial T}{\partial \theta} = Q_\theta \end{cases} \tag{c}$$

得系统的运动微分方程，为

$$\begin{cases} 5r\ddot{\phi} + l\ddot{\theta}\cos\theta - l\dot{\theta}^2\sin\theta - \dfrac{2kr}{m}\phi = 0 \\ 3r\ddot{\phi}\cos\theta + 2l\ddot{\theta} + 3g\sin\theta = 0 \end{cases}$$

例 9.19　如图 9.11 所示，三角滑块 A 质量为 m_1，放在光滑水平面上；圆柱 C 质量为 m_2、半径为 r，圆柱在三角滑块的斜面上做无滑动的滚动。以图示 x、y 为广义坐标，试用 Lagrange 方程建立系统的运动微分方程，并求出三角滑块的加速度 a。

解　系统的动能为

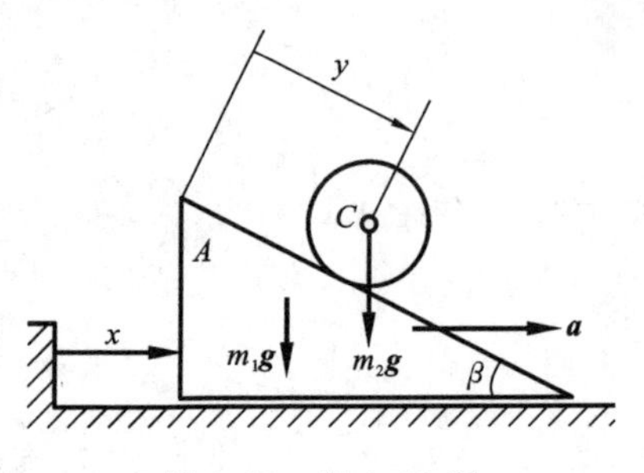

图 9.11　例 9.19 图

$$T=\frac{1}{2}m_1\dot{x}^2+\frac{1}{2}m_2[(\dot{x}+\dot{y}\cos\beta)^2+(\dot{y}\sin\beta)^2]+\frac{1}{2}\left(\frac{1}{2}m_2r^2\right)\left(\frac{\dot{y}}{r}\right)^2$$

$$=\frac{1}{2}(m_1+m_2)\dot{x}^2+\frac{3}{4}m_2\dot{y}^2+m_2\dot{x}\dot{y}\cos\beta$$

系统的势能为

$$V=-m_2gy\sin\beta$$

将 $L=T-V$ 代入 Lagrange 方程：

$$\begin{cases}\dfrac{\mathrm{d}}{\mathrm{d}t}\dfrac{\partial L}{\partial\dot{x}}-\dfrac{\partial L}{\partial x}=0\\ \dfrac{\mathrm{d}}{\mathrm{d}t}\dfrac{\partial L}{\partial\dot{y}}-\dfrac{\partial L}{\partial y}=0\end{cases}$$

得系统的运动微分方程，为

$$\begin{cases}(m_1+m_2)\ddot{x}+m_2\ddot{y}\cos\beta=0\\ m_2\ddot{x}\cos\beta+\dfrac{3}{2}m_2\ddot{y}-m_2g\sin\beta=0\end{cases}$$

由此可解得

$$a=\ddot{x}=-\frac{m_2g\sin2\beta}{3(m_1+m_2)-2m_2\cos^2\beta}$$

例 9.20　如图 9.12 所示，质量为 M 的滑块放在光滑水平面上，其上有半径为 R 的圆弧形凹槽，一质量为 m、半径为 r 的均质圆柱 C 在凹槽内做纯滚动，滑块侧面通过刚度为 k 的弹簧与基础连接。取图示 x、θ 为广义坐标，坐标原点为系统的静平衡位置。试用 Lagrange 方程求系统的运动微分方程。

解　圆柱中心的坐标为

$$x_C=x+(R-r)\sin\theta,\quad y_C=(R-r)\cos\theta$$

由此，系统的动能为

$$T=\frac{1}{2}M\dot{x}^2+\frac{1}{2}m(\dot{x}_C^2+\dot{y}_C^2)+\frac{1}{2}J_C\left[\frac{\dot{\theta}(R-r)}{r}\right]^2$$

$$=\frac{1}{2}M\dot{x}^2+\frac{1}{2}m[\dot{x}+(R-r)\dot{\theta}\cos\theta]^2+\frac{1}{2}m(R-r)^2\dot{\theta}^2\sin^2\theta+\frac{1}{4}m(R-r)^2\dot{\theta}^2$$

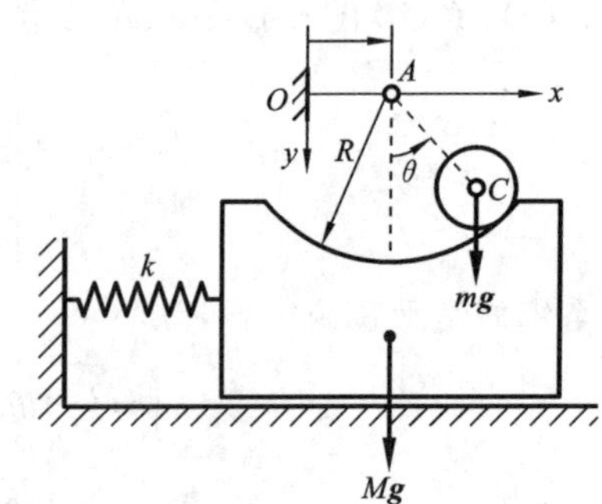

图 9.12　例 9.20 图

以系统的静平衡位置为零势位，得系统的势能，为

$$V=mg(R-r)(1-\cos\theta)+\frac{1}{2}kx^2$$

将 $L=T-V$ 代入 Lagrange 方程，得系统的运动微分方程，为

$$\begin{cases}(M+m)\ddot{x}+m(R-r)\cos\theta\ddot{\theta}-m(R-r)\sin\theta\dot{\theta}^2+kx=0\\ m(R-r)\cos\theta\ddot{x}+\dfrac{3}{2}m(R-r)^2\ddot{\theta}+mg(R-r)\sin\theta=0\end{cases}$$

例 9.21　如图 9.13 所示，长度为 l 的均质细杆 OA 和套筒 B 的质量均为 m，套筒 B 套在细杆 OA 上，刚度为 k、原长为 a 的弹簧将套筒 B 与支座 O 相连，系统在铅垂面内。以 θ 和 x 为广义坐标，用 Lagrange 方程建立系统的运动微分方程（各处摩擦不计，套筒可视为质点）。

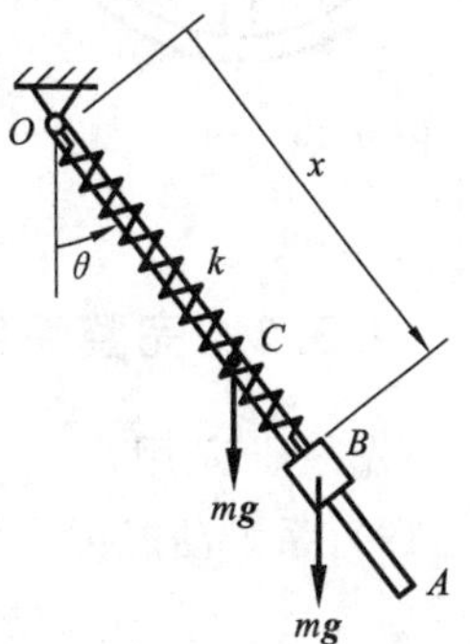

图 9.13　例 9.21 图

解　系统动能为

$$T=\frac{1}{2}\left(\frac{1}{3}ml^2\right)\dot{\theta}^2+\frac{1}{2}m(x^2\dot{\theta}^2+\dot{x}^2)$$
$$=\frac{1}{2}m\left(\frac{1}{3}l^2+x^2\right)\dot{\theta}^2+\frac{1}{2}m\dot{x}^2$$

以 $x=a$ 作为弹性势能的零势位，以过点 O 的水平线作为重力势能的零势位，则系统势能为

$$V=\frac{1}{2}k(x-a)^2-mg\left(\frac{1}{2}l+x\right)\cos\theta$$

所以广义力为

$$Q_x=-\frac{\partial V}{\partial x}=-k(x-a)+mg\cos\theta,\quad Q_\theta=-\frac{\partial V}{\partial\theta}=-mg\left(\frac{1}{2}l+x\right)\sin\theta$$

由 Lagrange 方程，得系统运动微分方程，为

$$\begin{cases}m\ddot{x}-mx\dot{\theta}^2+k(x-a)-mg\cos\theta=0\\ m\left(\dfrac{1}{3}l^2+x^2\right)\ddot{\theta}+2mx\dot{x}\dot{\theta}+mg\left(\dfrac{1}{2}l+x\right)\sin\theta=0\end{cases}$$

例 9.22　图 9.14 所示飞轮在水平面内绕 O 轴转动，轮辐上套一滑块 A，并以弹簧与轴心 O 相连。已知：飞轮的质心在点 O、转动惯量为 J_O，滑块的质量为 m，弹簧刚度为 k、原长为 l。取广义坐标为飞轮的转角 θ 和弹簧的伸长量 x，用 Lagrange 方程求系统的运动微分方程。

解　系统的动能为

$$T=\frac{1}{2}J_O\dot{\theta}^2+\frac{1}{2}m[(l+x)^2\dot{\theta}^2+\dot{x}^2]$$
$$=\frac{1}{2}[J_O+m(l+x)^2]\dot{\theta}^2+\frac{1}{2}m\dot{x}^2$$

系统的势能为

$$V=\frac{1}{2}kx^2$$

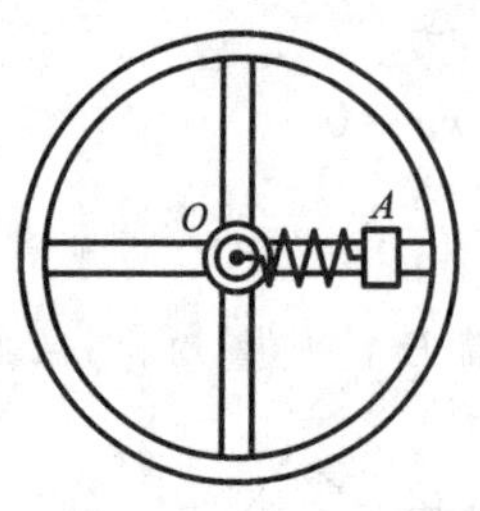

图 9.14 例 9.22 图

将 $L=T-V$ 代入 Lagrange 方程：

$$\begin{cases}\dfrac{\mathrm{d}}{\mathrm{d}t}\dfrac{\partial L}{\partial \dot{x}}-\dfrac{\partial L}{\partial x}=0\\ \dfrac{\mathrm{d}}{\mathrm{d}t}\dfrac{\partial L}{\partial \dot{\theta}}-\dfrac{\partial L}{\partial \theta}=0\end{cases}$$

得系统的运动微分方程，为

$$\begin{cases}\dfrac{\mathrm{d}}{\mathrm{d}t}[J_O\dot{\theta}+m(l+x)^2\dot{\theta}]=0\\ m\ddot{x}-m(l+x)\dot{\theta}^2+kx=0\end{cases}$$

9.3.2 完整系统的能量关系

先来研究用广义坐标和广义速度表示的系统动能表达式的结构。利用式(9.19)，系统动能可写为

$$T=\frac{1}{2}\sum_{\nu=1}^{N}m_\nu\dot{\boldsymbol{r}}_\nu^2=\frac{1}{2}\sum_{\nu=1}^{N}m_\nu\left(\sum_{j=1}^{m}\frac{\partial \boldsymbol{r}_\nu}{\partial q_j}\dot{q}_j+\frac{\partial \boldsymbol{r}_\nu}{\partial t}\right)^2$$
$$=\frac{1}{2}\sum_{j,k=1}^{m}a_{jk}\dot{q}_j\dot{q}_k+\sum_{j=1}^{m}a_j\dot{q}_j+a_0 \tag{9.31}$$

其中：

$$a_{jk}=\sum_{\nu=1}^{N}m_\nu\frac{\partial \boldsymbol{r}_\nu}{\partial q_j}\cdot\frac{\partial \boldsymbol{r}_\nu}{\partial q_k},\quad a_j=\sum_{\nu=1}^{N}m_\nu\frac{\partial \boldsymbol{r}_\nu}{\partial q_j}\cdot\frac{\partial \boldsymbol{r}_\nu}{\partial t},\quad a_0=\frac{1}{2}\sum_{\nu=1}^{N}m_\nu\left(\frac{\partial \boldsymbol{r}_\nu}{\partial t}\right)^2 \tag{9.32}$$

它们是 $q_1,q_2,\cdots,q_m,t$ 的函数。

式(9.31)表明动能是广义速度的二次多项式，可以写成

$$T=T_2+T_1+T_0 \tag{9.33}$$

其中：

$$T_2=\frac{1}{2}\sum_{j,k=1}^{m}a_{jk}\dot{q}_j\dot{q}_k,\quad T_1=\sum_{j=1}^{m}a_j\dot{q}_j,\quad T_0=a_0 \tag{9.34}$$

T_2、T_1、T_0 分别是广义速度的二次、一次和零次**齐次函数**。

对**定常系统**，有 $\partial\boldsymbol{r}_\nu/\partial t=0(\nu=1,2,\cdots,N)$，由式(9.32)可知 $a_j=0,a_0=0$，所以

$$T=T_2=\frac{1}{2}\sum_{j,k=1}^{m}a_{jk}\dot{q}_j\dot{q}_k \tag{9.35}$$

即定常系统的动能是广义速度的二次型，且系数 a_{jk} 不显含时间 t。

可以证明 T_2 是一个正定二次型，进而矩阵 $[a_{jk}]_{n\times n}$ 是正定矩阵。

系统的广义力可表示成下面的一般形式：

$$Q_i=-\frac{\partial V}{\partial q_i}+Q_i^* \tag{9.36}$$

其中：Q_i^* 表示非势力对应的广义力。于是 Lagrange 方程(9.29)有如下形式：

$$\frac{\mathrm{d}}{\mathrm{d}t}\frac{\partial T}{\partial \dot{q}_i}-\frac{\partial T}{\partial q_i}=-\frac{\partial V}{\partial q_i}+Q_i^*,\quad i=1,2,\cdots,n \tag{9.37}$$

现在来考察动能随时间的变化形式。动能 $T(q_k,\dot{q}_k,t)$ 对时间的导数为

$$\begin{aligned}\frac{\mathrm{d}T}{\mathrm{d}t} &= \sum_{i=1}^{n}\left(\frac{\partial T}{\partial \dot{q}_i}\ddot{q}_i+\frac{\partial T}{\partial q_i}\dot{q}_i\right)+\frac{\partial T}{\partial t}\\ &= \frac{\mathrm{d}}{\mathrm{d}t}\left(\sum_{i=1}^{n}\frac{\partial T}{\partial \dot{q}_i}\dot{q}_i\right)-\sum_{i=1}^{n}\left(\frac{\mathrm{d}}{\mathrm{d}t}\frac{\partial T}{\partial \dot{q}_i}-\frac{\partial T}{\partial q_i}\right)\dot{q}_i+\frac{\partial T}{\partial t}\end{aligned} \tag{9.38}$$

为了进一步推演上式，先引进 Euler 齐次函数定理，即对于 k 次齐次函数 $f(x_1,x_2,\cdots,x_n)$，有

$$\sum_{i=1}^{n}\frac{\partial f}{\partial x_i}x_i = kf$$

应用这个公式可得

$$\sum_{i=1}^{n}\frac{\partial T}{\partial \dot{q}_i}\dot{q}_i = \sum_{i=1}^{n}\frac{\partial (T_2+T_1+T_0)}{\partial \dot{q}_i}\dot{q}_i = 2T_2+T_1 \tag{9.39}$$

将式(9.37)和式(9.39)代入式(9.38)，得

$$\frac{\mathrm{d}T}{\mathrm{d}t}=\frac{\mathrm{d}}{\mathrm{d}t}(2T_2+T_1)+\sum_{i=1}^{n}\frac{\partial V}{\partial q_i}\dot{q}_i-\sum_{i=1}^{n}Q_i^*\dot{q}_i+\frac{\partial T}{\partial t} \tag{9.40}$$

这就是**完整系统的动能定理**。

式(9.40)也可写成机械能随时间的变化形式。将式(9.40)写为

$$\frac{\mathrm{d}T}{\mathrm{d}t}=\frac{\mathrm{d}}{\mathrm{d}t}(2T_2+2T_1+2T_0)-\frac{\mathrm{d}}{\mathrm{d}t}(T_1+2T_0)+\frac{\mathrm{d}V}{\mathrm{d}t}-\frac{\partial V}{\partial t}-\sum_{i=1}^{n}Q_i^*\dot{q}_i+\frac{\partial T}{\partial t}$$

而 $2T_2+2T_1+2T_0=2T$，所以得到

$$\frac{\mathrm{d}E}{\mathrm{d}t}=P^*+\frac{\mathrm{d}}{\mathrm{d}t}(T_1+2T_0)+\frac{\partial V}{\partial t}-\frac{\partial T}{\partial t} \tag{9.41}$$

其中：

$$P^* = \sum_{i=1}^{n}Q_i^*\dot{q}_i \tag{9.42}$$

称为**非势力功率**。式(9.41)给出了**完整系统机械能变化的定理**。

下面来看几种特殊情况。

(1) 主动力都是势力，且假定动能 T 和势能 V 都不显含时间 t，则式(9.41)变为

$$\frac{\mathrm{d}E}{\mathrm{d}t}=\frac{\mathrm{d}}{\mathrm{d}t}(T_1+2T_0)\quad 或\quad \frac{\mathrm{d}}{\mathrm{d}t}[E-(T_1+2T_0)]=0 \tag{9.43}$$

对于非定常系统，T_1+2T_0 一般不恒等于零，因此有结论：对于完整非定常系统，即使主动力均为势力，机械能也不守恒；只有广义机械能守恒，即 $E-(T_1+2T_0)=$ 常数。

(2) 设系统是定常的,那么 $T_1=T_0=0, \partial T/\partial t=0$,式(9.41)变为

$$\frac{\mathrm{d}E}{\mathrm{d}t}=P^*+\frac{\partial V}{\partial t} \tag{9.44}$$

(3) 设系统是定常的且势能 V 不显含时间 t,则式(9.41)变为

$$\frac{\mathrm{d}E}{\mathrm{d}t}=P^* \tag{9.45}$$

(4) 设系统定常、所有力有势、势能 V 不显含时间 t,则式(9.41)变为

$$\frac{\mathrm{d}E}{\mathrm{d}t}=0 \quad \Rightarrow \quad E=h=\text{常数} \tag{9.46}$$

这种系统称为**保守系统**,即保守系统在运动过程中机械能不变。

例 9.23 如图 9.15 所示,质量为 m 的小球在光滑细管中自由滑动,细管弯成半径为 R 的圆环,以匀角速度 ω 绕铅垂直径上的 AB 轴转动,细管和轴的质量不计,不考虑各处摩擦。取系统的广义坐标为 θ,写出该非定常系统的广义机械能守恒表达式。

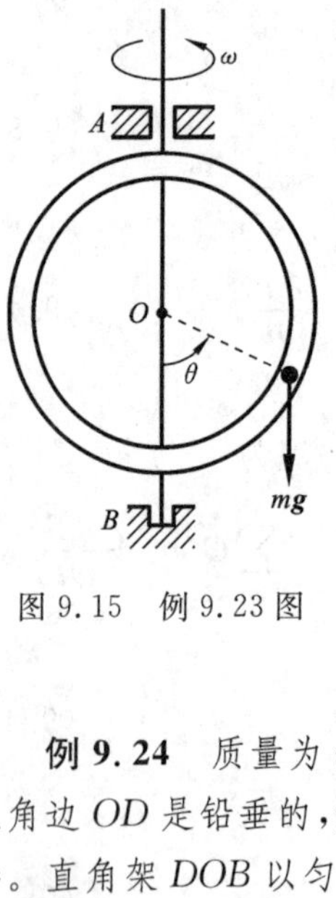

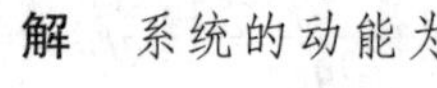

图 9.15　例 9.23 图

解 系统的动能为

$$T=\frac{1}{2}mR^2\dot{\theta}^2+\frac{1}{2}m\omega^2R^2\sin^2\theta$$

所以

$$T_2=\frac{1}{2}mR^2\dot{\theta}^2,\quad T_1=0,\quad T_0=\frac{1}{2}m\omega^2R^2\sin^2\theta$$

系统的势能为

$$V=-mgR\cos\theta$$

所以系统的广义机械能守恒表达式为

$$\frac{1}{2}mR^2\dot{\theta}^2-mgR\cos\theta-\frac{1}{2}m\omega^2R^2\sin^2\theta=\text{常数}$$

例 9.24 质量为 m、长度为 l 的均质杆 AB 沿直角架 DOB 两边无摩擦地滑动,直角边 OD 是铅垂的,如图 9.16(a)所示。杆的 A 端用刚度为 k 的弹簧与固定点连接。直角架 DOB 以匀角速度 ω 绕 OD 边转动,在 $\varphi=\varphi_0$ 时弹簧的长度为原长。写出杆 AB 的广义机械能守恒表达式。

解 以直角架 DOB 为动系,杆 AB 相对运动的速度瞬心为点 P,所以,杆上与点 A 距离为 r 的点 E 的速度分析如图 9.16(b)所示。因为在整个杆上有 $\boldsymbol{v}_\mathrm{r}\perp\boldsymbol{v}_\mathrm{e}$,所以杆的动能为

$$\begin{aligned}T&=\frac{1}{2}\sum mv_\mathrm{r}^2+\frac{1}{2}\sum mv_\mathrm{e}^2=\frac{1}{2}J_P\dot{\varphi}^2+\frac{1}{2}\int_0^l(\omega r\sin\varphi)^2\frac{m}{l}\mathrm{d}r\\&=\frac{1}{6}ml^2(\dot{\varphi}^2+\omega^2\sin^2\varphi)\end{aligned}$$

所以

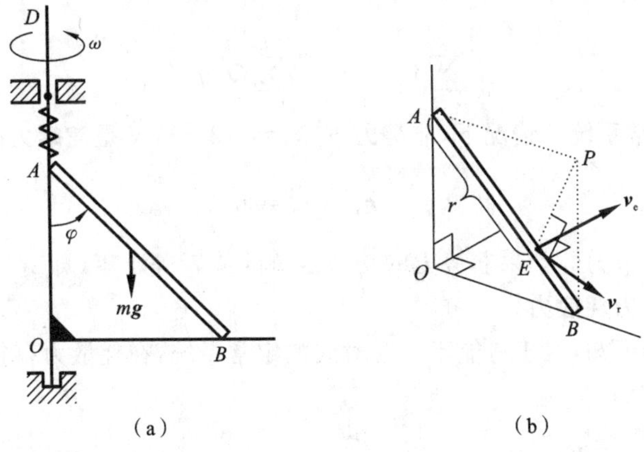

（a）　（b）

图9.16　例9.24图

$$T_2=\frac{1}{6}ml^2\dot{\varphi}^2,\quad T_1=0,\quad T_0=\frac{1}{6}m\omega^2 l^2\sin^2\varphi$$

以 $\varphi=\varphi_0$ 为弹性势能的零势位、以 OB 边为重力势能的零势位，则势能为

$$V=\frac{1}{2}mgl\sin\varphi+\frac{1}{2}kl^2(\cos\varphi-\cos\varphi_0)^2$$

所以系统的广义机械能守恒表达式为

$$\frac{1}{6}ml^2\dot{\varphi}^2+\frac{1}{2}mgl\sin\varphi+\frac{1}{2}kl^2(\cos\varphi-\cos\varphi_0)^2-\frac{1}{6}m\omega^2 l^2\sin^2\varphi=\text{常数}$$

9.3.3　陀螺力、耗散力和 Rayleigh 函数

如果非势力的功率恒等于零，则该非势力称为**陀螺力**。

设非势力是广义速度的线性函数：

$$Q_i^*=\sum_{k=1}^{n}\gamma_{ik}\dot{q}_k,\quad i=1,2,\cdots,n \tag{9.47}$$

如果由系数 $\Gamma=[\gamma_{ik}]_{n\times n}$ 构成的矩阵是反对称的，即 $\gamma_{ik}=-\gamma_{ki}$，那么广义力 Q_i^* 是陀螺力。对于式(9.47)给出的广义力，它们是陀螺力的充分必要条件是矩阵 $\Gamma=[\gamma_{ik}]_{n\times n}$ 是反对称的。

对于定常系统，设系统各质点上作用的非势力为 $\boldsymbol{F}_\nu^*$，$\nu=1,2,\cdots,N$，则非势力的功率为

$$\sum_{\nu=1}^{N}\boldsymbol{F}_\nu^*\cdot\boldsymbol{v}_\nu=\sum_{\nu=1}^{N}\boldsymbol{F}_\nu^*\cdot\sum_{i=1}^{n}\frac{\partial\boldsymbol{r}_\nu}{\partial q_i}\dot{q}_i=\sum_{i=1}^{n}\left(\sum_{\nu=1}^{N}\boldsymbol{F}_\nu^*\cdot\frac{\partial\boldsymbol{r}_\nu}{\partial q_i}\right)\dot{q}_i$$

其中，使用了定常系统，有 $\partial\boldsymbol{r}_\nu/\partial t=\boldsymbol{0}$，注意到

$$\sum_{\nu=1}^{N}\boldsymbol{F}_\nu^*\cdot\frac{\partial\boldsymbol{r}_\nu}{\partial q_i}=Q_i^*$$

所以

$$\sum_{\nu=1}^{N}\boldsymbol{F}_{\nu}^{*}\cdot\boldsymbol{v}_{\nu}=\sum_{i=1}^{n}Q_{i}^{*}\dot{q}_{i}$$

于是,在定常系统的情况下,**非势力** $\boldsymbol{F}_{\nu}^{*}$,$\nu=1,2,\cdots,N$ **是陀螺力的条件**为

$$\sum_{\nu=1}^{N}\boldsymbol{F}_{\nu}^{*}\cdot\boldsymbol{v}_{\nu}=0$$

下面讨论耗散力。如果非势力的功率是负的或者等于零(即 $P^{*}\leqslant 0$ 且 P^{*} 不恒等于零),则称之为**耗散力**。

由式(9.45)可知,对于势能不显含时间的定常系统,在耗散力存在时,有

$$\frac{\mathrm{d}E}{\mathrm{d}t}\leqslant 0$$

即在运动过程中机械能减小。这种情况下的系统称为**耗散系统**。

如果存在二次型:

$$R=\frac{1}{2}\sum_{i,k=1}^{n}b_{ik}\dot{q}_{i}\dot{q}_{k}\quad(b_{ik}=b_{ki})\tag{9.48}$$

使得耗散力的广义力满足关系式:

$$Q_{i}^{*}=-\frac{\partial R}{\partial\dot{q}_{i}}=-\sum_{k=1}^{n}b_{ik}\dot{q}_{k},\quad i=1,2,\cdots,n\tag{9.49}$$

那么对于定常系统,耗散力的功率 P^{*} 为

$$\sum_{\nu=1}^{N}\boldsymbol{F}_{\nu}^{*}\cdot\boldsymbol{v}_{\nu}=\sum_{i=1}^{n}Q_{i}^{*}\dot{q}_{i}=-2R\leqslant 0\tag{9.50}$$

函数 R 称为 **Rayleigh 函数**。由式(9.45)和式(9.50)可知,对于势能不显含时间的定常系统,有

$$\frac{\mathrm{d}E}{\mathrm{d}t}=-2R\tag{9.51}$$

9.3.4 Lagrange 方程相对于广义速度的可解性

由动能表达式[式(9.33)和式(9.34)],Lagrange 方程(9.29)可写成

$$\sum_{k=1}^{n}a_{ik}\ddot{q}_{i}=g_{i},\quad i=1,2,\cdots,n\tag{9.52}$$

其中:函数 g_{i} 不依赖于广义加速度。式(9.52)是关于 $\ddot{q}_{i}$,$i=1,2,\cdots,n$ 的线性方程组,按照前面的论证,其系数矩阵$[a_{ik}]_{n\times n}$是正定的,因此该方程组可解并有唯一解:

$$\ddot{q}_{i}=G_{i}(q_{k},\dot{q}_{k},t),\quad i=1,2,\cdots,n\tag{9.53}$$

由微分方程理论,当 G_{i} 满足某些限制条件(例如,在力学中总是假设 G_{i} 有连续的偏导数)时,对任意初始条件:$t=t_{0}$ 时 $q_{i}=q_{i}^{0}$,$\dot{q}_{i}=\dot{q}_{i}^{0}$($i=1,2,\cdots,n$),方程组(9.53)都有唯一解,因此,Lagrange 方程满足运动确定性条件。

9.4 Hamilton 正则方程

9.4.1 Legendre 变换和 Hamilton 函数

完整系统在势力场中运动的第二类 Lagrange 方程为

$$\frac{\mathrm{d}}{\mathrm{d}t}\frac{\partial L}{\partial \dot{q}_i}-\frac{\partial L}{\partial q_i}=0,\quad i=1,2,\cdots,n \tag{9.54}$$

其中：Lagrange 函数 L 依赖于变量 q_i、$\dot{q}_i$、$t(i=1,2,\cdots,n)$。这些变量确定时空和系统的运动状态，即各质点的位置和速度，变量 q_i、$\dot{q}_i$、$t(i=1,2,\cdots,n)$ 称为 **Lagrange 变量**。

系统的状态也可利用其他参数确定，可以取 q_i、p_i、$t(i=1,2,\cdots,n)$ 为这样的参数，其中 p_i 是**广义动量**，由下式定义：

$$p_i=\frac{\partial L}{\partial \dot{q}_i},\quad i=1,2,\cdots,n \tag{9.55}$$

变量 q_i、p_i、$t(i=1,2,\cdots,n)$ 称为 **Hamilton 变量**。

对于不显含广义速度的势能 $V(q_i,t)$，Lagrange 函数 L 的 Hessian 行列式为

$$\det\left[\frac{\partial^2 L}{\partial \dot{q}_i \partial \dot{q}_k}\right]_{n\times n}=\det\left[\frac{\partial^2 T}{\partial \dot{q}_i \partial \dot{q}_k}\right]_{n\times n}=\det[a_{ik}]_{n\times n}\neq 0$$

这是因为前面已知矩阵$[a_{ik}]_{n\times n}$是正定的。上式中的行列式恰好是式(9.55)等号右边部分的 Jacobi 行列式，根据隐函数定理，可以从式(9.55)解出 $\dot{q}_i$：

$$\dot{q}_i=\varphi_i(q_1,q_2,\cdots,q_n,p_1,p_2,\cdots,p_n,t),\quad i=1,2,\cdots,n \tag{9.56}$$

因此，Lagrange 变量可以用 Hamilton 变量表示，反之亦然。

Hamilton 提出用变量 q_i、p_i、$t(i=1,2,\cdots,n)$描述运动方程，使 Lagrange 方程变为 $2n$ 个具有对称形式的一阶方程，这些方程称为 **Hamilton 方程**(或者**正则方程**)，变量 q_i 和 $p_i(i=1,2,\cdots,n)$称为**正则共轭变量**。

在引入 Hamilton 方程之前，我们先给出某些辅助定义。设给定函数 $X(x_1,x_2,\cdots,x_n)$，其 Hessian 行列式不等于零：

$$\det\left[\frac{\partial X}{\partial x_i \partial x_k}\right]_{n\times n}\neq 0 \tag{9.57}$$

从变量 $x_1,x_2,\cdots,x_n$ 到变量 $y_1,y_2,\cdots,y_n$ 的变换由下式定义：

$$y_i=\frac{\partial X}{\partial x_i},\quad i=1,2,\cdots,n \tag{9.58}$$

函数 $X(x_1,x_2,\cdots,x_n)$的 **Legendre 变换**是指下面的函数变换式：

$$Y=\sum_{i=1}^{n} y_i x_i - X \tag{9.59}$$

这个变换将函数 $X(x_1,x_2,\cdots,x_n)$变为函数 $Y(y_1,y_2,\cdots,y_n)$，其中 x_i 需要借助

方程组(9.58)用变量 y_i 表示[也就是从方程组(9.58)解出 x_i]。

Lagrange 函数 $L(q_i,\dot{q}_i,t)$关于变量 $\dot{q}_i$ 的 Legendre 变换为

$$H(q_i,p_i,t)=\sum_{i=1}^{n}p_i\dot{q}_i-L(q_i,\dot{q}_i,t) \tag{9.60}$$

得到的新函数 $H(q_i,p_i,t)$称为 **Hamilton 函数**,其中 $\dot{q}_i$ 从方程组(9.55)解出,用变量 p_i 表示。

9.4.2 Hamilton 方程

Hamilton 函数的全微分为

$$\mathrm{d}H(q_i,p_i,t)=\sum_{i=1}^{n}\frac{\partial H}{\partial q_i}\mathrm{d}q_i+\sum_{i=1}^{n}\frac{\partial H}{\partial p_i}\mathrm{d}p_i+\frac{\partial H}{\partial t}\mathrm{d}t \tag{9.61}$$

另一方面,式(9.60)等号右边的全微分在条件式(9.55)下计算得到:

$$\mathrm{d}H(q_i,p_i,t)=\sum_{i=1}^{n}\dot{q}_i\mathrm{d}p_i-\sum_{i=1}^{n}\frac{\partial L}{\partial q_i}\mathrm{d}q_i-\frac{\partial L}{\partial t}\mathrm{d}t \tag{9.62}$$

因为全微分在变换为新变量后不变,故式(9.61)和式(9.62)的等号右边相等,因此得

$$\frac{\partial H}{\partial q_i}=-\frac{\partial L}{\partial q_i},\quad \frac{\partial H}{\partial p_i}=\dot{q}_i,\quad i=1,2,\cdots,n \tag{9.63}$$

以及

$$\frac{\partial H}{\partial t}=-\frac{\partial L}{\partial t} \tag{9.64}$$

根据式(9.54)和式(9.55),有

$$\dot{p}_i=\frac{\partial L}{\partial q_i},\quad i=1,2,\cdots,n \tag{9.65}$$

因此由式(9.63)可得系统的运动方程,为

$$\frac{\mathrm{d}q_i}{\mathrm{d}t}=\frac{\partial H}{\partial p_i},\quad \frac{\mathrm{d}p_i}{\mathrm{d}t}=-\frac{\partial H}{\partial q_i},\quad i=1,2,\cdots,n \tag{9.66}$$

这些方程称为 **Hamilton 方程**(**或者正则方程**)。

需要指出,由式(9.64)可知,如果 Lagrange 函数 L 不显含时间,则 Hamilton 函数也不显含时间,反之亦然。类似地,由式(9.63)可知,如果 Lagrange 函数 L 不显含某个广义坐标,则 Hamilton 函数也不显含这个广义坐标,反之亦然。

例 9.25　求质量为 m、摆长为 l 的单摆的 Hamilton 方程。

解　动能和势能分别为

$$T=\frac{1}{2}ml^2\dot{\varphi}^2,\quad V=-mgl\cos\varphi$$

这里,φ 为摆角,因此

$$L=T-V=\frac{1}{2}ml^2\dot{\varphi}^2+mgl\cos\varphi$$

由等式：

$$p_\varphi=\frac{\partial L}{\partial\dot{\varphi}}=ml^2\dot{\varphi}$$

求出

$$\dot{\varphi}=\frac{1}{ml^2}p_\varphi$$

利用式(9.60)写出 Hamilton 函数：

$$H=p_\varphi\dot{\varphi}-L=\frac{1}{2ml^2}p_\varphi^2-mgl\cos\varphi$$

所以正则方程为

$$\frac{\mathrm{d}\varphi}{\mathrm{d}t}=\frac{\partial H}{\partial p_\varphi}=\frac{1}{ml^2}p_\varphi,\quad \frac{\mathrm{d}p_\varphi}{\mathrm{d}t}=-\frac{\partial H}{\partial\varphi}=-mgl\sin\varphi$$

9.4.3　Jacobi 积分

先来求 Hamilton 函数对时间的全导数。利用式(9.65)可得

$$\frac{\mathrm{d}H}{\mathrm{d}t}=\sum_{i=1}^{n}\left(\frac{\partial H}{\partial q_i}\dot{q}_i+\frac{\partial H}{\partial p_i}\dot{p}_i\right)+\frac{\partial H}{\partial t}=\sum_{i=1}^{n}\left(\frac{\partial H}{\partial q_i}\frac{\partial H}{\partial p_i}-\frac{\partial H}{\partial p_i}\frac{\partial H}{\partial q_i}\right)+\frac{\partial H}{\partial t}=\frac{\partial H}{\partial t}$$

即 Hamilton 函数对时间的全导数等于它的偏导数：

$$\frac{\mathrm{d}H}{\mathrm{d}t}=\frac{\partial H}{\partial t}\tag{9.67}$$

如果 Hamilton 函数不显含时间，则称系统是**广义保守的**。此时$\partial H/\partial t\equiv 0$，再利用式(9.67)有 $\mathrm{d}H/\mathrm{d}t\equiv 0$，系统在运动过程中有

$$H(q_i,p_i)=h\tag{9.68}$$

其中：h 为任意常数。这时的函数 H 称为**广义能量**，式(9.68)称为**广义能量积分**。

对于具有普通势能 $V(q_i,t)$（与广义速度无关）的系统，可得 Hamilton 函数，为

$$H=T_2-T_0+V\tag{9.69}$$

进一步，如果该 Hamilton 函数不显含时间，则根据式(9.68)有

$$T_2-T_0+V=h\tag{9.70}$$

其中：h 为任意常数。式(9.70)称为 **Jacobi 积分**。

例 9.26　光滑管在水平面内以匀角速度 ω 做定轴转动，质量为 m 的小球在管内运动，小球可看成质点，求系统的 Jacobi 积分。

解　管与水平面内某个固定方向的夹角 φ 是已知的($\varphi=\omega t$)，小球的位置用径向距离 r 表示，r 就是系统的广义坐标，如图 9.17 所示。

小球的势能 V 为常数，且 $V=0$。小球的动能为

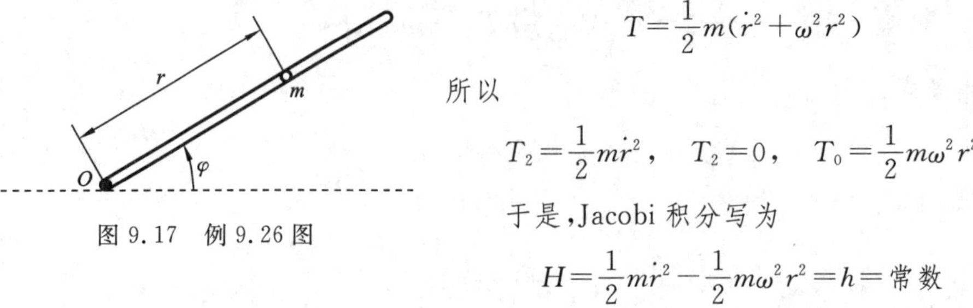

图 9.17　例 9.26 图

$$T=\frac{1}{2}m(\dot{r}^2+\omega^2r^2)$$

所以

$$T_2=\frac{1}{2}m\dot{r}^2,\quad T_2=0,\quad T_0=\frac{1}{2}m\omega^2r^2$$

于是，Jacobi 积分写为

$$H=\frac{1}{2}m\dot{r}^2-\frac{1}{2}m\omega^2r^2=h=常数$$

该系统除了理想约束反力以外没有其他力作用，但是它的机械能即动能是不守恒的。

9.5　Routh 函数和 Routh 方程

9.5.1　Routh 函数

为了描述完整系统在给定时刻的状态，Routh 提出了 Lagrange 和 Hamilton 组合变量。**Routh 变量是指：**

$$q_i,\dot{q}_i;q_\alpha,p_\alpha,t,\quad i=1,2,\cdots,k,\quad \alpha=k+1,\cdots,n$$

其中：k 为小于 n 的任意固定数。假设 Lagrange 函数 L 对变量 $\dot{q}_\alpha,\alpha=k+1,\cdots,n$ 的 Hessian 行列式为

$$\det\left[\frac{\partial^2 L}{\partial\dot{q}_\alpha\partial\dot{q}_\beta}\right]_{\alpha,\beta=k+1}^{n}\neq 0 \tag{9.71}$$

对于具有普通势能 $V(q_i,t)$（与广义速度无关）的系统，有

$$\det\left[\frac{\partial^2 L}{\partial\dot{q}_\alpha\partial\dot{q}_\beta}\right]_{\alpha,\beta=k+1}^{n}=\det\left[\frac{\partial^2 T_2}{\partial\dot{q}_\alpha\partial\dot{q}_\beta}\right]_{\alpha,\beta=k+1}^{n}=\det\left[a_{\alpha\beta}\right]_{\alpha,\beta=k+1}^{n}\neq 0 \tag{9.72}$$

因为矩阵$[a_{\alpha\beta}]_{\alpha,\beta=1}^{n}$是对称正定矩阵，所以式(9.72)的最后一个行列式不等于零。因此，对于具有普通势能的系统，式(9.71)总是成立的。

广义冲量 p_α 按通常方式定义：

$$p_\alpha=\frac{\partial L}{\partial\dot{q}_\alpha},\quad \alpha=k+1,\cdots,n \tag{9.73}$$

Routh 函数 $R(q_1,\cdots,q_k,q_{k+1},\cdots,q_n,\dot{q}_1,\cdots,\dot{q}_k,p_{k+1},\cdots,p_n,t)$是函数 L 对变量 $\dot{q}_{k+1},\cdots,\dot{q}_n$ 做 Legendre 变换得到的新函数，即

$$R=\sum_{\alpha=k+1}^{n}p_\alpha\dot{q}_\alpha-L(q_i,q_\alpha,\dot{q}_i,\dot{q}_\alpha,t) \tag{9.74}$$

其中：$\dot{q}_\alpha,\alpha=k+1,\cdots,n$ 从式(9.73)中解出，用 q_i、q_α、$\dot{q}_i$、p_α、t 表示。

9.5.2　Routh 方程

Routh 函数的全微分为

$$dR = \sum_{i=1}^{k}\left(\frac{\partial R}{\partial q_i}dq_i + \frac{\partial R}{\partial \dot{q}_i}d\dot{q}_i\right) + \sum_{\alpha=k+1}^{n}\left(\frac{\partial R}{\partial q_\alpha}dq_\alpha + \frac{\partial R}{\partial p_\alpha}dp_\alpha\right) + \frac{\partial R}{\partial t}dt \tag{9.75}$$

另一方面，在条件式(9.73)下式(9.74)等号右边的全微分为

$$dR = -\sum_{i=1}^{k}\left(\frac{\partial L}{\partial q_i}dq_i + \frac{\partial L}{\partial \dot{q}_i}d\dot{q}_i\right) + \sum_{\alpha=k+1}^{n}\left(\dot{q}_\alpha dp_\alpha - \frac{\partial L}{\partial q_\alpha}dq_\alpha\right) - \frac{\partial L}{\partial t}dt \tag{9.76}$$

比较式(9.75)和式(9.76)的等号右边可得

$$\frac{\partial R}{\partial q_i} = -\frac{\partial L}{\partial q_i}, \quad \frac{\partial R}{\partial \dot{q}_i} = -\frac{\partial L}{\partial \dot{q}_i}, \quad i=1,2,\cdots,k \tag{9.77}$$

$$\frac{\partial R}{\partial q_\alpha} = -\frac{\partial L}{\partial q_\alpha}, \quad \frac{\partial R}{\partial p_\alpha} = \dot{q}_\alpha, \quad \alpha=k+1,\cdots,n \tag{9.78}$$

$$\frac{\partial R}{\partial t} = -\frac{\partial L}{\partial t} \tag{9.79}$$

对于我们研究的系统，有 Lagrange 方程：

$$\frac{d}{dt}\frac{\partial L}{\partial \dot{q}_i} - \frac{\partial L}{\partial q_i} = 0, \quad i=1,2,\cdots,n \tag{9.80}$$

所以，由式(9.73)、式(9.77)、式(9.78)和式(9.80)可得

$$\frac{d}{dt}\frac{\partial R}{\partial \dot{q}_i} - \frac{\partial R}{\partial q_i} = 0, \quad i=1,2,\cdots,k \tag{9.81}$$

$$\frac{dq_\alpha}{dt} = \frac{\partial R}{\partial p_\alpha}, \quad \frac{dp_\alpha}{dt} = -\frac{\partial R}{\partial q_\alpha}, \quad \alpha=k+1,\cdots,n \tag{9.82}$$

式(9.81)和式(9.82)构成了 **Routh 方程**，它们可应用于具有循环坐标的系统，所谓循环坐标，是指在 Lagrange 函数或 Hamilton 函数中不出现的广义坐标。

9.6　非完整系统的运动方程

第二类 Lagrange 方程只适用于用广义坐标描述的完整系统，因此我们还需要知道，对于非完整系统，如何建立系统的运动方程。至今，人们已经在非完整系统动力学的研究上取得了许多成果。下面我们只限于一阶非完整约束，介绍几种非完整系统的运动方程。

9.6.1　带约束乘子的运动方程

考虑 N 个质点组成的理想约束系统，设质点 i 所受的主动力合力为 $\boldsymbol{F}_i$，加速度为 $\boldsymbol{a}_i$。对于这种系统，前面我们已经推出 Lagrange 变分方程，有

$$\sum_{k=1}^{m}\left(\frac{d}{dt}\frac{\partial T}{\partial \dot{u}_k} - \frac{\partial T}{\partial u_k} - Q_k\right)\delta u_k = 0 \tag{9.83}$$

其中：$u_1, u_2, \cdots, u_m$ 为可以确定系统位置的 m 个时变坐标(或参数)(**注意**，这里，我们只要求这 m 个参数能描述系统的位置，而不要求它们相互独立)；Q_k 是在这种一般坐标体系下，系统的广义力；T 为系统的动能。

现在我们从 Lagrange 变分方程出发，来推导在一般坐标体系 $u_1, u_2, \cdots, u_m$ 下，一阶线性非完整约束系统的运动方程。设系统受到 r 个完整约束，s 个非完整约束，约束方程可写为

$$f_\alpha(u_1, u_2, \cdots, u_m, t) = 0, \quad \alpha = 1,2,\cdots,r \tag{9.84}$$

$$\sum_{\nu=1}^{m} c_{\beta\nu}\dot{u}_\nu + c_\nu = 0, \quad \beta = 1,2,\cdots,s \tag{9.85}$$

其中：$c_{\beta\nu}$ 和 c_ν 一般为 $u_1, u_2, \cdots, u_m, t$ 的函数。

对式(9.84)求等时变分，得

$$\sum_{\nu=1}^{m} c_{\alpha\nu}\delta u_\nu = 0, \quad \alpha = 1,2,\cdots,r \tag{9.86}$$

其中：$c_{\alpha\nu} = \dfrac{\partial f_\alpha}{\partial u_\nu}$。

式(9.85)可转变为对坐标变分 $\delta u_1, \cdots, \delta u_m$ 的限制方程：

$$\sum_{\nu=1}^{m} c_{\beta\nu}\delta u_\nu = 0, \quad \beta = 1,2,\cdots,s \tag{9.87}$$

式(9.86)和式(9.87)是完整和非完整约束对坐标变分的限制方程，可统一写成如下形式：

$$\sum_{k=1}^{m} c_{jk}\delta u_k = 0, \quad j = 1,2,\cdots,l \tag{9.88}$$

其中：$l = r + s < m$。

将式(9.88)的各个方程分别乘以未定乘子 $\lambda_j, j = 1,2,\cdots,l$，再相加得

$$\Big(\sum_{j=1}^{l}\lambda_j c_{j1}\Big)\delta u_1 + \Big(\sum_{j=1}^{l}\lambda_j c_{j2}\Big)\delta u_2 + \cdots + \Big(\sum_{j=1}^{l}\lambda_j c_{jm}\Big)\delta u_m = 0$$

将上式与 Lagrange 变分方程相加，得

$$\sum_{k=1}^{m}\left(\frac{\mathrm{d}}{\mathrm{d}t}\frac{\partial T}{\partial \dot{u}_k} - \frac{\partial T}{\partial u_k} - Q_k - \sum_{j=1}^{l}\lambda_j c_{jk}\right)\delta u_k = 0 \tag{9.89}$$

方程组(9.88)是关于变分 $\delta u_k, k = 1,2,\ldots,m$ 的 l 个线性方程($l < m$)，这些方程是相互独立的(否则，可以事先合并多余的约束方程)，所以矩阵$[c_{jk}]_{l\times m}$的秩为 l，因此由方程组(9.88)一定可以选出其中 $m-l$ 个变分作为独立变量，而其余 l 个变分是这些独立变分的线性组合，不妨设 $\delta u_{l+1}, \cdots, \delta u_m$ 为独立变量。现在我们选择 l 个乘子 $\lambda_j, j = 1,2,\cdots,l$，使方程组(9.89)的前 l 个括号内的各项等于零，即

$$\sum_{j=1}^{l} c_{jk}\lambda_j = \frac{\mathrm{d}}{\mathrm{d}t}\frac{\partial T}{\partial \dot{u}_k} - \frac{\partial T}{\partial u_k} - Q_k, \quad k = 1,2,\cdots,l \tag{9.90}$$

因为方程组(9.90)是关于 l 个乘子的 l 个线性方程，且矩阵$[c_{jk}]_{l\times l}$的秩为 l，因此存在唯一的解，即一定存在 $\lambda_j, j = 1,2,\cdots,l$ 的一组取值满足方程组(9.90)。于是式(9.89)变为

$$\sum_{k=l+1}^{m}\left(\frac{\mathrm{d}}{\mathrm{d}t}\frac{\partial T}{\partial \dot{u}_k}-\frac{\partial T}{\partial u_k}-Q_k-\sum_{j=1}^{l}\lambda_j c_{jk}\right)\delta u_k=0$$

现在因为 $\delta u_{l+1},\cdots,\delta u_m$ 为独立变量，上式中括号内的项必须等于零，即

$$\frac{\mathrm{d}}{\mathrm{d}t}\frac{\partial T}{\partial \dot{u}_k}-\frac{\partial T}{\partial u_k}-Q_k-\sum_{j=1}^{l}\lambda_j c_{jk}=0,\quad k=l+1,\cdots,m \tag{9.91}$$

式(9.90)、式(9.91)共有 m 个方程，但有 $m+l$ 个未知量 $u_k,k=1,2,\cdots,m$ 和 λ_j，$j=1,2,\cdots,l$，因此式(9.90)、式(9.91)不封闭，需要与式(9.84)、式(9.85)的 $l(l=r+s)$ 个约束方程联立，便得到一组封闭动力学方程，共有 $m+l$ 个方程，即

$$\begin{cases}\dfrac{\mathrm{d}}{\mathrm{d}t}\dfrac{\partial T}{\partial \dot{u}_k}-\dfrac{\partial T}{\partial u_k}=Q_k+\displaystyle\sum_{j=1}^{l}\lambda_j c_{jk}, & k=1,2,\cdots,m\\ f_j(u_1,u_2,\cdots,u_m,t)=0, & j=1,2,\cdots,r\\ \displaystyle\sum_{k=1}^{m}c_{jk}\dot{u}_k+c_j=0, & j=r+1,\cdots,r+s\end{cases} \tag{9.92}$$

其中：$c_{jk}=\partial f_j/\partial u_k,j=1,2,\cdots,r$。这就是**非独立坐标体系下，适用于非完整系统的、带约束乘子的运动方程**，也称为**拉格朗日(Lagrange)乘子方程**。如果式(9.92)中没有非完整约束，其就变为**完整系统在非独立坐标体系下的拉格朗日乘子方程**。

至此，我们给出了一种方法，可以建立非完整系统在任意坐标体系下的运动微分方程(建模问题)，接下来的问题是求出方程的解，即研究系统的演化问题，一般情况下，这是一项非常困难的工作，需要进行具体和专门研究，这里不再展开。

例 9.27　冰橇如图 9.18 所示，设冰刀安装在冰橇的质心 C，我们来研究在没有主动力作用的情况下，冰橇的平面运动；此时冰橇的非完整约束为 $\dot{x}\sin\varphi-\dot{y}\cos\varphi=0$。设冰橇质量为 m，对质心的转动惯量 $I_C=mk^2$，k 为冰橇对质心轴的回转半径。

解　动能为

$$T=\frac{1}{2}m(\dot{x}_C^2+\dot{y}_C^2+k^2\dot{\varphi}^2)$$

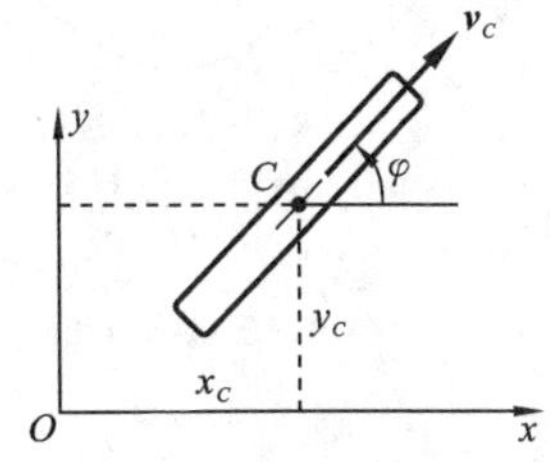

图 9.18　例 9.27 图

非完整约束为

$$\dot{x}_C\sin\varphi-\dot{y}_C\cos\varphi=0 \tag{a}$$

由此得系统运动微分方程，为

$$\begin{cases}m\ddot{x}_C=\lambda\sin\varphi\\ m\ddot{y}_C=-\lambda\cos\varphi\\ mk^2\ddot{\varphi}=0\\ \dot{x}_C\sin\varphi-\dot{y}_C\cos\varphi=0\end{cases} \tag{b}$$

由式(b)的第 3 个方程得

$$\dot{\varphi}=\omega=常数\quad\Rightarrow\quad\varphi=\omega t$$

由式(b)的第 1、2 个方程消去乘子 λ，得

$$\ddot{x}_C\cos\varphi+\ddot{y}_C\sin\varphi=0 \tag{c}$$

因为

$$\frac{\mathrm{d}}{\mathrm{d}t}(\dot{x}_C\cos\varphi+\dot{y}_C\sin\varphi)=\ddot{x}_C\cos\varphi+\ddot{y}_C\sin\varphi-(\dot{x}_C\sin\varphi-\dot{y}_C\cos\varphi)\dot{\varphi}$$

由式(a)和式(c),得

$$\frac{\mathrm{d}}{\mathrm{d}t}(\dot{x}_C\cos\varphi+\dot{y}_C\sin\varphi)=0 \quad\Rightarrow\quad \dot{x}_C\cos\varphi+\dot{y}_C\sin\varphi=v_C=\text{常数} \tag{d}$$

由式(a)和式(d)解得

$$\dot{x}_C=v_C\cos\varphi,\quad \dot{y}_C=v_C\sin\varphi$$

积分一次,得到冰橇质心的运动方程,为

$$x=v\omega^{-1}\sin\omega t+x_0,\quad y=-v\omega^{-1}\cos\omega t+y_0$$

即冰橇质心做圆周运动。

像本例题这样能得到解析解的非完整系统是很少的。

例 9.28 滚盘问题:半径为 b,质量为 m 的均质圆盘在水平面上做纯滚动(见图 9.19),试用带约束乘子的 Lagrange 方程建立圆盘的运动微分方程。

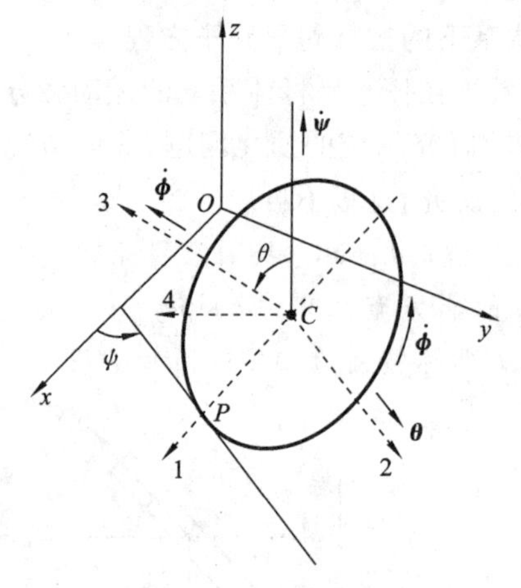

图 9.19 例 9.28 图

解 设盘心 C 的直角坐标为(x,y,z),三个 Euler 角为 ψ、θ、ϕ(滚盘由水平位置开始,先绕 z 轴转 ψ 角,再绕节线转 θ 角,最后绕法线转 ϕ 角)。这 6 个坐标完全确定系统位置。

由于圆盘做纯滚动,因此接触点 P 的速度为

$$\boldsymbol{v}_P=\boldsymbol{v}_C+\boldsymbol{\omega}\times\overrightarrow{CP}=\boldsymbol{0} \tag{a}$$

为了得到式(a)的投影方程,将式(a)中各矢量向正交轴系 $C123$ 投影,得滚盘的角速度:

$$\boldsymbol{\omega}=[\omega_1,\omega_2,\omega_3]^{\mathrm{T}}=[-\dot{\psi}\sin\theta,\dot{\theta},\dot{\phi}+\dot{\psi}\cos\theta]^{\mathrm{T}} \tag{b}$$

矢径为

$$\overrightarrow{CP}=[b,0,0]^{\mathrm{T}} \tag{c}$$

关于 $\boldsymbol{v}_C$ 的投影,可按以下步骤获得:先作过点 C 与 2 轴垂直的水平轴 4,注意 2 轴、4 轴在同一水平面内,而 1 轴、3 轴、4 轴在同一铅垂面内,因此 $\boldsymbol{v}_{Cx}$ 和 $\boldsymbol{v}_{Cy}$ 可先向 2 轴、4 轴分解,再将 4 轴的分量向 1 轴、3 轴分解;而 $\boldsymbol{v}_{Cz}$ 则直接向 1 轴、3 轴分解。由此可得

$$\begin{aligned}\boldsymbol{v}_{Cx}&=\dot{x}\boldsymbol{i}=\dot{x}(\cos\psi\boldsymbol{e}_2+\sin\psi\boldsymbol{e}_4)=\dot{x}[\cos\psi\boldsymbol{e}_2+\sin\psi(\cos\theta\boldsymbol{e}_1+\sin\theta\boldsymbol{e}_3)]\\&=\dot{x}\sin\psi\cos\theta\boldsymbol{e}_1+\dot{x}\cos\psi\boldsymbol{e}_2+\dot{x}\sin\psi\sin\theta\boldsymbol{e}_3\end{aligned}$$

$$\boldsymbol{v}_{Cy}=\dot{y}\boldsymbol{j}=\dot{y}(\sin\psi\boldsymbol{e}_2-\cos\psi\boldsymbol{e}_4)=\dot{y}[\sin\psi\boldsymbol{e}_2-\cos\psi(\cos\theta\boldsymbol{e}_1+\sin\theta\boldsymbol{e}_3)]$$
$$=-\dot{y}\cos\psi\cos\theta\boldsymbol{e}_1+\dot{y}\sin\psi\boldsymbol{e}_2-\dot{y}\cos\psi\sin\theta\boldsymbol{e}_3$$
$$\boldsymbol{v}_{Cz}=\dot{z}\boldsymbol{k}=-\dot{z}\sin\theta\boldsymbol{e}_1+\dot{z}\cos\theta\boldsymbol{e}_3$$

其中：$\boldsymbol{e}_1$、$\boldsymbol{e}_2$、$\boldsymbol{e}_3$、$\boldsymbol{e}_4$ 分别为1轴、2轴、3轴、4轴的正向单位矢量。所以有

$$\boldsymbol{v}_C=\boldsymbol{v}_{Cx}+\boldsymbol{v}_{Cy}+\boldsymbol{v}_{Cz}=(\dot{x}\sin\psi\cos\theta-\dot{y}\cos\psi\cos\theta-\dot{z}\sin\theta)\boldsymbol{e}_1+(\dot{x}\cos\psi+\dot{y}\sin\psi)\boldsymbol{e}_2$$
$$+(\dot{x}\sin\psi\sin\theta-\dot{y}\cos\psi\sin\theta+\dot{z}\cos\theta)\boldsymbol{e}_3 \tag{d}$$

综合式(a)～式(d)得

$$\dot{x}\sin\psi\cos\theta-\dot{y}\cos\psi\cos\theta-\dot{z}\sin\theta=0 \tag{e}$$
$$\dot{x}\cos\psi+\dot{y}\sin\psi+b(\dot{\phi}+\dot{\psi}\cos\theta)=0 \tag{f}$$
$$\dot{x}\sin\psi\sin\theta-\dot{y}\cos\psi\sin\theta+\dot{z}\cos\theta-b\dot{\theta}=0 \tag{g}$$

(e)×$\cos\theta$+(g)×$\sin\theta$，(e)×$\sin\theta$+(g)×$\cos\theta$，得

$$\dot{x}\sin\psi-\dot{y}\cos\psi-b\dot{\theta}\sin\theta=0 \tag{h}$$
$$\dot{z}-b\dot{\theta}\cos\theta=0 \tag{i}$$

其中：式(i)可积，因此它是完整约束。**最后由式(f)、式(h)、式(i)，得系统的约束方程。**

非完整约束方程为

$$\begin{cases}\dot{x}\sin\psi-\dot{y}\cos\psi-b\dot{\theta}\sin\theta=0\\ \dot{x}\cos\psi+\dot{y}\sin\psi+b(\dot{\phi}+\dot{\psi}\cos\theta)=0\end{cases} \tag{j}$$

完整约束方程为

$$z=b\sin\theta \tag{k}$$

由于完整约束的存在，系统可取 x、y、ψ、θ、ϕ 这五个变量为广义坐标。

现在计算动能。图中三条虚线1轴、2轴、3轴为滚盘的三根中心惯性主轴，设滚盘对法线主轴的转动惯量为 J_3，对两根直径主轴的转动惯量为 J_1，则滚盘的动能为

$$T=\frac{1}{2}m(\dot{x}^2+\dot{y}^2+\dot{z}^2)+\frac{1}{2}(J_1\omega_1^2+J_1\omega_2^2+J_3\omega_3^2)$$
$$=\frac{1}{2}m(\dot{x}^2+\dot{y}^2+b^2\dot{\theta}^2\cos^2\theta)+\frac{1}{2}J_1(\dot{\psi}^2\sin^2\theta+\dot{\theta}^2)$$
$$+\frac{1}{2}J_3(\dot{\phi}+\dot{\psi}\cos\theta)^2 \tag{l}$$

系统的势能为

$$V=mgz=mgb\sin\theta \tag{m}$$

由于系统为势力系统，并且我们使用了广义坐标，因此广义力可由势能直接求出：

$$Q_x=Q_y=Q_\psi=Q_\phi=0,\quad Q_\theta=-\partial V/\partial\theta=-mgb\cos\theta \tag{n}$$

最后可得系统的运动微分方程，为

$$\begin{cases} m\ddot{x}=\lambda_1\sin\psi+\lambda_2\cos\psi \\ m\ddot{y}=\lambda_1\cos\psi-\lambda_2\sin\psi \\ \dfrac{\mathrm{d}}{\mathrm{d}t}[J_1\dot{\psi}\sin^2\psi+J_3(\dot{\phi}+\dot{\psi}\cos\theta)\cos\theta]=\lambda_2 b\cos\theta \\ \dfrac{\mathrm{d}}{\mathrm{d}t}[(mb^2\cos^2\theta+J_1)\dot{\theta}]+mb^2\dot{\theta}^2\cos\theta\sin\theta-A\dot{\psi}^2\cos\theta\sin\theta \\ \qquad +J_3(\dot{\phi}+\dot{\psi}\cos\theta)\dot{\psi}\sin\theta=-\lambda_1 b\sin\theta-mgb\cos\theta \\ \dfrac{\mathrm{d}}{\mathrm{d}t}[J_3(\dot{\phi}+\dot{\psi}\cos\theta)]=\lambda_2 b \end{cases}$$

再加上式(j)的两个非完整约束方程，就组成封闭的动力学方程组。

例 9.29 如图 9.20 所示，质点 A 和 B 质量均为 m，由一根长度为 l 的无质量刚杆连接。在铅垂面 Oxy 上，质点 A 和 B 可分别沿 x 轴和 y 轴无摩擦地滑动。求该系统的运动微分方程。

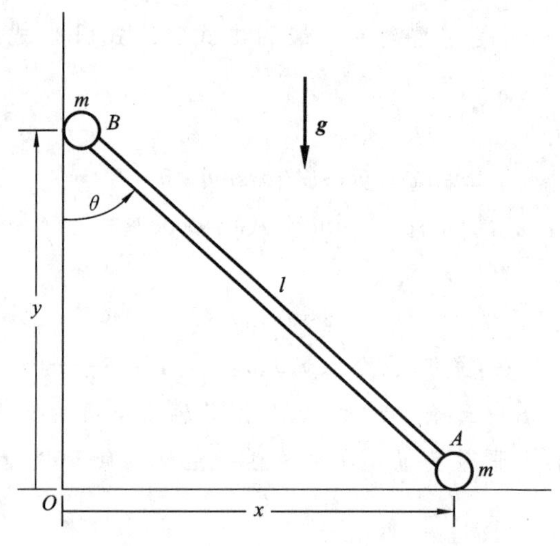

图 9.20 例 9.29 图

解 (1) 方法一。

我们应用 Lagrange 乘子方程。取位置坐标(x,y)，它们受到完整约束：

$$x^2+y^2-l^2=0 \tag{9.93}$$

该式对时间求导，得

$$2x\dot{x}+2y\dot{y}=0 \tag{9.94}$$

系统的动能、势能分别为

$$T=\frac{1}{2}m(\dot{x}^2+\dot{y}^2), \quad V=mgy \tag{9.95}$$

由式(9.92)可得带乘子的运动微分方程,为

$$\begin{cases} m\ddot{x}=2\lambda x \\ m\ddot{y}=2\lambda y-mg \end{cases} \tag{9.96}$$

这两个方程与约束方程(9.94)联立构成封闭的方程组。可以从该方程组解出λ,为此,将式(9.94)对时间求导,可得

$$x\ddot{x}+y\ddot{y}+\dot{x}^2+\dot{y}^2=0 \tag{9.97}$$

将式(9.96)代入式(9.97)可得

$$0=2\lambda(x^2+y^2)-mgy+m\dot{x}^2+m\dot{y}^2=2\lambda l^2-mgy+m\dot{x}^2+m\dot{y}^2$$

所以

$$\lambda=\frac{m}{2l^2}[gy-(\dot{x}^2+\dot{y}^2)] \tag{9.98}$$

进一步,可用数值方法求解式(9.96)和式(9.98)。

(2) 方法二。

本例题更简单的解法是取角θ为广义坐标,这样完整约束消失。可得

$$\dot{x}=l\dot{\theta}\cos\theta,\quad \dot{y}=-l\dot{\theta}\sin\theta$$

所以动能为

$$T=\frac{1}{2}m(\dot{x}^2+\dot{y}^2)=\frac{1}{2}ml^2\dot{\theta}^2 \tag{9.99}$$

势能为

$$V=mgy=mgl\cos\theta \tag{9.100}$$

Lagrange 方程为

$$\frac{\mathrm{d}}{\mathrm{d}t}\frac{\partial T}{\partial\dot{\theta}}-\frac{\partial T}{\partial\theta}=-\frac{\partial V}{\partial\theta} \tag{9.101}$$

所以系统的运动微分方程为

$$ml^2\ddot{\theta}-mgl\sin\theta=0 \tag{9.102}$$

9.6.2 伪坐标

设系统有m个广义坐标$q_1,q_2,\cdots,q_m$,s个线性非完整约束为

$$\sum_{j=1}^{m}b_{\beta j}(q_1,q_1,\cdots,q_m,t)\dot{q}_j+b_\beta(q_1,q_1,\cdots,q_m,t)=0,\quad \beta=1,2,\cdots,s \tag{9.103}$$

将式(9.103)写成广义坐标变分之间的线性约束关系,为

$$\sum_{j=1}^{m}b_{\beta j}\,\delta q_j=0,\quad \beta=1,2,\cdots,s \tag{9.104}$$

因此系统有$n(n=m-s)$个自由度($m\geqslant n$)。我们人为地取广义速度的n组相互独立的线性组合:

$$\dot{\pi}_i = \sum_{j=1}^{m} c_{ij}(q_1, q_2, \cdots, q_m, t)\dot{q}_j, \quad i = 1, 2, \cdots, n \tag{9.105}$$

$\dot{\pi}_i$ 一般有确定的含义，称为**伪速度**(或**准速度**)，显然，n **个伪速度是相互独立的**。但是 π_i 可能没有含义。式(9.105)等号两边对 t 求导，得到符号 $\ddot{\pi}_i$，它也可能是没有含义的。我们将 π_i 称为**伪坐标**(或**准坐标**)，$\ddot{\pi}_i$ 称为**伪加速度**(或**准加速度**)。

按照前面虚位移和坐标变分的含义，现在定义伪坐标的等时变分为

$$\delta\pi_i = \mathrm{d}\pi_i^* - \mathrm{d}\pi_i = \dot{\pi}_i^* \mathrm{d}t - \dot{\pi}_i \mathrm{d}t, \quad i = 1, 2, \cdots, n \tag{9.106}$$

其中：$\mathrm{d}\pi_i^*$、$\mathrm{d}\pi_i$ 是伪坐标 π_i 在同一时刻满足约束的两个可能位移；$\dot{\pi}_i^*$、$\dot{\pi}_i$ 是伪速度 $\dot{\pi}_i$ 在同一时刻满足约束的两个邻近的可能值。这样，由式(9.105)可得

$$\delta\pi_i = \sum_{j=1}^{m} c_{ij}\delta q_j, \quad i = 1, 2, \cdots, n \tag{9.107}$$

不难知道 $\delta\pi_i$ **可以任意取值**。

这样，m 个广义速度 $\dot{q}_1, \dot{q}_2, \cdots, \dot{q}_m$ 有 s 个约束方程(9.103)和 n 个人为定义的方程(9.105)，总共有 $s+n=m$ 个方程。我们将式(9.105)和式(9.103)写成矩阵形式：

$$\boldsymbol{C}\dot{\boldsymbol{q}} = \dot{\boldsymbol{\pi}} + \boldsymbol{b} \tag{9.108}$$

其中：

$$\dot{\boldsymbol{q}} = \{\dot{q}_1, \cdots, \dot{q}_m\}^{\mathrm{T}}, \quad \dot{\boldsymbol{\pi}} = \underbrace{\{\dot{\pi}_1, \cdots, \dot{\pi}_n, 0, \cdots, 0\}}_{m\text{个元素}}{}^{\mathrm{T}}, \quad \boldsymbol{b} = \underbrace{\{0, \cdots, 0, b_1, \cdots, b_s\}}_{m\text{个元素}}{}^{\mathrm{T}}$$

$$\boldsymbol{C} = \begin{bmatrix} c_{11} & c_{12} & \cdots & c_{1m} \\ \vdots & \vdots & & \vdots \\ c_{n1} & c_{n1} & \cdots & c_{nm} \\ b_{11} & b_{12} & \cdots & b_{1m} \\ \vdots & \vdots & & \vdots \\ b_{s1} & b_{s2} & \cdots & b_{sm} \end{bmatrix}$$

$\boldsymbol{C}$ 为 $m \times m$ 矩阵，我们选择系数 c_{ij} 使得方程组(9.108)的系数行列式不等于零(即 $|\boldsymbol{C}| \neq 0$)，进而可从这 m 个方程中解出 $\dot{q}_1, \dot{q}_2, \cdots, \dot{q}_m$，为

$$\dot{\boldsymbol{q}} = \boldsymbol{D}\dot{\boldsymbol{\pi}} + \boldsymbol{g} \tag{9.109}$$

其中：$\boldsymbol{D} = \boldsymbol{C}^{-1}$；$\boldsymbol{g} = \boldsymbol{D}\boldsymbol{b}$。

或写成分量形式：

$$\dot{q}_i = \sum_{j=1}^{n} d_{ij}\dot{\pi}_j + g_i, \quad i = 1, 2, \cdots, m \tag{9.110}$$

其中：d_{ij} 是矩阵 $\boldsymbol{D}$ 的元素。伪速度 $\dot{\pi}_j$ 可以取任意值，如果它们是给定的，则广义速度可以用式(9.110)求出。式(9.110)中的 d_{ij}、g_i 一般是 $q_1, q_2, \cdots, q_m, t$ 的函数。由式(9.110)，可以用伪坐标变分来表示广义坐标变分，有

$$\delta q_i = \sum_{j=1}^{n} d_{ij}\delta\pi_j, \quad i = 1, 2, \cdots, m \tag{9.111}$$

下面给出用伪坐标变分 $\delta\pi_i$ 表示系统各点虚位移 $\delta\boldsymbol{r}_\nu$ 的公式。考虑式(9.111)可得

$$\delta\boldsymbol{r}_\nu = \sum_{i=1}^{m}\frac{\partial\boldsymbol{r}_\nu}{\partial q_i}\delta q_i = \sum_{i=1}^{m}\frac{\partial\boldsymbol{r}_\nu}{\partial q_i}\sum_{j=1}^{n}d_{ij}\delta\pi_j = \sum_{j=1}^{n}\left(\sum_{i=1}^{m}\frac{\partial\boldsymbol{r}_\nu}{\partial q_i}d_{ij}\right)\delta\pi_j = \sum_{j=1}^{n}\boldsymbol{e}_{\nu j}\delta\pi_j \tag{9.112}$$

其中：

$$\boldsymbol{e}_{\nu j} = \sum_{i=1}^{m}\frac{\partial\boldsymbol{r}_\nu}{\partial q_i}d_{ij},\quad \nu = 1,2,\cdots,N,\quad j = 1,2,\cdots,n$$

我们将 $\boldsymbol{e}_{\nu j}$ 写成另外一种形式。系统各点的加速度为

$$\boldsymbol{a}_\nu = \ddot{\boldsymbol{r}}_\nu = \sum_{i=1}^{m}\frac{\partial\boldsymbol{r}_\nu}{\partial q_i}\ddot{q}_i + \sum_{i,k=1}^{m}\frac{\partial^2\boldsymbol{r}_\nu}{\partial q_i\partial q_k}\dot{q}_i\dot{q}_k + 2\sum_{i=1}^{m}\frac{\partial^2\boldsymbol{r}_\nu}{\partial q_i\partial t}\dot{q}_i + \frac{\partial^2\boldsymbol{r}_\nu}{\partial t^2},\quad \nu = 1,2,\cdots,N \tag{9.113}$$

将式(9.110)对时间求导可得

$$\ddot{q}_i = \sum_{j=1}^{n}d_{ij}\ddot{\pi}_j + f_i,\quad i = 1,2,\cdots,m \tag{9.114}$$

其中：f_i 为不依赖于 $\ddot{\pi}_j$ 的部分。将式(9.114)代入式(9.113)，得

$$\boldsymbol{a}_\nu = \ddot{\boldsymbol{r}}_\nu = \sum_{i=1}^{m}\frac{\partial\boldsymbol{r}_\nu}{\partial q_i}\sum_{j=1}^{n}d_{ij}\ddot{\pi}_j + \boldsymbol{h}_\nu = \sum_{j=1}^{n}\boldsymbol{e}_{\nu j}\ddot{\pi}_j + \boldsymbol{h}_\nu,\quad \nu = 1,2,\cdots,N$$

其中：$\boldsymbol{h}_\nu$ 为不依赖于 $\ddot{\pi}_j$ 的部分。于是 $\boldsymbol{e}_{\nu j}$ 可表示为

$$\boldsymbol{e}_{\nu j} = \frac{\partial\boldsymbol{a}_\nu}{\partial\ddot{\pi}_j},\quad \nu=1,2,\cdots,N,\quad j=1,2,\cdots,n \tag{9.115}$$

将式(9.115)代入式(9.112)，得

$$\delta\boldsymbol{r}_\nu = \sum_{j=1}^{n}\frac{\partial\boldsymbol{a}_\nu}{\partial\ddot{\pi}_j}\delta\pi_j,\quad \nu = 1,2,\cdots,N \tag{9.116}$$

这样就将各质点的虚位移用伪坐标的变分表示出来了。

9.6.3 Maggi 方程

考虑用 m 个广义坐标 $q_1,q_2,\cdots,q_m$ 描述的非完整系统，具有式(9.103)所示的 s 个线性非完整约束，再按式(9.105)引入伪速度。Lagrange 变分方程对广义坐标 $q_1,q_2,\cdots,q_m$ 显然成立，则有

$$\sum_{i=1}^{m}\left(\frac{\mathrm{d}}{\mathrm{d}t}\frac{\partial T}{\partial\dot{q}_i} - \frac{\partial T}{\partial q_i} - Q_i\right)\delta q_i = 0 \tag{9.117}$$

利用式(9.111)，将广义坐标的变分 δq_j 换成伪坐标的变分 $\delta\pi_i$，有

$$\sum_{j=1}^{n}\left[\sum_{i=1}^{m}\left(\frac{\mathrm{d}}{\mathrm{d}t}\frac{\partial T}{\partial\dot{q}_i} - \frac{\partial T}{\partial q_i} - Q_i\right)d_{ij}\right]\delta\pi_j = 0 \tag{9.118}$$

其中：$n=m-s$，为系统的自由度。前面已经说明，伪坐标的变分 $\delta\pi_j$，$j=1,2,\cdots,n$ 是

相互独立的，所以由式(9.118)立得

$$\sum_{i=1}^{m}\left(\frac{\mathrm{d}}{\mathrm{d}t}\frac{\partial T}{\partial \dot{q}_i}-\frac{\partial T}{\partial q_i}\right)d_{ij}=\sum_{i=1}^{m}Q_i d_{ij},\quad j=1,2,\cdots,n \tag{9.119}$$

方程组(9.119)就是 **Maggi 方程**。该方程组要与非完整约束方程组(9.103)联立才能封闭。

例 9.30　两个质量均为 m 的小球视为质点，由长度为 l 的刚杆连接。小球 1 安装了刀刃，这个约束使质点 1 不能产生垂直于杆的速度。系统在水平面内运动，如图 9.21 所示。试用 Maggi 方程求出该系统的运动微分方程。

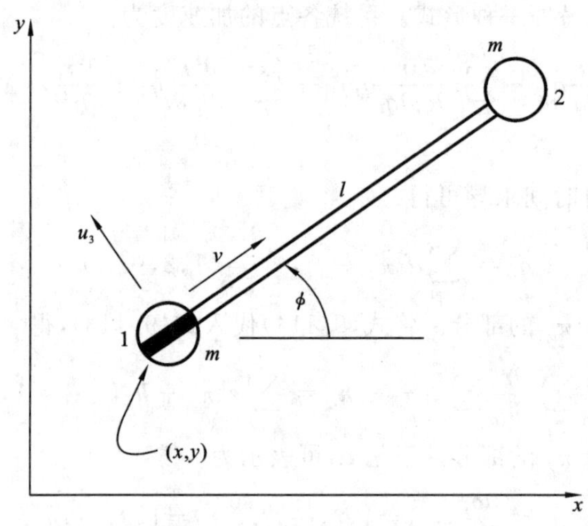

图 9.21　例 9.30 图

解　(1) 方法一：采用 Maggi 方程。

取广义坐标为(x,y,ϕ)。伪速度则取为

$$\begin{cases}\dot{\pi}_1=\dot{x}\cos\phi+\dot{y}\sin\phi\\ \dot{\pi}_2=\dot{\phi}\end{cases} \tag{9.120}$$

系统的非完整约束方程为

$$-\dot{x}\sin\phi+\dot{y}\cos\phi=0 \tag{9.121}$$

式(9.120)和式(9.121)是广义速度$(\dot{x},\dot{y},\dot{\phi})$的线性方程组，其系数矩阵 $\boldsymbol{C}$ 及其逆矩阵 $\boldsymbol{D}$ 为

$$\boldsymbol{C}=\begin{bmatrix}\cos\phi & \sin\phi & 0\\ 0 & 0 & 1\\ -\sin\phi & \cos\phi & 0\end{bmatrix},\quad \boldsymbol{D}=\boldsymbol{C}^{-1}=\begin{bmatrix}\cos\phi & 0 & -\sin\phi\\ \sin\phi & 0 & \cos\phi\\ 0 & 1 & 0\end{bmatrix} \tag{9.122}$$

由于**广义力都等于零**，因此本例题的 Maggi 方程变为

$$\sum_{i=1}^{3}\left(\frac{\mathrm{d}}{\mathrm{d}t}\frac{\partial T}{\partial \dot{q}_i}-\frac{\partial T}{\partial q_i}\right)d_{ij}=0,\quad j=1,2 \tag{9.123}$$

易得系统的动能,为

$$T=m\left(\dot{x}^2+\dot{y}^2+\frac{1}{2}l^2\dot{\phi}^2-l\dot{x}\dot{\phi}\sin\phi+l\dot{y}\dot{\phi}\cos\phi\right)$$

所以有

$$\frac{\mathrm{d}}{\mathrm{d}t}\frac{\partial T}{\partial \dot{x}}=m(2\ddot{x}-l\ddot{\phi}\sin\phi-l\dot{\phi}^2\cos\phi),\quad \frac{\partial T}{\partial x}=0$$

$$\frac{\mathrm{d}}{\mathrm{d}t}\frac{\partial T}{\partial \dot{y}}=m(2\ddot{y}+l\ddot{\phi}\cos\phi-l\dot{\phi}^2\sin\phi),\quad \frac{\partial T}{\partial y}=0$$

$$\frac{\mathrm{d}}{\mathrm{d}t}\frac{\partial T}{\partial \dot{\phi}}=m(l^2\ddot{\phi}-l\ddot{x}\sin\phi+l\ddot{y}\cos\phi-l\dot{x}\dot{\phi}\cos\phi-l\dot{y}\dot{\phi}\sin\phi)$$

$$\frac{\partial T}{\partial \phi}=m(-l\dot{x}\dot{\phi}\cos\phi-l\dot{y}\dot{\phi}\sin\phi)$$

于是按照式(9.123)并考虑到式(9.122),可得 Maggi 方程为

$$\begin{cases}2\ddot{x}\cos\phi+2\ddot{y}\sin\phi-l\dot{\phi}^2=0\\ l\ddot{\phi}-\ddot{x}\sin\phi+\ddot{y}\cos\phi=0\end{cases}\tag{9.124}$$

式(9.124)和非完整约束方程(9.121)联立就是系统的运动微分方程。

(2) 方法二:采用带约束乘子的 Lagrange 方程。

非完整约束方程为式(9.121),按 Lagrange 乘子方程(9.92),可得系统的运动微分方程为

$$\begin{cases}m(2\ddot{x}-l\ddot{\phi}\sin\phi-l\dot{\phi}^2\cos\phi)+\lambda\sin\phi=0\\ m(2\ddot{y}+l\ddot{\phi}\cos\phi-l\dot{\phi}^2\sin\phi)-\lambda\cos\phi=0\\ m(l^2\ddot{\phi}-l\ddot{x}\sin\phi+l\ddot{y}\cos\phi)=0\\ -\dot{x}\sin\phi+\dot{y}\cos\phi=0\end{cases}\tag{9.125}$$

例 9.31　再次考虑滚盘问题。质量为 m、半径为 r 的均质薄圆盘在 $O'xy$ 水平面内做纯滚动,如图 9.22 所示,应用 Maggi 方程建立圆盘的运动微分方程。

解　圆盘的方位用经典 Euler 角(ψ,θ,ϕ)确定,盘与地面接触点的直角坐标为(x,y),这 5 个参数是相互独立的,取系统的广义坐标列向量为 $\boldsymbol{q}=[\psi,\theta,\phi,x,y]^{\mathrm{T}}$。不难算出圆盘中心 O 在固定系 $O'xyz$ 的坐标,为

$$x_O=x-r\cos\theta\sin\psi,\quad y_O=y+r\cos\theta\cos\psi,\quad z_O=r\sin\theta\tag{9.126}$$

由图 9.22 可得,圆盘的角速度矢量用不同的基矢量表示为

$$\boldsymbol{\omega}=\dot{\theta}\boldsymbol{e}_\theta+\dot{\phi}\boldsymbol{e}_\phi+\dot{\psi}\boldsymbol{k}=\omega_x\boldsymbol{i}+\omega_y\boldsymbol{j}+\omega_z\boldsymbol{k}=\omega_1\boldsymbol{e}_\theta+\omega_2\boldsymbol{e}_d+\omega_3\boldsymbol{e}_\psi\tag{9.127}$$

其中 $\boldsymbol{\omega}$ 在固定系 $O'xyz$ 中的分量 ω_x、ω_y、ω_z 分别为

$$\begin{cases}\omega_x=\dot{\phi}\sin\theta\sin\psi+\dot{\theta}\cos\psi\\ \omega_y=-\dot{\phi}\sin\theta\cos\psi+\dot{\theta}\sin\psi\\ \omega_z=\dot{\psi}+\dot{\phi}\cos\theta\end{cases}\tag{9.128}$$

圆盘的非完整约束为接触点 C 的速度为零,即

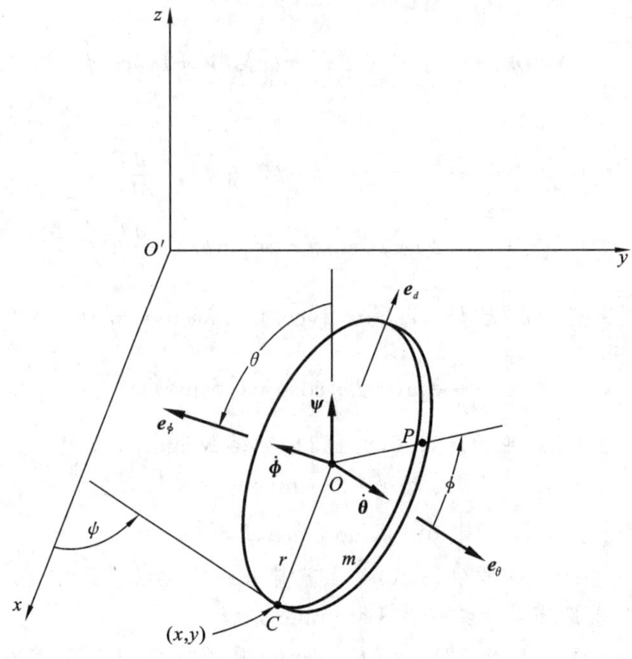

图 9.22 例 9.31 图

$$
\begin{aligned}
\boldsymbol{v}_C &= \boldsymbol{v}_O + \boldsymbol{\omega} \times \overrightarrow{OC} = \dot{x}_O \boldsymbol{i} + \dot{y}_O \boldsymbol{j} + \dot{z}_O \boldsymbol{k} + (\omega_x \boldsymbol{i} + \omega_y \boldsymbol{j} + \omega_z \boldsymbol{k}) \times \overrightarrow{OC} \\
&= (\dot{x} + \dot{\theta} r \sin\theta \sin\psi - r\dot{\psi} \cos\theta \cos\psi) \boldsymbol{i} \\
&\quad + (\dot{y} - \dot{\theta} r \sin\theta \cos\psi - r\dot{\psi} \cos\theta \sin\psi) \boldsymbol{j} + r\dot{\theta} \cos\theta \boldsymbol{k} \\
&\quad + \begin{vmatrix} \boldsymbol{i} & \boldsymbol{j} & \boldsymbol{k} \\ \dot{\phi} \sin\theta \sin\psi + \dot{\theta} \cos\psi & -\dot{\phi} \sin\theta \cos\psi + \dot{\theta} \sin\psi & \dot{\phi} + \dot{\psi} \cos\theta \\ r\cos\theta \sin\psi & -r\cos\theta \cos\psi & -r\sin\theta \end{vmatrix} \\
&= (\dot{x} + r\dot{\phi} \cos\psi) \boldsymbol{i} + (\dot{y} + r\dot{\phi} \sin\psi) \boldsymbol{j} = \boldsymbol{0}
\end{aligned}
$$

令上式两个分量为零，则圆盘的两个非完整约束方程为

$$
\begin{cases} \dot{x} + r\dot{\phi} \cos\psi = 0 \\ \dot{y} + r\dot{\phi} \sin\psi = 0 \end{cases} \tag{9.129}
$$

取伪速度

$$
\dot{\pi}_1 = \dot{\psi}, \quad \dot{\pi}_2 = \dot{\theta}, \quad \dot{\pi}_3 = \dot{\phi} \tag{9.130}
$$

所以由式(9.129)和式(9.130)可得

$$
\begin{Bmatrix} \dot{\psi} \\ \dot{\theta} \\ \dot{\phi} \\ \dot{x} \\ \dot{y} \end{Bmatrix} = \begin{bmatrix} 1 & 0 & 0 \\ 0 & 1 & 0 \\ 0 & 0 & 1 \\ 0 & 0 & -r\cos\psi \\ 0 & 0 & -r\sin\psi \end{bmatrix} \begin{Bmatrix} \dot{\pi}_1 \\ \dot{\pi}_2 \\ \dot{\pi}_3 \end{Bmatrix} \triangleq \boldsymbol{D} \begin{Bmatrix} \dot{\pi}_1 \\ \dot{\pi}_2 \\ \dot{\pi}_3 \end{Bmatrix} \tag{9.131}
$$

系统的动能为

$$T=\frac{1}{2}mv_O^2+\frac{1}{2}(J_1\omega_1^2+J_2\omega_2^2+J_3\omega_3^2) \tag{9.132}$$

其中：ω_1、ω_2、ω_3 分别为圆盘角速度矢量 $\boldsymbol{\omega}$ 在 $\boldsymbol{e}_\theta$、$\boldsymbol{e}_d$、$\boldsymbol{e}_\psi$ 方向的分量；J_1、J_2、J_3 是分别为圆盘绕 $\boldsymbol{e}_\theta$、$\boldsymbol{e}_d$、$\boldsymbol{e}_\psi$ 轴的转动惯量。它们分别为

$$\begin{cases}\omega_1=\dot{\theta}, \quad \omega_2=\dot{\phi}\sin\theta, \quad \omega_3=\dot{\psi}+\dot{\phi}\cos\theta \\ J_1=J_2=\dfrac{1}{4}mr^2, \quad J_3=\dfrac{1}{2}mr^2\end{cases} \tag{9.133}$$

将式(9.126)和式(9.133)代入式(9.132)可得

$$\begin{aligned}T=&\frac{1}{2}m[(\dot{x}+\dot{\theta}r\sin\theta\sin\psi-r\dot{\psi}\cos\theta\cos\psi)^2\\&+(\dot{y}-\dot{\theta}r\sin\theta\cos\psi-r\dot{\psi}\cos\theta\sin\psi)^2+(r\dot{\theta}\cos\theta)^2]\\&+\frac{1}{2}\left[\frac{1}{4}mr^2\dot{\theta}^2+\frac{1}{4}mr^2\dot{\psi}^2\sin^2\theta+\frac{1}{2}mr^2(\dot{\phi}+\dot{\psi}\cos\theta)^2\right]\\=&\frac{1}{2}m(\dot{x}^2+\dot{y}^2)+\frac{1}{8}mr^2\dot{\psi}^2(1+5\cos^2\theta)+\frac{5}{8}mr^2\dot{\theta}^2+\frac{1}{4}mr^2\dot{\phi}^2\\&+\frac{1}{2}mr^2\dot{\psi}\dot{\phi}\cos\theta-mr\dot{x}\dot{\psi}\cos\psi\cos\theta+mr\dot{x}\dot{\theta}\sin\psi\sin\theta\\&-mr\dot{y}\dot{\psi}\sin\psi\cos\theta-mr\dot{y}\dot{\theta}\cos\psi\sin\theta\end{aligned} \tag{9.134}$$

系统的势能为

$$V=mgr\sin\theta$$

所以唯一非零广义力为

$$Q_2=-\partial V/\partial\theta=-mgr\cos\theta \tag{9.135}$$

本例题的 Maggi 方程为

$$\sum_{i=1}^{5}\left(\frac{\mathrm{d}}{\mathrm{d}t}\frac{\partial T}{\partial\dot{q}_i}-\frac{\partial T}{\partial q_i}\right)d_{ij}=\sum_{i=1}^{5}Q_i d_{ij}, \quad j=1,2,3 \tag{9.136}$$

其中：$(q_1,\cdots,q_5)=(\psi,\theta,\phi,x,y)$；$d_{ij}$ 为式(9.131)中矩阵 $\boldsymbol{D}$ 的元素。由动能可得

$$\begin{aligned}\frac{\mathrm{d}}{\mathrm{d}t}\frac{\partial T}{\partial\dot{\psi}}-\frac{\partial T}{\partial\psi}=&\frac{1}{4}mr^2\ddot{\psi}(1+5\cos^2\theta)+\frac{1}{2}mr^2\ddot{\phi}\cos\theta\\&-mr\ddot{x}\cos\psi\cos\theta-mr\ddot{y}\sin\psi\cos\theta\\&-\frac{5}{2}mr^2\dot{\psi}\dot{\theta}\sin\theta\cos\theta-\frac{1}{2}mr^2\dot{\phi}\dot{\theta}\sin\theta\end{aligned} \tag{9.137}$$

$$\begin{aligned}\frac{\mathrm{d}}{\mathrm{d}t}\frac{\partial T}{\partial\dot{\theta}}-\frac{\partial T}{\partial\theta}=&\frac{5}{4}mr^2\ddot{\theta}+mr\ddot{x}\sin\psi\sin\theta-mr\ddot{y}\cos\psi\sin\theta\\&+\frac{5}{4}mr^2\dot{\psi}^2\sin\theta\cos\theta+\frac{1}{2}mr^2\dot{\psi}\dot{\phi}\sin\theta\end{aligned} \tag{9.138}$$

$$\frac{\mathrm{d}}{\mathrm{d}t}\frac{\partial T}{\partial\dot{\phi}}-\frac{\partial T}{\partial\phi}=\frac{1}{2}mr^2\ddot{\phi}+\frac{1}{2}mr^2\ddot{\psi}\cos\theta-\frac{1}{2}mr^2\dot{\psi}\dot{\theta}\sin\theta \tag{9.139}$$

$$\frac{\mathrm{d}}{\mathrm{d}t}\frac{\partial T}{\partial \dot{x}}-\frac{\partial T}{\partial x}=m\ddot{x}-mr\ddot{\psi}\cos\psi\cos\theta+mr\ddot{\theta}\sin\psi\sin\theta+mr\dot{\psi}^2\sin\psi\cos\theta$$
$$+mr\dot{\theta}^2\sin\psi\cos\theta+2mr\dot{\psi}\dot{\theta}\cos\psi\sin\theta \tag{9.140}$$

$$\frac{\mathrm{d}}{\mathrm{d}t}\frac{\partial T}{\partial \dot{y}}-\frac{\partial T}{\partial y}=m\ddot{y}-mr\ddot{\psi}\sin\psi\cos\theta-mr\ddot{\theta}\cos\psi\sin\theta-mr\dot{\psi}^2\cos\psi\cos\theta$$
$$-mr\dot{\theta}^2\cos\psi\cos\theta+2mr\dot{\psi}\dot{\theta}\sin\psi\sin\theta \tag{9.141}$$

将式(9.137)～式(9.141)代入式(9.136)，再将非完整约束方程对时间求导一次，可得圆盘的3个运动微分方程和2个约束：

$$\begin{cases}\dfrac{1}{4}mr^2\ddot{\phi}(1+5\cos^2\theta)+\dfrac{1}{2}mr^2\ddot{\psi}\cos\theta-mr\ddot{x}\cos\phi\cos\theta-mr\ddot{y}\sin\phi\cos\theta \\ \qquad -\dfrac{5}{2}mr^2\dot{\phi}\dot{\theta}\sin\theta\cos\theta-\dfrac{1}{2}mr^2\dot{\theta}\dot{\psi}\sin\theta=0 \\ \dfrac{5}{4}mr^2\ddot{\theta}+mr\ddot{x}\sin\phi\sin\theta-mr\ddot{y}\cos\phi\sin\theta+\dfrac{5}{4}mr^2\dot{\phi}^2\sin\theta\cos\theta \\ \qquad +\dfrac{1}{2}mr^2\dot{\phi}\dot{\psi}\sin\theta=-mgr\cos\theta \\ \dfrac{1}{2}mr^2\ddot{\psi}+\dfrac{3}{2}mr^2\ddot{\phi}\cos\theta-\dfrac{5}{2}mr^2\dot{\phi}\dot{\theta}\sin\theta-mr(\ddot{x}\cos\psi+\ddot{y}\sin\psi)=0 \\ \ddot{x}+r\ddot{\psi}\cos\phi-r\dot{\phi}\dot{\psi}\sin\phi=0 \\ \ddot{y}+r\ddot{\psi}\sin\phi+r\dot{\phi}\dot{\psi}\cos\phi=0\end{cases} \tag{9.142}$$

9.6.4　Appell 方程

Appell 提出了一种不包含约束乘子的方程，既适用于完整系统，又适用于含有线性非完整约束的非完整系统。

现在来推导 Appell 方程。在理想约束条件下，含有 N 个质点的质点系的动力学普遍方程为

$$\sum_{\nu=1}^{N}(\boldsymbol{F}_\nu-m_\nu\boldsymbol{a}_\nu)\cdot\delta\boldsymbol{r}_\nu=\boldsymbol{0} \tag{9.143}$$

主动力的虚功 δW 可以用广义力和广义坐标表示，即

$$\delta W=\sum_{\nu=1}^{N}\boldsymbol{F}_\nu\cdot\delta\boldsymbol{r}_\nu=\sum_{i=1}^{m}Q_i\delta q_i$$

其中：Q_j 为对应于广义坐标 q_j 的广义力。将伪坐标变分与广义坐标变分的关系式(9.111)代入上式，可得主动力的虚功，为

$$\delta W=\sum_{i=1}^{m}Q_i\delta q_i=\sum_{i=1}^{m}Q_i\sum_{j=1}^{n}d_{ij}\delta\pi_j=\sum_{j=1}^{n}\left(\sum_{i=1}^{m}Q_id_{ij}\right)\delta\pi_j=\sum_{j=1}^{n}G_j\delta\pi_j \tag{9.144}$$

其中：

$$G_j = G_j(q_1, q_2, \cdots, q_m, \dot{\pi}_1, \cdots, \dot{\pi}_m, t) = \sum_{i=1}^{m} Q_i d_{ij}, \quad j = 1, 2, \cdots, n \tag{9.145}$$

称为**对应于伪坐标 π_j 的广义力**。

现在将惯性力的虚功用伪坐标变分表示。利用式(9.116)可得

$$-\sum_{\nu=1}^{N} m_\nu \boldsymbol{a}_\nu \cdot \delta \boldsymbol{r}_\nu = -\sum_{\nu=1}^{N} m_\nu \boldsymbol{a}_\nu \cdot \sum_{i=1}^{n} \frac{\partial \boldsymbol{a}_\nu}{\partial \ddot{\pi}_i} \delta\pi_i = -\sum_{i=1}^{n} \left(\sum_{\nu=1}^{N} m_\nu \boldsymbol{a}_\nu \cdot \frac{\partial \boldsymbol{a}_\nu}{\partial \ddot{\pi}_i} \right) \delta\pi_i$$

$$= -\sum_{i=1}^{n} \frac{\partial \left(\frac{1}{2} \sum_{\nu=1}^{N} m_\nu \boldsymbol{a}_\nu \cdot \boldsymbol{a}_\nu \right)}{\partial \ddot{\pi}_i} \delta\pi_i \tag{9.146}$$

引入函数 S：

$$S = \frac{1}{2} \sum_{\nu=1}^{N} m_\nu \boldsymbol{a}_\nu \cdot \boldsymbol{a}_\nu = \frac{1}{2} \sum_{\nu=1}^{N} m_\nu \boldsymbol{a}_\nu^2 \tag{9.147}$$

式(9.146)就变为

$$-\sum_{\nu=1}^{N} m_\nu \boldsymbol{a}_\nu \cdot \delta \boldsymbol{r}_\nu = -\sum_{i=1}^{n} \frac{\partial S}{\partial \ddot{\pi}_i} \delta\pi_i \tag{9.148}$$

函数 S 称为**加速度动能函数**(亦称 **Gibbs 函数**)，一般它是 $q_1, \cdots, q_m, \dot{\pi}_1, \cdots, \dot{\pi}_n, \ddot{\pi}_1, \cdots, \ddot{\pi}_n, t$ 的函数。

将式(9.144)和式(9.148)代入式(9.143)可得伪坐标形式的动力学普遍方程，为

$$\sum_{i=1}^{n} \left(\frac{\partial S}{\partial \ddot{\pi}_i} - G_i \right) \delta\pi_i = 0 \tag{9.149}$$

因为 $\delta\pi_i$ 可以任意取值，所以可得

$$\frac{\partial S}{\partial \ddot{\pi}_i} = G_i, \quad i = 1, 2, \cdots, n \tag{9.150}$$

该方程组称为 **Appell 方程**(也称为 **Gibbs-Appell 方程**)，它们需要与 s 个非完整约束方程(9.103)、n 个伪速度关系式(9.105)联立。

已证明，Appell 方程对伪加速度 $\ddot{\pi}_1, \cdots, \ddot{\pi}_n$ 是可解的，因此在给定伪速度的初值 $\dot{\pi}_1^0, \cdots, \dot{\pi}_n^0$ 后，就可求出伪速度 $\dot{\pi}_1, \cdots, \dot{\pi}_n$；而式(9.103)和式(9.105)对广义速度 $\dot{q}_1, \cdots, \dot{q}_m$ 是可解的，所以在给定广义坐标的初值 $q_1^0, \cdots, q_m^0$ 后，就可求出广义坐标 $q_1, \cdots, q_m$。

9.6.4.1　计算加速度动能的 Konig 定理

设 $\boldsymbol{a}_C$ 是系统质心的绝对加速度，$\boldsymbol{a}_i$ 是质点 P_i 的绝对加速度，而 $\boldsymbol{a}_{ir}$ 是质点 P_i 相对于质心的加速度，那么对于所有质点，有

$$\boldsymbol{a}_i = \boldsymbol{a}_C + \boldsymbol{a}_{ir} \tag{9.151}$$

系统的加速度动能为

$$S = \frac{1}{2} \sum_{i=1}^{N} m_i a_i^2 = \frac{1}{2} \sum_{i=1}^{N} m_i \boldsymbol{a}_i \cdot \boldsymbol{a}_i = \frac{1}{2} \sum_{i=1}^{N} m_i (\boldsymbol{a}_C + \boldsymbol{a}_{ir}) \cdot (\boldsymbol{a}_C + \boldsymbol{a}_{ir})$$

$$= \frac{1}{2}Ma_C^2 + \frac{1}{2}\sum_{i=1}^{N} m_i a_{ir}^2$$

即

$$S = \frac{1}{2}Ma_C^2 + \frac{1}{2}\sum_{i=1}^{N} m_i a_{ir}^2 \tag{9.152}$$

式(9.152)为**计算加速度动能的 Konig 定理:系统的加速度动能等于随质心的平动加速度动能与相对于质心的加速度动能之和。**

这个定理适用于任何质点系。

9.6.4.2 刚体加速度动能的计算

1. 任意运动刚体的加速度动能

刚体相对于其质心 C 做定点运动,设坐标系 $Cxyz$ 为刚体的一个连体坐标系,应用计算加速度动能的 Konig 定理可以推出,任意运动刚体的加速度动能可表示为如下形式:

$$S=\frac{1}{2}Ma_C^2+\left[\frac{1}{2}\dot{\boldsymbol{\omega}}^{\mathrm{T}}\boldsymbol{J}_C\dot{\boldsymbol{\omega}}+\dot{\boldsymbol{\omega}}^{\mathrm{T}}\tilde{\boldsymbol{\omega}}\boldsymbol{J}_C\boldsymbol{\omega}\right] \tag{9.153}$$

其中:a_C 为刚体的质心加速度大小;$\boldsymbol{\omega}=[\omega_x,\omega_y,\omega_z]^{\mathrm{T}}$,为角速度矢量的分量形成的列向量;$\dot{\boldsymbol{\omega}}=[\dot{\omega}_x,\dot{\omega}_y,\dot{\omega}_z]^{\mathrm{T}}=[\alpha_x,\alpha_y,\alpha_z]^{\mathrm{T}}$;$\alpha_x$、$\alpha_y$、$\alpha_z$ 为加速度矢量 $\boldsymbol{\alpha}$ 的三个分量;$\boldsymbol{J}_C$ 为刚体相对于连体坐标系 $Cxyz$ 的惯性矩阵。注意,式(9.153)中去掉了不含角加速度的项,因为它们在 Appell 方程中相当于常数项。式(9.153)也可写为

$$S=\frac{1}{2}Ma_C^2+\left[\frac{1}{2}\dot{\boldsymbol{L}}_C^{\mathrm{T}}\dot{\boldsymbol{\omega}}+\dot{\boldsymbol{\omega}}^{\mathrm{T}}\tilde{\boldsymbol{\omega}}\boldsymbol{L}_C\right] \tag{9.154}$$

其中:$\boldsymbol{L}_C=\boldsymbol{J}_C\boldsymbol{\omega}$,$\boldsymbol{L}_C=[L_x,L_y,L_z]^{\mathrm{T}}$ 为刚体相对于质心的动量矩在连体坐标系 $Cxyz$ 的分量形成的列向量。

2. 定点运动刚体的加速度动能

定点运动刚体的加速度动能可以直接计算。设坐标系 $Oxyz$ 是刚体的连体主轴坐标系,坐标原点 O 也是刚体的固定点。在连体坐标系中,令刚体任意一个质点的位置矢径 $\boldsymbol{r}_i=[x_i,y_i,z_i]^{\mathrm{T}}$,令刚体的角速度矢量在连体坐标系中的分量 $\boldsymbol{\omega}=[\omega_x,\omega_y,\omega_z]^{\mathrm{T}}$,角加速度矢量为 $\boldsymbol{\alpha}$。已知刚体上任意一个质点的加速度矢量表达式为

$$\boldsymbol{a}_i=\boldsymbol{\alpha}\times\boldsymbol{r}_i+\boldsymbol{\omega}\times(\boldsymbol{\omega}\times\boldsymbol{r}_i)$$

或

$$\boldsymbol{a}_i=\boldsymbol{\alpha}\times\boldsymbol{r}_i+(\boldsymbol{\omega}\cdot\boldsymbol{r}_i)\boldsymbol{\omega}-\omega^2\boldsymbol{r}_i \tag{9.155}$$

因为 $\boldsymbol{\omega}$ 的绝对导数等于其在固连系中的相对导数,所以刚体角加速度矢量为

$$\boldsymbol{\alpha}=[\dot{\omega}_x,\dot{\omega}_y,\dot{\omega}_z]^{\mathrm{T}} \tag{9.156}$$

由此可得加速度 $\boldsymbol{a}_i$ 的三个分量,为

$$\begin{cases}a_{ix}=-x_i(\omega_y^2+\omega_z^2)+y_i(\omega_y\omega_x-\dot{\omega}_z)+z_i(\omega_x\omega_z+\dot{\omega}_y)\\a_{iy}=-y_i(\omega_z^2+\omega_x^2)+z_i(\omega_z\omega_y-\dot{\omega}_x)+x_i(\omega_y\omega_x+\dot{\omega}_z)\\a_{iz}=-z_i(\omega_x^2+\omega_y^2)+x_i(\omega_x\omega_z-\dot{\omega}_y)+y_i(\omega_z\omega_y+\dot{\omega}_x)\end{cases}\tag{9.157}$$

刚体的加速度动能为

$$S=\frac{1}{2}\sum_{i=1}^{N}m_i(a_{ix}^2+a_{iy}^2+a_{iz}^2)\tag{9.158}$$

将式(9.157)代入式(9.158)可得

$$\begin{aligned}S=&\frac{1}{2}(J_x\dot{\omega}_x^2+J_y\dot{\omega}_y^2+J_z\dot{\omega}_z^2)+(J_z-J_y)\omega_y\omega_z\dot{\omega}_x\\&+(J_x-J_z)\omega_z\omega_x\dot{\omega}_y+(J_y-J_x)\omega_x\omega_y\dot{\omega}_z\end{aligned}\tag{9.159}$$

其中:J_x、J_y、J_z 是刚体对关系主轴系 $Oxyz$ 各轴的惯性矩。式(9.159)中与角加速度 $\dot{\omega}_x$、$\dot{\omega}_y$、$\dot{\omega}_z$ 无关的项没有写出,因为它们在 Appell 方程中相当于常数项。

例 9.32 利用 Appell 方程推导定点运动刚体的 Euler 动力学方程。

解 设刚体的固定点为点 O,坐标系 $Oxyz$ 是刚体的固连坐标系,Ox、Oy、Oz 轴是刚体对点 O 的惯性主轴。设外力对点 O 的主矩 $\boldsymbol{M}_O$ 在 Ox、Oy、Oz 轴上的投影分别为 M_x、M_y、M_z,伪速度取刚体角速度在连体坐标系中的三个投影 ω_x、ω_y、ω_z,即令 $\dot{\pi}_1=\omega_x$,$\dot{\pi}_2=\omega_y$,$\dot{\pi}_3=\omega_z$。

外力的虚功为

$$\begin{aligned}\delta W&=\boldsymbol{M}_O\cdot(\boldsymbol{\omega}_1^*-\boldsymbol{\omega}_2^*)\mathrm{d}t=M_x(\omega_{1x}^*-\omega_{2x}^*)\mathrm{d}t+M_y(\omega_{1y}^*-\omega_{2y}^*)\mathrm{d}t+M_z(\omega_{1z}^*-\omega_{2z}^*)\mathrm{d}t\\&=M_x\delta\pi_1+M_y\delta\pi_2+M_z\delta\pi_3\end{aligned}$$

$\boldsymbol{\omega}_1^*$、$\boldsymbol{\omega}_2^*$ 表示任意时刻 t 刚体角速度的两个邻近的可能值。所以对应于伪坐标 π_i 的广义力为

$$G_1=M_x,\quad G_2=M_y,\quad G_3=M_z$$

定点运动刚体的加速度动能已由式(9.159)给出,为

$$S=\frac{1}{2}(J_x\dot{\omega}_x^2+J_y\dot{\omega}_y^2+J_z\dot{\omega}_z^2)+(J_z-J_y)\omega_y\omega_z\dot{\omega}_x+(J_x-J_z)\omega_z\omega_x\dot{\omega}_y+(J_y-J_x)\omega_x\omega_y\dot{\omega}_z$$

由 Appell 方程可得定点运动刚体的 Euler 动力学方程,为

$$\begin{cases}J_x\dot{\omega}_x+(J_z-J_y)\omega_y\omega_z=M_x\\J_y\dot{\omega}_y+(J_x-J_z)\omega_z\omega_x=M_y\\J_z\dot{\omega}_z+(J_y-J_x)\omega_x\omega_y=M_z\end{cases}$$

例 9.33 设均质圆球沿着固定水平面做无滑动滚动,证明圆球的角速度不变。

证明 固定坐标系 $OXYZ$ 的原点位于固定平面内的某点 O,OZ 轴竖直向上。令 ω_X、ω_Y、ω_Z 分别为圆球角速度在 OX、OY、OZ 轴上的投影;球心 C 处的连体坐标系为 $Cxyz$,圆球角速度在连体坐标系三轴 Cx、Cy、Cz 上的投影分别为 ω_x、ω_y、ω_z。

设(x_C,y_C,z_C)是球心在固定坐标系 $OXYZ$ 的坐标,$z_C=a$,其中 a 为圆球的半

径。由无滑动条件可得

$$\dot{x}_C=\omega_Y a,\quad \dot{y}_C=-\omega_X a \tag{9.160}$$

圆球相对于任意直径的惯性矩等于 $2ma^2/5$，其中 m 为圆球的质量。由式(9.152)和式(9.159)可得圆球的加速度动能，为

$$S=\frac{1}{2}m(\ddot{x}_C^2+\ddot{y}_C^2)+\frac{1}{5}ma^2(\dot{\omega}_x^2+\dot{\omega}_y^2+\dot{\omega}_z^2) \tag{9.161}$$

引入伪速度：

$$\dot{\pi}_1=\omega_X,\quad \dot{\pi}_2=\omega_Y,\quad \dot{\pi}_3=\omega_Z \tag{9.162}$$

由式(9.160)得

$$\ddot{x}_C=\ddot{\pi}_2 a,\quad \ddot{y}_C=-\ddot{\pi}_1 a \tag{9.163}$$

设 α 为圆球的角加速度，则有

$$\alpha^2=\dot{\omega}_x^2+\dot{\omega}_y^2+\dot{\omega}_z^2=\dot{\omega}_X^2+\dot{\omega}_Y^2+\dot{\omega}_Z^2=\ddot{\pi}_1^2+\ddot{\pi}_2^2+\ddot{\pi}_3^2 \tag{9.164}$$

利用式(9.163)和式(9.164)，可得加速度动能的最终表达式，为

$$S=\frac{1}{10}ma^2[7(\ddot{\pi}_1^2+\ddot{\pi}_2^2)+2\ddot{\pi}_3^2]$$

因为广义力 $P_i,i=1,2,3$ 等于零，所以由 Appell 方程 $\partial S/\partial\ddot{\pi}_i=0,i=1,2,3$ 可得

$$\ddot{\pi}_i=0,\quad i=1,2,3$$

或

$$\omega_X=常数,\quad \omega_Y=常数,\quad \omega_Z=常数$$

因此，圆球的加速度(矢量)保持不变。

9.6.5 一般动力学方程(Kane 方程)

我们从动力学普遍方程开始。对含有 N 个质点的理想约束系统，有

$$\sum_{i=1}^{N}(\boldsymbol{F}_i-m_i\ddot{\boldsymbol{r}}_i)\cdot\delta\boldsymbol{r}_i=0 \tag{9.165}$$

假设系统有 m 个广义坐标 $q_1,\cdots,q_m$，有 s 个非完整约束，并且已经定义 $n(n=m-s)$ 个伪速度 $\dot{\pi}_1,\cdots,\dot{\pi}_n$[见式(9.103)和式(9.105)]。于是每个质点的速度可用 n 个伪速度表示出来：

$$\boldsymbol{v}_i=\sum_{j=1}^{n}\boldsymbol{\gamma}_{ij}(\boldsymbol{q},t)\dot{\pi}_j+\boldsymbol{\gamma}_{it}(\boldsymbol{q},t),\quad i=1,2,\cdots,N \tag{9.166}$$

其中：$\boldsymbol{\gamma}$ 为**速度系数**；$\boldsymbol{q}=[q_1,\cdots,q_m]^{\mathrm{T}}$，为系统的广义坐标列向量。由式(9.166)可知，质点的虚位移 $\delta\boldsymbol{r}_i$ 可用伪坐标的变分表示：

$$\delta\boldsymbol{r}_i=\sum_{j=1}^{n}\boldsymbol{\gamma}_{ij}(\boldsymbol{q},t)\delta\pi_j,\quad i=1,2,\cdots,N \tag{9.167}$$

因此式(9.165)变为

$$\sum_{j=1}^{n}\sum_{i=1}^{N}(\boldsymbol{F}_i - m_i\dot{\boldsymbol{v}}_i)\cdot\boldsymbol{\gamma}_{ij}\delta\pi_j = 0 \tag{9.168}$$

其中，主动力的虚功可写为

$$\delta W = \sum_{i=1}^{N}\boldsymbol{F}_i\cdot\delta\boldsymbol{r}_i = \sum_{j=1}^{n}G_j\cdot\delta\pi_j \tag{9.169}$$

其中：

$$G_j = \sum_{i=1}^{N}\boldsymbol{F}_i\cdot\boldsymbol{\gamma}_{ij}(\boldsymbol{q},t) \tag{9.170}$$

称为**对应于伪坐标 π_j 的广义力**。对应的广义惯性力为

$$G_j^* = -\sum_{i=1}^{N}m_i\dot{\boldsymbol{v}}_i\cdot\boldsymbol{\gamma}_{ij},\quad j = 1,2,\cdots,n \tag{9.171}$$

式(9.168)可写为

$$\sum_{j=1}^{n}(G_j + G_j^*)\delta\pi_j = 0 \tag{9.172}$$

由于伪坐标的变分 $\delta\pi_j, j=1,2,\cdots,n$ 相互独立，因此立得

$$G_j + G_j^* = 0,\quad j=1,2,\cdots,n \tag{9.173}$$

这 n 个方程有时称为 **Kane 方程**。

这组方程也可不用符号 G_j^*，直接写为

$$\sum_{i=1}^{N}m_i\dot{\boldsymbol{v}}_i\cdot\boldsymbol{\gamma}_{ij} = G_j,\quad j = 1,2,\cdots,n \tag{9.174}$$

我们将这组方程称为**质点系的一般动力学方程**。质点加速度 $\dot{\boldsymbol{v}}_i$ 一般是 $\boldsymbol{q}$、$\dot{\boldsymbol{q}}$、$\dot{\boldsymbol{\pi}}$、$\ddot{\boldsymbol{\pi}}$、t 的函数，且是各个伪加速度 $\ddot{\pi}_i$ 的线性函数。此外，还有 m 个方程[即式(9.110)]：

$$\dot{q}_i = \sum_{j=1}^{n}d_{ij}\dot{\pi}_j + g_i,\quad i = 1,2,\cdots,m$$

这样，方程组(9.174)和(9.110)共有 $m+n$ 个方程，可解出 m 个广义坐标 $q_1,\cdots,q_m$ 和 n 个伪速度 $\dot{\pi}_1,\cdots,\dot{\pi}_n$。显然，**一般动力学方程也适用于完整系统**。

下面将式(9.174)推广到多刚体系统。设系统有 N 个刚体，如图 9.23 所示，假定在第 i 个刚体上取参考点 P_i，刚体的质量为 m_i，对于点 P_i 的惯性矩阵为 $\boldsymbol{J}_i$。第 i 个刚体上的主动力系向点 P_i 简化，假设得到作用于点 P_i 的合力为 $\boldsymbol{F}_i$，合力偶矩为 $\boldsymbol{M}_i$。点 P_i 的速度用伪速度表示为

$$\boldsymbol{v}_i = \sum_{j=1}^{n}\boldsymbol{\gamma}_{ij}(\boldsymbol{q},t)\dot{\pi}_j + \boldsymbol{\gamma}_{it}(\boldsymbol{q},t),\quad i = 1,2,\cdots,N \tag{9.175}$$

第 i 个刚体的角速度表示为

$$\boldsymbol{\omega}_i = \sum_{j=1}^{n}\boldsymbol{\beta}_{ij}(\boldsymbol{q},t)\dot{\pi}_j + \boldsymbol{\beta}_{it}(\boldsymbol{q},t),\quad i = 1,2,\cdots,N \tag{9.176}$$

其中：$\boldsymbol{\beta}$ 为**角速度影响系数**。对应于伪坐标 π_j 的广义力为

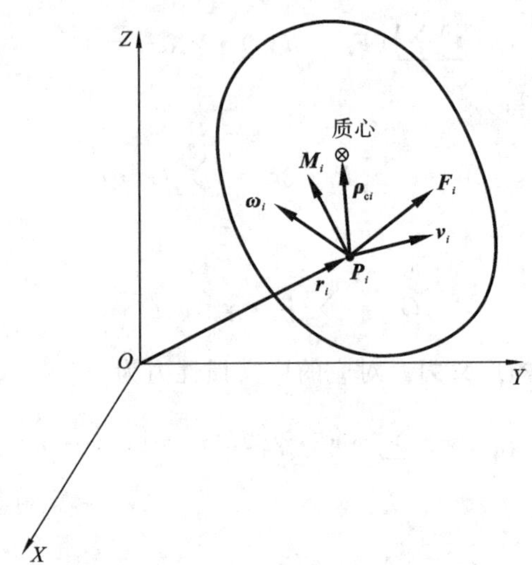

图 9.23　第 i 个刚体的受力和速度

$$G_j = \sum_{i=1}^{N} (\boldsymbol{F}_i \cdot \boldsymbol{\gamma}_{ij} + \boldsymbol{M}_i \cdot \boldsymbol{\beta}_{ij}), \quad j = 1,2,\cdots,n \tag{9.177}$$

将主动力系换成惯性力系,可得对应于伪坐标 π_j 的广义惯性力,为

$$G_j^* = \sum_{i=1}^{N} (\boldsymbol{F}_i^* \cdot \boldsymbol{\gamma}_{ij} + \boldsymbol{M}_i^* \cdot \boldsymbol{\beta}_{ij}), \quad j = 1,2,\cdots,n \tag{9.178}$$

其中:$\boldsymbol{F}_i^*$ 为惯性力系向点 P_i 简化得到的惯性力合力;$\boldsymbol{M}_i^*$ 为惯性力合力偶矩(惯性力主矩)。

可以证明,第 i 个刚体的惯性力合力等于其质量乘以质心加速度的负值,即

$$\boldsymbol{F}_i^* = -m_i(\dot{\boldsymbol{v}}_i + \ddot{\boldsymbol{\rho}}_{ci}), \quad i=1,2,\cdots,N \tag{9.179}$$

惯性力主矩为

$$\boldsymbol{M}_i^* = -[\boldsymbol{J}_i \cdot \dot{\boldsymbol{\omega}}_i + \boldsymbol{\omega}_i \times (\boldsymbol{J}_i \cdot \boldsymbol{\omega}_i) + m_i \boldsymbol{\rho}_{ci} \times \dot{\boldsymbol{v}}_i], \quad i=1,2,\cdots,N \tag{9.180}$$

合并式(9.178)～式(9.180),再由式(9.173)得到

$$\sum_{i=1}^{N} [m_i(\dot{\boldsymbol{v}}_i + \ddot{\boldsymbol{\rho}}_{ci}) \cdot \boldsymbol{\gamma}_{ij} + (\boldsymbol{J}_i \cdot \dot{\boldsymbol{\omega}}_i + \boldsymbol{\omega}_i \times \boldsymbol{J}_i \cdot \boldsymbol{\omega}_i + m_i \boldsymbol{\rho}_{ci} \times \dot{\boldsymbol{v}}_i) \cdot \boldsymbol{\beta}_{ij}] \\ = G_j, \quad j = 1,2,\cdots,n \tag{9.181}$$

其中:G_j 由式(9.177)给出。这组方程称为**刚体系统的一般动力学方程**。

因为第 i 个刚体的动量 $\boldsymbol{p}_i$、刚体对点 P_i 的动量矩 $\boldsymbol{L}_i$ 分别为

$$\boldsymbol{p}_i = m_i(\boldsymbol{v}_i + \dot{\boldsymbol{\rho}}_{ci}), \quad \boldsymbol{L}_i = \boldsymbol{J}_i \cdot \boldsymbol{\omega}_i \tag{9.182}$$

它们对时间的绝对导数分别为

$$\dot{\boldsymbol{p}}_i = m_i(\dot{\boldsymbol{v}}_i + \ddot{\boldsymbol{\rho}}_{ci}), \quad \dot{\boldsymbol{L}}_i = \boldsymbol{J}_i \cdot \dot{\boldsymbol{\omega}}_i + \boldsymbol{\omega}_i \times (\boldsymbol{J}_i \cdot \boldsymbol{\omega}_i) \tag{9.183}$$

所以,式(9.181)也可用刚体的动量和动量矩表示:

$$\sum_{i=1}^{N}[\dot{\boldsymbol{p}}_i \cdot \boldsymbol{\gamma}_{ij} + (\dot{\boldsymbol{L}}_i + m_i\boldsymbol{\rho}_{ci} \times \dot{\boldsymbol{v}}_i) \cdot \boldsymbol{\beta}_{ij}] = G_j, \quad j = 1,2,\cdots,n \tag{9.184}$$

其中：$\dot{\boldsymbol{p}}_i$、$\dot{\boldsymbol{L}}_i$ 分别为第 i 个刚体的动量 $\boldsymbol{p}_i$、刚体对点 P_i 的动量矩 $\boldsymbol{L}_i$ 对时间的绝对导数。

例 9.34　图 9.24 所示轴对称陀螺具有固定点 O，z 轴为对称轴，陀螺对 z 轴的惯性矩为 I_a，对过点 O、与 z 轴垂直的其他任意轴的惯性矩为 I_t。陀螺角速度矢量在 Oz 轴上的投影为 Ω。利用刚体系统的一般动力学方程建立该陀螺的运动微分方程。

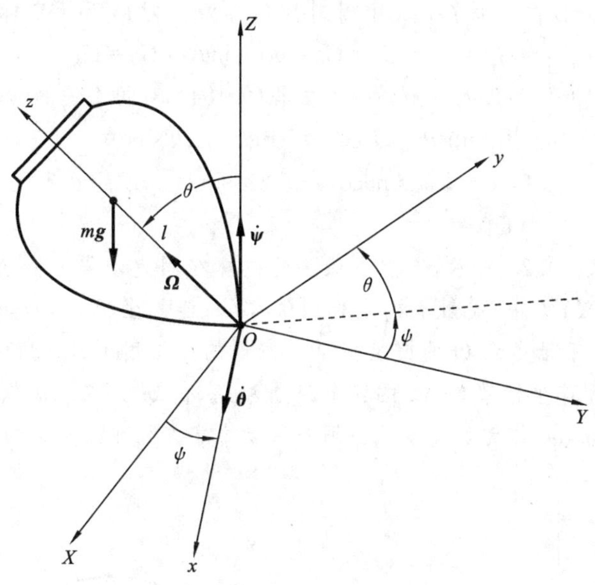

图 9.24　例 9.34 图

解　这是一个完整系统，将点 O 作为参考点。取坐标系 $Oxyz$ 为动系（它不是连体坐标系），陀螺套在 Oz 轴上。取广义速度为 $\dot{\psi}$、$\dot{\theta}$、Ω，我们就取伪速度为广义速度，令

$$\dot{\pi}_1 = \dot{\psi}, \quad \dot{\pi}_2 = \dot{\theta}, \quad \dot{\pi}_3 = \Omega \tag{9.185}$$

动系 $Oxyz$ 的角速度 $\boldsymbol{\omega}_c$ 在动系 $Oxyz$ 中的投影式为

$$\boldsymbol{\omega}_c = \dot{\theta}\boldsymbol{i} + \dot{\psi}\sin\theta\boldsymbol{j} + \dot{\psi}\cos\theta\boldsymbol{k} \tag{9.186}$$

而刚体的角速度 $\boldsymbol{\omega}$ 在动系 $Oxyz$ 中的投影式为

$$\boldsymbol{\omega} = \dot{\theta}\boldsymbol{i} + \dot{\psi}\sin\theta\boldsymbol{j} + \Omega\boldsymbol{k} \tag{9.187}$$

其中：

$$\Omega = \dot{\psi}\cos\theta + \dot{\phi} \tag{9.188}$$

ϕ 表示刚体相对于动系 $Oxyz$ 的自转角。

由于参考点 O 固定，因此所有速度系数 $\boldsymbol{\gamma}$ 为零。由式(9.187)可得各个角速度系数：

$$\boldsymbol{\beta}_{11}=\frac{\partial \boldsymbol{\omega}}{\partial \dot{\pi}_1}=\sin\theta \boldsymbol{j}, \quad \boldsymbol{\beta}_{12}=\frac{\partial \boldsymbol{\omega}}{\partial \dot{\pi}_2}=\boldsymbol{i}, \quad \boldsymbol{\beta}_{13}=\frac{\partial \boldsymbol{\omega}}{\partial \dot{\pi}_3}=\boldsymbol{k} \tag{9.189}$$

刚体对点 O 的动量矩为

$$\boldsymbol{L}=I_t\omega_x\boldsymbol{i}+I_t\omega_y\boldsymbol{j}+I_a\omega_z\boldsymbol{k}=I_t\dot{\theta}\boldsymbol{i}+I_t\dot{\psi}\sin\theta\boldsymbol{j}+I_a\Omega\boldsymbol{k} \tag{9.190}$$

所以

$$\begin{aligned}\dot{\boldsymbol{L}}&=\tilde{\mathrm{d}}\boldsymbol{L}/\mathrm{d}t+\boldsymbol{\omega}_c\times\boldsymbol{L}=(I_t\ddot{\theta}-I_t\dot{\psi}^2\sin\theta\cos\theta+I_a\Omega\dot{\psi}\sin\theta)\boldsymbol{i}\\&\quad+(I_t\ddot{\psi}\sin\theta+2I_t\dot{\psi}\dot{\theta}\cos\theta-I_a\Omega\dot{\theta})\boldsymbol{j}+I_a\dot{\Omega}\boldsymbol{k}\end{aligned} \tag{9.191}$$

其中:$\tilde{\mathrm{d}}\boldsymbol{L}/\mathrm{d}t$ 表示 $\tilde{\mathrm{d}}\boldsymbol{L}$ 在动系 $Oxyz$ 中对时间的导数。对应于伪坐标的广义力为

$$G_1=G_\psi=0, \quad G_2=G_\theta=mgl\sin\theta, \quad G_3=G_\phi=0 \tag{9.192}$$

将式(9.191)和式(9.192)代入一般动力学方程(9.184),可得系统的动力学方程,为

$$\begin{cases}I_t\ddot{\psi}\sin^2\theta+2I_t\dot{\psi}\dot{\theta}\cos\theta\sin\theta-I_a\Omega\dot{\theta}\sin\theta=0\\I_t\ddot{\theta}-I_t\dot{\psi}^2\sin\theta\cos\theta+I_a\Omega\dot{\psi}\sin\theta=mgl\sin\theta\\I_a\dot{\Omega}=0\end{cases} \tag{9.193}$$

例 9.35　如图 9.25 所示,装有半球头的陀螺在固定水平面 $O'XY$ 上做纯滚动,在固定坐标系 $O'XYZ$ 中,接触点的坐标为(X,Y);连体坐标系 $Oxyz$ 的原点 O 是陀螺的质心,它的三根轴是点 O 的惯性主轴。陀螺的方位用 Euler 角(ψ,θ,ϕ)确定。设陀螺的角速度在固连坐标系 $Oxyz$ 的三个分量为 ω_x、ω_y、ω_z。取 ψ、θ、ϕ、X、Y 作为系统的广义坐标,取 ω_x、ω_y、ω_z 作为伪速度。应用一般动力学方程建立系统的运动微分方程。

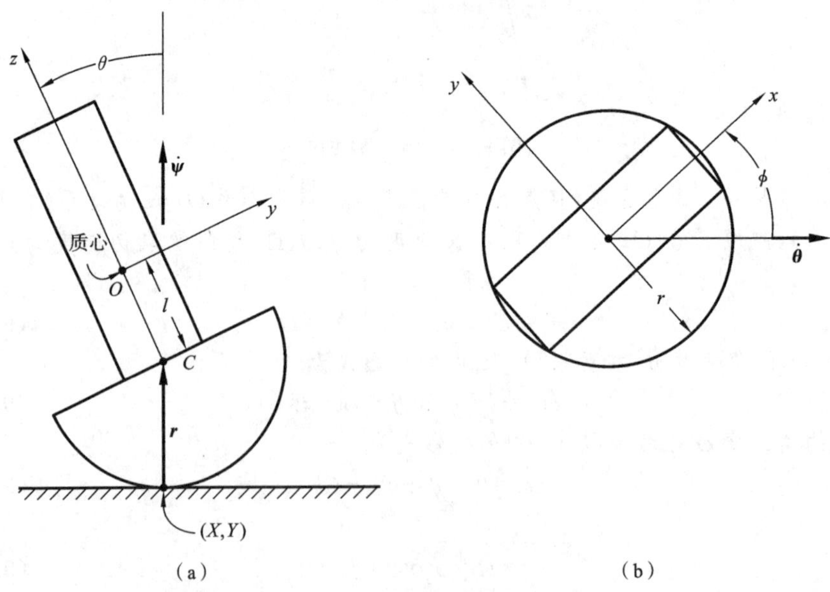

图 9.25　例 9.35 图

解　取陀螺质心 O 为参考点,则 $\boldsymbol{\rho}_{ci}=\boldsymbol{0}$。陀螺的角速度为

$$\boldsymbol{\omega}=\omega_x\boldsymbol{i}+\omega_y\boldsymbol{j}+\omega_z\boldsymbol{k} \tag{9.194}$$

点 O 的速度为

$$\begin{aligned}\boldsymbol{v}&=\boldsymbol{\omega}\times(\boldsymbol{r}+l\boldsymbol{k})=\boldsymbol{\omega}\times[r\sin\theta\sin\phi\boldsymbol{i}+r\sin\theta\cos\phi\boldsymbol{j}+(r\cos\theta+l)\boldsymbol{k}]\\&=[(r\cos\theta+l)\omega_y-r\omega_z\sin\theta\cos\phi]\boldsymbol{i}+[-(r\cos\theta+l)\omega_x+r\omega_z\sin\theta\sin\phi]\boldsymbol{j}\\&\quad+(r\omega_x\sin\theta\cos\phi-r\omega_y\sin\theta\sin\phi)\boldsymbol{k}\end{aligned} \tag{9.195}$$

所以,速度系数为

$$\begin{aligned}\boldsymbol{\gamma}_{11}&=\frac{\partial\boldsymbol{v}}{\partial\omega_x}=-(r\cos\theta+l)\boldsymbol{j}+r\sin\theta\cos\phi\boldsymbol{k}\\\boldsymbol{\gamma}_{12}&=\frac{\partial\boldsymbol{v}}{\partial\omega_y}=(r\cos\theta+l)\boldsymbol{i}-r\sin\theta\sin\phi\boldsymbol{k}\\\boldsymbol{\gamma}_{13}&=\frac{\partial\boldsymbol{v}}{\partial\omega_z}=-r\sin\theta\cos\phi\boldsymbol{i}+r\sin\theta\sin\phi\boldsymbol{j}\end{aligned} \tag{9.196}$$

角速度系数为

$$\boldsymbol{\beta}_{11}=\frac{\partial\boldsymbol{\omega}}{\partial\dot{\theta}}=\boldsymbol{i},\quad \boldsymbol{\beta}_{12}=\frac{\partial\boldsymbol{\omega}}{\partial\omega_d}=\boldsymbol{j},\quad \boldsymbol{\beta}_{13}=\frac{\partial\boldsymbol{\omega}}{\partial\Omega}=\boldsymbol{k} \tag{9.197}$$

陀螺的动量和动量矩分别为

$$\boldsymbol{p}=m\boldsymbol{v} \tag{9.198}$$

$$\boldsymbol{L}=J_x\omega_x\boldsymbol{i}+J_y\omega_y\boldsymbol{j}+J_z\omega_z\boldsymbol{k} \tag{9.199}$$

它们对时间的绝对导数为

$$\begin{aligned}\dot{\boldsymbol{p}}&=\tilde{\mathrm{d}}\boldsymbol{p}/\mathrm{d}t+\boldsymbol{\omega}\times\boldsymbol{p}=m\{[(r\cos\theta+l)\dot{\omega}_y-r\dot{\omega}_z\sin\theta\cos\psi+l\omega_x\omega_z]\boldsymbol{i}\\&\quad+[-(r\cos\theta+l)\dot{\omega}_x+r\dot{\omega}_z\sin\theta\sin\psi+l\omega_y\omega_z]\boldsymbol{j}\\&\quad+[r\dot{\omega}_x\sin\theta\cos\psi-r\dot{\omega}_y\sin\theta\sin\psi-l(\omega_x^2+\omega_y^2)]\boldsymbol{k}\}\end{aligned} \tag{9.200}$$

$$\begin{aligned}\dot{\boldsymbol{L}}&=\tilde{\mathrm{d}}\boldsymbol{L}/\mathrm{d}t+\boldsymbol{\omega}\times\boldsymbol{L}=[J_x\dot{\omega}_x+(J_z-J_y)\omega_y\omega_z]\boldsymbol{i}\\&\quad+[J_y\dot{\omega}_y+(J_x-J_z)\omega_z\omega_x]\boldsymbol{j}+[J_z\dot{\omega}_z+(J_y-J_x)\omega_x\omega_y]\boldsymbol{k}\end{aligned} \tag{9.201}$$

其中:$\tilde{\mathrm{d}}\boldsymbol{L}/\mathrm{d}t$ 表示 $\tilde{\mathrm{d}}\boldsymbol{L}$ 在固连系 $Oxyz$ 中对时间的导数。同理,由式(9.195)不难计算出速度 $\boldsymbol{v}$ 对时间的绝对导数:

$$\begin{aligned}\dot{\boldsymbol{v}}&=[(r\cos\theta+l)\dot{\omega}_y-r\dot{\omega}_z\sin\theta\cos\phi+l\omega_x\omega_z]\boldsymbol{i}\\&\quad+[-(r\cos\theta+l)\dot{\omega}_x+r\dot{\omega}_z\sin\theta\sin\phi+l\omega_y\omega_z]\boldsymbol{j}\\&\quad+[r\dot{\omega}_x\sin\theta\cos\phi-r\dot{\omega}_y\sin\theta\sin\phi-l(\omega_x^2+\omega_y^2)]\boldsymbol{k}\end{aligned} \tag{9.202}$$

重力对点 O 的矩为零。所以由式(9.177)可得对应于伪坐标的广义力:

$$G_1=mgl\sin\theta\cos\phi,\quad G_2=-mgl\sin\theta\sin\phi,\quad G_3=0 \tag{9.203}$$

由一般动力学方程(9.184),可得系统的动力学方程,为

$$\begin{aligned}&[J_x+mr^2\sin^2\theta\cos^2\phi+m(r\cos\theta+l)^2]\dot{\omega}_x-mr^2\dot{\omega}_y\sin^2\theta\sin\phi\cos\phi\\&\quad-mr(r\cos\theta+l)\dot{\omega}_z\sin\theta\sin\phi+[J_z-J_y-ml(r\cos\theta+l)]\omega_y\omega_z\\&\quad-mrl(\omega_x^2+\omega_y^2)\sin\theta\cos\phi=mgl\sin\theta\cos\phi\end{aligned} \tag{9.204}$$

$$-mr^2\dot{\omega}_x\sin^2\theta\sin\phi\cos\phi+[J_y+mr^2\sin^2\theta\sin^2\phi+m(r\cos\theta+l)^2]\dot{\omega}_y$$

$$-mr(r\cos\theta+l)\dot{\omega}_z\sin\theta\cos\phi+[J_x-J_z+ml(r\cos\theta+l)]\omega_x\omega_z$$
$$+mrl(\omega_x^2+\omega_y^2)\sin\theta\sin\phi=-mgl\sin\theta\sin\phi \tag{9.205}$$
$$-mr(r\cos\theta+l)\dot{\omega}_x\sin\theta\sin\phi-mr(r\cos\theta+l)\dot{\omega}_y\sin\theta\cos\phi$$
$$+(J_z+mr^2\sin^2\theta)\dot{\omega}_z+(J_y-J_x)\omega_x\omega_y-mrl\omega_x\omega_z\sin\theta\cos\phi$$
$$+mrl\omega_y\omega_z\sin\theta\cos\phi=0 \tag{9.206}$$

另外,补充 Euler 角速度与 ω_x、ω_y、ω_z 之间的运动学关系:

$$\begin{cases}\dot{\psi}=\csc\theta(\omega_x\sin\phi+\omega_y\cos\phi)\\ \dot{\theta}=\omega_x\cos\phi-\omega_y\sin\phi\\ \dot{\phi}=-\omega_x\cot\theta\sin\phi-\omega_y\cot\theta\cos\phi+\omega_z\end{cases} \tag{9.207}$$

由式(9.204)~式(9.207)可解出 ω_x、ω_y、ω_z 和 ψ、θ、ϕ。

陀螺的非完整约束方程为

$$\begin{cases}\dot{X}=r\dot{\theta}\sin\psi-r\dot{\phi}\cos\psi\sin\theta\\ \dot{Y}=-r\dot{\theta}\cos\psi-r\dot{\phi}\sin\psi\sin\theta\end{cases} \tag{9.208}$$

由方程组(9.208)可解出接触点的位置坐标$(X(t),Y(t))$。

9.6.6 一阶非线性非完整约束

前面得到的非完整系统动力学方程,包括带约束乘子的运动方程、Maggi 方程、Appell 方程和一般的动力学方程(Kane 方程),它们只适用于一阶线性非完整约束。为了使它们适用于一般的一阶非线性非完整约束,必须使这些一般的约束关于广义速度线性化。假定系统受到一般的一阶非线性非完整约束:

$$f_\beta(q_1,\cdots,q_m,\dot{q}_1,\cdots,\dot{q}_m,t)=0,\quad \beta=1,2,\cdots,s \tag{9.209}$$

证明任意一组广义坐标变分 $\delta q_1,\cdots,\delta q_m$ 都必须满足 **Chetaev 方程**:

$$\sum_{j=1}^{m}\frac{\partial f_\beta}{\partial \dot{q}_j}\delta q_j=0,\quad \beta=1,2,\cdots,s \tag{9.210}$$

令

$$b_{\beta j}=\frac{\partial f_\beta}{\partial \dot{q}_j},\quad \beta=1,2,\cdots,s,\quad j=1,2,\cdots,m \tag{9.211}$$

就得到广义坐标变分之间的线性约束关系[式(9.104)],进一步,就可应用前面推出的非完整系统动力学方程。

习 题

第 9 章参考答案

9.1 判断下列各系统的自由度。

1. 一个刚体有一个固定点;一个刚体有两个固定点;一个刚体有三个固定点(三点不共线),各有多少自由度?

2. 图 9.26(a)所示直角三角块 A 可沿水平面滑动,在三角块的斜面上有均质圆

柱体 B，其上绕有不可伸长的绳索，绳索又通过滑轮 C 悬挂重物 D，问系统有多少自由度？指出如何选择广义坐标（绳与滑轮间无相对滑动）。

3. 图 9.26(b)所示平面连杆机构，有多少自由度？

4. 图 9.26(c)所示平面连杆机构，有多少自由度？

5. 平面连杆机构 $ABCD$ 如图 9.26(d)所示，其中构件 A 和 B 可沿水平槽移动，该机构有多少自由度？

6. 如图 9.26(e)所示，刚度系数为 k 的弹簧 OA 的 O 端固定，A 端连接长 L、重 P 的均质杆 AB，其在铅垂面内运动，系统有多少自由度？并指出广义坐标。

7. 图 9.26(f)所示平面连杆机构，有多少自由度？

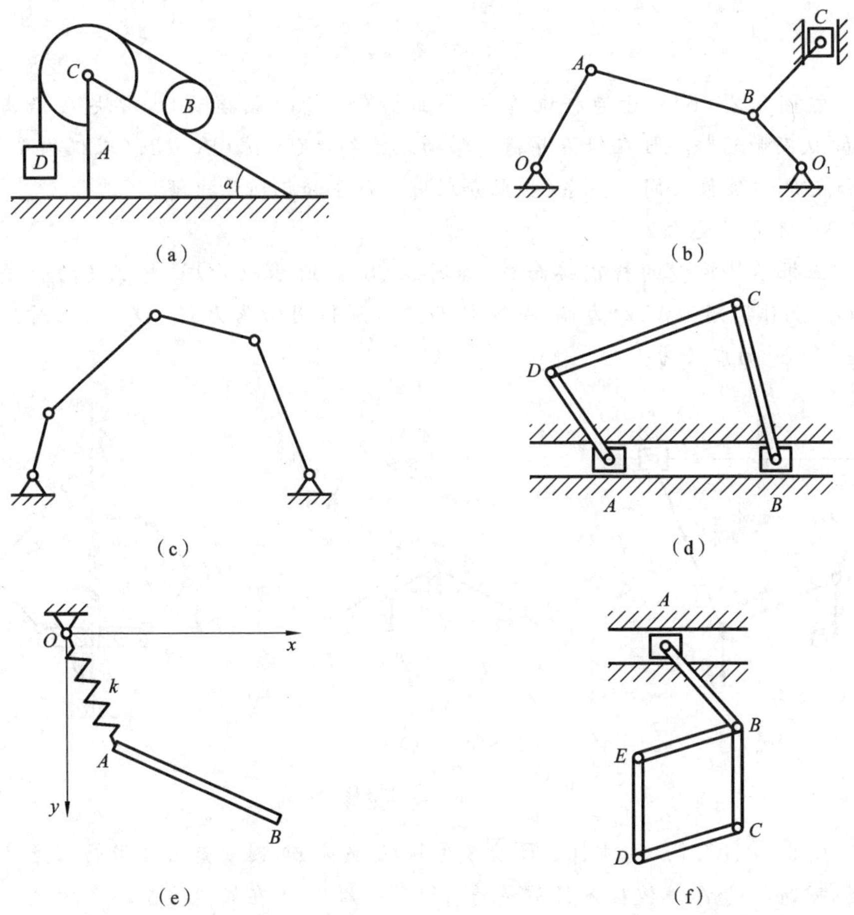

图 9.26　题 9.1 图

9.2　虚位移分析。

1. 在图 9.27(a)所示平面机构中，已知 $\overline{O_2B}=\overline{BC}$，$\overline{O_3O_4}=\overline{DE}$，$\overline{O_3D}=\overline{O_4E}$，求点 A 和点 E 的虚位移之间的关系。

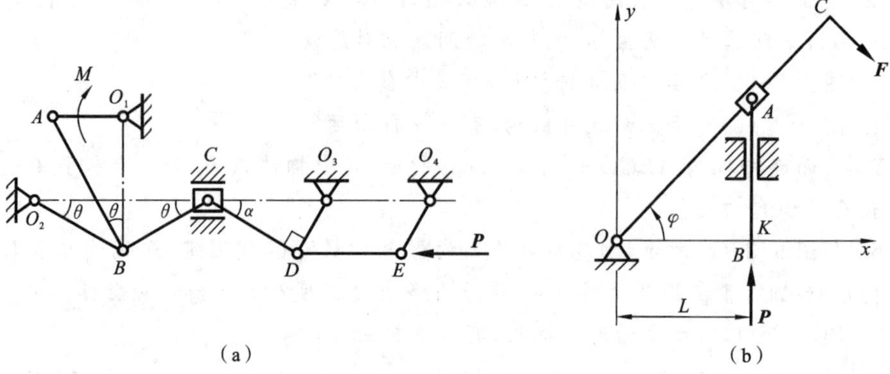

图 9.27　题 9.2 图

2. 在图 9.27(b)所示连杆机构中，当曲柄 OC 绕 O 轴摆动时，滑块 A 沿曲柄自由滑动，从而带动杆 AB 在铅垂导槽内移动。已知：$\overline{OC}=a$，$\overline{OK}=L$。求机构平衡时，点 C 和点 B 虚位移之间的关系(要求分别用解析法和几何法求解)。

9.3　计算广义力。

1. 三根不计重量的杆铰接而成，如图 9.28(a)所示，杆 OA、杆 AB 的长度均为 L，杆 OA 上作用矩为 M 的力偶，A 和 B 两点分别作用铅垂力 F_1 和 F_2，求对应广义坐标 φ_1 和 φ_2 的广义力。

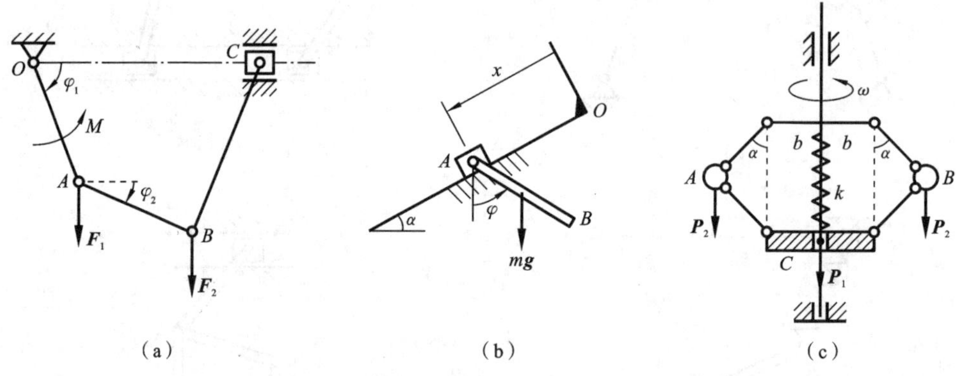

图 9.28　题 9.3 图

2. 图 9.28(b)所示均质杆 AB 长度为 L，质量为 m，因受重力作用而在竖直平面内摆动，同时杆的 A 端铰接不计质量的滑块 A。滑块 A 在倾角为 α 的光滑斜面上滑动，试计算对应于广义坐标 x、φ 的广义力。

3. 图 9.28(c)所示离心调速器以匀角速度 ω 绕铅垂轴转动，当 $\alpha=90°$ 时，刚度为 k 的弹簧无变形，弹簧的上端与轴固连，下端挂重量为 P_1 的套筒 C，两球 A 和 B 均重 P_2，杆长为 L，杆的悬挂点与轴相距 b，不计杆及弹簧质量，求主动力系对应广义坐标

α的广义力。

9.4　图9.29所示球面摆(即在重力作用下沿半径为L的光滑球面上运动的质量为m的质点M)的自由度是多少？选择一组广义坐标，写出动能表达式。

9.5　如图9.30所示，均质杆AB长$2L$、重P，端点A沿铅垂线滑动。

(1) 如果杆B端可以在平面Oxy内自由运动，自由度是多少？选出适当的广义坐标，并写出系统的动能和势能表达式。

(2) 如果杆B端被限制沿平面Oxy内的直线BC上滑动，BC平行于y轴、与y轴的距离为b，问其自由度又是多少？选出适当的广义坐标，并写出系统的动能和势能表达式。

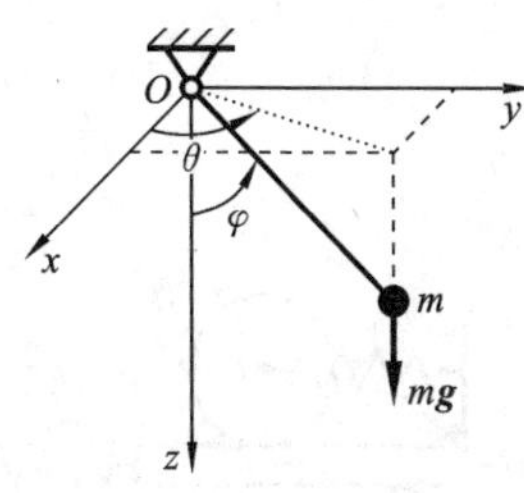

图9.29　题9.4图

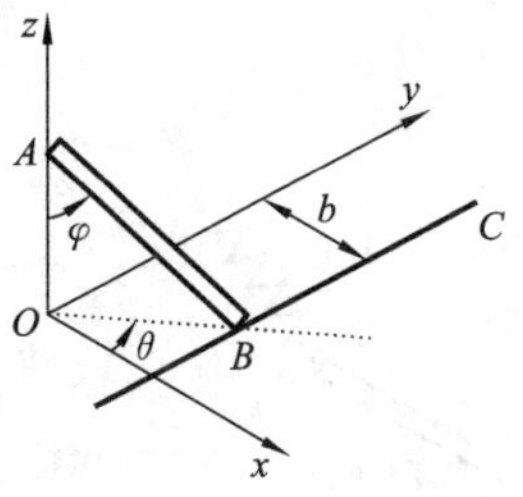

图9.30　题9.5图

9.6　如图9.31所示，质量为m的物体A挂在绳子上，绳子跨过不计质量的定滑轮D而绕在鼓轮B上，由于重物下降带动轮C沿水平轨道做纯滚动。已知鼓轮半径为r，轮C半径为R，二者固连在一起，总质量为m_0，对质心轴O的回转半径为ρ，用拉格朗日方程求重物A的加速度。

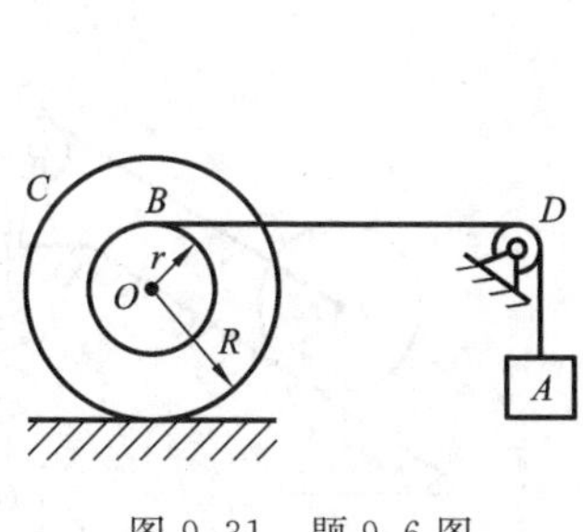

图9.31　题9.6图

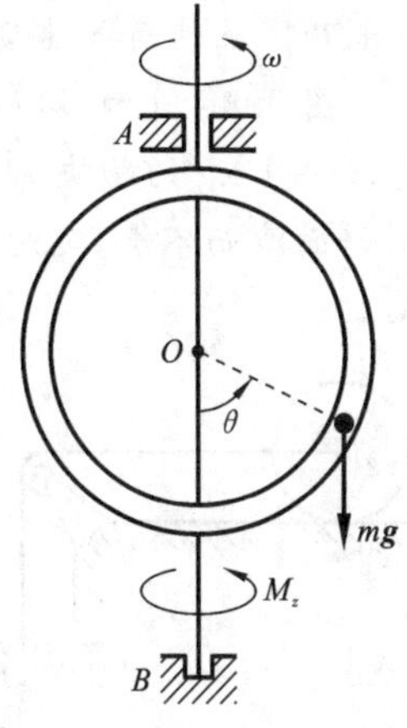

图9.32　题9.7图

9.7　如图9.32所示，质量为m的小球在光滑细管中自由滑动，细管弯成半径为R的圆环，圆环绕铅垂直径上的轴AB转动，其转角为φ，轴上作用转矩M_z。试用拉格朗日方程建立系统的运动微分方程；如果圆环绕轴AB以匀角速度ω转动，求出

转矩 M_z 的表达式(不计圆环质量)。

9.8 均质杆 AB 长度为 L,质量为 M,弹簧的刚度为 k,弹簧的原长为 a_0,小球的质量为 m,杆、弹簧和小球连成图 9.33 所示系统,且在光滑水平面内运动,设杆以匀角速度 ω 绕垂直于图面的固定轴 A 转动。试用拉格朗日方程求此系统的运动微分方程。

9.9 用刚度均为 k 的两根弹簧与两端固定墙连接,并连接质量为 m 的物块。物块可在光滑的水平面上滑动。物块上质量为 $m/2$、半径为 r 的均质圆盘做无滑动的滚动,圆盘中心 C 与物块的一端用刚度为 $2k$ 的弹簧连接,如图 9.34 所示。试用拉格朗日方程建立系统的运动微分方程。

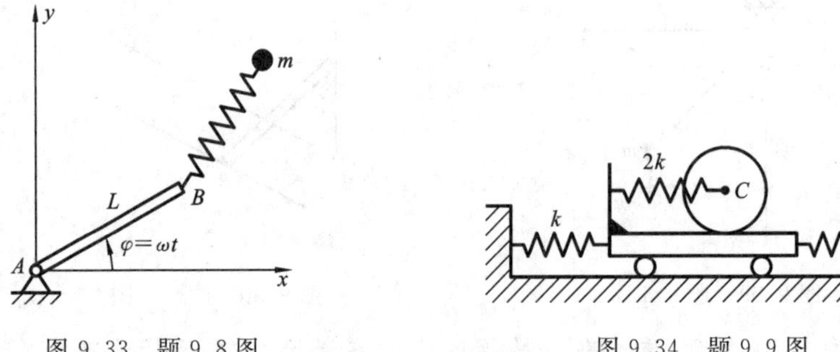

图 9.33 题 9.8 图　　图 9.34 题 9.9 图

9.10 实心均质圆柱 A 和质量分布在边缘的空心圆柱 B 的质量分别为 m_A 和 m_B,半径皆为 R,如图 9.35 所示,两者由绕在空心圆柱 B 上的细绳并通过不计质量的定滑轮相连。设圆柱 A 沿水平面做纯滚动(滚阻不计),圆柱 B 铅直下降,试用拉格朗日方程求两圆柱的角加速度 α_A 和 α_B 以及圆心的加速度 a_A 和 a_B。

9.11 如图 9.36 所示,均质圆柱 B 的质量 $m_1=2$ kg,半径 $R=0.1$ m,通过绳和弹簧与质量 $m_2=1$ kg 的物块 D 相连,弹簧的刚度 $k=0.2$ kN/m,斜面倾角 $\alpha=30°$,若圆柱 B 沿斜面滚而不滑,定滑轮 A 的质量不计,试用拉格朗日方程写出系统的运动微分方程。

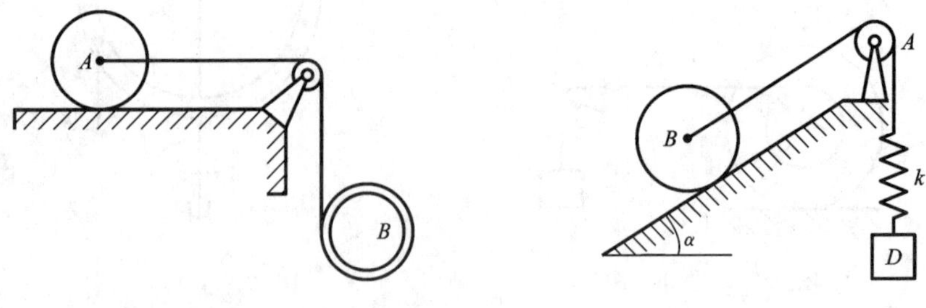

图 9.35 题 9.10 图　　图 9.36 题 9.11 图

9.12 一均质杆 AB 长度为 $2L$,质量为 m,两端分别沿框架的铅垂边与水平边滑动(不计摩擦),框架以匀角速度 ω 绕其铅垂边转动,如图 9.37 所示,试用拉格朗日

方程求杆 AB 的运动微分方程。

9.13　一质量为 m_1、长度为 L 的单摆，其上端连在圆轮的中心 O。圆轮的质量为 m_2，半径为 r，可视为均质圆盘。圆轮放在水平面上，圆轮与平面间有足够的摩擦力阻止圆轮滑动。用拉格朗日方程求在图 9.38 所示位置从静止开始运动时轮心 O 的加速度。

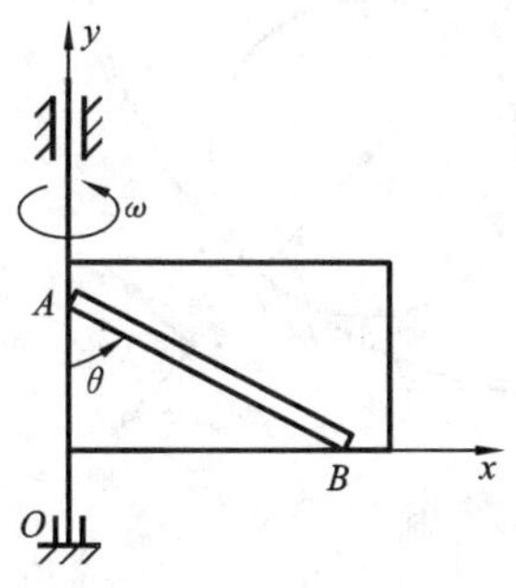

图 9.37　题 9.12 图

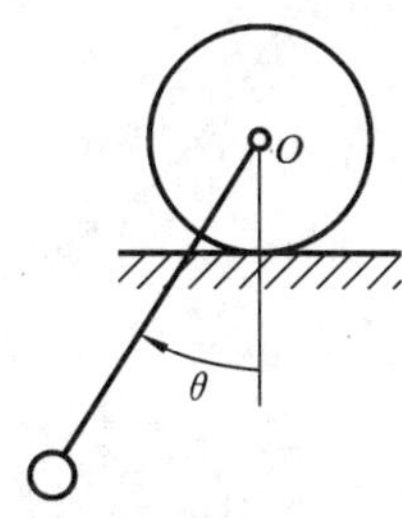

图 9.38　题 9.13 图

9.14　质量为 m_1 的水平台用长度为 l 的绳子悬挂起来，小球的质量为 m_2、半径为 r，沿水平台做纯滚动。以图 9.39 所示 θ 和 x 为广义坐标，列出系统的运动微分方程。

9.15　质量均为 m 的两个质点，用长度为 l 的无质量刚杆连接。它们在水平转台上运动，转台以匀角速度 Ω 运动，如图 9.40 所示。质点 1 上安装了与杆同轴的锋利刀刃，使得质点 1 没有与杆垂直的相对于转台的速度。取 r、θ、ϕ 作为系统的广义坐标，取伪速度 $\dot{\pi}_1=v_r$，$\dot{\pi}_2=\dot{\phi}$，其中 v_r 是质点 1 的相对速度。建立系统的运动微分方程。

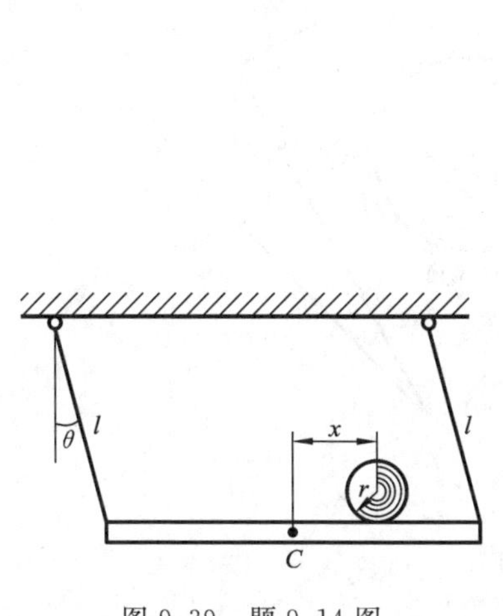

图 9.39　题 9.14 图

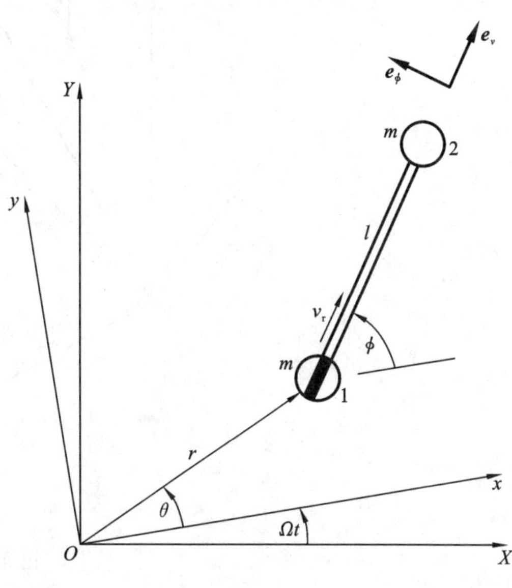

图 9.40　题 9.15 图

9.16 质量 m、半径 r 的均质球，对任一直径的惯性矩为 I，在水平圆柱凹槽上做纯滚动，如图 9.41 所示。设球的角速度为 $\boldsymbol{\omega}$，取 $\boldsymbol{\omega}$ 在固连系中的三个分量 ω_1、ω_2、ω_3 为伪速度。应用 Appell 方程建立球的运动微分方程。

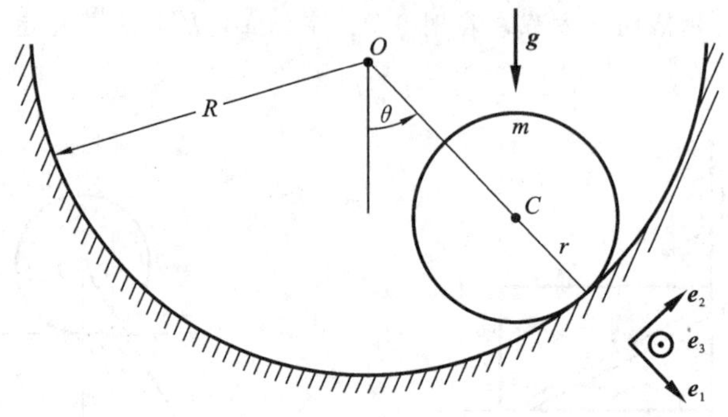

图 9.41 题 9.16 图

9.17 质量 m、半径 r 的均质球，对任一直径的惯性矩为 I，在质量为 m_0、倾斜角为 α 的楔块上做纯滚动，如图 9.42 所示。坐标系 $OXYZ$ 是固定坐标系（Z 轴是铅垂轴），坐标系 $Oxyz$ 为楔块的连体坐标系。楔块放置在光滑水平面 OXY 上，只能沿 Y 轴方向以速度 v 滑动。取伪速度 $\dot{\boldsymbol{\pi}}=[\omega_x,\omega_y,\omega_z,v]^{\mathrm{T}}$，其中 ω_x、ω_y、ω_z 是球的角速度矢量 $\boldsymbol{\omega}$ 在连体坐标系中的分量。(1) 应用 Appell 方程建立系统的运动微分方程。(2) 记球与楔块接触点 C 的相对坐标为 (x,y)，求出 $\dot{x}$、$\dot{y}$ 满足的方程。

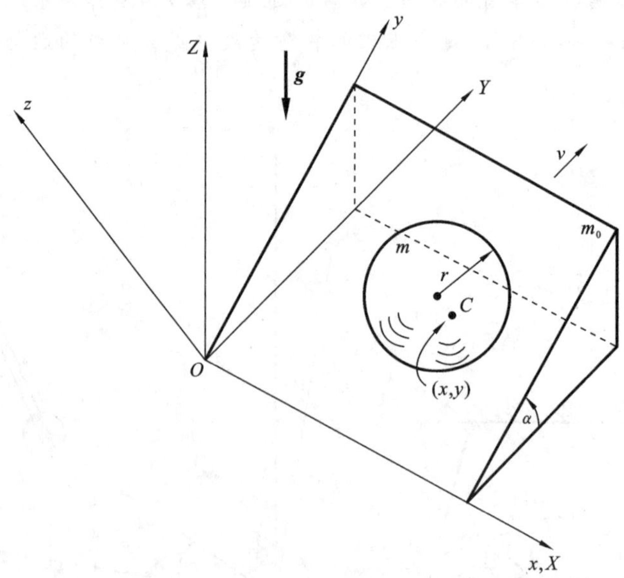

图 9.42 题 9.17 图

9.18 质量 m、半径 r 的均质球，对任一直径的惯性矩为 I，在一个固定铅垂圆柱的内侧面做纯滚动，圆柱半径为 R，如图 9.43 所示。

(1) 取伪速度 $\dot{\boldsymbol{\pi}}=[\omega_r,\omega_\phi,\omega_z,v]^{\mathrm{T}}$，建立系统的运动微分方程。

(2) 证明球的铅垂运动是简谐的。

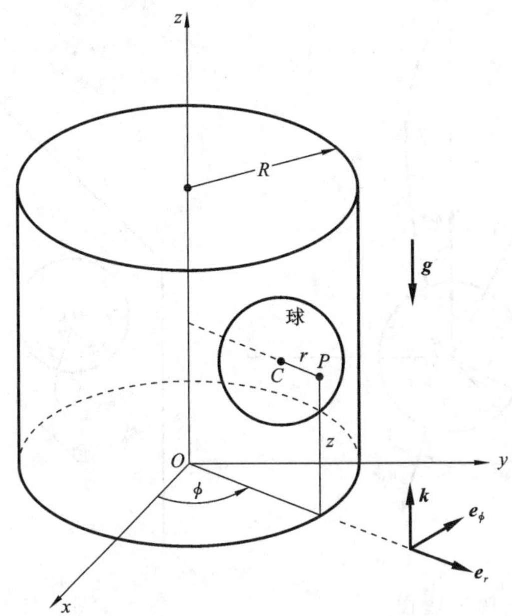

图 9.43 题 9.18 图

9.19 图 9.44 所示装有球头的轴对称陀螺，在水平面 Pxy 内做纯滚动。坐标系 $Pxyz$ 是固定坐标系，陀螺的 Euler 角为 ϕ、θ、ψ。正交单位矢量组 $\boldsymbol{e}_1$、$\boldsymbol{e}_2$、$\boldsymbol{e}_3$ 中，$\boldsymbol{e}_1$ 沿陀螺的对称轴，$\boldsymbol{e}_3$ 在水平面 Pxy 内，点 C 为刚体的质心，$\overline{PC}=l$。陀螺的质量为 m，关于对称轴的惯性矩为 I_a、过点 P 垂直于对称轴的任意轴的惯性矩为 I_p。取陀螺的角速度分量 ω_1、ω_2、ω_3 作为伪速度，应用一般动力学方程建立系统的运动微分方程(注意，本题中 ϕ 为进动角，ψ 为自转角)。

9.20 如图 9.45 所示，质量为 m、半径为 r 的均质球，对任一直径的惯性矩为 I，在铅垂面 Oxz 内做纯滚动，而铅垂面 Oxz 又绕 z 轴以匀角速度 $\Omega>0$ 转动。

(1) 取球的三个角速度分量 ω_x、ω_y、ω_z 作为伪速度，应用一般动力学方程建立系统的运动微分方程。

(2) 设初始条件为

$$x(0)=x_0,\quad \dot{x}(0)=v_0>0,\quad y(0)=r,\quad \dot{y}(0)=0$$

$$z(0)=z_0,\quad \dot{z}(0)=0,\quad \omega_y(0)=0$$

证明铅垂速度 $\dot{z}$ 是时间的简谐函数。

(3) 为了保证球与铅垂面 Oxz 接触，v_0 的最小值为多少？

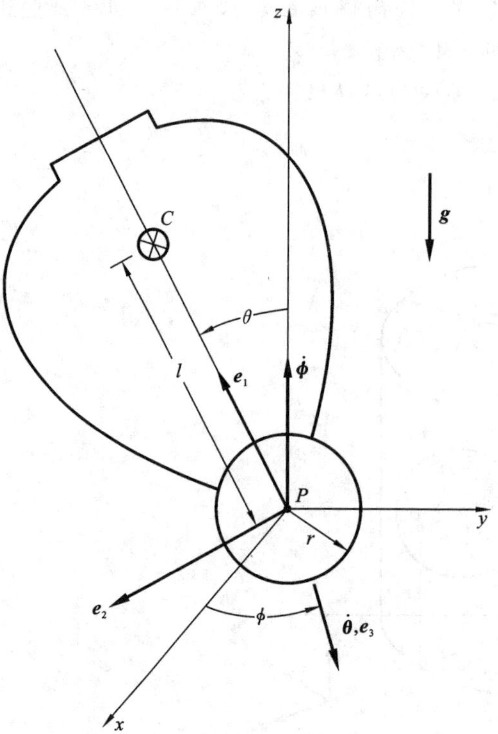

图 9.44　题 9.19 图

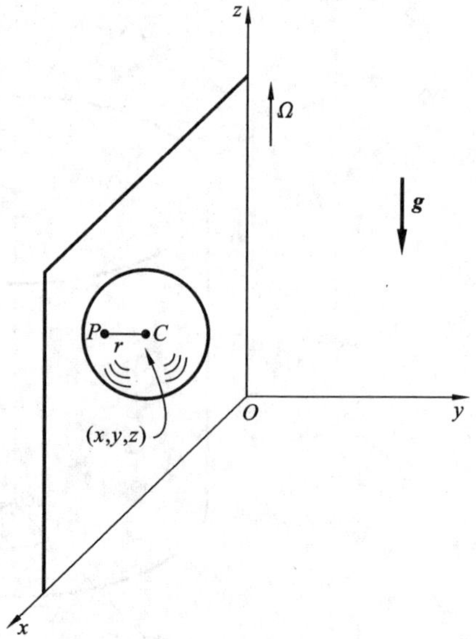

图 9.45　题 9.20 图

9.21　如图 9.46 所示，一架双轮车由物体 1 和轮 2、3 组成。物体的质量为 m_0，

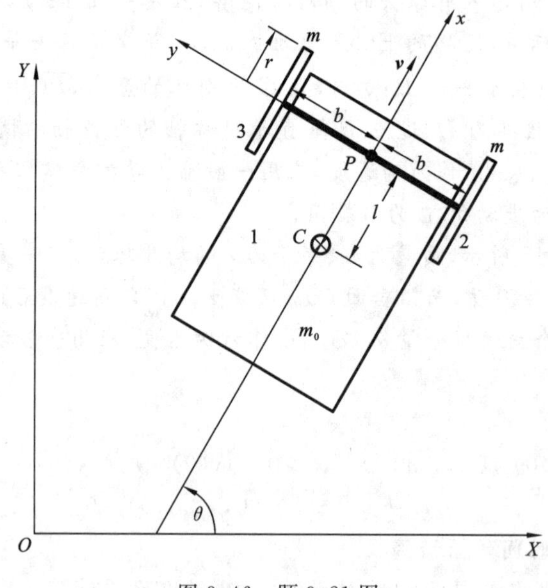

图 9.46　题 9.21 图

关于质心 C 的惯性矩为 I_C，每个轮子的质量为 m、半径为 r，视为均质薄圆盘。轮子做纯滚动，物体在水平地面 OXY 内做无摩擦滑动。$\overline{PC}=l$，点 P 是刚结于物体的长度为 $2b$ 的轴的中点。取 v、$\dot{\theta}$ 作为伪速度，其中 v 是点 P 沿 x 轴方向的速度，求系统的运动微分方程。

9.22　图 9.47 所示三质点系统，用来近似马车的动力学特性。质点 1 及其刀刃代表后轮，质点 3 及其刀刃代表前轮，它有一个偏距 l。质点 2 上有一个铰链。力 $\boldsymbol{F}$ 的大小不变、方向始终沿纵向 $\boldsymbol{e}_1$。取 v、$\dot{\theta}$ 作为伪速度，其中 v 是质点 1 沿 $\boldsymbol{e}_1$ 方向的速度，求系统的运动微分方程。

9.23　如图 9.48 所示，质量为 m、半径为 r 的均质球，对任一直径的惯性矩为 I，在水平面 Oxy 内滚动，该平面上装有同心圆刀刃。在球与平面的接触点 (R,θ)，没有径向滑动，但可以在周向 $\boldsymbol{e}_\theta$ 产生滑动。

(1) 取 v_θ、ω_r、ω_θ、ω_z 作为伪速度，求系统的运动微分方程，其中 $\boldsymbol{v}$ 是球心速度，$\boldsymbol{\omega}$ 是球的角速度。

(2) 证明对于原点 O 的动量矩守恒。

(3) 假设 $m=1$、$r=1$ 以及 $I=\dfrac{2}{5}$，它们的单位是相容的。如果初始条件为

$$R(0)=10,\quad \theta(0)=0,\quad v_\theta(0)=1,\quad \omega(0)=0$$

求解 θ、v_θ、ω_r 和 ω_θ 的最终值。

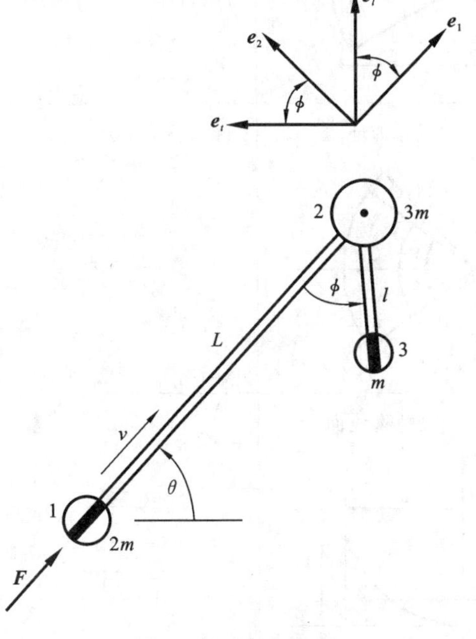

图 9.47　题 9.22 图

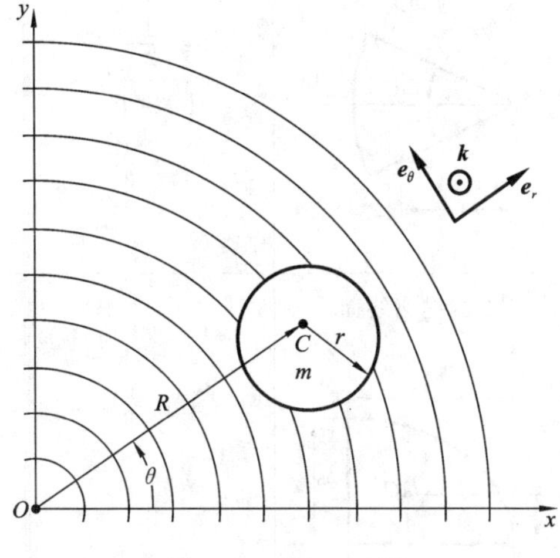

图 9.48　题 9.23 图

附　　录

附表1　一些简单均质物体的重心位置

图　　形	重心位置	图　　形	重心位置
三角形 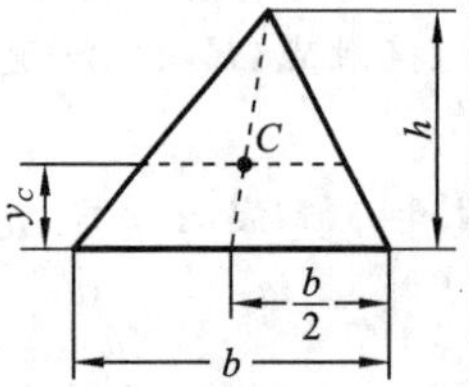	在中线的交点： $y_C=\frac{1}{3}h$	梯形 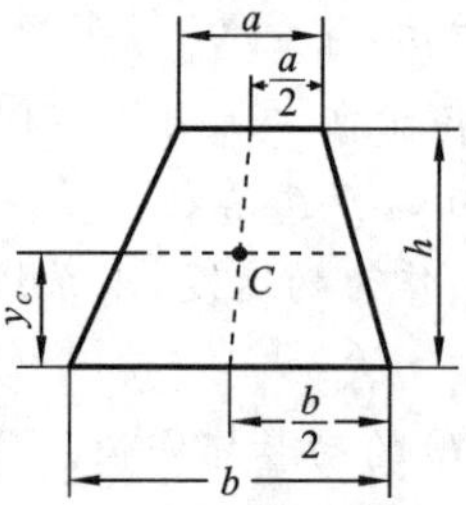	$y_C=\frac{h(2a+b)}{3(a+b)}$
圆弧 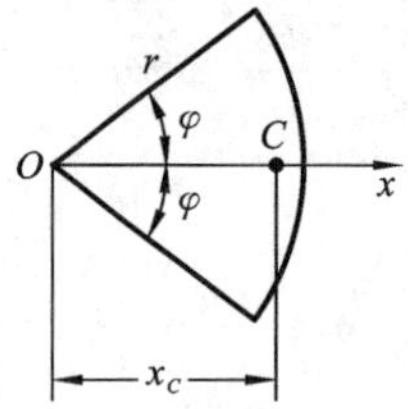	$x_C=\frac{r\sin\varphi}{\varphi}$ 对于半圆弧： $x_C=\frac{2r}{\pi}$	弓形 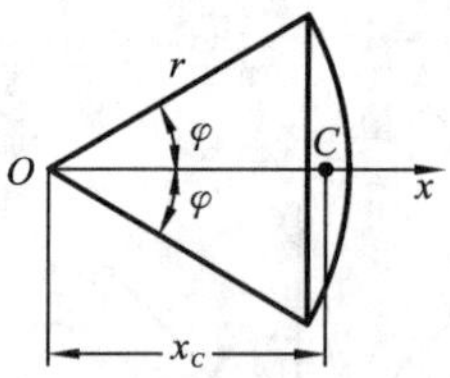	$x_C=\frac{2}{3}\frac{r^3\sin^3\varphi}{A}$ 面积 $A=\frac{r^2(2\varphi-\sin2\varphi)}{2}$
扇形 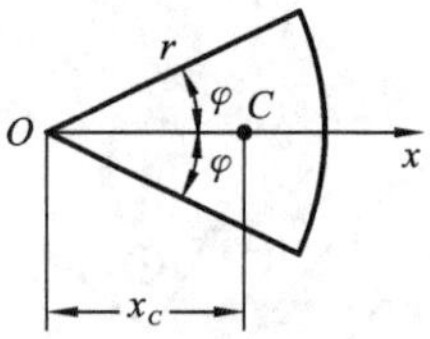	$x_C=\frac{2}{3}\frac{r\sin\varphi}{\varphi}$ 对于半圆： $x_C=\frac{4r}{3\pi}$	部分圆环 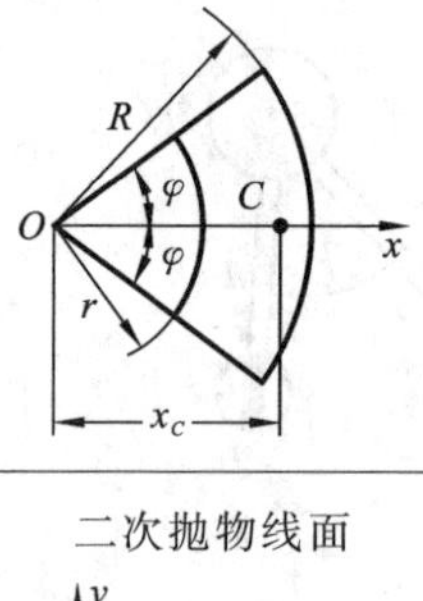	$x_C=\frac{2}{3}\frac{R^3-r^3}{R^3+r^3}\frac{\sin\varphi}{\varphi}$
二次抛物线面 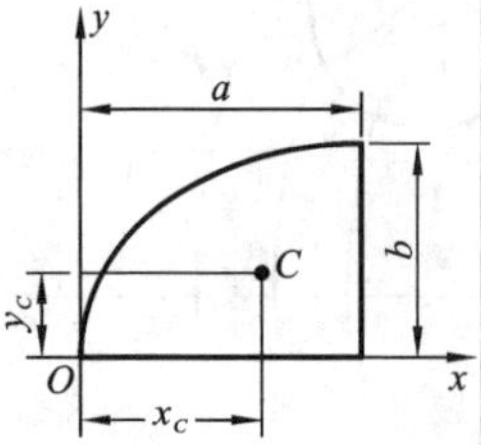	$x_C=\frac{5}{8}a$ $y_C=\frac{2}{5}b$	二次抛物线面 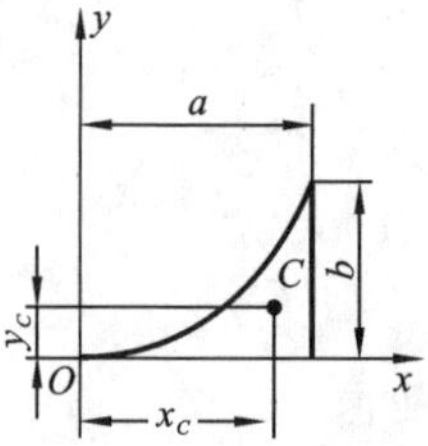	$x_C=\frac{3}{4}a$ $y_C=\frac{3}{10}b$

续表

图　　形	重心位置	图　　形	重心位置
正圆锥体 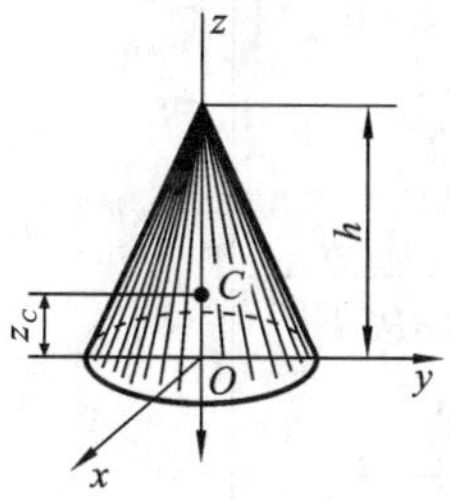	$z_C=\frac{1}{4}h$	正角锥体 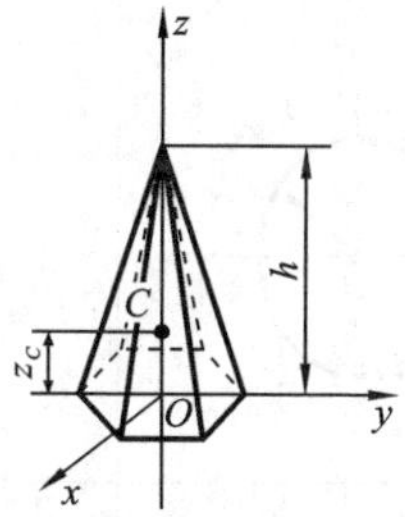	$z_C=\frac{1}{4}h$
半圆球 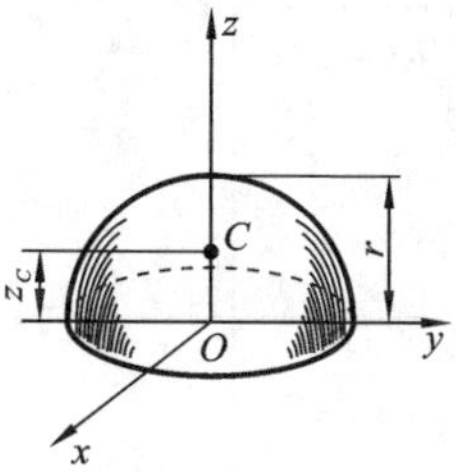	$z_C=\frac{3}{8}r$	锥形筒体 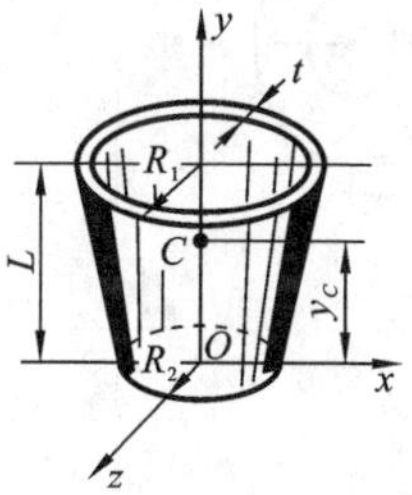	$y_C=\frac{4R_1+2R_2-3t}{6(R_1+R_2-t)}L$

附表 2　一些简单均质物体的转动惯量

物体的形状	简　　图	转动惯量	惯性半径	体积
细直杆	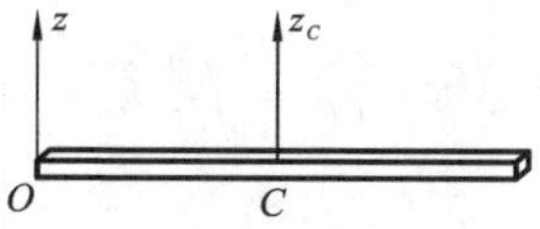	$J_{z_C}=\frac{m}{12}l^2$ $J_z=\frac{m}{3}l^2$	$\rho_{z_C}=\frac{l}{2\sqrt{3}}$ $\rho_z=\frac{l}{\sqrt{3}}$	
薄壁圆筒	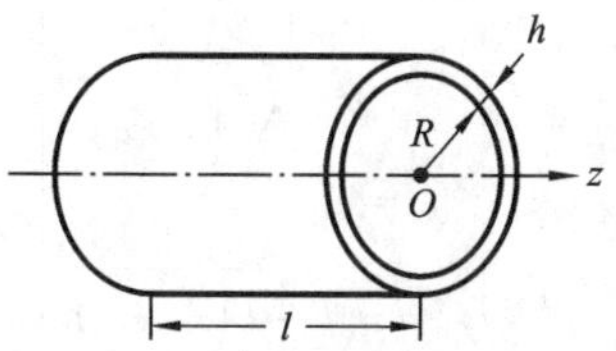	$J_z=mR^2$	$\rho_z=R$	$2\pi Rlh$

续表

物体的形状	简 图	转动惯量	惯性半径	体积
圆柱	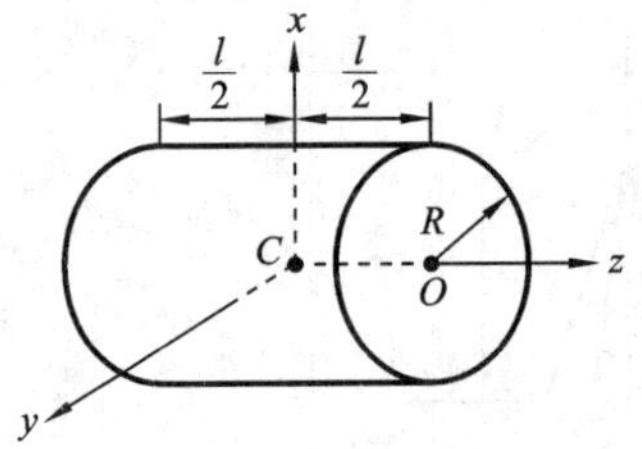 $\frac{l}{2}$ $\frac{l}{2}$ x R C O z y	$J_z=\frac{1}{2}mR^2$ $J_x=J_y$ $=\frac{m}{12}(3R^2+l^2)$	$\rho_z=\frac{R}{\sqrt{2}}$ $\rho_x=\rho_y$ $=\sqrt{\frac{1}{12}(3R^2+l^2)}$	$\pi R^2 l$
空心圆柱	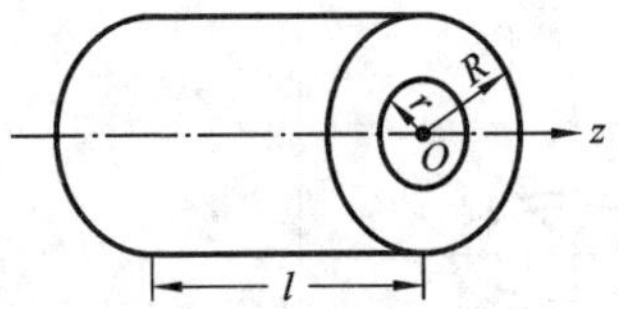 r R O z l	$J_z=\frac{m}{2}(R^2+r^2)$	$\rho_z=\sqrt{\frac{1}{2}(R^2+r^2)}$	$\pi l(R^2-r^2)$
薄壁空心球	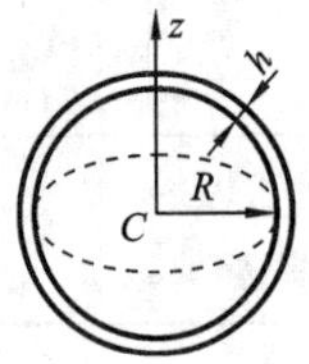 z h R C	$J_z=\frac{2}{3}mR^2$	$\rho_z=\sqrt{\frac{2}{3}}R$	$\frac{3}{2}\pi Rh$
实心球	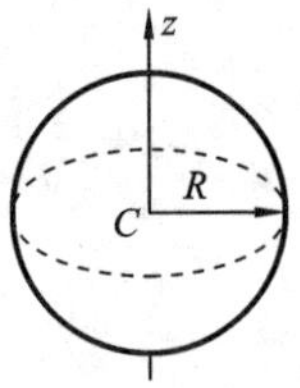 z R C	$J_z=\frac{2}{5}mR^2$	$\rho_z=\sqrt{\frac{2}{5}}R$	$\frac{4}{3}\pi R^3$
圆锥体	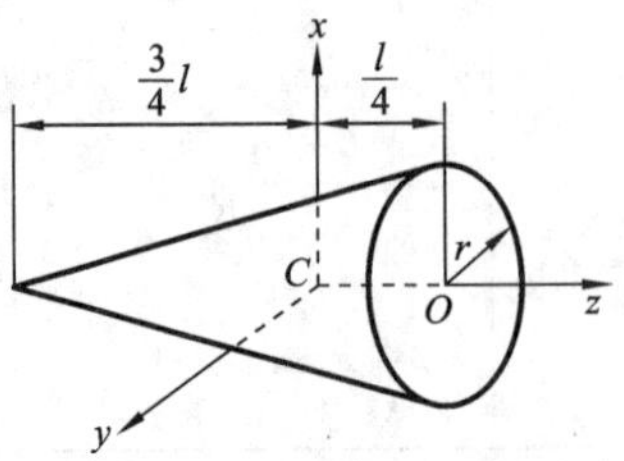 $\frac{3}{4}l$ $\frac{l}{4}$ x r C O z y	$J_z=\frac{3}{10}mr^2$ $J_x=J_y$ $=\frac{3}{80}m(4r^2+l^2)$	$\rho_z=\sqrt{\frac{3}{10}}r$ $\rho_x=\rho_y$ $=\sqrt{\frac{3}{80}(4r^2+l^2)}$	$\frac{\pi}{3}r^2 l$

续表

物体的形状	简　图	转动惯量	惯性半径	体积
圆环	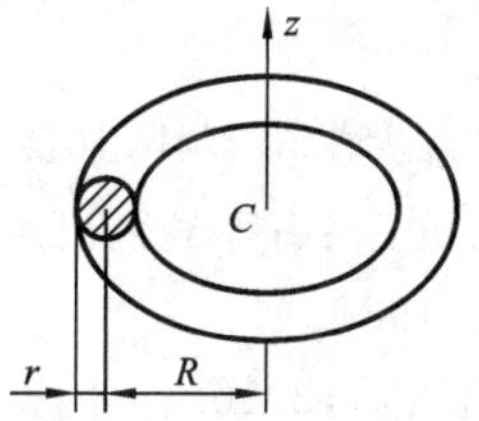 z, C, r, R	$J_z=m\left(R^2+\frac{3}{4}r^2\right)$	$\rho_z=\sqrt{R^2+\frac{3}{4}r^2}$	$2\pi^2r^2R$
椭圆形薄板	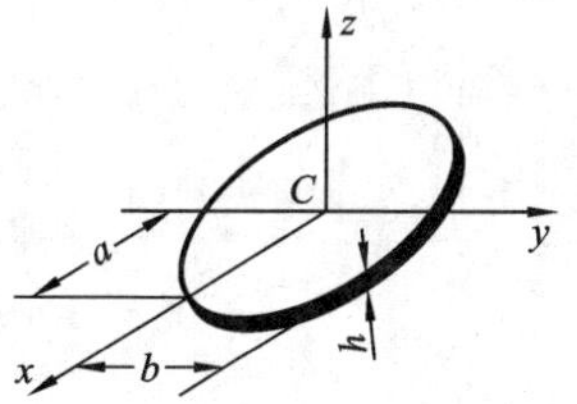 z, C, y, a, x, b, h	$J_z=\frac{m}{4}(a^2+b^2)$ $J_y=\frac{m}{4}a^2$ $J_x=\frac{m}{4}b^2$	$\rho_z=\frac{1}{2}\sqrt{a^2+b^2}$ $\rho_y=\frac{a}{2}$ $\rho_x=\frac{b}{2}$	πabh
长方形	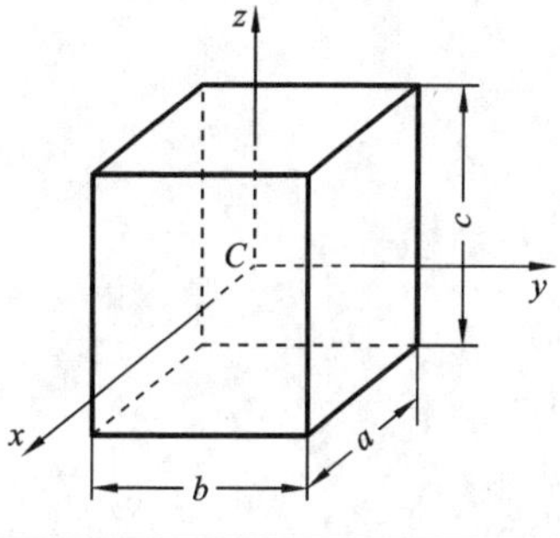 z, c, C, y, x, a, b	$J_z=\frac{m}{12}(a^2+b^2)$ $J_y=\frac{m}{12}(a^2+c^2)$ $J_x=\frac{m}{12}(b^2+c^2)$	$\rho_z=\sqrt{\frac{1}{12}(a^2+b^2)}$ $\rho_y=\sqrt{\frac{1}{12}(a^2+c^2)}$ $\rho_x=\sqrt{\frac{1}{12}(b^2+c^2)}$	abc
矩形薄板	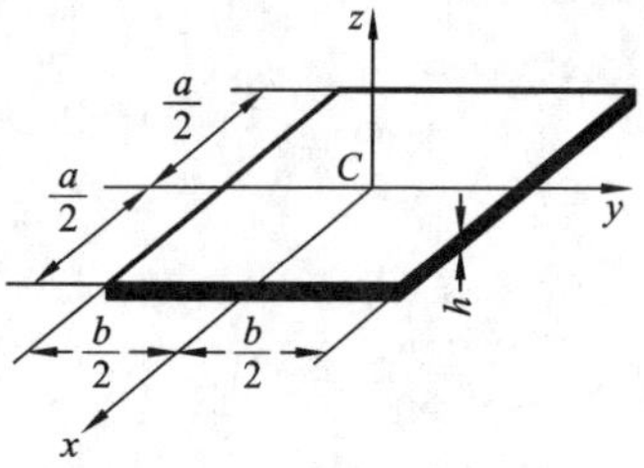 z, $\frac{a}{2}$, $\frac{a}{2}$, C, y, h, $\frac{b}{2}$, $\frac{b}{2}$, x	$J_z=\frac{m}{12}(a^2+b^2)$ $J_y=\frac{m}{12}a^2$ $J_x=\frac{m}{12}b^2$	$\rho_z=\sqrt{\frac{1}{12}(a^2+b^2)}$ $\rho_y=0.289a$ $\rho_x=0.289b$	abh

参 考 文 献

[1] 朱照宣,周起钊,殷金生.理论力学[M].北京:北京大学出版社,1982.

[2] A. П. 马尔契夫.理论力学[M].3 版.李俊峰,译.北京:高等教育出版社,2006.

[3] 贾书惠.刚体动力学[M].北京:高等教育出版社,1987.

[4] 刘延柱.高等动力学[M].2 版.北京:高等教育出版社,2016.

[5] GREENWOOD D T. Advanced dynamics[M]. Cambridge:Cambridge University Press,2003.

二维码资源使用说明

本书配套数字资源以二维码的形式在书中呈现，读者用智能手机在微信端扫码成功后提示微信登录，授权后进入注册页面，填写注册信息。按照提示输入手机号后点击获取手机验证码，稍等片刻收到4位数的验证码短信，在提示位置输入验证码成功后，重复输入两遍设置密码，点击“立即注册”，注册成功（若手机已经注册，则在“注册”页面底部选择“已有账号？绑定账号”，进入“账号绑定”页面，直接输入手机号和密码，提示登录成功）。接着提示输入学习码，需刮开教材封底防伪涂层，输入13位学习码（正版图书拥有的一次性使用学习码），输入正确后提示绑定成功，即可查看二维码数字资源。手机第一次登录查看资源成功，以后便可直接在微信端扫码登录，重复查看本书所有的数字资源。

友好提示：如果读者忘记登录密码，请在PC端输入以下链接 http://jixie.hustp.com/index.php?m=Login，先输入自己的手机号，再单击“忘记密码”，通过短信验证码重新设置密码即可。